Actimath à l'infini

3

Manuel

Ph. Ancia
M. Bams
M. Chevalier
M. Colin
P. Dewaele
A. Want

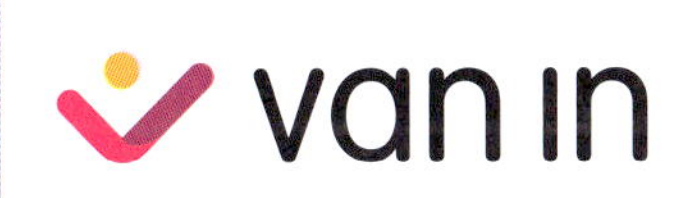

Composition d'**Actimath à l'infini 3**

Pour l'élève	un manuel un livret d'exercices un accès aux activités multimédias via *Udiddit* (www.Udiddit.be)
Pour le professeur	un guide méthodologique un livre numérique des activités multimédias et des documents supplémentaires disponibles sur *Udiddit* (www.Udiddit.be)

Actimath à l'infini 3 – Manuel

Auteurs : Maryse Bams, Michaël Chevalier, Marlène Colin, Pascal Dewaele et Aline Want sous la direction de et avec Philippe Ancia

Couverture : Alinea Graphics
Mise en page : Alinea Graphics

1re édition, 3e réimpression 2018

ISBN 978-90-306-7120-6
D/2015/0078/104
Art. 561983/04

Introduction

Dans sa conception et sa structure, *Actimath à l'infini 3* s'insère parfaitement dans la continuité de ses prédécesseurs (*Actimath à l'infini 1* et *Actimath à l'infini 2*), même si *Actimath à l'infini 3* fait « peau neuve ». En effet, nous te présentons un manuel dont la formule est mieux adaptée au deuxième degré. Le livre-cahier fait place à un « vrai » manuel et à un livret d'exercices.

Dans le manuel, aucune place n'est prévue pour la notation des réponses; il est donc déconseillé d'écrire dans ce livre. Tu devras disposer d'un classeur dans lequel tu rédigeras les solutions des différentes activités proposées et des exercices complémentaires éventuels que ton professeur te demandera de résoudre. Ce sera l'occasion de t'habituer à rédiger un document avec soin, à présenter une démonstration de manière structurée, à construire des figures précises et claires.

Le livret d'exercices t'aidera à solutionner plus facilement certaines activités, comme celles qui nécessitent de disposer de la figure fournie dans l'énoncé afin de la compléter.

Cette nouvelle formule d'*Actimath à l'infini 3* offre tous les avantages du livre classique, mais en évite ses inconvénients.

Dans chaque chapitre, les activités, nombreuses et diversifiées, permettent tantôt de résoudre de petits problèmes avec les notions mathématiques que tu connais, tantôt de découvrir et de démontrer de nouvelles propriétés, de confronter ta recherche avec celles d'autres élèves et d'expliquer ta démarche.

Ce manuel comporte de très nombreux exercices complémentaires qui doivent permettre à chacun de s'entraîner à son rythme mais également d'apprendre à chercher seul. En effet, certains d'entre eux sont destinés à vérifier tes connaissances, à améliorer les techniques mathématiques et d'autres cultivent l'art de faire des démonstrations et entraînent à la résolution de problèmes.

N'oublie pas de te servir de l'index figurant à la fin du livre (pp. 339-342). Lors de la recherche d'un mot important, il te donnera les numéros de pages où ce mot est abordé.

Une liste des principaux symboles mathématiques (pp. 343-344) te permettra de retrouver la signification exacte de l'un d'entre eux, rencontré dans un énoncé ou dans la théorie.

Ton professeur utilisera peut-être en classe le manuel numérique de ton *Actimath à l'Infini 3*. Tous les exercices animés que tu y rencontreras sont disponibles sur la plate-forme *Udiddit* et ton compte *digiportail*. Tu pourras donc les refaire chez toi. Ces exercices seront renseignés dans ton manuel et ton livret par un logo spécifique. C'est également dans ton livret d'exercices que tu trouveras ton code d'accès à ton compte *digiportail*. Ton professeur pourra te donner l'accès au site *Udiddit*.

Bon travail avec *Actimath à l'infini 3* !

Les auteurs

Mode d'emploi

Ton livre, *Actimath à l'infini 3*, est divisé en quatorze chapitres, facilement repérables grâce aux petits onglets situés sur le bord extérieur et indiquant le numéro du chapitre.

Ces chapitres sont eux-mêmes divisés en activités. Ton professeur choisira celles qui te permettront d'atteindre les objectifs fixés et il te donnera des conseils pour mener à bien leur déroulement. Tu noteras les solutions de ces différentes activités et des exercices qui s'y rapportent dans un classeur; tu le feras en n'oubliant pas d'indiquer une référence sur les feuilles de celui-ci.

Si tu disposes du livret d'exercices, tu l'utiliseras chaque fois que tu trouveras dans le manuel un logo le signalant.

La théorie de chaque chapitre est rassemblée à la fin du manuel. Chaque fois qu'une nouvelle notion théorique sera mise en place, ton professeur te renverra à cette partie du manuel.

Tu remarqueras très vite que des logos apparaissent régulièrement au fil des pages. Ils ont évidemment une signification particulière.

Pendant une activité, si une notion peut (doit) être précisée ou formulée, ce logo t'indique la référence permettant de la retrouver dans la théorie.

Ce logo t'indique que tu peux solutionner l'exercice proposé dans le livret d'exercices.

Ce logo renseigne la présence, sur la plate-forme *Udiddit* et sur ton compte *digiportail*, d'exercices animés ou d'exercices inédits. Cela te permettra de t'exercer à domicile. Ton code d'accès se trouve en page 2 du livret d'exercices.

Chaque chapitre se termine par quelques feuilles légèrement colorées contenant une série d'exercices complémentaires. Ceux-ci sont classés en trois catégories.

- Connaître
  Selon les cas, tu devras illustrer un énoncé par un exemple ou un dessin, justifier certaines étapes d'un calcul, ...
- Appliquer
  Ces exercices te permettront d'utiliser et d'appliquer de manière réfléchie les savoirs acquis.
- Transférer
  Tu seras confronté(e) à des situations nouvelles et inédites qui s'inscrivent toutefois dans le prolongement de celles exploitées lors des apprentissages.

Avant la théorie, tu trouveras également quelques pages d'exercices destinés à vérifier que tu maîtrises les compétences développées. Pour les résoudre, tu devras mettre en œuvre, en les organisant, des savoirs, des savoir-faire et des stratégies.

Tous les exercices animés rencontrés en classe sont disponibles sur la plate-forme *Udiddit* et sur ton compte *digiportail*.

Bon travail avec *Actimath à l'infini 3* !

Table des matières

Actimath

à l'infini

Activités et Exercices complémentaires

Chapitre 1 Angles et cercles

Activité 1 • Angle inscrit et angle au centre

7-9

1 Lors d'un spectacle de marionnettes dans une classe de maternelle, l'institutrice a installé un théâtre de 2,10 m de large représenté par le segment [AB] sur la vue de haut ci-dessous.

a) Elle invite les premiers élèves à prendre place sur un arc de cercle passant par les extrémités du théâtre et dont le centre O est situé à 1,50 m de celui-ci.

Réalise un dessin de la situation à l'échelle 1 : 30, et marque cinq points représentant les endroits où les premiers élèves auraient pu s'installer.
Mesure et compare l'amplitude des angles de vue de ces cinq élèves.

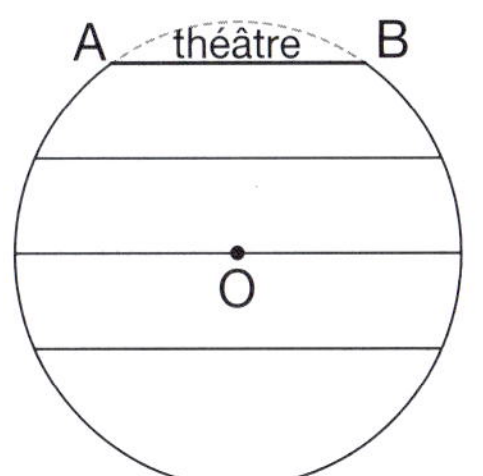

b) L'institutrice propose alors aux autres élèves de s'installer sur des rangées parallèles au théâtre situées respectivement à 0,75 m, 1,50 m et 2,25 m de celui-ci.

Sur un nouveau dessin à l'échelle 1 : 30, construis les trois segments représentant ces rangées et place, sur chacune d'elles, respectivement en bleu, vert et noir, quatre points où les élèves auraient pu s'installer.
Mesure et compare l'amplitude des nouveaux angles de vue de ces élèves.

233 A1

9-10

2 a) Sachant que ABCD est un carré inscrit dans un cercle de centre O, compare les amplitudes des angles $\widehat{COD}$, $\widehat{CAD}$ et $\widehat{CBD}$.

b) Sachant que ABCDEF est un hexagone régulier inscrit dans un cercle de centre O, compare les amplitudes des angles $\widehat{AOB}$, $\widehat{ACB}$ et $\widehat{ADB}$.

c) Sachant que ABCDE est un pentagone régulier inscrit dans un cercle de centre O, compare les amplitudes des angles $\widehat{AOB}$, $\widehat{ACB}$ et $\widehat{ADB}$.

10-11

3 a) Sur la figure ci-contre, [AC] est un diamètre du cercle $\mathscr{C}$ de centre O et B un point de $\mathscr{C}$. Justifie les égalités ci-dessous.

(1) $|\widehat{BOC}| = |\widehat{BAO}| + |\widehat{ABO}|$

(2) $|\widehat{BAO}| = |\widehat{ABO}|$

(3) $|\widehat{BAC}| = \frac{1}{2} \cdot |\widehat{BOC}|$

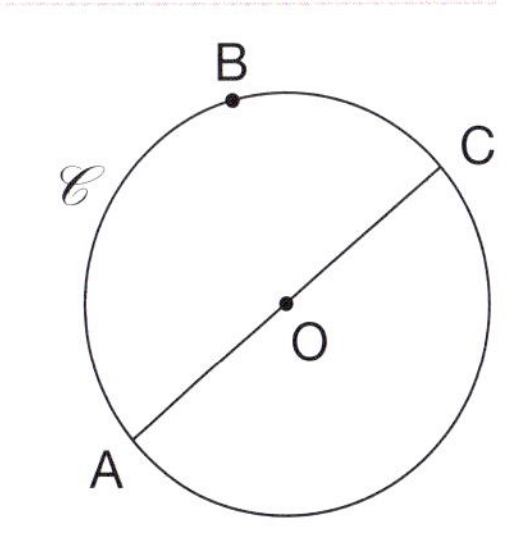

b) Sur la figure ci-contre, [AD] est un diamètre du cercle $\mathscr{C}$ de centre O et, B et C deux points de $\mathscr{C}$ situés de part et d'autre de [AD].

(1) Écris une égalité reliant les amplitudes des angles $\widehat{BAD}$ et $\widehat{BOD}$.

(2) Écris une égalité reliant les amplitudes des angles $\widehat{DAC}$ et $\widehat{DOC}$.

(3) Des deux égalités précédentes, déduis-en une nouvelle qui relie les amplitudes des angles $\widehat{BAC}$ et $\widehat{BOC}$.

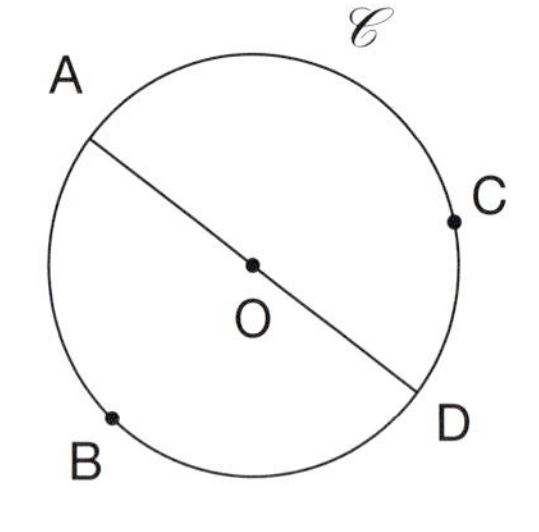

c) Sur la figure ci-contre, [AD] est un diamètre du cercle $\mathscr{C}$ de centre O et, B et C deux points de $\mathscr{C}$ situés du même côté de [AD].

(1) Écris une égalité reliant les amplitudes des angles $\widehat{BAD}$ et $\widehat{BOD}$.

(2) Écris une égalité reliant les amplitudes des angles $\widehat{CAD}$ et $\widehat{COD}$.

(3) Des deux égalités précédentes, déduis-en une nouvelle qui relie les amplitudes des angles $\widehat{BAC}$ et $\widehat{BOC}$.

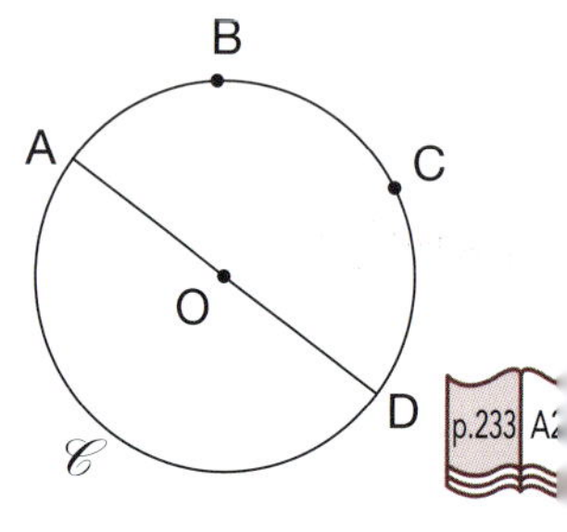

p.233 A

4 Sur la figure ci-contre, A, B, C et D sont quatre points distincts du cercle $\mathscr{C}$ de centre O et, A et D appartiennent au même arc $\widehat{BC}$.

(1) Écris une égalité reliant les amplitudes des angles $\widehat{BAC}$ et $\widehat{BOC}$.

(2) Écris une égalité reliant les amplitudes des angles $\widehat{BDC}$ et $\widehat{BOC}$.

(3) Des deux égalités précédentes, déduis-en une nouvelle qui relie les amplitudes des angles $\widehat{BAC}$ et $\widehat{BDC}$.

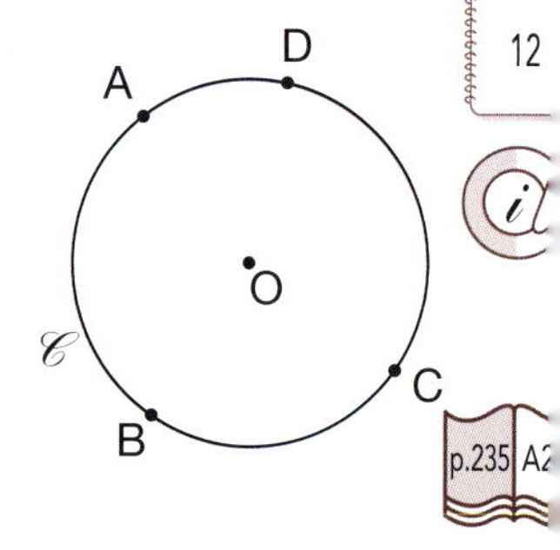

12

p.235 A2

Activité 2 • Triangle et demi-cercle

1 Lors d'une classe de forêt, un professeur souhaite donner à tous ses élèves un badge distinctif triangulaire découpé dans des disques de tissu de même rayon. Pour cela, il commence par découper chaque disque en deux suivant un diamètre [AB]. Pour chaque demi-disque, il marque un point C de la circonférence et découpe à nouveau suivant les segments [AC] et [BC].

Après avoir distribué les morceaux découpés aux élèves, ceux-ci constatent qu'ils ne sont pas tous identiques. Pourtant, le professeur précise que tous les morceaux triangulaires ont une particularité géométrique commune.

a) Réalise un dessin de la situation à partir d'un disque de 2 cm de rayon et découvre cette particularité.

b) Énonce la propriété d'un triangle inscrit dans un demi-cercle et démontre-la en utilisant les outils découverts dans l'activité précédente.

p.236 B

2 a) La ville de Beloeil offre à ses clubs sportifs l'opportunité de créer des autocollants circulaires à l'image de leur club. Quatre clubs ont fourni leur logo. Les sommets de ces logos devant impérativement se trouver sur le bord de l'autocollant circulaire, trace pour chaque logo, le bord de l'autocollant.

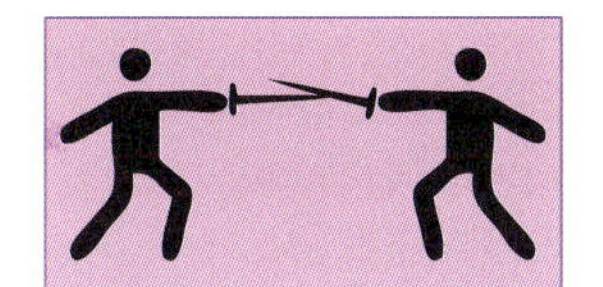

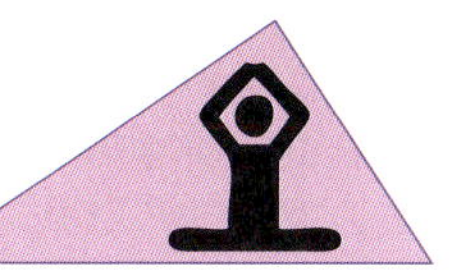

b) La ville d'Ath propose également la même opportunité à ses clubs mais souhaite conserver la moitié de l'autocollant circulaire pour y inscrire son nom comme le montre l'exemple ci-contre. Elle demande aux clubs un logo triangulaire dont un des côtés sera un diamètre du cercle et le troisième sommet sera situé sur le bord du demi-cercle encore disponible.
Parmi les quatre logos suivants, quels sont ceux qui pourront être acceptés pour ce projet ? Pour ceux-ci, trace le bord de l'autocollant.

36 B2

Activité 3 • Constructions d'angles particuliers

13-14

1 En utilisant uniquement une latte et un compas, construis…

a) un angle de 90° inscrit dans un cercle.
b) un angle de 60° au centre d'un cercle.
c) un angle de 30° inscrit dans un cercle.
d) un angle de 60° inscrit dans un cercle.
e) un angle de 45° inscrit dans un cercle.
f) un angle de 75° inscrit dans un cercle.

14

2 En utilisant uniquement une latte et un compas, construis à partir d'un angle de 140° au centre d'un cercle…

a) un angle de 70° inscrit dans ce cercle.
b) un angle de 20° inscrit dans ce cercle.
c) un angle de 100° inscrit dans ce cercle.
d) un angle de 115° inscrit dans ce cercle.

3 En utilisant uniquement une latte et un compas, construis...

a) un triangle rectangle ABC dont l'hypoténuse [BC] mesure 4 cm et un autre côté 3 cm.
b) un triangle rectangle DEF dont l'hypoténuse [DE] mesure 50 mm et $|\hat{E}| = 60°$.

4 En utilisant uniquement la surface du post-it de 76 x 76 mm, une latte et un compas, construis la perpendiculaire au segment [AB] en B.

15

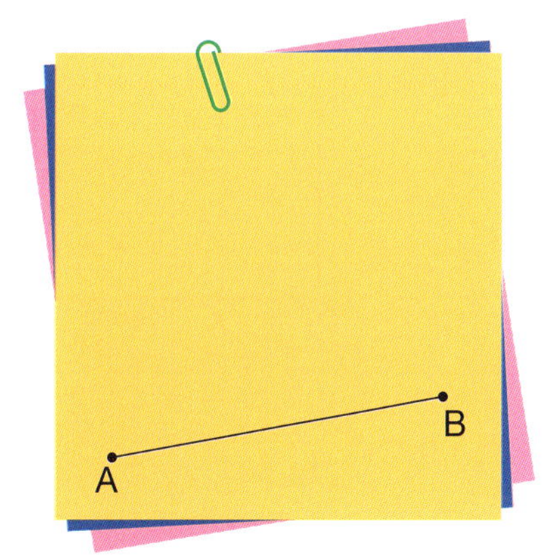

5 Les équerres géométriques les plus fréquentes sont des triangles rectangles isocèles dont l'hypoténuse mesure 16 cm. Trace un segment de 16 cm et ensuite, achève la représentation de la forme d'une équerre géométrique uniquement à l'aide d'un compas et d'une règle non graduée.

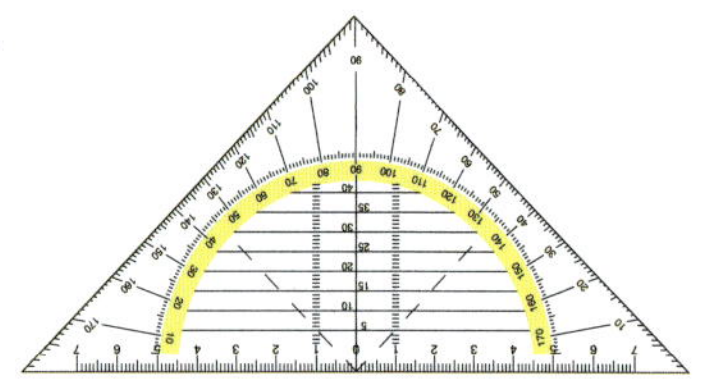

6 Une société de sécurité conseille à ses clients le placement de détecteurs de mouvements pour éviter les intrusions.
Le modèle en promotion qu'elle propose actuellement balaie un angle horizontal de 56°.

Dans le cadre d'une journée d'exposition, plusieurs projets ont été réalisés. Ils consistent à étudier le placement de ce modèle de detecteur dans une cour intérieure rectangulaire afin qu'il balaie exactement le portail d'entrée [XY].

a) Pour les trois projets ci-dessous, représente un endroit où le détecteur peut être placé. Précise si l'endroit que tu as représenté est unique.

Projet 1

Le détecteur doit être placé sur le mur représenté par [AD].

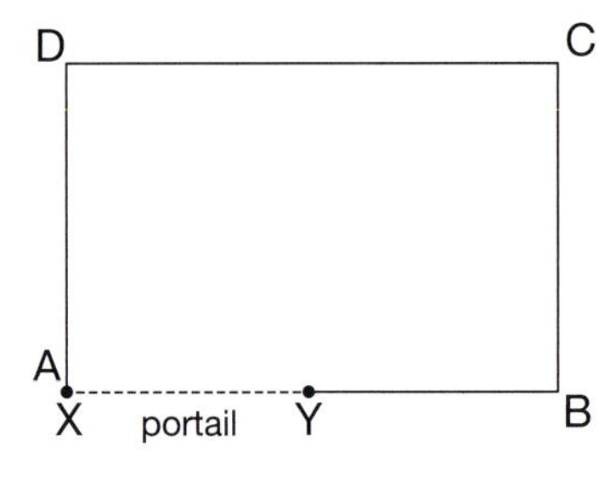

Projet 2

Le détecteur doit être placé dans la cour sur un pylône équidistant de X et de Y.

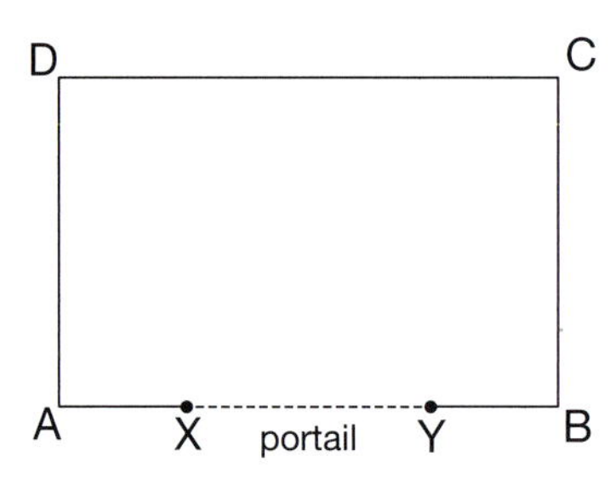

Projet 3

Le détecteur doit être placé dans la cour sur un pylône non équidistant de X et de Y.

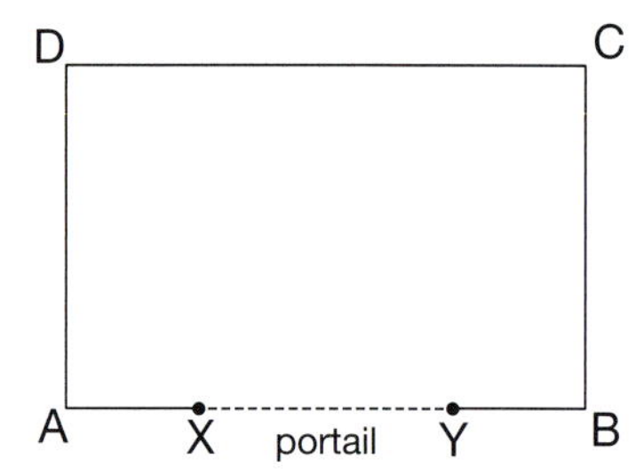

b) Pour les deux projets suivants, représente tous les endroits où le détecteur peut être placé.

Projet 4

Le détecteur doit être placé sur un pylône dans la cour.

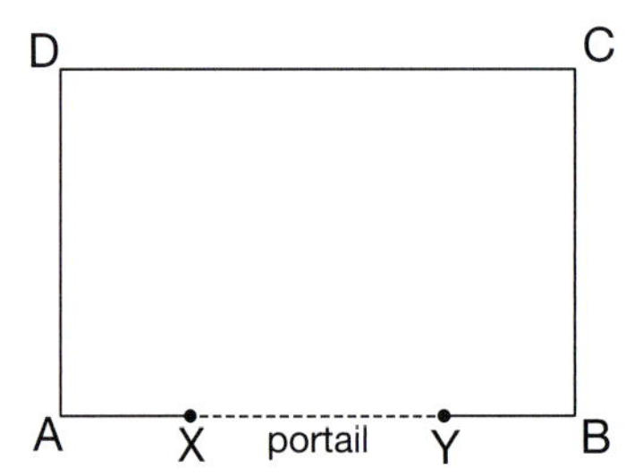

Projet 5

Le détecteur doit être placé sur un des murs de la cour.

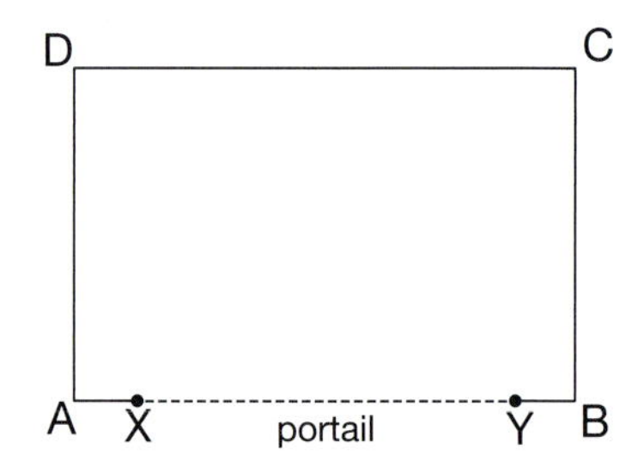

Activité 4 • Recherche d'amplitudes d'angles

1

1 Sur chacune des figures ci-dessous, O est le centre du cercle 𝒞. Dans chaque cas, détermine l'amplitude de l'angle colorié en vert. Justifie.

a)

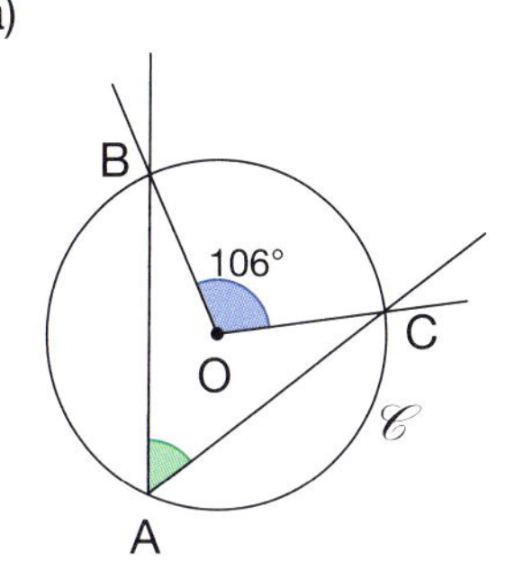

b)

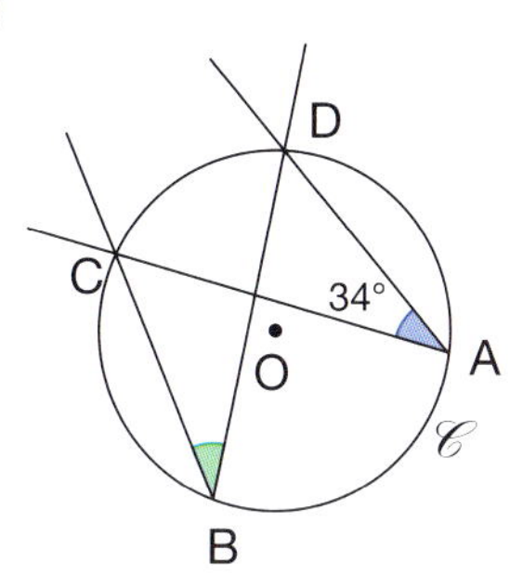

c)

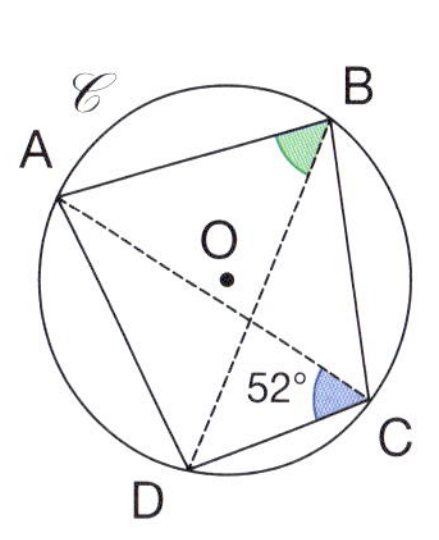

16

2 Sur la figure ci-contre, O est le centre du cercle 𝒞 circonscrit au triangle XYZ. Calcule l'amplitude des angles $\widehat{XZY}$ et $\widehat{XOY}$. Justifie.

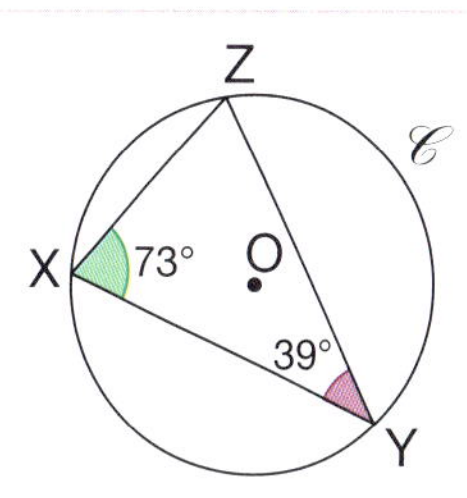

16-17

3 En utilisant les informations de la figure ci-dessous, calcule l'amplitude des angles du triangle BCD.

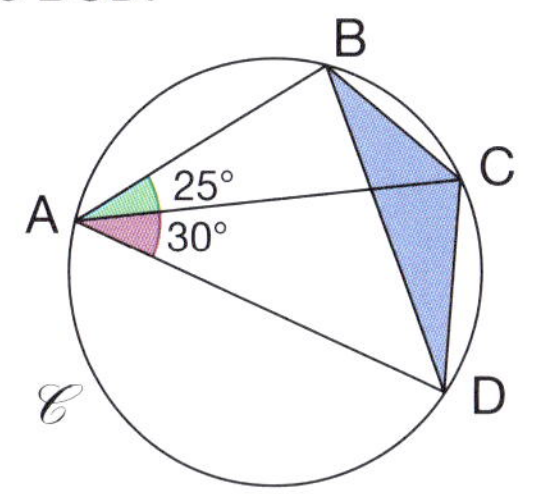

17

4 Sur la figure ci-dessous, le triangle EFG est équilatéral et M est un point de l'arc $\overset{\frown}{GF}$ du cercle circonscrit à EFG. Détermine l'amplitude des angles $\widehat{EMG}$, $\widehat{EMF}$ et $\widehat{FMG}$. Justifie.

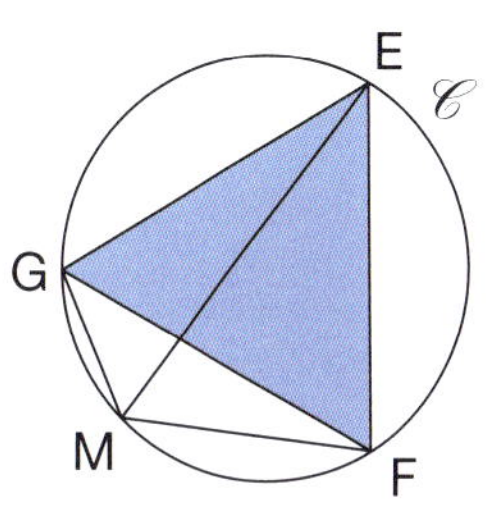

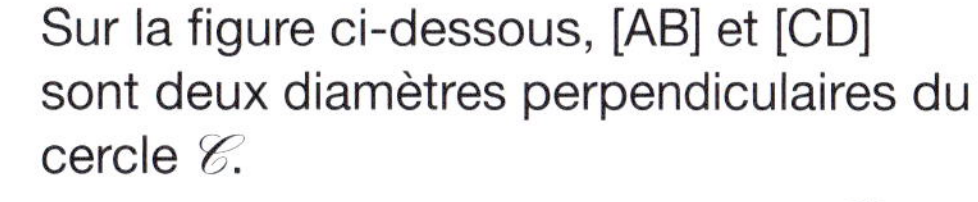

18

5 Sur la figure ci-dessous, A est le centre du cercle 𝒞, ABC est un triangle équilatéral et ADC un triangle rectangle en A. Détermine l'amplitude des angles du triangle BCD.

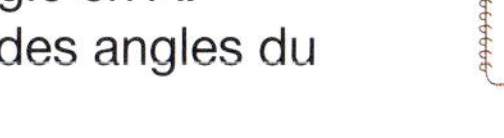

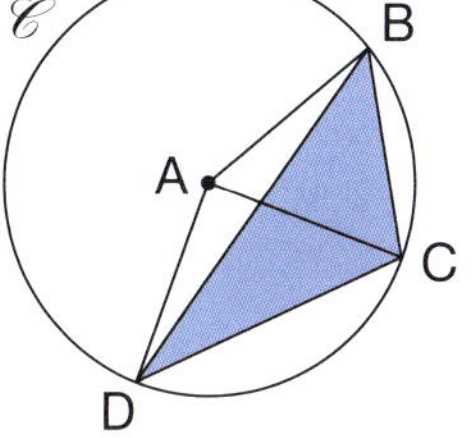

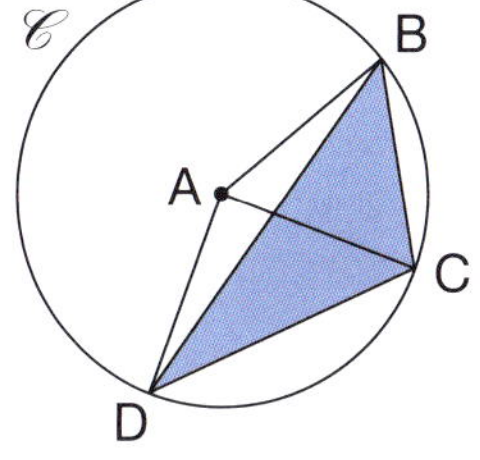

19

6 Sur la figure ci-dessous, [AB] et [CD] sont deux diamètres perpendiculaires du cercle 𝒞.

Détermine l'amplitude des angles $\widehat{AXB}$, $\widehat{AXD}$, $\widehat{BXD}$, $\widehat{BXC}$ et $\widehat{AXC}$. Justifie.

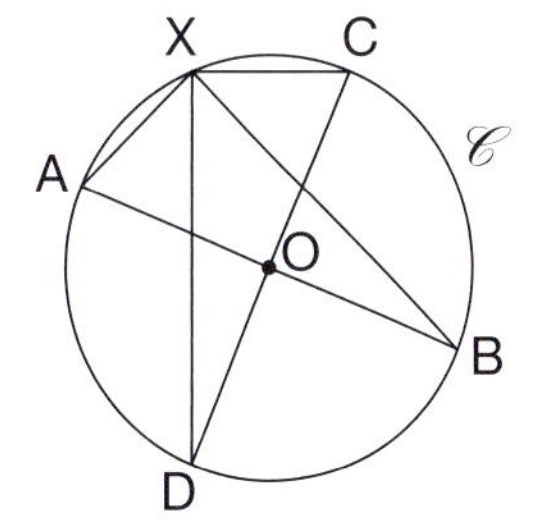

7 Trace un cercle de centre O et de rayon r. Détermine sur celui-ci deux points A et B tels que $|AB| = r$. Place un point C sur le cercle et détermine l'amplitude de l'angle $\widehat{ACB}$.

8 Sur le bord du cadran de l'horloge représentée ci-contre, on marque...
- A, le point indiquant midi;
- B, le point situé dans le prolongement de l'aiguille des minutes;
- C, le point situé dans le prolongement de l'aiguille des heures.

Détermine l'amplitude de l'angle $\widehat{BAC}$.

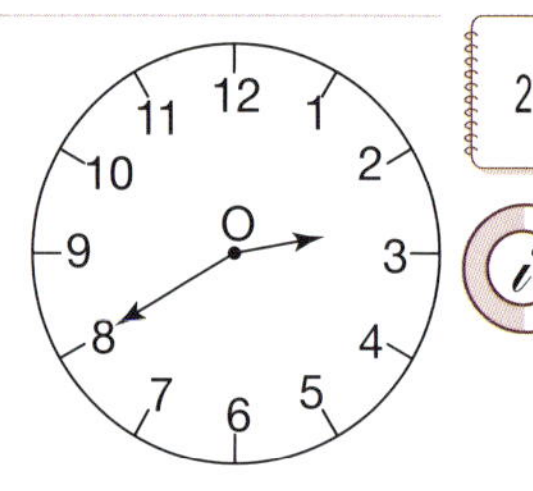

9 Un angle inscrit dans un cercle intercepte un arc d'un dixième de ce cercle. Détermine l'amplitude de cet angle.

10 Lors d'un petit jeu, 20 élèves se donnent la main en formant un cercle. L'un des élèves prend une photo de ses amis. Si son appareil lui permet de réaliser des photos avec un angle de 42° et que la distance entre deux élèves voisins est toujours la même, détermine combien d'élèves au maximum seront complètement (mains et bras compris) sur la photo.

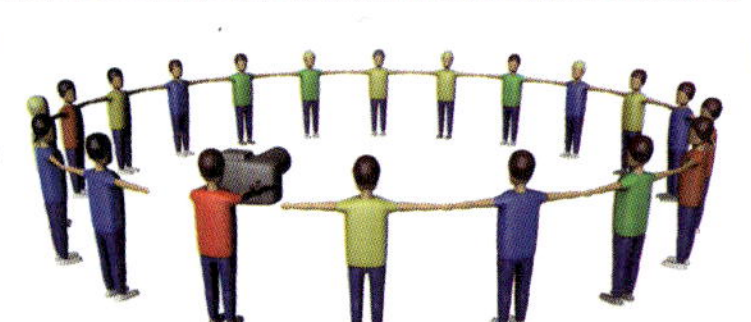

Activité 5 • Démonstrations

1 Dans un cercle de centre O, on construit l'angle inscrit $\widehat{XYZ}$ d'amplitude 45°. Démontre que le triangle XOZ est un triangle rectangle isocèle.

2 Dans un cercle de centre O, on construit l'angle inscrit $\widehat{XYZ}$ d'amplitude 30°. Démontre que le triangle XOZ est un triangle équilatéral.

3 Trace un cercle et un triangle ABC dont les sommets appartiennent à ce cercle. La bissectrice de l'angle $\widehat{BAC}$ coupe l'arc $\overset{\frown}{BC}$ en P.

a) Démontre que le triangle BPC est isocèle en P.
b) Que peux-tu dire du triangle BPC si ABC est rectangle en A ?

4 A, B et C sont trois points d'un cercle $\mathscr{C}$ de centre O et d est la tangente à ce cercle en C. On appelle $\widehat{C_1}$ l'angle aigu formé par d et [CB. Démontre que...

a) $|\widehat{C_1}| = \frac{1}{2} \cdot |\widehat{BOC}|$

b) $|\widehat{C_1}| = |\widehat{BAC}|$ (Théorème de l'angle tangentiel)

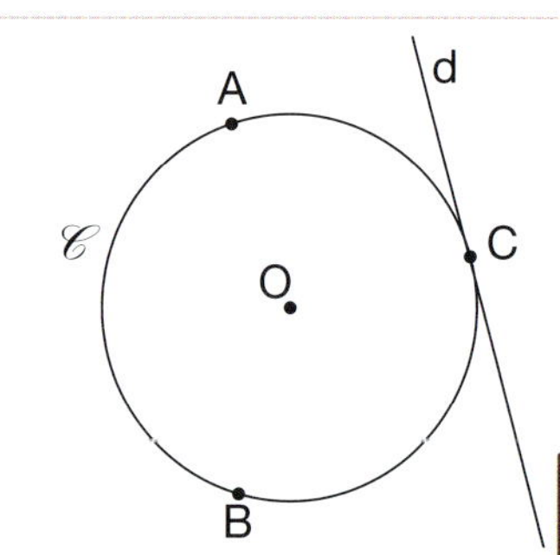

p.237

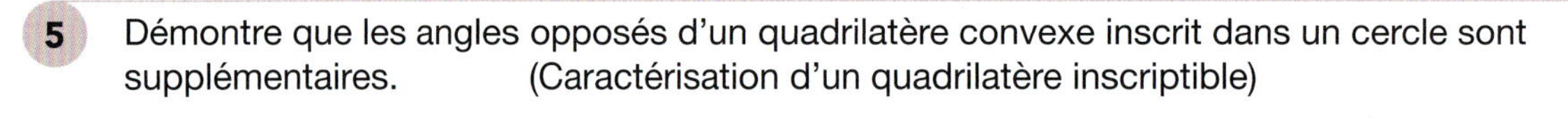

5 Démontre que les angles opposés d'un quadrilatère convexe inscrit dans un cercle sont supplémentaires. (Caractérisation d'un quadrilatère inscriptible)

p.237

Connaître

1 Sur la figure ci-contre, O est le centre du cercle.

a) Identifie les angles inscrits interceptant l'arc $\overset{\frown}{BC}$ et compare les amplitudes de ces angles. Justifie.

b) Identifie l'angle au centre interceptant l'arc $\overset{\frown}{BC}$ et compare son amplitude à celles des angles trouvés au a). Justifie.

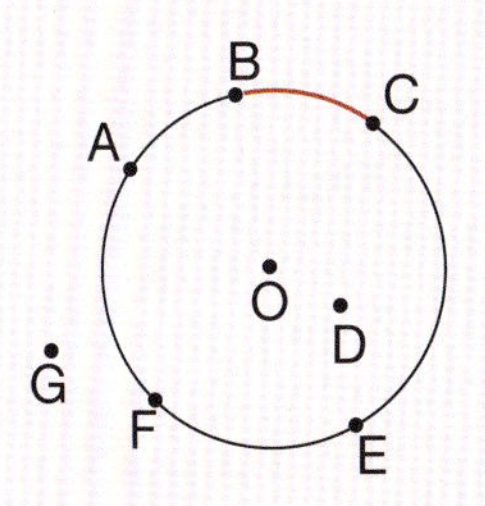

2 Sur chacune des figures ci-dessous, O est le centre du cercle. Retrouve l'(les) angle(s) de 24°. Justifie tes choix.

a)
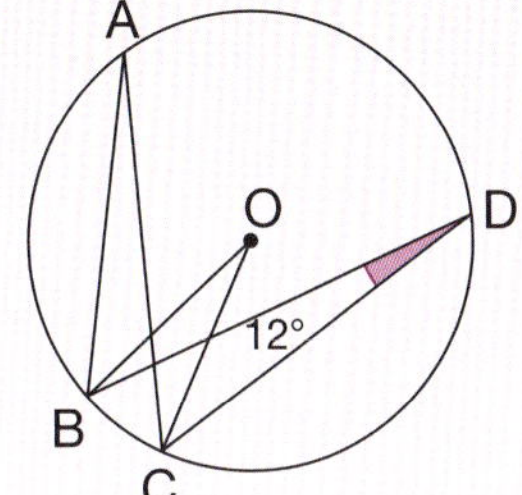

b)
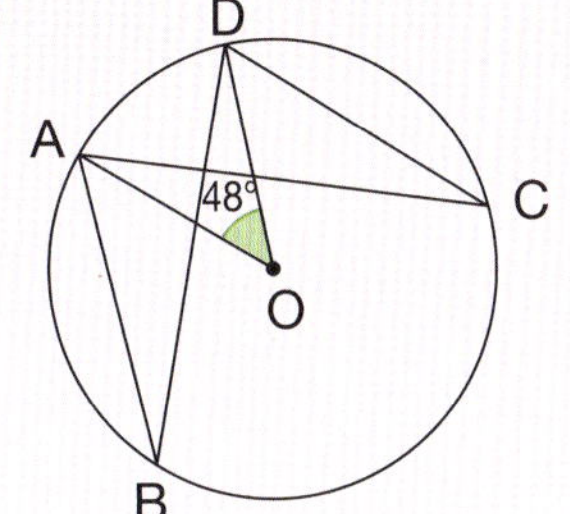

c)
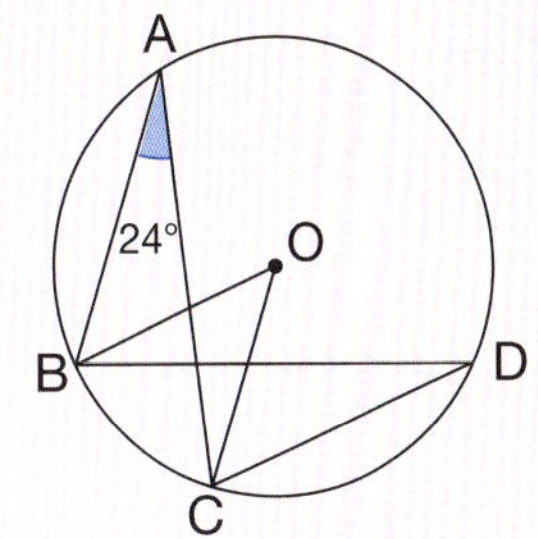

3 Sur la figure ci-contre, O est le centre du cercle.
En utilisant uniquement les points marqués sur la figure, retrouve tous les angles de 90°. Justifie.

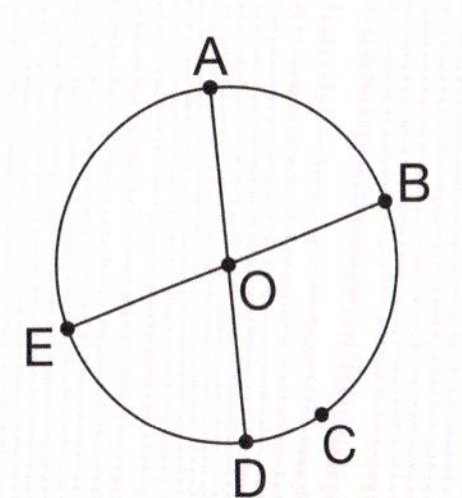

4 Détermine l'amplitude des angles colorés en vert si tu sais que O est le centre du cercle. Précise dans chaque cas la propriété utilisée.

a)
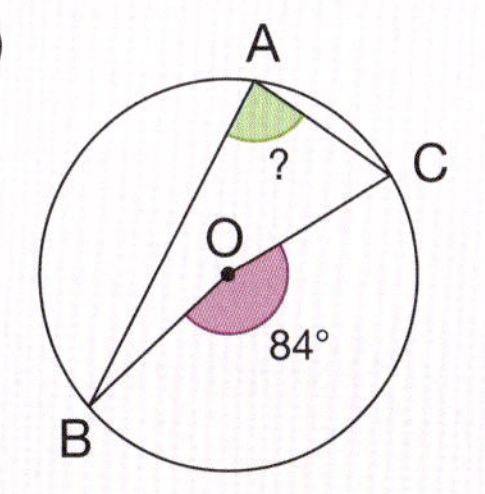

b)
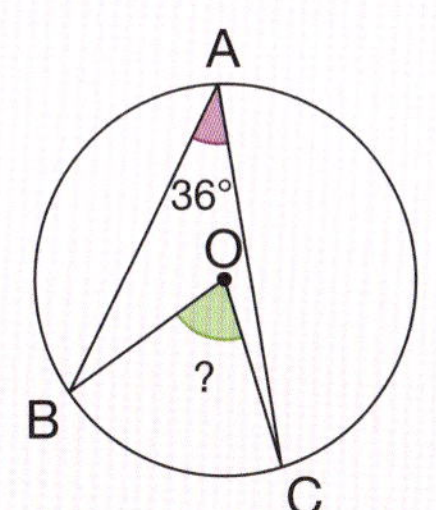

c)
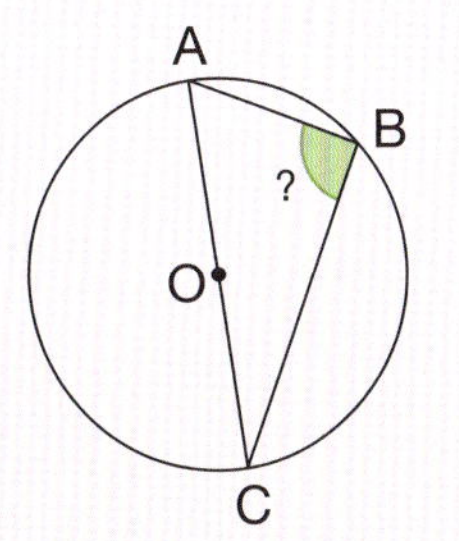

d)
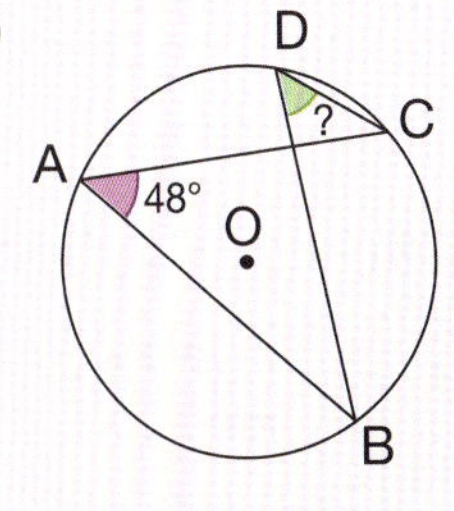

Appliquer

Recherche d'amplitudes d'angles

1 En utilisant les renseignements de la figure, calcule l'amplitude des angles du triangle ABC. Justifie.

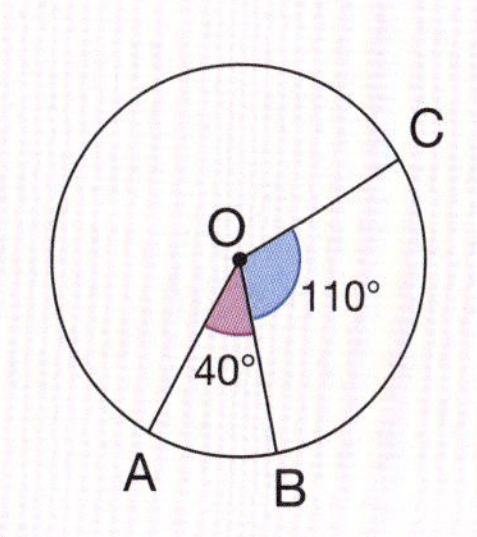

2 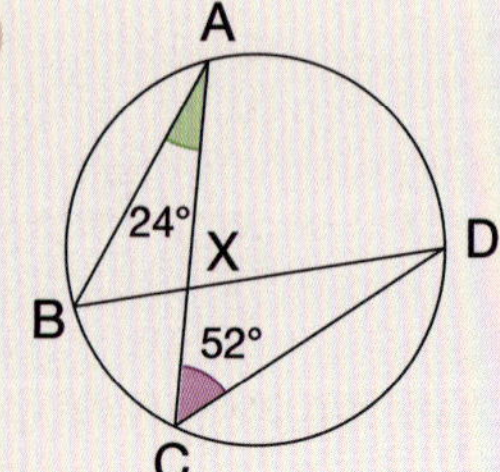

En utilisant les renseignements de la figure, calcule l'amplitude de l'angle $\widehat{AXD}$. Justifie.

3 Le triangle DEF est rectangle isocèle en E et P est un point de l'arc $\widehat{DF}$ du cercle circonscrit à DEF. Détermine l'amplitude des angles $\widehat{EPF}$ et $\widehat{DPF}$. Justifie.

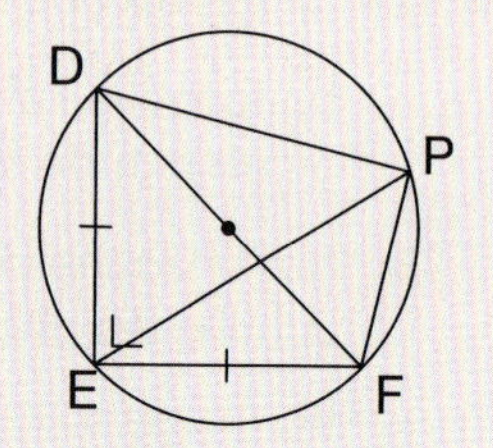

4 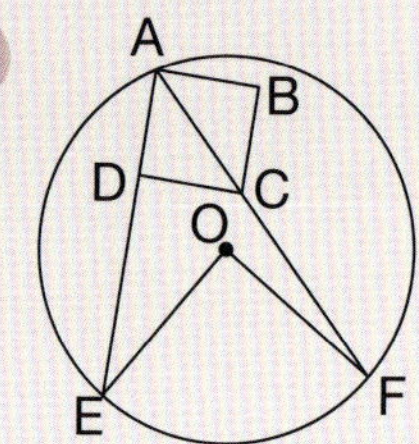

Sur la figure ci-contre, ABCD est un carré et O est le centre du cercle. Les points A, C et F et les points A, D et E sont respectivement alignés. Calcule l'amplitude de l'angle $\widehat{EOF}$. Justifie.

5 Dans le triangle équilatéral ABC, M est le milieu de [BC] et P est un point de l'arc $\widehat{AC}$ du cercle circonscrit au triangle AMC. Détermine l'amplitude des angles $\widehat{APM}$, $\widehat{APC}$ et $\widehat{MPC}$. Justifie.

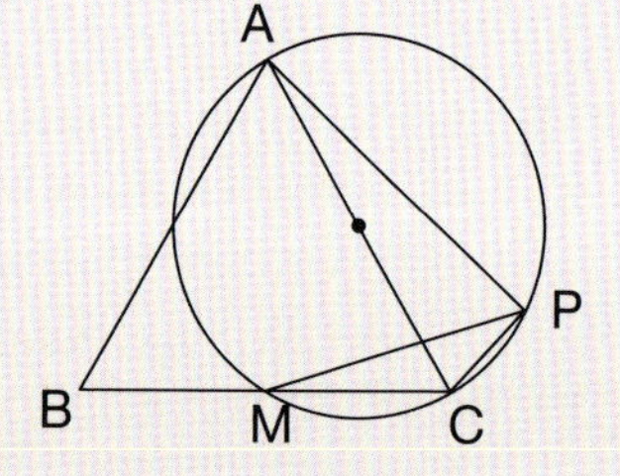

6 Trace un cercle de centre O et de rayon r. Détermine sur celui-ci deux points A et B tels que $|AB| = r$.

Place un point C sur le cercle tel que l'angle $\widehat{ACB}$ soit aigu. Détermine l'amplitude de cet angle.

7 Trace un cercle de centre O et deux diamètres [AB] et [CD] tels que AOC soit un triangle équilatéral. Détermine l'amplitude des angles $\widehat{ADC}$, $\widehat{BAD}$ et $\widehat{BOC}$.

Exercices de construction

8 En utilisant uniquement une latte et un compas, construis les angles demandés dans le cercle de centre O.

a) Un angle inscrit de 50°

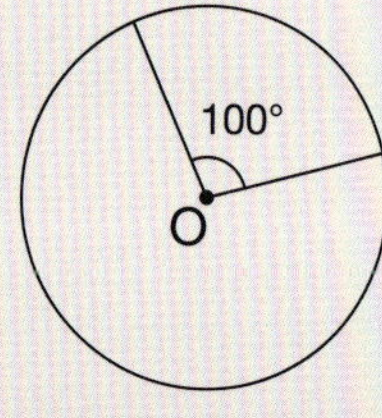

b) Un angle au centre de 70°

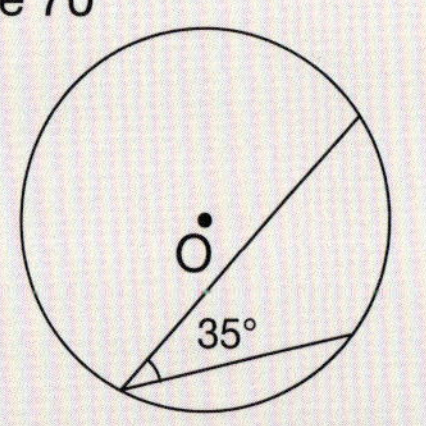

c) Un angle inscrit de 25°

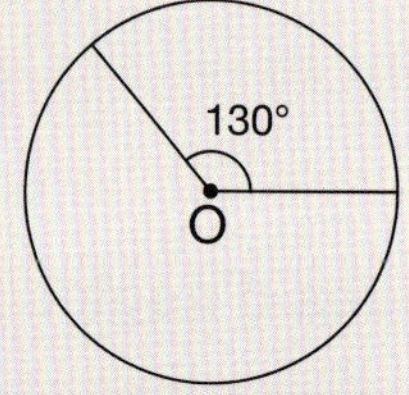

d) Un angle inscrit de 40°

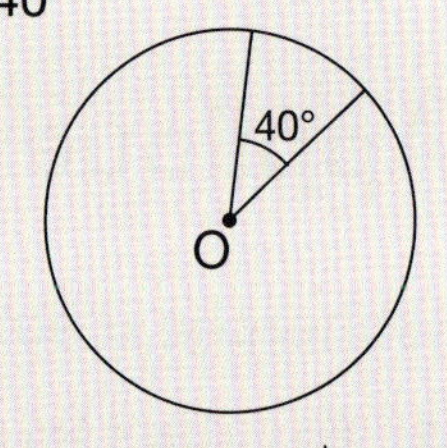

9 Sur le dessin ci-contre, O est le centre du cercle, OAB est un triangle équilatéral et la hauteur issue de A coupe le cercle en C. En utilisant uniquement une latte, trace deux angles inscrits de sommet C respectivement de 30° et 60°. Justifie ta construction.

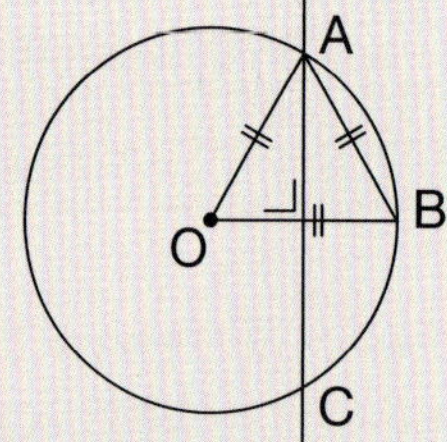

10 Trace un cercle de centre O et deux diamètres perpendiculaires [AB] et [CD]. En utilisant uniquement une latte et un compas, trace un angle inscrit de 15°. Explique ton raisonnement.

11 Dans un cercle $\mathscr{C}$ donné, construis un triangle inscrit ABC rectangle en A dont un angle aigu mesure 35°. Justifie ta construction.

12 Construis l'ensemble des points du plan d'où l'on voit un segment [AB] de 3 cm sous un angle de 35°. Justifie ta construction.

Transférer

1 Le zootrope est un jouet donnant l'illusion de mouvement. Il est composé d'un tambour muni de douze à seize fentes à l'intérieur duquel une bande de dessins décompose un mouvement cyclique.

Si la bande de dessins comporte vingt illustrations, quel doit être l'amplitude de l'angle de vision à partir d'une fente pour observer correctement l'animation. On suppose la largeur des fentes négligeable.

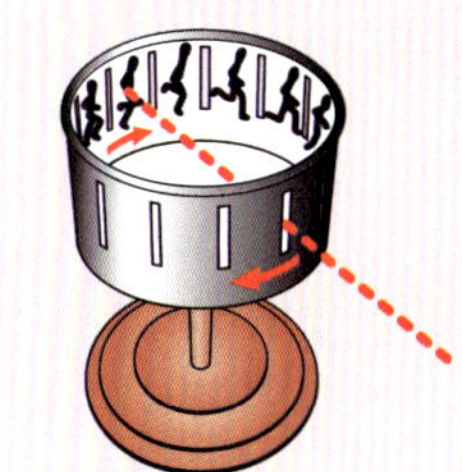

2 Un entraîneur de football aimerait proposer lors de son entraînement une série de tirs au but dont l'angle de tir pour inscrire un but est de 20° et tels que le ballon serait placé sur une des lignes du grand rectangle. En t'aidant du schéma ci-contre, aide-le à choisir les bons emplacements pour le ballon. Réalise un dessin à l'échelle 1 : 300.

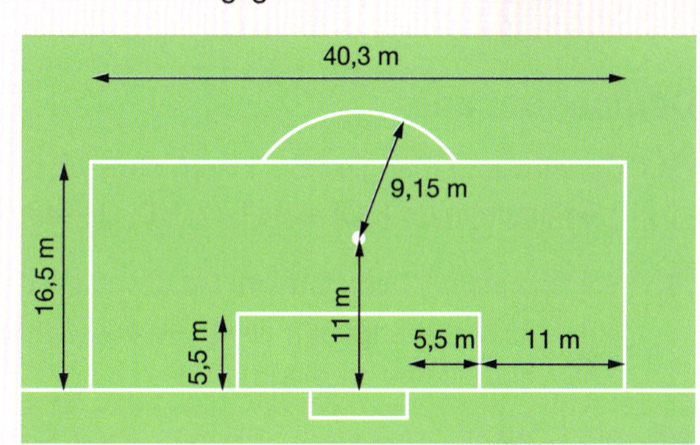

3 Une manufacture désire construire un nouvel atelier. La largeur du bâtiment sera de 9 m et l'une des pentes du toit sera constituée de panneaux vitrés de 3 m de long. De plus, les deux pentes du toit doivent former un angle de 90°.
Représente la façade avant de ce bâtiment à l'échelle 1 :100.

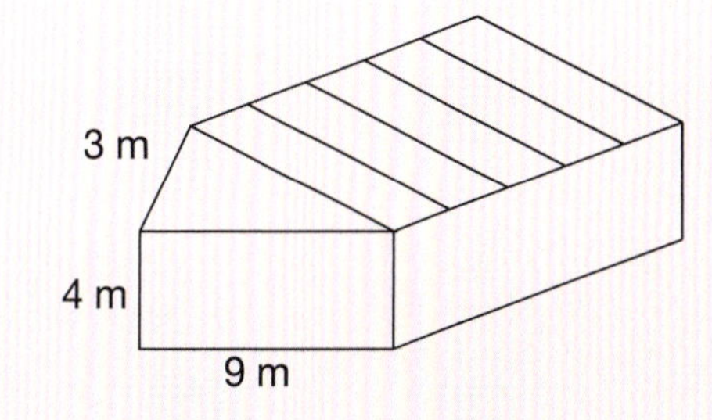

4 Les berges d'un étang de pêche de forme circulaire ont été construites à l'aide de plaques de béton de 2 m 40 de long placées côte à côte.

Lorsqu'on est situé sur la berge de l'étang, on peut, à l'aide d'un lecteur d'angle électronique apercevoir chaque plaque sous un angle horizontal de 3°.
Calcule le périmètre de cet étang.

5 En utilisant les renseignements fournis sur la figure ci-contre, calcule l'amplitude de l'angle $\widehat{QAN}$. Justifie.

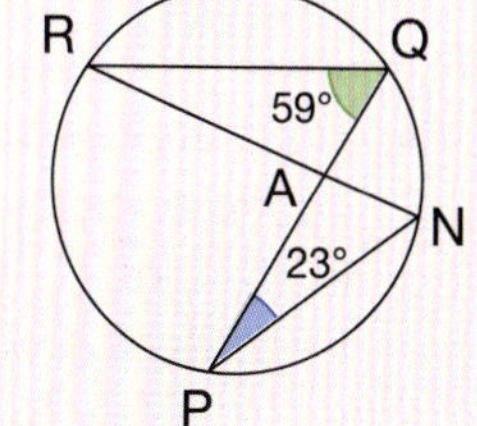

6 Dans chacune des figures ci-dessous, justifie que les angles $\widehat{AMB}$ et $\widehat{A'M'B'}$ ont la même amplitude.

a) O est le centre du cercle $\mathscr{C}$

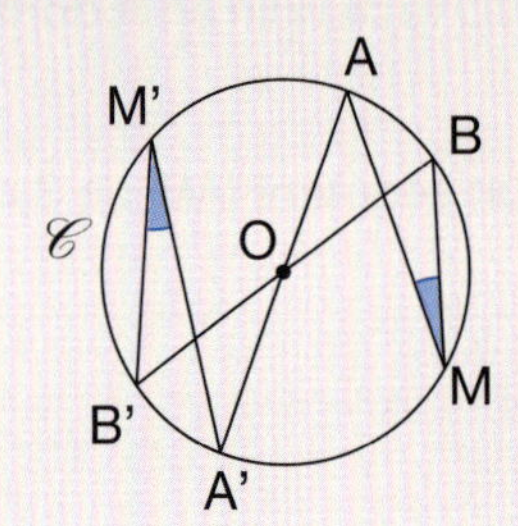

b) M et M' sont respectivement les centres des cercles $\mathscr{C}$ et $\mathscr{C}'$.

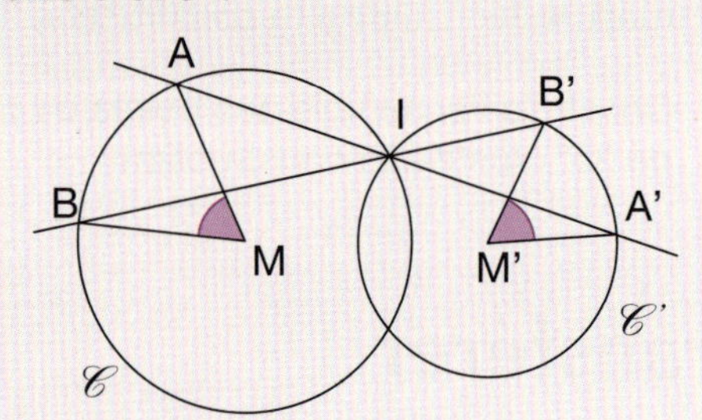

7 Dessine un cercle $\mathscr{C}$ et ensuite construis le triangle ABC représenté ci-dessous. Justifie tes constructions.

a)

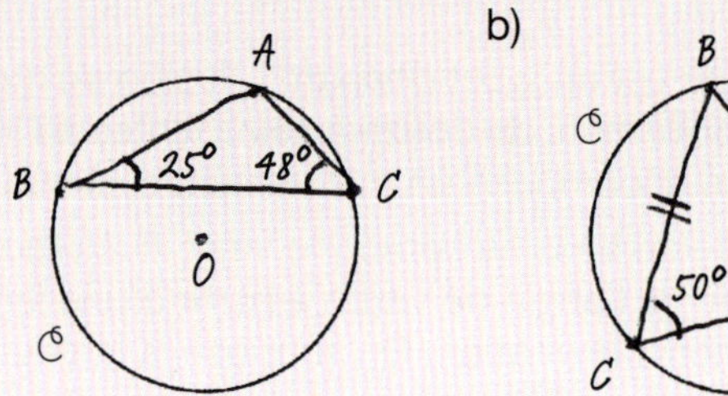

b)

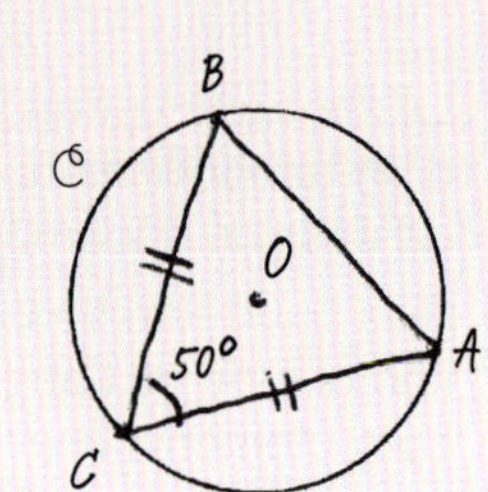

Démonstrations

8 Construis un triangle ABC inscrit dans un cercle de centre O. Note K le point d'intersection de la médiatrice m de [BC] avec l'arc $\widehat{BC}$. Démontre que AK est la bissectrice de l'angle $\widehat{BAC}$.

9 Sur un cercle $\mathscr{C}$ de diamètre [AD], choisis deux points B et C de part et d'autre de [AD] et tels que $|\widehat{ABC}| = 52°$. Construis la hauteur [AH] du triangle ABC. Démontre que les angles $\widehat{BAH}$ et $\widehat{CAD}$ ont la même amplitude.

10 Sur la figure ci-contre, ABCD est un trapèze isocèle de base [AB] et [CD] et O est le centre du cercle. Démontre que les angles $\widehat{APD}$ et $\widehat{BPC}$ ont la même amplitude.

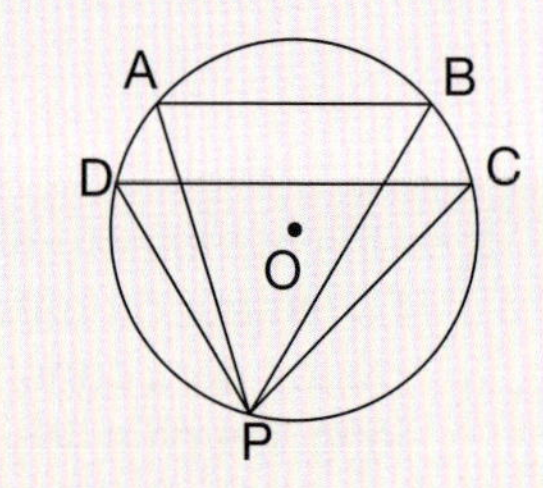

11

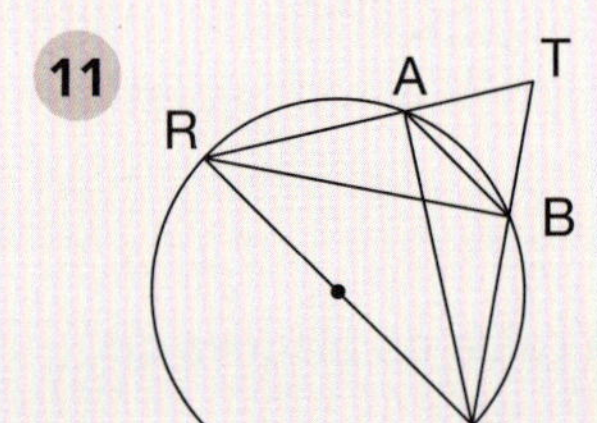

Le triangle TRP est isocèle en T. Le cercle de diamètre [RP] coupe [TR] en A et [TP] en B. Démontre que les droites AB et RP sont parallèles.

12 Sur la figure ci-contre, O est le centre du cercle et DO // AB.
Démontre que les angles $\widehat{AOD}$ et $\widehat{ACB}$ sont complémentaires.

13 Dans un triangle ABC, on appelle H l'orthocentre (l'intersection des hauteurs du triangle) et O le centre du cercle circonscrit à ce triangle. Démontre que $|\widehat{OAC}| = |\widehat{BAH}|$.
Pour cela,

a) trace le diamètre [AD];
b) compare $|\widehat{DAC}|$ et $|\widehat{CBD}|$;
c) compare $|\widehat{BAH}|$ et $|\widehat{CBD}|$.

Chapitre 2 Puissances à exposants entiers

Activité 1 • Puissances de 10 et notation scientifique

1 Transforme les écritures scientifiques en nombres réels et vérifie à la calculatrice.

a) 10^5
$8 . 10^{11}$
$6{,}07 . 10^2$
$4{,}5 . 10^6$

b) $9{,}78 . 10^{-5}$
$3{,}245 . 10^{-13}$
$1{,}3 . 10^{-2}$
$4{,}78 . 10^{-9}$

c) 10^{-7}
$7{,}002 . 10^3$
$3{,}901 . 10^{-8}$
$6{,}0004 . 10^{-4}$

d) $4 . 10^{-3}$
$8{,}184 . 10^4$
$9{,}0045 . 10^{-3}$
$5{,}0523 . 10^{12}$

2 Transforme les nombres réels en utilisant la notation scientifique et vérifie à la calculatrice.

a) 0,000 007 589
2 145 000 000

b) 1 400 000
0,001 245

c) 125,32
10 234,75

d) 0,000 000 000 123
2 487 000 000 000

3 Voici une série de nombres écrits en notation scientifique. Classe-les en ordre croissant.

$3{,}4 . 10^8$ $\quad$ $2{,}5 . 10^{-9}$ $\quad$ $1{,}7 . 10^{-6}$ $\quad$ $1{,}28 . 10^7$

$9{,}12 . 10^{-5}$ $\quad$ $3{,}04 . 10^8$ $\quad$ $5{,}16 . 10^{-9}$ $\quad$ $9{,}12 . 10^5$

4 Lors d'un contrôle, le professeur de biologie a demandé aux élèves de classer les éléments microscopiques ci-dessous par ordre croissant de taille.

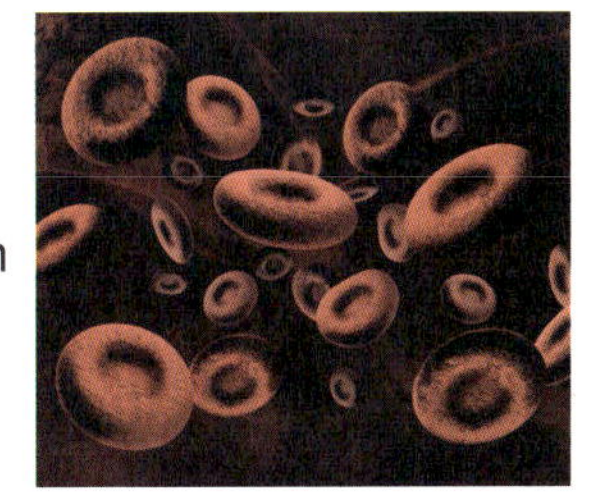

Globule rouge : $7{,}3 . 10^{-3}$ mm
Globule blanc : 0,04 mm
Plaquette : 0,001 mm
Virus de la grippe : 0,000 08 mm
Bactérie : $3{,}8 . 10^{-2}$ mm
Virus de la variole : 0,0002 mm

Établis ce classement et explique ta démarche.

5 Dans chaque cas, trouve la bonne réponse.

Distance Marseille-Lille	$9{,}69 . 10^{-5}$ m	$9{,}69 . 10^5$ km	$9{,}69 . 10^5$ m
Distance Terre-Soleil	$1{,}5 . 10^{-7}$ km	$1{,}5 . 10^8$ km	$1{,}5 . 10^3$ km
Diamètre d'une orange	$1{,}2 . 10^{-3}$ m	$1{,}2 . 10^{-1}$ m	$1{,}2 . 10^{-2}$ m
Épaisseur d'une pièce de 1 €	$5 . 10^{-3}$ m	$5 . 10^3$ m	$5 . 10^{-3}$ km
Masse de la fusée Ariane 5	$7{,}1 . 10^{-5}$ kg	$7{,}1 . 10^5$ g	$7{,}1 . 10^5$ kg
Masse d'un grain de sable	$3 . 10^{-2}$ kg	$3 . 10^6$ g	$3 . 10^{-6}$ g

Activité 2 • Puissances à exposants entiers : découverte

1 Pour chacun des exercices ci-dessous, recopie le tableau et complète la série de nombres dans les deux sens; ensuite, remplace chaque nombre par une puissance de même base.

a)					$\frac{1}{10}$	1	10	100			

b)								4	8	16	

c)						1	–3	9	–27		

d)						1	$\frac{3}{2}$	$\frac{9}{4}$			

e)							–2	4	–8		

p.238

2 Calcule.

a) 3^{-2} 5^{-3} 7^{-1} 6^{-2} 4^{-3} 3^{-5}

b) $(-2)^{-4}$ $(-4)^{-2}$ $(-2)^{-5}$ $(-6)^{-2}$ $(-3)^{-2}$ $(-5)^{-3}$

c) $(-5)^{2}$ $(-5)^{-2}$ 5^{-2} 5^{2} $(-2)^{5}$ 2^{-5}

d) $\left(\frac{1}{2}\right)^{-2}$ $\left(\frac{2}{3}\right)^{-1}$ $\left(-\frac{2}{5}\right)^{4}$ $\left(-\frac{3}{4}\right)^{-3}$ $\left(\frac{3}{2}\right)^{2}$ $\left(-\frac{3}{2}\right)^{-2}$

e) 4^{2} 4^{-2} $(-4)^{2}$ $(-4)^{-2}$ -4^{-2} -4^{2}

3 Complète par = ou ≠ et vérifie à la calculatrice.

a) 7^{-2} ...... -49 3^{-3} ...... -9 17^{-2} ...... -34 5^{-2} ...... 2^{-5}

b) 2^{-3} ...... $\frac{1}{8}$ 14^{-3} ...... $\frac{1}{14^3}$ 10^{-3} ...... $\frac{1}{30}$ 3^{-4} ...... $\frac{1}{12}$

c) 2^{-7} ...... $\frac{1}{14}$ 21^{-2} ...... $\frac{1}{42}$ $\left(\frac{2}{5}\right)^{-2}$ ...... $\frac{25}{4}$ 4^{-2} ...... $\frac{1}{2^4}$

4 Détermine le signe des puissances.

a) 42^3 $(-42)^3$ -42^3 42^{-3} $(-42)^{-3}$ -42^{-3} $-(-42)^3$

b) 55^2 $(-55)^2$ -55^2 55^{-2} $(-55)^{-2}$ -55^{-2} $-(-55)^2$

c) -26^5 $(-61)^{-7}$ 75^4 $(-38)^{-6}$ -83^{-8} -96^{-3} $-(-72)^{-7}$

5 Calcule.

a) $\dfrac{1}{4^{-2}}$ $\dfrac{1}{(-5)^{-2}}$ $\dfrac{1}{(-4)^{-3}}$ $\dfrac{1}{3^{-5}}$

b) $\dfrac{2^{-2}}{3}$ $\dfrac{2^{-1}}{3^{-1}}$ $\dfrac{4^2}{5^{-3}}$ $\dfrac{2^{-3}}{7^{-2}}$

Activité 3 • Transformations d'écritures

1 Écris les expressions suivantes en utilisant uniquement des exposants positifs.

a) a^{-5} $a^3 \,.\, b^{-7}$ $a^{-2} \,.\, b^{-5}$ $a \,.\, b^2 \,.\, c^{-3}$

b) $5 \,.\, a^2 \,.\, b^{-3}$ $-4 \,.\, a^{-2} \,.\, b^{-2}$ $2 \,.\, a^{-1} \,.\, b^3$ $3 \,.\, a \,.\, b^{-5}$

c) $2a^3b^{-5}$ $-2a^{-3}b^2$ $3a^{-2}b^{-3}$ $-5a^{-1}b^{-1}$

d) $\dfrac{1}{b^{-5}}$ $\dfrac{1}{a^{-3}}$ $\dfrac{a^3}{b^{-2}}$ $\dfrac{a^{-5}}{b^{-4}}$

e) $\dfrac{5}{a^{-3}}$ $\dfrac{2b}{3a^{-4}}$ $\dfrac{a}{b^2c^{-3}}$ $\dfrac{-3}{a^2c^{-4}}$

f) $\dfrac{3a^4b^{-1}}{6c^{-2}}$ $\dfrac{8a^{-2}b^{-3}}{c^{-3}}$ $\dfrac{4c^{-1}}{6a^{-1}}$ $\dfrac{-8a^{-1}}{-5b^2c^{-3}}$

2 Transforme les expressions ci-dessous afin qu'il n'y ait plus de facteurs littéraux au dénominateur.

a) $\dfrac{a^5}{b^2}$ $\dfrac{a^4}{b^{-3}}$ $\dfrac{a^5}{c^{-2}}$ $\dfrac{a^{-2}}{b^{-3}}$ $\dfrac{a^2b}{c^3d^{-5}}$ $\dfrac{ab^3}{c^{-2}d^4}$

b) $\dfrac{3c^{-2}}{a^5}$ $\dfrac{a^2c^{-2}}{3b^{-2}}$ $\dfrac{7a^4}{4b^{-1}}$ $\dfrac{5a^{-1}}{2c^{-2}}$ $\dfrac{a^{-1}b^2}{4c^2d^{-2}}$ $\dfrac{a^4b}{-2cd^{-2}}$

Activité 4 • Redécouverte des propriétés des puissances

1 Calcule après avoir remplacé chaque nombre par un produit d'un nombre entier, le plus petit possible, par une puissance de 10. Note ta réponse finale en notation scientifique, puis vérifie à la calculatrice.

a) 21 000 . 50 000 4 000 000 . 200 000 70 000 . 3000 8 000 000 . 12 000

b) $20\,000^6$ $3\,000\,000^5$ $60\,000\,000^3$ $15\,000^2$

2 Indique le(s) numéro(s) de la (des) propriété(s) qu'il faut utiliser pour réduire les expressions suivantes, puis applique celle(s)-ci :

1. Produit de puissances de même base *2. Puissance d'une puissance*

3. Puissance d'un produit *4. Puissance d'un quotient*

a) $(2x)^5$ $(-4a)^2$ $-4a \cdot 5a^2$ $(a^2)^3$ $a^3 \cdot a^2$

b) $5a^2 \cdot (-3a^4)$ $(-2x^2)^3$ $(3a^3)^3$ $-5a^4 \cdot 5a^4$ $\left(\dfrac{a}{b^2}\right)^4$

c) $(-4a^3)^2$ $-4 \cdot (a^5)^2$ $(-2a^3b)^2$ $-3 \cdot (a^2b^3)^4$ $(-a^3bc^2)^4$

d) $(5a^2b^3)^3$ $4x^5 \cdot (-3x^3)$ $(2a)^4 \cdot (a^2b)^3$ $(3a)^2 \cdot (-2a)^3$ $\left(\dfrac{-2a^2}{b^3}\right)^5$

p.239 B1 3-

Activité 5 • Propriétés des puissances à exposants entiers

1 Calcule après avoir remplacé chaque nombre par un produit d'un nombre entier par une puissance de 10. Note ta réponse finale en notation scientifique, puis vérifie à la calculatrice.

a) $0{,}07 \cdot 0{,}002$
$0{,}005 \cdot 0{,}000\,009$
$600\,000 \cdot 0{,}0004$
$0{,}0003 \cdot 80\,000$

b) $0{,}005^2$
$0{,}0002^3$
$(-0{,}03)^4$
$(-0{,}5)^3$

c) $(3 \cdot 0{,}007)^2$
$0{,}0008 \cdot 20\,000\,000$
$0{,}000\,000\,002^7$
$(-0{,}000\,000\,15)^2$

2 Associe chaque expression à son expression réduite.

Expressions : $17^{-2} \cdot 17^{-3}$ $(17^{-2})^3$ $17 \cdot 17^{-5}$ $\dfrac{17^3}{17^{-2}}$ $(17^{-3})^{-2}$ $17^5 \cdot 17^{-2}$

Expressions réduites : 17^5 17^{-5} 17^6 17^{-6} 17^{-4} 17^3

3 Les propriétés des puissances ont été démontrées en 2e année pour des exposants naturels. Il est possible de les démontrer pour des exposants entiers négatifs.

a) Voici la démonstration de la propriété d'une puissance d'un produit dans le cas où a et b sont des réels non nuls et p un nombre naturel. Justifie chaque étape.

$$(ab)^{-p} = \frac{1}{(ab)^p}$$
$$= \frac{1}{a^p b^p}$$
$$= \frac{1}{a^p} \cdot \frac{1}{b^p}$$
$$= a^{-p} \cdot b^{-p}$$

b) En t'inspirant de la démarche ci-dessus, démontre que :
Si $a \in \mathbb{R}_0$ et $m, n \in \mathbb{N}$, alors $a^{-m} \cdot a^{-n} = a^{(-m)+(-n)}$

p.239 B1

4 Choisis la bonne réponse.

$3^{-5} \cdot 3^{2} =$	3^{-3}	3^{3}	3^{-10}
$\frac{7^{2}}{7^{-6}} =$	7^{8}	7^{-4}	7^{4}
$(5^{-2})^{4} =$	5^{2}	5^{-8}	5^{16}
$(2 \cdot 10)^{-3} =$	$2 \cdot 10^{-3}$	20^{-3}	$(-20)^{3}$
$\left(\frac{4}{5}\right)^{-2} =$	$\frac{4^{-2}}{5}$	$\frac{5^{-2}}{4^{-2}}$	$\frac{4^{-2}}{5^{-2}}$
$\frac{2^{-6}}{2^{2}} =$	2^{-8}	2^{-3}	2^{-4}
$\left(\frac{2^{-2}}{3}\right)^{-3} =$	$\frac{2^{6}}{3}$	$\frac{2^{6}}{3^{-3}}$	$\frac{2^{6}}{3^{3}}$
$4^{5} \cdot 4^{-5} =$	4^{-25}	4	1
$(3^{2})^{-2} =$	3^{-4}	3^{4}	1

5 Complète.

a) $3^{-2} \cdot 3^{\cdots} = 3^{-6}$ b) $(3^{\cdots})^{2} = \frac{1}{3^{8}}$ c) $\frac{6^{\cdots}}{6^{-7}} = 6^{3}$ d) $(3 \cdot 2^{-2})^{\cdots} = \frac{2^{4}}{3^{\cdots}}$

$(2^{-2})^{\cdots} = 2^{-6}$ $(4 \cdot 5)^{\cdots} = \frac{1}{4^{2} \cdot 5^{2}}$ $4^{2} \cdot 4^{\cdots} = \frac{1}{4^{3}}$ $\left(\frac{3^{2}}{3^{-1}}\right)^{\cdots} = 3^{6}$

$(2 \cdot 3)^{\cdots} = 2^{\cdots} \cdot 3^{4}$ $\frac{5^{2}}{5^{\cdots}} = 5^{-6}$ $4^{\cdots} \cdot 3^{\cdots} = \frac{1}{4^{-2} \cdot 3^{-3}}$ $\left(\frac{5^{2}}{4^{3}}\right)^{\cdots} = \frac{4^{\cdots}}{5^{6}}$

6 Écris les expressions sous forme d'une puissance d'un nombre premier ou d'un produit de puissances de nombres premiers.

a) $5^{2} \cdot 125$ $4^{3} \cdot 16$ $16 \cdot 12$ $10^{2} \cdot 5^{3}$

b) $\frac{3^{2}}{27}$ $\frac{15^{3}}{3^{2}}$ $\frac{55^{2} \cdot 33}{121}$ $\frac{2^{-7} \cdot 44^{2}}{121}$

2

7 Calcule le plus rapidement possible.

a) $\frac{3^2}{3^4}$ b) $(2 . 5)^{-6}$ c) $(3 + 2)^{-2}$ d) $(2^{-1} . 3^{-2})^{-2}$

$4^{-7} . 4^5$ $(7^{-2})^{-1}$ $\left(\frac{4}{8}\right)^{-7}$ $\left(\frac{(-2) . 5}{10^2}\right)^{-4}$

$16^3 . 16^{-1}$ $(3^2)^{-2}$ $5 . 2^{-2} + 3 . 2^{-2}$ $\frac{(-3 + 5)^{-2} . 4^3}{8^2 . (5 - 3)^{-4}}$

8 Réduis les expressions ci-dessous et écris ta réponse finale en n'utilisant que des exposants positifs.

a) $a^2 . a^{-5}$ b) $x^2 . x^3$ c) $a^5 . a^{-2}$ d) $b^4 . b^4$

$a^{-4} . a^{-2}$ $x^{-2} . x^3$ $a^5 . (-a^2)$ $b^4 . b^{-4}$

$a^7 . a^{-2}$ $x^{-2} . x^{-3}$ $-a^5 . a^{-2}$ $-b^4 . b^4$

e) $b^{-4} . b^{-4}$ f) $2x . 3x$ g) $2b^3 . 3b^2$ h) $3a^{-2} . 2b^3$

$-b^4 . b^{-4}$ $-2x . x^{-3}$ $2b^{-2} . 3b^{-3}$ $3a^2 . (-2a^{-3})$

$b^4 . (-b)^4$ $x^3 . (-2x)$ $-2b^3 . (-3b^2)$ $3a^2b . 2a^{-3}$

9 Réduis les expressions ci-dessous et écris ta réponse finale en n'utilisant que des exposants positifs.

a) $\frac{a^5}{a^3}$ b) $\frac{a^4}{a^4}$ c) $\frac{a^7}{a^2}$ d) $\frac{a^{-2}}{a^3}$ e) $\frac{-5a^{-5}}{3a^{-3}}$

$\frac{a^2}{a^8}$ $\frac{a^{-5}}{a^{-3}}$ $\frac{a^6}{a^{-2}}$ $\frac{a^{-3}}{a^{-3}}$ $\frac{-2a^{-2}}{3a^3}$

10 Réduis les expressions ci-dessous et écris ta réponse finale en n'utilisant que des exposants positifs.

a) $(a^2)^{-3}$ b) $(a^{-4})^{-2}$ c) $(2a)^{-5}$ d) $(-2ab^{-1})^{-3}$ e) $\left(\frac{a}{b}\right)^{-3}$

$(b^4)^{-2}$ $(b^7)^{-3}$ $(3a)^{-3}$ $(-4ab^{-1})^3$ $\left(\frac{a}{b^{-2}}\right)^{-4}$

$(d^{-2})^{-4}$ $(ab)^{-2}$ $(5a^{-3})^{-2}$ $(-2ab^{-1})^{-4}$ $\left(\frac{b^{-2}}{a}\right)^{-3}$

11 Réduis les expressions ci-dessous et écris ta réponse finale en n'utilisant que des exposants positifs.

a) $(5a^3b^{-1})^{-2}$

$-3a^5 . a^{-2}$

$(-5a^{-2})^{-3}$

$\left(\frac{a^3}{b^4}\right)^{-3}$

$\frac{3ab^5}{b^{-4}}$

b) $a^4b^{-5} . a^{-2}b^3$

$(-2a^{-2})^{-3}$

$(-2a^{-5})^{-2}$

$\left(\frac{a}{b^{-1}}\right)^{-4}$

$\frac{3abc^4}{2a^2b^{-1}c^5}$

c) $(a^2b^{-3})^{-2}$

$(a^{-1}b^2)^{-2}$

$(a^3b^{-3})^{-1}$

$\frac{5a^{-1}b^{-3}c^5}{2a^{-2}b^4c^3}$

$\frac{2abc^3}{-3a^{-1}b^2c}$

d) $(-a^3b^{-2})^{-1}$

$(2ab)^{-2} . (3a)^{-3}$

$(-5a)^2 . (3a)^{-2}$

$\left(\frac{a}{b^{-1}}\right)^{-3} . \left(\frac{b}{a^{-2}}\right)^{-1}$

$\left(\frac{a}{b}\right)^{-2} . \left(\frac{b}{a}\right)^{2}$

Activité 6 • Ordre de grandeur et notation scientifique

L'ordre de grandeur est un outil scientifique dont on peut avoir besoin dans les deux situations suivantes : faire des comparaisons rapides et approximatives de deux nombres très différents ou situer différents nombres sur une très grande échelle.

On dispose d'une définition mathématique qui permet de déterminer l'ordre de grandeur d'un nombre.

L'ordre de grandeur d'un nombre écrit en notation scientifique $a . 10^n$ est la puissance de 10 la plus proche du résultat. On l'obtient en appliquant le critère suivant :

si $a < 5$, alors l'ordre de grandeur est 10^n,

si $a \geqslant 5$, alors l'ordre de grandeur est 10^{n+1}.

1 Complète le tableau ci-dessous en notant, pour chaque grandeur, la notation scientifique et l'ordre de grandeur.

Grandeur	Notation scientifique	Ordre de grandeur
Diamètre de Mars : 6800 km	km	km
Longueur de la bactérie colibacille : 0,0025 mm	mm	mm
Diamètre du Soleil : 1,4 millions de km	km	km
Épaisseur d'un cheveu : $80 . 10^{-3}$ mm	mm	mm
Diamètre de notre galaxie : $95 . 10^{16}$ km	km	km
Masse d'un atome d'hélium : $665 . 10^{-26}$ g	g	g

2 La vitesse de la lumière dans le vide est de 299 792,458 km/s et la distance de la Terre au Soleil est d'environ $15 . 10^7$ km.
Compte tenu de ces informations, donne une approximation du temps, exprimé en secondes, mis par la lumière du soleil pour nous parvenir. Vérifie ton résultat à la calculatrice.

3 Pour chaque calcul, choisis la puissance de 10 exprimant l'ordre de grandeur du résultat.

Calcul			
$(9 \cdot 10^3) \cdot (8 \cdot 10^6)$	10^{10}	10^9	10^{11}
$(7 \cdot 10^{-3}) \cdot (9 \cdot 10^{-4})$	10^{-7}	10^{-5}	10^{-6}
$(7{,}8 \cdot 10^8) \cdot (2 \cdot 10^{-6})$	10	10^2	10^3
$(3 \cdot 10^{-7}) \cdot (2{,}4 \cdot 10^{-3})$	10^{-10}	10^{-8}	10^{-9}
$(8 \cdot 10^{-5}) \cdot (9 \cdot 10^2)$	10^{-3}	10^{-1}	10^{-2}

4 Détermine un ordre de grandeur du résultat des calculs suivants et vérifie à la calculatrice.

a)

$5921 \cdot 317\,234$	$3\,972\,356 \cdot 198\,531$
$0{,}003\,742 \cdot 0{,}000\,682$	$20\,704 \cdot 315\,704$
$75\,231 \cdot 0{,}3017$	$70\,245 \cdot 2\,957\,856$
$820\,000 \cdot 0{,}000\,005$	$2\,125\,376 \cdot 0{,}039\,57$
$521{,}3^4$	$0{,}000\,375 \cdot 0{,}000\,007\,86$

b)

$\dfrac{0{,}000\,037}{0{,}012\,34}$

$\dfrac{0{,}000\,28}{0{,}014\,21}$

$\dfrac{0{,}004 \cdot 5312}{0{,}0815}$

$\dfrac{(0{,}051)^3 \cdot 0{,}03}{21{,}5}$

$\dfrac{3{,}879 \cdot (52{,}3)^4}{291}$

Activité 7 • Problèmes concrets

1 Un porte-avions coûte environ deux milliards d'euros. Sachant qu'un billet de banque de 50 € a une épaisseur de $80 \cdot 10^{-6}$ m, détermine sans calculatrice la hauteur qu'atteindrait une pile de ces billets représentant la valeur du porte-avions.

2 L'Érika s'est échoué le 12 décembre 1999 au large de la Bretagne en laissant s'échapper 37 000 tonnes de pétrole brut. Si ce pétrole s'était étalé uniformément à la surface de l'eau en formant une couche de 3 mm d'épaisseur, détermine sans calculatrice quelle aurait été l'aire en km^2 de la nappe ainsi formée, sachant que la masse volumique du pétrole est de 800 kg/m^3.

3 Le cerveau humain est composé d'environ 100 milliards de neurones. Sachant qu'à partir de 30 ans, on estime que le nombre de ceux-ci baisse d'environ 100 000 par jour, détermine le pourcentage de neurones perdus par un humain de 75 ans.

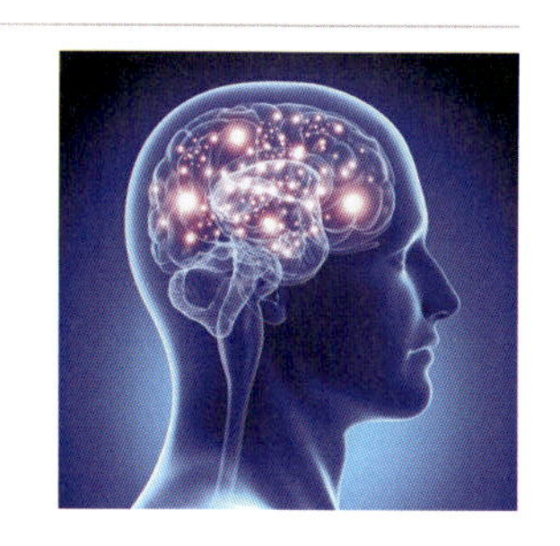

4 L'atome d'hydrogène est composé d'un proton en son centre et d'un électron qui gravite autour de lui sur une orbite circulaire. Sachant que la distance de l'électron au centre du proton est de $5 \cdot 10^{-9}$ m et qu'il fait 10^4 tours à la seconde, combien de mètres parcourt-il en une année ?

5 La distance Terre-Lune est d'environ $3{,}84 \cdot 10^5$ km. Le 20 juillet 1969, la fusée américaine avec à son bord Armstrong, Collins et Aldrin, a effectué le trajet en 8 jours et 3 heures.

Sans utiliser ta calculatrice, trouve une estimation de la vitesse moyenne de la fusée en km/h.

6 Un caillou fait de calcaire pèse 830 g. La masse de chaque molécule de ce caillou vaut environ $1{,}66 \cdot 10^{-22}$ g. À cause de l'érosion, ce caillou perd 10^{13} molécules chaque seconde. Si l'érosion continuait au même rythme, détermine le nombre de millénaires qu'il faudrait au caillou pour avoir complètement disparu.

7 Sans calculatrice, détermine l'ordre de grandeur du nombre d'atomes de fer constituant un petit clou de 2,5 g sachant que la masse de l'atome de fer vaut $9{,}3 \cdot 10^{-26}$ kg.

8 Donne l'ordre de grandeur du temps que mettrait une sonde comme Voyager 1, se déplaçant à la vitesse de 50 000 km/h, pour parcourir la distance Terre-Pluton qui est de 5753 millions de km.

9 Le cœur d'un chien de petite taille effectue environ 150 battements par minute. Sans utiliser ta calculatrice, donne l'ordre de grandeur du nombre de battements effectués pendant une vie de 12 ans.

Connaître

1 Pour calculer les différentes expressions, un élève a écrit :

a) $\left(\frac{2}{5}\right)^2 = \frac{2^2}{5^2}$ b) $(2 . 10)^3 = 2^3 . 10^3$ c) $(2^{-3})^2 = 2^{-6}$ d) $\frac{10^5}{10^2} = 10^3$

Énonce les propriétés des puissances qu'il a utilisées.

2 Les propositions suivantes sont-elles vraies ou fausses ? Justifie.

a) La moitié de 2^6 est 2^3.

b) L'opposé de 5^2 est 5^{-2}.

c) Le triple de 4^2 est 12^2.

d) L'inverse de 3^5 est 3^{-5}.

e) Le double de 6^4 est 6^5.

f) L'opposé de 2^3 est -2^3.

3 Donne le signe des puissances ci-dessous et justifie.

a) 17^{-4}, 42^{-5}, $(-27)^3$

b) $(-34)^{-2}$, $(-45)^{-3}$, $(-27)^{-3}$

c) -23^2, -74^3, $(-27)^{-4}$

d) $(-23)^2$, $(-82)^{-2}$, $(-27)^4$

4 Que penses-tu de l'affirmation « *a^{-n} est un nombre positif.* » ? Explique.

5 Pour chacune des expressions suivantes, trouve l'expression simplifiée qui lui correspond et justifie en utilisant une propriété ou une définition des puissances.

		A	B	C	D
a)	$x^{-3} . x^{-8}$	x^{11}	x^5	x^{24}	x^{-11}
b)	$(a^{-2})^3$	a	a^{-5}	a^{-8}	a^{-6}
c)	$\frac{b^{-8}}{b^2}$	b^{-10}	b^{10}	b^{-6}	b^6
d)	$\frac{1}{a^{-3}}$	$3a$	$\frac{a}{3}$	$-a^3$	a^3
e)	$(a . b)^{-2}$	$a . b^{-2}$	$-2ab$	$a^{-2} . b^{-2}$	$a^{-2} . b$
f)	$\left(\frac{a}{3}\right)^{-2}$	$\frac{a^{-3}}{3}$	$\frac{9}{a^2}$	$-\frac{a^2}{3}$	$\frac{a^{-2}}{9}$

Appliquer

1 Classe les nombres de chaque série en ordre croissant.

a) $2 . 10^{-4}$ $1{,}5 . 10^{-5}$ $3{,}5 . 10^2$ $-1{,}7 . 10^{-4}$ $-4{,}8 . 10^3$ $5 . 10^5$

b) $(-3)^2$ -3^2 3^{-2} -3^{-2} $(-2)^3$ 2^{-3}

c) $\left(\frac{2}{3}\right)^3$ $\left(\frac{-2}{3}\right)^3$ $\left(\frac{2}{3}\right)^{-3}$ $-\left(\frac{2}{3}\right)^{-3}$ $\frac{2^{-3}}{3}$ $\frac{2}{3^{-3}}$

2 Transforme les écritures scientifiques en nombres réels et vérifie à la calculatrice.

a) $5{,}6 \cdot 10^{-8}$	b) $2{,}87 \cdot 10^{-6}$	c) $1{,}5 \cdot 10^{-7}$	d) $7{,}2 \cdot 10^{5}$
$3{,}5 \cdot 10^{8}$	$5{,}83 \cdot 10^{7}$	$6{,}52 \cdot 10^{9}$	$3{,}1 \cdot 10^{-5}$
$8{,}000\,18 \cdot 10^{-4}$	$9{,}3 \cdot 10^{-9}$	$6{,}078 \cdot 10^{6}$	$4{,}003 \cdot 10^{-4}$

3 Transforme les nombres réels en utilisant la notation scientifique et vérifie à la calculatrice.

a) 0,000 001 478	b) 328 000 000	c) 2 700 000	d) 0,000 085
3 279 000 000	0,007 869	237,78	62 000 000
25 412,97	0,000 27	0,000 000 068	0,000 000 1

4 Calcule en exprimant tes réponses sous forme de nombres entiers ou de fractions irréductibles.

a) 4^{-2}	b) 4^{3}	c) 10^{-4}	d) 2^{-2}	e) $\left(\frac{2}{3}\right)^{-2}$	f) $\frac{5}{3^{-2}}$	g) $3 \cdot 2^{-1}$
5^{-3}	$(-4)^{3}$	-10^{-4}	-2^{-3}	$\left(\frac{-5}{2}\right)^{-3}$	$\frac{2^{-3}}{5^{-2}}$	$3^{2} \cdot (-3)^{-2}$
$(-6)^{-3}$	4^{-3}	$(-10)^{-4}$	$(-2)^{-3}$	$\left(\frac{-1}{2}\right)^{-4}$	$\frac{(-4)^{2}}{2^{-4}}$	$-4^{-2} + (-4)^{-2}$
$(-3)^{-2}$	-4^{3}	$-(-10)^{-4}$	3^{-3}	$\frac{4^{-1}}{5^{2}}$	$\frac{(-3)^{-2}}{5^{-3}}$	$5^{-2} \cdot 4^{-1}$
2^{-4}	-4^{-3}	$(-10)^{4}$	$-(-3)^{-3}$	$\frac{2^{3}}{3^{-2}}$	$\frac{8^{-1}}{(-4)^{-3}}$	$\frac{3 \cdot (-2)^{-2}}{4^{-3}}$

5 Complète par = ou ≠ et vérifie à la calculatrice.

a) 6^{-2} ..... -36	b) 2^{-3} ..... -6	c) 13^{-3} ..... -39	d) 6^{-2} ..... 2^{-6}
4^{-3} ..... $\frac{1}{64}$	17^{-5} ..... $\frac{1}{17^{5}}$	10^{-4} ..... $\frac{1}{40}$	3^{-5} ..... $-\frac{1}{15}$
2^{-9} ..... $\frac{1}{18}$	11^{-3} ..... $\frac{1}{33}$	$\left(\frac{3}{4}\right)^{-2}$ ..... $\frac{16}{9}$	$\left(\frac{1}{2}\right)^{-3}$ 8

6 Écris les nombres suivants sous forme d'une puissance à exposant entier dont la base est un nombre entier.

a) 512	b) −0,125	c) 243	d) −32	e) −125
100 000	0,0025	0,008	0,000 001	0,25
$\frac{1}{9}$	$\frac{1}{32}$	$\frac{-1}{8}$	$\frac{1}{49}$	$\frac{-1}{27}$

7 Calcule après avoir transformé chaque nombre en un produit d'un nombre entier (le plus petit possible) par une puissance de 10. Note ta réponse finale en notation scientifique, puis vérifie à la calculatrice.

a) $0{,}000\,12 \cdot 300$
$110\,000 \cdot 3000$
$0{,}000\,001 \cdot 451$
$0{,}0003 \cdot 0{,}0001$
$0{,}002 \cdot 0{,}0005$

b) $0{,}003 \cdot 0{,}02$
$120\,000 \cdot 300$
$700\,000 \cdot 0{,}0006$
$0{,}000\,47 \cdot 100$
$0{,}0008 \cdot 150$

c) $3{,}2 \cdot 10\,000$
$41{,}3 \cdot 0{,}000\,02$
$2{,}4 \cdot 400\,000$
$0{,}0102 \cdot 40\,000$
$102\,000 \cdot 5000$

d) $0{,}0006^2$
$0{,}003^3$
$(-300)^4$
$0{,}000\,005^2$
$(-0{,}02)^5$

e) $-0{,}007^2$
-4000^3
$(-0{,}2)^3 \cdot 0{,}003^2$
$30^2 \cdot 0{,}05^3$
$0{,}001^4 \cdot (-0{,}4)^3$

8 Écris les expressions suivantes sous forme d'un produit de puissances de nombres premiers.

a) $3^2 \cdot 243$
$32 \cdot 2^{-3}$
$\dfrac{5^2}{125}$

b) $15^2 \cdot 5^3$
$7^3 \cdot 49$
$\dfrac{14^3}{2^2}$

c) $81 \cdot 36$
$2^{-7} \cdot 64$
$\dfrac{66^2 \cdot 44}{242}$

d) $100^2 \cdot 25^{-2}$
$16^{-2} \cdot 98$
$\dfrac{18^4}{27^5}$

e) $0{,}25 \cdot 162$
$0{,}375 \cdot 0{,}12$
$\dfrac{0{,}36^3}{0{,}008^2}$

9 Choisis la bonne réponse.

$4^{-2} =$	16	-16	$\dfrac{1}{16}$
$(-4)^2 =$	16	-16	$\dfrac{1}{16}$
$(-5)^{-2} =$	5^2	5^{-2}	$(-5)^2$
$2 \cdot 10^{-3} =$	$0{,}002$	-2000	$-0{,}002$
$\dfrac{1}{32} =$	$(-2)^5$	2^{-5}	$(-2)^{-5}$

$-\dfrac{1}{64} =$	$(-4)^3$	4^{-3}	$(-4)^{-3}$
$\dfrac{2^{-6}}{2^2} =$	2^{-8}	2^{-3}	2^{-4}
$\left(\dfrac{-2}{3}\right)^{-1} =$	$\dfrac{-3}{2}$	$\dfrac{2}{3}$	$\dfrac{3}{2}$
$4^5 \cdot 4^{-5} =$	4^{-25}	4	1
$-3^{-4} =$	-81	$\dfrac{-1}{81}$	$\dfrac{1}{81}$

10 Choisis la bonne réponse.

$a^{-5} =$	$-a^5$	$\frac{1}{a^5}$	$\frac{-1}{a^5}$
$(2b)^{-3} =$	$-8b^{-3}$	$\frac{2}{b^3}$	$\frac{1}{8b^3}$
$a^{-3} . a^3 =$	a	1	a^{-9}
$(a^3)^{-2} =$	a^9	a^6	a^{-6}
$(a^{-4})^2 =$	$\frac{1}{a^8}$	a^8	$\frac{1}{a^2}$

$(-a)^{-3} =$	$-a^3$	$-\frac{1}{a^3}$	a^3
$\frac{a^{-6}}{a^2} =$	a^{-8}	a^{-3}	a^{-4}
$2ab^{-1} =$	$\frac{2a}{b}$	$\frac{1}{2ab}$	$-2ab$
$3a^{-2} =$	$\frac{1}{9a^2}$	$\frac{9}{a^2}$	$\frac{3}{a^2}$
$(-5a)^{-3} =$	$-125a^{-3}$	$\frac{-1}{125a^3}$	$\frac{125}{a^3}$

11 Utilise les propriétés des puissances pour calculer les expressions suivantes.

a) $(-2)^3 . (-2) . (-2)^{-2}$
$\left(\frac{1}{5}\right)^{-2} . \left(\frac{1}{5}\right)^{3} . \left(\frac{1}{5}\right)^{-4}$
$\left(-\frac{2}{3}\right)^{3} . \left(-\frac{2}{3}\right)^{-4} . \left(-\frac{2}{3}\right)^{-1}$
$10^{-5} . \frac{1}{10^2} . 10^3$

b) $(-5)^2 . 5^{-4} . 5$
$4^{-3} . (-4)^2 . 4^{-1}$
$3^2 . 15^{-3} . 5^2$
$\frac{-3}{4 . 10^{-2}}$

c) $100^{-2} . 0{,}01 . 10^4$
$5^{-2} . 0{,}5^2 . 0{,}05$
$7^{-1} . 0{,}07 . (-7)^3$
$\left(\frac{1}{2}\right)^{-2} . 4^{-3} . \frac{1}{16}$

12 Écris les expressions ci-dessous en n'utilisant que des exposants positifs.

a) a^{-3}
$4a^{-2}b^5$
$\frac{a^3}{b^{-2}}$

b) $a^{-3}b^5$
$ab^{-1}c^3$
$\frac{x^{-2}}{y^{-3}}$

c) $2a^{-3}$
$-3a^3b^{-2}$
$\frac{2a^3}{5b^{-3}}$

d) $x^{-2}y^{-1}$
$-a^2b^{-3}$
$\frac{-a^2}{2b^{-2}}$

e) $5xy^{-4}$
$-a^{-5}b^2$
$\frac{3a^{-1}}{5b^{-2}}$

13 Réduis les expressions ci-dessous en utilisant les propriétés des puissances.

a) $x^3 . x$
$(4a)^2$
$(-3ab)^2$

b) $(-2a)^5$
$-7a^3 . 2a$
$(-10a^4b)^3$

c) $-4a^3 . (-3a^4)$
$(-a^5b^2)^2$
$4a^3 . (-a^2)$

d) $(-b^3)^2$
$(a^3)^2 . (b^2)^3$
$-(4a^3)^2$

e) $(-5a)^3 . (a^3)^2$
$(-5a^2b) . (-2ab^3)$
$(-x^3)^4 . (x^2)^3$

f) $(-a)^2 . (-a^2)^3$
$-(5a^3)^2 . 2a^3$
$(-5a^2)^3 + (2a^3)^2$

g) $(-2a^3b)^3 . (-3a^2b)^2$
$5x^2y . (-2xy)^3$
$(-x^3y^4)^4 . (2xy^2)^5$

h) $\left(\frac{2a}{3b}\right)^4$ $\left(\frac{-x}{3y}\right)^3$ $\left(\frac{3x^4}{4y}\right)^3$ $\left(\frac{-2a^3}{b^4}\right)^5$ $\left(\frac{-3a^3}{6b^5}\right)^2$

2

14 Réduis les expressions ci-dessous en appliquant les propriétés des puissances. Écris tes réponses en utilisant uniquement des exposants positifs.

a)	b)	c)	d)	e)	f)
$a^{-3} . a^{5}$	$2a^{5} . (-4a^{-2})$	$(x^{-2})^{3}$	$(a^{3}b^{-2})^{-3}$	$(3a^{-2})^{2}$	$(-3a^{2}b^{3})^{-3}$
$x^{-5} . x^{-3}$	$-5x^{-3} . x^{2}$	$(a^{-3})^{-4}$	$(ab^{-4})^{2}$	$(5x^{-1})^{-3}$	$(a^{-3}b^{5})^{-2}$
$a^{-8} . a^{3}$	$b^{-5} . (-3b^{3})$	$(b^{3})^{-2}$	$(2a)^{-3}$	$(2x^{-3}y^{2})^{3}$	$(-4a^{-4}b^{5})^{-3}$
$a^{5} . a^{-6}$	$3a^{-3} . (-2a^{2})$	$-(a^{-2})^{6}$	$(3b)^{-2}$	$(4x^{2}y^{-4})^{-2}$	$(-2a^{-2}b^{-3})^{-4}$
$x^{-4} . x^{4}$	$a^{-3} . 2a^{-1} . a^{5}$	$(x^{-5})^{5}$	$(b^{-3})^{-2}$	$(-3a^{2})^{-2}$	$-(2a^{-2})^{-5}$

g) $\left(\frac{a^{-3}}{b^{2}}\right)^{5}$ $\left(\frac{a^{3}}{b^{-5}}\right)^{2}$ $\left(\frac{2a}{b}\right)^{-3}$ $\left(\frac{5a^{-4}}{b^{-3}}\right)^{-2}$ $\left(\frac{-2a^{-4}}{b}\right)^{-3}$

15 Complète.

a)	b)	c)	d)
$a^{-4} . a^{\cdots} = a^{-6}$	$\frac{a^{2}}{a^{\cdots}} = a^{-6}$	$(5a^{\cdots})^{2} = \frac{25}{a^{6}}$	$a^{\cdots} . b^{\cdots} = \frac{1}{a^{-2}b^{-3}}$
$(a^{-2})^{\cdots} = a^{6}$	$(a . b)^{\cdots} = \frac{1}{a^{2}b^{2}}$	$\left(\frac{a^{2}}{a^{-1}}\right)^{\cdots} = a^{6}$	$(\ldots a^{\cdots} b^{\cdots})^{-2} = \frac{a^{6}}{9b^{8}}$
$(a^{3})^{\cdots} = \frac{1}{a^{6}}$	$(a . b^{-2})^{\cdots} = \frac{b^{4}}{a^{\cdots}}$	$\left(\frac{b^{2}}{a^{3}}\right)^{\cdots} = \frac{b^{\cdots}}{a^{6}}$	$(a^{2}b^{\cdots})^{\cdots} = \frac{b^{6}}{a^{4}}$

16 Réduis les expressions ci-dessous et écris tes réponses en n'utilisant que des exposants positifs.

a)	b)	c)	d)
$x^{3} . x^{-8}$	$\left(\frac{4x^{3}}{y^{-2}}\right)^{3}$	$(-a^{3}b^{-2})^{-2}$	$\left(\frac{2b^{-2}}{a^{-4}}\right)^{-2}$
$(a^{-3}b^{4})^{-3}$	$\frac{3a^{-1}}{5a^{7}}$	$(-3xy^{-4})^{-1}$	$3a . (-2a)^{-2}$
$\left(\frac{a^{-3}}{b^{7}}\right)^{-2}$	$(2a^{-3}b^{2})^{-4}$	$2a^{-3} . (-3a^{2})$	$(-4a^{-2}b^{3})^{-3}$
$(3a^{-2})^{-4}$	$\frac{-5a^{-5}}{4a^{-4}}$	$(-2a^{-3}b^{-4})^{-3}$	$\left(\frac{2x^{2}}{y^{-5}}\right)^{-3}$
$-5a . (-3a^{-4})$	$-(-x^{5})^{-2}$	$\left(\frac{a^{-1}b}{3b^{-2}}\right)^{-2}$	$(3a^{2})^{-2} . (2a)^{-2}$

17 Détermine la valeur de x.

a)	b)	c)
$10^{2} . x = 10^{5}$	$x + 10^{3} = 10^{4}$	$2 . 10^{5} . x = 6 . 10^{-2}$
$10^{-5} . x = 10^{3}$	$x + 10^{-2} = 10^{-5}$	$1{,}5 . 10^{-2} . x = 2{,}1 . 10^{-5}$
$10^{-2} . x = 10^{-5}$	$\frac{x}{10^{-4}} = 10^{-5}$	$4{,}27 . 10^{7} . x = 2{,}562 . 10^{-3}$

18 Pour cet exercice, tu peux utiliser ta calculatrice.

Si tu sais que …

a) $a^{-1} = 1{,}5625 \,.\, 10^{-2}$, déduis la valeur de a.

b) $a^3 = 357{,}911$ et $a^4 = 2541{,}1681$, déduis la valeur de a et calcule a^7.

c) $a^{-3} = 256 \,.\, 10^4$ et $a^5 = 9{,}765\,625 \,.\, 10^{-9}$, déduis la valeur de a^2 et calcule a^{-8}.

19 Détermine l'ordre de grandeur du résultat des calculs suivants.

a) $10\,115\,867\,000 \,.\, 15\,837\,654\,000$

$0{,}005\,491 \,.\, 1567{,}8$

$\dfrac{0{,}049 \,.\, 58{,}645}{22\,010}$

b) $5521 \,.\, 357\,234 \,.\, 0{,}231$

$75{,}94 \,.\, 35\,078$

$\dfrac{0{,}0319 \,.\, 0{,}005\,37}{0{,}041 \,.\, 325}$

20 Encadre les nombres ci-dessous par deux nombres entiers consécutifs.

a) 3^{-1} $\quad (-3)^{-1}$ $\quad 0{,}3^{-1}$ $\quad (-2)^{-2}$

b) $\left(\dfrac{2}{3}\right)^{-3}$ $\quad \left(\dfrac{\sqrt{2}}{3}\right)^{-2}$ $\quad \left(-\dfrac{2}{5}\right)^{-1}$ $\quad \left(\sqrt{3}\right)^{-1}$

21 Dans chaque cas, trouve un nombre naturel a tel que :

a) $10^a < 918{,}12 < 10^{a+1}$

b) $2^a < 10^2 < 2^{a+1}$

c) $10^a < \dfrac{9031}{4} < 10^{a+1}$

d) $10^a < 3902 < 10^{a+1}$

e) $a \,.\, 10^3 < 5078 < (a + 1) \,.\, 10^3$

f) $10^a < \dfrac{\mathbf{631}}{\mathbf{7{,}2}} < 10^{a+1}$

Transférer

1 Située à l'entrée du Bassin d'Arcachon, face à la Pointe du Cap Ferret, la dune de Pilat est la plus haute dune de sable d'Europe. Elle est formée de 60 millions de mètres cubes de sable. Sachant que le volume moyen d'un grain de sable est d'un millième de millimètre cube, donne l'écriture scientifique du nombre approximatif de grains de sable qui forment cette dune.

2 L'un des plus riches gisements de gaz naturel au monde est situé à Ourengoï, en Russie. La production annuelle est de 200 milliards de mètres cubes et les réserves sont estimées à 7000 milliards de mètres cubes. Détermine pendant combien d'années on pourra encore exploiter ce gisement à ce rythme.

3 Dans un journal, un article consacré à la météo annonce qu'environ trois milliards d'éclairs frappent la terre en une année. Donne l'ordre de grandeur du nombre moyen d'éclairs frappant la terre en une seconde.

2

4 Sachant qu'une allumette mesure environ 50 mm et que l'équateur de la Terre mesure environ 40 000 km, peut-on en faire le tour en plaçant un milliard d'allumettes bout à bout ?

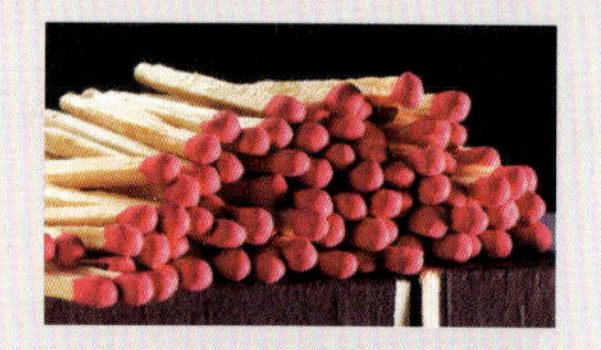

5 La molécule d'eau H_2O est constituée de deux atomes d'hydrogène et d'un atome d'oxygène. Sachant que la masse d'un atome d'hydrogène est de $1{,}66 \cdot 10^{-27}$ kg et que celle d'un atome d'oxygène est de $2{,}656 \cdot 10^{-26}$ kg, détermine sans calculatrice le nombre approximatif de molécules d'eau contenues dans un litre d'eau.

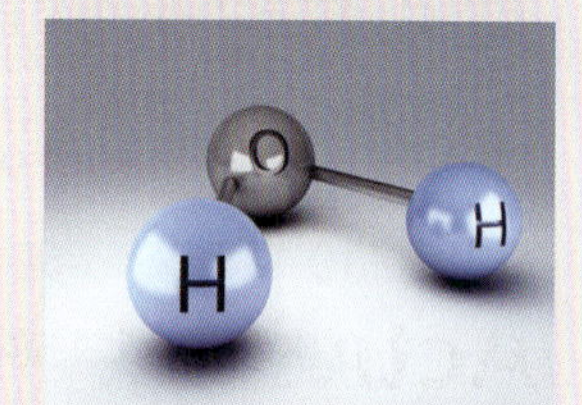

6 Le cœur humain effectue environ 5000 battements par heure. Sans utiliser ta calculatrice, donne l'ordre de grandeur du nombre de battements effectués pendant une vie de 80 ans.

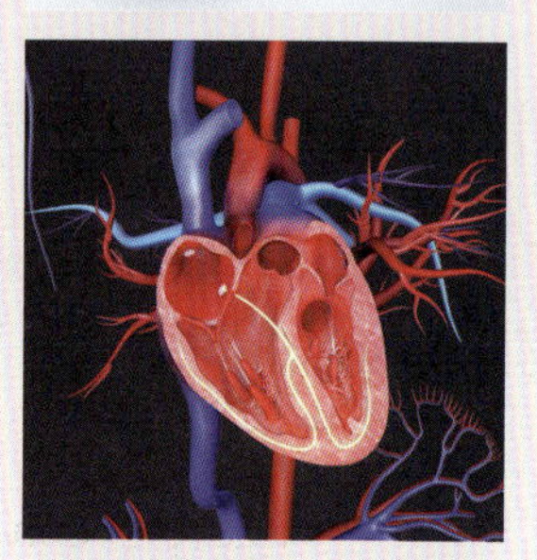

7 La nébuleuse de la Tête de Cheval se situe à 1500 années-lumière de la Terre. Sachant que la vitesse de la lumière est d'environ 300 000 km/s et sans utiliser ta calculatrice, donne l'ordre de grandeur en km de la distance à laquelle se trouve cette nébuleuse.

8 Dans un accélérateur de particules, un proton dont la masse (m) vaut $1{,}67 \cdot 10^{-27}$ kg subit une force constante (F) de $2{,}5 \cdot 10^{-24}$ N. Calcule l'ordre de grandeur de l'accélération (a) à laquelle il est soumis.

Formule à utiliser : $\boldsymbol{F = m \cdot a}$ Unités à utiliser : [N] = [kg] . [m/s^2]

9 Un iceberg de 6000 tonnes (m_1) en heurte un autre immobile à une vitesse (v_1) de 8 m/s. Après le choc, le tout se déplace à la vitesse (v_T) de 1,5 m/s. Détermine la masse (m_2) de l'iceberg heurté si m_T représente la masse totale des deux icebergs.

Formule à utiliser : $\boldsymbol{m_1 \cdot v_1 + m_2 \cdot v_2 = m_T \cdot v_T}$

10 Le rayon d'un noyau d'atome d'hydrogène mesure 10^{-15} m et son unique électron se trouve à une distance de 10^{-11} m du noyau. Robin voudrait dessiner cette situation sur une feuille de papier A4 (210 mm sur 297 mm). Il décide de représenter le noyau par un cercle de 2 cm de rayon et l'électron par un point.

Son dessin est-il réalisable ?

11 Le rayon du Soleil mesure $7 \cdot 10^5$ km. La Terre tourne autour de lui à une distance de $1{,}5 \cdot 10^8$ km. Robin voudrait dessiner cette situation sur une feuille de papier A0 (841 mm sur 1189 mm). Il décide de représenter le Soleil par un cercle de 0,5 cm de rayon et la Terre par un point.

Son dessin est-il réalisable ?

12 Le corps humain renferme environ cinq litres de sang. Il y a cinq millions de globules rouges dans 1 mm^3 de sang. La forme d'un globule rouge est assimilable à un cylindre dont la hauteur est de $3 \cdot 10^{-6}$ m. Si l'on empilait les uns sur les autres tous les globules rouges contenus dans le sang d'un homme, quelle serait la hauteur de la colonne obtenue ?

Chapitre 3 Pythagore et les racines carrées

Activité 1 • Nouveaux nombres : découverte

25

1 Luc possède un parterre de roses de forme carrée de 4 m de côté, agrémenté en son centre d'une fontaine posée sur un socle circulaire de 50 cm de diamètre.

a) Tout en conservant sa forme carrée et en maintenant la fontaine en son centre, Luc décide de doubler la superficie totale de son parterre.
Trace, à l'échelle 1 : 100, le plan de ce parterre avant et après transformation.

b) Luc délimite son nouveau parterre en utilisant une bordure en bois. Sachant que celle-ci est vendue en rouleau de 30 cm de haut sur 180 cm de long, détermine le nombre de rouleaux nécessaires à la réalisation de son travail.

26

2 Détermine, sans l'aide de la calculatrice, la longueur du côté d'un carré connaissant son aire.

Aire (m^2)	9	5	$\frac{4}{9}$	0,04	$\frac{9}{25}$	1,21	0,9	12,25	160

Aire (m^2)	50	0,09	100	3600	0,4	$\frac{50}{72}$	12	21	$\frac{1}{100}$

26

3 Détermine, si possible, les valeurs de a vérifiant chaque égalité.

$a^2 = 25$ $a^2 = 0{,}36$ $a^2 = \frac{4}{9}$ $a^2 = 0$ $a^2 = 101$

241 A1-2

$a^2 = 28$ $a^2 = 0{,}02$ $a^2 = 490$ $a^2 = 32$ $a^2 = -16$

4 Calcule sans utiliser ta calculatrice.

a) $\sqrt{16}$ $\sqrt{9}$ $\sqrt{1}$ $\sqrt{0}$ $\sqrt{10\,000}$ $\sqrt{400}$ $\sqrt{121}$

b) $\sqrt{\frac{1}{4}}$ $\sqrt{\frac{9}{100}}$ $\sqrt{\frac{4}{25}}$ $\sqrt{\frac{16}{25}}$ $\sqrt{\frac{36}{49}}$ $\sqrt{\frac{44}{99}}$ $\sqrt{\frac{128}{162}}$

241 A3a

c) $\sqrt{0{,}25}$ $\sqrt{0{,}0009}$ $\sqrt{1{,}21}$ $\sqrt{6{,}25}$ $\sqrt{0{,}0144}$ $\sqrt{2{,}25}$ $\sqrt{0{,}01}$

5 Encadre chaque racine carrée par deux naturels consécutifs.

$\sqrt{13}$ $\sqrt{21}$ $\sqrt{99}$ $\sqrt{2}$ $\sqrt{40}$ $\sqrt{35}$ $\sqrt{72}$ $\sqrt{150}$ $\sqrt{50}$ $\sqrt{7}$

p.242

Activité 2 • Théorème de Pythagore : découverte

1 a) Léopold a préparé un nouveau défi pour son petit-fils Simon. Il a découpé dans un panneau en bois huit triangles rectangles identiques et trois carrés ayant chacun pour dimension la mesure d'un des côtés du triangle. À l'aide de ces 11 pièces, Simon doit reconstituer deux carrés de même aire.

Aide Simon à relever ce défi.

26-

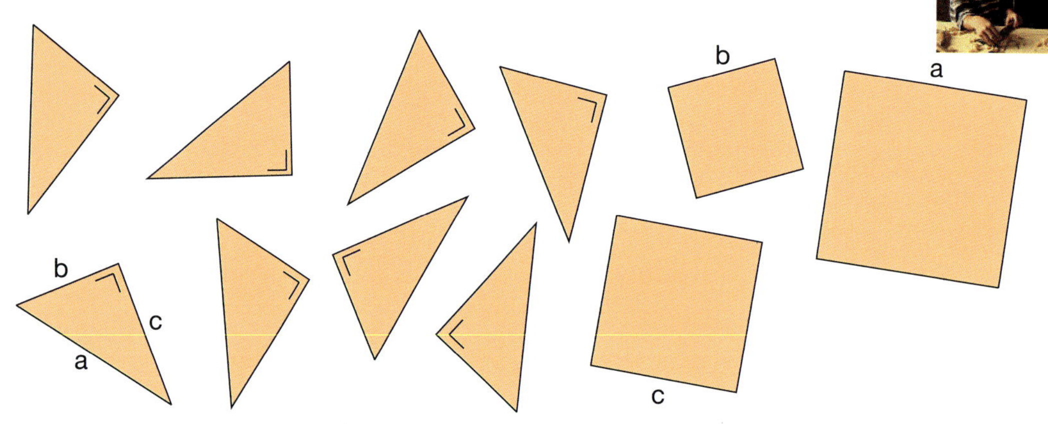

Prends une feuille de bloc quadrillée, trace et découpe ces 11 pièces. Replace-les ensuite de manière à former les deux carrés demandés. Justifie ta proposition.

b) À l'aide des longueurs a, b et c, écris une expression algébrique réduite traduisant l'égalité des aires des deux carrés.

p.245

2 Est-il possible de trouver le même genre de relation dans d'autres types de triangles ?

28

3 L'unité choisie pour les données étant le mètre et sachant que le triangle ABC est rectangle en A, complète les tableaux ci-dessous.

a)

	|AB|	|AC|	|BC|
1)	3	5	
2)		12	13
3)	5		7

b)

	|AB|	|AC|	|BC|
1)	0,3	0,2	
2)		0,5	1,2
3)	0,03		0,05

p.246

c)

	|AB|	|AC|	|BC|
1)	1/3	1/2	
2)	3/4		5/2
3)	12/5	9/5	

d)

	|AB|	|AC|	|BC|
1)	$\sqrt{5}$		6
2)	$\sqrt{2}$	1	
3)		$\sqrt{2}$	$\sqrt{3}$

Activité 3 • Simplification de racines carrées

29

1 Détermine la longueur d'une diagonale d'un carré de 1 cm, 2 cm, 3 cm et 4 cm de côté. Compare les résultats obtenus.

29

2 Les égalités suivantes sont-elles vraies ou fausses ? Dans le cas d'une égalité fausse, entoure l'étape contenant l'erreur commise.

$\sqrt{32} = \sqrt{16 \,.\, 2} = \sqrt{16} \,.\, \sqrt{2} = 4\sqrt{2}$ ....

$\sqrt{32} = \sqrt{16 + 16} = \sqrt{16} + \sqrt{16} = 4 + 4 = 8$ ....

$\sqrt{125} = \sqrt{100 + 25} = \sqrt{100} + \sqrt{25} = 10 + 5 = 15$ ....

$\sqrt{125} = \sqrt{25 \,.\, 5} = \sqrt{25} \,.\, \sqrt{5} = 5\sqrt{5}$ ....

$\sqrt{9} + \sqrt{16} = 3 + 4 = 7$ ....

$\sqrt{9} + \sqrt{16} = \sqrt{9 + 16} = \sqrt{25} = 5$ ....

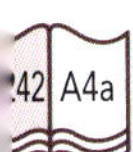

$\sqrt{9} \,.\, \sqrt{16} = 3 \,.\, 4 = 12$ ....

$\sqrt{9} \,.\, \sqrt{16} = \sqrt{9 \,.\, 16} = \sqrt{144} = 12$ ....

3 Simplifie les racines carrées suivantes.

a) $\sqrt{12}$ $\sqrt{8}$ $\sqrt{300}$ $\sqrt{45}$ $\sqrt{36}$ $\sqrt{160}$

b) $\sqrt{72}$ $\sqrt{48}$ $\sqrt{225}$ $\sqrt{128}$ $\sqrt{144}$ $\sqrt{60}$

c) $3\sqrt{20}$ $5\sqrt{18}$ $7\sqrt{125}$ $2\sqrt{8}$ $3\sqrt{98}$ $4\sqrt{32}$

42 A5a

4 De quels nombres, les nombres proposés sont-ils les carrés ? Justifie.

a) 169 225 289 400 441

b) 9^2 2^6 5^4 17^8 20^{10}

c) $2^2 \,.\, 5^2$ $2^4 \,.\, 5^2$ $2^6 \,.\, 5^6$ $2^2 \,.\, 5^6$ $3^4 \,.\, 10^6$

30

5 Complète, si possible, les égalités suivantes par des nombres naturels ou des puissances de nombres naturels.

a) $2^4 = (\ldots\ldots)^2$ $2^5 = (\ldots\ldots)^2$ $2^{16} = (\ldots\ldots)^2$ $2^9 = (\ldots\ldots)^2$

b) $3 \,.\, 5^2 = (\ldots\ldots \,.\, \ldots\ldots)^2$ $3^2 \,.\, 5^2 = (\ldots\ldots \,.\, \ldots\ldots)^2$ $3^2 \,.\, 5^4 = (\ldots\ldots \,.\, \ldots\ldots)^2$ $3^5 \,.\, 5^4 = (\ldots\ldots \,.\, \ldots\ldots)^2$

c) $\frac{3^2}{5^4} = \left(\frac{\ldots\ldots}{\ldots\ldots}\right)^2$ $\frac{9}{10} = \left(\frac{\ldots\ldots}{\ldots\ldots}\right)^2$ $\frac{1}{100} = \left(\frac{\ldots\ldots}{\ldots\ldots}\right)^2$ $\frac{25}{36} = \left(\frac{\ldots\ldots}{\ldots\ldots}\right)^2$

d) $400 = (\ldots\ldots)^2$ $800 = (\ldots\ldots)^2$ $121 = (\ldots\ldots)^2$ $484 = (\ldots\ldots)^2$

6 Simplifie les racines carrées suivantes.

a) $\sqrt{3^2}$ $\sqrt{3^2 \,.\, 7^2}$ $\sqrt{7^2 \,.\, 3}$ $\sqrt{2^2 \,.\, 3^2 \,.\, 5}$ $\sqrt{5^4}$ $\sqrt{5^3}$

b) $\sqrt{2^6 \,.\, 3^5}$ $\sqrt{3^7 \,.\, 5^6}$ $\sqrt{3^2 \,.\, 5^{11}}$ $\sqrt{5^7 \,.\, 7^5}$ $\sqrt{2 \,.\, 3^8 \,.\, 5^2}$ $\sqrt{2^6 \,.\, 3 \,.\, 7^3}$

7 Dans chaque cas, décompose le radicand en un produit de facteurs premiers. Utilise cette décomposition pour simplifier la racine carrée.

a) $\sqrt{196}$ $\sqrt{324}$ $\sqrt{441}$ $\sqrt{576}$ $\sqrt{2025}$

b) $\sqrt{432}$ $\sqrt{1296}$ $\sqrt{5000}$ $\sqrt{5184}$ $\sqrt{6125}$

8 Sachant que $17^2 = 289$, entoure, parmi les nombres suivants, ceux pour lesquels tu peux calculer la racine carrée mentalement et détermine-la. Calcule ensuite la racine carrée des nombres restants en utilisant une seule fois ta calculatrice.

2,89 28,9 2890 28 900 289 000 2 890 000

9 Sans utiliser ta calculatrice, range les nombres suivants dans l'ordre croissant.

$3\sqrt{11}$ 7 $7\sqrt{2}$ $3\sqrt{7}$ 8 $\sqrt{65}$

Activité 4 • Opérations sur les racines carrées

1 Sans calculatrice, donne une valeur simplifiée du périmètre, de l'aire et de la longueur d'une diagonale des trois rectangles et des trois carrés représentés ci-dessous.
Vérifie tes résultats à l'aide de ta calculatrice.

a)

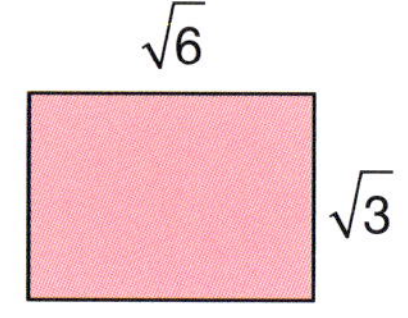

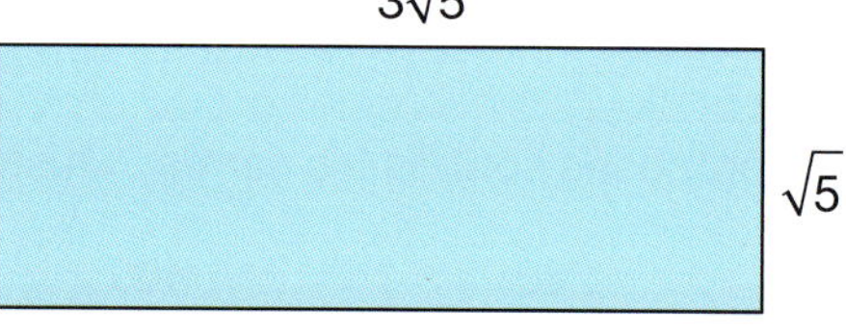

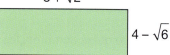

b)

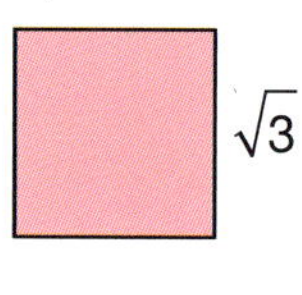

$3 + \sqrt{5}$

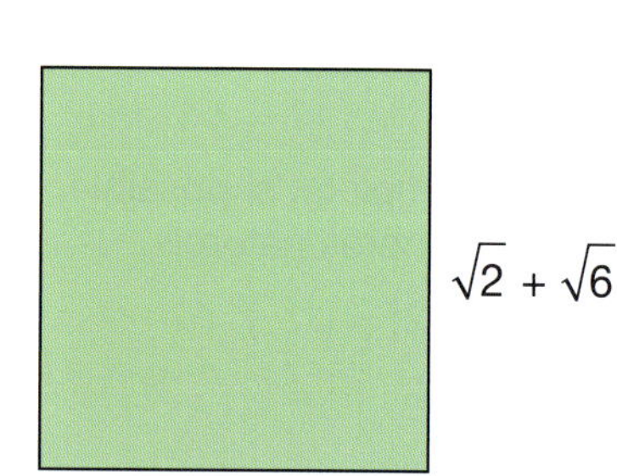

p.243

2 Lors d'une interrogation, quatre élèves ont proposé une solution pour chacune des équations suivantes.

Équation	Solution 1	Solution 2	Solution 3	Solution 4
$x^2 - 7 = 0$	2,6	2,64	2,645	$\sqrt{7}$
$12 - x^2 = 0$	3,4	3,46	3,464	$2\sqrt{3}$
$x^2 - 6x + 7 = 0$	4,4	4,41	4,414	$3 + \sqrt{2}$

a) Avec ta calculatrice, vérifie les solutions proposées et tire une conclusion.
b) Vérifie, sans calculatrice, les bonnes solutions.

3 Réduis les sommes suivantes.

a) $3\sqrt{2} + 5\sqrt{2}$
$2\sqrt{3} - 7\sqrt{3}$
$7\sqrt{5} + \sqrt{5}$
$2\sqrt{3} + 4\sqrt{7}$
$\sqrt{7} + \sqrt{7}$

b) $\sqrt{12} + 5\sqrt{3}$
$2\sqrt{45} - \sqrt{20}$
$\sqrt{18} + \sqrt{72}$
$\sqrt{98} - \sqrt{50}$
$\sqrt{500} - 3\sqrt{45}$

c) $7\sqrt{5} - 3\sqrt{5} - 6\sqrt{5}$
$\sqrt{7} - 3\sqrt{7} - 2\sqrt{7}$
$3\sqrt{5} - 7\sqrt{45} + 2\sqrt{20}$
$2\sqrt{75} - 4\sqrt{27} + 2\sqrt{48}$
$\sqrt{12} + 4\sqrt{75} - 2\sqrt{16}$

d) $17\sqrt{32} - 5\sqrt{2} + 4\sqrt{8}$
$3\sqrt{20} + 4\sqrt{45} - 2\sqrt{80}$
$2\sqrt{3} - \sqrt{300} + 3\sqrt{12}$
$\sqrt{40} + \sqrt{90} - \sqrt{490}$
$\sqrt{18} + 3\sqrt{27} - 2\sqrt{25}$

e) $\sqrt{50} - 2\sqrt{18} + 3\sqrt{18} - 7\sqrt{2}$
$\sqrt{32} - 3\sqrt{243} + \sqrt{128} - \sqrt{27}$
$\sqrt{12} + \sqrt{8} - 2\sqrt{2} + 3\sqrt{5}$
$2\sqrt{54} - 2\sqrt{24} - \sqrt{150} + \sqrt{6}$

4 Réduis les produits suivants.

a) $\sqrt{2} \cdot \sqrt{3}$
$\sqrt{8} \cdot \sqrt{2}$
$\sqrt{12} \cdot \sqrt{3}$
$\sqrt{32} \cdot \sqrt{18}$
$\sqrt{75} \cdot \sqrt{50}$

b) $3\sqrt{2} \cdot 5\sqrt{3}$
$3\sqrt{2} \cdot \sqrt{2}$
$\sqrt{19} \cdot \sqrt{19}$
$5\sqrt{15} \cdot \sqrt{15}$
$\sqrt{42} \cdot \sqrt{7}$

c) $\left(\sqrt{7}\right)^2$
$\left(2\sqrt{3}\right)^2$
$\left(7\sqrt{2}\right)^2$
$\left(-6\sqrt{8}\right)^2$
$\left(-3\sqrt{5}\right)^2$

d) $\sqrt{75} \cdot \sqrt{3} \cdot \sqrt{18}$
$2\sqrt{3} \cdot 7\sqrt{3} \cdot \sqrt{3}$
$2\sqrt{10} \cdot 5\sqrt{15}$
$4\sqrt{21} \cdot \sqrt{7}$
$2\sqrt{5} \cdot 3\sqrt{7} \cdot 5\sqrt{35}$

e) $\sqrt{6} \cdot \left(\sqrt{2} - \sqrt{3}\right)$
$\sqrt{5} \cdot \left(\sqrt{30} + \sqrt{20}\right)$
$\left(\sqrt{50} - \sqrt{27}\right) \cdot \sqrt{5}$
$3\sqrt{2} \cdot \left(\sqrt{8} + \sqrt{12}\right)$
$\left(2 - 5\sqrt{3}\right) \cdot 2\sqrt{2}$

f) $\left(\sqrt{3} + \sqrt{5}\right) \cdot \left(\sqrt{6} + \sqrt{15}\right)$
$\left(2\sqrt{6} + \sqrt{2}\right) \cdot \left(\sqrt{3} - 4\sqrt{5}\right)$
$\left(3\sqrt{5} + 3\sqrt{2}\right) \cdot \left(2\sqrt{5} - 5\sqrt{2}\right)$
$\left(\sqrt{12} - \sqrt{18}\right) \cdot \left(\sqrt{3} - \sqrt{2}\right)$
$\left(\sqrt{45} - \sqrt{28}\right) \cdot \left(3\sqrt{7} - 2\sqrt{5}\right)$

g)	h)
$(\sqrt{3}-\sqrt{5})\,.\,(\sqrt{3}+\sqrt{5})$	$(\sqrt{2}+\sqrt{5})^2$
$(5+\sqrt{2})\,.\,(5-\sqrt{2})$	$(\sqrt{7}-\sqrt{3})^2$
$(4\sqrt{5}-\sqrt{2})\,.\,(\sqrt{2}+4\sqrt{5})$	$(\sqrt{3}+5)^2$
$(5-\sqrt{8})\,.\,(5+2\sqrt{2})$	$(\sqrt{3}-2\sqrt{5})^2$
$(-3\sqrt{2}+\sqrt{7})\,.\,(\sqrt{7}+3\sqrt{2})$	$(2\sqrt{7}+1)^2$

5 Sachant que $\sqrt{2} = 1{,}414\,21...$, trouve une méthode rapide et sans l'aide de ta calculatrice qui te permettra de calculer la valeur approchée par défaut au millième près des expressions ci-dessous.

$$\frac{1}{\sqrt{2}} \qquad \frac{3}{\sqrt{2}} \qquad \frac{10+3\sqrt{2}}{\sqrt{2}} \qquad \frac{3}{2-\sqrt{2}}$$

6 Rends rationnel le dénominateur des fractions ci-dessous.

a)	b)	c)	d)	e)	f)
$\frac{3}{\sqrt{2}}$	$\frac{3}{\sqrt{8}}$	$\frac{8+\sqrt{3}}{\sqrt{5}}$	$\sqrt{\frac{3}{10}}$	$\frac{3}{5-\sqrt{2}}$	$\frac{3\sqrt{2}}{\sqrt{12}-\sqrt{8}}$
$\frac{\sqrt{10}}{\sqrt{3}}$	$\frac{5\sqrt{2}}{\sqrt{32}}$	$\frac{\sqrt{3}-2}{\sqrt{3}}$	$\sqrt{\frac{1}{18}}$	$\frac{\sqrt{3}}{\sqrt{2}+\sqrt{7}}$	$\frac{3\sqrt{2}-2\sqrt{3}}{\sqrt{3}-\sqrt{2}}$
$\frac{4\sqrt{5}}{\sqrt{2}}$	$\frac{2\sqrt{5}}{3\sqrt{24}}$	$\frac{10+3\sqrt{2}}{\sqrt{2}}$	$\sqrt{\frac{3}{8}}$	$\frac{2}{\sqrt{5}-\sqrt{2}}$	$\frac{2\sqrt{3}-2\sqrt{2}}{\sqrt{12}-\sqrt{8}}$
$\frac{7}{5\sqrt{3}}$	$\frac{5\sqrt{3}}{2\sqrt{98}}$	$\frac{2-\sqrt{8}}{\sqrt{2}}$	$\sqrt{\frac{30}{50}}$	$\frac{\sqrt{20}}{\sqrt{5}+\sqrt{8}}$	$\frac{2\sqrt{5}+4}{3\sqrt{3}-2\sqrt{5}}$

Activité 5 • Théorème de Pythagore : applications

1 Dans chacun des cas suivants, construis un carré ayant la même aire que la figure donnée.

30

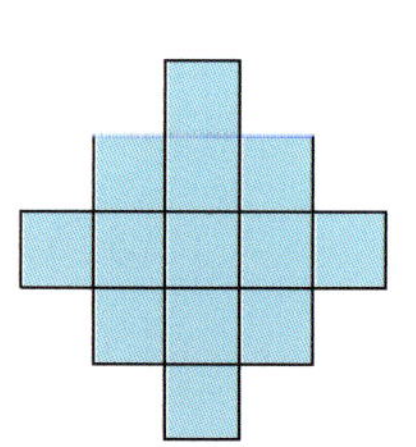

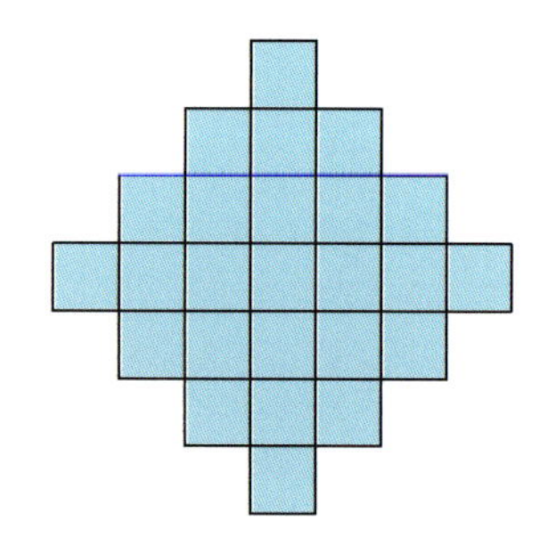

2 Le théorème de Pythagore permet de construire un segment de droite dont la longueur est exprimée par une racine carrée.
Utilise-le pour construire les segments dont voici les longueurs en cm.

$\sqrt{13}$ $\sqrt{10}$ $\sqrt{41}$ $\sqrt{7}$ $\sqrt{24}$ $\sqrt{39}$

30-31

3 On appelle parfois le dessin ci-contre « le limaçon de Pythagore ».
Calcule la longueur de l'hypoténuse des cinq premiers triangles rectangles représentés.
Détermine rapidement la longueur de l'hypoténuse du 7e triangle, du 10e triangle, du 15e triangle, du 100e triangle et du nième triangle.

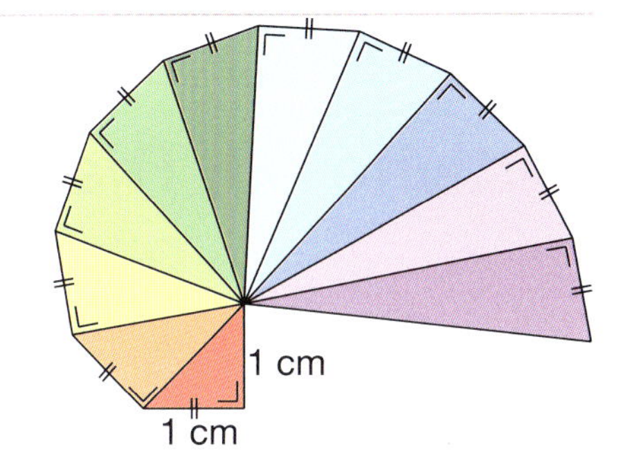

31

4 a) Calcule la longueur de la diagonale d'un carré de 5 cm de côté.

b) Exprime la longueur de la diagonale d'un carré en fonction de la longueur (a) de son côté.

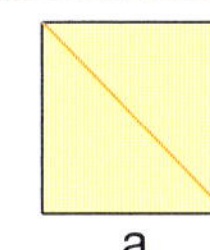

31

5 a) Calcule la longueur de la diagonale intérieure d'un cube de 5 cm d'arête.

b) Exprime la longueur de la diagonale intérieure d'un cube en fonction de la longueur (a) de son arête.

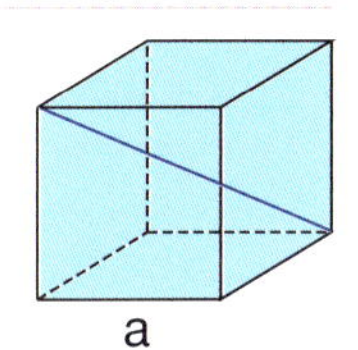

32

6 a) Calcule la longueur de la diagonale intérieure d'un parallélépipède rectangle dont les dimensions sont les suivantes :
longueur 8 cm, largeur 5 cm et hauteur 3 cm.

b) Exprime la longueur de la diagonale intérieure d'un parallélépipède rectangle en fonction de sa longueur (a), de sa largeur (b) et de sa hauteur (c).

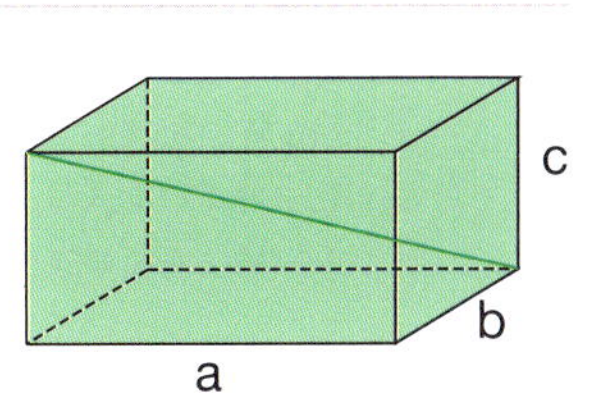

32-33

7 a) Calcule la longueur de la hauteur d'un triangle équilatéral de 6 cm de côté.

b) Exprime la longueur de la hauteur d'un triangle équilatéral en fonction de la longueur (a) de son côté.

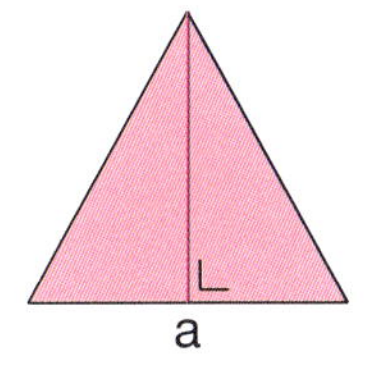

33

8 a) Dans un repère cartésien d'axes perpendiculaires x et y et d'unités 1 cm, place les points ci-dessous dont tu connais les coordonnées.

A (1 ; 1) B (3 ; 4) C (4 ; 3) D (3 ; –2) E (–1 ; –2) F (–2 ; 2)

b) Détermine la longueur des segments [AB], [CD] et [EF].

c) Généralise l'exercice précédent en exprimant la longueur du segment [AB] en fonction des coordonnées de A (x_A ; y_A) et de B (x_B ; y_B).

9 Le solide représenté ci-contre est un parallélépipède rectangle sectionné par le plan AFC.
Détermine l'aire du triangle AFC.

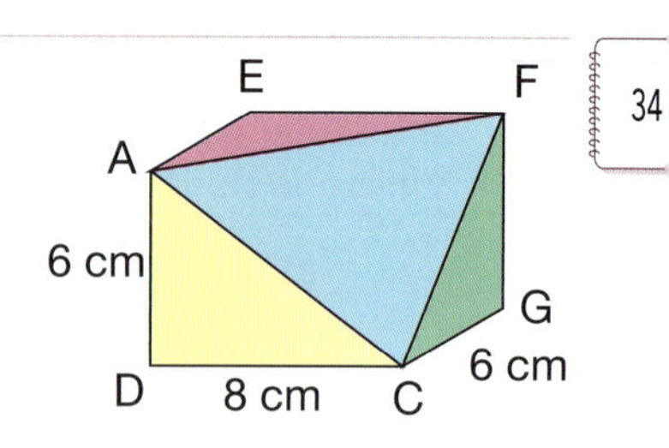

Activité 6 • Théorème de Pythagore : problèmes concrets

1 Lors d'une tempête particulièrement violente, le tronc d'un arbre s'est brisé.
Observe le schéma de la situation et détermine, au cm près, la hauteur de l'arbre avant la tempête.

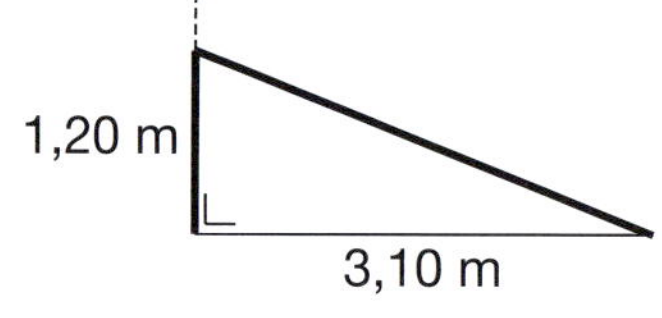

2 L'extrémité d'une échelle de 4 m de long est appuyée contre un mur vertical et son pied est à 1,1 m de celui-ci.
Calcule, au cm près, la hauteur du point d'appui du sommet de l'échelle contre le mur.

3 Le mât d'un voilier est maintenu perpendiculaire au pont à l'avant par l'étai (2) et à l'arrière par le pataras (1).
Sachant que le mât a une hauteur de 6 m, que l'étai est fixé au pont à 1,90 m du pied du mât et que le pataras est fixé à l'opposé à une distance de 2,50 m du pied du mât, calcule, au cm près, la longueur totale de ces deux câbles.

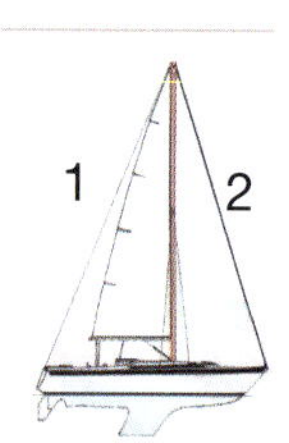

4 En Normandie, une tyrolienne de 400 m de long permet de traverser la vallée de la Souleuvre à plus de 100 km/h.
Sachant que le départ se fait au sommet d'une tour de 61 m de haut et que la tyrolienne est fixée à un pylône d'une hauteur de 2 m, à quelle distance au sol, au m près, correspond le trajet parcouru ?

5 La hauteur sous plafond de mon living est de 2,50 m. Une armoire, dont les dimensions sont de 243 cm de haut, 72 cm de largeur et 45 cm de profondeur, est couchée sur le sol de la pièce.
Est-il possible de la redresser ? Envisage les deux possibilités.

6 Loïc souhaite placer une étagère murale dans sa chambre afin d'y déposer la station d'accueil de son iPhone.

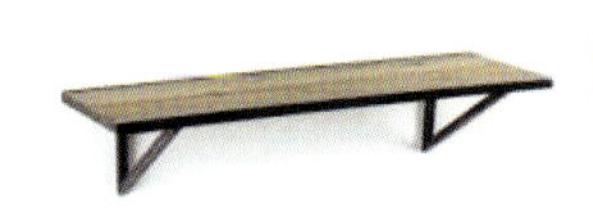

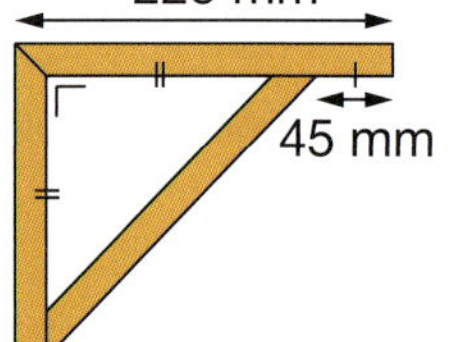

Pour fixer le plateau de l'étagère au mur, Loïc souhaite fabriquer, selon le plan ci-contre, deux équerres identiques en bois. Il dispose d'une latte en bois carrée de 18 mm x 18 mm de section et d'une longueur de 1,35 m.
Dispose-t-il d'assez de bois pour réaliser ce travail ? Justifie.

Activité 7 • Réciproque du théorème de Pythagore

35

1 Lucas a posé le premier lit de briques de son nouveau barbecue. Avant de poursuivre la construction de cet ouvrage, il souhaite vérifier la perpendicularité des murs ainsi formés et prend, pour ce faire, différentes mesures.

Sachant que |AB| = 760 mm, |AD|= 570 mm, |BC| = 570 mm, |BD| = 950 mm et |AC| = 960 mm, détermine si ...

a) l'angle $\widehat{DAB}$ est un angle droit. Justifie.

b) l'angle $\widehat{CBA}$ est un angle droit. Justifie.

47 B3

48 B4

2 Pour chacun des cas ci-dessous, vérifie si le triangle ABC est rectangle. Si oui, détermine le sommet de l'angle droit.

a)

	|AB|	|AC|	|BC|
1)	6	10	9
2)	5	12	13
3)	9	7	8
4)	10	12,5	7,5

b)

	|AB|	|AC|	|BC|
1)	17,5	14	10,5
2)	2,8	10	9,6
3)	3	$2\sqrt{3}$	3
4)	$\sqrt{5}$	$\sqrt{3}$	$2\sqrt{2}$

36

3 Dans le rectangle ci-dessous, le triangle XCY est-il rectangle ?

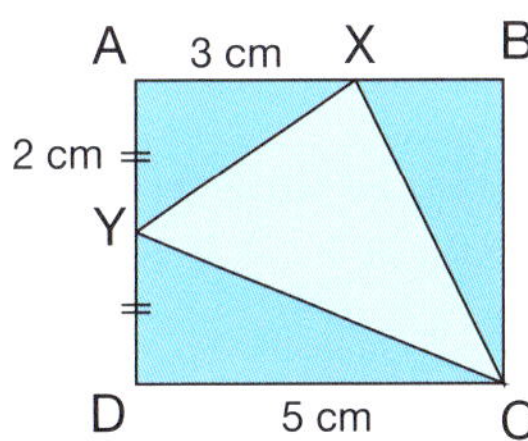

37

4 Dans le parallélépipède rectangle représenté ci-dessous, X est un point fixé sur l'arête [EH] tel que |EX| = 6 cm. Le triangle DXG est-il rectangle ? Justifie.

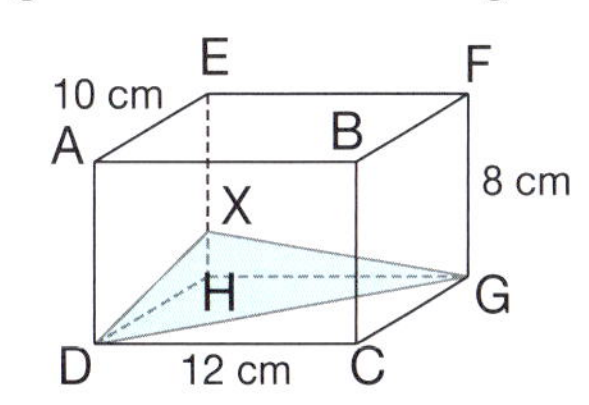

5 Dans un plan vertical, un tendeur de 9,30 m de long est fixé à un mât à une hauteur de 8,60 m et s'écarte de 3,40 m du pied de ce mât. Le mât est-il vertical dans le plan considéré ? Justifie.

Activité 8 • Relations métriques dans le triangle rectangle

38

1 Sachant que les pans du toit de la tente représentée ci-contre sont perpendiculaires et que sa surface au sol est de 20,8 m², détermine ...

a) la hauteur maximale sous tente.
b) le volume disponible sous tente.

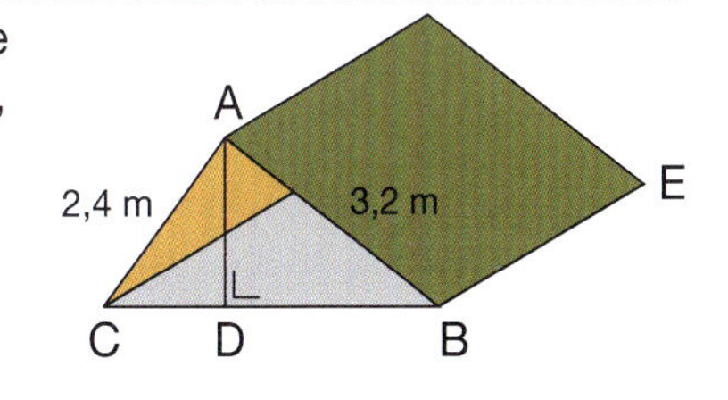

3

2 Construis un triangle ABC rectangle en A tel que $|AB| = 30$ mm et $|AC| = 40$ mm.
Trace la hauteur issue du sommet A et nomme H le pied de cette hauteur.

a) Calcule $|BC|$, $|AH|$, $|BH|$ et $|CH|$.
b) Compare $|AH|^2$ et $|BH| . |CH|$, $|AB|^2$ et $|BC| . |BH|$ et enfin $|AC|^2$ et $|BC| . |CH|$.
Que constates-tu ?
c) Énonce les propriétés découvertes.

3 Dans le triangle XYZ rectangle en X, on désigne par P le pied de la hauteur issue du sommet de l'angle droit.
Complète le tableau ci-dessous.

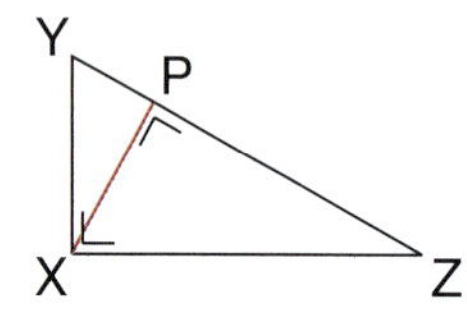

	$|XY|$	$|XZ|$	$|YZ|$	$|XP|$	$|YP|$	$|ZP|$
a)				6	3	
b)					4	6
c)			4		3	
d)	8				3	
e)				4		7

4 Sachant que DEF est un triangle rectangle en D tel que $|FB| = 3$ cm et $|BE| = 2$ cm, détermine, au mm près, le périmètre du rectangle ABCD.

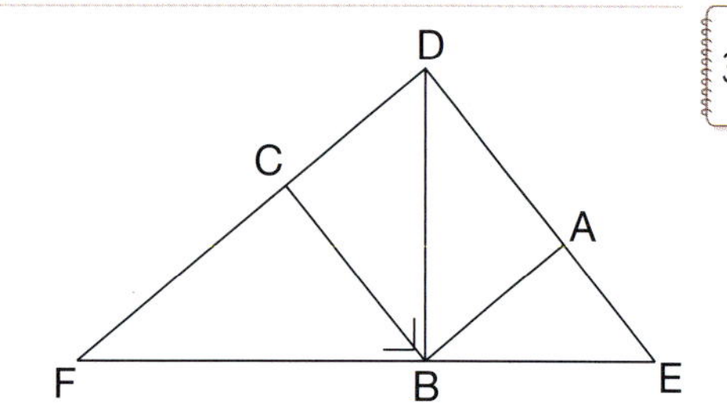

39-4

5 Dans un triangle rectangle, la hauteur issue du sommet de l'angle droit détermine sur l'hypoténuse des segments de longueurs respectivement égales à 7 cm et 28 cm.
Calcule l'aire de ce triangle.

6 Un des côtés de l'angle droit d'un triangle rectangle mesure 18 cm et la hauteur relative à l'hypoténuse 9 cm.
Calcule l'aire de ce triangle.

7 Le cerf-volant représenté ci-contre est formé de deux triangles rectangles isométriques ABD et CBD. Sachant que $|BE| = 32$ cm et $|ED| = 72$ cm, détermine sans l'aide de ta calculatrice la longueur de la diagonale [AC] de ce cerf-volant.

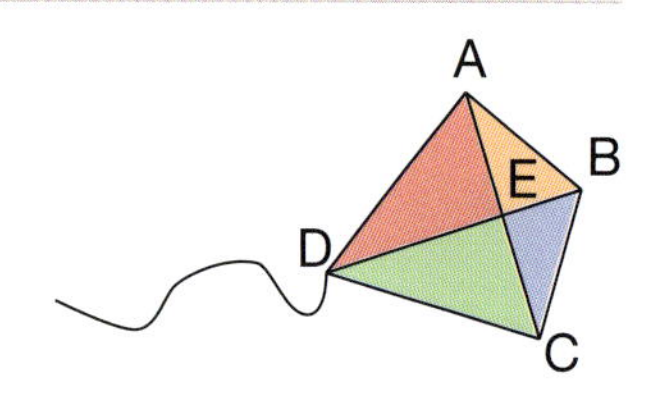

8 Un champ rectangulaire de 75 m de long sur 40 m de large a été partagé en trois parcelles selon le plan ci-contre.
Détermine la superficie de chacune d'entre elles.

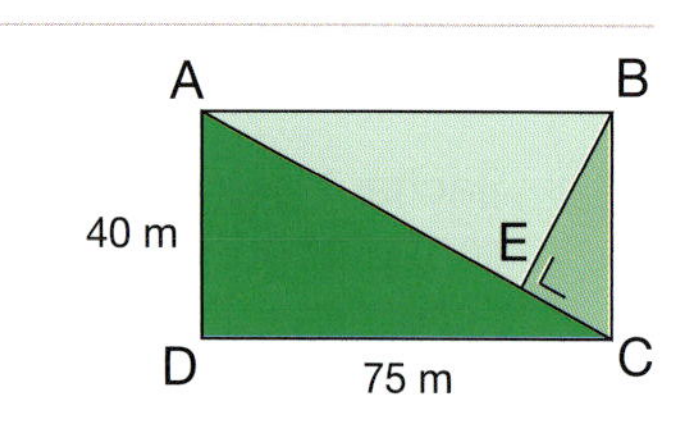

Connaître

1 a) Si possible, cite deux nombres possédant le même carré. La solution est-elle unique ? Explique.
b) Si possible, cite un nombre égal à son carré. La solution est-elle unique ? Explique.
c) Si possible, cite un nombre positif plus grand que son carré. La solution est-elle unique ? Explique.

2 Parmi les nombres ci-dessous, quels sont ceux qui ne possèdent pas de racine carrée rationnelle ? Explique.

a) 49 $\frac{16}{25}$ 2500 $\frac{8}{64}$ $\frac{12}{27}$ 160

b) 0,01 900 0,4 0,0081 $\frac{16}{100}$ 28

3 Choisis la bonne réponse.

Calcul	Réponses		
$\sqrt{36}$	6	–6	n'existe pas
$\sqrt{-64}$	8	–8	n'existe pas
$-\sqrt{49}$	7	–7	n'existe pas
$-\sqrt{-25}$	5	–5	n'existe pas

Calcul	Réponses		
$\sqrt{2^2}$	2	–2	n'existe pas
$\sqrt{(-2)^2}$	2	–2	n'existe pas
$\sqrt{-2^2}$	2	–2	n'existe pas
$-\sqrt{-(-2)^2}$	2	–2	n'existe pas

4 Les égalités suivantes sont-elles vraies ou fausses ? Si l'égalité est fausse, corrige le second membre.

a) $\sqrt{20} + \sqrt{5} = 5$ $5\sqrt{2} \cdot \sqrt{2} = 10$ $3\sqrt{2} + \sqrt{2} = 4\sqrt{2}$ $\sqrt{2} \cdot \sqrt{3} \cdot \sqrt{3} = 6$

b) $\sqrt{25} - \sqrt{16} = \sqrt{9}$ $\sqrt{2} + \sqrt{2} = 2$ $3\sqrt{5} + \sqrt{5} = 20$ $3\sqrt{2} \cdot \sqrt{2} = 6$

5 Choisis la bonne réponse.

Calcul	Réponses			
$\sqrt{5} \cdot \sqrt{5}$	0	5	$\sqrt{5}$	$2\sqrt{5}$
$\sqrt{5} + \sqrt{5}$	0	5	$\sqrt{5}$	$2\sqrt{5}$
$\sqrt{5} - \sqrt{5}$	0	5	$\sqrt{5}$	$2\sqrt{5}$
$(\sqrt{7} + \sqrt{2}) \cdot (\sqrt{7} - \sqrt{2})$	0	5	$\sqrt{5}$	$2\sqrt{5}$
$\frac{\sqrt{20}}{2}$	0	5	$\sqrt{5}$	$2\sqrt{5}$

6 Pour chacun des triangles rectangles ci-dessous, écris la relation de Pythagore.

a) 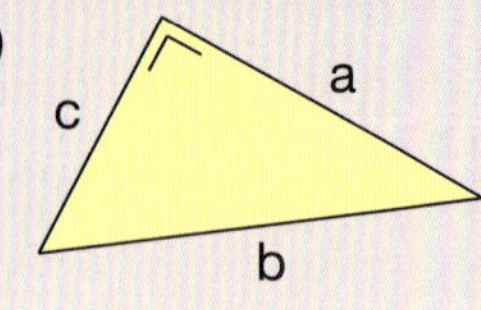

b) 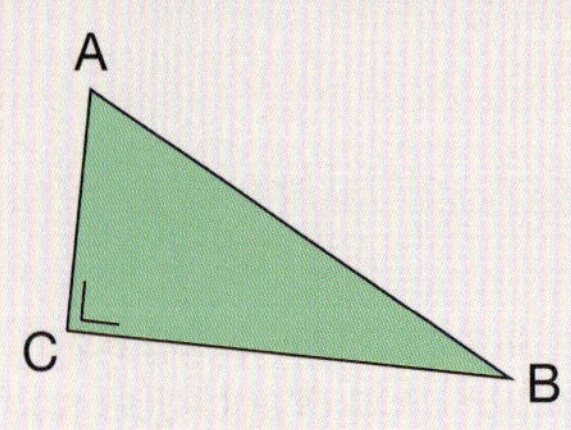

c) 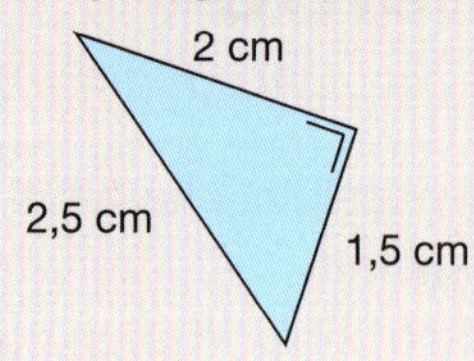

7 Dans un triangle XYZ rectangle en X, A est le pied de la hauteur issue de X.
Écris la relation découlant du théorème de Pythagore dans les triangles XYZ, XAY et XAZ.

8 Pour chacun des cas ci-dessous, les renseignements fournis par le dessin te permettent-ils de déterminer la longueur du segment [XY] en utilisant le théorème de Pythagore ? Justifie.

a) 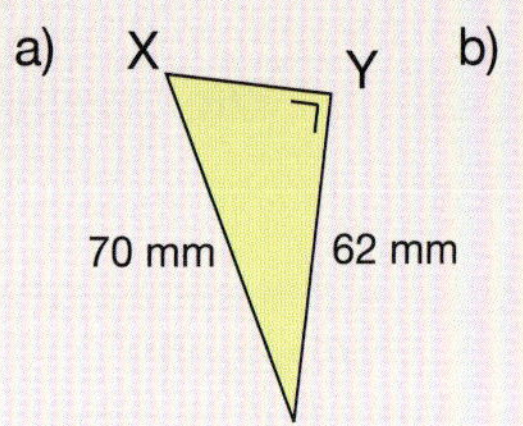

b) 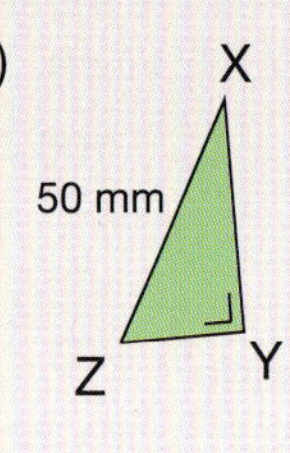

c) 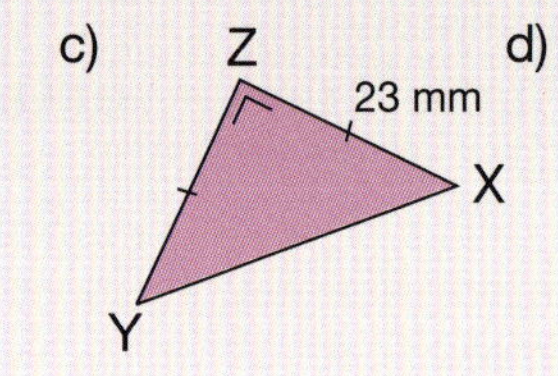

d) 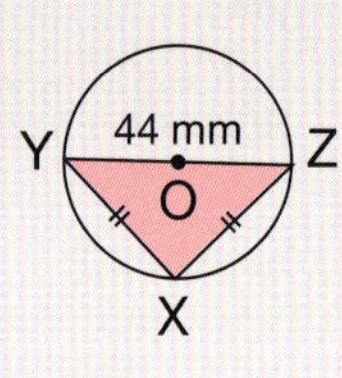

e) 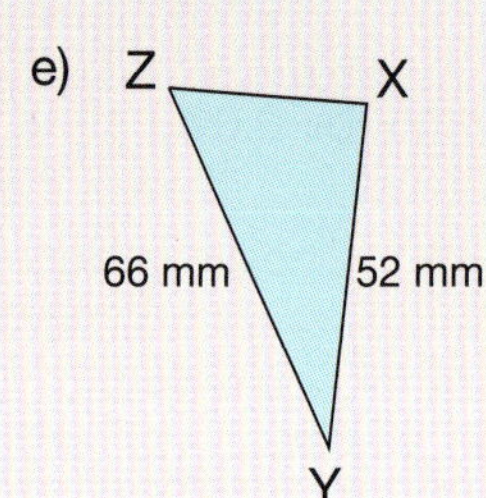

9 Pour chacune des trois situations ci-dessous, relie les expressions correspondantes.

a) ABCD est un rectangle.

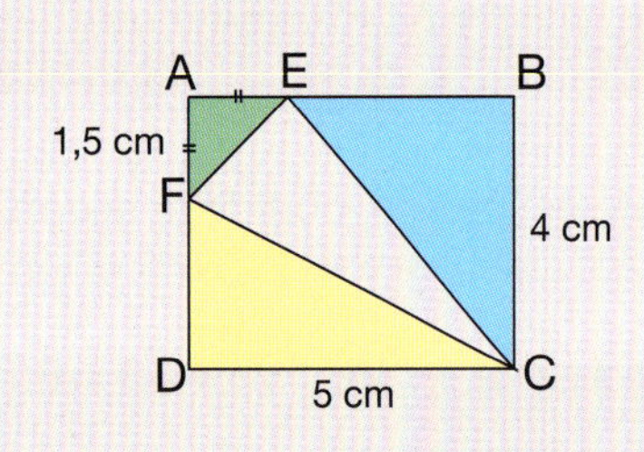

- $|EF|^2$ •
- $|EC|^2$ •
- $|CF|^2$ •

- • $5^2 + 2,5^2$
- • $1,5^2 + 1,5^2$
- • $4^2 + 3,5^2$

b) ABCD est un carré.

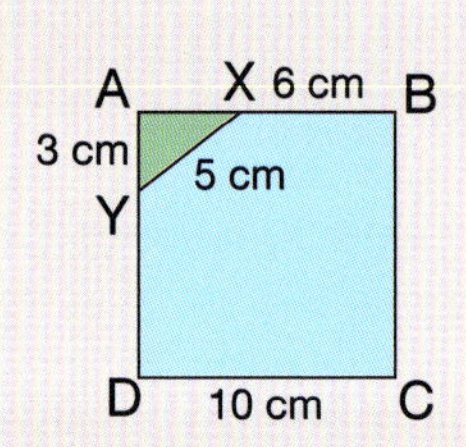

- $|YC|^2$ •
- $|AX|^2$ •
- $|XC|^2$ •
- $|BD|^2$ •

- • $10^2 + 6^2$
- • $10^2 + 7^2$
- • $10^2 + 10^2$
- • $5^2 - 3^2$

c) ABCD est un trapèze rectangle.

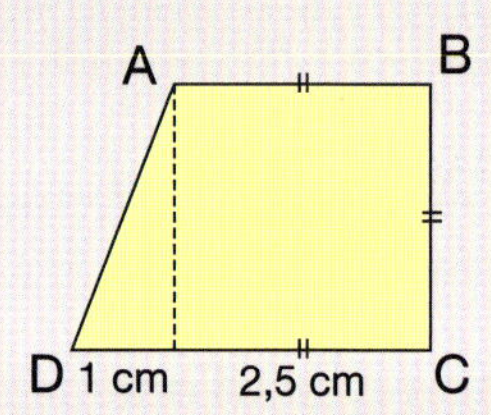

- $|AC|$ •
- $|BD|$ •
- $|AD|$ •

- • $\sqrt{3,5^2 + 2,5^2}$
- • $\sqrt{2,5^2 + 2,5^2}$
- • $\sqrt{1^2 + 2,5^2}$

10 Pour pouvoir poser son nouveau barbecue, Benoît a coulé une dalle en béton.

En n'utilisant qu'un mètre, comment peut-il vérifier que cette dalle est bien rectangulaire ?

Appliquer

1 Complète les égalités suivantes.

$\sqrt{\ldots\ldots} = 7$ $\sqrt{\ldots\ldots} = 25$ $\sqrt{\ldots\ldots} = 5$ $\sqrt{\ldots\ldots} = 0$ $\sqrt{\ldots\ldots} = 1$ $\sqrt{\ldots\ldots} = \frac{3}{2}$

2 Détermine, si possible, pour chacun des cas ci-dessous, la (les) valeur(s) de x vérifiant l'égalité.

a) $x^2 = 36$ b) $x^2 = 5$ c) $x^2 = -9$ d) $x^2 = 0{,}01$ e) $x^2 = 1600$ f) $x^2 = 11$

3 Sans utiliser ta calculatrice, encadre les racines carrées suivantes par deux nombres entiers consécutifs.

$\sqrt{90}$ $\sqrt{45}$ $\sqrt{12}$ $\sqrt{30}$ $\sqrt{89}$ $\sqrt{70}$ $\sqrt{104}$ $\sqrt{230}$

4 En utilisant ta calculatrice, encadre les racines carrées suivantes par deux nombres entiers consécutifs.

$\sqrt{1265}$ $\sqrt{896}$ $\sqrt{12\,456}$ $\sqrt{987}$ $\sqrt{79\,964}$

5 À l'aide de ta calculatrice, encadre les nombres suivants par leurs valeurs approchées.

a) $\sqrt{8}$ au 0,001 près $\sqrt{12}$ à 10^{-2} près $\sqrt{1254}$ au $\frac{1}{100}$ près

b) $\sqrt{5{,}23}$ au 0,1 près $\sqrt{23{,}546}$ à 10^{-3} près $\sqrt{0{,}123}$ au $\frac{1}{10}$ près

6 Associe chaque racine carrée à sa forme simplifiée.

$\sqrt{32}$ • $\sqrt{50}$ • $\sqrt{20}$ • $\sqrt{8}$ • $\sqrt{125}$ •

• $2\sqrt{2}$ • $2\sqrt{5}$ • $4\sqrt{2}$ • $5\sqrt{5}$ • $5\sqrt{2}$

7 Simplifie les racines carrées suivantes.

a) (1) $\sqrt{12}$ $\sqrt{18}$ $\sqrt{50}$ $\sqrt{75}$ $\sqrt{8}$ $\sqrt{27}$ $\sqrt{64}$ $\sqrt{125}$

(2) $\sqrt{250}$ $\sqrt{20}$ $\sqrt{60}$ $\sqrt{80}$ $\sqrt{90}$ $\sqrt{121}$ $\sqrt{242}$ $\sqrt{225}$

b) (1) $3\sqrt{8}$ $2\sqrt{12}$ $4\sqrt{63}$ $5\sqrt{18}$ $6\sqrt{50}$ $3\sqrt{28}$ $5\sqrt{32}$ $4\sqrt{27}$

(2) $7\sqrt{45}$ $3\sqrt{500}$ $8\sqrt{72}$ $3\sqrt{200}$ $9\sqrt{54}$ $7\sqrt{75}$ $3\sqrt{128}$ $6\sqrt{162}$

c) $\sqrt{2^2}$ $\sqrt{5^4}$ $\sqrt{3^6}$ $\sqrt{2^6 \cdot 3^2}$ $\sqrt{2^4 \cdot 3^6}$ $\sqrt{5^4 \cdot 7^2}$

$\sqrt{2^4 \cdot 3}$ $\sqrt{2 \cdot 3^6}$ $\sqrt{5^3 \cdot 7}$ $\sqrt{2^9 \cdot 5}$ $\sqrt{3^3 \cdot 5^4 \cdot 7^2}$ $\sqrt{2^8 \cdot 3^2 \cdot 5^3}$

$\sqrt{4^7}$ $\sqrt{16^3}$ $\sqrt{25^3}$ $\sqrt{100^5}$ $\sqrt{8^5}$ $\sqrt{12^3}$

8 Sans calculatrice, complète par <, > ou =.

$3\sqrt{2}$ ..... $\sqrt{18}$ $5\sqrt{3}$ ..... $6\sqrt{2}$ $\sqrt{200}$ ..... $10\sqrt{3}$

3

9 Simplifie les racines carrées suivantes (les lettres représentent des réels positifs).

a) $\sqrt{a^4}$ $\sqrt{x^6}$ $\sqrt{b^{12}}$ $\sqrt{x^7}$ $\sqrt{y^{11}}$

b) $\sqrt{4a^7}$ $\sqrt{3x^9}$ $\sqrt{5a^6}$ $\sqrt{9a^7}$ $\sqrt{27b^5}$

c) $7\sqrt{12a^5}$ $2\sqrt{45x^9}$ $5\sqrt{18b^6}$ $3x^2\sqrt{63x^5}$ $2y^3\sqrt{8y^{12}}$

10 Réduis les sommes suivantes.

a) $3\sqrt{3} + 5\sqrt{3}$
$\sqrt{5} - 3\sqrt{5}$
$-2\sqrt{7} - 5\sqrt{7}$
$\sqrt{6} - 3\sqrt{6} - 4\sqrt{6}$

b) $\sqrt{8} + 3\sqrt{2}$
$\sqrt{50} - 3\sqrt{18}$
$-2\sqrt{75} + 5\sqrt{12}$
$-3\sqrt{125} - 4\sqrt{20}$

c) $2\sqrt{8} - 3\sqrt{27} - 3\sqrt{32} - 4\sqrt{12}$
$3\sqrt{25} - 4\sqrt{98} - 2\sqrt{16} + 3\sqrt{72}$
$7\sqrt{32} + 3\sqrt{27} + 2\sqrt{18} - 2\sqrt{75}$
$4\sqrt{1000} - 3\sqrt{250} + 7\sqrt{900} - 5\sqrt{40}$

d) $7\sqrt{2} - 3\sqrt{45} + 3\sqrt{50} - 7\sqrt{20}$
$-8\sqrt{2} + 7\sqrt{3} - 2\sqrt{27} - 3\sqrt{8}$
$2\sqrt{36} - 5\sqrt{18} + \sqrt{32} - 3\sqrt{48}$
$3\sqrt{200} - 4\sqrt{100} + 5\sqrt{2} - 10\sqrt{2}$

e) $3\sqrt{50} - 2\sqrt{5} - 2\sqrt{8} - \sqrt{45}$
$\sqrt{48} - \sqrt{24} - \sqrt{150} + 3\sqrt{12}$
$3\sqrt{18} - 4\sqrt{72} - 7\sqrt{28} + 5\sqrt{32}$
$2\sqrt{75} - \sqrt{27} + 3\sqrt{12} - \sqrt{48}$

11 Réduis les produits suivants.

a) $\sqrt{2} \,.\, \sqrt{2}$
$3\sqrt{7} \,.\, \sqrt{7}$
$3\sqrt{3} \,.\, \sqrt{3}$
$5\sqrt{11} \,.\, 2\sqrt{11}$

b) $\sqrt{28} \,.\, \sqrt{45}$
$\sqrt{12} \,.\, \sqrt{18}$
$\sqrt{27} \,.\, \sqrt{75}$
$2\sqrt{54} \,.\, 3\sqrt{125}$

c) $\sqrt{52} \,.\, \sqrt{39}$
$3\sqrt{7} \,.\, 2\sqrt{14}$
$5\sqrt{12} \,.\, \sqrt{24}$
$3\sqrt{5} \,.\, \sqrt{80}$

d) $5^3 \,.\, \sqrt{5^3}$
$2\sqrt{11} \,.\, \sqrt{11^3}$
$3\sqrt{5^2} \,.\, \sqrt{5^3}$
$2\sqrt{3^2} \,.\, 5\sqrt{3^5}$

e) $\left(\sqrt{5}\right)^2$
$\left(3\sqrt{2}\right)^2$
$\left(-6\sqrt{5}\right)^2$
$\left(-5\sqrt{50}\right)^2$

f) $\sqrt{5} \,.\, \left(\sqrt{6} + \sqrt{15}\right)$
$\sqrt{12} \,.\, \left(\sqrt{48} - \sqrt{5}\right)$
$\left(\sqrt{125} - 3\sqrt{6}\right) \,.\, \sqrt{32}$
$\left(3\sqrt{7} - \sqrt{28}\right) \,.\, \sqrt{3}$

g) $\left(\sqrt{2} - 1\right) \,.\, \left(\sqrt{2} + 3\right)$
$\left(1 - \sqrt{3}\right) \,.\, \left(5 - 3\sqrt{3}\right)$
$\left(\sqrt{3} + \sqrt{2}\right) \,.\, \left(\sqrt{7} - \sqrt{6}\right)$
$\left(\sqrt{24} - 3\sqrt{8}\right) \,.\, \left(\sqrt{50} + \sqrt{5}\right)$

12 Calcule en utilisant les produits remarquables.

a) $\left(2 - \sqrt{5}\right) \,.\, \left(2 + \sqrt{5}\right)$
$\left(3\sqrt{6} + \sqrt{2}\right) \,.\, \left(\sqrt{2} - 3\sqrt{6}\right)$
$\left(-3\sqrt{5} + \sqrt{3}\right) \,.\, \left(\sqrt{3} + 3\sqrt{5}\right)$
$\left(5\sqrt{2} - \sqrt{7}\right) \,.\, \left(\sqrt{7} + 5\sqrt{2}\right)$

b) $\left(\sqrt{3} + \sqrt{2}\right)^2$
$\left(\sqrt{6} + \sqrt{10}\right)^2$
$\left(3\sqrt{5} + 4\right)^2$
$\left(6\sqrt{2} + 2\sqrt{3}\right)^2$

c) $\left(6 - \sqrt{2}\right)^2$
$\left(\sqrt{5} - \sqrt{2}\right)^2$
$\left(-5 + 2\sqrt{5}\right)^2$
$\left(3\sqrt{6} - \sqrt{3}\right)^2$

13 Réduis, si possible, les expressions suivantes.

a) $\sqrt{3} . \sqrt{3}$
$\sqrt{3} + \sqrt{3}$
$\sqrt{5} + \sqrt{2}$
$\sqrt{5} . \sqrt{2}$

b) $2\sqrt{3} + 5\sqrt{2}$
$3\sqrt{2} + 5\sqrt{2}$
$3\sqrt{5} . 4\sqrt{3}$
$2\sqrt{3} . 5\sqrt{3}$

c) $2\sqrt{7} - 5\sqrt{7}$
$5\sqrt{2} + \sqrt{2}$
$7\sqrt{5} . \sqrt{5}$
$8\sqrt{3} + \sqrt{2}$

d) $\sqrt{12} + \sqrt{75}$
$\sqrt{8} . \sqrt{45}$
$\sqrt{50} + \sqrt{20}$
$\sqrt{50} . \sqrt{20}$

e) $(-5\sqrt{5})^2$
$2\sqrt{3} . (\sqrt{5} - 2)$
$(2\sqrt{3} - \sqrt{5})^2$
$(-4\sqrt{10} - 5)^2$

f) $(2\sqrt{3} - \sqrt{5}) . 2$
$(2\sqrt{5})^2$
$(\sqrt{5} - 2) . (\sqrt{5} + 3)$
$(2\sqrt{3} + \sqrt{5})^2$

g) $(-3\sqrt{2})^2$
$(3\sqrt{5} + 2\sqrt{7}) . (-2\sqrt{7} + 3\sqrt{5})$
$(4\sqrt{12} - 8\sqrt{8}) . (4\sqrt{32} + 8\sqrt{3})$
$(\sqrt{12} + \sqrt{5}) . (5\sqrt{3} + \sqrt{20})$

14 Sans utiliser ta calculatrice, complète par <, > ou =.

$(\sqrt{2} + \sqrt{3})^2$ 5

$(1 - \sqrt{2})^2$ 2

$(2 - \sqrt{3}) . (2 + \sqrt{3})$ .... –1

15 Rends les dénominateurs des fractions ci-dessous rationnels.

a) $\frac{1}{\sqrt{2}}$ $\sqrt{\frac{1}{3}}$ $\frac{\sqrt{3}}{\sqrt{5}}$ $\frac{2\sqrt{3}}{3\sqrt{2}}$ $\frac{3}{2\sqrt{3}}$

b) $\frac{1}{\sqrt{8}}$ $\sqrt{\frac{8}{27}}$ $\frac{3\sqrt{5}}{2\sqrt{10}}$ $3\sqrt{\frac{12}{125}}$ $\frac{4\sqrt{14}}{3\sqrt{7}}$

c) $\frac{1}{3 + \sqrt{2}}$ $\frac{3}{\sqrt{3} - \sqrt{5}}$ $\frac{\sqrt{3}}{2\sqrt{3} - 1}$ $\frac{3\sqrt{2}}{\sqrt{2} + 2\sqrt{3}}$ $\frac{2\sqrt{3}}{2\sqrt{3} - 5\sqrt{2}}$

d) $\frac{3\sqrt{5} + 1}{3 - 2\sqrt{5}}$ $\frac{1 - 3\sqrt{2}}{5\sqrt{2} - 1}$ $\frac{\sqrt{3} - 2\sqrt{5}}{\sqrt{5} + 2\sqrt{3}}$ $\frac{3\sqrt{8} - 1}{2 + \sqrt{18}}$ $\frac{2\sqrt{4} + 3\sqrt{2}}{\sqrt{8} - 2\sqrt{9}}$

16 Réduis les sommes et les produits suivants (les lettres représentent des réels positifs).

a) $2\sqrt{x} + 7\sqrt{x}$
$5\sqrt{y} . 2\sqrt{y}$
$\sqrt{x} . \sqrt{3x}$
$3\sqrt{a} - 5\sqrt{a}$

b) $3\sqrt{x^3} . \sqrt{x^5}$
$\sqrt{a} - \sqrt{18a}$
$5\sqrt{x^2} . \sqrt{x^5}$
$-2\sqrt{18a} + 5\sqrt{32a}$

c) $3\sqrt{x^4} . \sqrt{x}$
$\sqrt{27x} - 3\sqrt{12x}$
$3\sqrt{4a^5} . 2\sqrt{a^3}$
$-2x\sqrt{3x^3} + 5\sqrt{3x^5}$

d) $(2\sqrt{3a})^2$
$2\sqrt{x} . (\sqrt{x} - \sqrt{5x})$
$(-2\sqrt{18a})^2$
$(3\sqrt{5x} + 2\sqrt{7x})^2$

e) $(2\sqrt{3a} - \sqrt{5a})^2$
$(2\sqrt{a} + 1) . (2\sqrt{a} - 1)$
$(\sqrt{2x} - 3\sqrt{5x}) . (\sqrt{2x} + 5\sqrt{3x})$
$(3x^3\sqrt{8x})^2$

17 Construis les segments dont voici les longueurs en cm.

$\sqrt{29}$ $\sqrt{32}$ $\sqrt{37}$ $\sqrt{40}$ $\sqrt{15}$ $\sqrt{20}$ $\sqrt{21}$ $\sqrt{28}$

18 Détermine, au millimètre près, la longueur de l'hypoténuse de chacun des triangles rectangles ci-dessous.

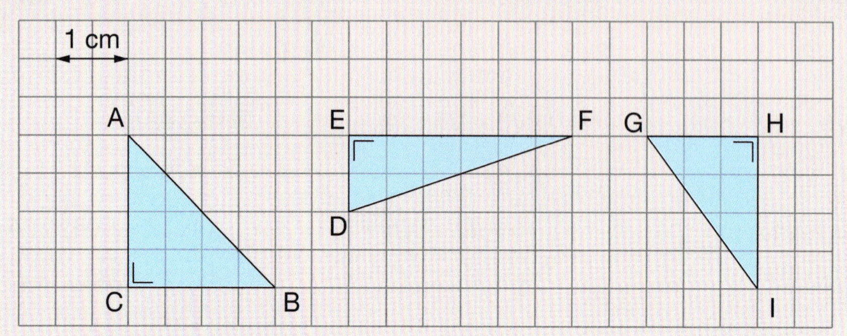

19 Sachant que le triangle ABC est rectangle en A, complète les tableaux ci-dessous.

a)

	$\lvert AB\rvert$	$\lvert AC\rvert$	$\lvert BC\rvert$
1)	7	8	
2)	9		12
3)		4	16

b)

	$\lvert AB\rvert$	$\lvert AC\rvert$	$\lvert BC\rvert$
1)	6		8,5
2)		0,03	0,04
3)	2,4	3,2	

c)

	$\lvert AB\rvert$	$\lvert AC\rvert$	$\lvert BC\rvert$
1)	3/2		5/2
2)		2	8/3
3)	5/7		12/7

d)

	$\lvert AB\rvert$	$\lvert AC\rvert$	$\lvert BC\rvert$
1)		$\sqrt{3}$	$\sqrt{7}$
2)	$\sqrt{10}$	$\sqrt{5}$	
3)		6	$3\sqrt{5}$

20 Sachant que les côtés isométriques d'un triangle rectangle isocèle mesurent 4 cm, détermine la longueur de l'hypoténuse de ce triangle.

21 Détermine la longueur de la diagonale d'un carré de 7 cm de côté.

22 Sachant que la longueur et la largeur d'un rectangle mesurent respectivement 7 cm et 5 cm, détermine la mesure de la diagonale de ce rectangle.

23 Sachant que la longueur d'un rectangle mesure 8 cm et sa diagonale 10 cm, détermine la mesure de sa largeur.

24 Détermine la longueur d'un côté d'un losange dont les diagonales mesurent respectivement ...

a) 4 cm et 6 cm.

b) 40 cm et 75 cm.

25 Détermine la longueur du côté d'un carré dont la longueur de la diagonale vaut 32 cm.

26 Détermine la longueur d'une diagonale intérieure d'un cube de 6 cm d'arête.

27 Détermine la longueur d'une diagonale intérieure d'un parallélépipède rectangle de 7 cm de long, 4 cm de large et 5 cm de haut.

28 Observe les figures ci-dessous et détermine ...

a) la longueur du segment [BC].

b) la longueur du segment [AE].

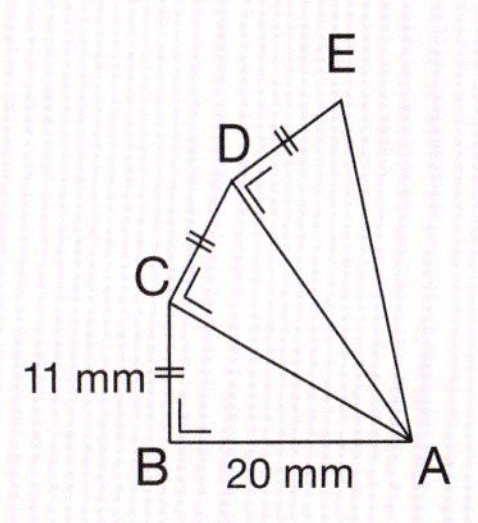

29 Dans un repère cartésien d'axes perpendiculaires x et y et d'unités 1 cm sont placés les points A (1 ; 2), B (5 ; 4) et C (5 ; 2).
Calcule la longueur des segments [AB], [AC] et [BC].

30 Détermine l'aire d'un triangle équilatéral dont la mesure des côtés vaut 8 cm.

31 Les propositions suivantes sont-elles vraies ou fausses ? Justifie.

a) Les nombres 2, 3 et 4 peuvent être les longueurs des côtés d'un triangle rectangle.

b) Si les côtés d'un carré mesurent 2 cm, alors sa diagonale mesure $\sqrt{8}$ cm.

c) Si la diagonale d'un rectangle mesure $4\sqrt{13}$ m et sa largeur 8 m, alors la longueur de ce rectangle est de 12 m.

d) Le nombre $2\sqrt{3}$ est la longueur de l'hypoténuse d'un triangle rectangle isocèle dont la longueur des côtés isométriques est 3.

e) Si la diagonale d'un carré mesure 4 cm, alors ses côtés mesurent $2\sqrt{2}$ cm.

32 Dans chaque cas, vérifie si le triangle est rectangle. Si oui, précise le sommet de l'angle droit.

a)

	$\|AB\|$	$\|BC\|$	$\|AC\|$
1)	3	4	5
2)	1	1	1
3)	10	6	8
4)	2	5	4
5)	17	16	25

b)

	$\|AB\|$	$\|BC\|$	$\|AC\|$
1)	2	3	$\sqrt{5}$
2)	$\sqrt{19}$	4	2
3)	$\sqrt{3}$	$\sqrt{22}$	5
4)	$2\sqrt{5}$	2	4
5)	$\sqrt{29}$	4	$\sqrt{13}$

33 Dans chaque cas, qualifie le plus précisément possible le triangle ABC dont on connaît les dimensions des trois côtés.

a)

	$\|AB\|$	$\|AC\|$	$\|BC\|$
1)	5	12	13
2)	$\sqrt{12}$	5	$2\sqrt{3}$
3)	2	2	$2\sqrt{2}$

b)

	$\|AB\|$	$\|AC\|$	$\|BC\|$
1)	$\sqrt{5}$	$\sqrt{7}$	$2\sqrt{3}$
2)	$\sqrt{18}$	$3\sqrt{2}$	6
3)	$6\sqrt{2}$	$3\sqrt{8}$	$\sqrt{72}$

34 Dans le triangle DEF rectangle en D, on désigne par X le pied de la hauteur issue du sommet de l'angle droit.
Complète le tableau ci-dessous.

	Longueurs des segments (en cm)						Aire (en cm²)		
	|DE|	|DF|	|EF|	|EX|	|FX|	|DX|	DEF	DEX	DXF
a)	4	3							
b)	6			2					
c)					25	10			
d)				3	2				
e)		5				3			

Transférer

1 Exprime la longueur du côté (c) d'un carré en fonction de celle de sa diagonale (d).

2 Exprime la longueur du côté (c) d'un triangle équilatéral en fonction de celle de sa hauteur (h).

3 Exprime la longueur de la médiane (m) relative à un côté de l'angle droit d'un triangle rectangle isocèle en fonction de celle de ses côtés de l'angle droit (c).

4 Exprime la longueur du côté (c) d'un losange en fonction des longueurs de ses diagonales (a et b).

5 Exprime la longueur du rayon (r) du cercle circonscrit à un rectangle en fonction des longueurs de ses côtés (a et b).

6 Pour chaque triangle rectangle ci-dessous, exprime le plus simplement possible la mesure de x en fonction de celle de a.

a)

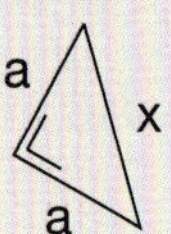

b)

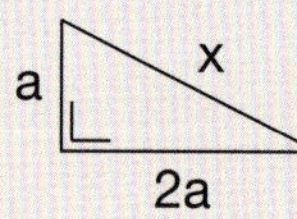

c)

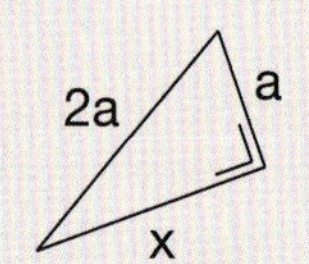

7 L'unité choisie pour les données étant le centimètre, détermine les longueurs des côtés inconnus.

a)

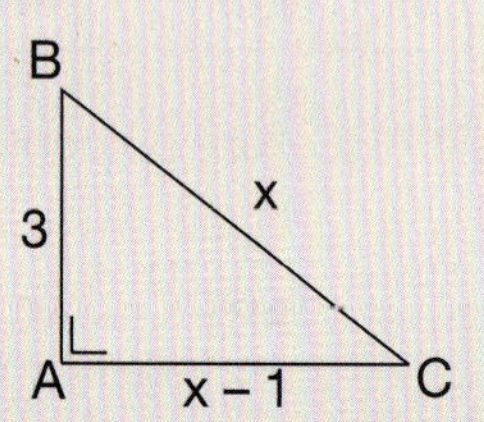

b)

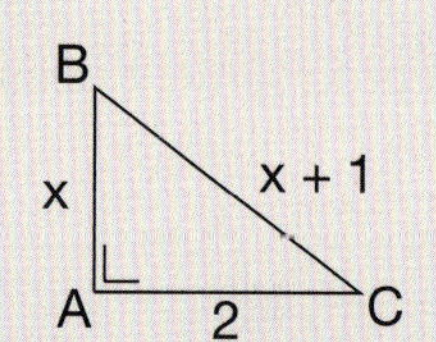

c)

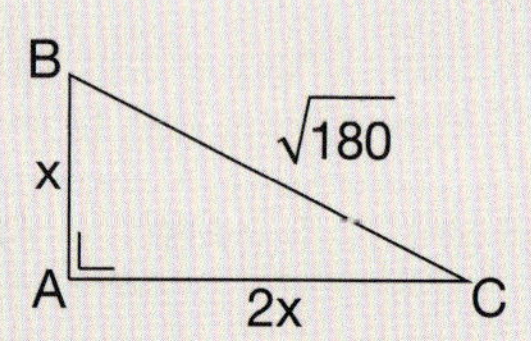

8 Vérifie que la somme des aires des triangles équilatéraux construits extérieurement sur les côtés de l'angle droit d'un triangle rectangle est égale à l'aire du triangle équilatéral construit extérieurement sur l'hypoténuse de celui-ci.

9 Si ABCD est un rectangle dont la longueur vaut le double de la largeur et si le point M est le milieu du segment [AB], vérifie que le triangle DMC est un triangle rectangle isocèle en M.

10 a) Détermine le périmètre du quadrilatère ABCD.

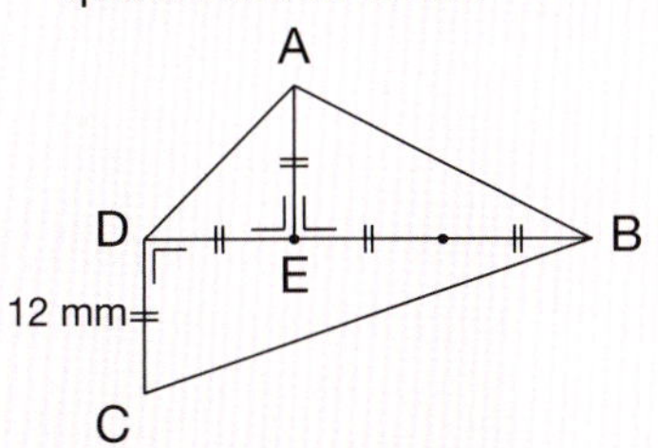

b) Détermine l'aire du parallélogramme ABCD.

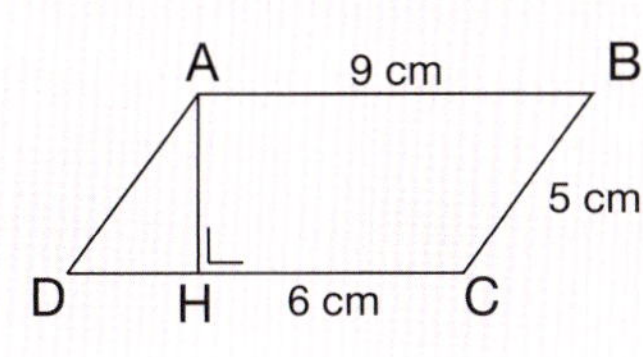

c) Sachant que ABCD est un rectangle, détermine l'aire du polygone ABCED.

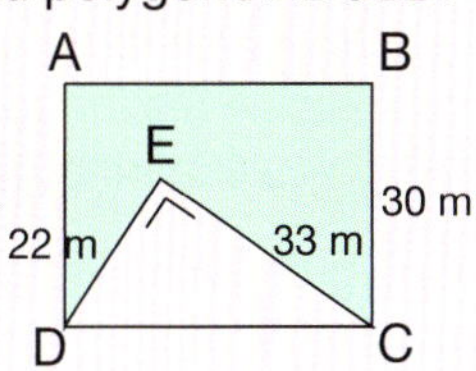

d) Détermine le volume du prisme droit à base trapézoïdale représenté ci-dessous.

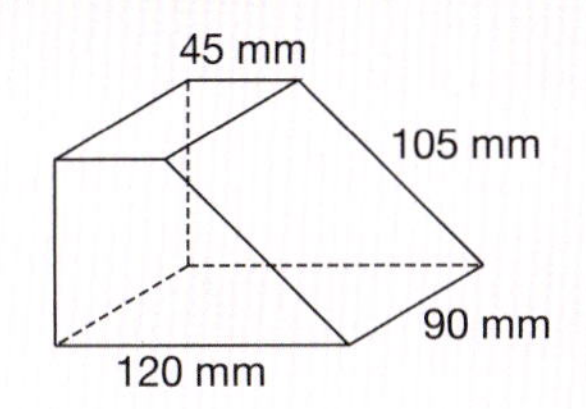

e) Détermine le volume du cône représenté ci-contre.

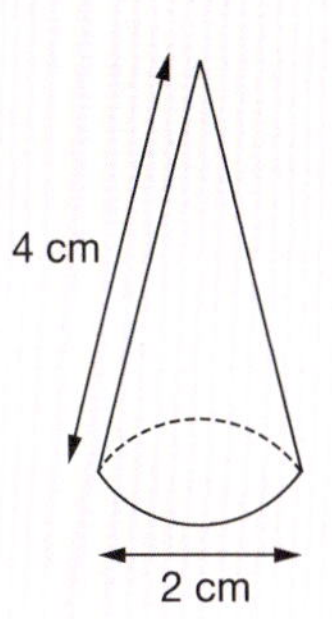

11 Détermine la longueur de l'hypoténuse d'un triangle rectangle sachant que la longueur d'un côté de l'angle droit vaut 6 cm et que son aire vaut 12 cm².

12 Détermine l'aire d'un trapèze rectangle ABCD sachant que sa hauteur mesure 22 mm et que ses diagonales [AC] et [BD] mesurent respectivement 34 et 46 mm.

13 Construis un triangle ABC rectangle en A inscrit dans un cercle de 3 cm de rayon.
Si $|AB| = 22$ mm, détermine l'aire et le périmètre de ce triangle.

14 Construis un rectangle ABCD inscrit dans un cercle de 3 cm de rayon.
Si $|AB| = 45$ mm, détermine l'aire et le périmètre de ce rectangle.

15 Sachant que l'aire du carré ABCD vaut 12 cm², détermine ...
a) l'aire du disque inscrit à ce carré.
b) l'aire du disque circonscrit à ce carré.

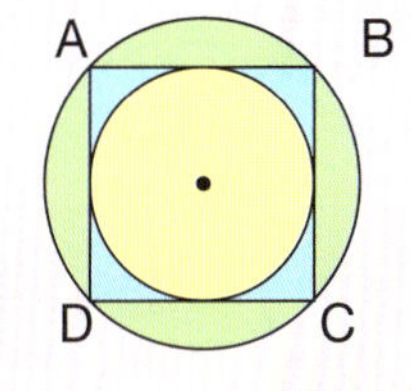

16 Un ébéniste a taillé une face triangulaire AFC dans un bloc de chêne de forme parallélépipédique dont les dimensions figurent sur le dessin ci-contre.
Le triangle AFC est-il rectangle ? Justifie.

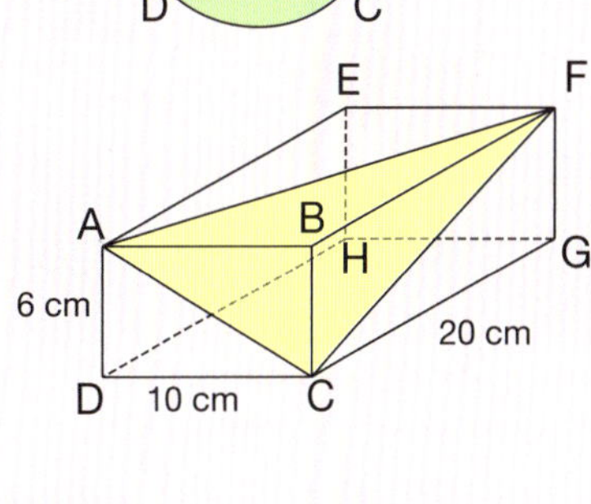

17 En utilisant les données de la figure représentée ci-contre, vérifie que le triangle BCD est un triangle rectangle.

18 Dans un repère cartésien d'axes perpendiculaires x et y et d'unités 1 cm sont placés les points A (2 ; 4), B (5 ; 5), C (6 ; 2) et D (3 ; 1).
Détermine la nature du quadrilatère ABCD. Justifie.

19 On considère un demi-cercle de centre O et de diamètre [AB] de longueur 15 cm.
La médiatrice m du segment [OA] coupe le demi-cercle au point C et [OA] au point I.
La médiatrice n du segment [BC] coupe [BC] en J.
a) Quelle est la nature des triangles ABC et ACO ? Justifie.
b) Calcule les longueurs des segments [AC], [CI] et [BC].
c) Calcule la longueur de [JO] et compare-la à celle de [AC].

20 Une grenouille se trouve en A sur le bord d'une mare circulaire.
Elle nage 18 m en ligne droite avant de rencontrer le bord B de la mare, puis elle change de direction et nage encore 6 m pour se retrouver au point C diamétralement opposé à A.
Quelle distance aurait-elle parcourue si elle avait effectué le trajet [AC] en ligne droite ?

21 Des tests ont démontré qu'une échelle est plus stable et facile à utiliser si la distance entre les pieds de l'échelle et le mur est égale au quart de sa longueur d'utilisation.
En tenant compte de ces résultats, détermine...
a) la hauteur maximale du point d'appui d'une échelle de 10 m de long.
b) la longueur d'une échelle si son point d'appui est situé à une hauteur de 7,75 m.

22 Sachant que 1 pouce vaut 2,54 cm et qu'un format 16/9 correspondant au rapport entre la largeur et la hauteur de l'écran, détermine, au mm près, les dimensions (hauteur et largeur) de l'écran d'un téléviseur 16/9 dont la longueur de la diagonale vaut 40 pouces.

23 Je désire réaliser moi-même un faire-part de mariage dont la forme est un hexagone régulier et une enveloppe rectangulaire pour ensuite l'y insérer comme le montre le dessin ci-contre.
Calcule les dimensions, au mm près de l'enveloppe que je dois réaliser si tu sais que le rayon du cercle que j'ai choisi pour construire l'hexagone est de 80 mm.

24 Voici la photo d'une décoration de Noël prise dans une ville de la côte belge.
Sachant que les rayons des cercles mesurent 20 cm, détermine les dimensions extérieures, au cm près, du cadre.

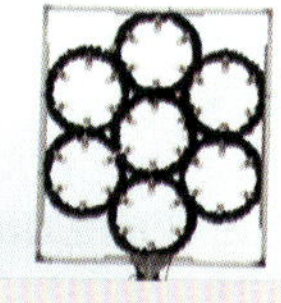

25

Le toit de cette tour de jeu est une pyramide de 30 cm de hauteur dont la base est un carré de 80 cm de côté.
Détermine, en cm^2, la quantité de polyester nécessaire au recouvrement de ce toit.

26 On désire construire un cône. Pour ce faire, on dessine un cercle de centre O et de 5 cm de rayon. Ensuite, on découpe un angle au centre $\widehat{AOB}$ de 120° d'amplitude et on fait coïncider les segments [OA] et [OB]. Calcule, au mm près, la hauteur du cône ainsi construit.

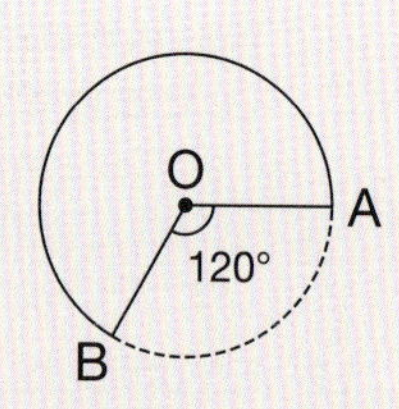

27 Axel pose une échelle de 3,50 m de long contre un mur. Sachant que le point d'appui de l'échelle sur le mur est situé à 3,30 m du sol et que la distance entre le pied de l'échelle et le mur est de 0,80 m, détermine si le mur est perpendiculaire au sol. Justifie.

28 Un tunnel à sens unique est constitué de deux parois verticales de 2,50 m de haut surmontées d'une voûte semi-circulaire de 3 m de diamètre.
Un camping-car de 2,40 m de large et de 3,20 m de haut peut-il circuler dans ce tunnel sans encombre ? Justifie.

Chapitre 4 Polynômes

Activité 1 • Problèmes et polynômes

1 Jérôme, propriétaire d'un camping, dispose d'un terrain rectangulaire de 25 m de long sur 16 m de large sur lequel il souhaite installer une seconde piscine destinée essentiellement aux nageurs.

Pour choisir l'implantation précise de cette piscine, Jérôme dispose de trois plans remis par un architecte sur lesquels x, exprimée en m, représente la longueur minimale nécessaire pour l'installation d'un mobilier de jardin.

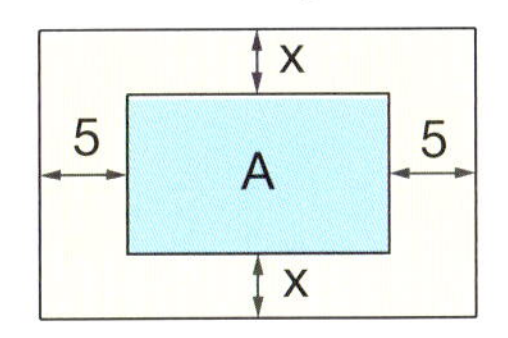

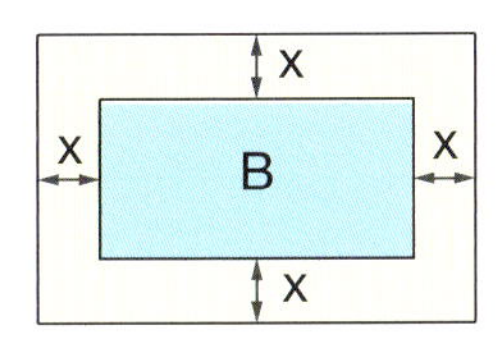

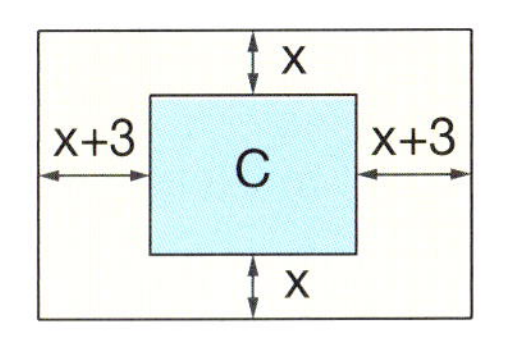

a) Exprime le périmètre et l'aire de chacune de ces piscines sous la forme d'une somme réduite.

b) Détermine le périmètre et l'aire de chacune de ces piscines dans les trois cas suivants.

(1) Installation de chaises sur les bords de la piscine, x vaut 190 cm.
(2) Installation de transats sur les bords de la piscine, x vaut 310 cm.
(3) Installation de lits « bain de soleil » sur les bords de la piscine, x vaut 350 cm.

c) Jérôme n'est satisfait par aucun de ces plans car il souhaite avoir une piscine dont la longueur vaut le double de la largeur et dont l'aire vaut la moitié de l'aire disponible.
Détermine les dimensions de cette piscine.

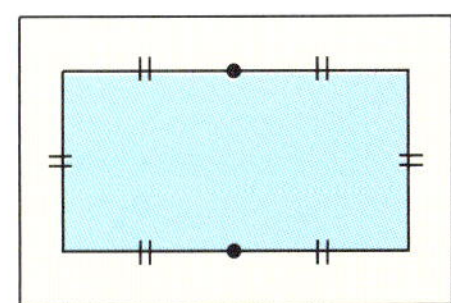

d) L'architecte, par souci d'esthétique, lui propose alors une piscine dont l'aire vaut elle aussi la moitié de la surface disponible mais dont le rapport entre la longueur et la largeur vaut 3/2.
Détermine les dimensions de cette piscine.

2 Amélie souhaite faire l'acquisition d'un nouvel aquarium de forme parallélépipédique. Son choix s'est porté sur une gamme d'aquariums pour lesquels la hauteur vaut 10 cm de plus que la largeur et la longueur vaut le double de la hauteur.

a) Si x, exprimée en cm, est égale à la largeur d'un aquarium, donne une expression algébrique réduite du volume d'eau contenu dans celui-ci sachant qu'une couche de 3 cm de sable est placée dans le fond et que cet aquarium ne peut être rempli que jusqu'à 2 cm du bord supérieur.

b) Amélie veut installer 30 poissons dans son nouvel aquarium. Sachant qu'un poisson d'eau douce doit disposer, en moyenne, de 8 litres d'eau, et que la largeur de l'aquarium est un multiple de 10 cm, détermine sans calculatrice la valeur minimale de x pour que cela soit possible.

c) Sans utiliser l'expression algébrique réduite, vérifie les résultats trouvés.

3 Les diamètres de quatre casseroles parfaitement cylindriques, rangées de la plus petite à la plus grande, ne diffèrent que de 2 cm et la hauteur de chacune d'entre elles est égale à son rayon.

a) Si x, exprimé en cm, désigne le rayon de la plus petite casserole, exprime, après avoir réalisé une vue en coupe de ces casseroles, le volume d'eau contenu dans chacune d'entre elles sachant qu'elles sont remplies jusqu'à 1 cm du bord supérieur.

b) Si le diamètre de la casserole la plus petite est de 20 cm, peut-on verser l'eau des deux premières casseroles dans la plus grande sans que la hauteur maximale de celle-ci ne soit dépassée ? L'eau débordera-t-elle de la casserole ?

4 La figure ci-contre est formée de trois carrés.

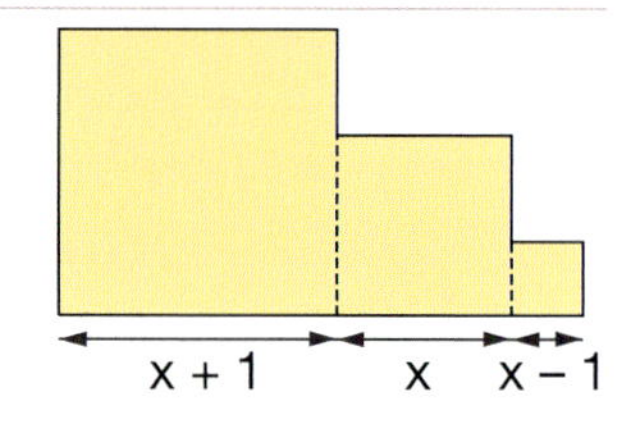

a) Exprime l'aire et le périmètre de cette figure sous la forme d'une somme réduite.

b) Détermine l'aire et le périmètre de cette figure quand x vaut 5 cm ; 7,5 cm et $\frac{2}{3}$ dm.

c) Pour quelle valeur de x, le périmètre de cette figure est-il égal à 48 cm ?

Activité 2 • Valeur numérique d'un polynôme

1 Voici huit polynômes en x :

$A(x) = x^2 + 3x + 2$
$B(x) = 3x^2 + 5x + 2$
$C(x) = 2x^3 + 6x^2 - x - 3$
$D(x) = 2x^3 - x^2 + 2x - 1$
$E(x) = -2x^2 - 11x - 5$
$F(x) = -5x^2 - 2x - 7$
$G(x) = -2x^3 + 8x^2 + x - 4$
$H(x) = 5x^3 + 2x^2 - 10x - 4$

a) Calcule les valeurs numériques demandées. Ensuite, vérifie tes résultats à l'aide de la calculatrice.

$A(0)$, $A(1)$, $A(-1)$, $A(-2)$, $A(2)$, $A\left(\frac{1}{3}\right)$

$B(0)$, $B(1)$, $B(-1)$, $B(-4)$, $B(4)$, $B\left(\frac{-1}{5}\right)$

$C(0)$, $C(1)$, $C(-1)$, $C(-3)$, $C(3)$, $C\left(\frac{1}{6}\right)$

$D(0)$, $D(1)$, $D(-1)$, $D(-10)$, $D(10)$, $D\left(\frac{1}{2}\right)$

$E(0)$, $E(1)$, $E(-1)$, $E(-5)$, $E(5)$, $E\left(\frac{-1}{4}\right)$

$F(0)$, $F(1)$, $F(-1)$, $F(-3)$, $F(3)$, $F\left(\frac{1}{10}\right)$

$G(0)$, $G(1)$, $G(-1)$, $G(-4)$, $G(4)$, $G\left(\frac{-1}{2}\right)$

$H(0)$, $H(1)$, $H(-1)$, $H(-2)$, $H(2)$, $H\left(\frac{-2}{5}\right)$

b) Lorsque tu calcules la valeur numérique de chacun de ces polynômes pour $x = 0$, que constates-tu ?

c) Lorsque tu calcules la valeur numérique de chacun de ces polynômes pour $x = 1$, que constates-tu ?

2
a) Si $A(x) = 2x^2 + x + a$, détermine la valeur de a pour que $A(-3) = 8$.
b) Si $B(x) = x^2 + ax - 1$, détermine la valeur de a pour que $B(2) = -3$.
c) Si $C(x) = 4x^2 - ax + 1$, détermine la valeur de a pour que $C(-2) = 20$.
d) Si $D(x) = ax^2 - 2x + 5$, détermine la valeur de a pour que $D(-1) = 4$.

Activité 3 • Vocabulaire spécifique aux polynômes

1 Réduis et ordonne les polynômes ci-dessous. Donne ensuite leur degré et dis s'ils sont complets.

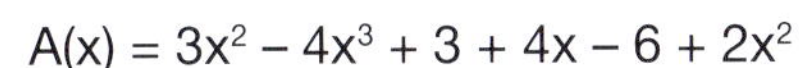

$A(x) = 3x^2 - 4x^3 + 3 + 4x - 6 + 2x^2$

$B(x) = x^3 - 5x^2 - 4x - x^3 + 8 + 4x + 5x^2$

$C(x) = x + 8 - 2x^3 - 5x + 1 + 2x^3$

$D(x) = 3x - 5x^2 - 4x + x^3 - 8 - 5x^2$

$E(x) = 4x^3 - 3x + x^3 - x^2$

$F(x) = -4 - 8x - 5x^2 + x^3 - x^5$

2 Sachant que $A(x) = 2x^4 + 7x - 5x^5 - 9 - 4x^2$, réponds aux questions suivantes.

a) Le polynôme A(x) est-il réduit ? Justifie.
b) Le polynôme A(x) est-il ordonné ? Justifie.
c) Le polynôme A(x) est-il complet ? Justifie.
d) Quel est le degré du polynôme A(x) ? Justifie.
e) Quel est le nom donné à x ?
f) Que représente le terme –9 ? Quel est son degré ?
g) Que représente le nombre –5 placé devant x^5 ?

3 Dans chaque cas, détermine les réels a, b et c si tu sais que ...

a) $ax^2 + (b - 3) \cdot x + 2c = x^2 - 5x + 6$
b) $(a - 1) \cdot x^2 + (b + 2) \cdot x + (c - 1) = 2x^2 - 3$
c) $ax^2 + (a + 2b) \cdot x + (c - b + a) = -3x^2 + 2x - 4$
d) $(a + b + c) \cdot x^2 + (a + b) \cdot x + a = 7x^2 - 2x + 4$

4 Voici dix polynômes en x :

$A(x) = 3x^2 + 5x^3 - x + 6 - 3x^4$

$B(x) = 2x - x^2 + 6 - 3x$

$C(x) = 4x - x$

$D(x) = -x^3 + 2x - 3x^5 + 6$

$E(x) = -3x + 6 - x^2 - 3x - 6$

$F(x) = -5x^2 + x - 3 + 3x^2 + 2 + 2x$

$G(x) = -3x^5 + 4x^4 - x^3 + 3x^5 - 3x^2 - x + 6$

$H(x) = 2x^2 - 3x + 1$

$I(x) = -2x^4 + x^2 + 2x^3 - x^2 + 6$

$J(x) = 6x^5 + 6x^4$

Après avoir réduit et ordonné chaque polynôme, retrouve celui qui correspond aux conditions énoncées à la page suivante.

(1) Un binôme de degré 2.

(2) Un trinôme de degré 2 ayant 6 comme terme indépendant.

(3) Un trinôme de degré 2 ayant 1 comme valeur numérique pour $x = 0$.

(4) Un polynôme de degré 4, incomplet.

(5) Un polynôme de degré 4, complet et dont le coefficient du terme en x^2 est 3.

(6) Un polynôme de degré 5, incomplet et ayant 6 comme terme indépendant.

Activité 4 • Somme de polynômes

1 Supprime les parenthèses, réduis et ordonne les polynômes ci-dessous.

p.253

a) $(x^2 + 2x - 1) + (3x^2 - 5x + 3)$

b) $(3x^4 - 4x + 5) - (-x^4 + x^2 - 4x - 8)$

c) $(-x^3 + x - 2) - (x^3 + 2x^2 - 1)$

d) $5x - (x - 5x^2 + 4) + (-5x^2 + 2)$

e) $-(x^3 - x^2 + 1) - (2x^3 + x^2 - 1)$

f) $-(-2x^3 + 3x - 4x^2) + (-6x^2 + 3x + 2)$

2 Voici six polynômes en x :

p.253

$A(x) = 4x^3 - 2x^2 - 3$

$C(x) = 5x^3 - 2x^2 + 5x - 3$

$E(x) = \frac{x^3}{2} - \frac{2x}{3} + 3$

$B(x) = 3x^2 + 4x + 5 - 2x^3$

$D(x) = 4x + 5 - 2x^3$

$F(x) = x^2 + \frac{1}{2}x + \frac{2}{3}$

Effectue.

a) $A(x) + B(x)$

b) $A(x) - B(x)$

c) $B(x) - A(x)$

d) $D(x) + C(x)$

e) $B(x) + C(x) - D(x)$

f) $-A(x) + C(x) + D(x)$

g) $A(x) - C(x) - D(x)$

h) $A(x) + B(x) + C(x) + D(x)$

i) $E(x) - F(x)$

j) $E(x) + F(x)$

k) $-E(x) - F(x)$

l) $A(x) + F(x)$

3 Voici trois polynômes en x ;

$A(x) = 2x^2 + x - 3$

$B(x) = 3x - 1$

$C(x) = 2x^3 - x + 2$

a) Détermine le polynôme D(x) qu'il faut ajouter à A(x) pour obtenir C(x).

b) Détermine le polynôme E(x) qu'il faut soustraire de C(x) pour obtenir B(x).

4 Voici quatre polynômes en x :

$A(x) = x^3 + ax^2 - 5x$

$B(x) = bx^2 - 3x + 1$

$C(x) = 5x^3 - x^2 + cx$

$D(x) = 2x^2 + d$

Effectue.

a) $A(x) + B(x)$

b) $B(x) - D(x)$

c) $A(x) + C(x)$

d) $B(x) - C(x)$

e) $A(x) + C(x) + D(x)$

f) $A(x) + B(x) - D(x)$

43 **5** Complète le tableau suivant.

$A(x)$	$2x^3 - x + 5$	$x^3 - 2x - 1$	$3x^2 + 2x - 4$
$B(x)$	$x^4 - 2x^3 + 3x^2 - 5$	$-4x^3 + x^2 - 1$	$-3x^2 - x - 2$
$A(x) + B(x)$			

d° A(x)			
d° B(x)			
d° (A(x) + B(x))			

43 **6** Complète le tableau suivant.

d° A(x)	= 5	= 2	= 5	= a	= a	= a
d° B(x)	= 3	= 3	= 5	= a + 2	= a	= a – 1
d° (A(x) + B(x))						

43 **7** Sachant que d° A(x) = a et d° B(x) = b, que peux-tu dire concernant le degré de leur somme A(x) + B(x) ?

Activité 5 • Produit de polynômes

43-44 **1** Pour chacun des produits ci-dessous, entoure la bonne réponse.

Calculs	Réponses proposées		
$5 . (x + 5)$	$5x + 5$	$5x + 25$	$5x + 10$
$-3 . (x + 3)$	$-3x$	$-3x + 9$	$-3x - 9$
$-2x . (-1 + x)$	$2x + 2x^2$	$3x$	$-2x^2 + 2x$
$(x + 3) . (x - 2)$	$x^2 + x - 6$	$x^2 + 5x + 6$	$x^2 + x + 1$
$(2x + 1) . (x + 3)$	$3x^2 + 7x + 3$	$-2x^2 + x + 3$	$2x^2 + 7x + 3$
$(-x + 5) . (x + 2)$	$3x + 10$	$-x^2 + 10$	$-x^2 + 3x + 10$
$(x^2 + x) . (x + 1)$	$x^3 + 2x^2 + x$	$x^2 + 2x + 1$	$x^3 + x$
$(-x^3 - 2x) . (-x + 4x^3)$	$4x^6 - 7x^4 + 2x^2$	$-4x^6 - 7x^4 + 2x^2$	$-4x^6 - 7x^3 + 2x^2$

2 Distribue, réduis et ordonne les polynômes obtenus.

a) $2 . (x + 3)$
$2x . (3x - 4)$
$-4x . (2x + 3)$

b) $x . (-x^2 + 4)$
$-x^2 . (x^3 - 6)$
$3x . (-3x^2 - 2x)$

c) $(2x + 1) . (x + 1)$
$(2x - 3) . (3x + 4)$
$(-2x + 4) . (x - 2)$

d) $(4x^2 + 5) . (-2x^2 - 1)$
$(x^3 - 2) . (3x^2 + 1)$
$(2x^2 + 5x) . (3x^3 - 4)$

e) $(x + a) . (x + b)$
$(b - x) . (x - c)$
$(x - 5) . (x - b)$

f) $(ax + 2) . (cx - 3)$
$(-ax + b) . (ax - c)$
$(2ax - b) . (x - 3b)$

3 Voici six polynômes en x :

$A(x) = 3x^2$ $C(x) = -4x^2 + 5x - 1$ $E(x) = \frac{x^3}{4} + 2x - \frac{2}{3}$

$B(x) = x^2 + 2$ $D(x) = x^4 - 3x^2 + x + 2$ $F(x) = -x^2 + \frac{3x}{2} + 1$

Effectue.

a) $B(x) \cdot A(x)$ $2B(x) \cdot 5A(x)$ $D(x) \cdot B(x)$ $3D(x) \cdot 2B(x)$ $2D(x) \cdot 3B(x)$

b) $C(x) \cdot A(x)$ $-C(x) \cdot (-A(x))$ $-C(x) \cdot A(x)$ $C(x) \cdot (-A(x))$

c) $E(x) \cdot F(x)$ $E(x) \cdot 2F(x)$ $-E(x) \cdot F(x) \cdot A(x)$

p.255 D

4

4 Complète le tableau suivant.

A(x)	$3x^4$	$x^2 - 3$	$x^3 + 2x - 1$
B(x)	$2x^3 - x + 1$	$3x^2 - 2$	$-2x^2 + 4$
A(x) . B(x)			

d° A(x)			
d° B(x)			
d° (A(x) . B(x))			

44

p.255 D

5 Complète le tableau suivant.

d° A(x)	= 2	= 4	= 5	= a	= a
d° B(x)	= 5	= 2	= 5	= a	= b
d° (A(x) . B(x))					

44

6 Sachant que d° A(x) = a et d° B(x) = b, que peux-tu dire concernant le degré de leur produit A(x) . B(x) ?

44

Activité 6 • Produits particuliers de polynômes

1 a) Écris, si possible, les produits suivants sous la forme d'un carré d'un binôme (CB) ou sous la forme d'un produit de binômes conjugués (BC).

$(a - b) \cdot (a + b)$ $(-a + b) \cdot (b - a)$ $(-a + b) \cdot (-b + a)$ $(-b - a) \cdot (a - b)$

$(a - b) \cdot (a - b)$ $(a - b) \cdot (b - a)$ $(a - b) \cdot (-b + a)$ $(b - a) \cdot (b - a)$

$(a + b) \cdot (b + a)$ $(-b - a) \cdot (-a + b)$ $(a + b) \cdot (-a - b)$ $(b + a) \cdot (a + b)$

$(a - b) \cdot (-a - b)$ $(a + b) \cdot (a + b)$ $(-a - b) \cdot (-a - b)$ $(-a + b) \cdot (-a + b)$

b) Regroupe les expressions donnant le même développement.

2 Effectue en utilisant un produit remarquable et note ta réponse sous la forme d'un polynôme réduit et ordonné.

a) $(x + 2) \cdot (x - 2)$
$(-4x + 3) \cdot (4x + 3)$
$(2x^2 - 1) \cdot (-1 - 2x^2)$
$(-3x^2 + 2) \cdot (-2 - 3x^2)$

b) $(2x - 1)^2$
$(3x^2 + 5)^2$
$(1 - 2x^2)^2$
$(6x^3 - 1)^2$

c) $(-3 - 4x)^2$
$(-2x + 1)^2$
$(-2x^5 + 3x)^2$
$(-x^3 - 3)^2$

d) $\left(\frac{-x}{3} + \frac{2}{5}\right) \cdot \left(\frac{-x}{3} - \frac{2}{5}\right)$
$\left(3x^3 + \frac{1}{4}\right) \cdot \left(-\frac{1}{4} + 3x^3\right)$
$\left(\frac{1}{5}x + \frac{2}{3}\right)^2$
$\left(-x^3 + \frac{3}{4}\right)^2$

3 Effectue en utilisant un produit remarquable chaque fois que c'est possible et note ta réponse sous la forme d'un polynôme réduit et ordonné.

a) $(x + 3) \cdot (x + 3)$
$(-5x + 2) \cdot (2 + 5x)$
$(x + 3) \cdot (x - 2)$
$(-x - 1) \cdot (-x - 1)$

b) $(2x^2 + 3) \cdot (-2x^2 - 1)$
$(-x^3 - 1) \cdot (-x^3 - 1)$
$(-2x - 1) \cdot (-2x^2 + 1)$
$(x^3 + 2) \cdot (x^3 - 2)$

c) $(x - y) \cdot (y - x)$
$(-x + y) \cdot (-x + y)$
$(-2x - 3y) \cdot (-3x + 2y)$
$(-3x^2 + 4y) \cdot (-4y - 3x^2)$

4 Effectue et note ta réponse sous la forme d'un polynôme réduit et ordonné.

a) $-(x + 3) + 2 \cdot (2x + 1)$
$3 \cdot (2x - 1) - 4 \cdot (3 - 2x)$
$3x \cdot (x - 3) + 5x \cdot (x + 3)$
$(x + 2) \cdot (x - 3) + (x - 1)$

b) $2x \cdot (3x + 1) - 3x \cdot (3x^2 + 2x)$
$(x - 1) \cdot (x + 3) - (x - 1) \cdot (x + 2)$
$(2x + 1) \cdot (x - 3) - (3x + 1) \cdot (4 - x)$
$2x^2 \cdot (5x + 3) - (2x + 1) \cdot (3x^2 - 4)$

c) $(2x + 3) \cdot (2x - 3) + (2x + 1)^2$
$(x - 3)^2 + x \cdot (x + 2)$
$(2x + 3) \cdot (5x - 1) + (2x + 3)^2$
$(x + 1) \cdot (x - 1) \cdot (x + 1) + (x + 1)^2$
$2 \cdot (x + 1) \cdot (x - 1) + 3x \cdot (2x - 1)^2$

d) $(2x + 1)^2 - (2x - 1)^2$
$(x + 3)^2 - (x + 1) \cdot (-1 + x)$
$(3x + 1)^2 - (4 - 2x) \cdot (x + 2)$
$(3x - 2)^2 - 3 \cdot (2x - 3) \cdot (2x + 3)$
$(2x - 3)^2 - 2x \cdot (x + 5)^2$

45-46

5 Le cube représenté ci-dessous peut être construit à l'aide des huit solides placés à sa droite.

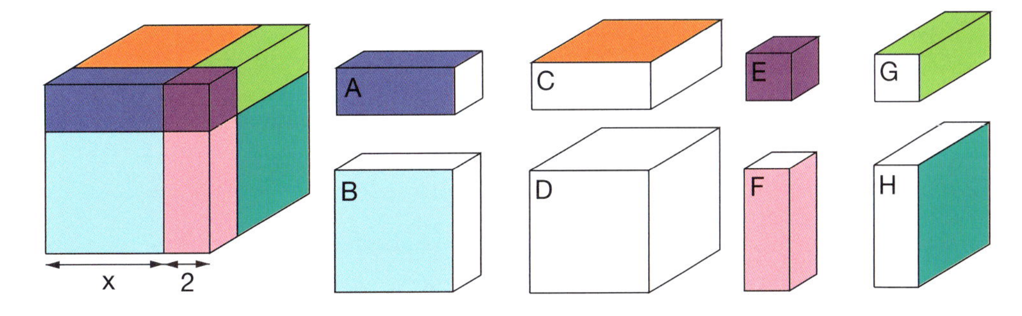

a) Précise les dimensions (x ou 2) de chacune des huit pièces.

b) Détermine de plusieurs manières différentes l'aire d'une face du grand cube ainsi que son volume.

c) Calcule de deux manières différentes l'aire d'une face du grand cube ainsi que son volume si x vaut 5 cm.

6 Démontre les égalités suivantes :

a) $(a - b) \cdot (a^2 + ab + b^2) = a^3 - b^3$

b) $(a + b + c)^2 = a^2 + b^2 + c^2 + 2ab + 2bc + 2ac$

c) $(a - b - c)^2 = a^2 + b^2 + c^2 - 2ab + 2bc - 2ac$

d) $(a - b)^3 = a^3 - 3a^2b + 3ab^2 - b^3$

e) $(a + b)^3 = a^3 + 3a^2b + 3ab^2 + b^3$

4

7 Effectue en utilisant la formule du cube d'un binôme et note ta réponse sous la forme d'un polynôme réduit et ordonné par rapport aux puissances décroissantes de x.

a) $(x + 1)^3$
$(5 - x)^3$
$(2x - 3)^3$

b) $(x^2 - 3)^3$
$(1 - 3x^2)^3$
$(4 + 3a^3)^3$

c) $(2x + 3y)^3$
$(x - 4y)^3$
$(5x^2 + y)^3$

Activité 7 • Quotient d'un polynôme par un monôme

1 Sachant que l'aire d'un rectangle, exprimée en cm², vaut $3x^2 + x$ et que sa largeur, exprimée en cm, vaut x, détermine l'expression algébrique de sa longueur.

46

2 Connaissant l'aire et la largeur d'un rectangle, exprime sa longueur sous la forme d'un polynôme.

46

Aire du rectangle	Largeur	Longueur
$10x + 5$	5	
$2x + 7$	2	
$3x + 1$	3	
$3x^2 + x$	x	

Aire du rectangle	Largeur	Longueur
$6x^2 + 9x$	3x	
$x^2 + 12x$	x	
$3x^2 + x$	3x	
$2x + 5$	x	

3 En utilisant la division euclidienne, complète les égalités suivantes.

47

$72 = 5 \cdot$ .... + ... ou $\frac{72}{5}$ = ... + $\frac{\text{..........}}{\text{..........}}$

$91 = 15 \cdot$ .... + ... ou $\frac{91}{15}$ = ... + $\frac{\text{..........}}{\text{..........}}$

$132 = 11 \cdot$ .... + ... ou $\frac{132}{11}$ = ... + $\frac{\text{..........}}{\text{..........}}$

47-48

4 a) Complète l'égalité suivante par des polynômes pour que le degré du second terme soit le plus petit possible.

$x^3 + 2x^2 + 3x + 2 = x \,.\, (\ldots\ldots\ldots) + (\ldots\ldots\ldots)$

b) Utilise les polynômes trouvés pour compléter l'égalité ci-dessous.

$$\frac{x^3 + 2x^2 + 3x + 2}{x} = \ldots\ldots\ldots + \frac{\ldots\ldots\ldots}{x}$$

c) Fais le même travail avec les égalités suivantes.

$2x^4 - 5x^2 + 2x = x \,.\, (\ldots\ldots\ldots) + (\ldots\ldots\ldots)$

$x^5 + 3x^4 - 2x^3 + x^2 + 3x - 1 = x \,.\, (\ldots\ldots\ldots) + (\ldots\ldots\ldots)$

$4x^4 - 2x^3 + 8x^2 = 2x^2 \,.\, (\ldots\ldots\ldots) + (\ldots\ldots\ldots)$

$9x^7 + 3x^5 + 6x^2 + x - 1 = 3x^4 \,.\, (\ldots\ldots\ldots) + (\ldots\ldots\ldots)$

d) Pour chacun des quatre exercices ci-dessus, détermine :

le polynôme dividende A(x) et son degré;
le polynôme diviseur D(x) et son degré;
le polynôme quotient Q(x) et son degré;
le polynôme reste R(x) et son degré.

Trouve une égalité reliant A(x), D(x), Q(x) et R(x).
Que peux-tu dire concernant le degré de ces quatre polynômes ?

4

Activité 8 • Quotient d'un polynôme par un polynôme

1 Sachant que la superficie d'un terrain rectangulaire de 653 m de long vaut 226 591 m², calcule sa largeur en utilisant la division écrite.

2 a) Sachant que l'aire d'un rectangle, exprimée en cm² vaut $2x^2 + 11x + 12$ et que sa largeur, exprimée en cm vaut $x + 4$, utilise le principe de la division écrite pour déterminer l'expression algébrique de sa longueur.

58 F5

b) Écris ta réponse sous la forme A(x) = D(x) . Q(x).

3 Effectue les quotients ci-dessous et écris tes réponses sous la forme A(x) = D(x) . Q(x) + R(x).

a) $(x^3 - 3x^2 + 3x - 4) : (x + 2)$
b) $(3x^3 - x^2 + 7x + 8) : (3x + 2)$
c) $(2x^5 + 7x^4 - 2x^3 + 4x^2 - 5x + 1) : (x^3 + 2x^2 - x + 3)$
d) $(3x^5 - 8x^4 + 5x^3 + 10x^2 - 8x + 4) : (x^3 - 2x^2 + 4)$
e) $(x^4 - 3x^3 + x - 3) : (x - 3)$
f) $(8x^3 - 1) : (2x - 1)$
g) $(x^4 - x^3 + x - 2) : (x^2 - 2x + 4)$
h) $(x^5 - x^3 + 2x + 3) : (x^2 + 2x - 1)$
i) $(-12x^5 + 2x^3 + 2x^2 + 2x - 1) : (-2x^2 + 1)$
j) $(x^5 - 1) : (x^2 + x + 1)$

4 a) Si $A(x) = -8x^3 + 4x + 5$ et $D(x) = 2x - 1$, détermine le quotient et le reste de la division de A(x) par D(x).

b) Déduis-en le quotient et le reste de la division de A(x) par $-2x + 1$.

c) Déduis-en le quotient et le reste de la division de A(x) par $x - \frac{1}{2}$.

d) Déduis-en le quotient et le reste de la division de A(x) par $-4x + 2$.

Activité 9 • Quotient d'un polynôme par un binôme de la forme « x – a »

4

1 a) Sachant que l'aire d'un rectangle, exprimée en cm^2 vaut $x^2 + 5x - 14$ et que sa largeur, exprimée en cm vaut $x - 2$, utilise le principe de la division écrite pour déterminer l'expression algébrique de sa longueur.

b) Écris ta réponse sous la forme $A(x) = D(x) \cdot Q(x)$.

2 Voici deux polynômes en x :

$$A(x) = x^2 + 5x - 14 \qquad \text{et} \qquad D(x) = x - 2$$

a) Détermine le degré des polynômes A(x), D(x), Q(x) et R(x).

b) Écris l'égalité euclidienne $A(x) = D(x) \cdot Q(x) + r$ en utilisant des lettres (m, n, p, ...) pour les coefficients indéterminés.

c) Détermine la valeurs des coefficients utilisés dans cette expression.

3 a) En utilisant les polynômes de l'exercice précédent, complète la première ligne du tableau d'Horner dont la structure est présentée ci-dessous et détermine la valeur de a.

b) En suivant le fléchage, fait apparaître dans le tableau la recherche des coefficients du quotient ainsi que le reste.

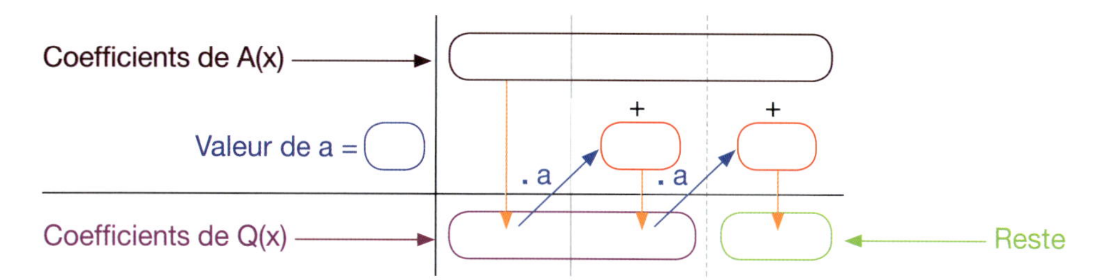

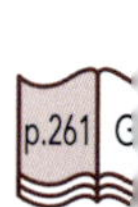

4 Détermine le quotient et le reste de la division du polynôme A(x) par le binôme D(x) en utilisant la méthode de Horner.

	A(x)	D(x)
a)	$x^2 - 7x + 12$	$x - 4$
b)	$x^2 + 5x + 4$	$x + 2$
c)	$2x^2 - 14x + 24$	$x - 3$
d)	$x^3 - 5x^2 + 11x - 3$	$x - 2$
e)	$3x^3 + 2x^2 - 3x - 2$	$x + 1$
f)	$3x^3 + 2x^2 - 3x - 2$	$x - 1$
g)	$x^3 + 5x^2 + 5x - 2$	$x - 1$
h)	$x^4 - 2x^3 + x - 2$	$x + 1$
i)	$x^4 - 3x^2 + 1$	$x - 3$
j)	$2x^5 - x^3 + 4x^2 - 6x + 7$	$x + 2$

5 Détermine le quotient et le reste de la division du polynôme A(x) par le binôme D(x) en utilisant la méthode dite des coefficients indéterminés.

	A(x)	D(x)
a)	$6x^2 - 10x - 4$	$x - 2$
b)	$2x^3 + 7x^2 + 11x + 10$	$x + 2$
c)	$x^3 - 8x^2 + 16x - 5$	$x - 5$
d)	$2x^4 - 5x^3 + x + 1$	$x - 2$

Activité 10 • Problèmes

1 Pour quelle valeur de x, l'aire de la figure colorée est-elle égale à 51 cm^2 ? Vérifie ta solution.

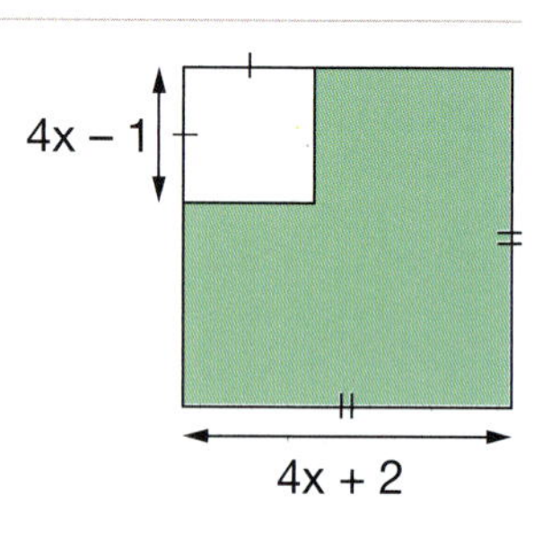

2 Sylvain possède une terrasse rectangulaire de 10 m sur 6 m qu'il souhaite agrandir afin d'y d'installer une pergola carrée. La dimension commune à ajouter à la longueur et à la largeur de la terrasse correspond à la mesure d'un côté de la pergola.

a) Réalise un croquis de la situation sachant que la pergola doit être positionnée au centre de la nouvelle terrasse.

b) Sylvain va carreler la partie de sa nouvelle terrasse située autour de la pergola et poser un revêtement en bois sous celle-ci. Détermine la dimension de la pergola si la superficie à carreler doit être égale à 156 m^2. Vérifie ta solution.

3 En utilisant une feuille de carton rectangulaire de 297 mm sur 210 mm de côté, Manon fabrique une boîte parallélépipédique sans couvercle. Pour ce faire, elle découpe les petits carrés, de côté x, comme le montre le dessin ci-contre et relève les quatre petits rectangles.

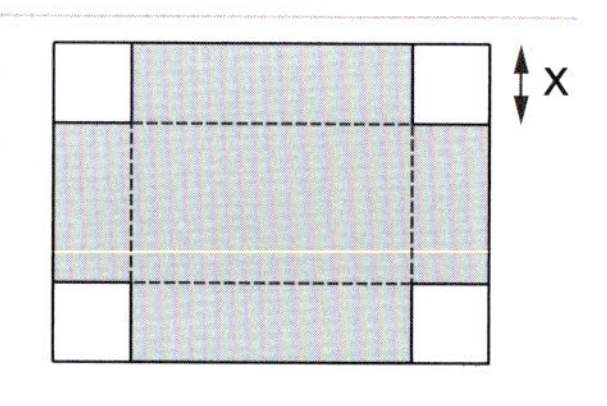

Manon peint les quatre faces latérales extérieures de sa boîte en bleu et l'ensemble des faces intérieures en vert. Elle en renforce ensuite les arêtes à l'aide de cornières en carton.

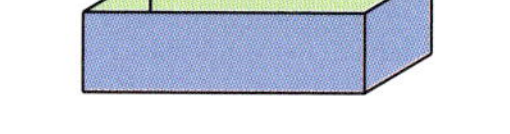

a) Sachant que Manon utilise 81 cm de cornières en carton, détermine les dimensions de la boîte.

b) Détermine l'aire totale des surfaces à peindre en bleu ainsi que celle des surfaces à peindre en vert.

c) Détermine le volume de cette boîte.

4 Pour quelle valeur de x, l'aire du carré EBCF est-elle égale à celle du rectangle AEFD ?

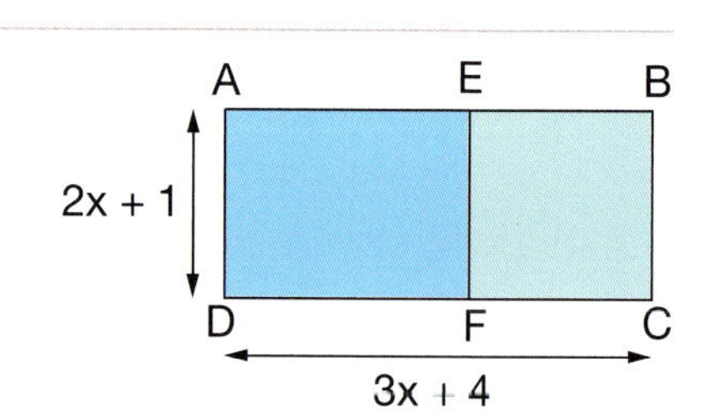

Connaître

1 Les propositions suivantes sont-elles vraies ou fausses ?

a) Deux monômes semblables ont toujours le même coefficient.
b) Un polynôme est une somme de monômes semblables.
c) Le terme indépendant d'un polynôme par rapport à une variable est le terme de degré zéro par rapport à cette variable.
d) Un polynôme réduit est toujours un polynôme ordonné.
e) Un polynôme ordonné est toujours un polynôme réduit.
f) Un polynôme complet possède toujours un terme indépendant.
g) Pour déterminer le degré d'un polynôme, il faut que celui-ci soit réduit.
h) La somme de deux monômes semblables est un monôme semblable à ceux-ci.
i) Le degré de la somme de plusieurs polynômes est égal ou inférieur au degré de celui qui a le degré le plus élevé.
j) Le produit de deux monômes semblables est un monôme semblable à ceux-ci.
k) Le degré d'un produit de plusieurs polynômes est égal au produit des degrés de ceux-ci.

2 Écris ...

a) un polynôme A(x), de degré 3, réduit, complet et ordonné suivant les puissances croissantes de x.
b) un polynôme B(x), de degré 4, réduit, incomplet et ordonné suivant les puissances décroissantes de x.

3 Voici sept polynômes en x :

$A(x) = x^4 + 2x^3 - x + 1$
$B(x) = 2x^2 - 5x + 1$
$C(x) = -3x^3 + 1$
$D(x) = 4x^4 + 3x^3 - x + x^2 - 1$
$E(x) = 3 + 2x - x^2 + 2x^3$
$F(x) = 3x^2 - 2x - 2$
$G(x) = 3x^2 - 4x + 2$
$H(x) = 2x^2 - 3$
$I(x) = -2x^4 + x^3 + 4x^2 - x + 1$
$J(x) = 4x^3 + 2x^2 + x - 1$

Retrouve le polynôme répondant aux conditions données.

a) Binôme de degré 2
b) Trinôme de degré 2, complet, dont la valeur numérique pour $x = 0$ est 1.
c) Trinôme de degré 2, complet, dont la valeur numérique pour $x = 1$ est 1.
d) Polynôme de degré 3, complet et ordonné suivant les puissances décroissantes de x
e) Polynôme de degré 4, complet et ordonné
f) Polynôme de degré 4, incomplet et ordonné

4 Complète le tableau ci-dessous.

Degré			
A(x)	B(x)	A(x) + B(x)	A(x) . B(x)
4	2		
1	3		
4	4		
a	a		

Degré			
A(x)	B(x)	A(x) + B(x)	A(x) . B(x)
a	a + 1		
a	a – 2		
a – 2	a – 1		
a	2a		

5 Complète par = ou ≠.

a) $(a-b)^2$ .... $(a+b)^2$
$(a-b)^2$ .... $(b-a)^2$
$(a-b)^2$ .... $(-a+b)^2$
$(a-b)^2$ .... $(-a-b)^2$
$(a+b)^2$ .... $(-a-b)^2$

b) $(a+b).(a-b)$ .... $(a-b).(a-b)$
$(a+b).(a-b)$ .... $(b+a).(a-b)$
$(a+b).(a-b)$ .... $(b+a).(b-a)$
$(a+b).(a-b)$ .... $(-a+b).(a+b)$
$(a+b).(a-b)$ .... $(-a+b).(-a-b)$

6 Sans effectuer, détermine le degré et le terme de degré le plus élevé de chaque quotient. Donne ensuite la valeur maximale du degré de leur reste.

a) $(2x^4 + x^2 - 5) : (x^2 + 3)$
b) $(-6x^3 + 4x^2 - 2x + 1) : (2x^3 - x + 1)$
c) $(4x^5 + 3x^3 - 2x) : (-2x^4 - x + 5)$
d) $(-3x^5 + 2x^4 - 3x + 2) : (2x^2 + 3x - 1)$
e) $(x^2 - 2x - 3) : (x - 2)$
f) $(3x^4 - 2x^2 + 1) : (x + 1)$

Appliquer

1 Exprime en fonction de x et sous la forme d'une somme réduite, le périmètre et l'aire d'un carré de côté x + 4.

2 Exprime en fonction de x et sous la forme d'une somme réduite, le périmètre et l'aire des rectangles suivants.

a) L = x + 4 l = x
b) L = 2x + 1 l = x + 1

3 Exprime en fonction de x et sous la forme d'une somme réduite, le périmètre et l'aire des figures ci-dessous.

a)
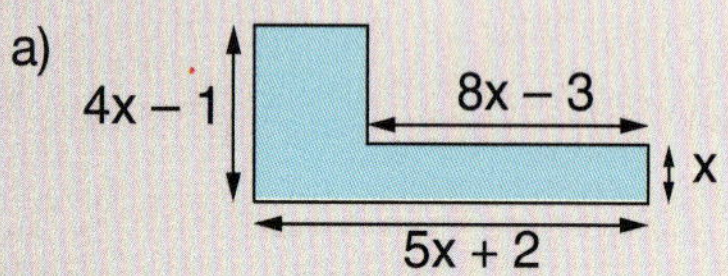

b)
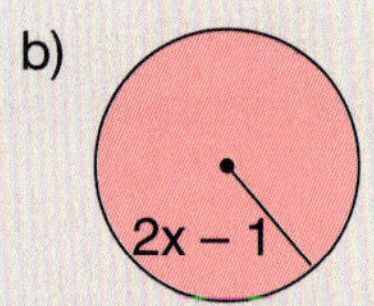

c)
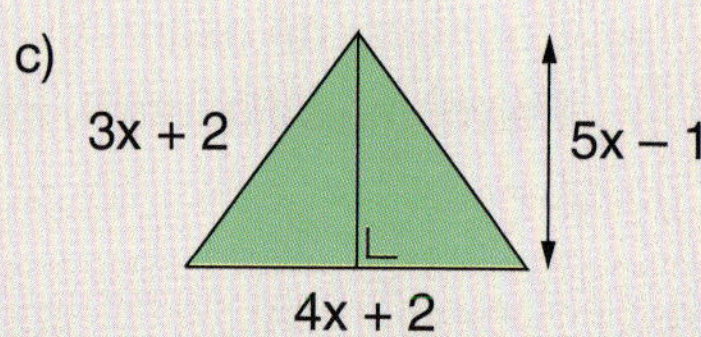

4 Sachant que les dimensions d'un parallélépipède rectangle exprimées en cm sont 2x, 2x + 1 et 2x – 1, exprime sous la forme d'une somme réduite l'aire totale des faces de ce solide ainsi que son volume.

5 Voici 4 polynômes en x :

$A(x) = -3x^2 + x - 4$
$C(x) = x^3 + 5x^2 - 4x + 2$
$B(x) = 2x^3 - x + 1$
$D(x) = -x^3 + 4x^2 - 2x - 1$

Calcule les valeurs numériques de ces polynômes pour les valeurs de x suivantes.

$2 \;;\; 3 \;;\; -2 \;;\; 1 \;;\; -3 \;;\; -1 \;;\; 0 \;;\; \frac{1}{2} \;;\; \frac{2}{3} \;;\; \frac{-1}{10}$

6 a) Détermine la valeur de a pour que la valeur numérique du polynôme $3x^2 + 2x + a$ si x vaut 0 soit égale à 0.
b) Détermine la valeur de a pour que la valeur numérique du polynôme $2x^2 - ax + 3$ si x vaut –1 soit égale à –5.
c) Détermine la valeur de a pour que la valeur numérique du polynôme $ax^2 + 5x + 3$ si x vaut 2 soit égale à 1.
d) Détermine la valeur de a pour que la valeur numérique du polynôme $2x^3 + ax + 1$ si x vaut –2 soit égale à –1.

7 Réduis et ordonne les polynômes ci-dessous. Donne ensuite leur degré et dis s'ils sont complets.

$A(x) = 2x - 6x^2 - 5x + x^3 - 9 - 6x^2$
$D(x) = -1 - 6x - 2x^2 + x^3 - 5x^4 - 3x^5$
$B(x) = 3x^3 - 2x^2 - 4x - 3x^3 + 6 + 2x^2$
$E(x) = 2x^4 - 3x + 6x^2 + 2x - 4x^4$
$C(x) = x + 2x^4 - x + 2x^3 + 2x - 3x^3 + 1$
$F(x) = 4 - 3x^2 - 3 + 4x - 2x^3 + 2x - x^2 + x^3$

8 Réduis et ordonne les polynômes ci-dessous.

a) $A(x) = -x^3 + ax^2 - x - ax^2$
$B(x) = 2x + ax^2 + 2 - 3ax^2$
$C(x) = -4 + ax^3 + bx^3 + ax - bx + x^2$
$D(x) = x^3 - 2ax + bx^2 - ax^3 + bx - ax^2$

b) $E(x) = x^2 + 3\sqrt{5} - \sqrt{5}x$
$F(x) = -x^3 - \sqrt{2}x + x^2 - 3x^3 + \sqrt{2}x$
$G(x) = 2x + \sqrt{3}x^3 + x^2 - 2\sqrt{3}x^3 - 1$
$H(x) = \sqrt{3}x + 2x^2 - \sqrt{5}x - 4$

9 Dans chaque cas, détermine les réels a, b et c si tu sais que ...

a) $3x^2 - 7x + (2b - 1) = (a - 3)x^2 + cx + b$
b) $(c - 2b)x^2 - 4x - 5 = 3x^2 + (a + b)x + 2a + 1$
c) $(a + b)x^2 + c - 3a = (a - b)x^2 + (a - 2)x - 9$

10 Voici six polynômes en x :

$A(x) = x^3 + 2x - 1$
$C(x) = x - 3x^2 - 2$
$E(x) = -\frac{2}{3}x^3 + 4x - \frac{x^2}{4} - 1$
$B(x) = x^2 - 2x + 3$
$D(x) = \frac{1}{2}x - 3 + x^2$
$F(x) = \frac{1}{4}x^3 + x^4 - 1 + \frac{5}{2}x^2$

Effectue.

a) A(x) + B(x)
A(x) – B(x)
B(x) – A(x)

b) A(x) + B(x) + C(x)
A(x) – B(x) + C(x)
–A(x) + B(x) – C(x)

c) D(x) + E(x)
E(x) – F(x)
D(x) – E(x) + F(x)

11 Distribue, réduis et ordonne les polynômes obtenus.

a) $(x-1).(x+5)$
$(x-3).(x-1)$
$(3x+1).(x-5)$

b) $(-x^4+1).(2-x^2)$
$(3x^3+1).(x^3-3)$
$(-7x^2+3).(x^2-1)$

c) $(-2x^3-1).(1-x^4)$
$(x^2+2).(x-3)$
$(3x^4+1).(2-x^4)$

d) $\left(\sqrt{3}x-2\right).\left(\sqrt{3}x+1\right)$
$\left(2\sqrt{2}x+3\right).\left(\sqrt{2}x-2\right)$
$\left(\sqrt{5}x-3\sqrt{2}y\right).\left(-\sqrt{5}x-2\sqrt{2}y\right)$

e) $(x-y).(x+2y)$
$(5x+y).(x-3y)$
$(-2x+y).(-x+3y)$

f) $(x^3-y).(2x^3+3y)$
$(-x^5+y^3).(y^3-2x^5)$
$(x^3+2y^2).(x^3-y^2)$

12 Voici six polynômes en x :

$A(x)=3x^2-1$

$B(x)=-2x^3+x^2-x+3$

$C(x)=-x^3+3x^2-2$

$D(x)=x^3-3x^2-2x+1$

$E(x)=-\frac{1}{2}x^3+x^2-2x-1$

$F(x)=x^3-\frac{2}{3}x-1$

Effectue.

a) $B(x).A(x)$
$2B(x).3A(x)$
$5B(x).2A(x)$

b) $B(x).C(x)$
$-B(x).(-C(x))$
$-B(x).C(x)$

c) $E(x).F(x)$
$E(x).2F(x)$
$-2E(x).F(x)$

d) $D(x).C(x).A(x)$
$-10D(x).(-C(x)).(-A(x))$
$D(x).(-5C(x)).(-2A(x))$

13 Effectue en utilisant un produit remarquable et note ta réponse sous la forme d'un polynôme réduit et ordonné.

a) $(x-3).(x+3)$
$(-3x-1).(-3x+1)$
$(2a-5).(-2a-5)$
$(7-2x).(2x+7)$

b) $(x+4)^2$
$(-7-2x)^2$
$(-5a+3)^2$
$(3a-5)^2$

c) $(x^3-2).(x^3+2)$
$(3a^4-2).(2+3a^4)$
$(3x^2+5).(5-3x^2)$
$(-2x^3+1).(2x^3+1)$

d) $(x^3+4)^2$
$(5a-a^2)^2$
$(-2x^3+3x)^2$
$(-3a^3-2a^2)^2$

e) $\left(3x+\sqrt{5}\right).\left(-3x+\sqrt{5}\right)$
$\left(-2\sqrt{3}+x\right).\left(x+2\sqrt{3}\right)$
$\left(-\sqrt{2}+x^2\right).\left(x^2+\sqrt{2}\right)$
$\left(3\sqrt{6}+6x^2\right).\left(6x^2-3\sqrt{6}\right)$

f) $\left(3x+\sqrt{2}\right)^2$
$\left(-5\sqrt{3}+x\right)^2$
$\left(-4\sqrt{6}-\sqrt{2}x^2\right)^2$
$\left(-4x^2+2\sqrt{3}\right)^2$

g) $(3-xy).(xy+3)$
$(-x+3y).(-x-3y)$
$(x^2-4y).(x^2+4y)$
$(xy^2+3).(-3+xy^2)$

h) $(2x+3y)^2$
$(x-2y)^2$
$(-7x^2+y)^2$
$(-5x^2y-3xy^3)^2$

i) $\left(\frac{3}{2}x^3-1\right).\left(-1-\frac{3}{2}x^3\right)$
$\left(4x^2-\frac{1}{3}y\right).\left(\frac{1}{3}y+4x^2\right)$
$\left(\frac{2}{3}x^2-3\right)^2$
$\left(-\frac{x^4}{4}-\frac{2}{3}\right)^2$

j) $\left(\frac{x}{3}+\frac{3y}{2}\right).\left(\frac{x}{3}-\frac{3y}{2}\right)$
$\left(\frac{x^3}{2}-\frac{3y^2}{5}\right).\left(\frac{x^3}{2}+\frac{3y^2}{5}\right)$
$\left(-\frac{xy}{6}-\frac{1}{3}\right)^2$
$\left(\frac{3}{2}x-y^2\right)^2$

14 Sachant que $P(x) = 3x^2 - 2x + 4$, détermine la valeur de a pour que $P(a + 1) - P(a - 1)$ soit égale à 0.

15 Effectue et note ta réponse sous la forme d'un polynôme réduit et ordonné.

a) $(3x + 2)^2 - (2x - 1) . (2x + 1)$
$-3x . (5 - 3x) - x . (3x - 2)$
$2x . (3x + 5) + (x - 5)^2$
$(3x - 2) . (2 + 3x) - (2x - 3)^2$
$(3 + 5x) . (5x - 3) - 3x . (5 + x)$

b) $3x . (x - 3)^2 + (x + 3) . (x - 3)$
$(4x^2 - 3) . (4x^2 - 3) - (4x - 3)^2$
$-2x . (2x - 1)^2 - 4x . (2 + 3x)$
$-x . (3x - 1)^2 + 2 . (-x^2 + 3)^2$
$(4x^2 - 1)^2 - (3x - 1) . (1 + 3x)$

c) $(-x^3 + 2x) . (-x^3 - 2x) - 5x . (x^3 - 2x)$
$(-x - 7) . (7 - x) - (3x - 7)^2$
$(-2x + 3) . (2x + 3) - (3 - 2x)$
$-2x . (-2x + 3) + (2x + 3) . (3 - 2x)$
$-(2x - 1)^2 - (2x + 1) . (1 - 2x)$

d) $3x . (x - 3) . (x + 3)$
$(2x - 5) . (1 - 2x) . (1 - 2x)$
$(x - 2)^2 . (2x + 1)$
$-2x . (3x - 2) . (9x^2 - 4) . (3x + 2)$
$(-2x + 1) . (-2x - 1) . (4x^2 + 1)$

16 Effectue en utilisant la formule du cube d'un binôme et note ta réponse sous la forme d'un polynôme réduit et ordonné par rapport aux puissances décroissantes de x.

a) $(3x + 2)^3$
$(-x + 5)^3$
$(-4 - 3x)^3$

b) $(5x + 4y)^3$
$(3x - 2y)^3$
$(2x - 3)^3$

c) $(3a^2 + 2b)^3$
$(x^2 + 2y^3)^3$
$(-2x^2 + 3y^2)^3$

d) $\left(x + \frac{1}{3}\right)^3$
$\left(-3x - \frac{1}{2}\right)^3$
$\left(\frac{x}{5} - \frac{3y}{2}\right)^3$

17 Effectue les quotients ci-dessous et écris tes réponses sous la forme $A(x) = D(x) . Q(x) + R(x)$

a) $(x^3 + 3x^2 - 7x + 2) : (x + 3)$
$(x^3 + x^2 + x + 1) : (x^2 - 1)$
$(2x^3 - 9x^2 + 13x - 6) : (2x - 3)$
$(6x^3 + 17x^2 - x - 4) : (3x + 1)$

b) $(3x^4 - 5x^2 + 2) : (3x^2 - 2)$
$(4x^5 - 5x^4 + 1) : (x - 1)$
$(x^5 + 1) : (x^2 - x + 1)$
$(x^4 + 3x^3 - x + 1) : (x^2 - 4x + 1)$

18 Détermine le quotient et le reste de la division du polynôme A(x) par le binôme D(x) en utilisant la méthode de Horner.

a) $(2x^2 - 5x - 3) : (x - 3)$
$(3x^3 - 7x^2 + 5x - 10) : (x - 2)$
$(x^3 - 2x^2 + x - 6) : (x + 2)$

b) $(x^4 + x^3 - 2x^2 + x + 3) : (x + 1)$
$(x^4 + x^3 - 2x^2 + 3x - 3) : (x - 1)$
$(2x^4 - 5x^3 + 6x^2 - 7x + 4) : (x - 2)$

c) $(5x^2 - 1) : (x + 1)$
$(x^3 + 27) : (x + 3)$
$(2x^3 - 2x - 4) : (x - 2)$

d) $(5x^4 - 3x^2 + 2) : (x - 3)$
$(x^4 + 3x^3 + 3x - 2) : (x + 1)$
$(x^5 - x^3 + 2x + 3) : (x - 1)$

19 Le quotient de la division exacte d'un polynôme par $2x + 3$ est $2x - 1$. Quel est ce polynôme ?

20 Détermine la valeur de a pour que le reste de la division du polynôme $x^3 - x^2 - 9x + a$ par le binôme $x - 3$ soit égal à 0.

21 Détermine la valeur de a pour que le reste de la division du polynôme $4x^3 + x + a$ par le binôme $2x + 1$ soit égal à 3.

Transférer

1 Pour quelle valeur de x, le périmètre du rectangle ci-contre est-il égal à 64 cm ?

2x + 9
2x – 5

2 Pour quelle valeur de x l'aire du trapèze ci-contre est-elle égale à 48 cm² ?

x – 2
x – 1
x + 4

3 Pour quelle valeur de x l'aire de la bande colorée est-elle égale à 96 cm² ?

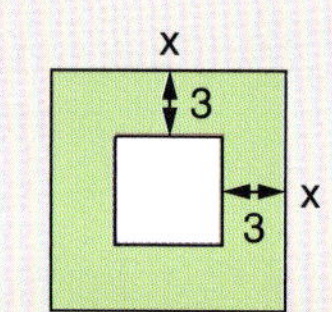

4 Pour quelle valeur de x, l'aire du rectangle coloré est-elle égale à celle des quatre petits carrés ?

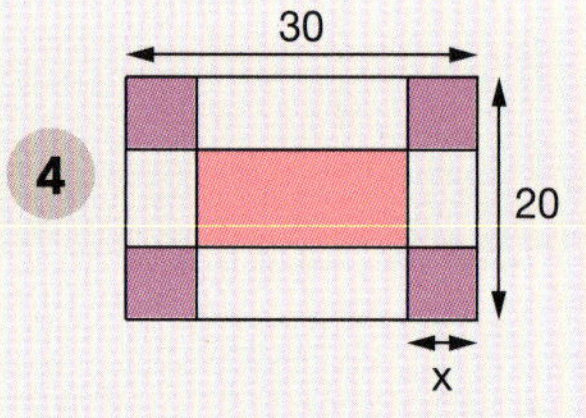

5 Si on ajoute 1 à un nombre, alors son carré augmente de 19. Quel est ce nombre ?

6 Si on retire 10 à un nombre, alors son carré diminue de 320. Quel est ce nombre ?

7 Vérifie sans calculatrice les égalités suivantes, généralise et écris deux égalités du même type.

$125^2 - 123^2 = 496$ $\quad$ $163^2 - 161^2 = 648$ $\quad$ $201^2 - 199^2 = 800$

8 Sachant que x est un réel positif, démontre que le triangle dont les côtés sont respectivement exprimés par $2x + 1$, $2x^2 + 2x$ et $2x^2 + 2x + 1$ est rectangle.
Donne les dimensions des triangles rectangles correspondant aux valeurs de x suivantes : 1, 2, 3 et 10.

9 Démontre que la différence des carrés de deux entiers consécutifs est toujours un nombre impair.

10 Démontre que le produit de trois nombres naturels consécutifs augmenté du deuxième nombre de cette suite est égal au cube de ce deuxième nombre.

11 Démontre que le double de la somme des carrés de deux nombres est égal à la somme du carré de leur différence et du carré de leur somme.

12 Démontre que le quadruple du produit de deux nombres est égal à la différence entre le carré de leur somme et celui de leur différence.

Chapitre 5 Figures isométriques

Activité 1 • Recherche d'isométries

51

1 Le poisson ci-dessous a été représenté à l'aide de neuf trapèzes.
Certains de ces trapèzes ne sont pas superposables au modèle 1; lesquels ? Explique ton choix.
Trouve, si possible, une isométrie qui applique le trapèze 1 sur chacun des trapèzes restants et détermine l'(les) élément(s) caractéristique(s) de chaque transformation du plan utilisée.

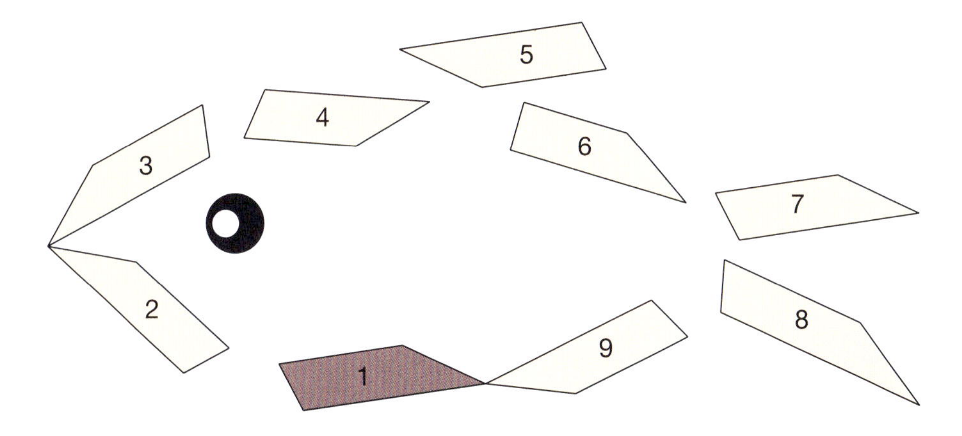

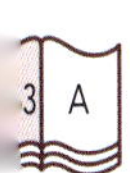

52

2 Dans chaque cas, trouve deux isométries différentes qui appliquent la figure F sur la figure F'
et détermine l'(les) élément(s) caractéristique(s) de chaque transformation du plan utilisée.
Construis l'(les) éventuelle(s) figure(s) intermédiaire(s).

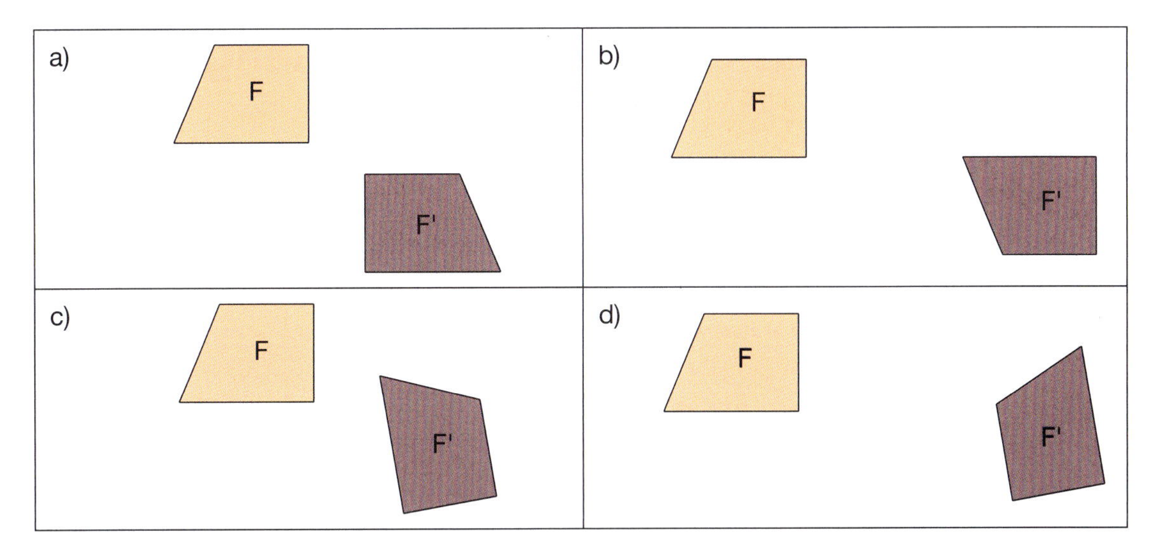

Activité 2 • Reproduction d'une figure donnée

1 Dans chaque cas, construis une figure isométrique à la figure proposée en mesurant uniquement un minimum de côtés et d'angles.
Indique sur ta construction les mesures que tu as utilisées.

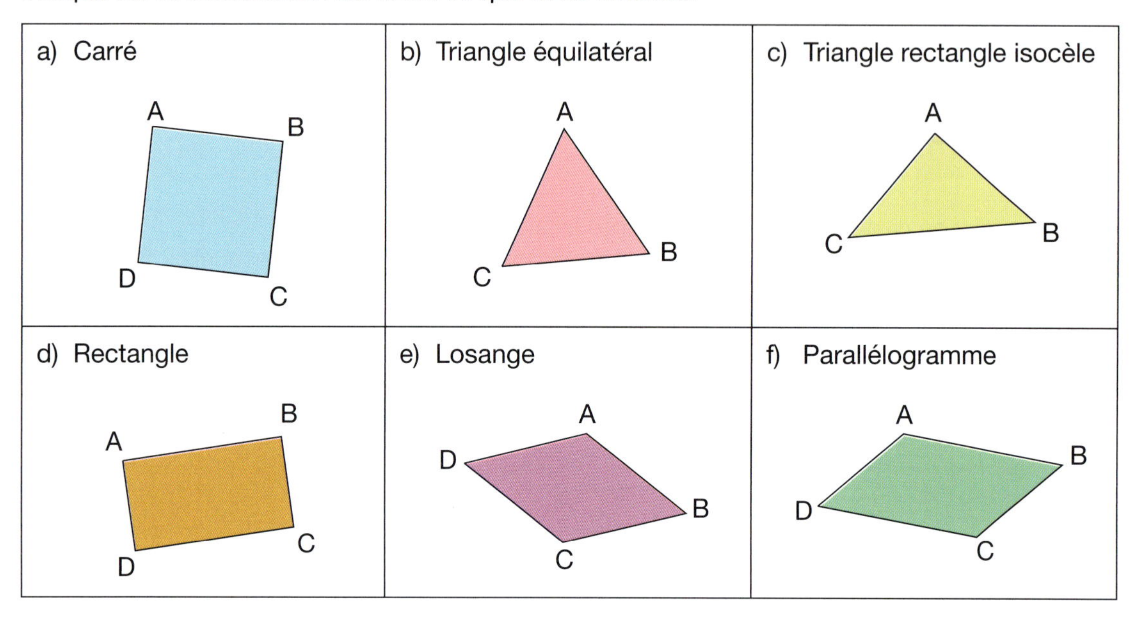

2 Repère les propositions fausses et, dans ce cas, illustre ta réponse par un dessin.

a) Deux losanges de même périmètre (12 cm) sont isométriques.
b) Deux carrés de même périmètre (12 cm) sont isométriques.
c) Deux parallélogrammes de même aire (6 cm^2) sont isométriques.
d) Deux rectangles de même aire (6 cm^2) sont isométriques.
e) Deux triangles isocèles de même périmètre (11 cm) sont isométriques.

Activité 3 • Cas d'isométrie des triangles

1 Un agent immobilier a enfin trouvé le terrain en bord de mer dont ses clients rêvaient pour construire leur maison de vacances.

Il souhaite transmettre à ses clients, via SMS, un minimum de données afin que ceux-ci puissent reproduire à l'identique le plan de leur future propriété.

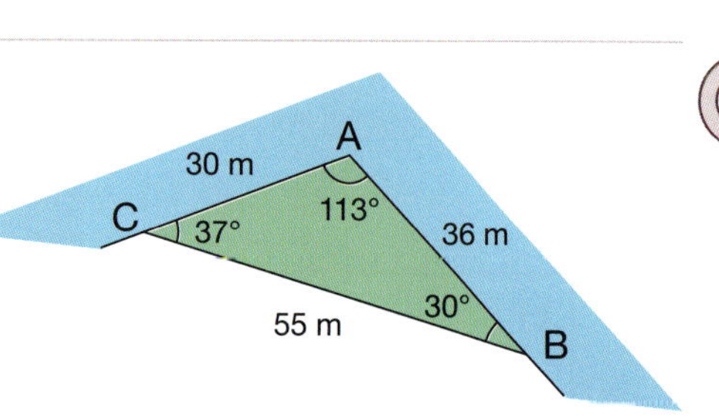

Sur une feuille de papier, il réalise le plan de la propriété à l'échelle 1 : 1000 et rédige ensuite son message.

Combien de SMS contenant des informations différentes l'agent immobilier peut-il rédiger ? Cite les données qui seraient transmises par chacun d'eux.

p.264

2 Construis le(s) triangle(s) ABC répondant aux conditions énoncées ci-dessous.
Précise, dans chaque cas, si la construction du triangle est possible et si cette solution est unique.

a) $|AC| = 6$ cm, $|BC| = 5$ cm et $|AB| = 4$ cm

b) $|AB| = 6$ cm, $|\hat{B}| = 40°$ et $|BC| = 4{,}5$ cm

c) $|AB| = 6$ cm, $|\hat{A}| = 40°$ et $|BC| = 4{,}5$ cm

d) $|AB| = 6$ cm, $|\hat{A}| = 53°$ et $|\hat{B}| = 68°$

e) $|AB| = 6$ cm, $|\hat{A}| = 53°$ et $|\hat{C}| = 50°$

f) $|\hat{C}| = 50°$, $|\hat{B}| = 70°$ et $|\hat{A}| = 60°$

3-54

3 Dans chaque cas, termine de plusieurs manières différentes la construction du triangle XYZ isométrique au triangle ABC en utilisant un minimum de mesures supplémentaires.
Énonce le cas d'isométrie que tu as utilisé.

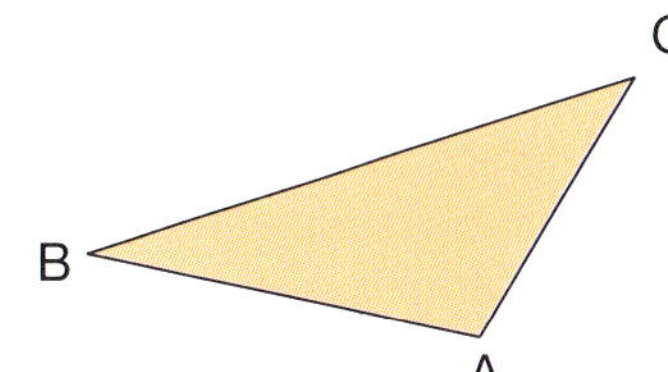

a)

b)
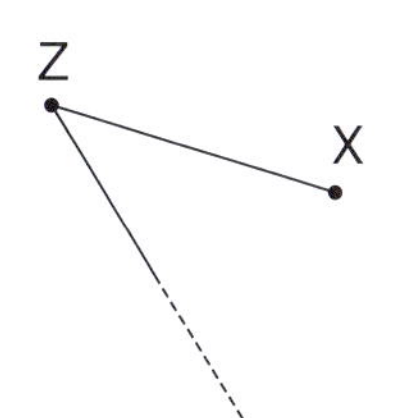

c)
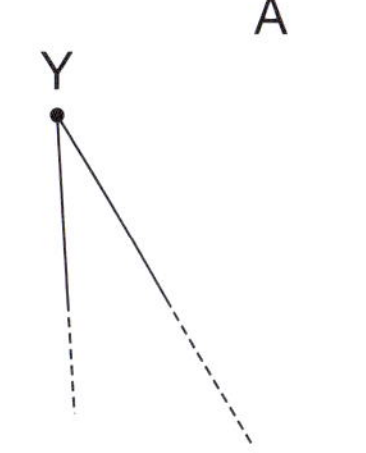

4 Dans chacune des situations ci-dessous, détermine l'égalité qu'il te manque pour pouvoir affirmer que les triangles ABC et XYZ sont isométriques. Envisage toutes les possibilités.

a)
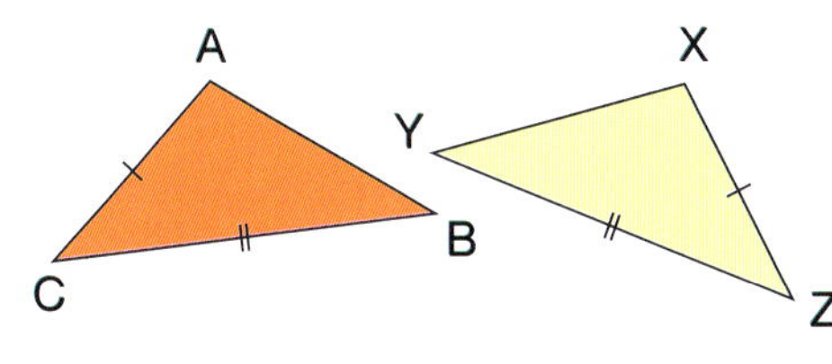

b)
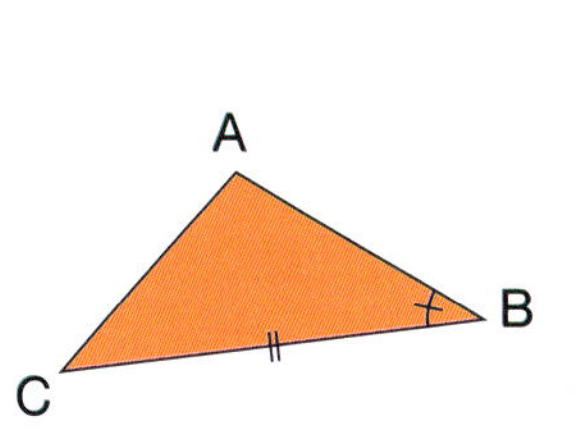

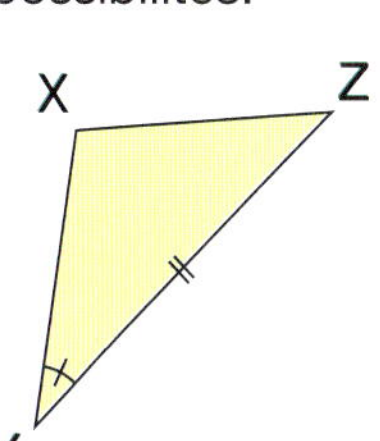

5 Dans chacune des situations ci-dessous, justifie que les triangles rectangles ABC et XYZ sont isométriques.
Traduis par un énoncé chacun des cas d'isométrie des triangles rectangles illustrés.

a)
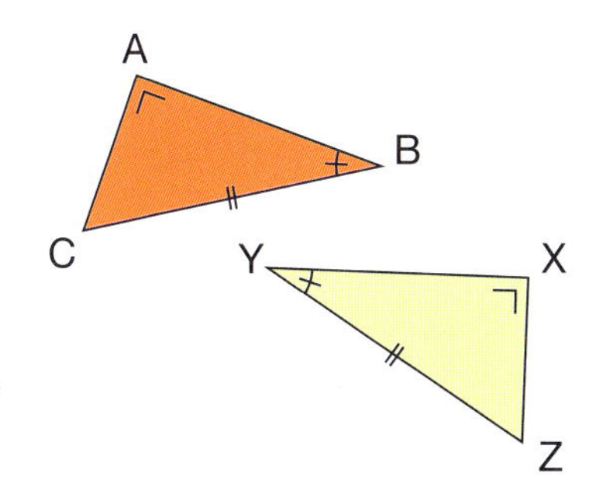

b)
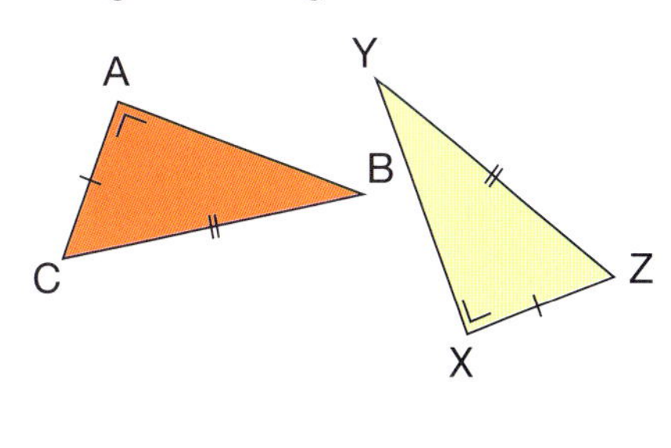

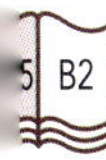

Activité 4 • Utilisation des cas d'isométrie

1 54-55

Si tu sais que X est le point d'intersection des segments [AC] et [BD], démontre, pour chacune des figures ci-dessous, que les triangles ABX et CDX sont isométriques.

a)

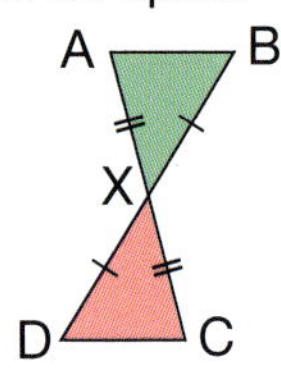

b)

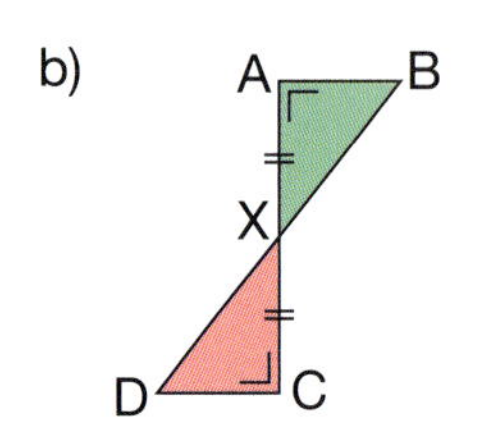

2 55

Dans la figure ci-dessous, sachant que la droite b est la bissectrice de l'angle $\widehat{BAC}$, démontre que les triangles BAX et CAX sont isométriques.

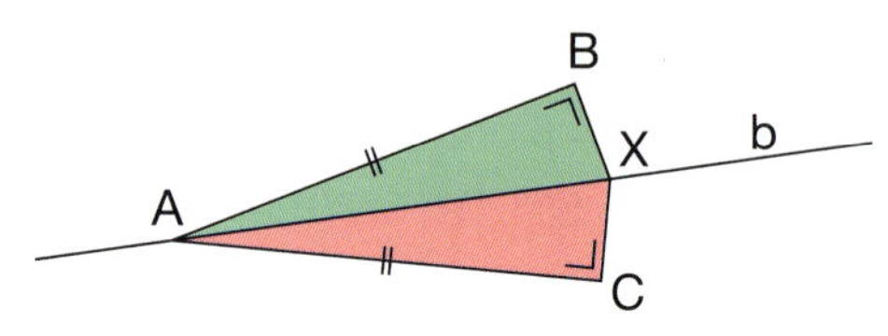

3 56

Sachant que le solide représenté ci-dessous est un cube, démontre que les triangles AEF et GCB sont isométriques.

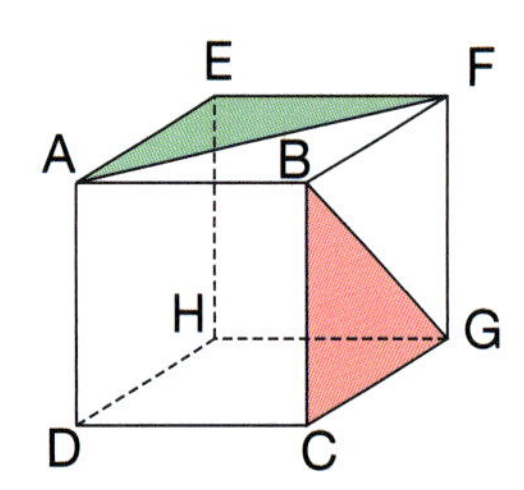

4 56

Sachant que le solide représenté ci-dessous est un parallélépipède rectangle, démontre que les triangles BGD et CFA sont isométriques.

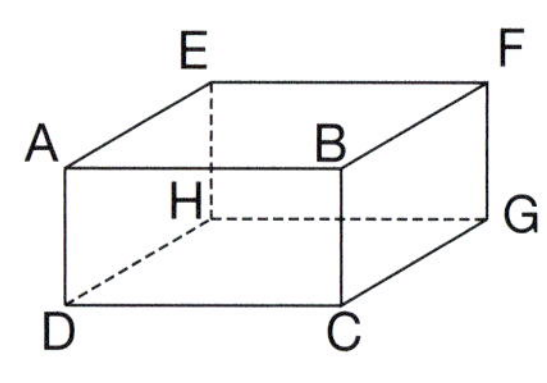

5 57

Dans la figure ci-dessous, sachant que AB // FD et que les points B, C, E et F sont alignés, démontre que |AC| = |DE|.

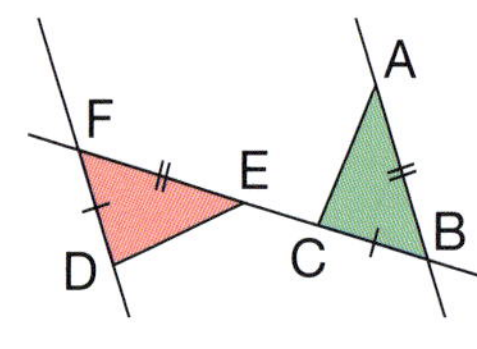

6 57-5

Dans la figure ci-dessous, sachant que AC // DB et que le point O est le point d'intersection des segments [AB] et [CD], démontre simultanément que |CO| = |DO| et |CA| = |DB|.

7 58

Dans la figure ci-contre, sachant que ABCD est un rectangle, détermine la nature du triangle AMB. Justifie.

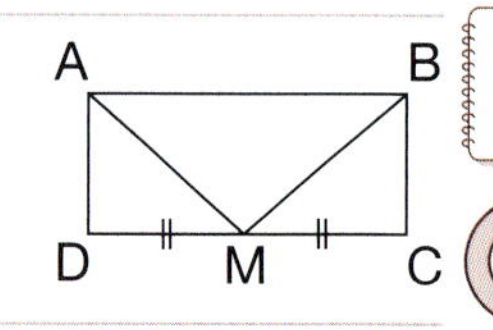

8 Si les points E, F, G et H sont respectivement les milieux des côtés [AB], [BC], [CD] et [DA] du carré ABCD, détermine la nature du quadrilatère EFGH. Justifie.

9 Sachant que ABCD est un trapèze (AB // DC), que M est le milieu du segment [BC] et que E est le point d'intersection des droites AM et DC, démontre que les triangles ABM et ECM sont isométriques.

10 Trace un triangle scalène ABC.
Par M, milieu de [AB], trace la droite parallèle à [BC] coupant [AC] en N.
Par A, trace la droite perpendiculaire à MN coupant MN en X.
Par M, trace la droite perpendiculaire à BC coupant BC en Y.
Cherche une paire de triangles isométriques et justifie ton choix à l'aide d'un cas d'isométrie.

11 Dans le triangle ABC isocèle en A, la médiatrice de [AB] coupe [AB] en M et BC en X; la médiatrice de [AC] coupe [AC] en N et BC en Y.
Démontre que $|BX| = |CY|$.

12 a) Dans la figure ci-contre, sachant que les cordes [AB] et [CD] ont la même longueur, démontre que les angles $\widehat{AOB}$ et $\widehat{DOC}$ ont la même amplitude. Traduis, par un énoncé, la propriété illustrée.

b) Quelle est la nature du quadrilatère obtenu en reliant les points A, B, C et D ? Justifie.

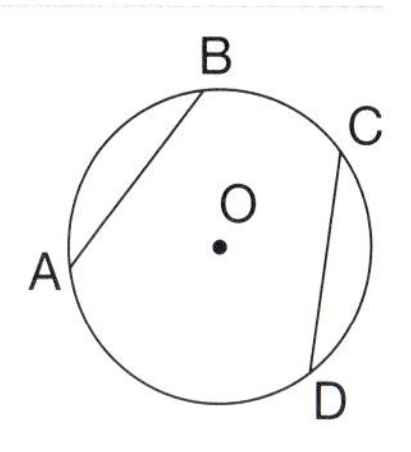

Activité 5 • Problèmes concrets

5

1 Lors d'une séance de tirs au but, l'entraîneur a disposé le ballon de Luc (L) sur la droite perpendiculaire au but passant par le montant A de celui-ci.
Il a placé le ballon de Carl (C) sur la droite perpendiculaire au but passant par le montant B de celui-ci.
Sachant que les points L et C se trouvent sur une parallèle à la ligne de but, Carl (C) et Luc (L) disposent-ils du même angle de tir ? Justifie.

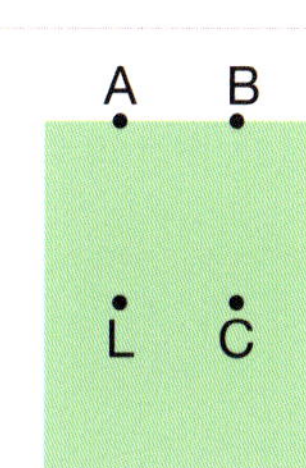

2 Maurice aimerait savoir si le grenier prévu par l'architecte au-dessus de sa cuisine est aménageable. Pour cela, il consulte le plan ci-contre, mais malheureusement celui-ci est incomplet et Maurice n'a pas d'instrument de mesure sous la main.
Sachant que pour être habitable, un grenier doit avoir une hauteur sous faîtage de 1,80 m minimum, aide Maurice dans sa recherche.

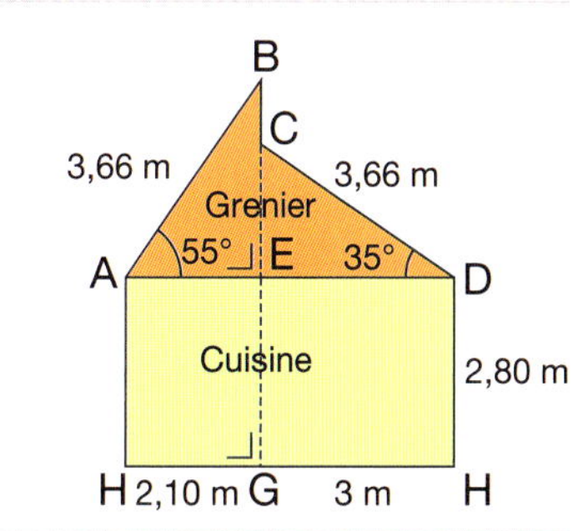

3 Pour répondre à la demande d'une société d'aménagement d'intérieur, un artisan doit fabriquer 135 solides correspondant au schéma représenté ci-contre.

Ce solide particulier provient d'un cube en bois de 60 cm d'arête sectionné par le plan AFC.

Les faces de ces solides doivent être colorées.

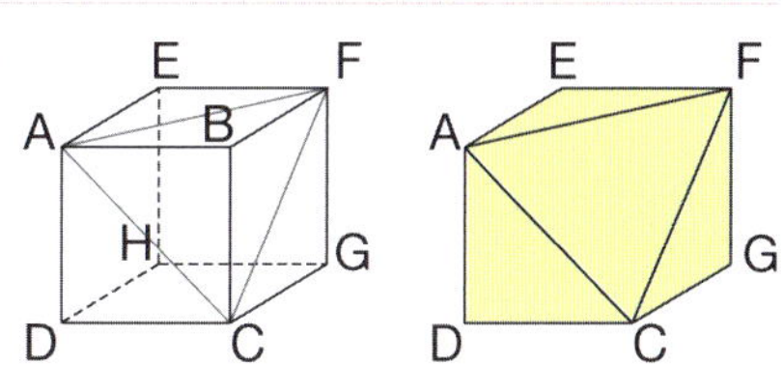

a) Si les faces isométriques sont peintes dans une même couleur, combien de couleurs différentes seront nécessaires à la réalisation de ce travail ? Justifie.

b) Sachant qu'il est recommandé d'appliquer deux couches de peinture dont le pouvoir couvrant est de 12 m^2 par litre, détermine la quantité de chacune des couleurs utilisées.

Connaître

1 Sachant que les triangles ci-dessous sont isométriques, complète le tableau.

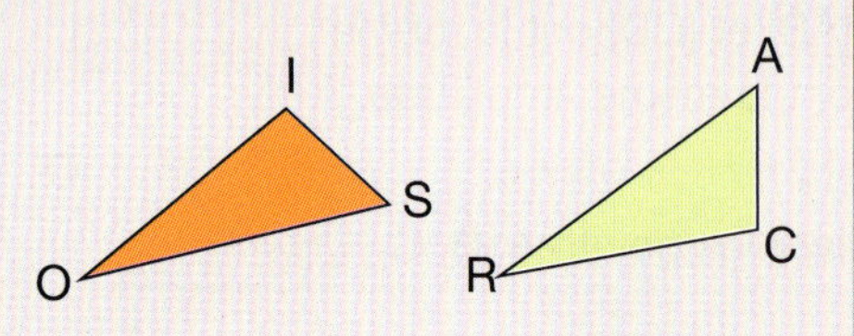

Angles homologues	Côtés homologues
$\hat{I}$ et	[IS] et ....
$\hat{S}$ et	[SO] et ....
$\hat{O}$ et	[OI] et ....

2 Repère les propositions fausses et, dans ce cas, illustre ta réponse par un dessin.

a) Deux cercles de même rayon sont isométriques.
b) Deux parallélogrammes de même aire sont isométriques.
c) Deux rectangles de même périmètre sont isométriques.
d) Deux carrés de même aire sont isométriques.
e) Deux triangles isocèles ayant leur base de même longueur sont isométriques.

3 Pour chacun des cas ci-dessous, les renseignements fournis par le dessin permettent-ils, à eux seuls de justifier que les deux triangles sont isométriques ? Justifie.

a)
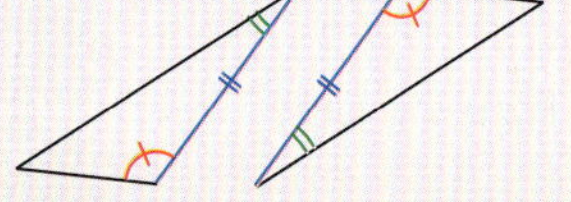

b)
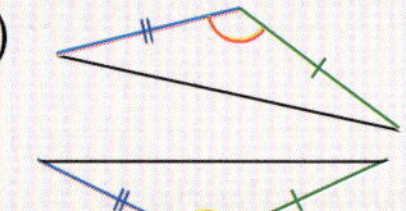

c)
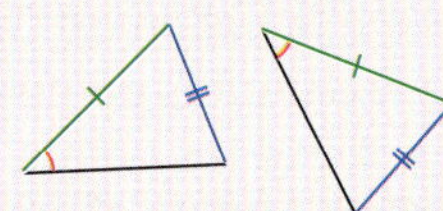

d)
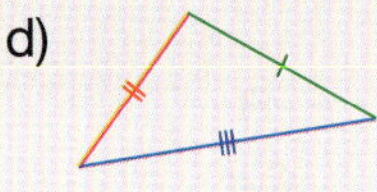

e)
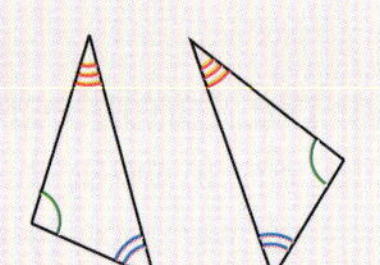

f)
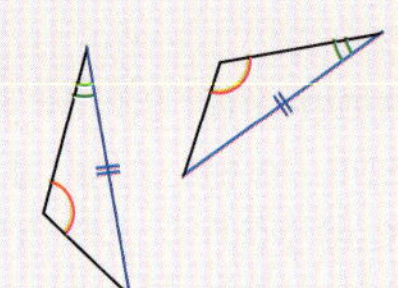

4 Dans chaque situation, détermine l'égalité qu'il te manque pour pouvoir affirmer que les triangles ABC et XYZ sont isométriques. Envisage toutes les possibilités.

a)
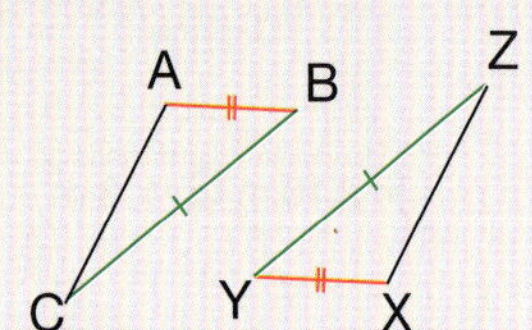

b)
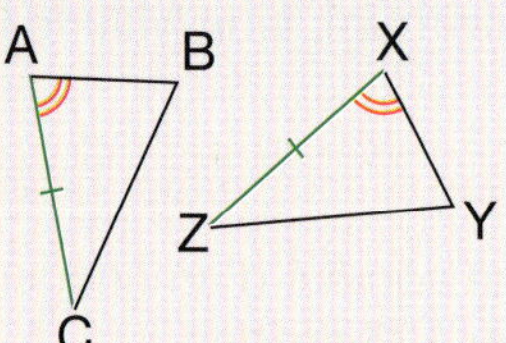

c)
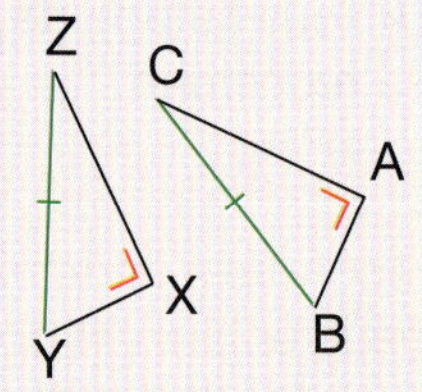

Appliquer

1 Sachant que ABCD est un parallélogramme, démontre que les triangles CDA et ABC sont isométriques.

2 Sachant que ABCD est un parallélogramme et que CY // AX, démontre que les triangles AOX et COY sont isométriques.

3 Si XY est la médiatrice du segment [AB], démontre que les triangles XAY et XBY sont isométriques.

4 Sachant que ABCD est un rectangle, démontre que les triangles ABD et CDB sont isométriques.

Transférer

Démontrer l'isométrie de deux triangles

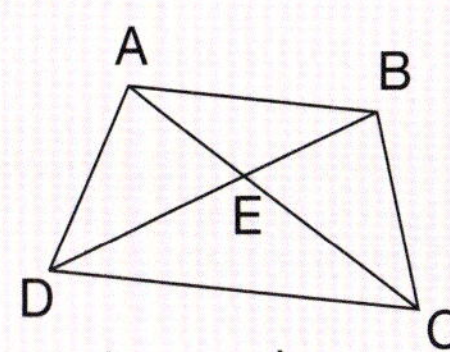

1 Sachant que ABCD est un trapèze isocèle, démontre que les triangles DAC et CBD sont isométriques, ensuite que les triangles AED et BEC sont isométriques.

2 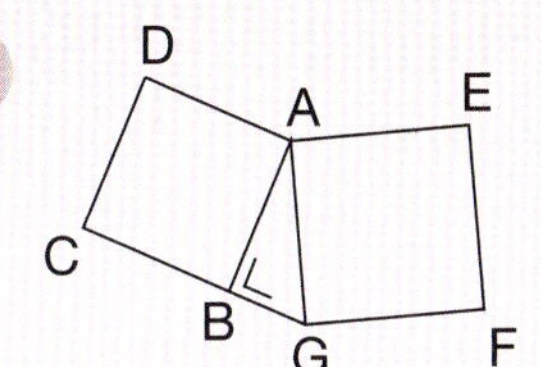

Sachant que ABCD et AEFG sont deux carrés, démontre que les triangles AGD et AEB sont isométriques.

3 Les cercles $\mathscr{C}$(O, r) et $\mathscr{C}'$(O',r) sont tangents en A. Une droite d passant par A coupe le cercle $\mathscr{C}$ en B et le cercle $\mathscr{C}'$ en C.
Démontre que les triangles AOB et AO'C sont isométriques.

4 Trace un cercle de centre O et deux de ses diamètres [AB] et [CD].
Démontre que les triangles BDC et ACD sont isométriques.

5 Dans un repère d'axes perpendiculaires x et y et d'unités 1 cm, on donne les points A (–1 ; 2), B (2 ; 3), C (2 ; 0), D (0 ; –2), E (–1 ; 1) et F (2 ; 1).
Démontre que les triangles ABC et DEF sont isométriques.

Démontrer une égalité de mesures

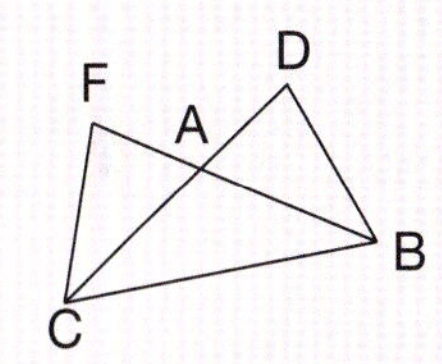

6 Dans le triangle ABC isocèle en A, on prolonge le côté [BA] d'une distance $|AF|$ et le côté [CA] d'une distance $|AD|$, telles que $|AF| = |AD|$.
Démontre que $|BD| = |FC|$.

7 Deux droites parallèles a et b coupent respectivement une droite c en A et B. Une droite d passant par le milieu O de [AB] coupe a en X et b en Y.
Démontre que $|OX| = |OY|$ et $|AX| = |BY|$.

8 Les diagonales du parallélogramme ABCD se coupent en M. Par les sommets A et C, on trace les perpendiculaires à la droite BD coupant celle-ci respectivement en P et en Q.
a) Démontre que $|AP| = |CQ|$.
b) Ta démonstration reste-t-elle valable si le parallélogramme est un losange, un rectangle ou un carré ? Justifie.

9 Sachant que ABC est un triangle isocèle en A, démontre que les hauteurs issues des sommets B et C sont de même mesure.

10 Dans le triangle ABC isocèle en A, on prolonge le côté [AB] d'un segment [BE] et le côté [AC] d'un segment [CD] de telle sorte que $|BE| = |CD|$. Les segments [BD] et [CE] se coupent en O.
Démontre que $|BO| = |OC|$.

11 Les diagonales du parallélogramme ABCD se coupent en O. Une droite d passant par O coupe le côté [AD] en P et le côté [BC] en Q.
Démontre que O est le milieu de [PQ].

12 Les points P et Q appartiennent respectivement aux côtés [AB] et [AC] du triangle ABC isocèle en A et sont tels que |AP| = |AQ|.
Démontre que |BQ| = |PC|.

13 Sur les côtés [AC] et [AB] d'un triangle scalène ABC et à l'extérieur de celui-ci, on a construit les triangles équilatéraux AXB et ACY.
Démontre que |BY| = |CX|.

Démontrer la nature d'une figure

14 Sachant que ABC est un triangle scalène, que la droite b, bissectrice de $\widehat{BAC}$, coupe BC en X et que le cercle $\mathscr{C}$ de centre A et de rayon |AC|, coupe AB en Y, détermine la nature du triangle CXY. Justifie.

15 Sur les côtés [AB], [BC] et [CA] du triangle équilatéral ABC, on marque respectivement les points P, Q et R tels que |AP| = |BQ| = |CR|.
Démontre que le triangle PQR est équilatéral.

16 Les points A, B, C et D sont quatre points alignés tels que |AB| = |BC| = |CD|. Du même côté de la droite AD, on a construit les triangles équilatéraux TCA et RDC.
Démontre que le triangle BTR est équilatéral.

17 Le cube ci-dessous a été sectionné par le plan AFM.
a) M étant le milieu de l'arête [BC], détermine la nature de la section obtenue. Justifie.
b) Calcule l'aire de la section AFM si |AD| = 6 cm.
c) Détermine l'aire de la section en fonction de a si |AD| = a.

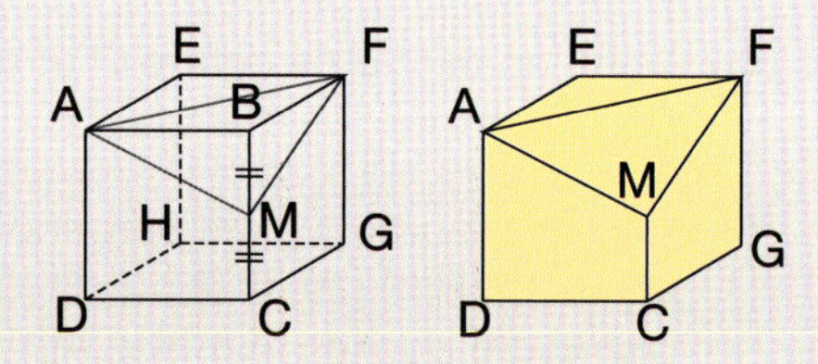

Problèmes concrets

18 Maxime possède un terrain à bâtir divisé en deux parcelles, l'une triangulaire et l'autre ayant la forme d'un parallélogramme. Comme le montre le dessin ci-contre, deux des côtés de ces parcelles sont alignés et respectivement de même longueur comme le montre le dessin ci-contre. Sachant qu'il vend la parcelle n°1 pour 67 250 €, détermine le prix de vente de la parcelle n°2 si Maxime souhaite la vendre au même prix du mètre carré. Justifie.

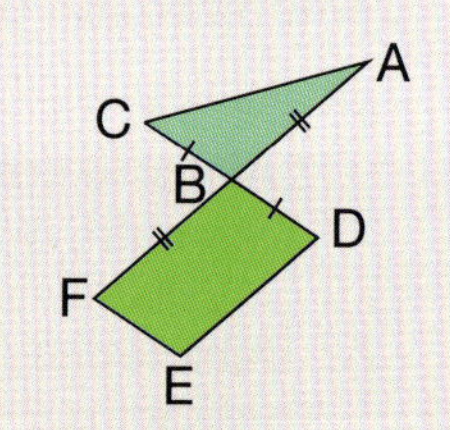

19 Deux bacs effectuent la traversée d'un bras de mer au même moment. L'un part du port A pour rejoindre le port B et l'autre inversement part du port B pour rejoindre le port A. Après avoir parcouru chacun une distance de 3 km, les deux bacs changent de cap et ils bifurquent de 30° à tribord. Ils suivent ainsi des trajectoires parallèles à une vitesse moyenne de 20 km/h pendant 15 minutes. Ensuite, ils se dirigent à nouveau en ligne droite vers leur port d'arrivée.
Les deux bacs ont-ils parcouru la même distance ? Justifie.

20 Bruno, élève de 4e professionnelle option soudage doit fabriquer, selon le plan ci-contre, un siège à armature métallique sur laquelle seront tendus deux morceaux de toile carrée de 40 cm de côté formant un angle de 90°.
a) Détermine et indique sur le plan chacune des dimensions manquantes. Justifie ta démarche.
b) Détermine la quantité d'aluminium nécessaire à la fabrication de ce siège.

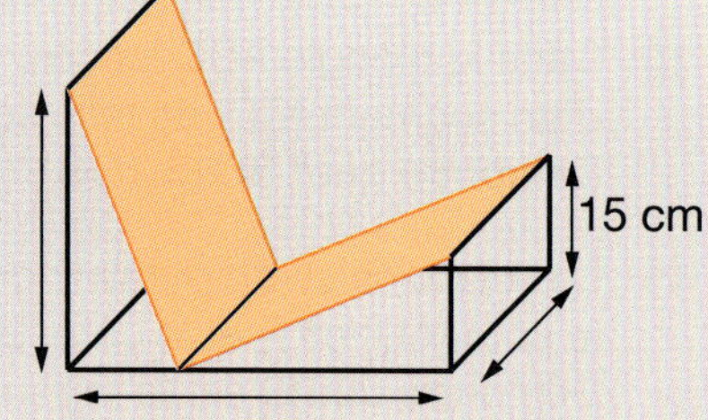

Chapitre 6 Approche graphique d'une fonction

Activité 1 • Notions de relation et de fonction

1 Le tableau ci-contre donne les relevés de connexions 4G pour lesquelles s'applique un même plan tarifaire.

Avec ce même plan tarifaire, Aline a visualisé un clip vidéo de 60 Mo durant 8 min 30 sec.

Durée (min)	Volume (Mo)	Prix HTVA (€)
2,5	16	2,40
6,5	45	6,75
11	75	11,25
8	64	9,60
6,5	50	7,50

a) À l'aide de points, représente les données du tableau ci-contre dans deux repères cartésiens sur lesquels les abscisses et les ordonnées représentent respectivement…
(1) la durée et le prix HTVA.
(2) le volume et le prix HTVA.
Ensuite, déduis-en le prix payé par Aline pour la visualisation de son clip.

b) On dit que le prix est fonction du volume. Si on appelle cette fonction f, on écrira $f(16) = 2,40$ pour spécifier qu'un transfert de 16 Mo coûte 2,40 €.
Détermine $f(45)$, $f(50)$, $f(64)$ et $f(75)$.

c) Si x et y représentent respectivement le volume en Mo et le prix HTVA en €, détermine une expression algébrique de y en fonction de x.

d) Vérifie, par calcul, le prix à payer par Aline pour la visualisation de son clip.

6

61

2 Un grossiste en confiseries utilise un graphique représentant le prix de vente de guimauves en fonction de la quantité achetée, exprimée en kg. Voici ce graphique.

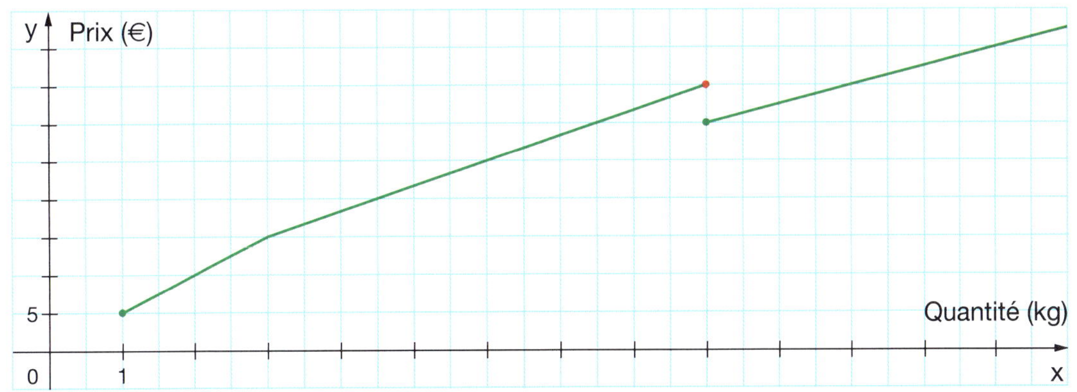

a) Vérifie qu'il s'agit du graphique d'une fonction.
Si f désigne cette fonction, exprime à l'aide d'une phrase la variable qui dépend de l'autre.

b) Détermine $f(2)$; $f(3)$; $f(4,5)$; $f(9)$; $f(11)$; $f(12)$.

c) Détermine le ou les réels a tels que $f(a) = 5$; $f(a) = 25$; $f(a) = 30$; $f(a) = 35$.

3 Tous les graphiques ci-dessous représentent des relations. Parmi ceux-ci, quels sont ceux qui représentent une fonction ?

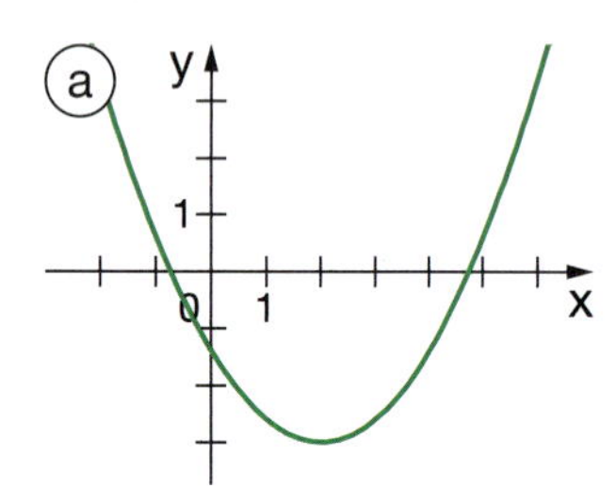

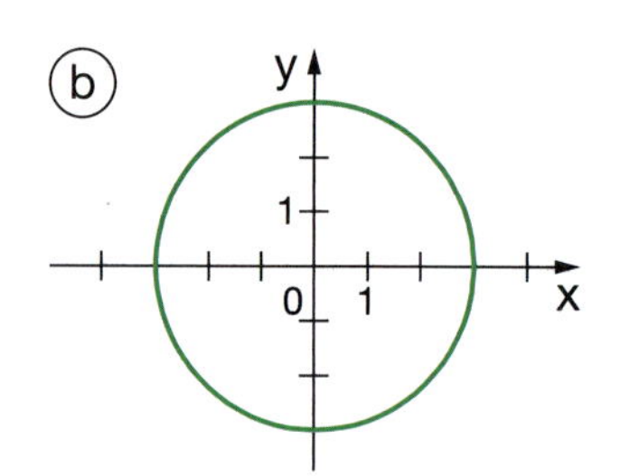

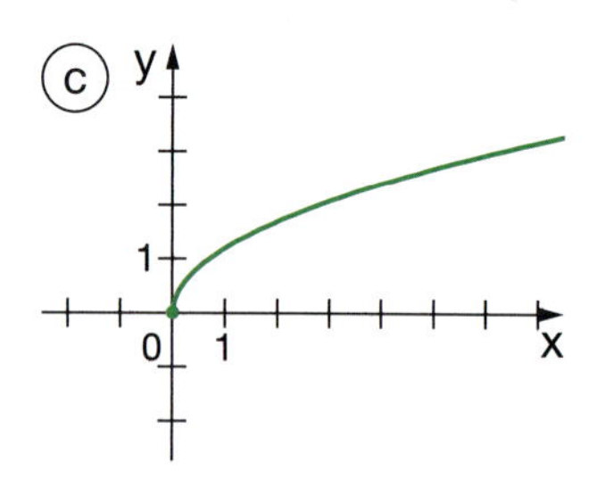

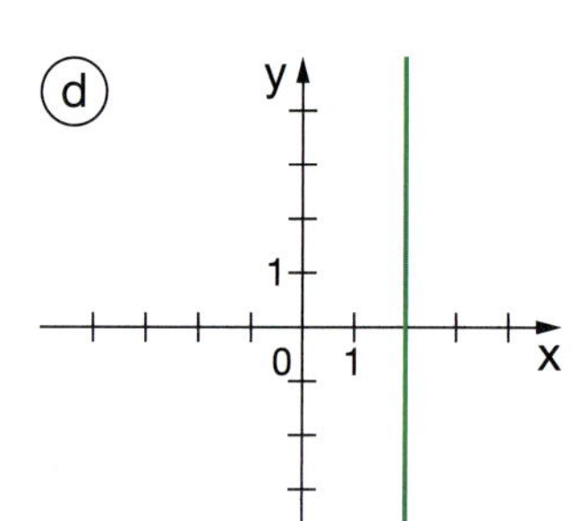

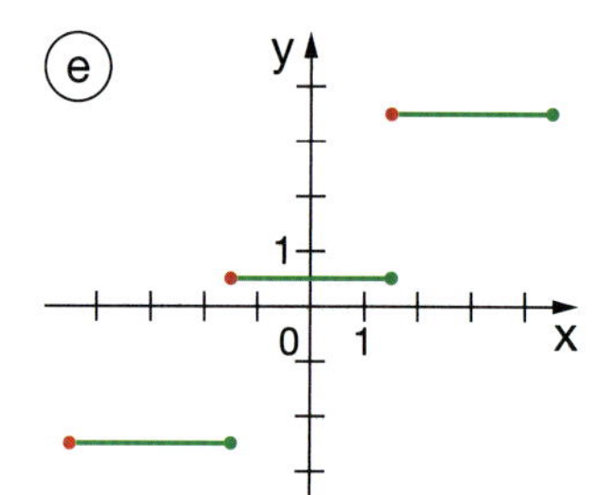

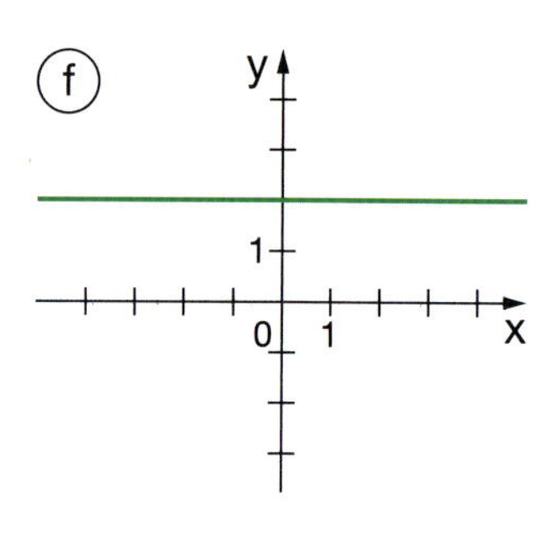

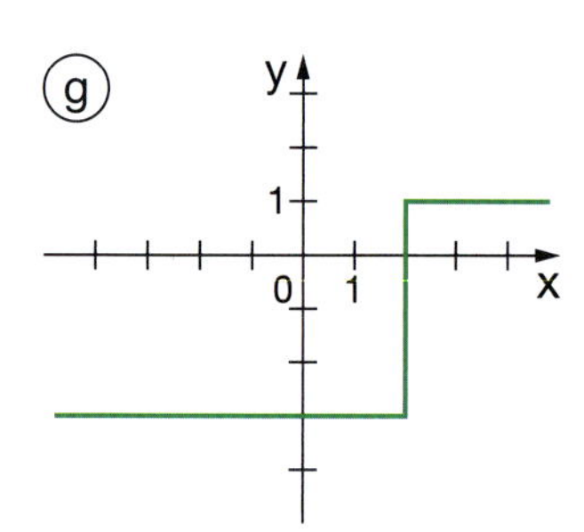

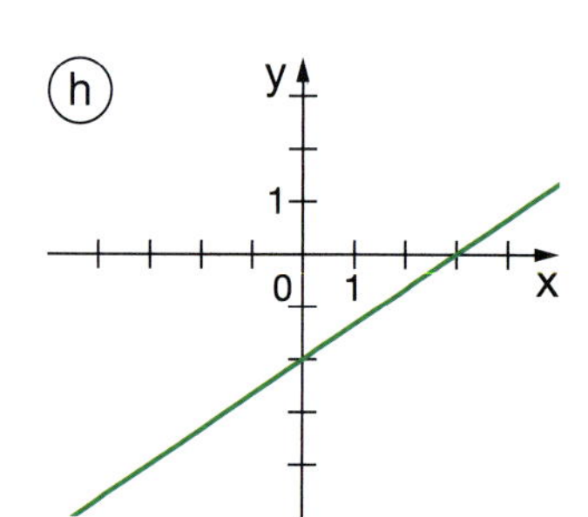

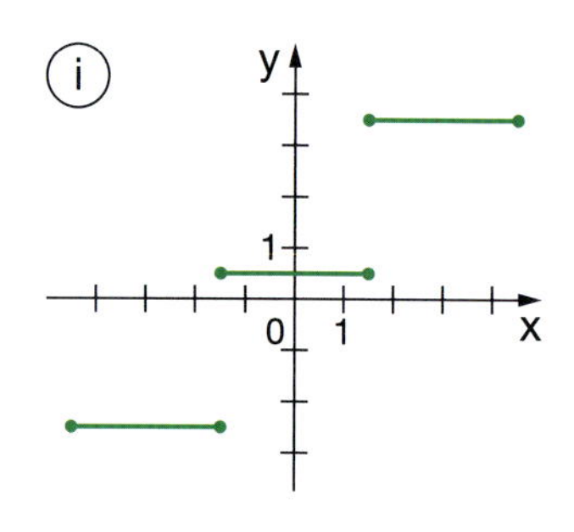

4 Quand cela est possible, complète les informations relatives à chaque graphique.

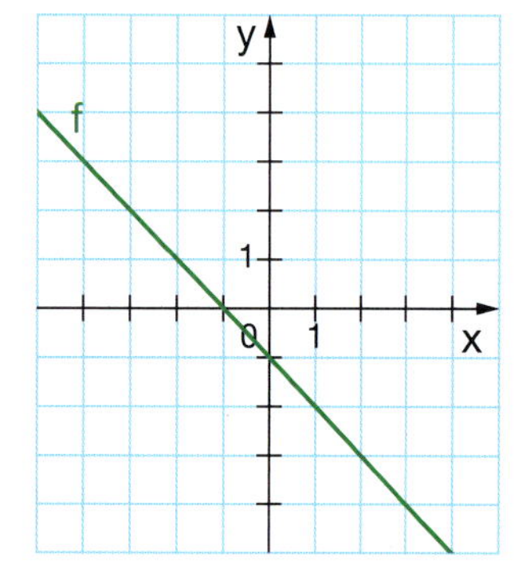

f(–3) = ...   f(....) = –2

f(0) = ...   f(....) = 0

f(3) = ...   f(....) = 3

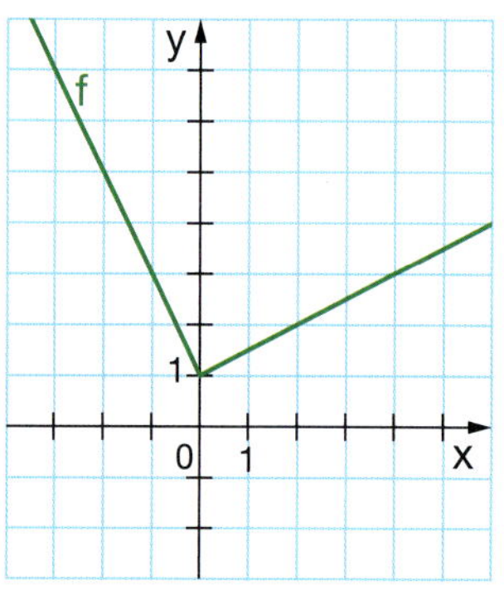
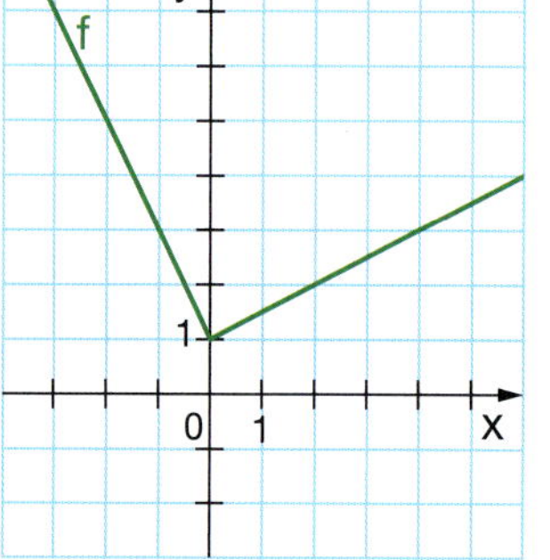

f(–2) = ...   f(....) = 1

f(1) = ...   f(....) = 3

f(2) = ...   f(....) = –1

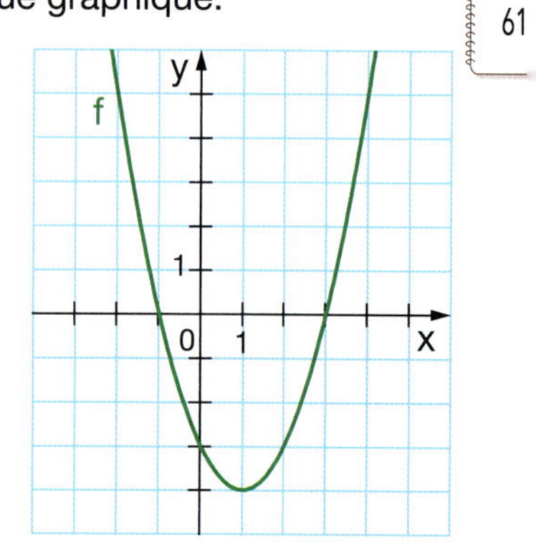

f(–2) = ...   f(....) = 0

f(0) = ...   f(....) = –4

f(4) = ...   f(....) = –5

6

61

5 Les portails électroniques situés à l'entrée des stations de métro permettent à la société de transport en commun de connaître la fréquentation de l'ensemble des stations à chaque instant. Le graphique ci-dessous, sur les axes duquel sont notés l'heure de la journée et l'affluence en milliers de personnes, indique la fréquentation de la journée du 5 avril 2015.

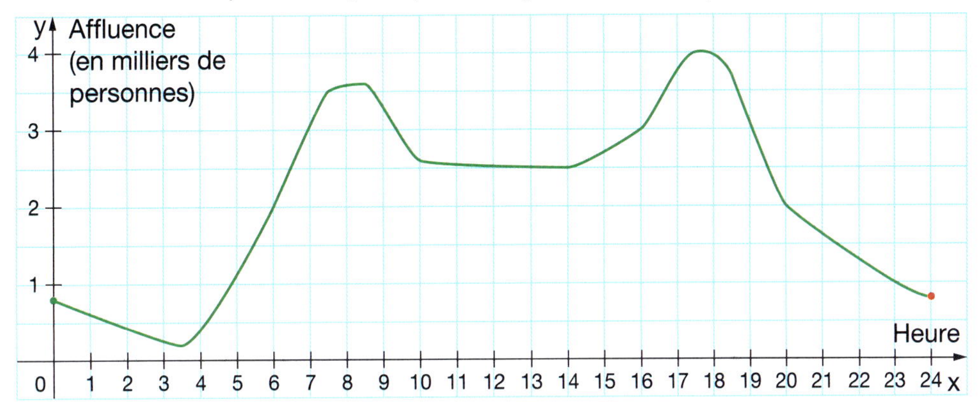

a) Le graphique est-il celui d'une fonction ? Justifie.

b) La variable qui dépend de l'autre est appelée variable dépendante, l'autre étant la variable indépendante.

Quelles sont les variables indépendante et dépendante ?

c) Si on appelle f la fonction représentée, détermine f(16). Justifie.
À l'aide d'une phrase, exprime ce que représentent f(16) et sa valeur dans le contexte présenté.

6 Voici quelques situations. Pour chacune d'elles, complète la phrase « … dépend … » à l'aide des deux variables observées et déduis-en la variable indépendante.

	Situation	Variables observées	
a)	Après avoir effectué une course en taxi, on paie le taximan.	le montant à payer	le nombre de kilomètres parcourus
b)	Lors des soldes, un magasin affiche « Tout à 50 % ».	le prix avant soldes	le montant de la réduction
c)	Fred envoie, par la poste, un colis à son amie.	le montant de l'affranchissement	la masse du colis
d)	Une éolienne produit de l'énergie électrique.	la vitesse du vent	la quantité d'électricité produite
e)	Après de fortes pluies, la rivière est en crue.	le niveau de la rivière	la quantité de pluie tombée
f)	On observe la température extérieure lors d'une journée de printemps.	l'heure de la journée	la température relevée

Activité 2 • Domaine et ensemble image d'une fonction

1 Un club de basket a commandé un logo devant respecter les conditions suivantes :

- être de forme rectangulaire;
- le rapport longueur sur largeur doit être égal à 5/4;
- contenir l'image d'un ballon de basket de minimum 4 cm de diamètre;
- pouvoir être construit sur une feuille A4 disposée en mode paysage (21 cm sur 29,7 cm).

a) En respectant les conditions demandées, représente un premier logo de 8 cm de large puis un second de 6 cm de large.

Détermine les dimensions du plus petit et du plus grand logo réalisables.

b) On nomme f_1 la fonction qui exprime la longueur du logo par rapport à sa largeur.

Construis un tableau de valeurs de la fonction f_1 contenant quelques largeurs possibles (x) et les longueurs correspondantes (y) en prenant soin d'y inclure les dimensions minimales et maximales du logo.

Si le **domaine** d'une fonction est l'ensemble des valeurs que peut prendre la variable indépendante x, donne le domaine de la fonction f_1 en notant cet ensemble dom f_1.

Si l'**ensemble image** d'une fonction est l'ensemble des valeurs que peut prendre la variable dépendante y, donne l'ensemble image de la fonction f_1 en notant cet ensemble im f_1.

c) On nomme f_2 la fonction qui exprime l'aire du logo par rapport à sa largeur.

Construis un tableau de valeurs de la fonction f_2 contenant quelques largeurs possibles (x) et les aires correspondantes (y).
Détermine le domaine et l'ensemble image de la fonction f_2.

d) Lorsque le logo est dessiné sur une feuille de papier, la surface de la feuille située à l'extérieur du logo est perdue. On nomme f_3 la fonction qui exprime l'aire de la surface perdue d'une feuille A4 par rapport à la largeur du logo.

Construis un tableau de valeurs de la fonction f_3 contenant quelques largeurs possibles (x) et les aires des surfaces perdues correspondantes (y).
Détermine le domaine et l'ensemble image de la fonction f_3.

p.268 E

e) Associe chacune des fonctions f_1, f_2 et f_3 à son graphique. Pour chaque graphique, précise les bornes du domaine (x_1 et x_2) et celles de l'ensemble image (y_1 et y_2).

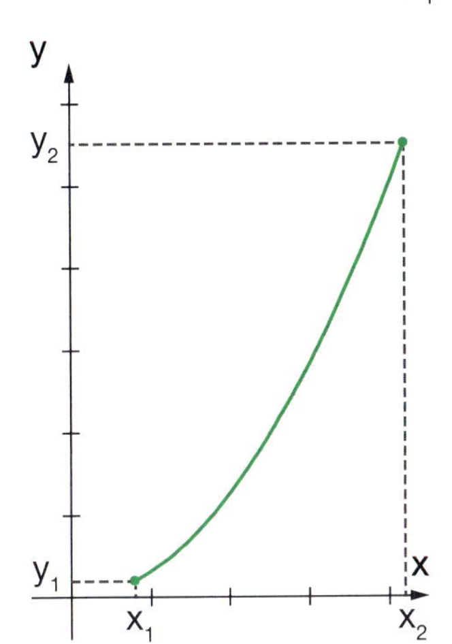

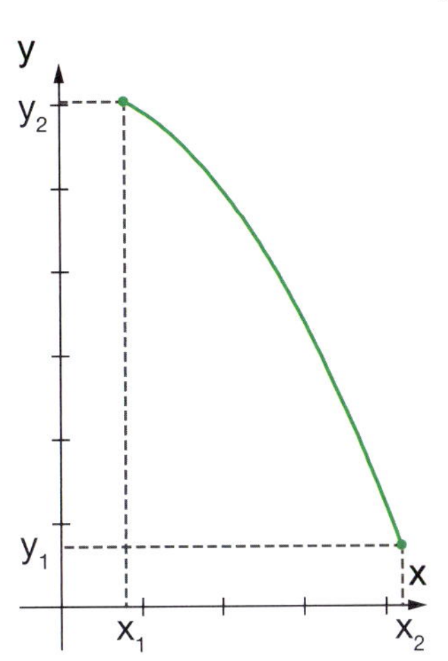

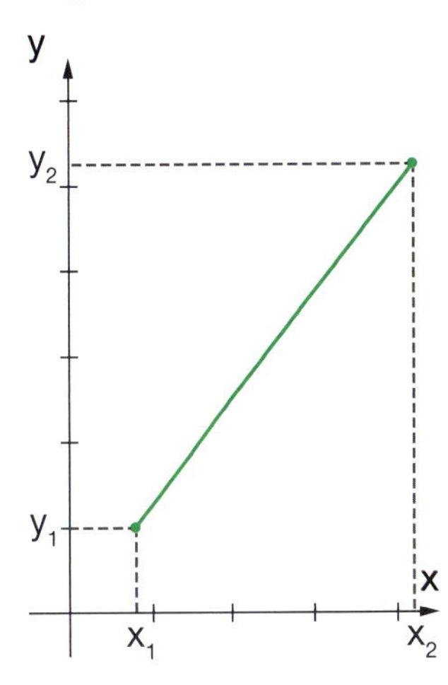

2 On souhaite construire un rectangle de 24 cm² d'aire dont on connaît un côté de mesure x exprimé en centimètres.

a) Si y représente la seconde dimension du rectangle en cm, établis un tableau de valeurs de la fonction f qui exprime celle-ci par rapport à la première.

b) Dans un repère cartésien, représente tous les couples solutions.

c) Détermine le domaine et l'ensemble image de la fonction f que tu viens de représenter.

d) Explique par une phrase comment déterminer la valeur de la seconde dimension (y) en fonction de celle connue (x).

Parmi les égalités ci-dessous, trouve celle qui exprime la dimension y en fonction de la dimension x.

$y = 12 . x$ $\quad y = \frac{12}{x}$ $\quad y = \frac{24}{x}$ $\quad y = 24 . x$ $\quad y = \frac{\sqrt{24}}{x}$

6

62

3 Voici le graphique d'une fonction f représentant le prix à payer en euros pour l'envoi d'une lettre non normalisée en fonction de sa masse exprimée en grammes. (Source : site bepost.be)

a) Voici une série de valeurs :

1,31 € 1,54 € 1,88 € 2,31 € 2,78 € 3,40 €

3,85 € 4,23 € 4,85 € 5,39 € 5,95 € 6,31 €

Parmi celles-ci, détermine le prix à payer pour l'envoi d'une lettre de …

50 g 200 g 1000 g 1500 g 2000 g

b) Justifie qu'il s'agit du graphique d'une fonction.

c) Détermine le domaine et l'ensemble image de cette fonction. Concrètement, que représentent-ils ?

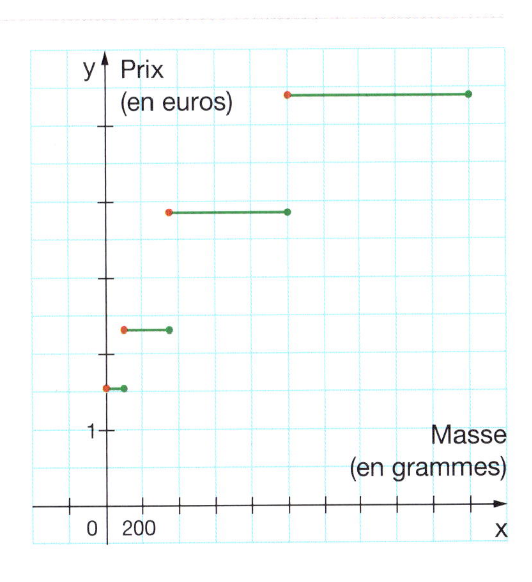

4 Pour chacune des fonctions représentées ci-dessous, détermine le domaine et l'ensemble image.

62-63

a)

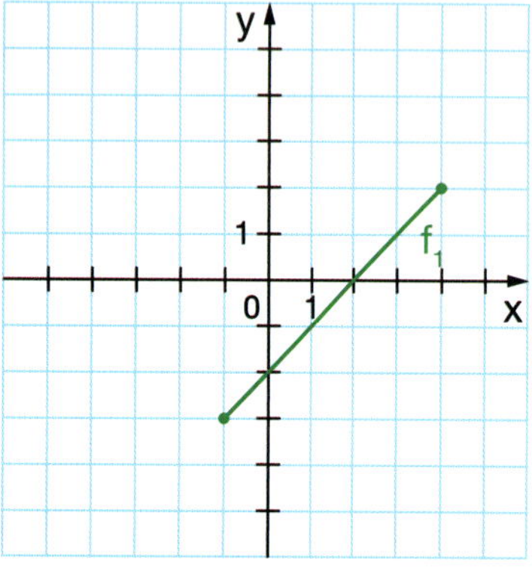

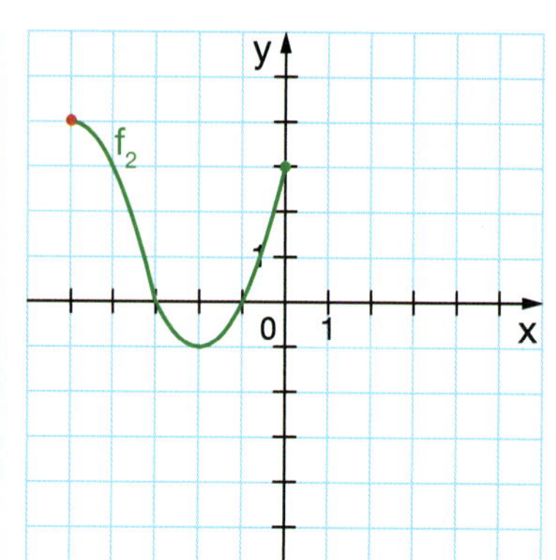

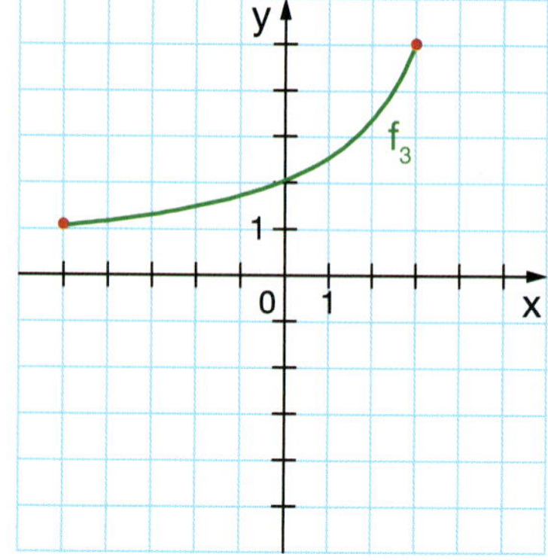

b)

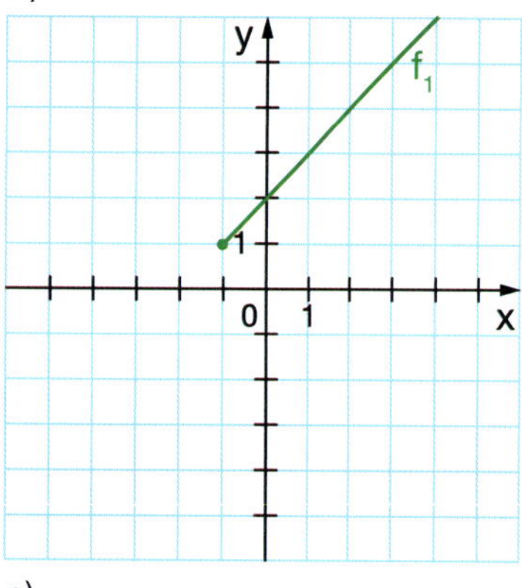

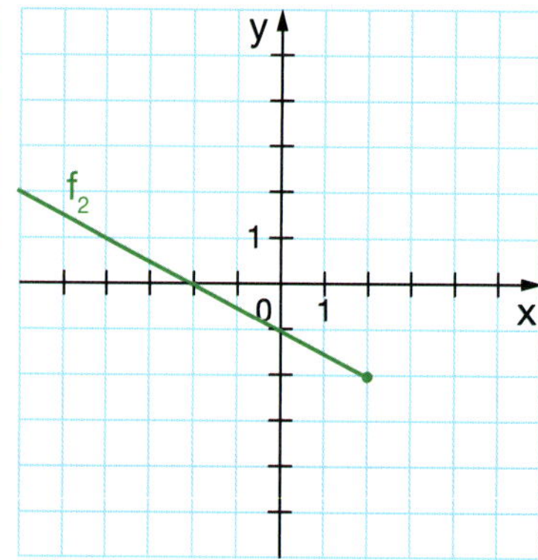

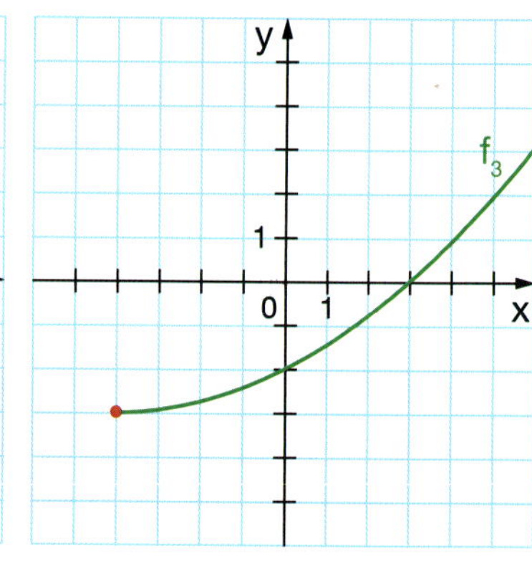

c)

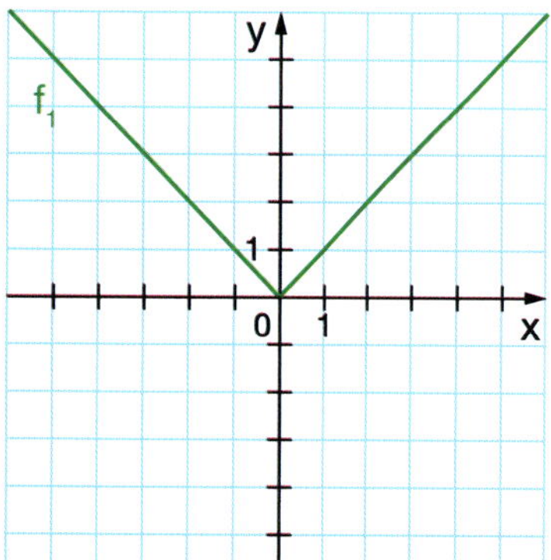

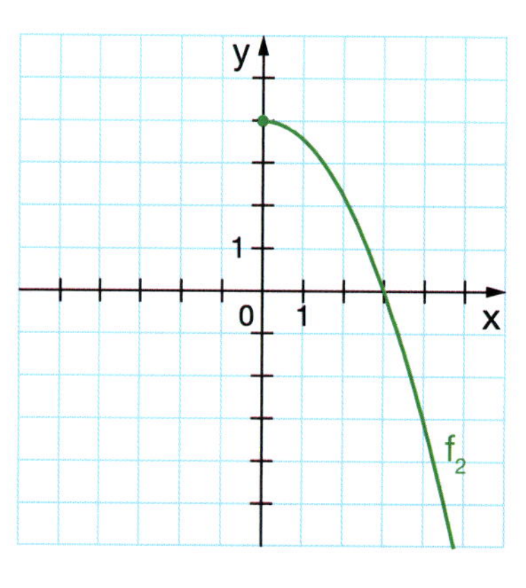

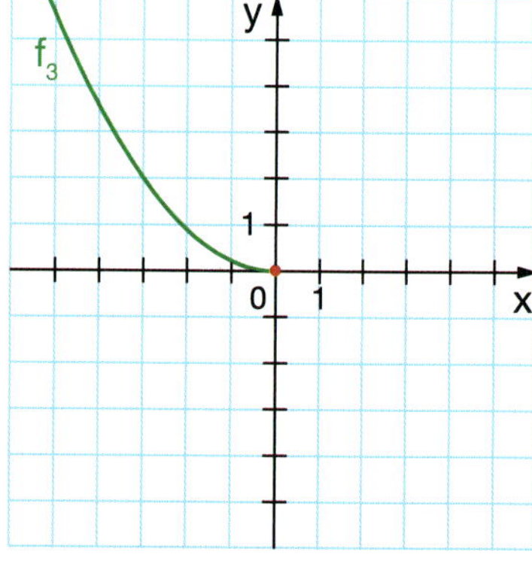

d)

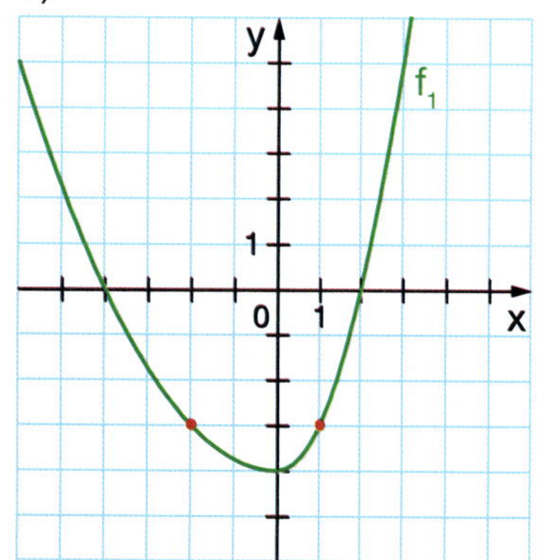

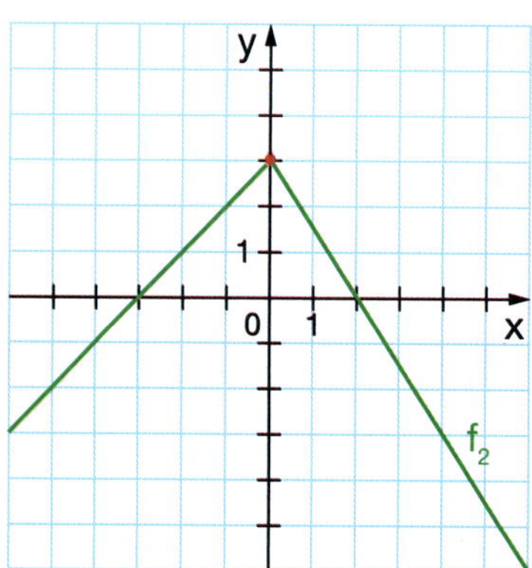

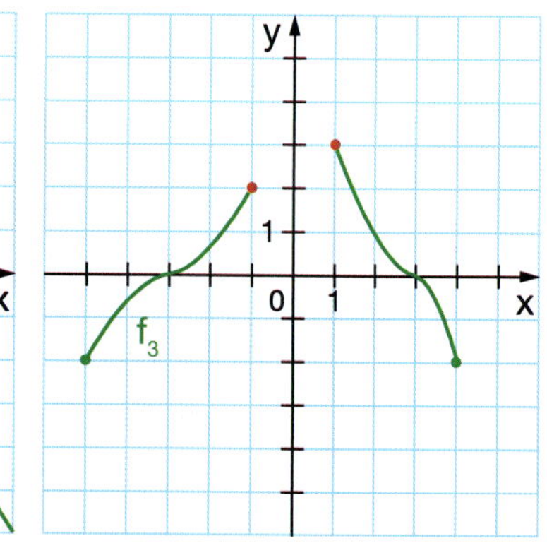

Activité 3 • Intersection avec les axes

1 Pour son exercice de physique, Pascal doit transformer des degrés Celsius en degrés Fahrenheit. Il a trouvé dans son livre quelques exemples qu'il a reportés dans le tableau ci-dessous.

°C	–20	–23,3…	–10	0	10	–17,7…	–12,2…	20
°F	–4	–10	14	32	50	0	10	68

Sur internet, il a trouvé le graphique ci-contre de la fonction f, illustrant cette conversion.

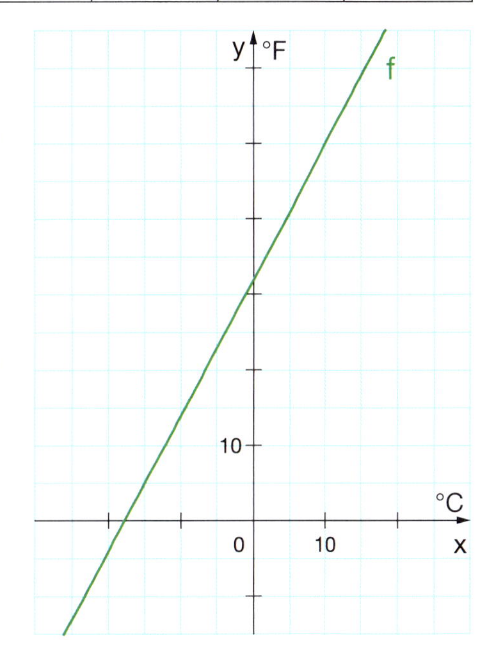

a) Détermine les coordonnées du point d'intersection du graphique avec l'axe y.
L'ordonnée de ce point est appelée **ordonnée à l'origine** de la fonction.

Quelle interprétation peux-tu donner aux coordonnées de ce point ?

b) Détermine les coordonnées du point d'intersection du graphique avec l'axe x.
L'abscisse de ce point est appelée **zéro** de la fonction.

Quelle interprétation peux-tu donner aux coordonnées de ce point ?

2 Voici le graphique d'une fonction f.

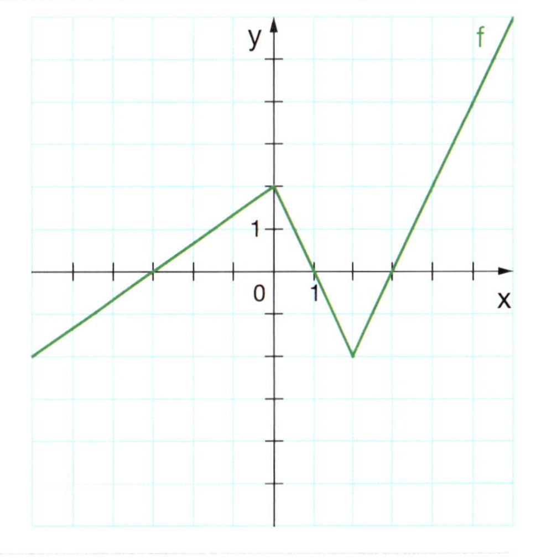

a) Détermine les coordonnées du point d'intersection du graphique avec l'axe y. Déduis-en l'ordonnée à l'origine de la fonction.

b) Détermine les coordonnées des points d'intersection du graphique avec l'axe x. Déduis-en les zéros de la fonction.

3 Après avoir identifié les points d'intersection avec les axes, détermine les zéros et l'ordonnée à l'origine des fonctions représentées à l'activité 2.4.

Tire ensuite une conclusion sur le nombre de zéros et d'ordonnées à l'origine d'une fonction.

Activité 4 • Zéros et signe d'une fonction

1 Voici le graphique de la fonction f représentant l'évolution de la température pour une partie de la journée du 15 janvier 2015 à Actimathville.

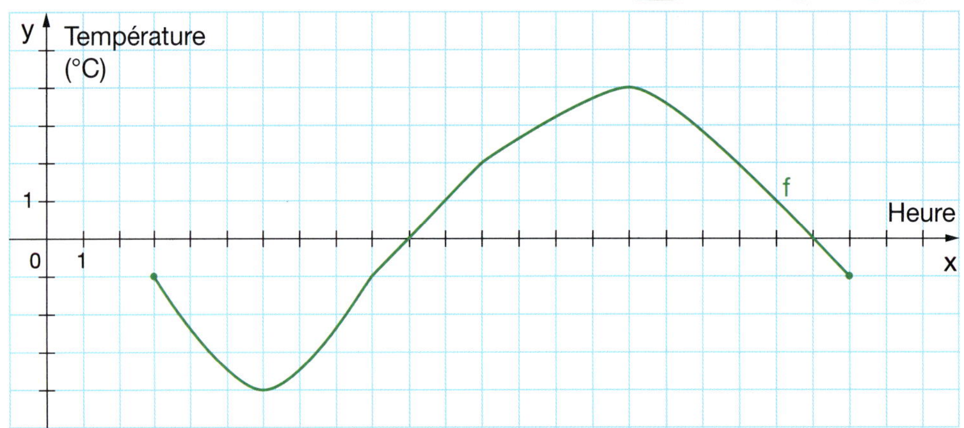

a) Quelle est la période de la journée couverte par les observations ?
Entre quelles températures les observations ont-elles évolué ?
À quel(s) moment(s) de la journée la température était-elle nulle ?

De tes réponses précédentes, déduis le domaine, l'ensemble image et les zéros de la fonction f.

b) Repasse en bleu les points du graphique pour lesquels la température est supérieure à 0° (strictement positive).
Repasse en noir les points du graphique pour lesquels la température est inférieure à 0° (strictement négative).

c) Précise l'(les) intervalle(s) où la fonction est strictement positive.
Précise l'(les) intervalle(s) où la fonction est strictement négative.

d) Complète le tableau de signes avec les informations manquantes :

- sur les pointillés de la première ligne, indique les bornes du domaine et les zéros de la fonction classés par ordre croissant;
- colorie en gris les colonnes du tableau qui ne font pas partie du domaine de la fonction;
- sur la seconde ligne, indique sous les bornes du domaine leur image et, entre deux couples consécutifs de points, « + » lorsque la fonction est supérieure à 0 (strictement positive) et « – » lorsqu'elle est inférieure à 0 (strictement négative).

x		...		...		...		...	
y		...	...	0	...	0	...	...	

p.271

65

2 Voici le graphique d'une fonction f dont l'expression algébrique est f : $x \rightarrow y = -2x + 2$.

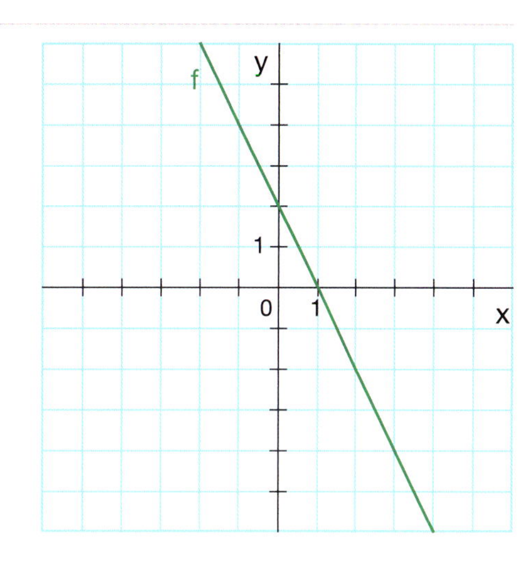

a) À partir de son graphique…

- détermine son domaine et son (ses) zéro(s);
- dresse son tableau de signes.

b) Écris sous forme d'intervalles les parties de ℝ où la fonction f est …

(1) négative $(-2x + 2 \leqslant 0)$

(2) positive $(-2x + 2 \geqslant 0)$

(3) strictement négative $(-2x + 2 < 0)$

(4) strictement positive $(-2x + 2 > 0)$

66

3 Voici le graphique d'une fonction f dont l'expression algébrique est f : $x \rightarrow y = x^2 - 4$.

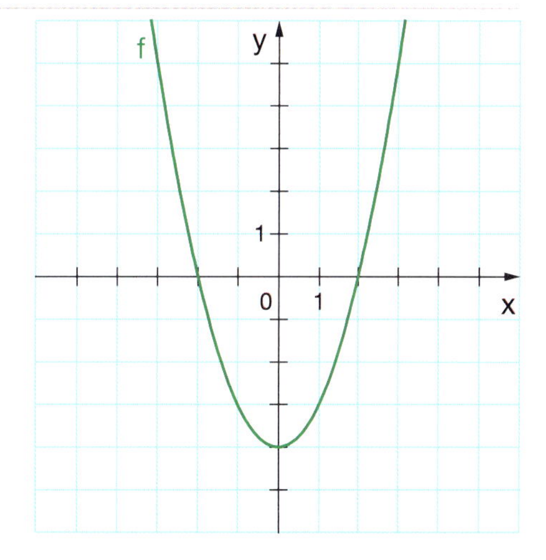

a) À partir de son graphique …

- détermine son domaine et son (ses) zéro(s);
- dresse son tableau de signes.

b) Écris sous forme d'intervalles les parties de ℝ où la fonction f est …

(1) négative $(x^2 - 4 \leqslant 0)$

(2) positive $(x^2 - 4 \geqslant 0)$

(3) strictement négative $(x^2 - 4 < 0)$

(4) strictement positive $(x^2 - 4 > 0)$

Activité 5 • Croissance et décroissance d'une fonction

57-68

1 Pour vérifier le niveau d'effort d'un athlète à un instant donné, on mesure sa fréquence cardiaque en battements par minute (bpm).
À partir de données enregistrées par un cardiomètre durant une compétition, on a construit le graphique de la fonction f représentant la fréquence cardiaque (y) d'un joggeur en fonction de la distance parcourue en kilomètres (x).

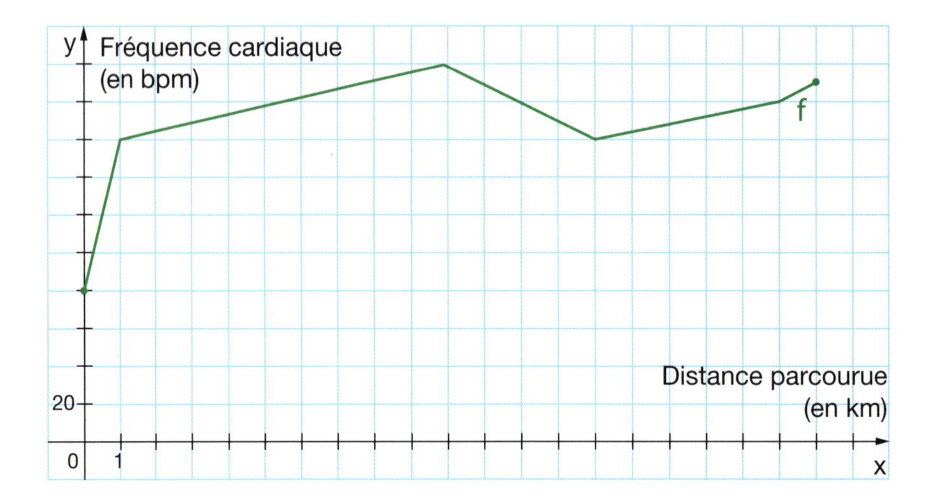

a) Quelles informations peux-tu déduire de ce graphique ?

b) Repasse en bleu les points du graphique pour lesquels la fréquence cardiaque est croissante.
Repasse en noir les points du graphique pour lesquels la fréquence cardiaque est décroissante.

c) Précise les intervalles où la fonction est croissante.
Précise les intervalles où la fonction est décroissante.

d) Détermine la plus grande et la plus petite fréquence cardiaque enregistrées par le cardiomètre.

Si le cardiomètre n'avait enregistré les fréquences qu'entre les 12e et 17e kilomètres, quelle aurait été la plus petite fréquence enregistrée ?

Si le cardiomètre n'avait enregistré les fréquences qu'entre les 17e et 20e kilomètres, quelle aurait été la plus grande fréquence enregistrée ?

e) Tous ces renseignements peuvent être synthétisés dans un tableau de variations.

Complète le tableau avec les informations manquantes :

- sur les pointillés de la première ligne, indique, par ordre croissant, les bornes du domaine et les abscisses des points où la fonction cesse d'être croissante pour devenir décroissante ou inversement;
- colorie en gris les colonnes du tableau qui ne font pas partie du domaine de la fonction;
- sur la seconde ligne, indique, sous les valeurs de x présentes, les images de celles-ci et note, entre deux couples de points consécutifs, si la fonction est croissante (↗) ou décroissante (↘).
- sous la seconde ligne, indique les maximums et minimums en précisant s'ils sont locaux ou absolus.

x		...		...		...		...	
y		...	...	...	...	...	...	...	

p.273

68

2 Dresse le tableau de variations de chacune des fonctions suivantes.

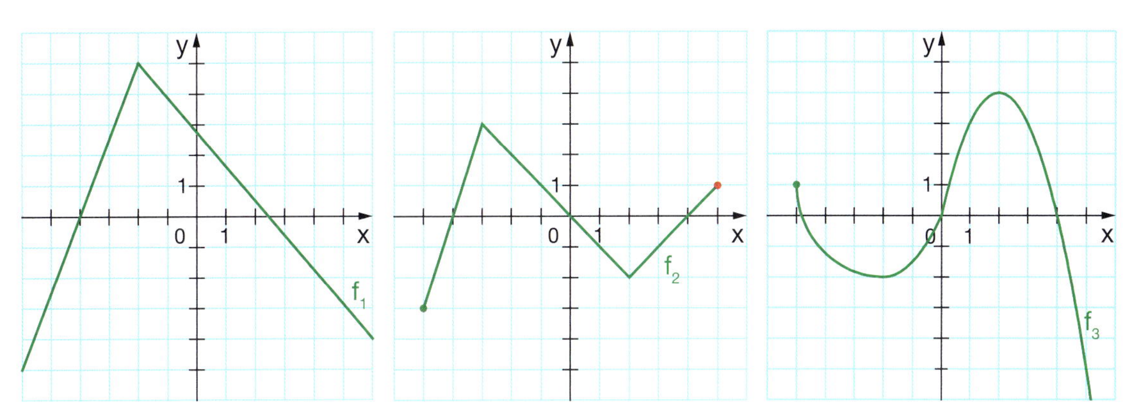

Activité 6 • Analyse graphique d'une fonction : exercices de synthèse

6

1 Voici le profil de l'étape Pau/Hautacam disputée lors du Tour de France cycliste 2014. On appelle f la fonction qui représente l'altitude (en m) du coureur en fonction de la distance parcourue (en km) depuis le départ.

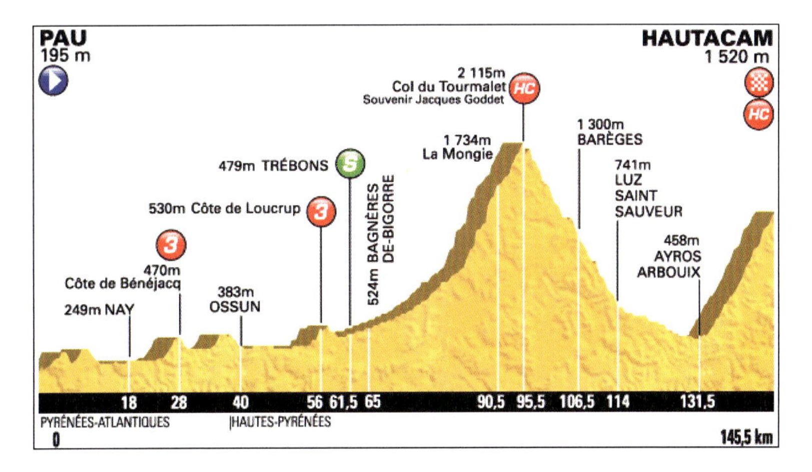

a) Détermine le domaine, l'ensemble image et le maximum absolu de la fonction f. Précise quelles sont les informations à propos de l'étape que tu peux tirer de tes réponses.

b) Le départ de la course a été donné à 13 h 15 et Nibali, vainqueur de l'étape, l'a parcourue à la vitesse moyenne de 35,737 km/h. Calcule l'heure de son arrivée à Hautacam.

c) Lors de la reconnaissance de cette étape, deux cyclotouristes, Alain et Benoît ont roulé ensemble jusqu'à Trébons. Ensuite, Alain a roulé à 24 km/h de moyenne jusqu'au sommet suivant tandis que Benoit n'a roulé qu'à 23,2 km/h de moyenne. Ils ont ensuite effectué la descente à la même vitesse. Lors de la dernière ascension, Alain a roulé à 20,4 km/h de moyenne tandis que Benoit a roulé à 21,2 km/h de moyenne. Détermine lequel des deux est arrivé le premier à Hautacam et quelle était son avance sur l'autre.

2 Voici les graphiques de trois fonctions f_1, f_2 et f_3.

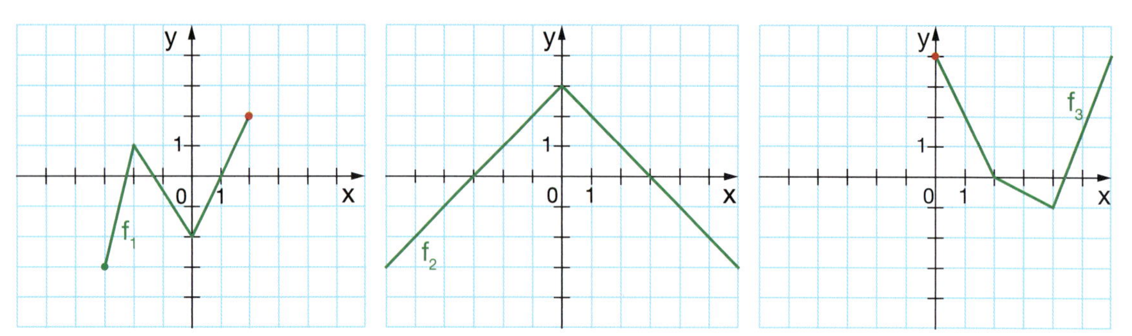

Détermine la fonction répondant à chaque critère.

a) La fonction est croissante sur [0 ; 2[.
b) La fonction est décroissante sur [2 ; 5].
c) Le domaine de la fonction est $\mathbb{R}_0^+$.
d) L'image du réel –1 par la fonction est 2.
e) La fonction est strictement positive sur]–3 ; 3[.
f) La fonction possède deux zéros opposés.
g) L'ordonnée à l'origine de la fonction est négative.
h) La fonction admet un minimum absolu au point (4 ; –1).
i) La fonction admet un maximum local au point (–2 ; 1).
j) Le domaine de la fonction est identique à son ensemble image.

3 Dans chaque cas, trace le graphique d'une fonction f vérifiant les conditions spécifiées.

a) dom f = [–3 ; 2]; 1 est l'unique zéro de f et f est toujours croissante;
b) dom f = [–2 ; 4]; im f = [–3 ; 3] et f est toujours décroissante;
c) dom f = $\mathbb{R}_0^+$; 1 est zéro de f et f est toujours décroissante;
d) dom f = $\mathbb{R}_0^+$ et (1 ; –2) est un minimum absolu;
e) dom f = $\mathbb{R}$; 2 est l'unique zéro de f; f est strictement positive sur $\leftarrow$, 2[et strictement négative sur]2 ; $\rightarrow$ et
f) dom f = $\mathbb{R}$; –2, 1 et 4 sont les zéros de f; l'ordonnée à l'origine de f est 2 et f est toujours positive.

Activité 7 • Résolution graphique d'une équation du type f(x) = g(x)

1 Les fonctions f et g expriment les périmètres respectifs du rectangle et du triangle représentés ci-contre, en fonction de x.

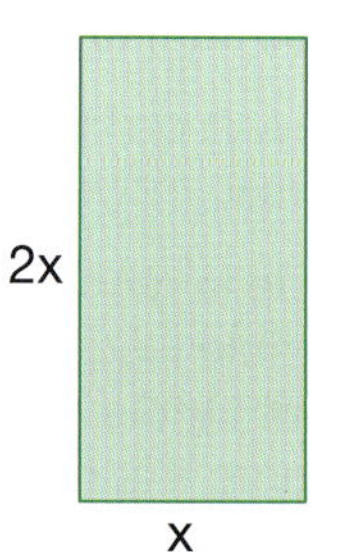

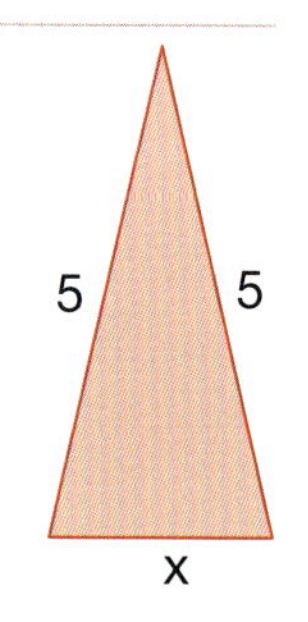

a) Pour chaque figure, détermine les valeurs que peut prendre x. Déduis-en le domaine des fonctions f et g.

b) Construis un tableau de valeurs pour chaque fonction.

c) Dans un même repère cartésien, représente le graphique de ces deux fonctions et détermine le point d'intersection de ces deux graphiques. Si nécessaire, fais apparaître les coordonnées de ce point dans les tableaux de valeurs construits précédemment.

d) Détermine algébriquement la valeur de x pour laquelle le périmètre du rectangle et celui du triangle sont égaux. Que constates-tu ?
e) Construis les deux figures pour la valeur de x trouvée et vérifie ta solution.

69

2 Voici les graphiques des fonctions

$f : x \to y = 2x - 2$ et $g : x \to y = x + 1$.

a) Détermine graphiquement la solution de l'équation

$$2x - 2 = x + 1.$$

b) Vérifie algébriquement ta solution.

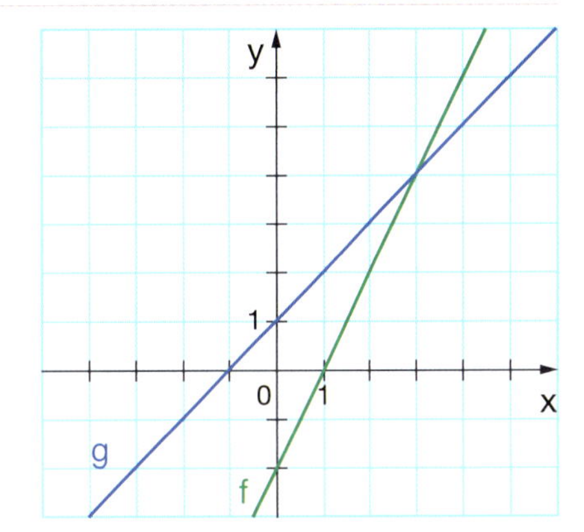

69

3 On a représenté ci-contre dans un même repère les graphiques de quatre fonctions :

$f_1 : x \to y = -2x + 2$
$f_2 : x \to y = 2x + 2$
$f_3 : x \to y = 1$
$f_4 : x \to y = 5 - x^2$

Utilise ces graphiques pour résoudre les équations suivantes :

a) $2x + 2 = -2x + 2$
b) $5 - x^2 = 1$
c) $2x + 2 = 5 - x^2$
d) $5 - x^2 = -2x + 2$

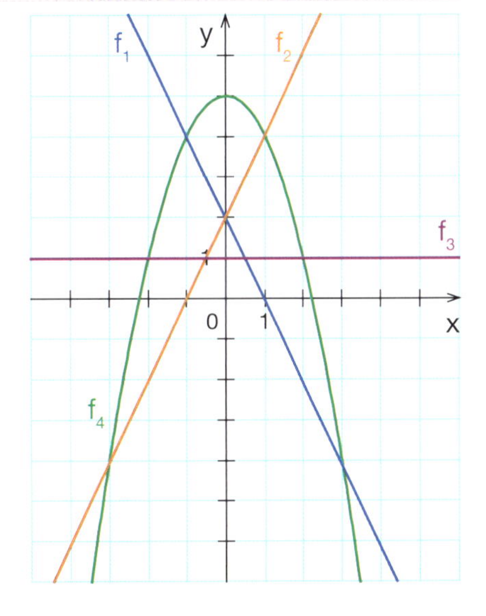

6

4 Lors d'un devoir, le professeur de Benoît lui a demandé de trouver les solutions de l'équation $x^2 - 2x - 1 = 2x - 4$.

a) À l'aide d'un logiciel approprié, représente le graphique de deux fonctions qui te permettent de déduire la (les) solution(s) de cette équation et détermine ensuite celle(s)-ci.

b) Benoît pense qu'il peut résoudre ce problème en utilisant le graphique d'une seule fonction. Explique son procédé.

Activité 8 • Comparaison de fonctions

1 Les fonctions f et g représentées ci-dessous fournissent respectivement les puissances électriques mesurées le 1er février 2015 chez les familles Fontaine et Gallez en fonction de l'heure de la journée.

69-7

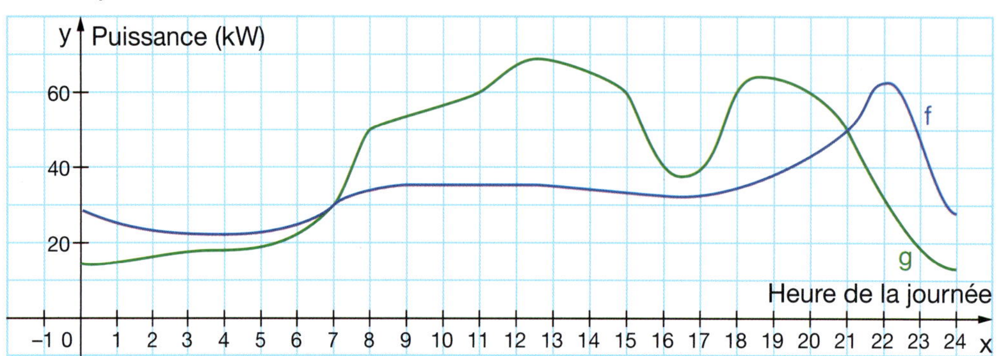

a) À quelles heures les puissances électriques mesurées dans les deux familles sont-elles égales ? Quelle puissance a été relevée à chacun de ces moments ?

b) Détermine à quelles périodes de la journée la puissance mesurée chez la famille Fontaine est inférieure à celle mesurée chez la famille Gallez. Écris ta réponse sous forme d'intervalle(s).

c) Détermine à quels moments la puissance mesurée chez la famille Fontaine est supérieure à celle mesurée chez la famille Gallez. Écris ta réponse sous forme d'intervalle(s).

d) Afin de limiter sa consommation électrique, la famille Gallez a installé, près de son compteur, un témoin lumineux qui s'allume lorsque la puissance électrique atteint ou dépasse 60 kW. Détermine à quels moments de la journée ce témoin était allumé. Écris ta réponse sous forme d'intervalle(s).

2 Voici les graphiques des fonctions

$f : x \to y = x^2 - 3$ et $g : x \to y = -x - 1$.

70

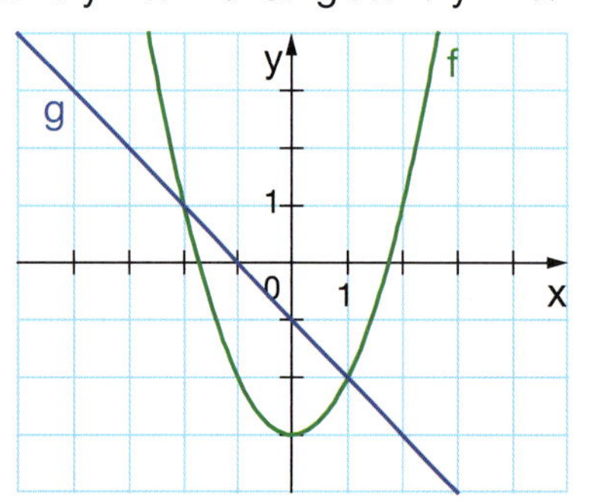

Détermine les parties de ℝ où …

a) $f(x) \leqslant g(x)$ $(x^2 - 3 \leqslant -x - 1)$

b) $f(x) < g(x)$ $(x^2 - 3 < -x - 1)$

c) $f(x) \geqslant g(x)$ $(x^2 - 3 \geqslant -x - 1)$

3 Voici les graphiques des fonctions

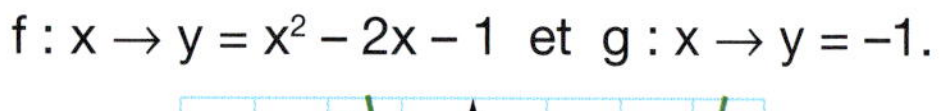
$f : x \to y = x^2 - 2x - 1$ et $g : x \to y = -1$.

70

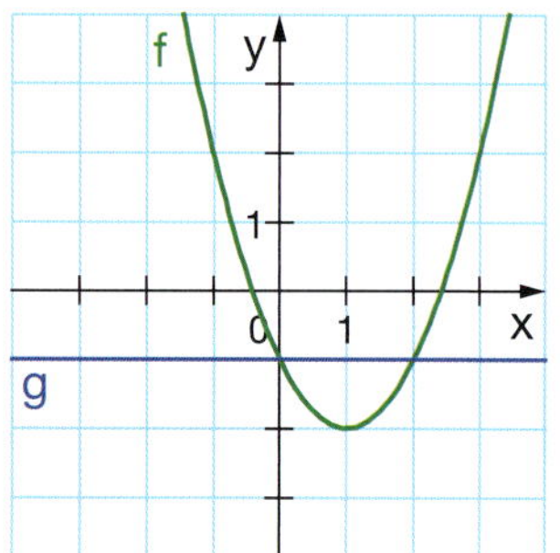

Détermine les parties de ℝ où …

a) $f(x) \leqslant g(x)$ $(x^2 - 2x - 1 \leqslant -1)$

b) $f(x) > g(x)$ $(x^2 - 2x - 1 > -1)$

Connaître

1 Les propositions suivantes sont-elles vraies ou fausses ? Lorsque c'est faux, corrige la partie soulignée de la phrase.

a) Une fonction est une relation qui, à chaque valeur de la variable x, fait correspondre au moins une valeur de y.

b) Le domaine d'une fonction est l'ensemble des entiers ayant une image par cette fonction.

c) L'ensemble image d'une fonction est l'ensemble des réels ayant une image par cette fonction.

d) L'ordonnée à l'origine d'une fonction f est l'ordonnée du point d'intersection du graphique de la fonction avec l'axe de la variable indépendante.

e) L'ordonnée à l'origine d'une fonction f est l'image de zéro par cette fonction.

f) Un zéro d'une fonction f est l'abscisse d'un point d'intersection du graphique de la fonction avec l'axe de la variable dépendante.

g) Un zéro d'une fonction f est une valeur de x qui annule y.

h) Une fonction f est strictement négative sur un intervalle de nombres réels si, pour tout nombre a de celui-ci, f(a) > 0.

i) Une fonction est décroissante sur un intervalle si, lorsque x augmente dans cet intervalle, alors f(x) diminue.

j) Une fonction f admet, sur son domaine, un minimum local au point P si l'ordonnée de ce point est supérieure à celles des points du graphique de f situés dans son voisinage.

k) L'abscisse du point d'intersection des graphiques de f(x) et g(x) est solution de l'équation f(x) = g(x).

2 Voici le graphique de la fonction f.

a) Choisis la (les) bonne(s) réponse(s) parmi les intervalles proposés.

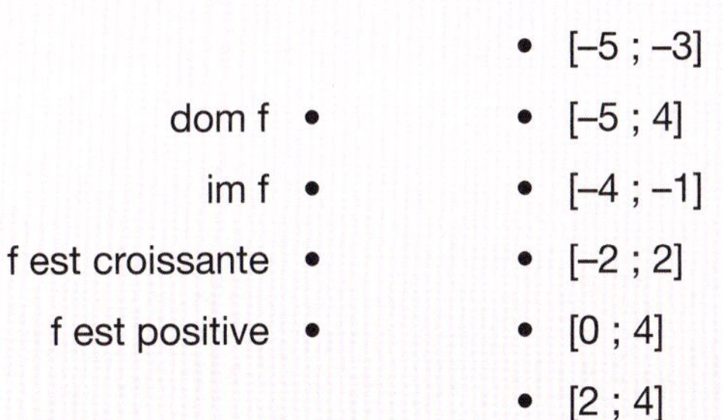

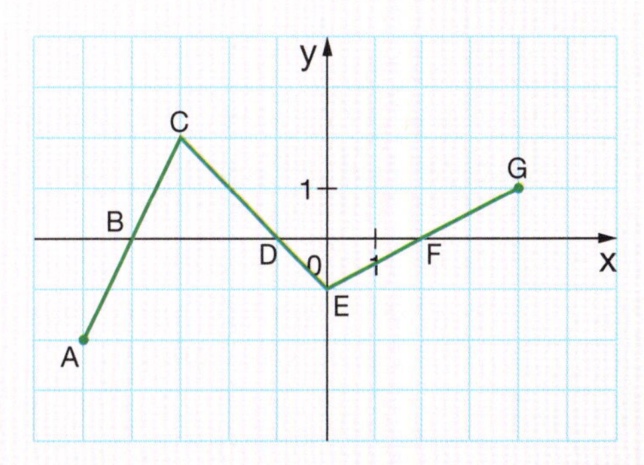

b) Complète les phrases à l'aide d'une lettre représentant un point du graphique.

La fonction f admet un maximum absolu au point ....

La fonction f admet un minimum absolu au point ....

La fonction f admet un maximum local qui n'est pas absolu au point ....

La fonction f admet un minimum local qui n'est pas absolu au point ....

L'abscisse du point ...... est le zéro positif de la fonction f.

L'abscisse du point ...... est un zéro négatif de la fonction f.

L'ordonnée du point ...... est l'ordonnée à l'origine de la fonction f.

3 On a représenté ci-contre les fonctions f et g.

a) Quel(s) point(s) du graphique te permet(tent) de résoudre l'équation …

(1) f(x) = 0

(2) f(x) = g(x)

(3) g(x) = 0

b) Déduis de tes réponses précédentes la ou les solutions de chacune des équations proposées.

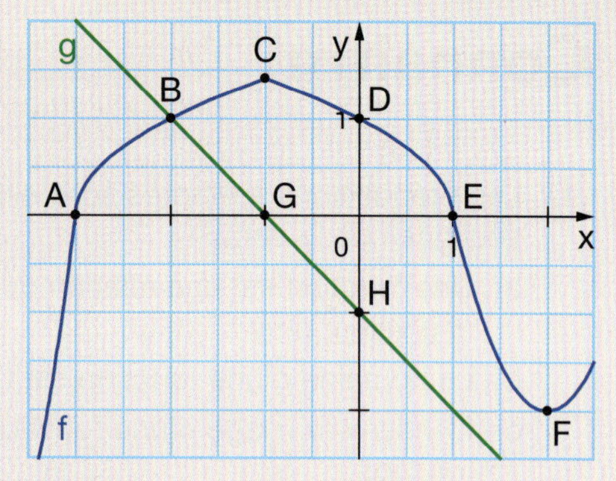

4 Donne la notation de chacun des intervalles de la droite graduée.

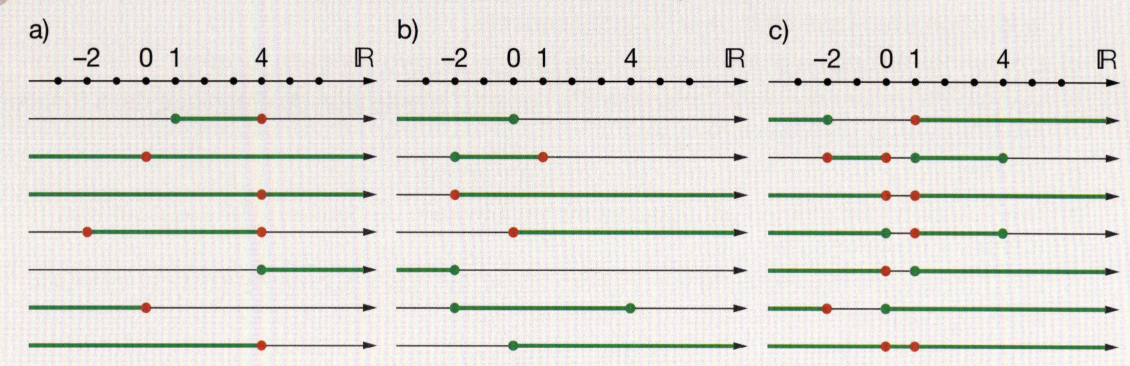

Appliquer

1 Voici le graphique de la fonction f.

a) Détermine les images des entiers −4, −3, −2, −1, 0, 1, 2 et 3.

b) Détermine le(s) zéro(s) et l'ordonnée à l'origine de la fonction f en précisant les coordonnées des points utilisés pour répondre.

c) Détermine le maximum local et le minimum local de la fonction f.

d) Indique des croix lorsque la fonction présente la caractéristique proposée.

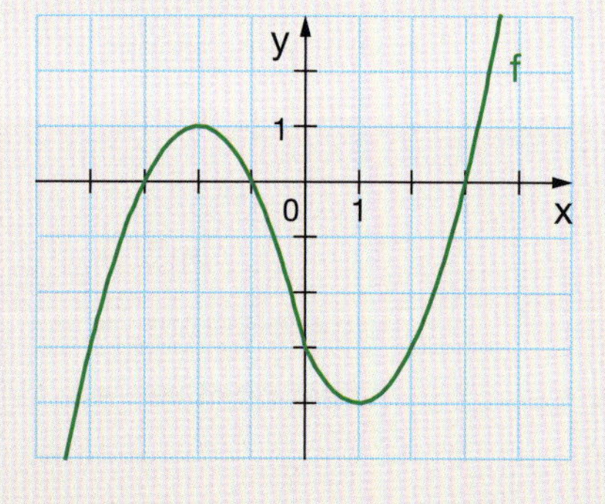

Sur l'intervalle…,	la fonction est…			
	strictement positive	strictement négative	croissante	décroissante
]3 ; →				
]2 ; 4[				
]−2 ; 1[				
← ; −2[				
]1 ; 3[				
]−3 ; −1[				

2 Pour chacune des fonctions représentées ci-dessous, ...

a) détermine le domaine et l'ensemble image.
b) détermine l'ordonnée à l'origine et le(s) zéro(s).
c) dresse le tableau de signes.
d) dresse le tableau de variations.

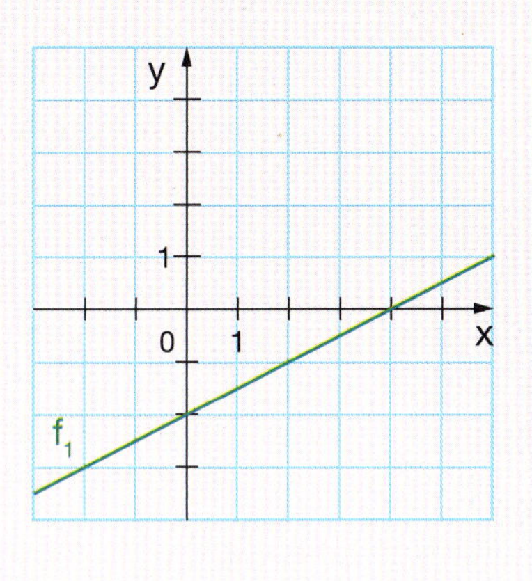

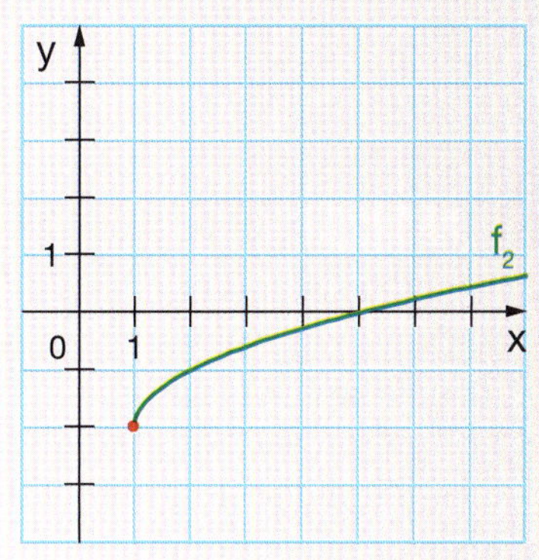

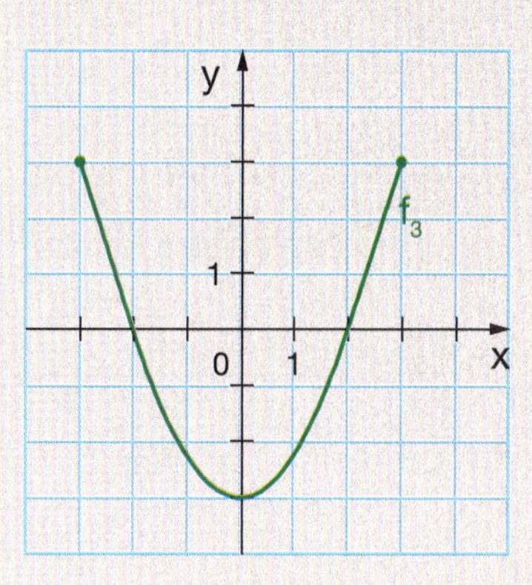

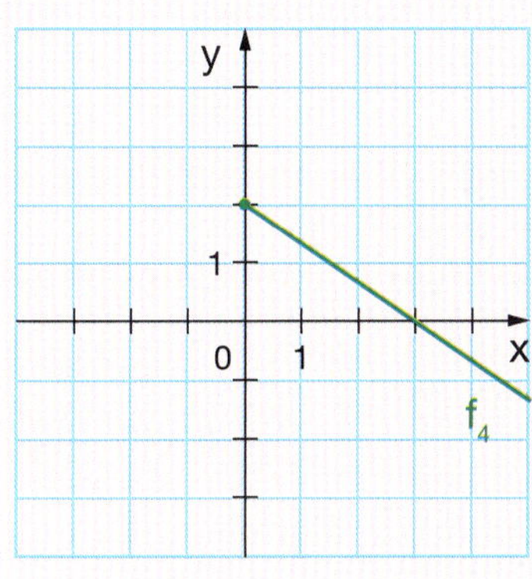

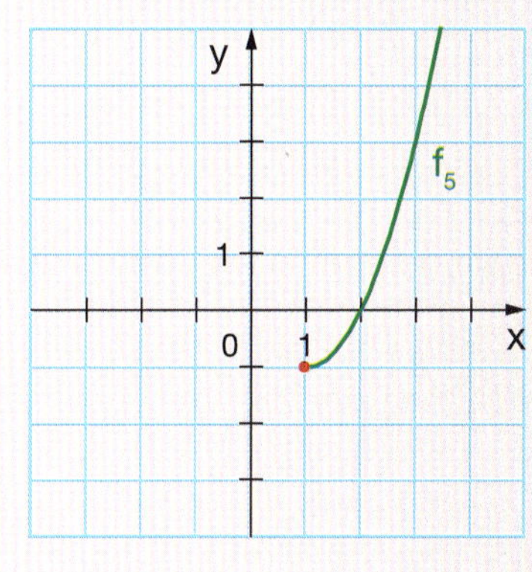

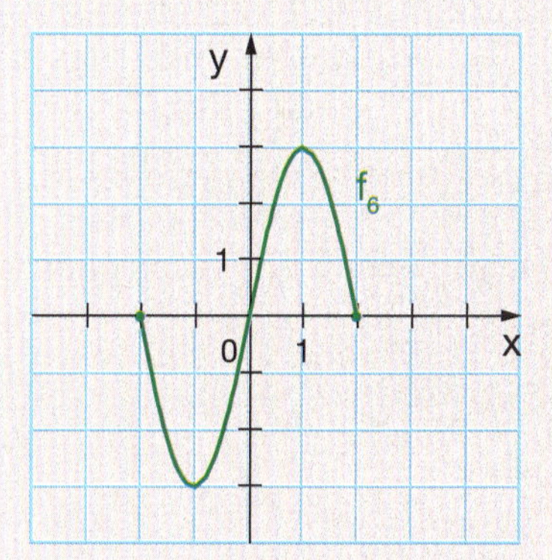

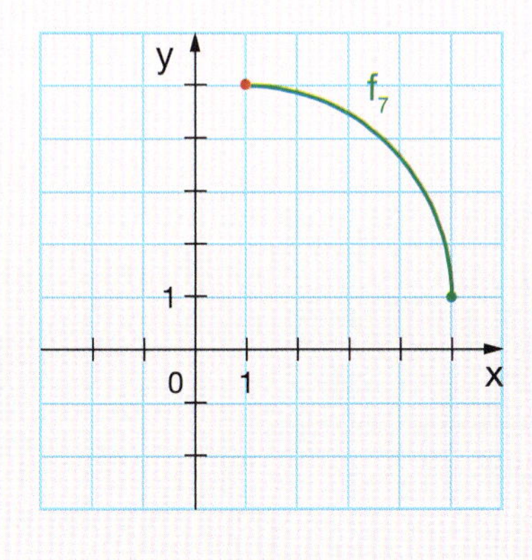

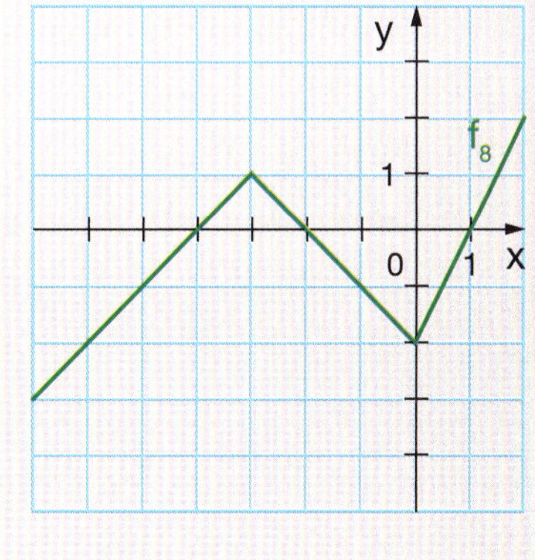

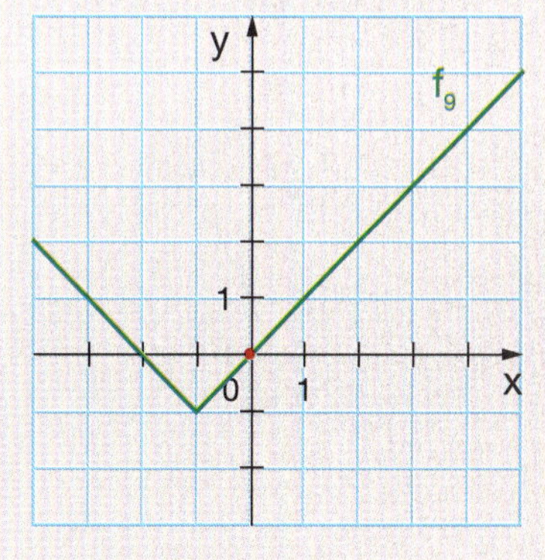

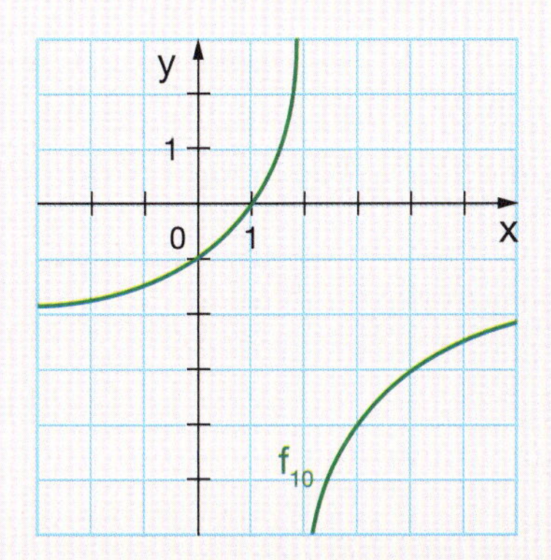

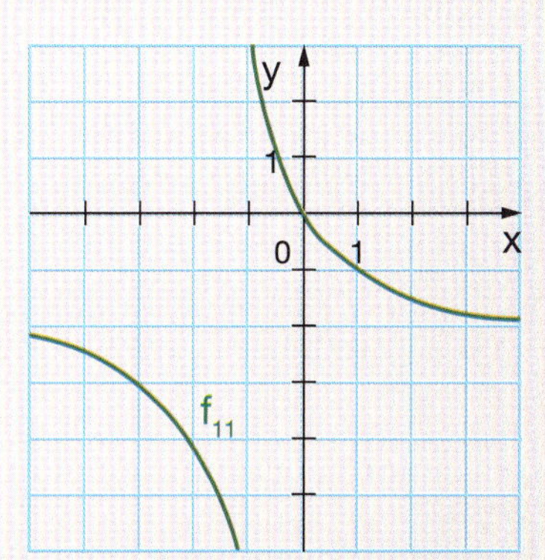

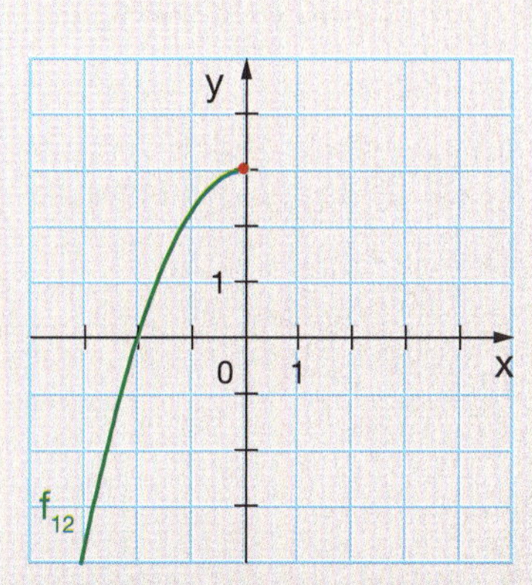

3 Représente une fonction dont le tableau de signes est le suivant.

a)

x		−2	
y	−	0	+

b)

x		0	
y	+	0	

c)

x		−2		1	
y	−	0	+	0	−

d)

x		0		2	
y	+	0	−	0	−

e)

x		−2		2	
y		0	+	0	

f)

x		0		3	
y			−	0	+

4 Représente une fonction dont le tableau de variations est le suivant.

a)

x		0	
y	↘	0	↗
		min. absolu	

b)

x		1	
y	↗	4	↘
		Max. absolu	

c)

x		−2		1	
y	↘	−4	↗	−1	↘
		min. local		Max. local	

d)

x		0		3	
y		1	↗	2	↘
		min. local		Max. absolu	

e)

x		−1		3	
y		2	↘	1	
		Max. absolu		min. absolu	

f)

x		−2		2	
y		−3	↗		
		min. absolu			

5 À partir des graphiques fournis, détermine les valeurs de x répondant à la condition demandée.

a)

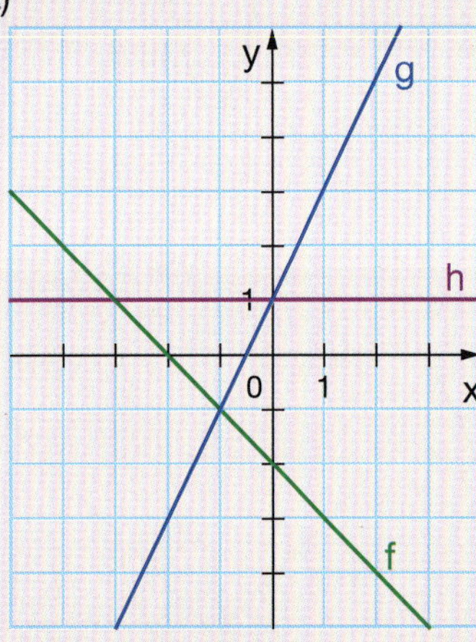

f(x) = g(x)
f(x) = h(x)
g(x) = 0

f(x) ⩾ 0
g(x) < h(x)
g(x) > f(x)

b)

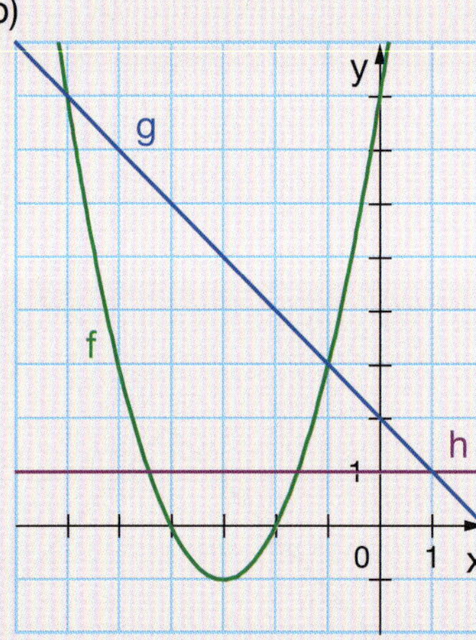

f(x) = 0
f(x) = g(x)
g(x) = h(x)

f(x) ⩽ 0
f(x) > 0
f(x) < g(x)

c)

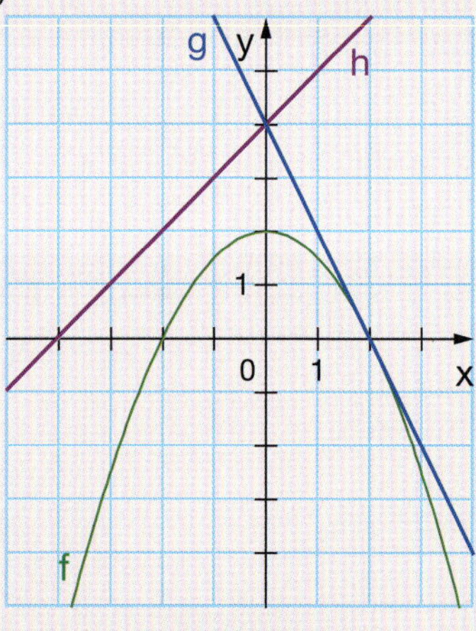

f(x) = g(x)
f(x) = 0
f(x) = h(x)

f(x) ⩽ 0
f(x) < h(x)
g(x) ⩾ h(x)

Transférer

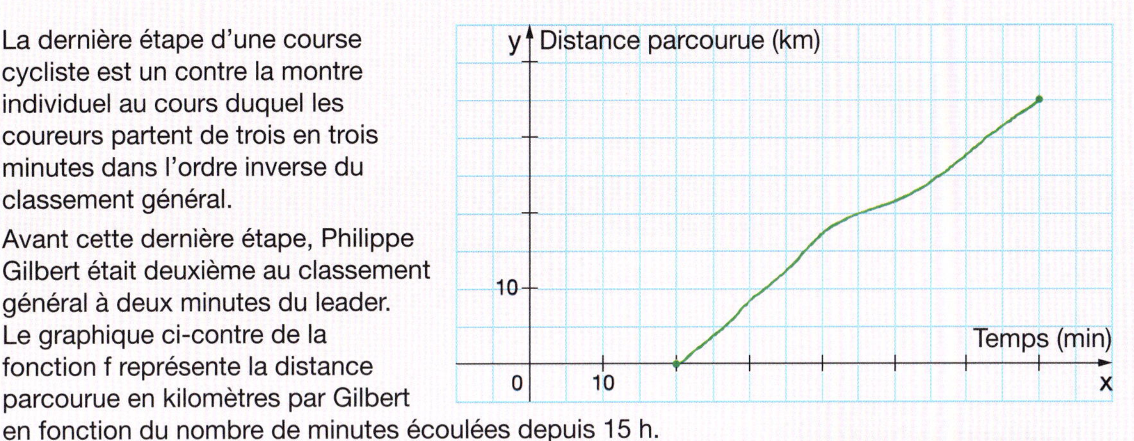

1 La dernière étape d'une course cycliste est un contre la montre individuel au cours duquel les coureurs partent de trois en trois minutes dans l'ordre inverse du classement général.

Avant cette dernière étape, Philippe Gilbert était deuxième au classement général à deux minutes du leader.
Le graphique ci-contre de la fonction f représente la distance parcourue en kilomètres par Gilbert en fonction du nombre de minutes écoulées depuis 15 h.

a) Détermine le domaine de cette fonction et déduis-en...
- les heures de départ et d'arrivée de Gilbert;
- le temps mis par Gilbert pour parcourir cette étape;
- l'heure de départ du leader du classement général.

b) Détermine l'ensemble image de cette fonction.
Quelle caractéristique de l'étape peux-tu en déduire ?

c) Calcule la vitesse moyenne de Gilbert pour ce contre la montre.

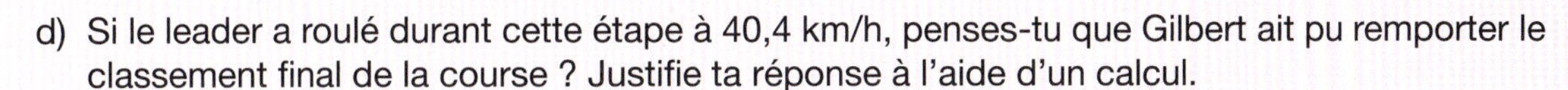

d) Si le leader a roulé durant cette étape à 40,4 km/h, penses-tu que Gilbert ait pu remporter le classement final de la course ? Justifie ta réponse à l'aide d'un calcul.

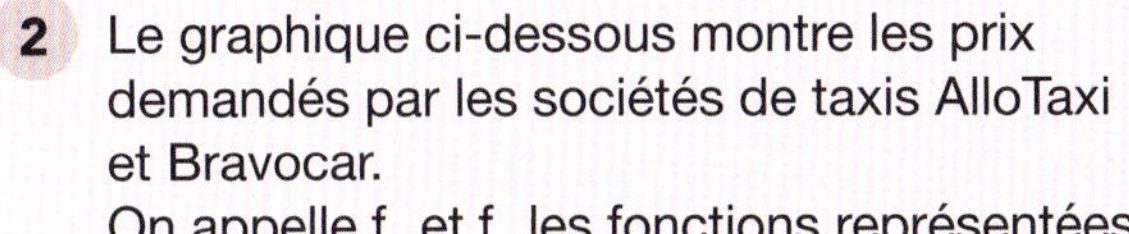

2 Le graphique ci-dessous montre les prix demandés par les sociétés de taxis AlloTaxi et Bravocar.
On appelle f_A et f_B les fonctions représentées.

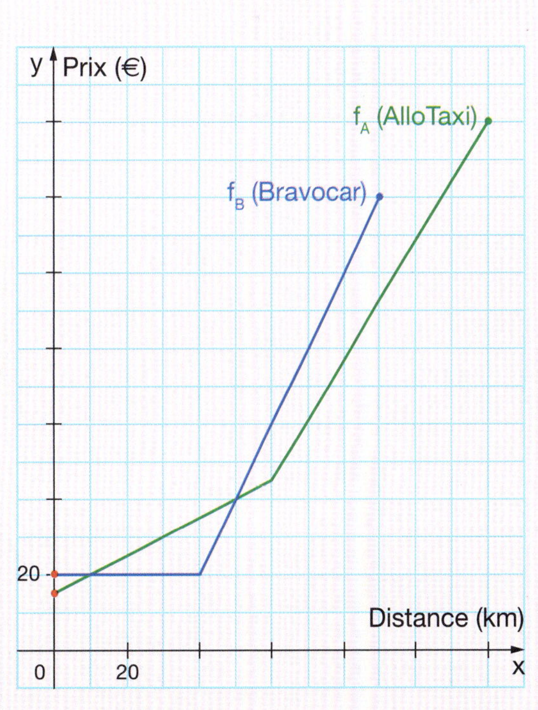

a) Détermine le domaine de chacune de ces fonctions. Quelles conclusions peux-tu en tirer sur les distances des trajets avec chacune des sociétés ?

b) La fonction f_B est constante sur]0 ; 40]; comment peux-tu interpréter cette tarification ?

c) Pour quelles distances la société AlloTaxi est-elle plus avantageuse ? Écris ta réponse sous forme d'intervalles.

d) L'année dernière, Pierre a effectué quatre allers-retours entre son domicile et l'aéroport avec la société Bravocar.
Il a payé au total 640 €. Détermine la distance entre son domicile et l'aéroport et le montant qu'il aurait pu épargner en choisissant la société AlloTaxi.

3 Le matériel informatique se déprécie rapidement au cours du temps. Pascal a tracé le graphique de la fonction f représentant la valeur (en €) de son portable, au cours du temps (en années) avant qu'il ne procède à sa revente.

a) Détermine le domaine et l'ensemble image de la fonction f. Donnes-en une interprétation.

b) Après combien de temps aurait-il dû revendre son portable pour en obtenir plus de 25 % de son prix d'achat ?

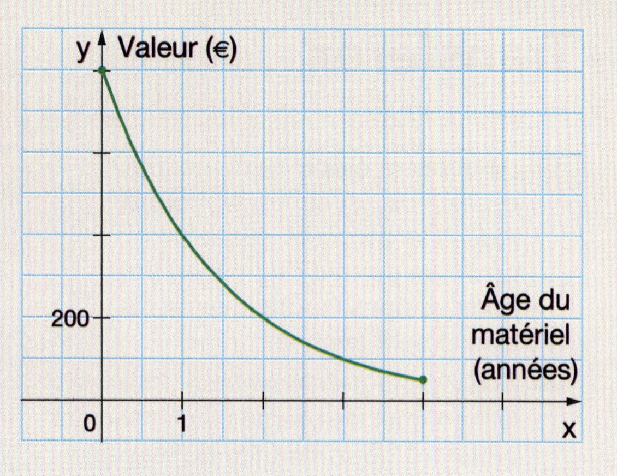

4 Afin de soigner des maux de tête, on administre à un patient un médicament par voie orale. Le graphique ci-dessous représente la quantité du principe actif dans le sang. La fonction possède un maximum dont l'ordonnée est appelée C_{max}. On estime que le médicament produit un effet lorsque sa concentration est supérieure à $C_{max}/2$. Détermine la durée d'efficacité de ce médicament.

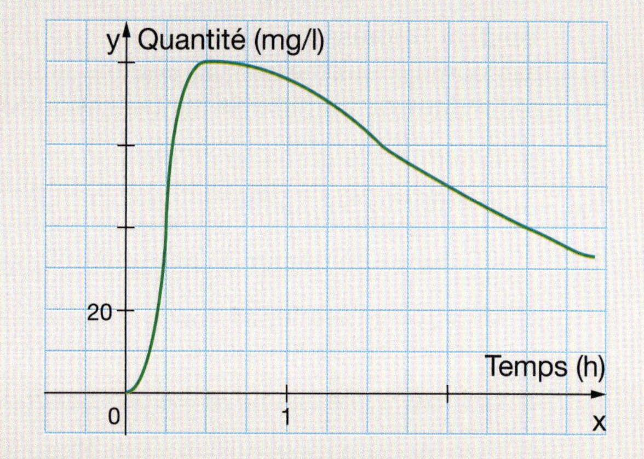

5 Pour rendre visite à ses parents, un calculateur d'itinéraire propose à Margaux d'emprunter d'abord une route provinciale durant 20 km, ensuite une autoroute durant 30 km et enfin de nouveau une route provinciale durant 20 km.

a) Parmi les trois graphiques ci-dessous, détermine celui qui a été élaboré par le calculateur. Justifie.

b) Si le calculateur prévoit une vitesse sur autoroute de 120 km/h, gradue les axes du repère du graphique choisi.

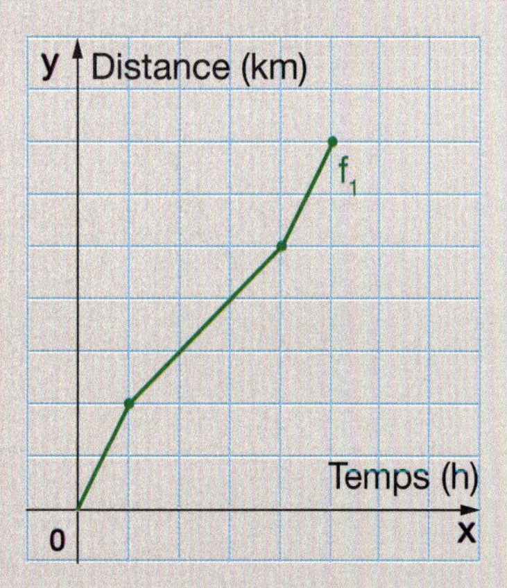

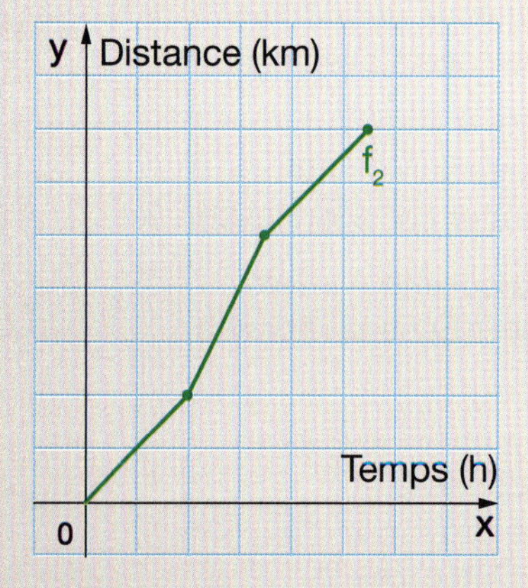

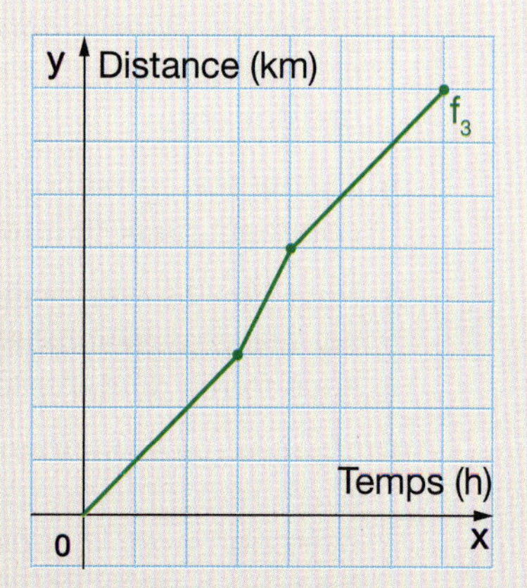

Chapitre 7 Factorisation et équations « produit nul »

Activité 1 • Utilité de la factorisation

1 Un club de volley-ball doit renouveler l'équipement des 13 membres de son équipe première féminine. Il achète, pour chaque joueuse, un maillot à 29,75 €, un short à 15,90 €, une paire de chaussures à 75 €, une paire de chaussettes à 9,95 € et une paire de genouillères à 19,40 €.
Écris en une seule expression, la suite de calculs qui te permet de déterminer le montant total de l'investissement réalisé par le club et effectue-le sans l'aide de la calculatrice.

2 Louis souhaite réaliser une allée en gravier de 84 cm de large et de 7 cm d'épaisseur dans son jardin afin de mieux le structurer, de mettre en valeur les différents massifs de fleurs et de réduire la surface à tondre.
Détermine, sans l'aide de la calculatrice, le volume de gravier (en m^3) nécessaire à la réalisation de cette allée.

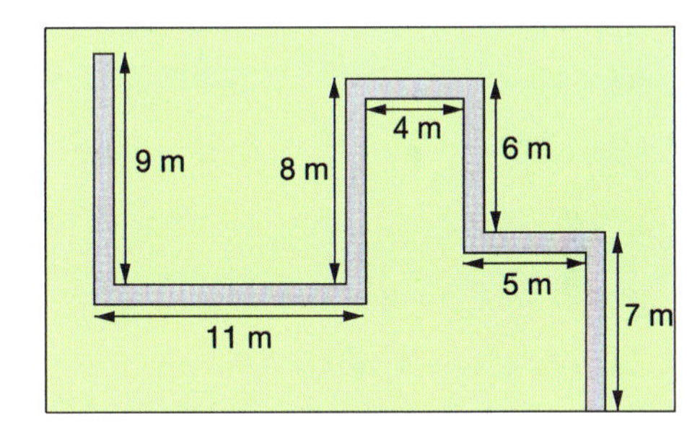

3 Comme le montre le dessin ci-contre, Alexis souhaite installer un bassin d'eau circulaire de rayon b à l'intérieur d'un parterre circulaire de rayon a.
Sachant que la somme et la différence des rayons valent respectivement 2 m et 50 cm, calcule sans l'aide de la calculatrice l'aire du parterre restant.

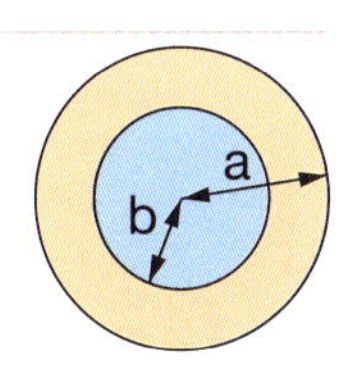

4 Détermine la longueur du côté d'un carré dont l'aire serait égale à la somme des aires des deux figures représentées ci-contre.

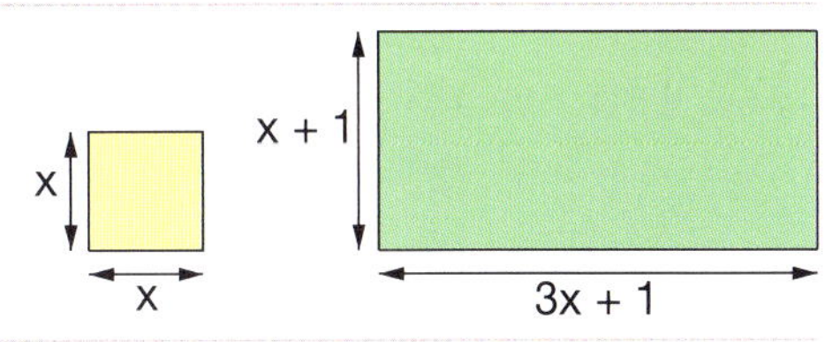

5 Pour chaque exercice, trouve le procédé qui te permet de calculer mentalement le résultat et vérifie-le à la calculatrice.

a) $8 \cdot 17 + 8 \cdot 83 =$
b) $0{,}42 \cdot 23 + 27 \cdot 0{,}42 =$
c) $105^2 - 95^2 =$
d) $1002^2 - 998^2 =$
e) $7^2 + 2 \cdot 7 \cdot 18 + 18^2 =$
f) $29^2 - 2 \cdot 29 \cdot 14 + 14^2 =$
g) $169 - 2 \cdot 13 \cdot 11 + 121 =$
h) $3 \cdot 225 + 3 \cdot 2 \cdot 15 \cdot 35 + 3 \cdot 1225 =$

77 A

Activité 2 • Mise en évidence

73

1 Dans chaque cas, repère l'(les) expression(s) qui n'est (ne sont) pas égale(s) à la somme proposée et détermine, parmi les expressions restantes, celle(s) qui présente(nt) la meilleure mise en évidence.

$18x + 12$	$2 . (9x + 6)$	$6 . (2x + 3)$	$6 . (3x + 2)$	$2 . (9 + 6x)$
$8x^2 - 12x + 4$	$4 . (2x^2 - 3x)$	$2 . (4x^2 - 6x + 2)$	$4 . (2x^2 - 3x + 1)$	$4 . (4x^2 - 8x)$
$6x - 6$	$3 . (3x - 3)$	$6 . (x - 1)$	$6 . (x - 0)$	$3 . (2x - 2)$
$x^6 - 2x^3$	$x . (x^5 - 2x^2)$	$x^3 . (x^3 - 2)$	$x^3 . (x^2 - 2)$	$x^2 . (x^4 - 2x)$
$7a^7 + 2a^2$	$2 . (5a^7 + a^2)$	$2a^2 . (5a^5 + 1)$	$a^2 . (7a^5 + 2)$	$a . (7a^6 + 2a)$
$9x^3 - 27x^2$	$9x . (x^2 - 3x)$	$x^2 . (9x - 27)$	$9x^2 . (x - 18)$	$9x^2 . (x - 3)$

$18a + 24b$	$18 . (a + 6b)$	$6 . (3a + 4b)$	$3 . (6a + 8b)$	$2 . (9a + 12b)$
$-2a - 2b$	$-2 . (a - b)$	$-2 . (a + b)$	$2 . (-a - b)$	$2 . (a - b)$
$-12a + 8b$	$4 . (-3a + 2b)$	$-4 . (3a + 2b)$	$-4 . (3a - 2b)$	$2 . (-6a + 4b)$

2 Factorise les expressions suivantes en mettant en évidence les facteurs communs.

a) $45a + 60$
$-10a - 15$
$8a - 8$
$-8a + 20$

b) $3a^2 - 5a$
$7a^5 - 5a^3$
$4a^3 - 6a^2 + 2a$
$12a^4 - 48a^2 - 60a$

c) $3ab - 2ac$
$10xy - 15xz$
$-6x - 6y$
$-6bc + 3b - 3ab$

d) $24a^2b^2 + 18ab^3$
$-12a^2x^3 + 30ax^2$
$4a^2b^3 - 6ab^4 + 2ab$
$15y^4 - 12x^4y^6 + 3x^6y^4$

e) $a . (x - 1) + 4 . (x - 1)$
$(x - 2) . a + 3 . (x - 2)$
$2a . (2x + 1) - 3 . (2x + 1)$
$-2 . (3 - x) + a . (3 - x)$

f) $3x . (3x - 2) - x^2 . (3x - 2)$
$6x^2 . (x + 2) + 9x . (x + 2)$
$5x^2 . (3x + 1) - 5x . (3x + 1)$
$-4x^5 . (2x + 3) + 6x^3 . (2x + 3)$

g) $(x - 2)^2 + 2 . (x - 2)$
$7x . (x + 3)^2 - 4x^2 . (x + 3)$
$3 . (x - 1) - 5 . (x - 1)^2$
$-7x . (2x - 3)^2 + 2x^3 . (2x - 3)^3$

h) $(2x - 1) . (2x + 3) - 4 . (2x + 3)$
$-2x . (x - 1) - (3 + x) . (x - 1)$
$(3x - 2) - 3 . (2x + 1) . (3x - 2)$
$(2x - 3) . (x + 3) - (x + 7) . (2x - 3)$

i) $(x + y) . (2x + y) + (x + y) . (3x - 2y)$
$(x - 3) . (2 + y) - (4 - 3y) . (x - 3)$
$(y - 3) . (x + 4) + (5 - x) . (y - 3)$
$3x . (x - 3y) - (x + 2) . (x - 3y) - (x - 3y)$

j) $a . (y - x) - b . (-y + x)$
$2a . (x - y) + 3b . (y - x)$
$(x - y) . a - (y - x) . b$
$5 . (y - x) + a . (x - y)$

k) $2x . (x - 2) - 3x^2 . (2 - x)^2$
$2 . (-x + 4) + x . (x - 4)^2$
$3x . (2x - 3)^2 - 4 . (3 - 2x)^2$
$4 . (x - 1)^2 - 3 . (1 - x)^3$

l) $(x - 3) . (3x - 1) - (3 - x) . (2x + 5)$
$-3x . (4 - x) + (x + 2) . (x - 4)$
$(2x + 3) . (2x - 1) - (1 - 2x) . (x - 1)$
$x . (x - 3) - 2 . (3 - x) + (3 - x) . (x + 3)$

3 Factorise l'expression $ax + ay + bx + by$.

73

4 Pour chacune des trois expressions, retrouve les groupements corrects.

$-x^3 + x^2 - 2x + 2$	$ax - ay - bx + by$	$6ab + 4a - 15b - 10$
$(-x^3 + x^2) + (-2x + 2)$	$(ax - ay) \, . \, (-bx + by)$	$(6ab + 4a) + (-15b - 10)$
$(-x^3 + x^2) - (2x - 2)$	$(ax - ay) - (bx + by)$	$(6ab + 4a) - (15b + 10)$
$(-x^3 + x^2) \, . \, (-2x + 2)$	$(ax - ay) - (bx - by)$	$(6ab + 4a) \, . \, (-15b - 10)$
$(-x^3 + x^2) - (2x + 2)$	$(ax - ay) + (-bx + by)$	$(6ab + 4a) - (15b - 10)$
$(x^2 + 2) - (x^3 - 2x)$	$(ax - bx) - (ay - by)$	$(6ab - 15b) + (4a - 10)$
$(x^2 + 2) - (x^3 + 2x)$	$(ax - bx) - (ay + by)$	$(6ab - 15b) - (4a + 10)$

5 Les groupements de termes ayant été effectués, factorise chacune des expressions ci-dessous.

$6x^3 + 4x^2 + 9x + 6 = (6x^3 + 4x^2) + (9x + 6)$
$6x^3 + 4x^2 + 9x + 6 = (6x^3 + 9x) + (4x^2 + 6)$

$ab + ac + bd + cd = (ab + ac) + (bd + cd)$
$ab + ac + bd + cd = (ab + bd) + (ac + cd)$

$ab + a - bc - c = (ab + a) - (bc + c)$
$ab + a - bc - c = (ab + a) + (-bc - c)$

$8ac + 10ad - 12bc - 15bd = (8ac + 10ad) - (12bc + 15bd)$
$8ac + 10ad - 12bc - 15bd = (8ac - 12bc) + (10ad - 15bd)$

7 B1

$2a^3 - 5ab + 6a^2 - 15b = (2a^3 - 5ab) + (6a^2 - 15b)$
$2a^3 - 5ab + 6a^2 - 15b = (2a^3 + 6a^2) - (5ab + 15b)$

6 Factorise les expressions suivantes.

a) $2x^3 + 3x^2 + 4x + 6$
$x^3 + x^2 + x + 1$
$x^3 - 2x^2 - 3x + 6$
$-x^3 - 2x^2 + 3x + 6$
$3x^4 + 6x^2 + 3x^3 + 6x$

b) $cx + cy + dx + dy$
$a + b + ax + bx$
$12ax + 8x + 9ay + 6y$
$2ab - 4a - 6b + 12$
$8ac + 10ad - 12bc - 15bd$

7

Activité 3 • Utilisation des produits remarquables

1 Dans chaque cas, retrouve les expressions qui ne sont pas égales à la somme proposée.

74

$x^2 - 16$	$(x - 4) \cdot (x + 4)$	$(x + 4) \cdot (x - 4)$	$(x - 4)^2$	$(x - 4) \cdot (x - 4)$
$25x^2 - 9$	$(5x - 3) \cdot (5x + 3)$	$(5x + 3)^2$	$(5x - 3)^2$	$(5x - 3) \cdot (5x - 3)$
$-1 + x^2$	$(1 - x) \cdot (1 + x)$	$(x - 1) \cdot (x + 1)$	$(x - 1)^2$	$(-1 + x) \cdot (1 + x)$

$x^2 - 6x + 9$	$(x + 3) \cdot (x - 3)$	$(x - 3)^2$	$(x + 3)^2$	$(x - 3) \cdot (x - 3)$
$4x^2 + 20x + 25$	$(2x + 5)^2$	$(2x - 5)^2$	$(5 + 2x)^2$	$(2x + 5) \cdot (2x + 5)$
$49 + x^2 - 14x$	$(x - 7)^2$	$(x - 7) \cdot (x + 7)$	$(7 - x)^2$	$(x - 7) \cdot (7 + x)$

$x^2 - 8x + 16$	$(x - 4) \cdot (x + 4)$	$(x - 4)^2$	$(x + 4)^2$	$(x - 4) \cdot (x - 4)$
$-16 + 9x^2$	$(4 - 3x) \cdot (4 + 3x)$	$(3x + 4) \cdot (3x - 4)$	$(3x - 4)^2$	$(4 - 3x)^2$
$4x^2 + 1 + 4x$	$(2x + 1)^2$	$(2x - 1)^2$	$(1 + 2x)^2$	$(2x + 1) \cdot (2x - 1)$

p.278

2 Complète les égalités suivantes.

74

7

a) $x^2 - \dots = (\dots + 6) \cdot (\dots - \dots)$

$\dots - 16 = (5x - \dots) \cdot (\dots + \dots)$

$1 - 4x^2 = (\dots - \dots) \cdot (\dots + \dots)$

$\dots - \dots = (\dots - 3x) \cdot (11 + \dots)$

b) $x^2 + \dots + 100 = (\dots + \dots)^2$

$9x^2 + \dots + \dots = (\dots + 5)^2$

$\dots - \dots + 1 = (9x - \dots)^2$

$4 + \dots + x^2 = (\dots + \dots)^2$

c) $\dots + 24x + \dots = (x + \dots)^2$

$\dots - 225 = (\dots - \dots) \cdot (2x + \dots)$

$64 + 48x + 9x^2 = (\dots + \dots)^2$

$25x^2 - \dots = (\dots + 1) \cdot (\dots - \dots)$

d) $\dots - 6x + 1 = (\dots - \dots)^2$

$25 - \dots + \dots = (\dots - 2x)^2$

$\dots - 625x^2 = (4 + \dots) \cdot (\dots - \dots)$

$\dots + 28x + \dots = (2x + \dots)^2$

3 Factorise, si possible, les expressions suivantes en utilisant un des produits remarquables.

a) $9 - x^2$

$4a^2 - 9$

$-4 + a^2$

$36 - x^2$

b) $4a^2 + 9$

$-16 + x^4$

$x^2 - 5$

$x^8 - 1$

c) $12x^2 - 3$

$-98x^2 + 2$

$8x^2 - 18$

$-3 + 3a^4$

d) $1 - 25x^2$

$-25 + 9x^4$

$20x^4 - 5$

$36 - 100a^2$

4 Factorise, si possible, les expressions suivantes en utilisant un des produits remarquables.

a) $a^2 + 6a + 9$

$4 + 9a^4 + 12a^2$

$4a^2 - 20a + 25$

b) $2x^2 + 8 - 8x$

$5x^2 + 10x + 5$

$x^2 + 4 - 2x$

c) $1 + 4a^3 + 4a^6$

$x^5 - 8x^3 + 16x$

$36 + 4x^2 + 24x$

5 Factorise les expressions suivantes en utilisant un des produits remarquables.

a) $(x - 1)^2 - 9$
$x^2 - (x + 3)^2$

b) $4x^2 - (3x + 1)^2$
$(2x - 3)^2 - 16x^2$

c) $25x^2 - (x - 2)^2$
$(5x - 3)^2 - (2x + 1)^2$

6 Factorise, si possible, les expressions suivantes en utilisant un des produits remarquables.

a) $x^2 - 64$
$9x^2 + 10x + 4$
$3x^2 - 75$

b) $-16 - a^2$
$-x^2 + 6x - 9$
$18a^3 - 2a^5$

c) $a^4 - 2a^2 + 1$
$36a^2 - 9$
$16 - 49x^2$

d) $x^4 + 2x^3 + x^2$
$x^2 - 6x - 9$
$-25a^2 + 4$

4-75

7 Complète chacune des expressions ci-dessous en un trinôme carré parfait, ensuite, transforme-le en un carré d'un binôme.

a) $a^2 + 4 +$ ....
$4a^2 + 9 +$ ....
$x^2 + 2x +$ ....
$1 - 2a +$ ....

b) $9x^2 - 12x +$ ....
$4x^2 - 20x +$ ....
$a^2 + 12a +$ ....
$4a^2 - 4a +$ ....

c) $25x^2 - 10x +$ ....
$9x^2 - 30x +$ ....
$9a^2 + a +$ ....
$x^2 - x +$ ....

Activité 4 • Division par un binôme de la forme « x – a »

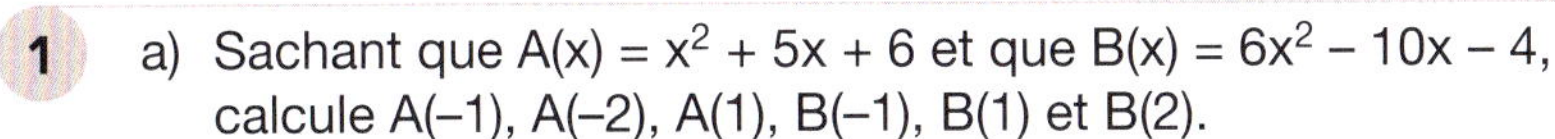

1 a) Sachant que $A(x) = x^2 + 5x + 6$ et que $B(x) = 6x^2 - 10x - 4$, calcule $A(-1)$, $A(-2)$, $A(1)$, $B(-1)$, $B(1)$ et $B(2)$.

b) Effectue les six quotients ci-dessous et note tes réponses sous la forme $A(x) = (x - a) \cdot Q(x) + R(x)$.

$(x^2 + 5x + 6) : (x + 1)$
$(x^2 + 5x + 6) : (x + 2)$
$(x^2 + 5x + 6) : (x - 1)$

$(6x^2 - 10x - 4) : (x + 1)$
$(6x^2 - 10x - 4) : (x - 1)$
$(6x^2 - 10x - 4) : (x - 2)$

c) À partir des exercices a) et b), quelle règle te permettant de calculer le reste de la division d'un polynôme A(x) par un binôme de la forme « x – a » sans en déterminer le quotient peux-tu énoncer ?

d) Le quotient et le reste de la division d'un polynôme A(x) par un binôme de la forme « x – a » sont liés par l'égalité suivante :

$$A(x) = (x - a) \cdot Q(x) + r$$

Exprime les valeurs numériques des différents polynômes de l'égalité pour x = a afin de démontrer la règle trouvée au point précédent.

2 a) Calcule le reste de la division du polynôme $2x^3 - 9x^2 + 7x + 6$ par les binômes ...

1) $x - 2$ 2) $x - 1$ 3) $x + 3$ 4) $x - 3$ 5) $x + 1$ 6) $x + 2$

b) Si le reste est nul, effectue le quotient et note ta réponse sous la forme $A(x) = D(x) \cdot Q(x)$.

3 a) Le polynôme A(x) est-il divisible par le binôme D(x) ? Si oui, effectue le quotient et note ta réponse sous la forme A(x) = D(x) . Q(x).

	A(x)	D(x)
1)	$x^3 - 7x^2 + 11x - 2$	$x - 2$
2)	$x^3 - x^2 + 4x + 4$	$x - 1$
3)	$x^3 + 5x^2 + 4x - 4$	$x + 2$
4)	$x^4 - 3x^3 - x^2 + 2x + 3$	$x - 3$

	A(x)	D(x)
5)	$2x^5 - 3x^3 - x + 2$	$x - 1$
6)	$x^3 - 4x^2 + 5x - 2$	$x - 3$
7)	$x^3 - 8$	$x - 2$
8)	$x^3 + 4x^2 + x - 6$	$x + 2$

b) Quand un polynôme A(x) est divisible par un binôme de la forme « x – a », quel lien existe-t-il entre la valeur de a et le terme indépendant de A(x) ?

c) Dans chaque cas, sachant que le polynôme A(x) est divisible par le binôme de la forme « x – a », vérifie le lien trouvé entre la valeur de a et le terme indépendant de A(x).

a) $A(x) = 2x^2 - x - 15$ b) $A(x) = x^3 + 2x^2 + 5x + 6$ c) $A(x) = x^2 - 8$

p.280

4 Sachant que le polynôme A(x) est divisible par un ou plusieurs binômes de la forme « x – a », détermine les valeurs de a pour lesquelles A(x) est factorisable.

a) $A(x) = 3x^2 + 2x - 1$ b) $A(x) = 2x^2 + 7x + 3$ c) $A(x) = x^3 - 7x - 6$

7

5 Dans chaque cas, retrouve le(s) binôme(s) de la forme « x – a » qui permettrai(en)t de factoriser le polynôme A(x).

75

A(x)	Binômes de la forme « x – a »			
$x^3 + 3x^2 + x + 3$	$x + 1$	$x - 1$	$x + 3$	$x - 3$
$x^4 + 4x^2 - 5$	$x + 1$	$x - 1$	$x + 5$	$x - 5$
$x^3 - 2x^2 - x + 2$	$x + 1$	$x - 1$	$x + 2$	$x - 2$
$2x^3 + 3x^2 - 3x - 2$	$x + 1$	$x - 1$	$x + 2$	$x - 2$

6 Factorise les polynômes suivants.

p.282

a) $x^2 + 5x + 6$
$x^2 - 7x + 6$
$2x^2 - 5x - 3$

b) $x^2 + 2x - 8$
$x^2 + 13x + 12$
$-2x^2 + 9x - 4$

c) $x^3 - 8x^2 + 16x - 3$
$x^3 + 4x^2 + x - 6$
$x^3 + 5x^2 + 7x + 3$

d) $x^3 - 27$
$2x^3 - 11x^2 + 6x - 5$
$2x^3 + x^2 - 8x + 5$

7 Voici quatre polynômes.

$x^4 - a^4$ $3ax^5 - 3a^5x$ $x^4 - ax^3 + ax^2 - a^2x$ $x^3 + a^3$

a) Factorise-les.

b) Quels sont les polynômes divisibles par « x – a » ?

c) Pouvais-tu déterminer quels étaient les polynômes divisibles par « x – a » avant de les factoriser ? Explique.

8 Détermine la valeur de m pour que le polynôme A(x) soit divisible par le polynôme D(x) et ensuite factorise-le.

	A(x)	D(x)
a)	$2x^2 + mx - 3$	$x - 3$
b)	$x^3 + mx^2 - 2x + 1$	$x - 1$
c)	$x^3 + mx^2 - mx - 4$	$x - 2$

9 Factorise les expressions suivantes en utilisant la méthode la plus rapide.

a) $x^2 + 10x + 25$
$2x^2 - 12x + 18$
$x^2 + 8x + 15$

b) $x^3 + 3x^2 + 2x + 6$
$x^3 - 2x^2 - 4x + 8$
$x^3 + 4x^2 + 5x + 2$

Activité 5 • Techniques de factorisation : exercices de synthèse

1 Factorise les expressions suivantes.

1) $9x^2 - 5x$
2) $4a + 6$
3) $x^3 - 2x^2 - 5x + 6$
4) $9 - a^2$
5) $(a + 5) . (a - 1) + (a - 1) . (2a + 1)$
6) $9x^2 - 30x + 25$
7) $(2a - 3)^2 - a^2$
8) $4a^3 - 4a^2 - 9a + 9$
9) $-8x^2 + 8x - 2$
10) $x^2 + 8x + 12$
11) $a^4 - 16$
12) $-9 + 25a^2$
13) $3 . (a + 2)^2 - 5a . (a + 2)$
14) $3x^2 + 2x - 8$
15) $32a^3 - 2a$
16) $-12x^3 + 18x^2 - 6x$
17) $3a^2 - 6a + 3$
18) $x^2 + 2x + 1$
19) $9a^7 - 12a^4 + 4a$
20) $a^4 - 2a^2 + 1$
21) $12a^2c^3 - 30a^5c^2$
22) $25b^2 - 36a^2$
23) $2x . (5x - y) + 3y . (5x - y)$
24) $3a^2 - 27b^2$
25) $12a . (x + 1) + 16a . (3x - 2)$
26) $a^2 - bc - b^2 - ac$
27) $6ac + 4ad + 15bc + 10bd$
28) $4a^2 - (a + 2b)^2$
29) $4a . (a - b) - (2 - b) . (b - a)$
30) $4x^2 - 25y^2$
31) $a . (2x - y) - b . (y - 2x)$
32) $21a^3b^5 - 7ab^2 + 14a^2b^3$
33) $36x^2y^2 + 6xy^3 + 54x^3y$
34) $(x + y) . (2x - y) - (2x - 3y) . (2x - y)$
35) $2a^2b^2 - 12ab + 18$
36) $ax - ay + 3x - 3y$
37) $4x . (x - 3y) + 6y . (3y - x)$
38) $6ac - 12ad - 2bc + 4bd$
39) $5a . (3a - 2b)^2 - (3a - 2b)^3$
40) $(2a + 5b)^2 - (5a + 2b)^2$

Activité 6 • Équations « produit nul »

1 Dans chaque cas, repère les nombres qui ne sont pas solutions de l'équation proposée et note l'ensemble de ses solutions.

75

a) $x \cdot (x-2) = 0$	Solutions :	-1	0	2
b) $(x-5) \cdot (x+2) = 0$	Solutions :	1	2	5
c) $(2x+1) \cdot (x-3) = 0$	Solutions :	$-\frac{1}{2}$	$\frac{1}{2}$	3
d) $x^2 - 25 = 0$	Solutions :	-4	5	25
e) $x^2 + 2 = 0$	Solutions :	-2	2	$-\sqrt{2}$
f) $(x+1)^2 - 4 = 0$	Solutions :	-1	1	4
g) $2x \cdot (3x-5) \cdot (x+1) = 0$	Solutions :	-2	-1	$\frac{3}{5}$
h) $(x+1) \cdot (4x^2 - 9) = 0$	Solutions :	-1	$\frac{3}{2}$	$\frac{9}{4}$
i) $(x-3)^2 = 0$	Solutions :	-3	0	3

2 Détermine le(s) nombre(s) dont le triple est égal au carré.

3 Détermine le(s) nombre(s) dont le triple augmenté de 5 est égal à 3 diminué de son carré.

4 Pour quelle valeur de x, exprimée en cm, l'aire de ce trapèze est-elle égale à 40 cm² ?

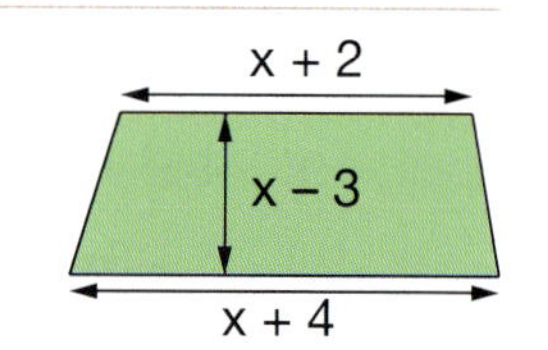

5 Julien possède un potager carré de 10 m de côté qu'il décompose en trois parties dans lesquelles il plante différents types de légumes. Il sème des petits pois dans la plus petite parcelle, le carré AEFG, des haricots verts dans le carré GIHD et des carottes dans le reste du terrain.

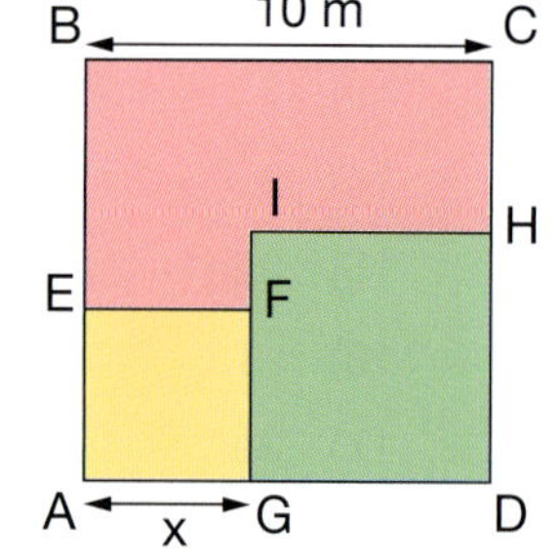

a) Détermine la superficie de la parcelle consacrée aux petits pois sachant que 42 m² du terrain sont consacrés aux carottes.

b) Détermine la valeur de x pour que la somme des superficies des parcelles consacrées aux petits pois et aux haricots soit égale à la moitié de la superficie du terrain.

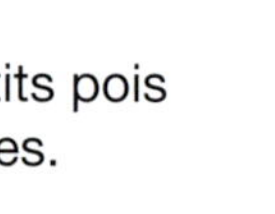

c) Représente la dernière situation à l'échelle 1 : 200.

6 Résous les équations suivantes.

a) $x \cdot (2x - 1) \cdot (3x + 1) = 0$
$0 = 3x \cdot (2x - 5)$
$(x - 5)^2 = 0$

b) $x^3 - 4x^2 = 0$
$x^2 - 14x + 49 = 0$
$0 = 2x^2 + 3x - 20$

c) $9x^2 = 4$
$5x = x^2$
$x^2 - 8x = -16$

d) $(x - 3)^2 - (x - 3) \cdot (x + 2) = 0$
$(2x - 3)^2 - 4 = 0$
$0 = (2x - 3) \cdot (x + 3) - (x + 7) \cdot (3 - 2x)$

e) $2x^2 = (4x + 1) \cdot (x - 3) + 6x$
$4x^2 - 5x = 2x^2 + 3$
$x^3 - x = 2x^2 - 2$

7 Résous les équations suivantes.

a) $5x^2 - 20x + 20 = 0$
$x \cdot (x - 7) = 0$
$x^2 - 24 = 25$
$(x + 1) \cdot (x^2 - 4) = 0$
$3x^2 = x^2 + x^3 + x$

b) $2x \cdot (3x + 5)^2 = 0$
$4 = (2x - 3)^2$
$x^2 - (3x - 5)^2 = 0$
$5 + 3x^2 = (5 + 3x) \cdot x$
$(2x - 1)^2 = (x + 5)^2$

c) $x^2 + 10 = 2x^2 + 25$
$x \cdot (5 - 2x) \cdot (2x - 7) = 0$
$x^2 + 5x = -6$
$3x^3 - 27x = 0$
$x \cdot (x - 5) = x$

Activité 7 • Problèmes

7

1 Antoine possède deux terrains de même aire situés de part et d'autre d'un chemin dans lesquels ils souhaitent mettre paître ses chèvres.

Ces deux terrains sont constitués de cinq parcelles carrées assemblées en deux groupes comme le montre la représentation ci-contre.

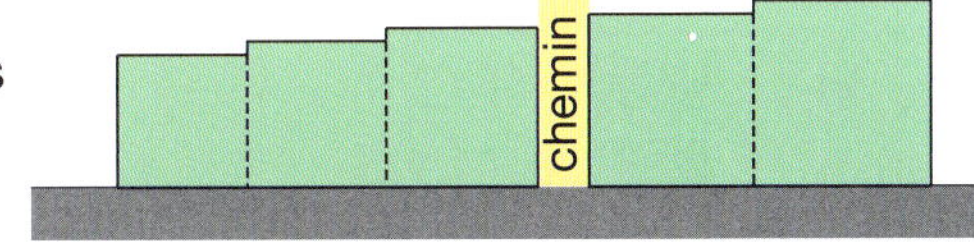

Sachant que les mesures des côtés des parcelles carrées, exprimées en m, sont cinq nombres entiers consécutifs, détermine la longueur de grillage nécessaire pour clôturer les deux terrains.

2 Pour quelle valeur de x l'aire du cercle tangent à deux côtés opposés du rectangle ABCD est-elle égale à celle de la partie colorée du dessin ?

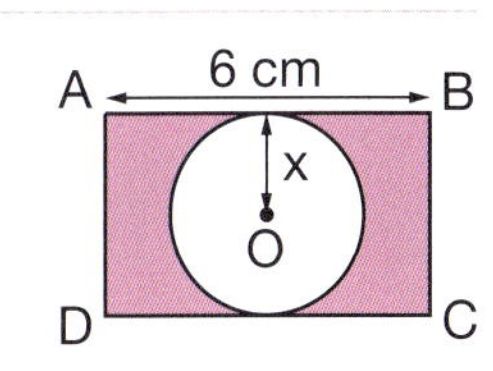

3 Pour installer un bassin rectangulaire bordé de plantes grasses, Mathieu dispose d'une parcelle rectangulaire de 4 m sur 3 m.
Il souhaite que les plantes forment une bordure de même largeur (x) tout autour du bassin et que la superficie occupée par les plantes soit la même que celle occupée par le bassin.
Détermine la valeur de x.

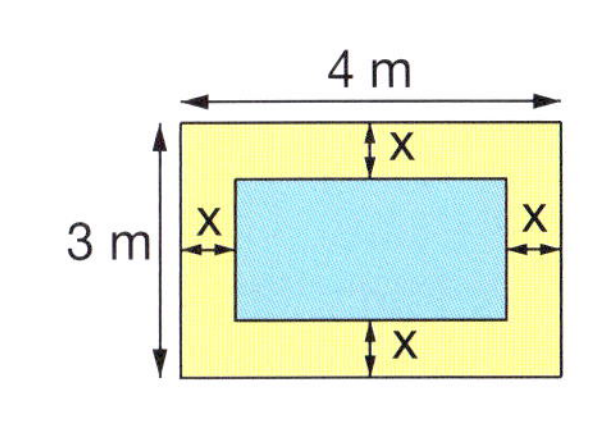

4 Détermine trois nombres entiers consécutifs dont la somme des carrés est égale à 110.

Connaître

1 Quelle(s) méthode(s) de factorisation dois-tu envisager pour factoriser un binôme, un trinôme, un quadrinôme ?

2 Complète les phrases ci-dessous et illustre-les par un exemple.

a) Quand on factorise une différence de deux carrés, on obtient ....
b) Quand on factorise un trinôme carré parfait, on obtient ....

3 Parmi les expressions ci-dessous, cite celles ...

a) qui sont déjà factorisées.
b) que l'on peut factoriser en utilisant la mise en évidence.
c) que l'on peut factoriser en utilisant les produits remarquables.
d) que l'on peut factoriser en utilisant la division par un binôme de la forme « x – a ».
e) qui ne sont pas factorisables.

1) $x \,.\, (2x + 1)$
2) $3x^2 - 4x$
3) $4x^2 + 1$
4) $(x - 1) \,.\, (x + 2) + (x + 2) \,.\, 3$
5) $(2x + 1)^2$
6) $(3x - 1)^2 - (4x + 3)^2$
7) $2x^2 + 5x - 3$
8) $4x^2 - 121$
9) $(x - 2) \,.\, (x + 3)$
10) $3x^2 - x - 4$
11) $2 \,.\, (x - 3)$
12) $4x^2 - 4x + 1$
13) $9x^2 + 18$
14) $4x^2 + 12x + 9$
15) $(x + 1) \,.\, (x - 1)$
16) $x^2 - 5x + 25$
17) $x^3 - 2x^2 - 5x + 6$
18) $3x^2 - 2x^3$
19) $3x \,.\, (2x - 1) - x \,.\, (1 - 2x)$
20) $5x - x \,.\, (5 - x)$
21) $x^2 + x + 1$

4 Dans chaque cas, retrouve la factorisation correcte du polynôme proposé.

a)	$x^2 - 4$	$(x - 2)^2$	$(x + 2)^2$	$(x + 2) \,.\, (x - 2)$
b)	$25x^2 - 10x + 1$	$(5x + 1)^2$	$(5x - 1)^2$	$(5x + 1) \,.\, (5x - 1)$
c)	$16x^2 + 9y^2 - 24xy$	$(4x + 3y)^2$	$(3y - 4x)^2$	$(3x - 4y)^2$
d)	$2x^2 - 4x + 2$	$2 \,.\, (x - 1)^2$	$(2x - 1)^2$	$2 \,.\, (x + 1) \,.\, (x - 1)$
e)	$9 - x^2$	$(3 + x) \,.\, (3 - x)$	$(3 - x)^2$	$(3 + x) \,.\, (x - 3)$

5 Associe les sommes et les produits égaux.

a) $7x + 7$
b) $x^2 - 9$
c) $x^2 - 6x + 9$
d) $7x^2 + 7x + 7$
e) $x^2 - 1$
f) $x^2 - 2x + 1$
g) $2x^2 - 4x + 2$

1) $(x - 3)^2$
2) $7 \,.\, (x^2 + x + 1)$
3) $2 \,.\, (x - 1)^2$
4) $7 \,.\, (x + 1)$
5) $(x + 3) \,.\, (x - 3)$
6) $(x - 1)^2$
7) $(x + 1) \,.\, (x - 1)$

6 Parmi les expressions ci-dessous, retrouve celles que l'on peut factoriser en utilisant la mise en évidence d'un facteur commun.

1) $x \,.\, (2x + 3) + (3 + x) \,.\, (2x - 3)$
2) $x \,.\, (2x + 3) - (2x + 3) \,.\, (2x - 1)$
3) $x \,.\, (2x + 3) + (5x + 2) \,.\, (-2x - 3)$
4) $(2x - 1) + (1 - 2x) \,.\, (1 + 2x)$
5) $(2x - 1) + 3 \,.\, (-2x + 1)^2$
6) $(2x - 1) - (-2x - 1) \,.\, (x + 2)$

7 Parmi les polynômes suivants, quels sont ceux qui sont divisibles par « x + 2 » ? Justifie ton choix.

$A(x) = x^2 - 4x + 4$ $B(x) = x^2 + x - 2$ $C(x) = 2x^2 + 7x + 6$

$D(x) = 3x^2 - 2x - 8$ $E(x) = x^3 + x^2 - 4x - 4$ $F(x) = -x^3 - 6x^2 + x + 34$

8 Dans chaque cas, retrouve le(s) binôme(s) de la forme « x – a » qui divise(nt) le polynôme A(x). Explique ton choix.

	A(x)	Binômes de la forme « x – a »			
a)	$x^2 - 7x + 12$	$x + 7$	$x + 5$	$x - 3$	$x - 8$
b)	$2x^2 + x - 15$	$x + 5$	$x + 3$	$x + 2$	$x - 5$
c)	$2x^3 + 7x^2 + 11x + 10$	$x + 4$	$x + 2$	$x - 2$	$x - 5$
d)	$2x^3 + 9x^2 - 2x - 24$	$x + 8$	$x + 6$	$x + 4$	$x + 2$

9 Associe, si possible, chaque équation à sa(ses) solution(s).

a) $9x \cdot (x - 9) = 0$
b) $9 \cdot (x + 9) = 0$
c) $(x - 9)^2 = 0$
d) $9x^2 \cdot (x + 9)^2 = 0$
e) $(x + 9) \cdot (x - 9) = 0$
f) $x^2 + 9 = 0$

1) $x = -9$
2) $x = 0$
3) $x = 9$
4) $x = 0$ ou $x = -9$
5) $x = 0$ ou $x = 9$
6) $x = -9$ ou $x = 9$

7

Appliquer

1 Pour chaque exercice, trouve le procédé qui te permet de calculer mentalement le résultat et vérifie-le à la calculatrice.

a) $0{,}47 \cdot 27 + 27 \cdot 0{,}53$
$1{,}7 \cdot 6{,}5 - 0{,}8 \cdot 6{,}5 + 6{,}5 \cdot 0{,}1$
$6{,}73^2 + 2 \cdot 6{,}73 \cdot 3{,}27 + 3{,}27^2$
$29^2 + 19^2 - 2 \cdot 29 \cdot 19$

b) $784 + 2 \cdot 28 \cdot 22 + 484$
$1002^2 - 998^2$
$24^2 - 16^2$
$(125 + 40)^2 - (125 - 40)^2$

2 Factorise les expressions suivantes en mettant en évidence les facteurs communs.

a) $25x + 75$
$24a - 16$
$-12a - 3$
$6x - 6$
$-16a + 32$

b) $8a^2 - 12a$
$-18a^2 + 27a^6$
$60x^3 - 40x^5$
$8a^2 - 12a^3$
$-72x^2 + 48x$

c) $4x + 4y$
$3ab - 2ac$
$10a + 15b$
$-27x - 18y$
$-36a + 48b$

d) $-12a^2x^3 + 30ax^2$
$5x^3y^3 - 15xy^3$
$35x^2y + 7xy - 21xy^2$
$12a^3b + 6ab^2 - 8a^4b$
$-4a^2b^2 + 6ab^2 - 8a^3b$

e) $3 \cdot (x + 4) - x \cdot (x + 4)$
$-4 \cdot (2 + x) + 5x \cdot (2 + x)$
$2x \cdot (x + 1) - 3 \cdot (x + 1)$

f) $3 \cdot (2x + 1)^2 - 4 \cdot (2x + 1)^3$
$5 \cdot (a + 1) - 3 \cdot (a + 1)^2$
$7 \cdot (3 - x)^2 - (3 - x) + 3x \cdot (3 - x)$

g) $(x-3).(x+4)+(5-x).(x-3)$
$(3+x).(4x-5)-(2x+1).(4x-5)$
$(4+a).(2a-3)+(2a-3).(2a-1)$

h) $5x.(x-2)-3.(2-x)$
$-4.(3+a)+a.(-3-a)$
$2x.(-x+3)+3.(x-3)$

i) $5x.(3x-2)^2-3.(2-3x)$
$3.(x+1).(x-1)-3.(1-x)^2$
$-7a.(3a-1)^3+2.(1-3a)^2$

j) $(2x-3).(x+3)-(x+7).(3-2x)$
$(2x+7).(3x-1)+(2+x).(-3x+1)$
$-(5a+1).(2a-5)-(5-2a).(a+5)$

3 Après avoir effectué les groupements nécessaires, factorise les expressions suivantes.

a) x^3-2x^2+3x-6
$-x^3+x^2+3x-3$

b) $4x^3-2x^2+12x-6$
$20x^3+5x^2-4x-1$

c) $2a+8b+3ab+12b^2$
$-4a^3+12a^2-10ab+30b$

4 Factorise les expressions suivantes en utilisant un des produits remarquables.

a) $-25x^2+4$
$9-25a^2$
$-64+49x^4$
$16a^4-1$

b) $3x^2-75$
$36a^2-9$
$2-72a^2$
$-20x^2+125$

c) $(a-1)^2-9$
$36-(3a-2)^2$
$4x^2-(2x-1)^2$
$(4+3a)^2-9a^2$

d) $(3a+5)^2-(2-4a)^2$
$(2x+1)^2-(3-x)^2$
$4.(5x-1)^2-(2x+5)^2$
$(5x-4)^2-(-3+x)^2$

e) $16x^2-8x+1$
$20x+25+4x^2$
$25a^2+16-40a$
$9x^2+12x+4$

f) $4x^2-12x+9$
$4a^2+25-20a$
$36a^2-12a+1$
$9x^4+6x^2+1$

g) $2a^2-12a+18$
$32x^2-48x+18$
$12a^2+36a+27$
x^3+2x^2+x

7

5 Le polynôme A(x) est-il divisible par le binôme D(x) ? Si oui, factorise-le.

	A(x)	D(x)
a)	$4x^3+5x^2-6x+7$	$x-2$
b)	$3x^2-2x-1$	$x-1$
c)	x^2+3x-1	$x+1$

	A(x)	D(x)
d)	x^3-x^2-4x+4	$x+2$
e)	$2x^2+3x-9$	$x+3$
f)	x^3-3x^2+2	$x-3$

6 En utilisant la division par « x – a », factorise les polynômes suivants.

a) x^2-5x+6
$2x^2-5x-3$
$3x^2+7x+2$

b) x^3-6x^2+6x-1
$x^3+9x^2+27x+27$
x^3+5x^2+7x+3

c) x^3-5x-2
x^3-27
x^3-3x^2+2

7 Factorise les expressions suivantes.

1) $9x^2-5x$
2) $9x^2-30x+25$
3) x^3+2x^2-x-2
4) $x^2+7x+10$
5) $x.(x+3)+x.(1-2x)$
6) $-3x^5+12x^4-12x^3$
7) $(5x-3)^2-1$
8) x^2+5x+4
9) x^4-2x^3+4x-8
10) $(x-5).(2x+7)-x.(5-x)$
11) $12x^2+20x-8$
12) $4-x^2$

13) $(4x - 1) - (4x - 1)^2$
14) $4x^3 + 4x^2 - 24x$
15) $(1 - 5x) . (3x + 5) - (9x + 15) . (2x - 3)$
16) $(2x - 1)^2 - 1$
17) $2a - 3ab - 3b + 2a^2$
18) $-25 - 20x - 4x^2$
19) $2x . (x + 3) - (x + 3)^2 + (x + 3) . (x - 2)$
20) $x^2 + 8x + 12$
21) $-x^{10} + 121$
22) $(x + 4) . (x - 5) - (-2 + x) . (x - 5)$
23) $3x^4 - 48$
24) $3x^2 - 21x + 36$
25) $25 - 36a^2$
26) $2x^4 - 10x^2 + 8$
27) $(x^2 - 2x)^2 - 1$
28) $4x^3 - 4x^2 - 15x + 18$
29) $(x - 1) . (3x - 2) + (4x + 3) . (2 - 3x)$
30) $4x^2 - 9 + (x + 1) . (6x - 9)$

8 Factorise les expressions suivantes.

a) $a^n + a^{n+1}$
$a^n + a^{n-1}$
$a^{n+1} + a^{n-1}$

b) $a^{2n} + a^n$
$a^{3n} + a^{9n}$
$a^{2n} + a^{n+1}$

c) $a^{2n} + a^{2n+1} + a^{2n+2}$
$a^{2n-1} + a^{2n} + a^{2n+1}$
$a^{2n-2} + a^{2n} + a^{2n+2}$

d) $a^{m+2} . b^{3n} + a^m . b^{2n}$
$a^{m+n} . b^n - a^{2m} . b^{m+n} - a^m . b^{2n}$
$a^{2m} + 2a^m b^n + b^{2n}$

9 Résous les équations suivantes.

a) $(x - 4) . (x + 3) = 0$
$0 = (x - 1) . (2x - 3)$
$x . (2x - 1) . (3x + 7) = 0$

b) $x^2 - 7x = 0$
$x^2 - 14x + 49 = 0$
$9x^2 - 4 = 0$

c) $x^3 - 4x^2 = 0$
$18x^2 - 12x + 2 = 0$
$0 = 3x^3 - 27x$

d) $-24x = 9x^2 + 16$
$x^2 = 2x - 1$
$20 = 5x^2$

e) $x^3 = x$
$x^2 + 8x = 5x^2 + 4$
$12x - 18 = 2x^2$

f) $27x^3 = 18x^2 - 3x$
$1 + 2x = 2x^3 + x^2$
$12x^4 + 12x^3 = 3x^2 + 3x$

g) $2x^2 + 7x + 3 = 0$
$5x = 2 + 3x^2$
$0 = x^3 + 6x^2 + 11x + 6$
$2x^3 + x^2 = 8x - 5$

h) $x . (x - 5) = x$
$2x . (x - 3) - 3 . (x - 3) = 0$
$3 . (2x + 3) = x . (2x + 3)$
$(x + 4) . (x + 4) = 9$

i) $2x . (x^2 - 1) = 3 . (x^2 - 1)$
$2x^2 . (x + 1) = 8 . (x + 1)$
$x^2 . (x + 1) + 2x . (x + 1) + (x + 1) = 0$
$x^2 . (4x - 1) = 9 . (4x - 1)$

j) $(3x - 1) . (x + 2) = x . (x + 2)$
$x^2 . (x - 3) + (x - 3) = 2x . (x - 3)$
$4x^2 . (3x + 1) - 9 . (3x + 1) = 0$

k) $9x^2 . (2x + 5) = 6x . (2x + 5) - (2x + 5)$
$(x - 1) . (3x - 2) = 4x . (2 - 3x)$
$(5x + 3) . (x - 7) = (2x + 4) . (7 - x)$

10 Résous les équations suivantes.

1) $x^2 = 36$
2) $(2x + 1) . (3x - 2) = 0$
3) $(x - 2)^2 = 9$
4) $4x^2 - 3x = 0$
5) $3x^2 + 5x = x - 1 - x^2$
6) $(x + 1)^2 = 0$
7) $(2x + 1)^2 + (-3 + x) . (2x + 1) = 0$
8) $x^2 - 4x = -4$
9) $(4x - 3)^2 = (2x + 1)^2$
10) $5x^2 = x$
11) $(x - 1) . (x + 9) = 8x$
12) $9x^2 - 24x = -16$
13) $(x + 2) . (x + 3) = 6$
14) $(x + 4)^2 = 25$
15) $(x - 5) . (x + 1) = (x - 5)^2$
16) $3x^3 - 4x^2 - 5x + 2 = 0$
17) $x . (x + 1) . (x + 2) = 0$
18) $(x + 2) . (x - 3) = (x - 3) . (x + 1)$
19) $x^2 - 4x + 3 = x + 3$
20) $64x^2 + 16x = -1$

Transférer

1 a) Quels sont les nombres dont le carré est égal au cube ?
b) Quels sont les nombres dont le double est égal au triple ?
c) Quels sont les nombres dont le carré est égal au double ?
d) Quels sont les nombres dont le quadruple est égal au cube ?

2 a) Détermine les nombres qui augmentés de 15 sont égaux à leur carré diminué de 5.
b) Détermine les nombres qui diminués de 1 sont égaux à leur carré diminué de 13.
c) Détermine les nombres dont le triple augmenté de 1 sont égaux à la différence entre le double de leur carré et 1.

3 Trouve deux nombres naturels consécutifs tels que leur produit soit égal à leur somme augmentée de 1.

4 En additionnant le tiers, le quart et le neuvième d'un nombre, on trouve son inverse. Quel est ce nombre ?

5 Détermine la longueur du côté d'un carré dont le périmètre exprimé en cm est égal à l'aire exprimée en cm².

6 Détermine le rayon d'un cercle dont le périmètre exprimé en cm est égal à l'aire exprimée en cm².

7 Quels sont les triangles rectangles dont les mesures des côtés exprimés en cm sont trois nombres entiers consécutifs ?

8 Détermine la valeur de x pour que ...

a) les aires respectives du rectangle et du triangle soient égales.

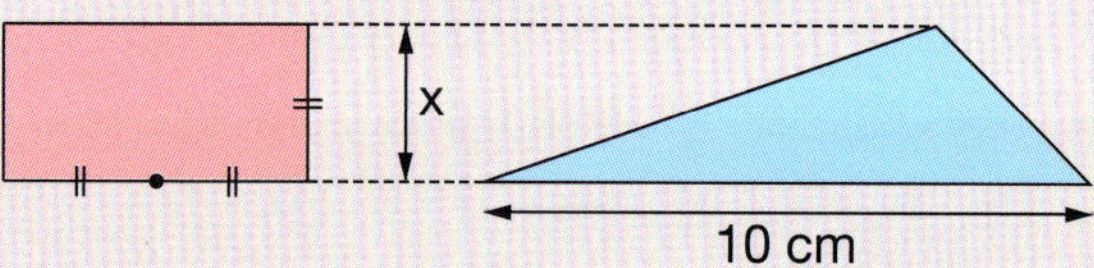

b) les aires respectives du rectangle et du carré soient égales.

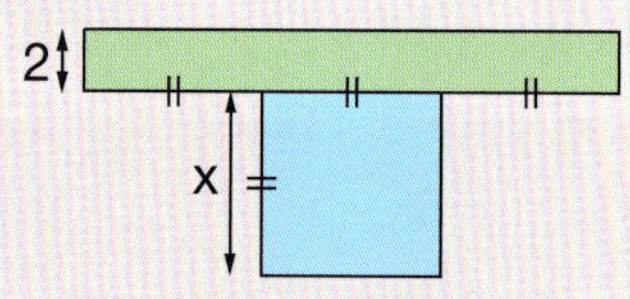

9 Sachant que n est un nombre entier, démontre que l'expression $n^3 - n$ est un produit de trois nombres entiers consécutifs.

10 Justifie les égalités suivantes, généralise-les et écris deux égalités du même type.

$99^2 + 20^2 = 101^2$ $\qquad 9999^2 + 200^2 = 10\,001^2$ $\qquad 999\,999^2 + 2000^2 = 1\,000\,001^2$

11 Justifie les égalités suivantes, généralise-les et écris deux égalités du même type.

$6^2 - 5^2 = 6 + 5$ $\qquad 13^2 - 12^2 = 13 + 12$ $\qquad 34^2 - 33^2 = 34 + 33$

Chapitre 8 Figures semblables

Activité 1 • Figures semblables : découverte

9-80

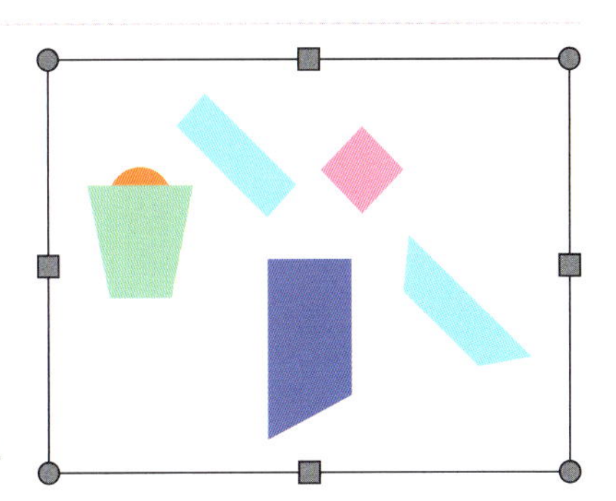

Un club de basket désire faire imprimer le logo ci-contre sur ses nouveaux tee-shirts. Le responsable de la société de flocage manipule l'image sur un programme informatique afin d'en calibrer la taille à celle des tee-shirts.

Le procédé utilisé est celui de la manipulation des poignées. Les rondes situées au coin de l'image modifient les dimensions en gardant les proportions tandis que les poignées carrées situées au milieu des côtés ne modifient les dimensions que dans un sens (en hauteur ou en largeur).

Voici les projets remis au club de basket.

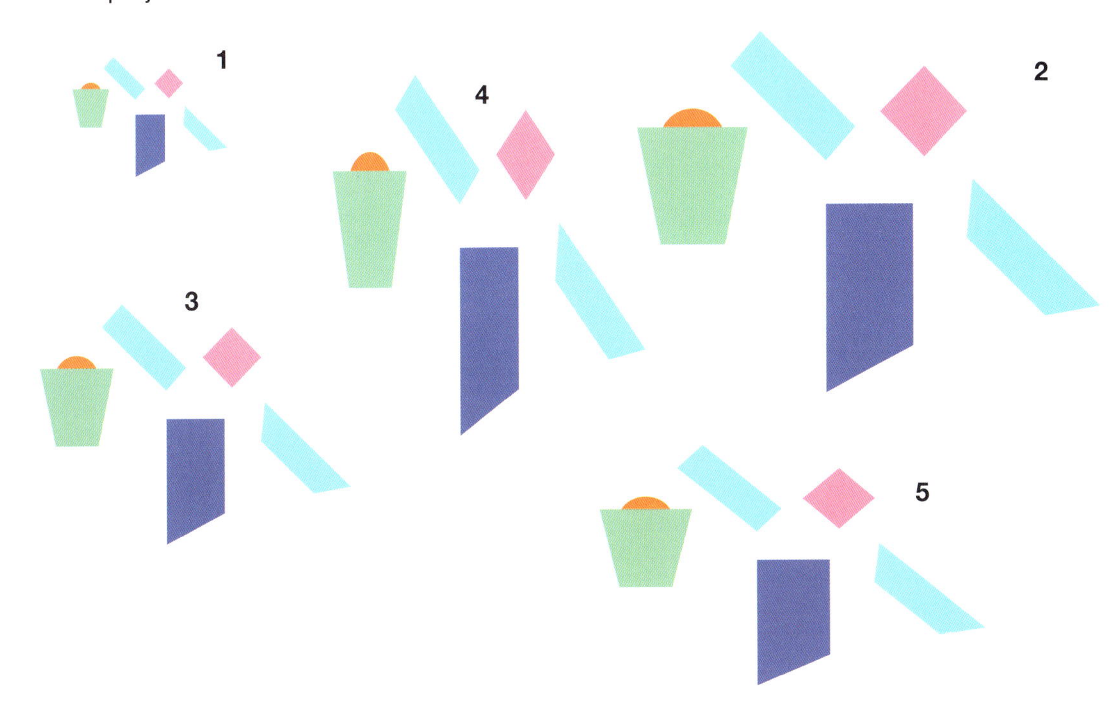

Le créateur du logo se plaint car l'image originale n'a pas été respectée dans tous les cas. Pour chaque logo, réponds aux questions suivantes.

a) Est-il identique, réduit, agrandi ou déformé par rapport au logo original ?

b) Comment peux-tu l'obtenir à partir du logo original ?

8

Activité 2 • Calcul de longueurs dans les figures semblables

1 a) Pour chacun des agrandissements ci-dessous, détermine la valeur de x sans mesurer.

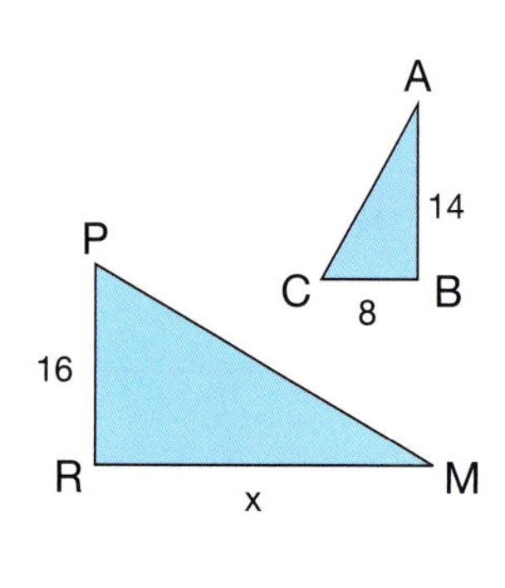

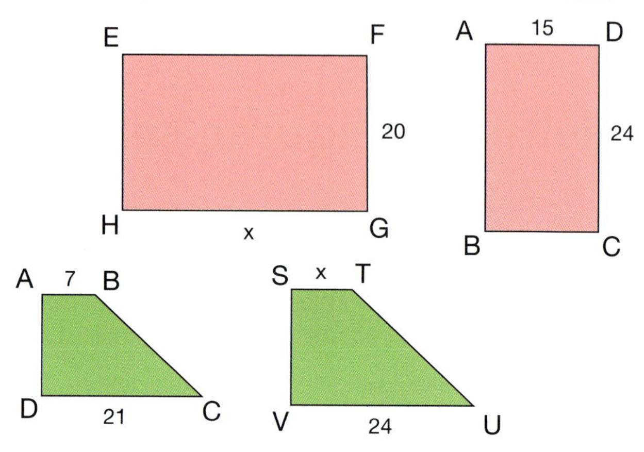

b) Pour chacune des réductions ci-dessous, détermine la valeur de x sans mesurer.

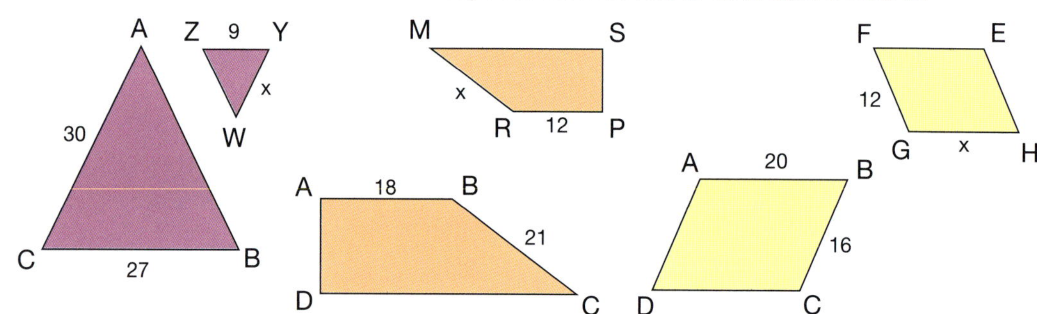

2 Les triangles cités ci-dessous sont semblables et les longueurs sont exprimées dans la même unité.

Écris les égalités de rapports de longueurs et calcule ensuite |CE|.

a) ABD et CBE

b) ABD et ACE

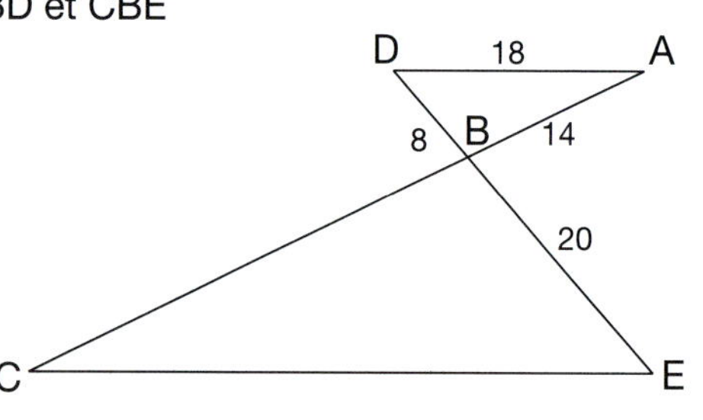

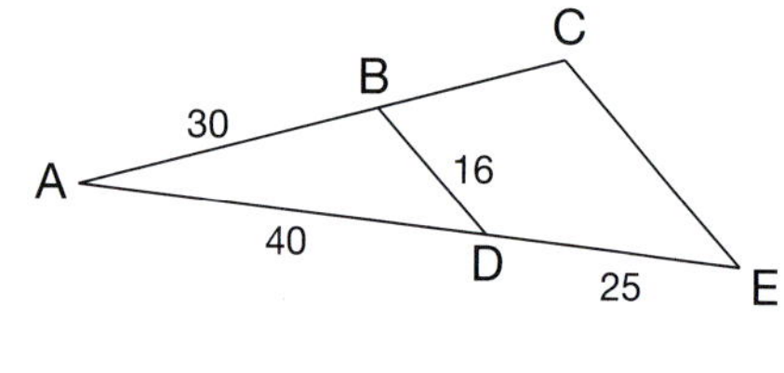

3 Dans chaque situation, les rectangles ABCD et A'B'C'D' sont semblables.

Calcule |B'C'| si a) |AB| = 36 cm |BC| = 72 cm |A'B'| = 24 cm

b) |BC| = 54 mm |AD| = 42 mm |A'D'| = 105 mm

c) |BC| = 24 m |CD| = 32 m |C'D'| = 40 m

80
81

81-82

4 Dans chaque situation, les rectangles ABCD et A'B'C'D' sont semblables et k est le rapport de similitude.
Détermine les données manquantes du tableau ci-dessous.

		l	L	k
1	ABCD	2	3	5
	A'B'C'D'			
2	ABCD	6	9	1/3
	A'B'C'D'			
3	ABCD	15		4/3
	A'B'C'D'		40	
4	ABCD		24	3/4
	A'B'C'D'	27		
5	ABCD	1/3		2/3
	A'B'C'D'		1/6	
6	ABCD		0,1	0,6
	A'B'C'D'	0,24		
7	ABCD	$2\sqrt{2}$		$\sqrt{6}$
	A'B'C'D'		$3\sqrt{2}$	

		l	L	k
8	ABCD	8		
	A'B'C'D'	4	5	
9	ABCD	1	2	
	A'B'C'D'		3	
10	ABCD	0,5		
	A'B'C'D'	2	5	
11	ABCD	49	140	
	A'B'C'D'	7		
12	ABCD	3/2	1/6	
	A'B'C'D'	6/5		
13	ABCD	0,2	0,5	
	A'B'C'D'		0,75	
14	ABCD	$\sqrt{3}$		
	A'B'C'D'	$\sqrt{15}$	$\sqrt{2}$	

Activité 3 • Construction de figures semblables

8

1 Construis le parallélogramme A'B'C'D' semblable au parallélogramme ABCD si tu sais que $|D'C'| = 42$ mm.

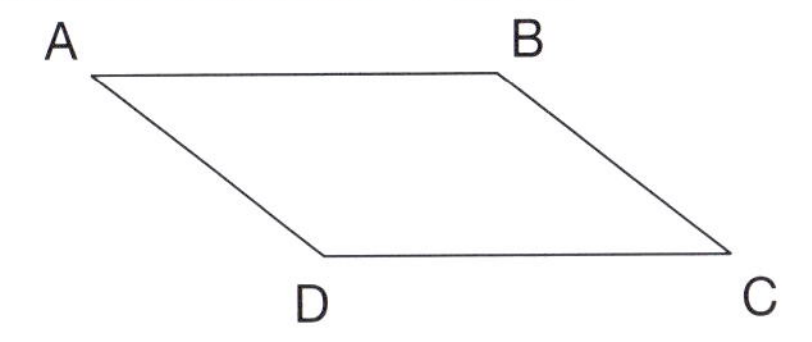

2 Construis un rectangle dont les côtés mesurent 40 mm et 24 mm.
Construis deux rectangles semblables au rectangle initial et non isométriques entre eux, dont un côté mesure 30 mm.

3 a) Construis, si possible, deux rectangles semblables et deux rectangles non semblables.
Quelle est la condition minimale pour que deux rectangles soient semblables ?

b) Construis, si possible, deux carrés semblables et deux carrés non semblables.
Quelle est la condition minimale pour que deux carrés soient semblables ?

c) Parmi les figures suivantes, repère celles qui sont toujours semblables.

2 rectangles	2 parallélogrammes	2 trapèzes rectangles
2 carrés	2 losanges	2 hexagones
2 cercles	2 trapèzes isocèles	2 hexagones réguliers

Activité 4 • Cas de similitude des triangles

Un artisan voudrait fabriquer trois tables gigognes triangulaires pour une maison de poupées selon le modèle ci-contre.
Voici les dimensions qui servent de base à la conception des tablettes.

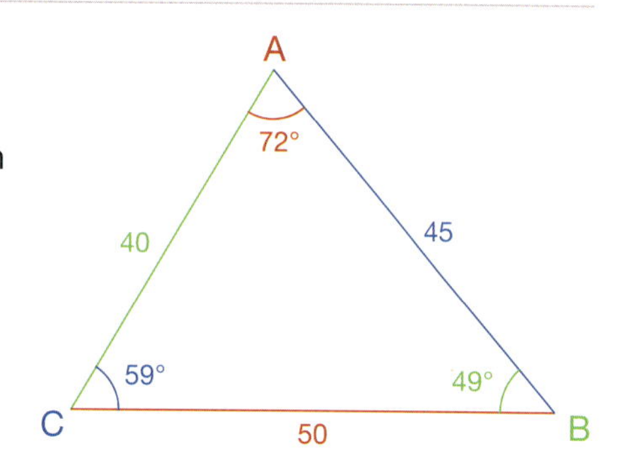

a) Les segments ci-dessous représentent le plus long côté de chacune des trois tablettes. En utilisant un minimum de mesures de longueurs et d'amplitudes, termine la représentation de chacune d'entre elles. Envisage une méthode de construction différente dans chaque cas et note les mesures utilisées sur ton dessin.

b) Les triangles dont certaines dimensions sont données ci-dessous sont-ils semblables aux triangles des tablettes ? Justifie.

Triangle 1 : $|B'C'| = 100$ mm, $|A'B'| = 90$ mm, $|A'C'| = 80$ mm

Triangle 2 : $|\widehat{A'}| = 72°$, $|\widehat{C'}| = 59°$

Triangle 3 : $|B'C'| = 25$ mm, $|\widehat{C'}| = 59°$, $|A'C'| = 20$ mm

Triangle 4 : $|B'C'| = 100$ mm, $|\widehat{B'}| = 49°$, $|A'C'| = 80$ mm

c) L'artisan ayant confectionné trop de grands modèles a récupéré ceux-ci pour réaliser le modèle de taille moyenne. Il n'a effectué qu'une seule découpe rectiligne. Comment a-t-il procédé ? Vérifie ton hypothèse en réalisant des dessins, si possible à l'aide d'un logiciel informatique.

83

Activité 5 • Utilisation des cas de similitude des triangles

1 Dans chaque cas, achève le triangle A'B'C' pour qu'il soit semblable au triangle ABC. Énonce le cas de similitude que tu utilises.

83-84

a)

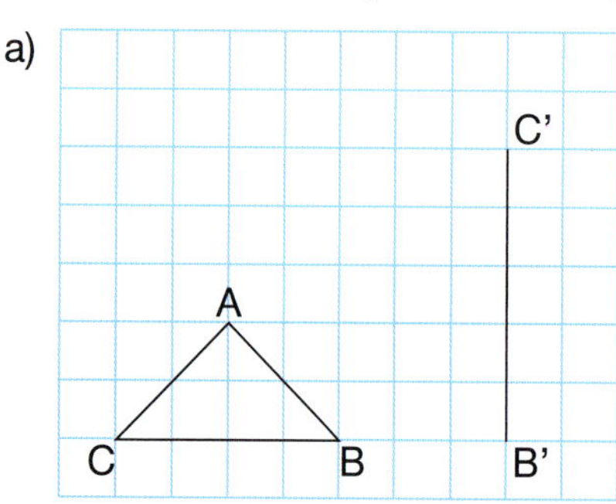

b)

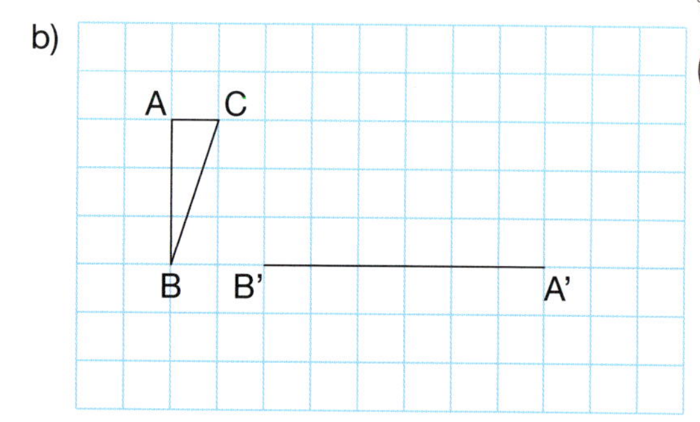

84

c)

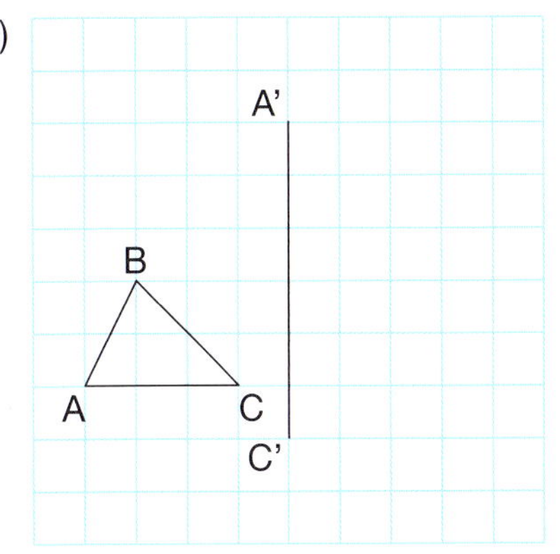

d)

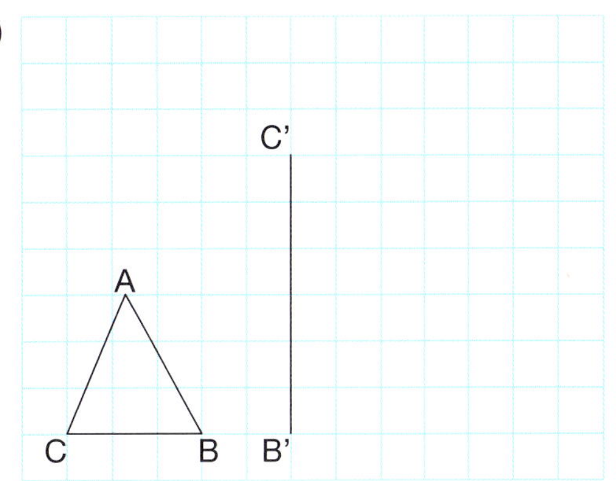

34-85

2 Dans chacun des cas suivants, on donne un triangle XYZ et deux sommets d'un triangle X'Y'Z' qui lui est semblable. En n'effectuant aucune mesure sur XYZ, construis le triangle X'Y'Z'.

a)

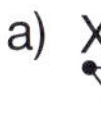

b)

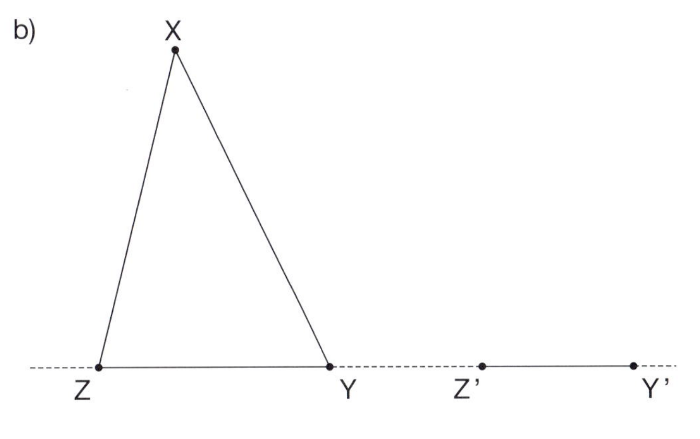

c)

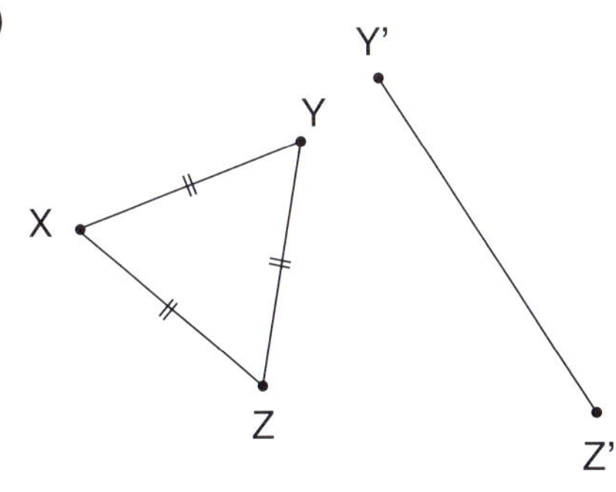

d)

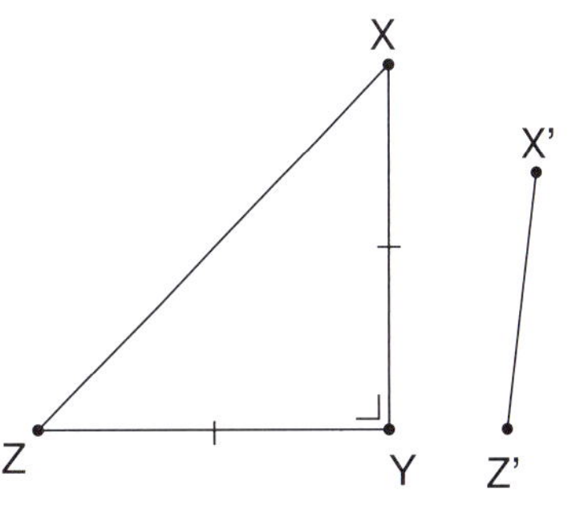

8

3 Détermine la (les) dimension(s) du second triangle pour qu'il soit semblable au premier triangle. Justifie.

a) Triangle 1 : 8 cm – 12 cm – 10 cm Triangle 2 : 16 cm – 24 cm

b) Triangle 1 : 6 cm – 12 cm – 8 cm Triangle 2 : 40 cm – 30 cm

c) Triangle 1 : 4 cm – 6 cm – 8 cm Triangle 2 : 12 cm

4 En utilisant uniquement les renseignements fournis par les dessins, dis si les triangles proposés sont semblables. Justifie et détermine, si possible, le rapport de similitude.

a) ABC et DEC

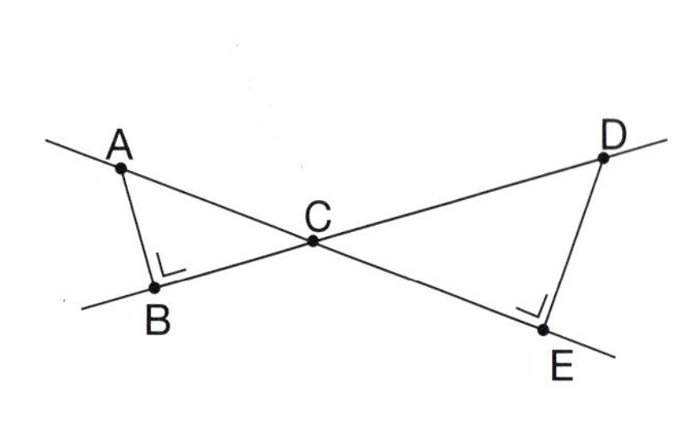

b) ABC et DBE

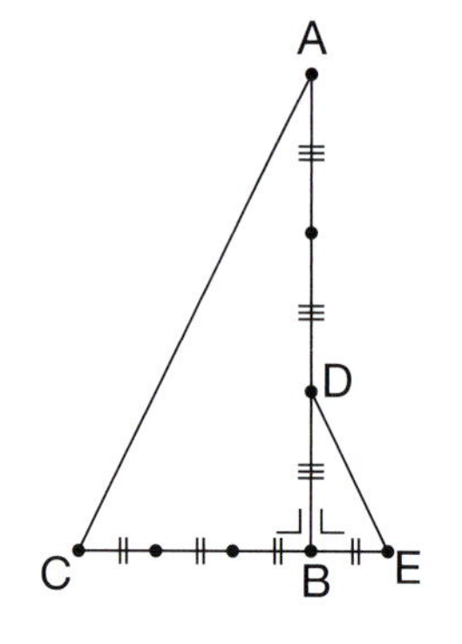

c) ABC et EDC

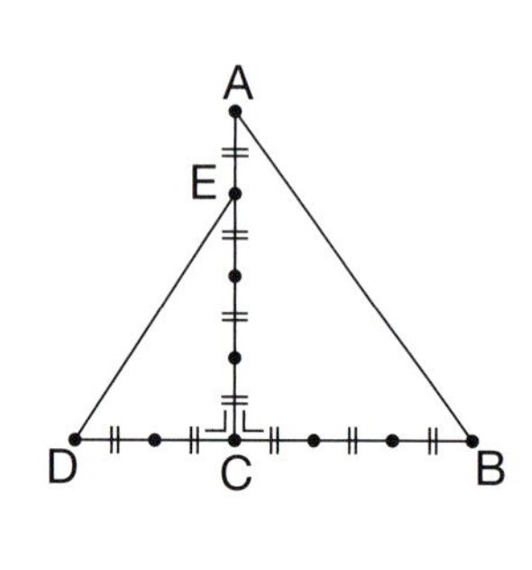

d) ABC et ADB

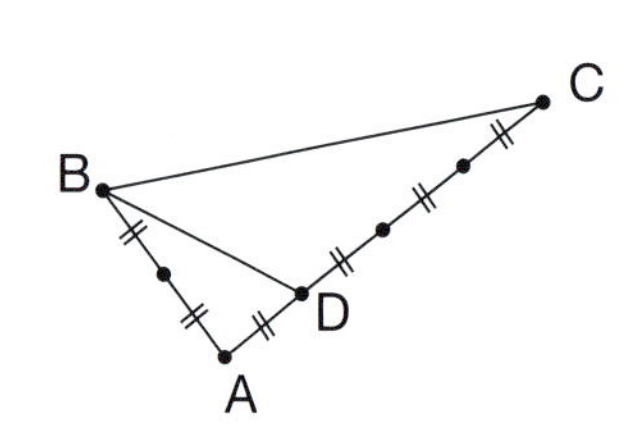

e) ACB et ADE

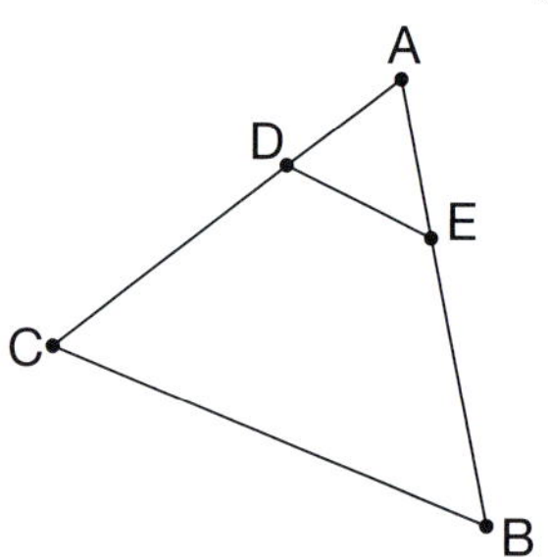

f) ADC et CEA

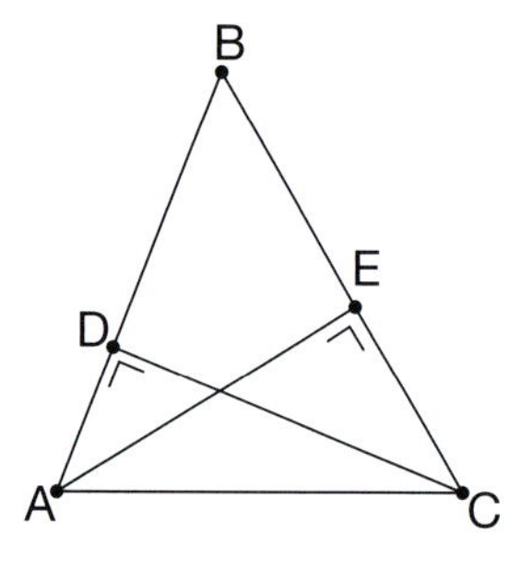

8

5 Si tu sais que BY ⊥ XZ et AX ⊥ YZ, repère les quatre triangles semblables. Choisis-les ensuite judicieusement deux par deux afin de démontrer leur similitude.

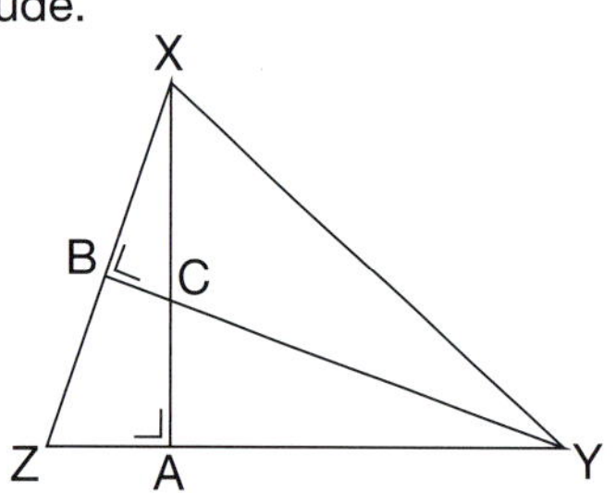

6 Démontre que les triangles ABC et FED sont semblables si tu sais que les cercles sont concentriques en O, que les points D, A, O, C et F sont alignés et que AB // EF.

87

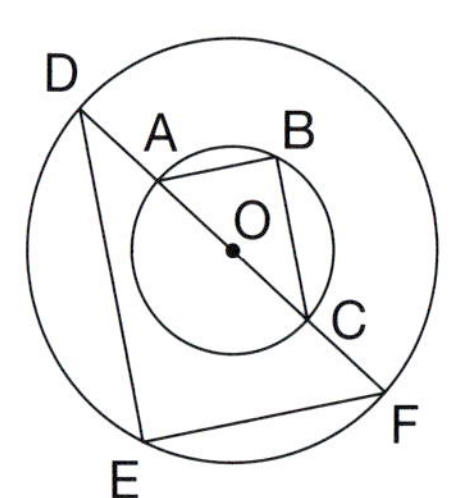

7 Pour les cercles représentés ci-dessous, de centres X et Y, dont [AC] et [GE] sont des diamètres respectifs, démontre que $\frac{|AB|}{|AC|} = \frac{|GF|}{|GE|}$.

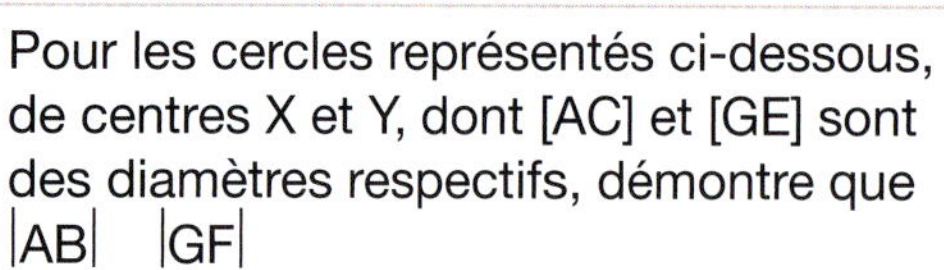

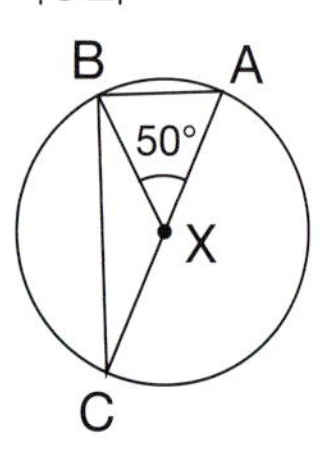

G F 50° Y E

8 Si tu sais que les cercles sont concentriques en O, que les points C, O et M ainsi que les points A, O et B sont alignés, démontre que CB // AM.

88

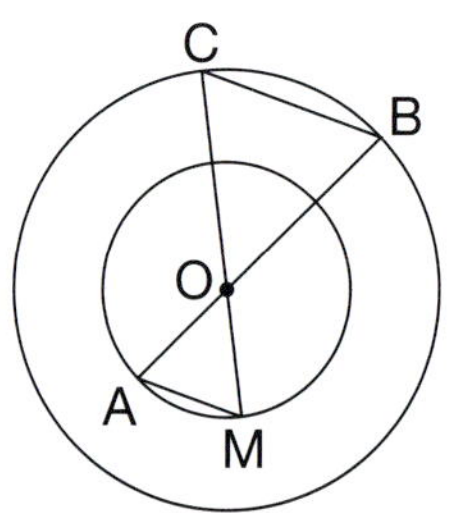

Activité 6 • Reproduction d'images

39-92

1 Le pantographe est un instrument qui permet d'agrandir ou de réduire un dessin. Il est composé de quatre règles mobiles de même longueur percées de petits trous équidistants. Celles-ci sont ajustées ensemble sur quatre pivots afin de former un parallélogramme. Le point F est fixé sur la planche de travail, le point S est une pointe sèche qui suit les traits du modèle et le point C est un crayon.

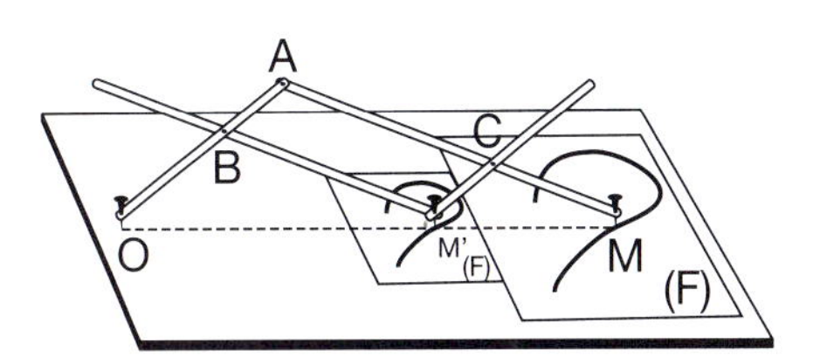

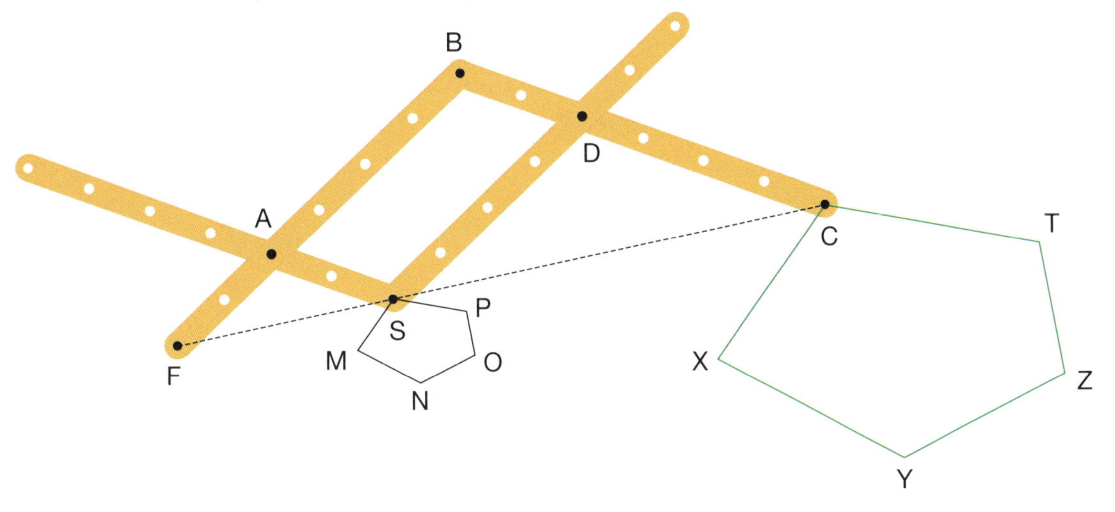

a) Démontre que les triangles FAS et FBC sont semblables et détermine le rapport d'agrandissement.

b) Démontre que les points F, S et C sont alignés.

c) Démontre que les triangles FAM et FBX sont semblables et détermine le rapport d'agrandissement.

d) Démontre que les points F, M et X sont alignés.

e) Démontre que les triangles FCX et FSM sont semblables.

f) Détermine le rapport de similitude entre le polygone modèle et son image. Justifie.

g) Compare les positions relatives des côtés homologues des polygones.

2 Une chambre noire est une boîte cubique avec une très petite ouverture sur l'une des parois. La trajectoire rectiligne de la lumière permet d'obtenir une image renversée de l'objet placé devant l'ouverture.

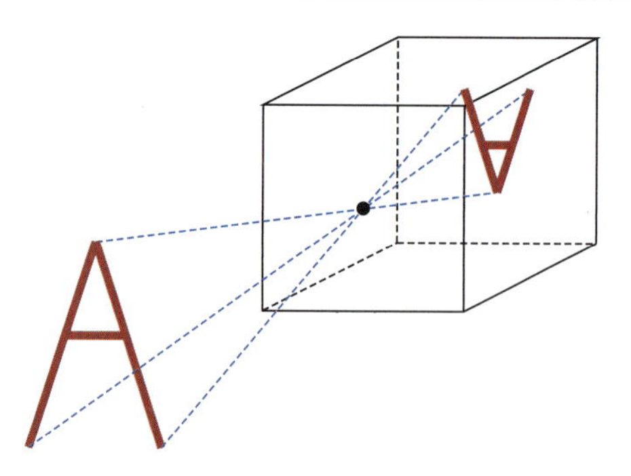

a) Quelle est la hauteur de l'image d'un objet de 18 cm de haut formée sur la paroi d'une boîte de 20 cm d'arête si celui-ci est placé à 40 cm de l'ouverture ?

b) À quelle distance de l'ouverture faut-il placer un objet de 20 cm de haut pour obtenir une image de 15 cm de haut dans une boîte de 24 cm d'arête ?

c) On obtient une image de 40 cm de haut d'un objet placé à 30 cm d'une boîte de 50 cm d'arête. Quelle est la hauteur de l'objet ?

d) Quelle est la dimension de la boîte si un objet situé à 80 cm de l'ouverture a la hauteur de son image réduite au quart de celle de l'objet ?

Activité 7 • Relations métriques dans le triangle rectangle

8

1 Dans le chapitre sur le théorème de Pythagore, tu as étudié des relations métriques dans le triangle rectangle.

a) Dans un triangle rectangle, le carré de la longueur d'un côté de l'angle droit est égal au produit de la longueur de l'hypoténuse par la longueur de sa projection orthogonale sur l'hypoténuse.

b) Dans un triangle rectangle, le carré de la longueur de la hauteur relative à l'hypoténuse est égal au produit des longueurs des segments qu'elle détermine sur l'hypoténuse.

Détermine les relations métriques que tu peux formuler à partir du dessin ci-contre et démontre-les en repérant des triangles semblables.

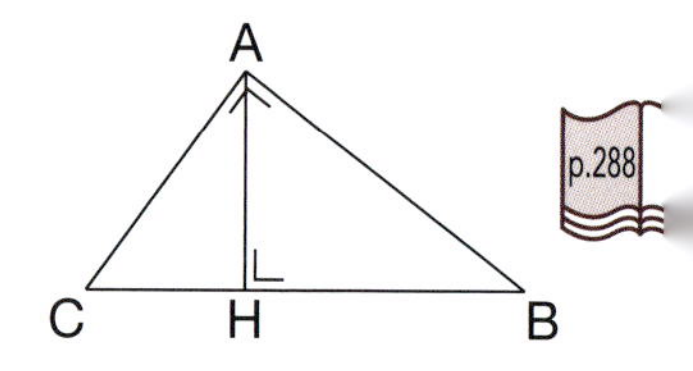

p.288

2 Le triangle ABC est rectangle en A et H est le pied de la hauteur issue de A. Sachant que |AC| = 20 cm et que |CH| = 16 cm, détermine la longueur des segments [CB], [HB], [AH] et [AB].

Vérifie ensuite tes solutions en calculant l'aire du triangle de plusieurs manières.

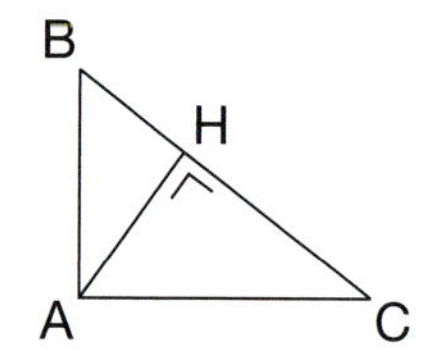

Activité 8 • Moyenne géométrique

1 Sur une brochure de présentation d'un nouveau livre, on a placé les tampons ci-contre à différents endroits.

a) Détermine le rapport de similitude entre le premier et le deuxième tampon, entre le deuxième et le troisième, et enfin entre le premier et le troisième.

b) Détermine le rapport de similitude qu'il faudrait appliquer deux fois consécutivement pour passer du premier au troisième tampon.

2 Les triangles rectangles rose et vert ci-contre sont semblables. Détermine, en mm, les mesures des autres côtés de ces triangles.

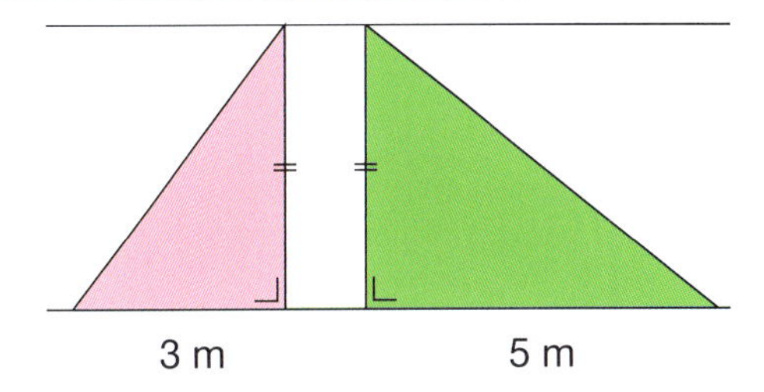

3 m 5 m

3 Détermine les moyennes arithmétique et géométrique des nombres suivants.

6 et 8 3 et 12 5 et 7 10 et 20 4 et 16

4 a) Calcule les moyennes arithmétique et géométrique de 6 et 2.

b) Représente sur un même dessin, des segments dont les longueurs respectives sont les moyennes calculées ci-dessus.

c) Compare ces moyennes et tire une conclusion.

d) Dans quel cas les moyennes géométrique et arithmétique de deux nombres sont-elles égales ?

5 Construis un carré de même aire que celle du rectangle représenté ci-contre.

Activité 9 • Problèmes concrets

1 J'ai enregistré les photos de mes dernières vacances au format 8 x 12 (en cm) sur mon ordinateur. Je voudrais les faire imprimer via un site internet qui propose une large gamme de dimensions. Si je ne veux pas de bords blancs ni que mes photos soient rognées ou déformées, quels sont les formats qui peuvent convenir parmi ceux représentés ci-dessous à l'échelle 1/2 ?

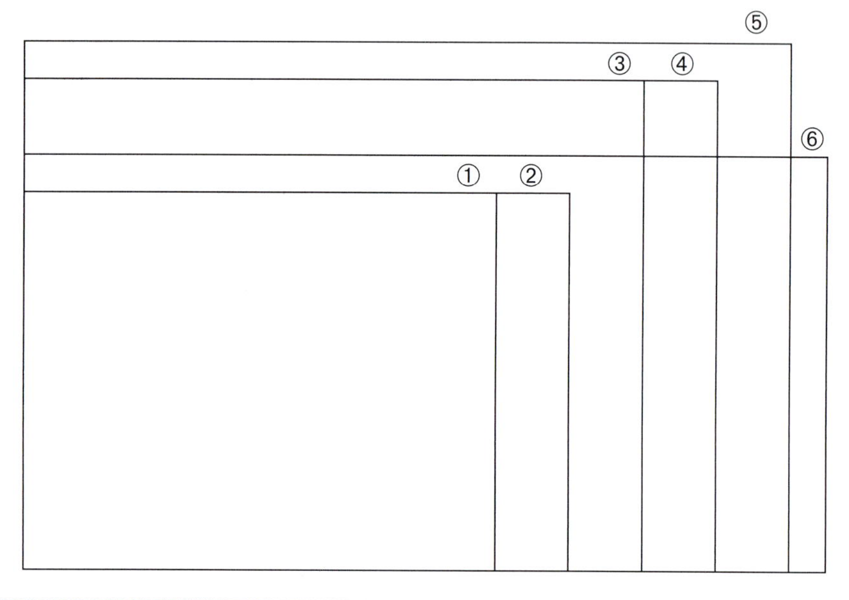

8

2 Afin de réaliser un passe-partout pour encadrer une photo de dimensions 8 x 12, Clara colle celle-ci sur une feuille rectangulaire cartonnée de façon à obtenir un bord de 3 cm autour de la photo.
Les deux rectangles sont-ils semblables ?
Pour vérifier ta réponse, tu peux utiliser un logiciel de géométrie.
Si les rectangles sont semblables, détermine le rapport de similitude.
Si non, détermine les dimensions de la photo initiale pour que les deux rectangles soient semblables.

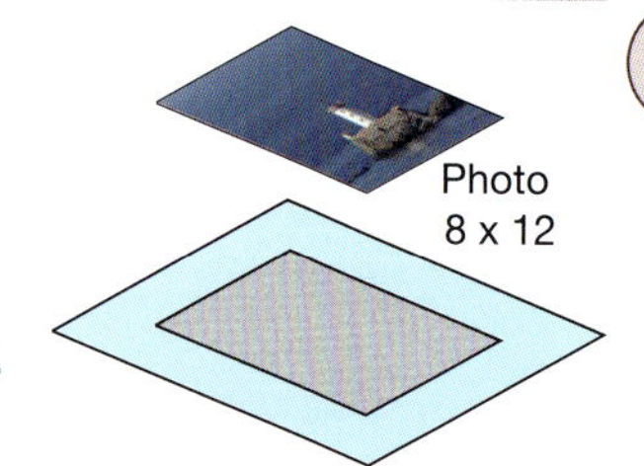

3 Marie et Marc construisent une piscine rectangulaire dans leur jardin. De la fenêtre du salon située à 5 m de celle-ci, le regard de Marc ne voit pas le fond de la piscine mais il en aperçoit le bas du mur opposé. Quelle est la profondeur de la piscine à cet endroit si elle mesure 4 m de large et si les yeux de Marc se situent à une hauteur de 1,75 m ?

Activité 10 • Un peu d'Histoire

1 Un rectangle d'or est un rectangle dont le rapport entre la longueur et la largeur est égale à un nombre particulier appelé le nombre d'or (ϕ).

$$\phi = \frac{a}{b} = \frac{1+\sqrt{5}}{2} \cong 1{,}6180339887...$$

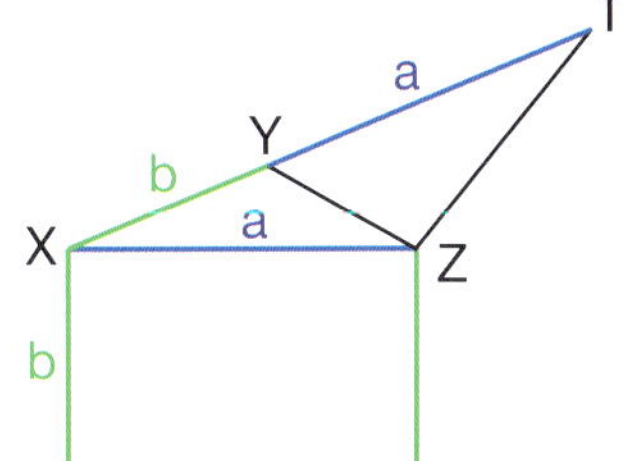

Propriété du rectangle d'Or

« Le rapport entre la longueur et la largeur du rectangle est égal au rapport entre la somme de ces deux dimensions et la longueur. »

a) Traduis cette égalité par une proportion en utilisant les lettres a et b. Ensuite, démontre cette égalité.

b) Traduis cette égalité par un dessin. Que constates-tu ?

c) À partir du nombre d'or, on peut construire des triangles semblables comme le montre l'illustration ci-contre.

Prouve que $\Delta XTZ \sim \Delta XZY$.

T
a
Y
b
a
X
Z
b

2 Le nombre d'or est présent dans la nature, dans l'art et dans l'architecture.

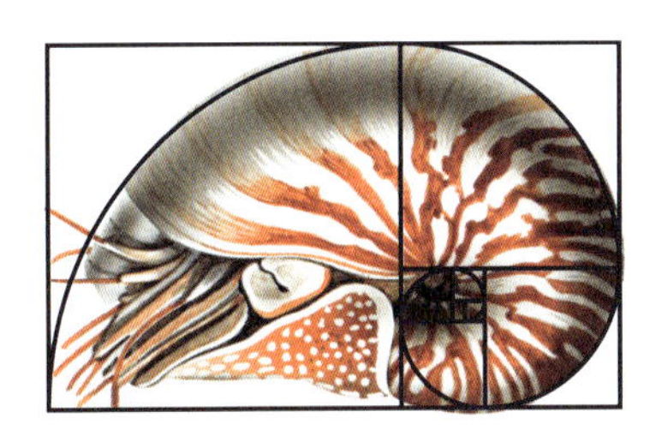

Nautile

« La naissance de Vénus », S. Botticelli

Parthénon à Athènes

Certains historiens prétendent que le nombre d'or aurait inspiré les architectes de la pyramide de Khéops vers 2600 av. J.-C.

Une légende raconte que Thalès de Milet (environ 626-547 av. J.-C.), pour répondre à la demande du pharaon Ahmôsis, en aurait calculé la hauteur. Pour se faire, il planta son bâton dans le sol et au moment où l'ombre de celui-ci égala sa hauteur, il en conclut qu'il en était de même pour la grande pyramide.

Réalise un schéma et justifie sa démarche.

Connaître

1 Sachant que les triangles ci-dessous sont semblables, complète le tableau.

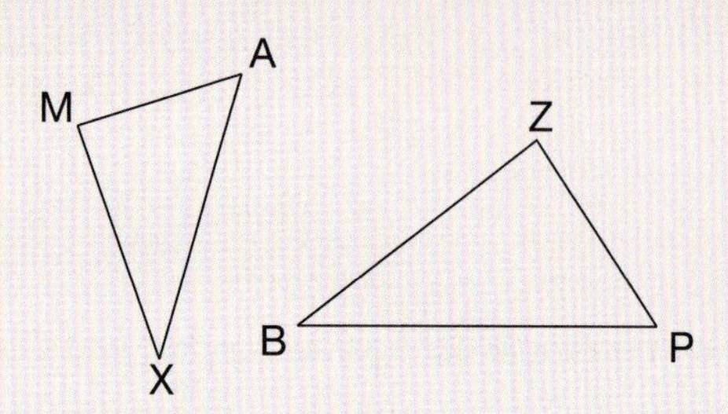

Angles homologues	Côtés homologues
$\widehat{M}$ et	[MA] et ....
$\widehat{A}$ et	[AX] et ....
$\widehat{X}$ et	[XM] et ....

2 Repère les propositions fausses et, dans ce cas, illustre ta réponse par un dessin.

a) Deux cercles sont semblables.
b) Deux parallélogrammes de même aire sont semblables.
c) Deux losanges sont semblables.
d) Deux rectangles de même périmètre sont semblables.
e) Deux rectangles de dimensions proportionnelles sont semblables.
f) Deux figures semblables ont le même périmètre.
g) Deux figures semblables ont la même aire.
h) Deux carrés sont semblables.
i) Deux octogones sont semblables.
j) Deux décagones réguliers sont semblables.
k) Deux triangles équilatéraux sont semblables.
l) Deux triangles isocèles sont semblables.
m) Deux triangles ayant un angle de même amplitude et deux côtés homologues de longueurs proportionnelles sont semblables.
n) Deux triangles rectangles sont semblables.
o) Deux triangles rectangles isocèles sont semblables.

3 Associe un rapport de similitude à chaque paire de quadrilatères semblables.

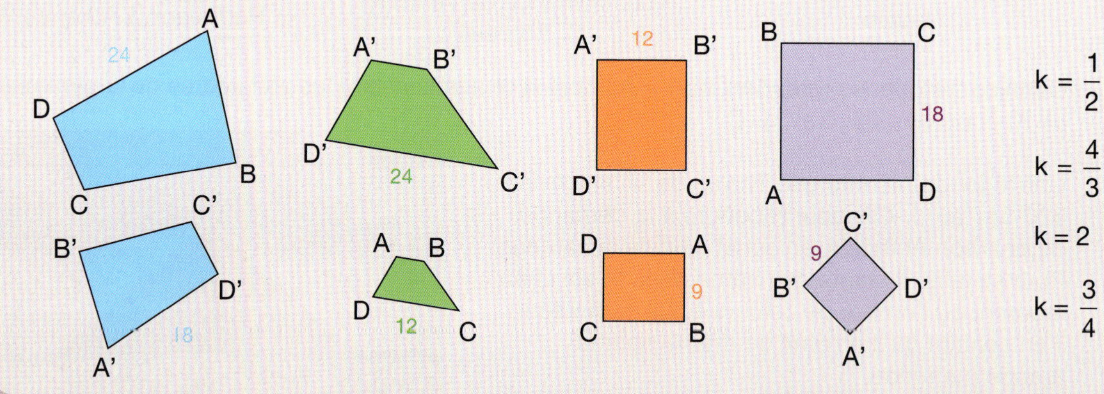

$k = \frac{1}{2}$

$k = \frac{4}{3}$

$k = 2$

$k = \frac{3}{4}$

4 a) Dans chaque cas, tu connais la longueur (en cm) des trois côtés de deux triangles. Ceux-ci sont-ils semblables ? Justifie ta réponse.

Triangle 1	27	18	12	6	8	4	3	4	6
Triangle 2	18	12	8	6	12	9	16	9	12

b) Dans chaque cas, tu connais l'amplitude de deux angles de deux triangles. Ceux-ci sont-ils semblables ? Justifie ta réponse.

Triangle 1	70°	30°	60°	45°	50°	30°
Triangle 2	30°	70°	60°	75°	110°	30°

Appliquer

1 Les triangles ABC et A'B'C' sont semblables et k est le rapport de similitude. Complète le tableau ci-dessous.

		C_1	C_2	C_3	k
1	ABC	9	12	18	
	A'B'C'	6			
2	ABC		12		
	A'B'C'	20	16	12	
3	ABC	8	9	10	0,6
	A'B'C'				
4	ABC	4,4		2,4	
	A'B'C'		2,7	3,6	
5	ABC	5/3	2	7/5	3/4
	A'B'C'				
6	ABC	3/4		1/2	5/7
	A'B'C'		2/3		

		C_1	C_2	C_3	k
7	ABC		6		1/4
	A'B'C'	1,25		1	
8	ABC		3,9	2,4	
	A'B'C'	3,2		1,92	
9	ABC	21	16		2/3
	A'B'C'			10	
10	ABC	4	5		
	A'B'C'	7		14	
11	ABC	$2\sqrt{3}$	$\sqrt{6}$		$\sqrt{6}$
	A'B'C'			$2\sqrt{3}$	
12	ABC	$\sqrt{5}$	$2\sqrt{3}$		
	A'B'C'	$\sqrt{3}$		$\sqrt{2}$	

2 Les côtés du triangle XYZ mesurent 5 cm, 6 cm et 7 cm. Détermine les mesures des côtés du triangle X'Y'Z' semblable au triangle XYZ et dont le périmètre mesure 27 cm.

Construire des triangles semblables

3 Dans chaque cas, on donne un triangle ABC et deux sommets d'un triangle A'B'C' qui lui est semblable. En n'effectuant aucune mesure, construis le triangle A'B'C'.

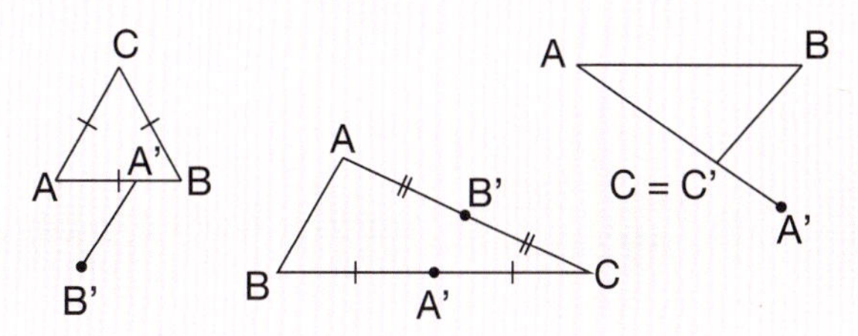

4 Construis un triangle isocèle dont la base mesure 6 cm et dont les angles à la base ont une amplitude de 50°. Construis un triangle qui lui est semblable avec un rapport de similitude égal à 3/4.

5 Construis un triangle rectangle dont l'hypoténuse mesure 6 cm et dont un angle aigu a une amplitude de 25°. Construis un triangle qui lui est semblable et dont l'hypoténuse mesure 9 cm. Que vaut le rapport de similitude ?

6 Les côtés de l'angle droit d'un triangle rectangle mesurent 3 cm et 4 cm. Détermine les dimensions des triangles qui lui sont semblables et dont un des côtés mesure 6 cm. Construis ces triangles.

Démontrer la similitude de deux triangles

7 En utilisant les renseignements fournis, précise si les triangles proposés sont semblables et justifie. Si cela est possible, détermine le rapport de similitude.

a) ABC et DCA avec AD // BC

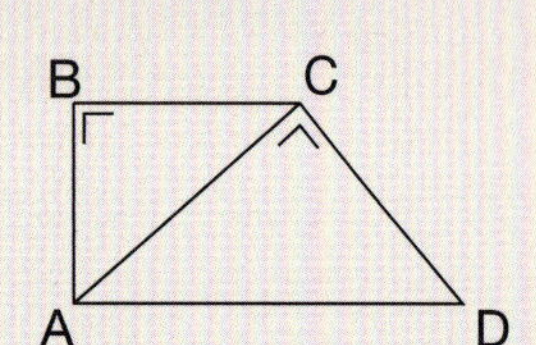

b) ABC et ADE avec BC // DE

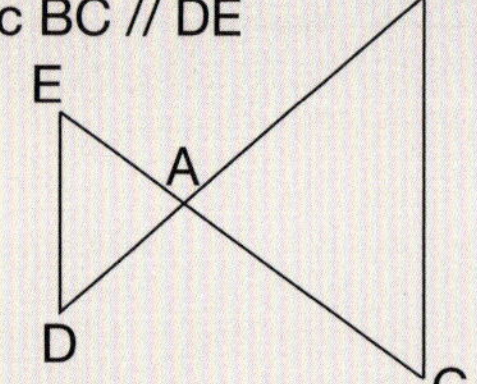

c) ABC et DEF

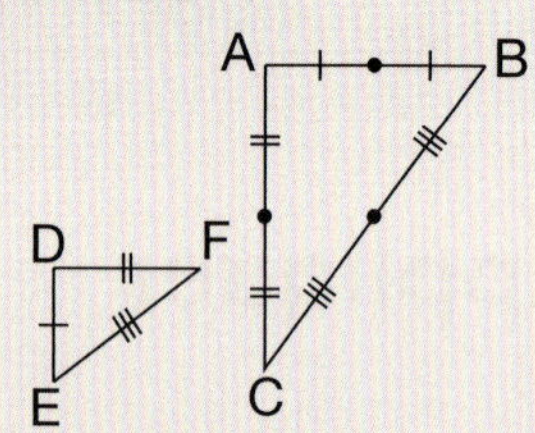

d) ABC et XYZ avec BC // YZ

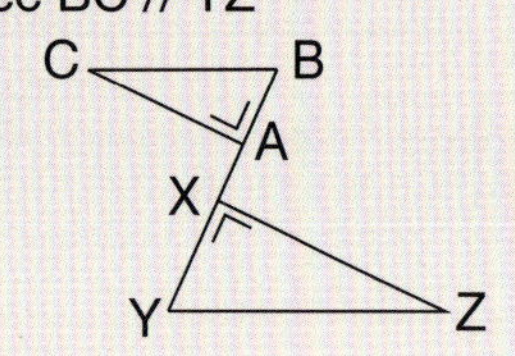

e) ABC et AED

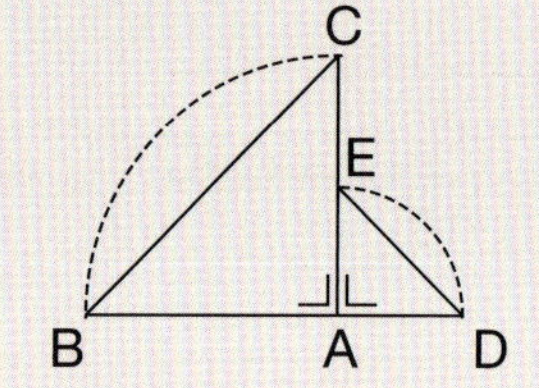

f) ABR et QDA avec AB // DQ et AD // BC

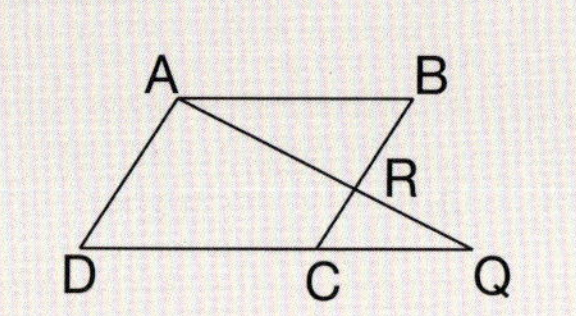

g) XYC et VZC

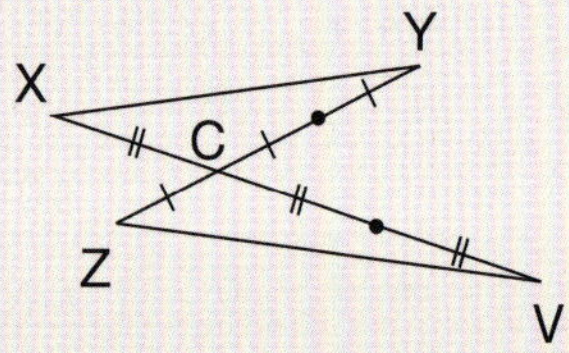

h) XCZ et VCY

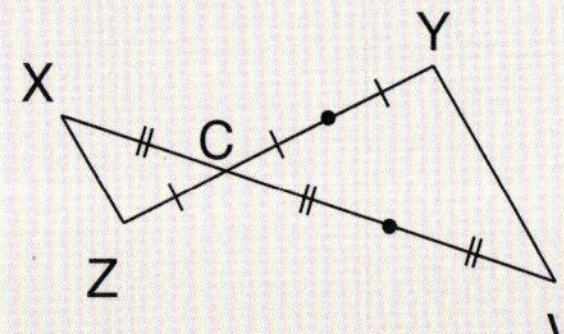

i) BCX et AZX

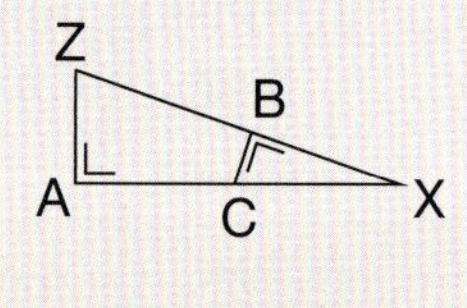

8 Trace un trapèze ABCD et ses deux diagonales. Détermine deux triangles semblables et démontre leur similitude.

9 On considère un triangle ABC, la hauteur [AD] de ce dernier et le diamètre [AE] du cercle circonscrit à celui-ci. Démontre que les triangles ADB et ACE sont semblables.

Démontrer une égalité

10 Trace un triangle ABC et sa médiane [AM]. Une droite parallèle à [BC] rencontre [AB], [AM] et [AC] respectivement aux points E, H et F. Démontre que $|EH| = |HF|$.

11 En utilisant les renseignements fournis, démontre l'égalité proposée.

a) $\frac{|AB|}{|AD|} = \frac{|BC|}{|DE|}$ sachant que les cercles sont concentriques en A.

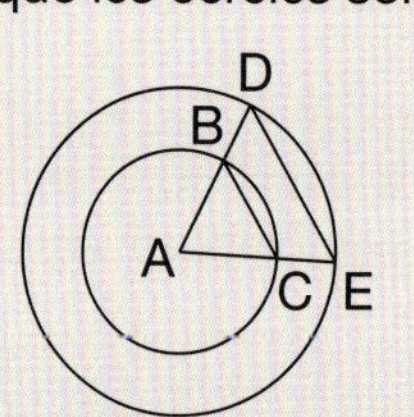

b) $|AB| . |DE| = |BC| . |FD|$ sachant que BC // ED et AB // DF

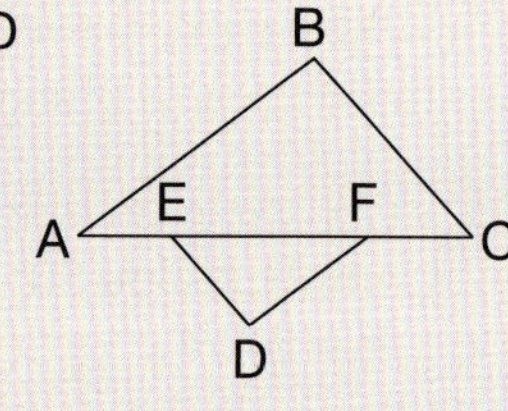

c) $|DC| . |DF| = |AD| . |CA|$, sachant que ABCD est un rectangle, que $|AD| = 2 . |AF|$ et que $|DC| = 4 . |AF|$.

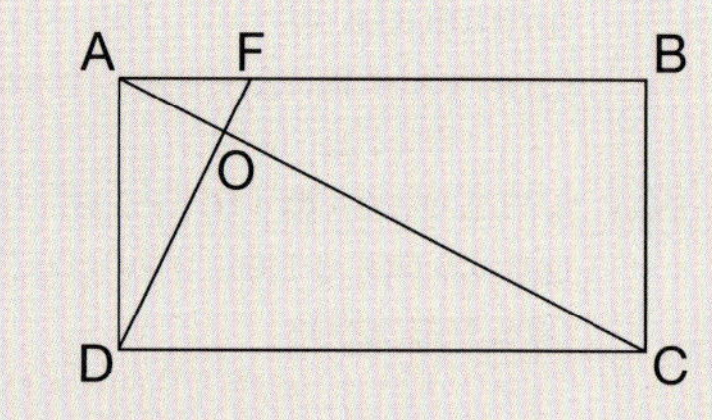

12 Dans un parallélogramme ABCD, une droite d passant par A coupe la diagonale [BD] en M, le côté [BC] en N et le prolongement du côté [DC] en P.
Démontre que : $|MA|^2 = |MN| . |MP|$.

13 Dans le parallélépipède rectangle ci-contre, on a construit les triangles LJI et BKC. Démontre que $|\widehat{LJI}| = |\widehat{BKC}|$.

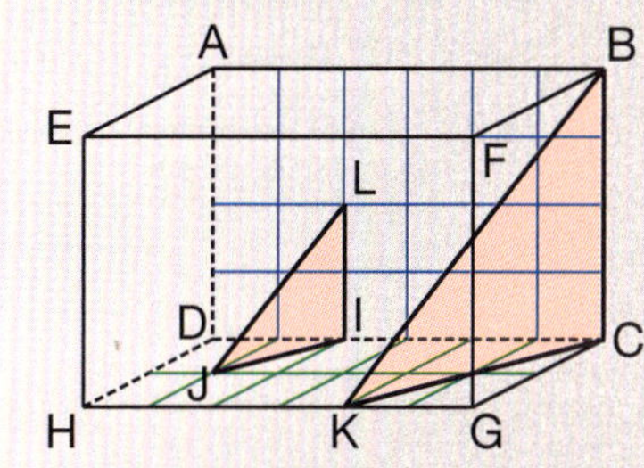

Démontrer le parallélisme de côtés

14 Construis un triangle ABC; nomme M le milieu de [AB], N le milieu de [BC] et P le milieu de [AC].
a) Démontre que la longueur du segment [MP] vaut la moitié de celle du côté [BC] et que ceux-ci sont parallèles.
b) Démontre que les triangles ABC et NPM sont semblables.

15 Dans une pyramide à base triangulaire, on construit un triangle dont les sommets sont les milieux des arêtes latérales de la pyramide. Démontre que ce triangle est dans un plan parallèle à la base.

16 Construis un parallélogramme ABCD. Place le point F au milieu de la diagonale [AC] et le point E au milieu du côté [AD]. Démontre que EF // AB.

Utiliser les propriétés métriques du triangle rectangle

17 Construis un segment de longueur x, moyenne géométrique des longueurs des deux segments [AB] et [BC] avec $|AB| = 4$ cm et $|BC| = 5$ cm.

18 Construis deux segments de mesures a et b dont la somme de leurs mesures est 13 cm et dont leur moyenne géométrique est 6 cm.

19 Construis un triangle ABC rectangle en B avec $|AC| = 6{,}5$ cm et $|AB| = 6$ cm. Par le sommet A, trace la perpendiculaire à [AC] qui coupe BC en D.
a) Prouve que les triangles ABC et DAC sont semblables.
b) Calcule les dimensions du triangle DAC.

Transférer

1 Afin de calculer la hauteur d'un sapin, Jean dépose un miroir (M) sur le sol et s'éloigne de celui-ci jusqu'à ce qu'il y aperçoive le sommet du sapin. Si tu sais que Jean a placé le miroir à 2,70 m du sapin, qu'il se situe à 1,22 m du miroir et que ses yeux sont à une hauteur de 1,66 m, quelle est la hauteur du sapin ?

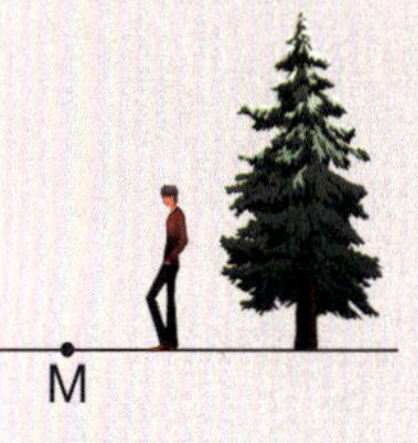

2 Le plan ci-contre représente une coupe transversale d'une bergerie.
Quelle est la hauteur sous toiture à son entrée ([DE]) si les deux pans du toit ont la même inclinaison ?

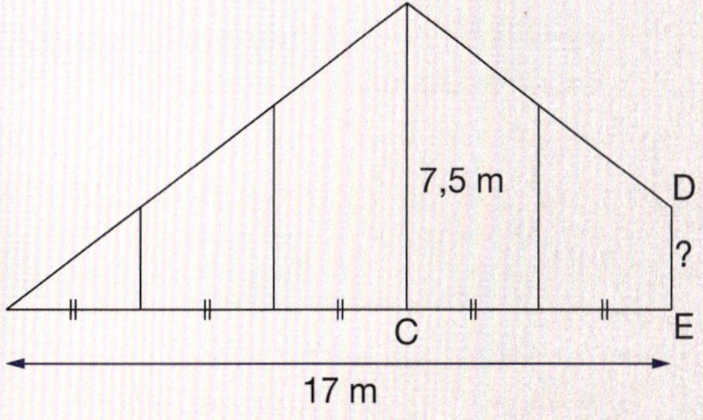

3 En plaçant une équerre à hauteur de ses yeux, c'est-à-dire à 1,80 m du sol supposé horizontal, le regard de Christophe longe l'hypoténuse de celle-ci et il aperçoit le sommet d'un pylône lorsqu'il est placé à 45 m de ce dernier.

a) Sachant que l'équerre est positionnée comme indiqué ci-contre, calcule la hauteur du pylône.

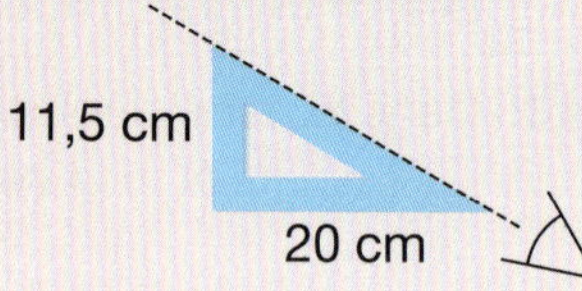

b) À quelle distance de celui-ci Christophe devrait-il se placer pour apercevoir le sommet du pylône en tenant l'équerre dans l'autre sens ?

4 Un professeur de mathématique met ses élèves au défi de calculer la hauteur de leur bâtiment scolaire à l'aide d'un mètre ruban et d'un manche de brosse d'1,25 m. Le premier groupe a placé son bâton verticalement de façon à ce que l'extrémité de l'ombre de celui-ci coïncide avec celle du bâtiment. Le deuxième groupe a placé son bâton verticalement à l'extrémité de l'ombre du bâtiment.
Les mesures prises par les deux groupes sont reprises ci-dessous. Montre que les deux techniques sont valables pour déterminer la hauteur du bâtiment. (On suppose que les rayons du soleil sont parallèles.)

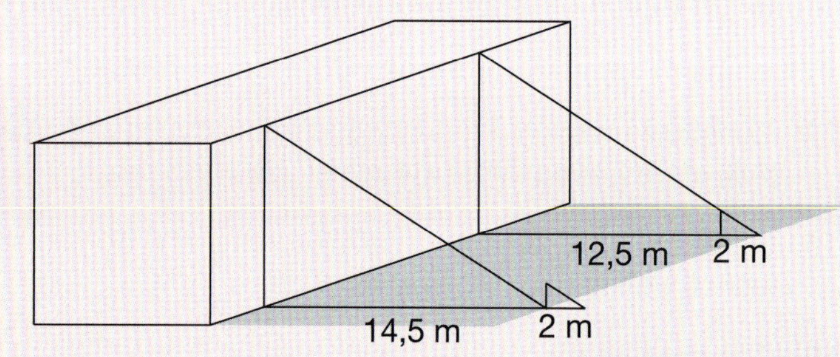

5 Détermine le volume du cône dont est issu le tronc ci-dessous.

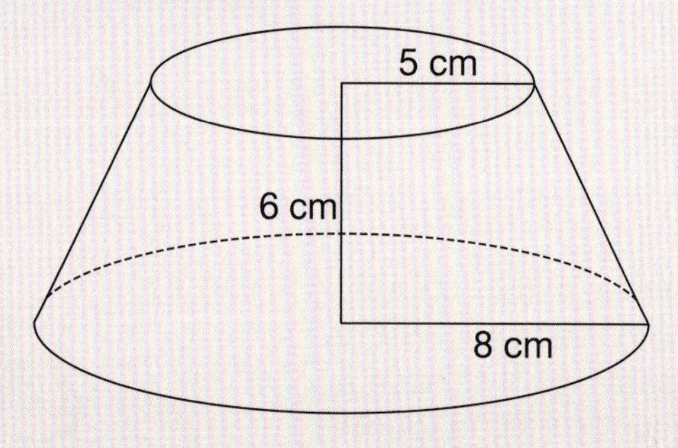

6 Mathieu a posé une lampe à gaz sous un arceau en forme de demi-cercle dans sa tente igloo.
Sachant qu'elle se situe à 80 cm d'une extrémité de l'arceau et à 1 m 70 de l'autre extrémité, à quelle hauteur se situe la toile juste au-dessus de la lampe ?

7 Dans son chalet de vacances, Nicolas voudrait placer une porte vitrée carrée comme l'indique le schéma ci-contre. Quelles seraient les dimensions de cette porte si tu sais que les pans du toit sont perpendiculaires ?

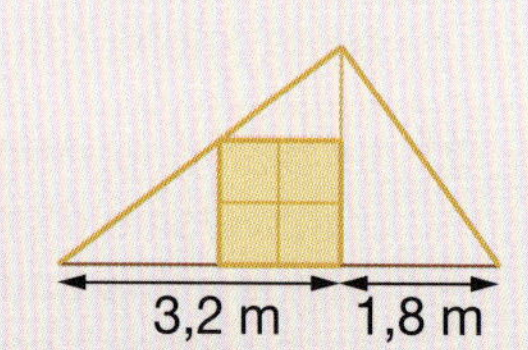

Chapitre 9 Fractions algébriques

Activité 1 • Notion de fraction algébrique

1 a) Quelle fraction du carré la surface colorée occupe-t-elle ?

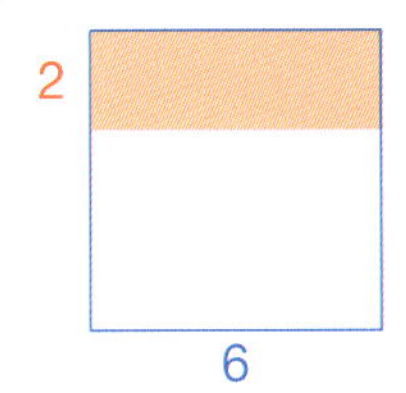

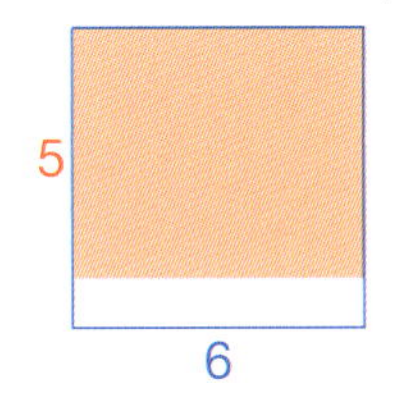

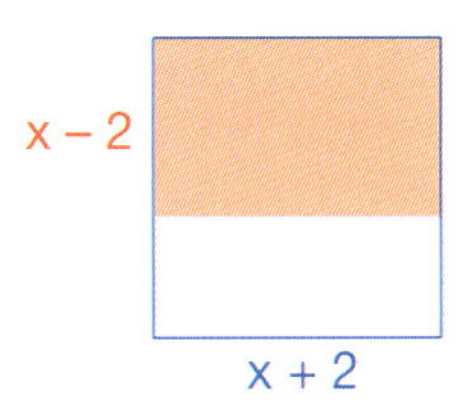

291 A

b) Dans la troisième figure, pour quelle(s) valeur(s) de x la surface colorée occupe-t-elle la moitié du carré ? le tiers ?

$x = 2$ $\quad$ $x = 3$ $\quad$ $x = 4$ $\quad$ $x = 5$ $\quad$ $x = 6$

2 a) Calcule les valeurs numériques des fractions suivantes pour

$x = 0$, $x = 1$, $x = -1$, $x = 2$, $x = -2$, $x = 3$ et $x = -3$.

$$\frac{x}{x-4} \; ; \; \frac{5x-1}{x^2-4} \; ; \; \frac{-3}{4x} \; ; \; \frac{x^2-x}{x-1} \; ; \; \frac{x}{x^2-2x} \; ; \; \frac{4}{x^2-5x}$$

$$\frac{-2x}{x^2-2x+1} \; ; \; \frac{x}{x^2+4} \; ; \; \frac{6x-2}{9-x^2} \; ; \; \frac{5x-5}{4x-4} \; ; \; \frac{x^2+2x+1}{x+1} \; ; \; \frac{x+1}{2}$$

b) Pour quelle(s) valeur(s) de x proposées ci-dessus certaines de ces fractions ne représentent-elles pas un nombre réel ?

c) Pour quelle(s) autre(s) valeur(s) de x, ces fractions ne représenteraient-elles pas un nombre réel ?

d) Pour quelles fractions la détermination des valeurs numériques peut-elle se faire plus rapidement ? Explique.

Activité 2 • Condition d'existence d'une fraction algébrique

1 Pour quelle(s) valeur(s) de x cette fraction ne représente-elle pas un nombre réel ?

$$\frac{12}{x^3-25x}$$

$x = 0$; $x = 1$; $x = -1$; $x = 2$; $x = -2$; $x = 3$; $x = -3$;
$x = 4$; $x = -4$; $x = 5$; $x = -5$; $x = 6$; $x = -6$

Vérifie ta (tes) réponse(s) en résolvant l'équation $x^3 - 25x = 0$.

2 Trouve l'éventuelle condition d'existence des fractions ci-dessous.

a) $\frac{3x}{x+5}$ $\frac{-5x}{3x-6}$ $\frac{5x+2}{2x-3}$ $\frac{3x}{3x+1}$ $\frac{3x-7}{3x-4}$ $\frac{x-4}{7}$ $\frac{5}{x}$ $\frac{3}{-2x}$

b) $\frac{x-4}{x\,.\,(x+4)}$ $\frac{x-2}{3x-6x^2}$ $\frac{3}{x-x^2}$ $\frac{-7}{x^2+x}$

c) $\frac{5x+1}{x^2-9}$ $\frac{3x}{x^2-25}$ $\frac{3+x}{x^2+16}$ $\frac{x-1}{-x^2-25}$ $\frac{x^2-1}{2x^3-8x}$ $\frac{x}{16x-x^3}$ $\frac{2x}{3+x^2}$ $\frac{x+1}{3-3x^2}$

d) $\frac{4x}{x^2-2x+1}$ $\frac{6+x}{9+12x+4x^2}$ $\frac{5}{2x^2+12x+18}$ $\frac{x^3}{18x^2+50-60x}$

e) $\frac{3x-2}{x^3-3x-2}$ $\frac{-4}{x^3-x^2-4x+4}$ $\frac{-2}{x^2+2x-15}$ $\frac{2x}{11x-4x^2-6}$

Remarque pour les activités suivantes

Pour certains exercices, il est indispensable d'émettre la condition d'existence. Pour d'autres, si la condition d'existence n'est pas demandée, les dénominateurs des fractions rencontrées seront supposés non nuls.

Activité 3 • Simplification de fractions algébriques

1 a) Si possible, rends les fractions ci-dessous irréductibles en faisant apparaître ton raisonnement.

$\frac{45}{75}$ $\frac{27}{18}$ $\frac{30}{70}$ $\frac{55}{42}$ $\frac{15}{5}$ $\frac{12}{48}$ $\frac{108}{72}$ $\frac{375}{150}$ $\frac{99}{66}$ $\frac{42}{70}$ $\frac{200}{150}$ $\frac{68}{85}$

b) Simplifie et calcule.

$\frac{5^6}{5^4}$ $\frac{3^2}{3^5}$ $\frac{2^3\,.\,3^2}{2\,.\,3^3}$ $\frac{3^4\,.\,10^2}{3^3\,.\,10^7}$ $\frac{2^6\,.\,3^4\,.\,5^4}{2^6\,.\,3\,.\,5^5}$ $\frac{3\,.\,5^3\,.\,7}{5^4\,.\,7^2}$ $\frac{2^5\,.\,5^2\,.\,11}{2^3\,.\,5\,.\,11^3}$

c) Simplifie.

$\frac{a^7}{a^5}$ $\frac{x^3}{x^6}$ $\frac{ab^5}{a^3b^2}$ $\frac{-ax^2}{a^3x}$ $\frac{-abc}{a^6b^2c}$ $\frac{15x}{5x^3y}$ $\frac{-4a^3b^2}{16a^2b^2}$

d) Calcule le plus rapidement possible.

$\frac{44\,.\,5}{4\,.\,5}$ $\frac{44+5}{4+5}$ $\frac{100+7}{114-7}$ $\frac{3\,.\,(5+2)}{6\,.\,(3+4)}$ $\frac{50-2}{25-1}$ $\frac{7\,.\,(5-1)}{3\,.\,4}$

$\frac{2\,.\,10}{3\,.\,30}$ $\frac{28\,.\,5}{15\,.\,7}$ $\frac{3\,.\,(8-4)}{4\,.\,(6-3)}$ $\frac{3\,.\,7}{4+3}$ $\frac{4+5}{4\,.\,5}$ $\frac{9\,.\,6}{3}$

e) Si possible, réduis et rends les fractions ci-dessous irréductibles.

(1) $\frac{5a+2a}{7}$ $\frac{6a+a}{6}$ $\frac{11x+5x}{18}$ $\frac{2b+6b}{8}$ $\frac{5a+6x}{5}$ $\frac{a+2b}{4}$

(2) $\frac{2 \, . \, (a+b)}{4}$ $\frac{3 \, . \, (a+b)}{a+b}$ $\frac{8 \, . \, (x+5)}{2 \, . \, (x+5)}$ $\frac{(2-x)}{5 \, . \, (2-x)}$ $\frac{8 \, . \, (a+5)}{4a}$ $\frac{(x+5)}{2 \, . \, (x-5)}$

(3) $\frac{5a+5b}{a+b}$ $\frac{5a+10}{10}$ $\frac{20}{4a+2b}$ $\frac{2a}{a^2+ab}$ $\frac{14a^2+21a}{14a}$ $\frac{2b^2+2b}{12b-4b^2}$

C

f) Comment simplifier une fraction algébrique dont le dénominateur est non nul ?

2 Simplifie, si possible, les fractions ci-dessous.

$\frac{3x+4}{4+3x}$ $\frac{3x+4}{3x-4}$ $\frac{-3x-4}{3x+4}$ $\frac{3x-4}{4-3x}$ $\frac{(3x-4)^2}{(4-3x)^2}$

3 Simplifie les fractions suivantes après avoir déterminé leur condition d'existence.

a) $\frac{-3a}{5a^2}$ $\frac{5a^2}{25a^2}$ $\frac{32x}{24x^3}$ $\frac{-12a^4}{6a^3}$ $\frac{5 \, . \, (x+2)}{10 \, . \, (2+x)}$ $\frac{3x-4}{2 \, . \, (4-3x)}$

b) $\frac{3x-6}{x^2-4}$ $\frac{2x+6}{4x+12}$ $\frac{x^2-3x}{x^2-9}$ $\frac{x^2-8x+16}{x^2-16}$ $\frac{4x-4}{5-5x}$

$\frac{3x^2-3}{4+4x}$ $\frac{x^2-25}{25-5x}$ $\frac{x \, . \, (3x-1)}{6x-2}$ $\frac{4x^2 \, . \, (x^2-25)}{x^2+5x}$ $\frac{3x+6}{x \, . \, (x-2)}$

c) $\frac{3x^2+12x+12}{2x^2-8}$ $\frac{9x+6x^2+x^3}{2x+6}$ $\frac{2x^2+5x-3}{2x-1}$ $\frac{2x-8}{x^2-3x-4}$

$\frac{3-6x}{4x^2-4x+1}$ $\frac{x^2+3x+2}{x+1}$ $\frac{3x^2+12x+12}{x^2+5x+6}$ $\frac{3x^2-5x-2}{x^2+x-6}$

4 Simplifie les fractions suivantes après avoir déterminé leur condition d'existence. Compare ensuite celle-ci à celle de la fraction simplifiée. Tires-en une conclusion.

$\frac{2x-8}{2x^2-8}$ $\frac{3x+12}{x^2-16}$ $\frac{8-2x^2}{6+3x}$ $\frac{5x-10}{4-x^2}$

9

Activité 4 • Produit et quotient de fractions algébriques

1 a) Effectue et rends les fractions ci-dessous irréductibles.

$\frac{3}{4} \cdot \frac{21}{2}$ $\frac{25}{6} \cdot \frac{24}{15}$ $\frac{15}{4} \cdot \frac{3}{25}$ $\frac{12a}{8} \cdot \frac{4}{a}$

$\frac{x+3}{16} \cdot \frac{8x}{x+3}$ $\frac{x-3}{15} \cdot \frac{5x}{3-x}$ $\frac{25}{2a-2b} \cdot \frac{3a-3b}{35}$ $\frac{x^2-4}{3} \cdot \frac{4x}{x^2+2x}$

3 D1

b) Comment multiplier deux fractions algébriques ?

2 Effectue les produits ci-dessous.

a) $\frac{3a}{12} \cdot \frac{5}{2a}$

$\frac{-2x}{5} \cdot \frac{-5}{6x}$

$\frac{3b}{5x} \cdot \frac{15x^3}{b^4}$

$\frac{-6b^3}{5a} \cdot \frac{-10a}{9b^2}$

b) $\frac{x+4}{3} \cdot \frac{5}{x+4}$

$\frac{x-3}{2} \cdot \frac{5}{3-x}$

$\frac{2x+4}{5} \cdot \frac{15}{3x+6}$

$\frac{12}{6-3x} \cdot \frac{2x-4}{26}$

c) $\frac{x^2-4}{3} \cdot \frac{5}{4x-8}$

$\frac{1+x}{x} \cdot \frac{3x^2}{x^2+2x+1}$

$\frac{9-4x^2}{x} \cdot \frac{3x-2x^2}{15+10x}$

$\frac{2x+2}{x-2} \cdot \frac{6x-3}{x^2+3}$

d) $\frac{1}{2a^2-8} \cdot (2a^2-4a)$

$5x^3 \cdot \frac{25x^2-4}{10x-25x^2}$

$\frac{2-4a}{4a^2-1} \cdot \frac{1+2a}{a^2-4a+4}$

$\frac{(a-3)^2}{4a^2-9} \cdot \frac{9+4a^2-12a}{(3-a)^2}$

e) $\frac{a^2-9}{4a+10} \cdot \frac{4a}{a^2-6a+9}$

$\frac{x^2-3x-40}{x^2-x-6} \cdot \frac{x-3}{x+5}$

$\frac{x^2+3x+2}{2-x} \cdot \frac{x^2-4}{x^2+x}$

$\frac{x^2-9}{x+2} \cdot \frac{2x+4}{x^3-3x^2-x+3}$

3 Effectue les quotients ci-dessous.

a) $\frac{x}{2} : \frac{3x}{4}$

$\frac{-5}{7a} : \frac{10}{2a^2}$

$\frac{1}{a^3} : \frac{1}{a}$

$\frac{4a^3}{c^4} : \frac{6a}{c}$

$\frac{-2x}{5y} : \frac{-6x^2}{y^2}$

b) $\frac{15x}{7} : 3$

$\frac{5x}{3} : 2$

$3a : \frac{24a}{5}$

$x : \frac{10}{x}$

$\frac{10x^2}{7} : x$

c) $\frac{3a-3}{a-2} : \frac{a^2-1}{3a-6}$

$\frac{2a-5}{4a^2} : \frac{25-4a^2}{6a}$

$\frac{x^2-3x}{x+3} : \frac{x}{x^2-9}$

$\frac{3a+1}{6a^2-2a} : \frac{1}{9a^2-6a+1}$

$\frac{4-4x}{8} : (x^2-1)$

d) $\dfrac{\frac{a+2}{a^2-9}}{\frac{a^2-4}{a+3}}$

$\dfrac{\frac{3-6y}{4y^2-1}}{3}$

$\dfrac{\frac{x^2-4}{x-2}}{x+2}$

$\dfrac{x^2-4}{\frac{x-2}{x+2}}$

$\dfrac{\frac{-4x^3}{2x^2-50}}{\frac{6x}{2x-10}}$

e) $\frac{2x^2-9x+4}{2x-2} : \frac{16-x^2}{x^2-x}$

$\frac{x^2-9}{5x+15} : \frac{3x^2-8x-3}{15x+5}$

$\frac{2x^2-x-1}{2x+6} : \frac{2x+10}{6-3x}$

p.294

Activité 5 • Somme de fractions algébriques

1 a) Effectue et indique les étapes de ta démarche.

(1) $\frac{-5}{4}+\frac{3}{2}$ $\frac{-2}{x}+\frac{1}{x^3}$ $3-\frac{6}{5}$ $\frac{3}{x-2}+2$

(2) $\frac{-3}{5}+\frac{-13}{4}$ $\frac{3}{8}+\frac{5}{a}$ $\frac{3}{a}-\frac{2}{b}$ $\frac{2}{5a}+\frac{2}{3}$ $\frac{-3}{x+2}+\frac{2}{x-1}$ $\frac{x-1}{x}-\frac{2x+3}{x+2}$

(3) $\frac{5}{6}-\frac{2}{15}$ $\frac{2}{ab}-\frac{5}{bc}$ $\frac{-3}{a^2b}+\frac{1}{ab^5}$ $\frac{3}{10ab}-\frac{2}{15bc}$

(4) $\frac{2}{5\,.\,(1-x)}+\frac{2}{3\,.\,(1-x)}$ $\frac{5}{12\,.\,(x-4)}-\frac{3}{8\,.\,(x-4)}$ $\frac{7x}{10\,.\,(x-1)}+\frac{2x}{15\,.\,(x-1)}$

(5) $\frac{2}{3-x}+\frac{3}{x-3}$ $\frac{3}{x-5}-\frac{5}{2\,.\,(5-x)}$ $\frac{-1}{6\,.\,(2x-3)}+\frac{-x}{4\,.\,(3-2x)}$

(6) $\frac{2}{3x-3}+\frac{4}{5x-5}$ $\frac{5}{3x-9}-\frac{1}{2x-6}$ $\frac{5}{2x^2-x}+\frac{x}{8x-4}$

(7) $\frac{-5}{65}-\frac{4a}{26a^2}$ $\frac{3x-6}{x^2-4}-\frac{x+1}{4x+4}$ $\frac{3x+3}{x^2-1}+\frac{4x}{2x-2}$

b) Comment déterminer le dénominateur commun de deux fractions algébriques irréductibles ?

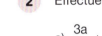

c) Comment réduire deux fractions algébriques irréductibles au même dénominateur ?

2 Effectue les sommes ci-dessous et réduis-les si possible.

a)
$\frac{3a}{2}+\frac{a}{5}$
$\frac{5x}{8}-\frac{3x}{4}$
$\frac{5}{c}-\frac{3}{c}$
$\frac{x}{2}+\frac{2}{x}$
$\frac{9}{9a}-\frac{28}{14a}$

b)
$\frac{5}{2a}+\frac{4}{3a}$
$\frac{3}{y^2}-\frac{2}{y}$
$\frac{1}{a}+\frac{1}{2a}+\frac{1}{3a}$
$\frac{3}{2a}-\frac{5}{3a^2}$
$\frac{55}{33x^2}-\frac{3}{6x}$

c)
$\frac{3}{5x^3}-2$
$\frac{4}{5b^2}+\frac{3}{10b^3}$
$\frac{2}{a^4}-\frac{5}{3a^2}$
$\frac{5}{a^2b}-\frac{2}{ab^2}$
$\frac{2a^2b^2}{a^4b^5}+\frac{3a^4}{5a^6b^3}$

d)
$\frac{5}{4a^3b^2}-\frac{7}{6ab^5}$
$\frac{5}{2a^3b}+\frac{1}{4ab^3}$
$\frac{2x}{15y^2}-\frac{3y}{5x^2}$
$\frac{5}{3a}-\frac{1}{4b}$
$\frac{10ab}{15a^2b^3}+\frac{4a^2b}{20a^4b^2}$

e)
$\frac{a+3}{2}+\frac{a-4}{3}$
$\frac{a+3}{3}+\frac{a-3}{a}$
$\frac{3a-5}{3}+\frac{a+2}{5a}$
$\frac{x+2}{4}-\frac{3x-1}{5}$
$\frac{a-3}{a}-\frac{a+4}{2a}$

f)
$\frac{5}{x+2}-3x$
$2x+\frac{5x}{x-5}$
$\frac{7}{2-x}-5x$
$x-\frac{3}{4-x}$
$5-\frac{2x}{x+1}$

g)
$\frac{3}{x\,.\,(x+2)}+\frac{-5}{2\,.\,(x+2)}$
$\frac{8}{3\,.\,(x-5)}-\frac{9}{2\,.\,(x-5)}$
$\frac{4-x}{15\,.\,(1-x)}+\frac{2}{25\,.\,(1-x)}$
$\frac{5}{18-6x}+\frac{3}{12-4x}$
$\frac{-3}{4x+8}-\frac{x-2}{6+3x}$

9

h) $\frac{15x-25}{10}+\frac{12+6x}{12}$

$\frac{44x}{22}+\frac{20}{10x+30}$

$\frac{a^2-b^2}{2a+2b}-\frac{6a-3b}{15}$

$\frac{x+3}{x^2+6x+9}-\frac{6x-18}{x-3}$

$\frac{2x+2}{2x-4}-\frac{x+2}{x^2-4}$

i) $\frac{4}{a-3}+\frac{5}{a-2}$

$\frac{5}{x+y}+\frac{2}{x}$

$\frac{a}{a+b}-\frac{b}{a-b}$

$\frac{3}{x-y}-\frac{5}{y-x}$

$\frac{2a}{a-1}-\frac{4a}{1-a}$

j) $\frac{-5}{x^2-1}+\frac{2}{x+1}$

$\frac{2}{a+b}-\frac{5}{a^2+ab}$

$\frac{5a}{2.(b-a)}+\frac{2a}{3.(a-b)}$

$\frac{2}{x-3}-\frac{x}{9-x^2}$

$\frac{2}{2x+2}+\frac{4x}{x^2-1}$

k) $\frac{10}{x^2+6x+9}-\frac{9}{3+x}$

$\frac{8}{2x+4y}+\frac{3}{x^2-4y^2}$

$\frac{3}{15+6a}+\frac{2a}{4a^2+25+20a}$

$\frac{x+2}{x^2-4}-\frac{x}{x^2-4x+4}$

$\frac{3a-5}{35-21a}+\frac{1+a}{21a+21}$

$\frac{6}{2x^2+4x+2}-\frac{6}{3+3x}$

Activité 6 • Opérations : exercices de synthèse

1 Voici des paires de polynômes.

a) $A(x) = (x+3)^2$ et $B(x) = x^2 - 9$
b) $A(x) = x^2 - 1$ et $B(x) = x^2 - x$
c) $A(x) = x^2 + 2x + 1$ et $B(x) = 1 - x^2$
d) $A(x) = 5 . (x-1)$ et $B(x) = 15 - 15x$
e) $A(x) = (x-5)^2$ et $B(x) = (5-x)^2$
f) $A(x) = (2-x) . (1+3x)$ et $B(x) = x^2 - 4x + 4$
g) $A(x) = 4x^2 + 12x + 9$ et $B(x) = -6x - 9$
h) $A(x) = x^2 + x - 6$ et $B(x) = 9 + x^2 + 6x$

Énonce la condition d'existence de la fraction algébrique $\frac{A(x)}{B(x)}$ et simplifie cette dernière.

2 Effectue et simplifie si possible.

a) $\frac{4}{2x^4}-\frac{1}{x^3}+4$

$\frac{5x}{x-2}-3x$

$\frac{-5a}{2}\cdot\frac{4}{25a^2}$

$\frac{3a^2b}{5c^2}:\frac{-9ab}{c^2}$

$\frac{4}{a-2}-\frac{a}{2-a}$

b) $\frac{x^2-6x+9}{2x}\cdot\frac{6x^2}{3x-9}$

$\frac{2a}{a-1}+\frac{a^2-2a}{a^2-1}$

$\frac{a^2-9}{2-a}:\frac{a^2+6a+9}{2a-4}$

$\frac{x+5}{x}-\frac{x-5}{2x}$

$\frac{4}{5x+10}\cdot\frac{2x-2}{x^2+4x+4}$

c) $\left(\frac{1}{x}+\frac{1}{3}\right)\cdot\frac{3x}{3+x}$

$5x\cdot\left(\frac{1}{x}-\frac{1}{5}\right)$

$\frac{4}{3a}+\frac{5a+2}{2a}+\frac{5}{6}$

$\left(\frac{1}{9}-\frac{1}{b^2}\right):\left(\frac{1}{3}-\frac{1}{b}\right)$

$\left(\frac{a}{2}+\frac{2}{a}\right)\cdot\left(\frac{5a}{3}:3\right)$

d) $\dfrac{\dfrac{1}{5}-\dfrac{1}{x}}{\dfrac{1}{25}-\dfrac{1}{x^2}}$

$\dfrac{\dfrac{a+2}{4a}\cdot\dfrac{1}{a}}{\dfrac{1}{4}-\dfrac{1}{a^2}}$

e) $\dfrac{1}{x}\cdot\dfrac{x-2}{4}\cdot\dfrac{x}{x-2}$

$\dfrac{1}{x}:\dfrac{x-2}{4}-\dfrac{x}{x-2}$

$\left(\dfrac{1}{x}+\dfrac{x-4}{4}\right)\cdot\dfrac{x}{x-2}$

$\dfrac{1}{x}+\dfrac{x-2}{4}\cdot\dfrac{x}{x-2}$

f) $\dfrac{x^2-16}{2x-8}\cdot\dfrac{4x+16}{x^2+8x+16}$

$\dfrac{x^2-16}{2x-8}:\dfrac{4x+16}{x^2+8x+16}$

$\dfrac{x^2-16}{2x-8}+\dfrac{4x+16}{x^2+8x+16}$

$\dfrac{x^2-16}{2x-8}-\dfrac{4x+16}{x^2+8x+16}$

Activité 7 • Équations fractionnaires

1 Observe les segments [AB], [BC] et [AC] ci-dessous.

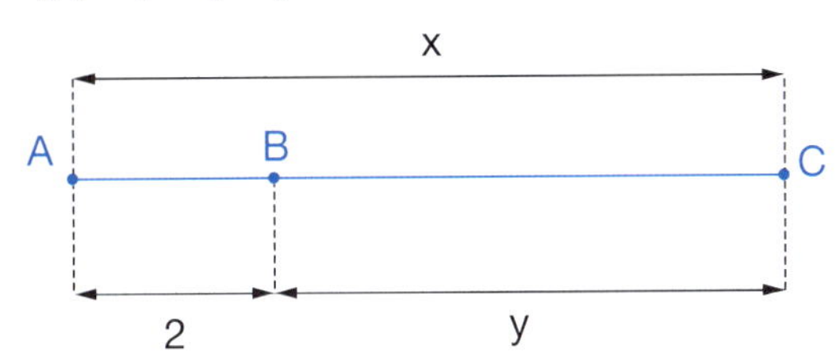

a) Exprime y en fonction de x.

b) Pour quelle valeur de x le rapport $\dfrac{y}{x}$ est-il égal à $\dfrac{3}{5}$?

c) Pour quelle valeur de x le rapport $\dfrac{x}{y}$ est-il égal à $\dfrac{5}{4}$?

2 Résous chaque équation après avoir énoncé la condition d'existence des fractions qui la composent.

a) $\dfrac{5}{x}=\dfrac{3}{2}$

$\dfrac{-3}{4}=\dfrac{2}{x}$

$\dfrac{3}{x-1}=\dfrac{2}{2-3x}$

$\dfrac{3}{x+2}=\dfrac{2}{x+1}$

$\dfrac{4}{2-x}=\dfrac{-3}{1+x}$

$\dfrac{4x}{x}+x=5$

$\dfrac{-x-2}{x^2-4}=\dfrac{1}{4}$

b) $\dfrac{x}{3}=\dfrac{12}{x}$

$\dfrac{-1}{x}=\dfrac{-x}{4}$

$\dfrac{2}{x+1}=\dfrac{x+4}{2}$

$\dfrac{1}{x+1}=\dfrac{x-1}{4x-5}$

$\dfrac{3x-1}{x+1}=\dfrac{9x}{3x+1}$

$\dfrac{x+1}{2x-3}=\dfrac{2x+3}{-9}$

$\dfrac{x^2-4x+4}{x^2-4}=\dfrac{x-2}{x+1}$

c) $\dfrac{3}{x}+\dfrac{2}{x+1}=\dfrac{1}{x}$

$\dfrac{2x-1}{x-1}+\dfrac{2}{x+1}=\dfrac{2x^2}{x^2-1}$

$\dfrac{2x+1}{1-x}=\dfrac{1-2x}{3+x}$

$\dfrac{x}{x+4}+\dfrac{x}{4-x}=\dfrac{1}{x^2-16}$

$\dfrac{4x}{x^2}-\dfrac{2x}{2x-2}=\dfrac{-x^2}{x^2-x}$

$\dfrac{x^2-1}{x^2+2x+1}+\dfrac{1}{x+1}=\dfrac{1-x}{x^2-1}$

$\dfrac{x}{x+3}-\dfrac{x}{x-3}=\dfrac{18}{x^2-9}$

9

Activité 8 • Problèmes

1 Si on soustrait un même nombre entier au numérateur et au dénominateur de la fraction $\frac{5}{6}$, on obtient $\frac{13}{12}$. Que vaut ce nombre ?

2 Si on soustrait un nombre entier au numérateur de la fraction $\frac{5}{7}$ et si on ajoute le même nombre entier à son dénominateur, on obtient $\frac{1}{3}$. Trouve ce nombre.

3 Si on ajoute un nombre entier au numérateur de la fraction $\frac{17}{19}$ et si on soustrait le même nombre entier à son dénominateur, on obtient $\frac{7}{5}$. Trouve ce nombre.

4 Quels sont les nombres qui, diminués de 3 puis divisés par 10, valent leur inverse ?

5 Le numérateur d'une fraction dépasse le dénominateur de 400. Si on ajoute 6 aux deux termes, la fraction obtenue est égale à 2. Quelle est la fraction initiale ?

6 On divise successivement le nombre 6 par un nombre naturel non nul et son consécutif. Pour quelle(s) valeur(s) de ce naturel la somme des deux quotients obtenus vaut-elle 5 ?

7 Détermine, dans chaque cas, la valeur de x si tu sais que les triangles sont semblables.

a)

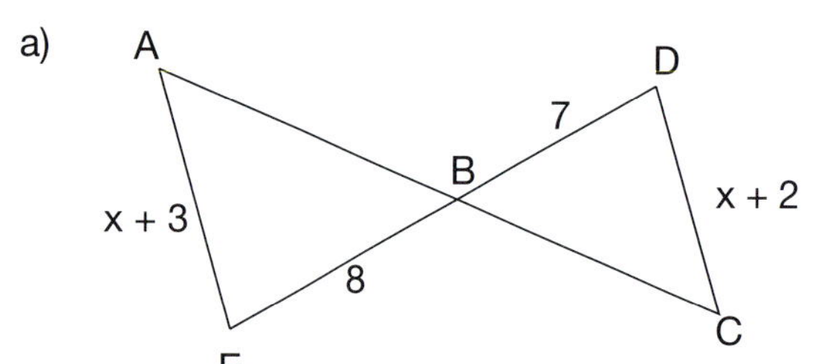

b)

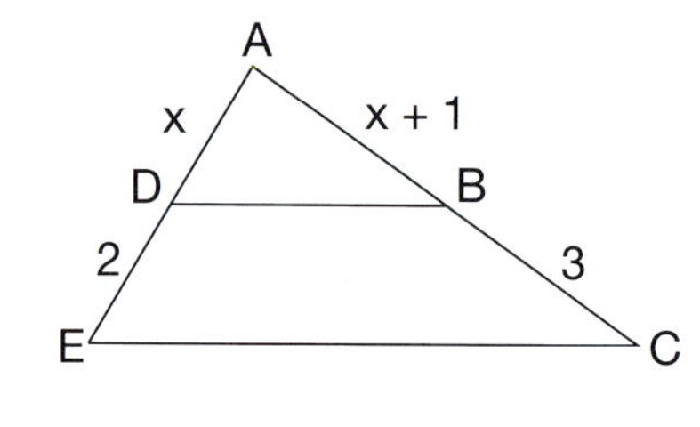

8 Détermine l'amplitude de chacun des angles de ce triangle.

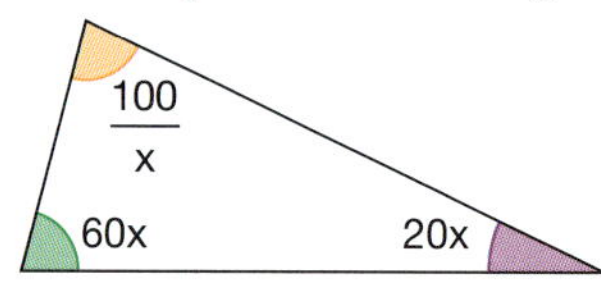

9 On donne la largeur (l) et l'aire (A) d'un rectangle. Détermine sa longueur et écris-la sous la forme d'une expression réduite. Ensuite, détermine pour quelle(s) valeur(s) de x le rapport entre la largeur et la longueur du rectangle vaut $\frac{3}{4}$.

a) $l = x + 2$ et $A = 2x^2 - 8$

b) $l = x - 1$ et $A = x^2 + 6x - 7$

Connaître

1 Retrouve les propositions qui font partie de la condition d'existence des fractions algébriques ci-dessous.

$\frac{3x}{x-5}$	$\frac{x+4}{2x+6}$	$\frac{x}{x^2-4}$	$\frac{5}{x^3+2x^2+x}$	$\frac{1-x}{3x-x^2}$	$\frac{x+4}{50-2x^2}$
$x \neq 0$	$x \neq -4$	$x \neq 0$	$x \neq 5$	$x \neq 3$	$x \neq 5$
$x \neq 3$	$x \neq -3$	$x \neq -2$	$x \neq 0$	$x \neq 1$	$x \neq 25$
$x \neq -5$	$x \neq -2$	$x \neq 2$	$x \neq -1$	$x \neq -3$	$x \neq -5$
$x \neq 5$	$x \neq 0$	$x \neq 4$	$x \neq 1$	$x \neq 0$	$x \neq 0$

2 Pour chaque fraction ci-dessous, retrouve sa forme simplfiée correcte.

$\frac{2x-6}{4}$	$\frac{x^2}{x^5}$	$\frac{5x}{2x}$	$\frac{25-x^2}{5-x}$	$\frac{1-x}{x-1}$	$\frac{x^2-x}{x}$
$\frac{x-6}{2}$	x^3	$3x$	$5-x$	-1	$1-x$
$\frac{2x-3}{2}$	$\frac{1}{x^3}$	3	$5+x$	1	$x-1$
$\frac{x-3}{2}$	$\frac{x}{x^3}$	$\frac{5}{2}$	$\frac{1}{5+x}$	0	x

3 Parmi les couples de fractions ci-dessous, quels sont ceux qui représentent une fraction et sa forme simplifiée ? Justifie.

a) $\frac{x}{x+3}$ et $\frac{1}{3}$
b) $\frac{2x}{6x-2}$ et $\frac{x}{3x-1}$
c) $\frac{4x^2y}{8xy^2}$ et $\frac{x}{4y}$
d) $\frac{6+x}{6+x}$ et 0
e) $\frac{x-5}{5-x}$ et -1
f) $\frac{2x-2}{4}$ et $\frac{x-2}{2}$

4 Associe chaque quotient au produit correspondant et à son résultat.

Quotients	$\frac{x+1}{3} : \frac{x+1}{6}$	$\frac{3}{x+1} : \frac{1}{x+1}$	$\frac{x+1}{3} : \frac{6}{x+1}$	$\frac{x+1}{3} : \frac{1}{3}$
Produits	$\frac{3}{x+1} \cdot (x+1)$	$\frac{x+1}{3} \cdot 3$	$\frac{x+1}{3} \cdot \frac{6}{x+1}$	$\frac{x+1}{3} \cdot \frac{x+1}{6}$
Résultats	$x+1$	2	3	$\frac{(x+1)^2}{18}$

5 Détermine l'opération par laquelle on obtient le résultat proposé.

$\frac{x+1}{2x}$ ...... $\frac{x+1}{3} = \frac{x^2+2x+1}{6x}$

$\frac{x+1}{2x}$ ...... $\frac{x+1}{3} = \frac{2x^2+5x+3}{6x}$

$\frac{x+1}{2x}$ ...... $\frac{x+1}{3} = \frac{3}{2x}$

9

6 Sans effectuer, détermine les produits égaux à 1 ou à –1.

$(x-3) \cdot \dfrac{1}{x-3}$ $\quad (x-1) \cdot \dfrac{x-1}{(1-x)^2}$ $\quad \dfrac{x^2-9}{3} \cdot \dfrac{3}{(x-3) \cdot (x+3)}$ $\quad \dfrac{3x+1}{3x-1} \cdot \dfrac{1-3x}{1+3x}$

$x-3 \cdot \dfrac{1}{x-3}$ $\quad \dfrac{-2}{(x-3)^2} \cdot \dfrac{(3-x)^2}{2}$ $\quad \dfrac{3x+1}{3x+1} \cdot \dfrac{2x+1}{1+2x}$ $\quad \dfrac{x-1}{x+1} \cdot \dfrac{1+x}{1-x}$

7 Dans chaque cas, détermine le PPCM des deux expressions.

$3a$ et a^2 $\quad (2x-4)$ et $(3x-6)$ $\quad (x-5)$ et $2 \cdot (x-5)$ $\quad (x+2)^2$ et $(x+2)$

$(x-1)$ et $(x+3)$ $\quad (x+2)$ et x $\quad (x^2-1)$ et $(x+1)$ $\quad (x-3)^2$ et $(3-x)^2$

8 Pour chaque opération, retrouve la réponse correcte.

$\dfrac{4}{x} \cdot \dfrac{4}{x}$	$\dfrac{8}{2x}$	1	$\dfrac{16}{x^2}$	0
$\dfrac{4}{x} : \dfrac{4}{x}$	0	$\dfrac{16}{x^2}$	1	$\dfrac{x^2}{16}$

$\dfrac{x+1}{3} : (x+1)$	3	$\dfrac{(x+1)^2}{3}$	$\dfrac{1}{3}$	$\dfrac{3}{(x+1)^2}$
$\dfrac{x}{3} + \dfrac{3}{x}$	1	$\dfrac{x^2+9}{3x}$	$\dfrac{x+3}{3x}$	2

Appliquer

1 Énonce la condition d'existence des fractions ci-dessous.

a) $\dfrac{x}{x-7}$ $\quad \dfrac{5}{4-5x}$ $\quad \dfrac{3x}{2x+1}$ $\quad \dfrac{4+x}{4x}$

b) $\dfrac{2x-1}{5x^2-x}$ $\quad \dfrac{x-1}{2x^2+7x}$ $\quad \dfrac{4x}{2x^2+18}$ $\quad \dfrac{2x+1}{6x^2-3x^3}$

c) $\dfrac{4x^2}{9x^2-4}$ $\quad \dfrac{3}{2x^2-3x+1}$ $\quad \dfrac{2x-7}{x^2-6x+9}$ $\quad \dfrac{x^2}{x^3+3x^2+3x+1}$

2 Simplifie les fractions suivantes.

a) $\dfrac{3x-6}{4x-8}$ $\quad \dfrac{5x-5}{2-2x}$ $\quad \dfrac{6x^2-3x}{24x-12}$ $\quad \dfrac{x^2-x}{4x-4}$ $\quad \dfrac{3-6x}{1-4x^2}$ $\quad \dfrac{9x-x^3}{3x^2-27}$

b) $\dfrac{8x+4}{4x^2-1}$ $\quad \dfrac{x^2-9}{x^2-6x+9}$ $\quad \dfrac{2x^2-16x+32}{16-x^2}$ $\quad \dfrac{3x^2-2x}{6x-4}$ $\quad \dfrac{x^3-4x}{x^2+8x+16}$ $\quad \dfrac{4x^2-9}{4x^2-12x+9}$

c) $\dfrac{x-2}{-x^2+3x-2}$ $\quad \dfrac{x^2-x-6}{x+2}$ $\quad \dfrac{-10+5x}{x^3-x-6}$ $\quad \dfrac{x^2+2x-3}{3x^2-27}$ $\quad \dfrac{x^2-x}{2x^2+2x-4}$

3 Effectue les produits ci-dessous et réduis-les si possible.

a) $\dfrac{2a}{3bc} \cdot \dfrac{5b}{4a}$ $\quad \dfrac{a^3b^4}{c} \cdot \dfrac{2c}{b^4}$ $\quad \dfrac{2a}{5c} \cdot \dfrac{b^2c}{8a^3}$

b) $\dfrac{-3+x}{4y^5} \cdot \dfrac{6y^2}{x-3}$ $\quad \dfrac{2}{a+3} \cdot \dfrac{2a+6}{8}$ $\quad \dfrac{-6c}{4c-4} \cdot \dfrac{1-c}{-2}$

c) $\dfrac{4-2x}{x} \cdot \dfrac{-9x}{3x-6}$ $\quad \dfrac{5a-10}{1-a} \cdot \dfrac{2a+2}{8-4a}$ $\quad \dfrac{a^2-9}{4a^2} \cdot \dfrac{2a}{a-3}$

d) $\dfrac{a^2-2a+1}{-6a^3} \cdot \dfrac{3a^2}{3-3a}$ $\quad \dfrac{2a+4}{a+2} \cdot \dfrac{a^2-9}{a^2-6a+9}$ $\quad \dfrac{a^2-4}{2a-2} \cdot \dfrac{6a^2-12a+6}{3a^2+12a+12}$

4 Effectue les quotients ci-dessous et réduis-les si possible.

a) $\frac{3y^2}{x^3} : \frac{2y}{x^2}$

$\frac{6a^2}{b} : 3a$

$5a^2b : \frac{a^3}{b}$

b) $\frac{3+3a}{5a} : \frac{5a+5}{-10}$

$\frac{2c-3}{4c+4} : \frac{6-4c}{4}$

$\frac{2a-1}{16+4a} : \frac{2a+1}{8+2a}$

c) $\frac{(a-3)^2}{(a+3)^3} : \frac{a^2-9}{(a+3)^5}$

$\frac{4x+6}{4x^2-12x+9} : \frac{8}{4x^2-9}$

$(x^2-4x+4) : \frac{x^2-4}{-3}$

5 Effectue les sommes ci-dessous et réduis-les si possible.

a) $\frac{3a}{2} - \frac{a}{5}$

$1 + \frac{x-1}{3x}$

$\frac{2a}{3} - a$

$\frac{x-2}{x} - 2$

$x - \frac{4x}{3}$

$\frac{a}{3} - \frac{1}{a} + \frac{a}{2}$

b) $x + \frac{x^2}{2-x}$

$\frac{x-6}{x} + \frac{2x-3}{2}$

$\frac{x-1}{2} - \frac{x-1}{3}$

$\frac{2x}{x-2} - 1$

$\frac{x-2}{2x} + \frac{1}{x^2} - \frac{1}{2}$

$2x - \frac{x-2}{2} + 2$

c) $\frac{10-x}{5} + \frac{5-2x}{x}$

$\frac{x}{x+2} - \frac{x}{x-2}$

$1 - \frac{3}{x} + \frac{3x-1}{x^2}$

$x + 3 - \frac{x^2-3x+9}{x+3}$

$x^2 - \frac{x^3}{1+x}$

$\frac{x^2}{1+x} + 1 - x$

d) $\frac{7a}{2b^3} + \frac{2a}{5b^2}$

$\frac{3}{6x^3} - \frac{2}{9x^2} + \frac{1}{3x}$

$\frac{2}{5b^3c} + \frac{4}{3c^4}$

$\frac{7}{a^3b} - \frac{2}{ab} + \frac{1}{ab^3}$

$\frac{3}{2xy^2} - \frac{2}{5xy^3} - \frac{1}{3x^2y}$

$\frac{6}{5a^3} - \frac{a}{2} - \frac{5}{6a^2}$

e) $\frac{a}{1-4a^2} - \frac{a}{2a+1}$

$\frac{3}{a-3} + \frac{5}{a+3} + \frac{2}{a^2-9}$

$\frac{2x}{x^2-4} + \frac{1}{x-2} - \frac{1}{x+2}$

$\frac{2-2a}{a^2-1} - \frac{1}{a+1}$

$\frac{a}{a+1} - \frac{a}{a-1} - \frac{a^2+1}{a^2-1}$

f) $\frac{x-1}{x+3} - 4$

$2 - \frac{x-3}{3+x}$

$\frac{x}{x+y} - \frac{y}{x-y}$

$\frac{2a}{2a+2} + \frac{3a}{3a-3}$

$\frac{6-2a}{a^2-9} - \frac{1}{a+3}$

g) $\frac{4x^2}{3x^3-3x} + \frac{5x}{x^2-1} - 1$

$\frac{1}{x^2+xy} + \frac{1}{xy+y^2}$

$\frac{3x}{x^2-x} - \frac{2x+4}{2x}$

$\frac{5}{2a-4b} - \frac{a+2b}{a^2-4b^2}$

$\frac{3x+3}{x^2-1} + \frac{7+7x}{x^2+2x+1}$

6 Effectue et simplifie si possible.

a) $\frac{3x}{x-2} \cdot \frac{2-x}{12}$

b) $a - \frac{a+1}{3a-1}$

c) $\frac{3a-3}{a-2} : \frac{a^2-1}{3a-6}$

d) $\frac{x^2-6x+9}{2x} \cdot \frac{3x^2}{2x-6}$

e) $\frac{a^2-9}{2+a} : \frac{a^2+6a+9}{2a+4}$

f) $\frac{5a+5}{a^2-1} + \frac{3a-3}{a^2-2a+1}$

g) $\frac{a-2}{a^2-4a+4} \cdot \frac{a^2+4a+4}{a^2-4}$

h) $\frac{2a}{a+1} + \frac{3a^2+1}{1-a^2}$

9

7 Effectue et simplifie si possible.

a) $3a \cdot \left(\frac{1}{3} + \frac{1}{a}\right)$

b) $\left(\frac{5a}{2} + \frac{2a}{3}\right) \cdot \frac{2}{a}$

c) $\left(\frac{1}{5} - \frac{1}{b}\right) \cdot \frac{2}{5-b}$

d) $\frac{1}{3y} : \left(\frac{1}{3} + \frac{1}{y}\right)$

e) $\left(1 + x - \frac{1}{1-x}\right) \cdot \frac{1-x^2}{x^2+x}$

f) $\left(a + 3 + \frac{6}{a-4}\right) : \left(a - 2 + \frac{1}{a-4}\right)$

g) $\dfrac{1}{\frac{1}{a} - \frac{1}{3}}$

h) $\dfrac{\frac{4}{x}}{\frac{1}{x} - \frac{2}{3}}$

8 Énonce les conditions d'existence, puis résous les équations suivantes.

a) $\frac{3}{x-1} - \frac{1}{x+2} = \frac{5}{x-1}$ $\quad\frac{-1}{x+1} - \frac{6}{3x-3} = \frac{1}{x^2-1}$ $\quad\frac{1}{x-1} + \frac{2}{x+1} = \frac{1}{x^2-2x+1}$

$1 - \frac{x^2+2x}{x^2-4} + \frac{1}{x+2} = 0$ $\quad\frac{2}{x-3} - \frac{1}{x} = \frac{1}{x^2-3x}$ $\quad\frac{1}{3x^2+3} + \frac{2}{3x} = \frac{5}{6x}$

b) $\frac{2}{(3x+2) \cdot (x-1)} = \frac{1}{3x+2} + \frac{3}{x-1}$ $\quad\frac{1}{4x-3} - \frac{2}{2x+1} = \frac{3}{(4x-3) \cdot (2x+1)}$

$\frac{2}{x-3} - \frac{1}{x+1} = \frac{4}{(x-3) \cdot (x+1)} - \frac{2}{x-3}$ $\quad\frac{2}{3x-1} - \frac{-1}{2x-1} - \frac{1}{(2x-1) \cdot (3x-1)} = 0$

$\frac{3}{x-2} - \frac{1}{2x+5} + \frac{2}{(x-2) \cdot (2x+5)} = 0$ $\quad\frac{1}{2x+6} + \frac{1}{x^2+4x+4} = \frac{2}{4x+12}$

Transférer

1 Si on ajoute un nombre entier au numérateur de la fraction $\frac{30}{7}$ et si on soustrait le même nombre entier à son dénominateur, on obtient $\frac{7}{30}$. Trouve ce nombre.

2 Si on enlève un nombre au numérateur de la fraction $\frac{11}{4}$ et si on ajoute le même nombre à son dénominateur, on obtient $\frac{41}{19}$. Trouve ce nombre.

3 Si tu sais que x est un nombre entier, détermine la nature des triangles ABC et DEF, en utilisant les renseignements ci-dessous.

a) $|\hat{A}| = 45 \cdot (x-1)$, $|\hat{B}| = \frac{30}{x}$ et $|\hat{C}| = 20 \cdot (x+1)$ b) $|\hat{D}| = 14x$, $|\hat{E}| = \frac{200}{x}$ et $|\hat{F}| = 80 - 2x$

4 a) La suite d'énoncés ci-dessous est construite suivant un même principe.
Transforme-les en une fraction simple.

$\frac{1}{x}$ $\quad 1 + \frac{1}{x}$ $\quad 1 + \dfrac{1}{1 + \frac{1}{x}}$ $\quad 1 + \dfrac{1}{1 + \dfrac{1}{1 + \frac{1}{x}}}$

b) Écris les trois énoncés suivants de cette suite et transforme-les, le plus rapidement possible en une fraction simple.

Chapitre 10 Fonctions du premier degré

Activité 1 • Fonctions du premier degré : découverte

1 Voici les expressions algébriques de quatre fonctions.

$f_1 : x \to y = 1,5x$ $f_2 : x \to y = x^2 - 1$ $f_3 : x \to y = 3$ $f_4 : x \to y = 0,5x + 2$

a) Pour chaque fonction, établis un tableau de valeurs dans lequel la variable x prend successivement les valeurs –4, –3, –2, –1, 0, 1, 2, 3 et 4.

b) Associe chaque fonction à un des graphiques ci-dessous.

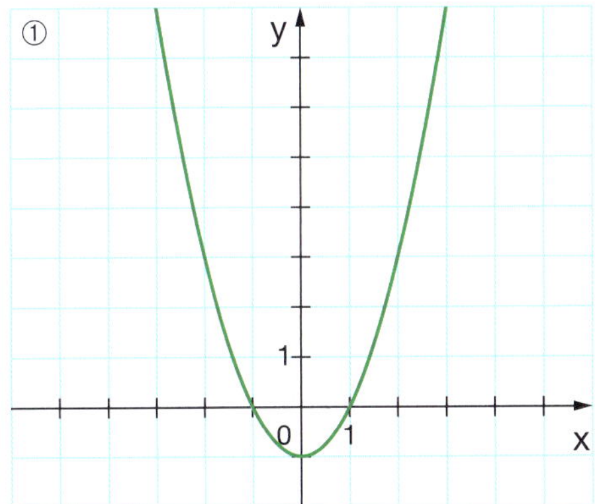

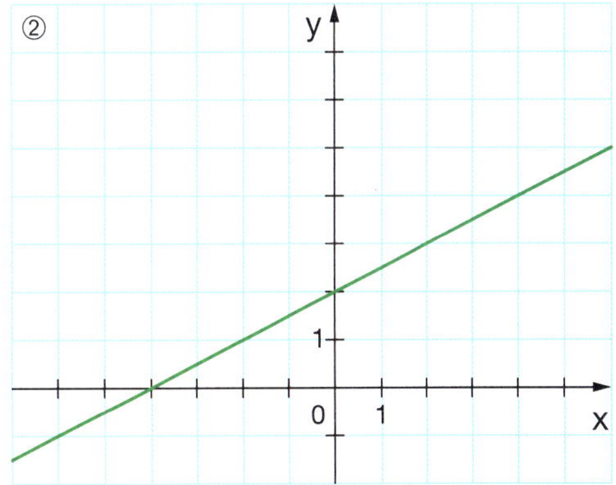

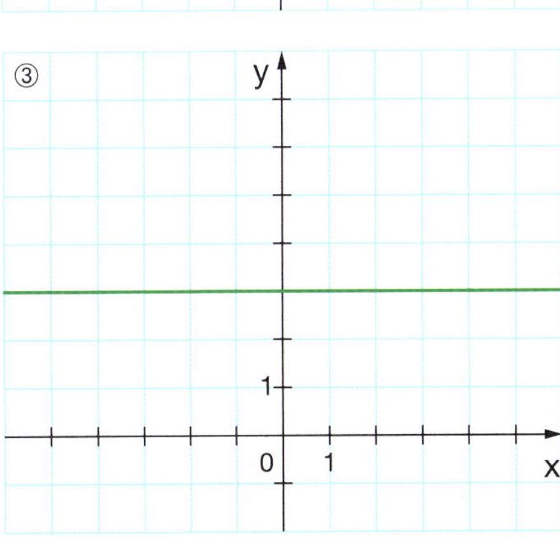

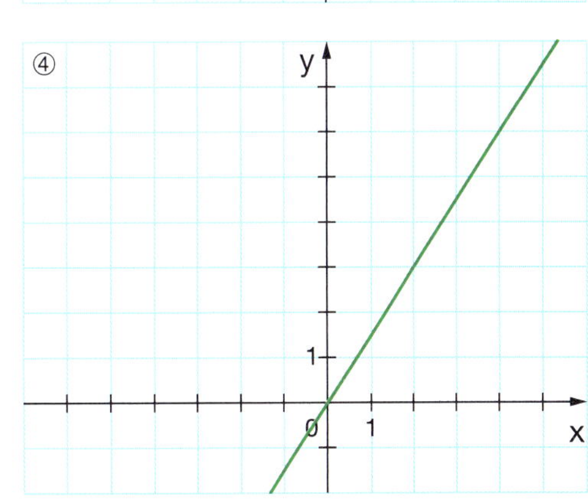

c) Quel lien peux-tu établir entre l'allure du graphique de la fonction et son expression algébrique ?

2 Un fournisseur d'accès à Internet via le réseau mobile 3G propose à ses clients trois formules d'abonnement.

Une formule A offre un libre accès à Internet pour un forfait de 60 € par mois.

Une formule B propose un tarif de 4 € l'heure de connexion.

Une formule C comporte un abonnement fixe de 20 € par mois auquel s'ajoute le prix des connexions au tarif de 2 € l'heure.

a) Trois amis s'interrogent sur la meilleure formule à choisir. Sachant que Laurent se connecte 7 h 30 par mois, Alexis 15 h et Renaud 30 h, aide-les à trouver la formule qui est la plus avantageuse pour chacun d'eux.

b) Dans un même repère cartésien, représente le prix à payer pour chaque formule en fonction du nombre d'heures de connexion.

c) Utilise ces graphiques pour répondre aux questions ci-dessous.

(1) Pierre se connecte 10 h par mois, quel conseil peux-tu lui donner ?

(2) Adeline, qui avait choisi la formule B a payé 50 €. Combien de temps a-t-elle été connectée ? Son choix était-il judicieux ? Explique.

(3) À partir de combien de temps de connexion, la formule A est-elle la plus avantageuse ?

d) Pour chaque tarif, exprime le prix (y) en fonction du nombre d'heures de connexion (x).

3 À la fin de l'été, Luc décide de vider sa piscine à l'aide d'une pompe dont le débit est de 5 m^3 par heure. Au début du pompage, le volume d'eau contenu dans cette piscine est de 100 m^3. Après 6 h de pompage, la pompe tombe en panne et il utilise celle de son voisin dont le débit est deux fois plus grand.

a) Combien de temps aurait duré le vidage de la piscine ...

(1) si la pompe de Luc n'était pas tombée en panne ?

(2) si Luc avait utilisé depuis le début la pompe du voisin ?

b) En réalité, compte tenu de l'utilisation des deux pompes, combien de temps a-t-il fallu pour vider la piscine ?

c) Dans un même repère cartésien et pour chacun des deux types de pompes, trace un graphique qui représente l'évolution du nombre de m^3 restant dans la piscine en fonction de la durée de vidage. Pour ce faire, tu utiliseras les couleurs suivantes :

noir : vidage complet avec la pompe de Luc,
bleu : vidage complet avec la pompe du voisin.

Trace en vert les segments qui représentent le vidage de la piscine de Luc.

Vérifie sur ces graphiques les réponses aux questions précédentes.

d) Utilise ces graphiques pour répondre aux questions suivantes.
   (1) Dans la réalité, détermine le temps qu'il a fallu pour vider le quart, la moitié et les trois quarts de la piscine.
   (2) Sur le même graphique, trace en pointillés les segments représentant le nombre de m³ restant dans la piscine si la panne était survenue 10 h après le début du pompage.
   À ce moment, quelle aurait été la quantité d'eau restante dans la piscine et combien de temps aurait duré le vidage ?

e) Donne l'expression algébrique de chacune des fonctions que tu viens de représenter :

f_1 : vidage de la piscine avec uniquement la pompe de Luc
f_2 : vidage de la piscine avec uniquement la pompe du voisin
f_3 : vidage de la piscine avec les deux pompes (panne après 6 h de pompage)
f_4 : vidage de la piscine avec les deux pompes (panne après 10 h de pompage)

97-98 **4** Chaque dimanche, Marc s'adonne à un petit footing. Par des petits sentiers de randonnées, il parcourt une distance de 6 km, fait une petite halte et ensuite s'en retourne par le même chemin. Voici le graphique illustrant la distance de Marc par rapport à son point de départ en fonction de la durée de son footing.

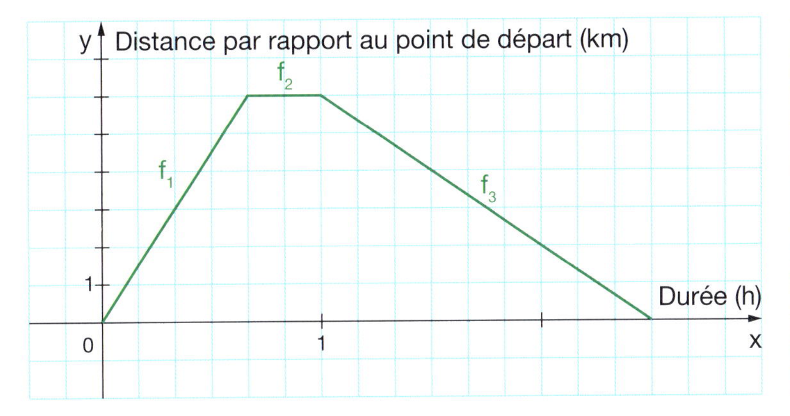

a) Calcule la vitesse moyenne de Marc sur le parcours à l'aller et au retour.

b) En prolongeant chaque segment du graphique, on obtient trois droites qui représentent chacune une fonction (f_1, f_2 et f_3); associe chacune d'elles à son expression algébrique.

f_1 •	• $x \to y = 6$
f_2 •	• $x \to y = -4x + 10$
f_3 •	• $x \to y = 9x$

Compare les vitesses moyennes de Marc calculées précédemment avec les expressions algébriques des deux fonctions qui y sont associées.

98 A

c) Dans un repère cartésien de ton choix, trace le graphique de la fonction qui exprime la distance parcourue par Marc tout au long de son footing par rapport au temps. Détermine l'expression algébrique de cette fonction.

5 Voici six graphiques et six expressions algébriques de fonctions du premier degré.

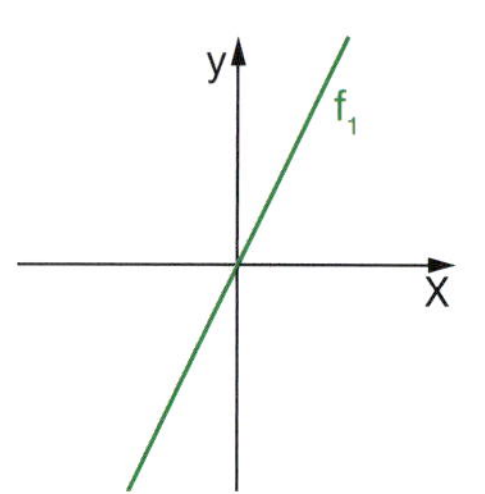

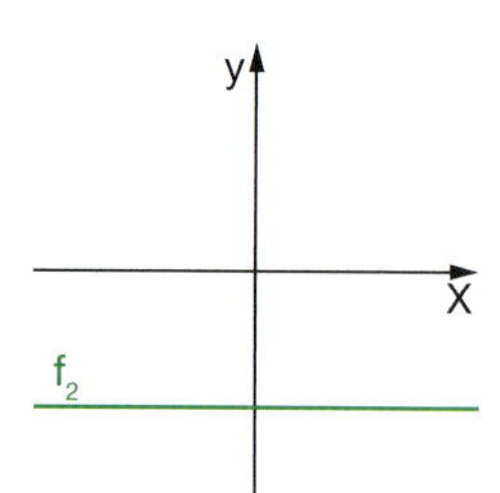

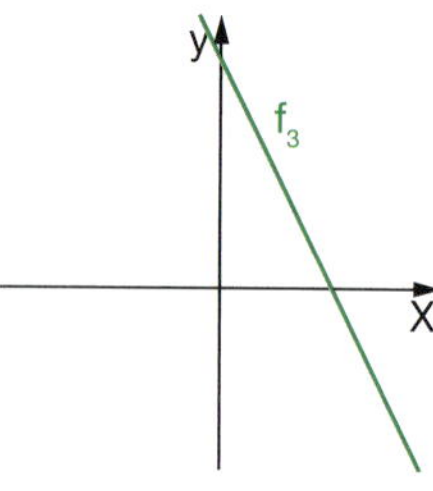

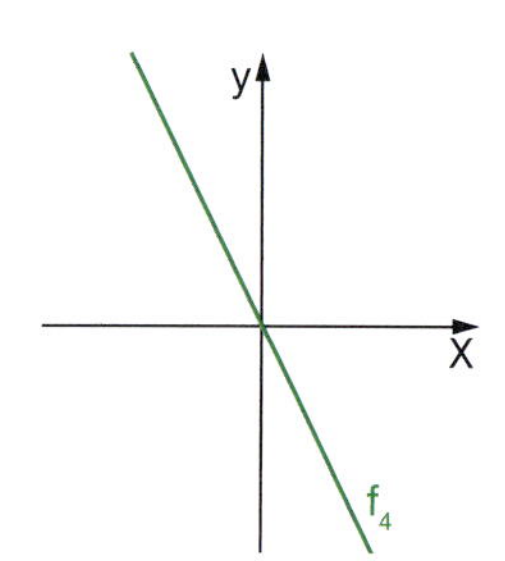

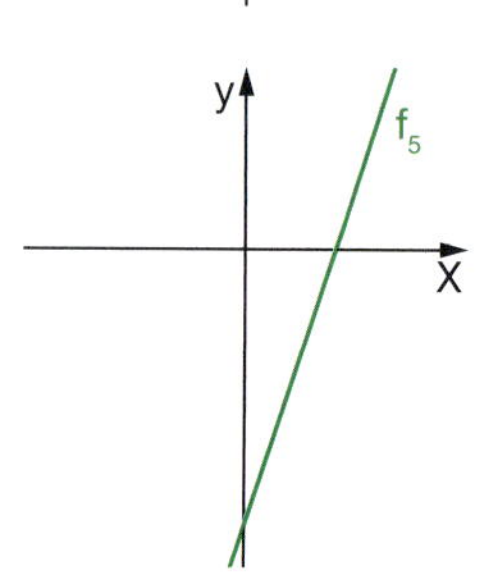

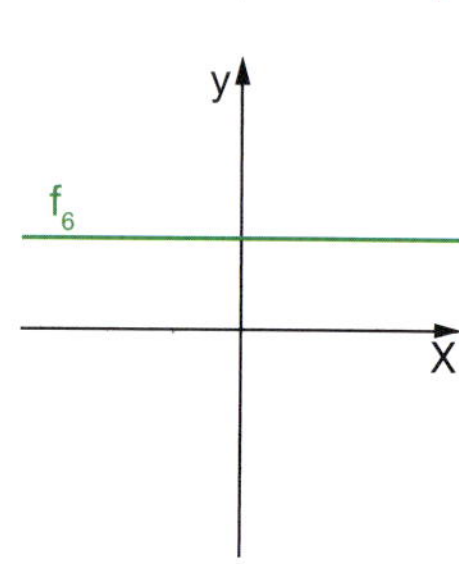

$y = 3x - 6$ $y = -2x$ $y = 2$ $y = 5 - 2x$ $y = 2x$ $y = -3$

Restitue à chaque fonction son expression algébrique.

Activité 2 • Représentation d'une fonction du premier degré

1 Une entreprise propose à un représentant commercial de le rémunérer mensuellement en lui octroyant une commission de 12 % sur le montant des ventes, plafonné à 30 000 € et sans salaire fixe.

a) Écris une expression algébrique de la fonction qui exprime le salaire mensuel du représentant (en €) en fonction du montant des ventes (en €).

b) Représente cette fonction dans un repère cartésien dont voici les caractéristiques.

Axe x (montant des ventes) : 2 cm → 5000 €
Axe y (salaire mensuel) : 1 cm → 500 €

2 On décide de transférer le pétrole contenu dans un réservoir vers une cuve à l'aide d'une pompe. Au début de l'observation, le pétrole contenu dans le réservoir atteint une hauteur de 2 m.
Après démarrage de la pompe, on constate que la hauteur de pétrole dans le réservoir diminue de 5 cm par minute.

a) Écris une expression algébrique de la fonction qui exprime la hauteur de pétrole (en mètres) restant dans le réservoir en fonction du temps de pompage (en minutes).

b) Représente cette fonction dans un repère cartésien dont voici les caractéristiques.

Axe x (temps de pompage) : 1 cm → 5 min
Axe y (hauteur) : 2 cm → 1 m

3 Le responsable du rayon diététique d'une grande surface veut sensibiliser ses clients au problème de l'obésité. Pour cela, il rédige une affiche permettant à chacun de calculer sa masse idéale.

La masse idéale d'un homme de plus de 18 ans dont la taille est au moins de 140 cm est donnée par la formule de Lorentz dans laquelle y est la masse en kg et x la taille en cm.

$$y = 0{,}75x - 62{,}5$$

Il voudrait construire un graphique représentant l'évolution de la masse idéale pour un homme en fonction de sa taille.

a) À l'aide d'un repère cartésien dont voici les caractéristiques, aide-le à tracer cette fonction.

Axe x (taille) : 1 cm → 20 cm
Axe y (masse) : 1 cm → 10 kg

b) Utilise le graphique pour déterminer quelle devrait être la taille d'un homme pesant 87,5 kg et vérifie ta réponse algébriquement.

c) Un homme mesurant 1,79 m et pesant 96 kg affirme que pour retrouver sa masse idéale il doit maigrir de 15 kg. A-t-il raison ?

4 Dans un repère cartésien de ton choix, construis le graphique de chaque fonction.

$f_1 : x \rightarrow y = 3x$	$f_4 : x \rightarrow y = \frac{1}{3}x$	$f_7 : x \rightarrow y = 2 - \frac{x}{2}$
$f_2 : x \rightarrow y = 2x - 4$	$f_5 : x \rightarrow y = -2x$	$f_8 : x \rightarrow y = \frac{2}{3}x + 1$
$f_3 : x \rightarrow y = -3 - x$	$f_6 : x \rightarrow y = -2x + 3$	$f_9 : x \rightarrow y = \frac{-x}{3} + \frac{1}{3}$

Activité 3 • Analyse de graphiques de fonctions du premier degré

98-99

Voici les graphiques de fonctions du premier degré dont l'expression algébrique est donnée. Restitue chaque graphique à son équation.

a)

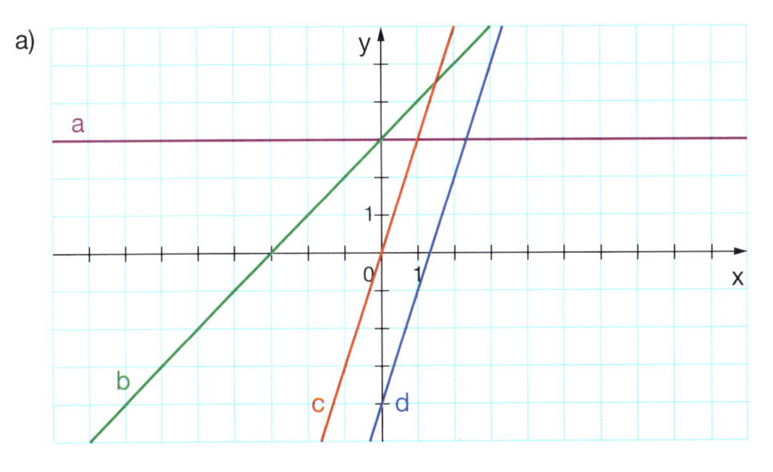

$f_1 : x \rightarrow y = 3x$

$f_2 : x \rightarrow y = 3x - 4$

$f_3 : x \rightarrow y = 3 + x$

$f_4 : x \rightarrow y = 3$

b)

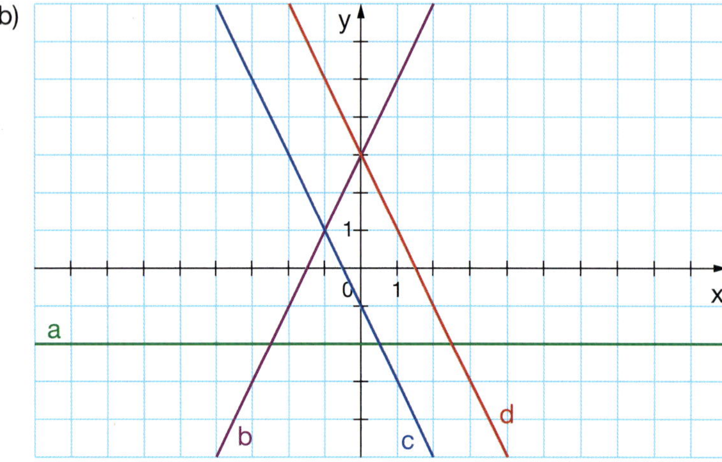

$f_1 : x \rightarrow y = 3 - 2x$

$f_2 : x \rightarrow y = -2x - 1$

$f_3 : x \rightarrow y = -2$

$f_4 : x \rightarrow y = 3 + 2x$

c)

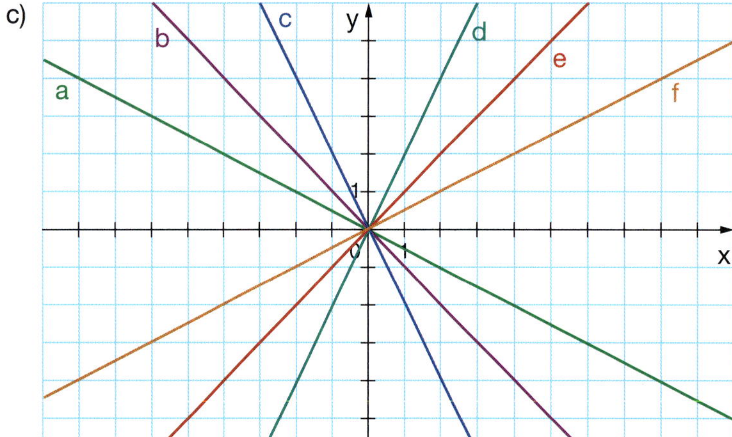

$f_1 : x \rightarrow y = x$

$f_2 : x \rightarrow y = 2x$

$f_3 : x \rightarrow y = -0{,}5x$

$f_4 : x \rightarrow y = -2x$

$f_5 : x \rightarrow y = 0{,}5x$

$f_6 : x \rightarrow y = -x$

Activité 4 • Pente d'une droite

1 Détermine la pente des droites ci-dessous en utilisant des points de coordonnées entières.

99-1(

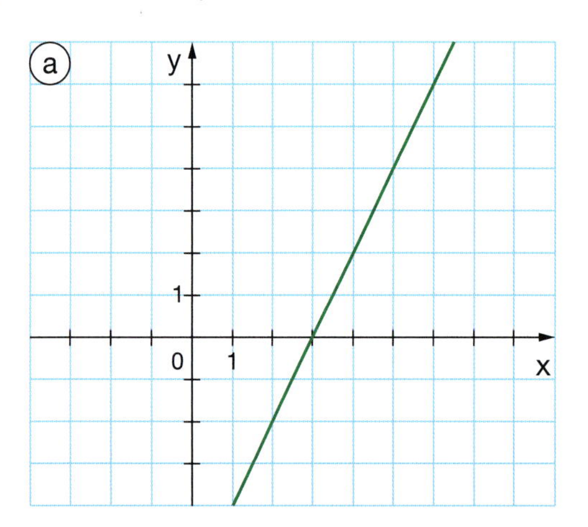

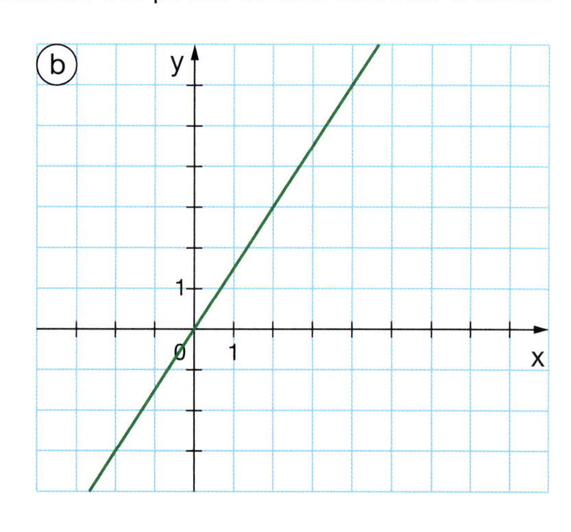

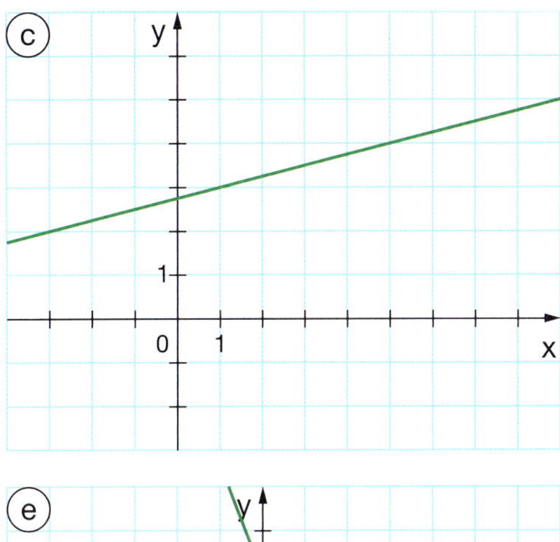

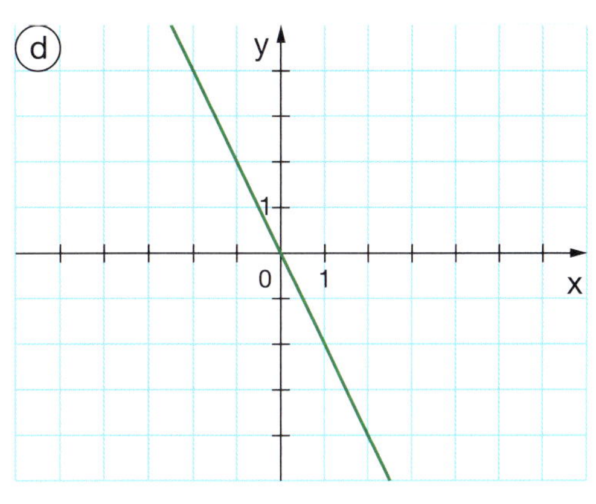

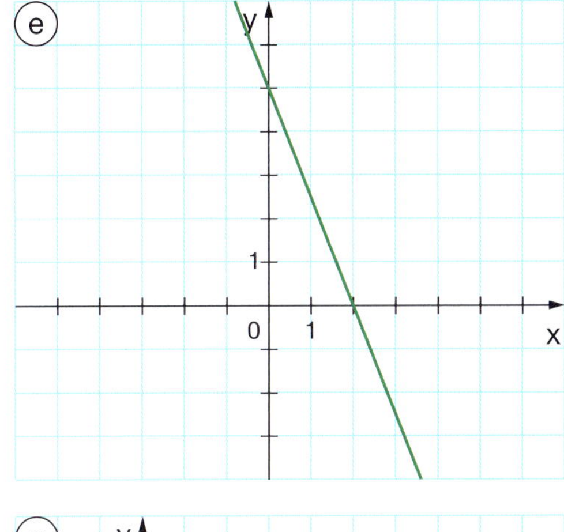

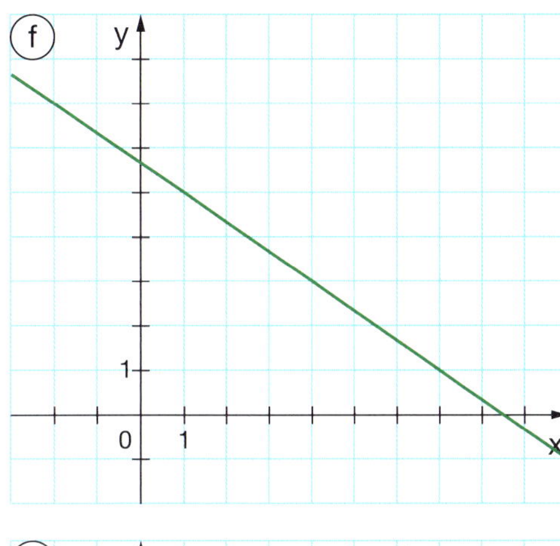

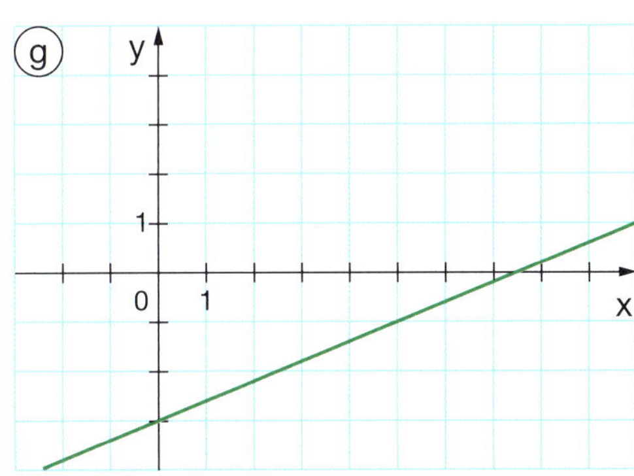

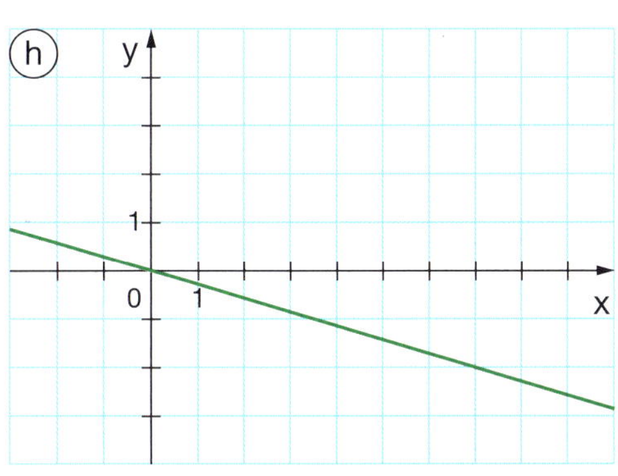

01

2 Lors d'un contrôle de mathématiques, un professeur a soumis le problème suivant à ses élèves.

Un automobiliste et un motard partent tous les deux d'un même endroit et parcourent le même trajet de 100 km. Le premier met 1 h 20 min et le second une 1/2 h de moins. Sachant qu'ils roulent à vitesse constante durant tout le trajet, représente graphiquement leur trajet respectif en fonction de la durée du parcours.

Voici les graphiques réalisés par Pierre et Nathalie.

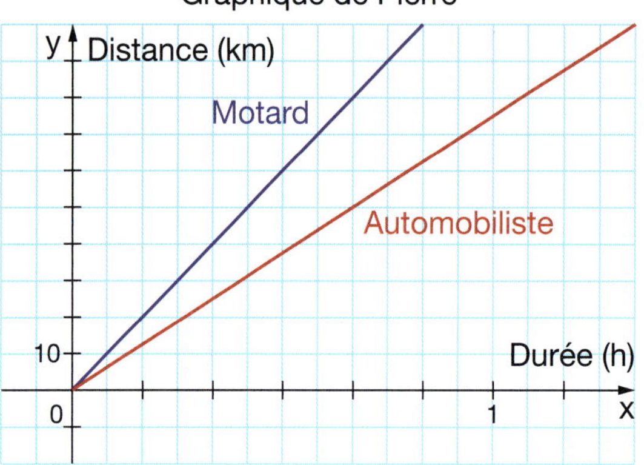

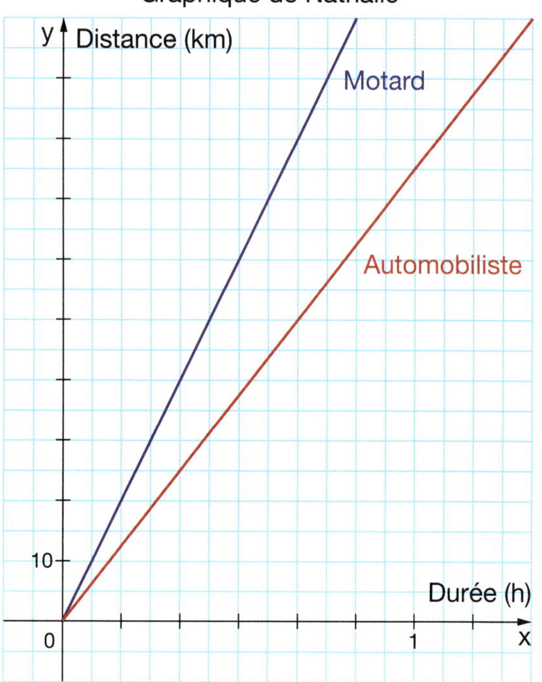

a) Ces graphiques sont-ils corrects ?

b) Utilise ces graphiques pour déterminer les vitesses moyennes respectives de l'automobiliste et du motard.

c) Vérifie tes résultats par calcul.

3 Des deux droites représentées ci-dessous, quelle est celle qui a la plus grande pente ?

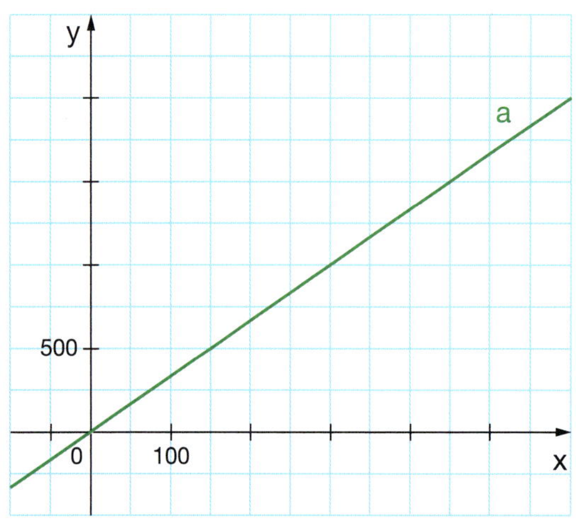

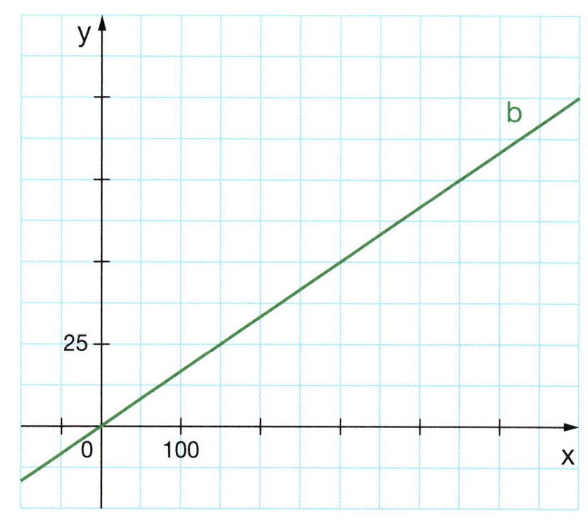

4 Dans chacun des cas ci-dessous, calcule la pente de la droite AB et vérifie graphiquement.

a)	A (3 ; 1)	B (6 ; 7)	b)	A (2 ; 1)	B (–3 ; 4)
c)	A (1 ; 3)	B (4 ; 5)	d)	A (–1 ; 3)	B (–4 ; 6)
e)	A (–1 ; 2)	B (2 ; –4)	f)	A (5 ; –2)	B (2 ; –7)

02

5 Dans chaque cas, détermine les pentes m_a et m_b des droites a et b et compare-les.

a // b

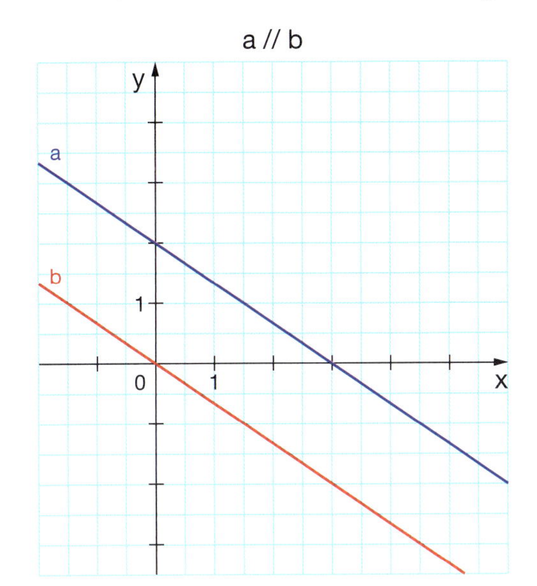

a ⊥ b

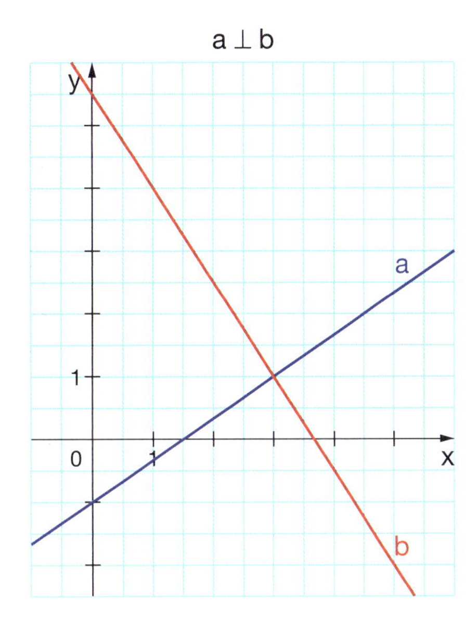

6 Sans représenter les droites a et b, détermine si elles sont parallèles, sécantes perpendiculaires ou sécantes quelconques.

a) On connaît les équations respectives des droites a et b.

(1) $a \equiv y = -2x + 1$ et $b \equiv y = 2x - 1$

(2) $a \equiv y = \frac{3x}{2} + 1$ et $b \equiv y = \frac{-2x}{3} + 1$

(3) $a \equiv y = 3x - 4$ et $b \equiv y = 4 + 3x$

b) On sait que la droite a passe par les points A et B et la droite b par les points C et D.

(1) A (1 ; 2) et B (5 ; 3) C (0 ; 0) et D (1 ; –4)

(2) A (4 ; 7) et B (6 ; 3) C (–2 ; –6) et D (1 ; 0)

(3) A (4 ; –3) et B (–1 ; –5) C (0 ; –4) et D (–5 ; –6)

c) On connaît l'équation de la droite a et deux points A et B appartenant à la droite b.

(1) $a \equiv y = \frac{5}{2}x + 1$
A (0 ; 0) et B (5 ; –2)

(2) $a \equiv y = -\frac{3}{4}x$
A (2 ; –3) et B (–10 ; 3)

(3) $a \equiv y = \frac{1}{3}x - 5$
A (–2 ; 1) et B (4 ; 3)

10

Activité 5 • Caractéristiques des fonctions du premier degré

1 a) Après avoir lu la légende, complète le tableau.

103

Type de fonction — D : 1er degré — C : constante

Croissance de la fonction — ↗ : croissante — ↘ : décroissante — C : constante

p.305

Droite	Équation de la droite	Type de la fonction associée à la droite	Pente de la droite	Croissance de la fonction	Droite parallèle à la droite ...	Droite perpendiculaire à la droite ...	Zéro	Ordonnée à l'origine	Coordonnées d'un point supplémentaire
a	$y = 2x - 3$								
b	$y = 2 - x$								
c	$y = \frac{1}{3}x$								
d	$y = \frac{-3}{2}x + 1$								
e	$y = 2$								
f	$y = 6 + \frac{3x}{2}$								
g	$y = -3x$								
h	$y = 3 + x$								
i	$y = -5$								
j	$y = 4 + 2x$								

b) En utilisant uniquement les informations du tableau ci-dessus, construis le graphique de chaque fonction.

c) Voici une série de points.

A (0 ; 0) B (0 ; 2) C (–1 ; 2) D $\left(\frac{2}{3} ; 0\right)$ E $\left(-\frac{1}{2} ; \frac{3}{2}\right)$

F $\left(\frac{5}{2} ; 2\right)$ G (–8 ; –5) H (–4 ; –4) I (–2 ; 3) J $\left(\frac{3}{2} ; \frac{1}{2}\right)$

Ces points appartiennent aux graphiques de certaines fonctions du tableau de la page précédente; lesquelles ? Détermine tes réponses graphiquement et vérifie-les algébriquement.

104

2 À partir des informations données, retrouve les droites et complète le tableau.

Droite	Zéro	Ordonnée à l'origine	Pente
		3	
	1		–1
			2
		1	0,5
	–1		

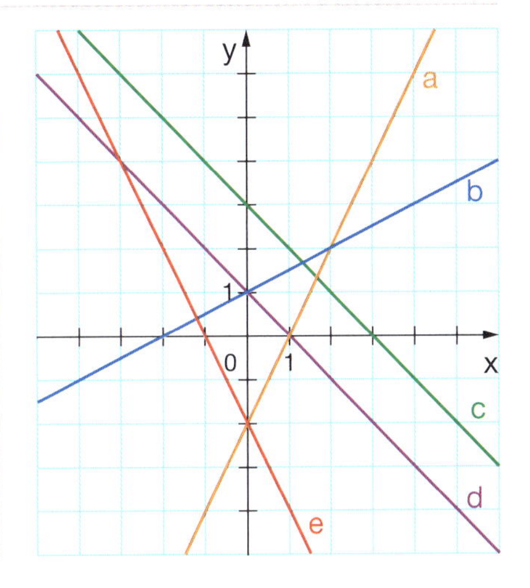

Activité 6 • Équations de droites

1 Pour calculer le prix d'une course, un taxi tient compte d'un montant fixe correspondant à la prise en charge et du prix au nombre de kilomètres parcourus.

Ayant fait appel à un taxi pour se rendre à l'aéroport de Bruxelles Sud - Charleroi distant d'environ 30 km de son domicile, Jonathan a payé 11,50 €.
Son ami Julien, qui a eu recours au même taxi, a payé 17,50 € pour un trajet de 50 km.

a) Détermine graphiquement le montant de la prise en charge et le prix au km.

Choix des unités du repère : sur l'axe x : 1 cm → 10 km
sur l'axe y : 1 cm → 5 €

b) Utilise les solutions de la question a) pour vérifier les montants payés par les deux amis.

c) Écris l'équation du graphique.

d) Utilise cette équation pour déterminer ...

(1) le prix d'un déplacement de 72 km;
(2) le nombre de km parcourus pour un montant de 21,70 €.

2 Pierre souhaite acheter une nouvelle voiture. Son choix se porte sur le modèle de véhicule récemment acheté par son ami Laurent. Avant de se décider, il aimerait analyser la consommation d'essence de cette voiture.

Pour cela, Pierre dispose des informations ci-dessous.

Avant de se rendre en vacances à La Clusaz (750 km), Laurent a fait le plein du réservoir d'une capacité de 60 litres et une fois arrivé à destination, la jauge d'essence indiquait 7,5 litres.

a) En supposant que la consommation est constante, représente graphiquement la quantité d'essence contenue dans le réservoir en fonction de la distance parcourue.

b) Lis sur le graphique ...

(1) une estimation du nombre de km qu'on pourrait parcourir avec le plein;
(2) la consommation moyenne aux 100 km.

c) Écris l'équation de la droite.

d) Utilise cette équation pour vérifier les réponses obtenues au b).

3 Représente les droites répondant aux conditions données et détermine leur équation.

p.305

a) La droite a passe par le point (0 ; 0) et sa pente vaut 2.

b) La droite b passe par les points (0 ; 0) et (3 ; 2).

c) La droite c passe par les points (0 ; 0) et $\left(\frac{1}{3} ; -2\right)$.

d) La droite d passe par le point (0 ; 0) et est parallèle à la droite a d'équation $y = -3x + 2$.

e) La droite e passe par le point (0 ; 0) et est perpendiculaire à la droite a d'équation $y = -\frac{3}{2}x + 1$.

f) La droite f passe par le point (0 ; –3) et sa pente vaut $\frac{1}{2}$.

g) La droite g passe par les points (0 ; 3) et (3 ; 0).

h) La droite h passe par le point (2 ; 1) et sa pente vaut –2.

i) La droite i passe par les points (1 ; –2) et (2 ; 1).

j) La droite j passe par les points (–4 ; –2) et (–2 ; 1).

k) La droite k passe par les points (1 ; 2) et (–3 ; –6).

l) La droite l passe par les points (3 ; 1) et $\left(\frac{3}{2} ; \frac{7}{2}\right)$.

m) La droite m passe par les points $\left(\frac{3}{4} ; \frac{5}{2}\right)$ et $\left(\frac{3}{2} ; \frac{-5}{4}\right)$.

n) La droite n passe par les points (–2 ; 5) et (3 ; 5).

o) La droite o passe par les points (4 ; –2) et (4 ; 3).

p) La droite p passe par le point (–1 ; 2) et est parallèle à la droite a d'équation $y = \frac{2}{3}x$.

q) La droite q passe par le point (1 ; 2) et est perpendiculaire à la droite a d'équation $y = \frac{1}{2}x$.

r) La droite r passe par le point (–3 ; –1) et est perpendiculaire à la droite a d'équation $y = -3x + 1$.

s) La droite s passe par le point (–1 ; 2) et est parallèle à la droite a d'équation $y = -2x + 3$.

t) La droite t passe par le point (3 ; 1) en formant un angle de 45° avec l'axe x.

4 Dans chacun des cas ci-dessous, vérifie si les points A, B et C sont alignés.

a) A (1 ; –1)
B (–2 ; –7)
C (4 ; 5)

b) A (1 ; –2)
B (–2 ; 7)
C (3 ; –7)

c) A (0 ; –2)
B (1 ; 0)
C (–3 ; –8)

d) A (1 ; –3)
B (3 ; –9)
C (–2 ; 8)

Activité 7 • Signe d'une fonction du premier degré

1 Il existe différentes échelles servant à mesurer la température.
L'échelle de température la plus répandue est le degré Celsius, mais les pays anglo-saxons utilisent le degré Fahrenheit.
Pour convertir des degrés Celsius en degrés Fahrenheit et réciproquement, il faut tenir compte des informations suivantes :

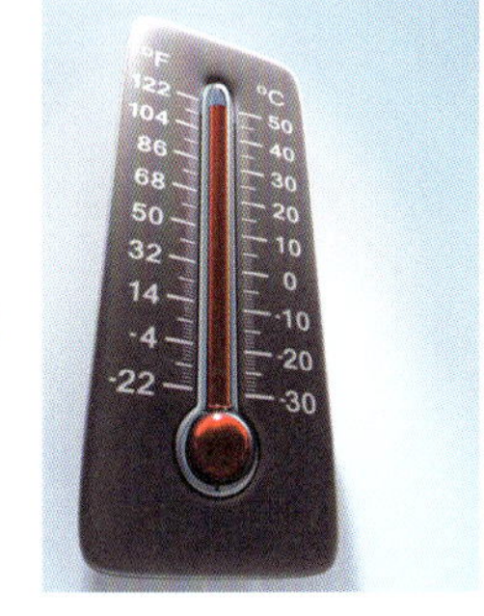

dans l'échelle Fahrenheit, l'eau gèle à 32 degrés et bout à 212 degrés;
dans l'échelle Celsius, l'eau gèle à 0 degré et bout à 100 degrés.

a) En utilisant ces renseignements, écris une expression algébrique de la fonction du premier degré qui permet de convertir des degrés Celsius en degrés Fahrenheit.

b) Représente cette fonction pour des températures en degrés Celsius comprises entre –30 et +30 degrés.

c) Détermine graphiquement une valeur approximative du zéro de la fonction, puis la valeur exacte par calcul.

d) Pour quelle température en degrés Celsius, la température en degrés Fahrenheit est-elle nulle ?

Pour quelles températures en degrés Celsius, les températures en degrés Fahrenheit sont-elles strictement négatives ?
Repasse en bleu les points du graphique qui te permettent de répondre à cette question.

Pour quelles températures en degrés Celsius, les températures en degrés Fahrenheit sont-elles strictement positives ?
Repasse en vert les points du graphique qui te permettent de répondre à cette question.

e) Synthétise tes réponses à la question d) dans un tableau de signes.

2 Pour chaque fonction, dresse un tableau de signes et note sous forme d'intervalle l'ensemble des réels pour lesquels la fonction est strictement positive et strictement négative.

a) $f_1 : x \rightarrow y = \frac{1}{2}x - 1$

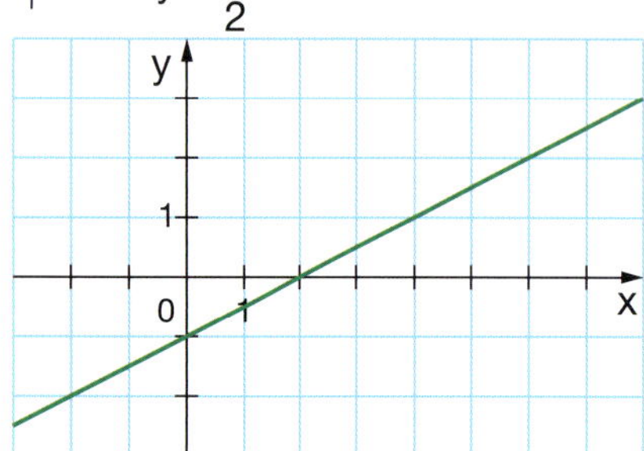

b) $f_2 : x \rightarrow y = -\frac{1}{2}x + 2$

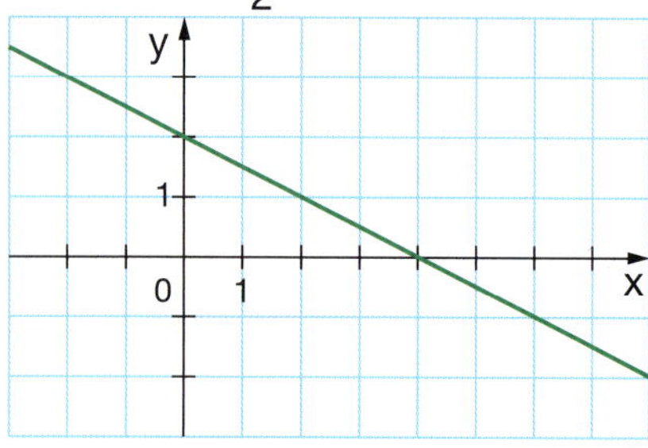

c) $f_3 : x \rightarrow y = -x$

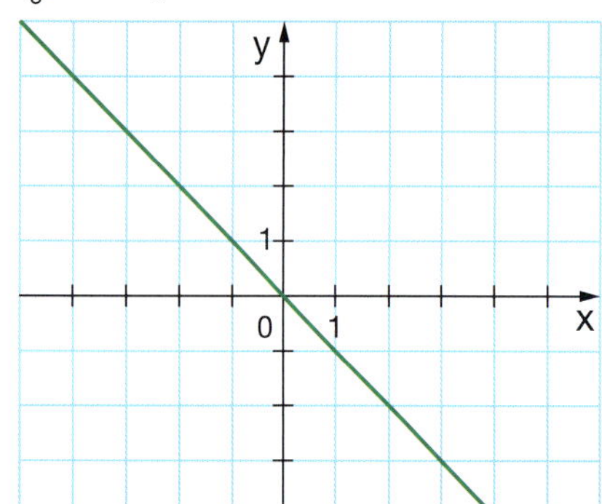

d) $f_4 : x \rightarrow y = 3x + 2$

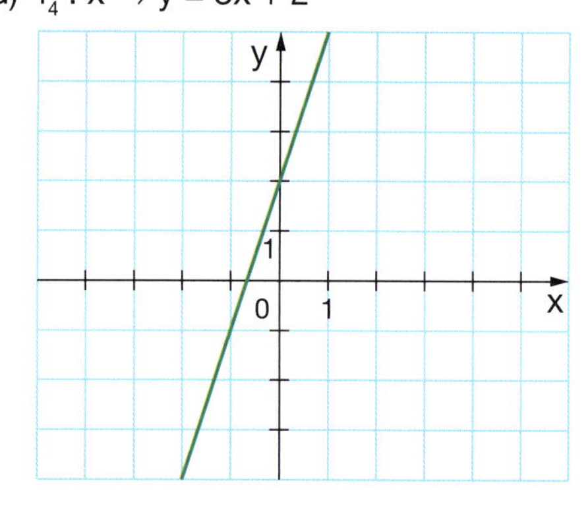

3 Dresse le tableau de signes des fonctions ci-dessous.

a) $f_1 : x \rightarrow y = 2x + 6$

b) $f_2 : x \rightarrow y = -4x + 8$

c) $f_3 : x \rightarrow y = \frac{1}{3}x$

d) $f_4 : x \rightarrow y = -x - 2$

e) $f_5 : x \rightarrow y = 4x - 5$

f) $f_6 : x \rightarrow y = -\frac{1}{4}x - 3$

Activité 8 • Intersection des graphiques de deux fonctions du premier degré

1 À midi, Freddy et Germain partent respectivement de Beaumont et de Silenrieux, localités distantes de 15 km, pour se rendre à Givet par le même chemin. Freddy court à une vitesse uniforme de 10 km/h et Germain marche à une vitesse constante de 4 km/h.

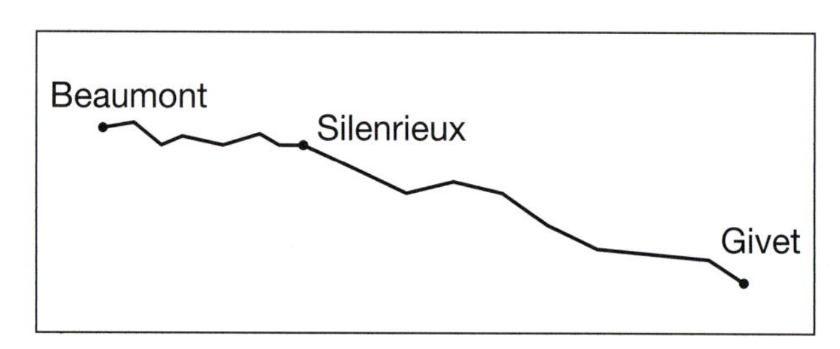

a) Détermine graphiquement l'heure de leur rencontre (l'origine des temps est midi) et la distance parcourue par chacun à ce moment.

b) Si f et g désignent respectivement les deux fonctions associées à ces déplacements, écris l'expression algébrique de chacune.

c) Utilise la solution de l'équation f(x) = g(x) afin de vérifier les résultats obtenus au a).

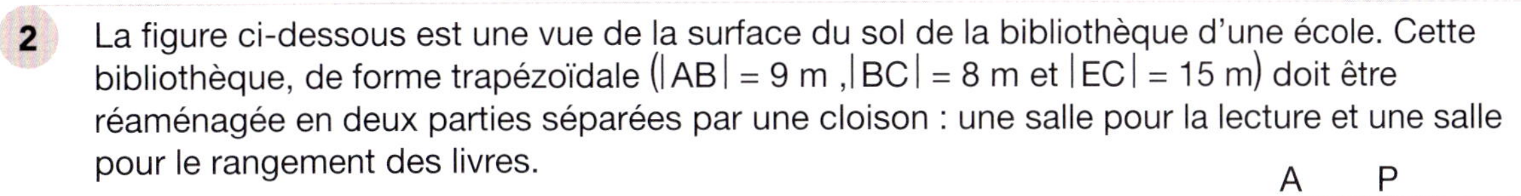

2 La figure ci-dessous est une vue de la surface du sol de la bibliothèque d'une école. Cette bibliothèque, de forme trapézoïdale ($|AB| = 9$ m, $|BC| = 8$ m et $|EC| = 15$ m) doit être réaménagée en deux parties séparées par une cloison : une salle pour la lecture et une salle pour le rangement des livres.

La bibliothécaire souhaite que l'aire de la salle des livres soit égale à celle de la salle de lecture. Pour cela, elle se demande à quelle distance du point A devra se trouver la cloison [PF], perpendiculaire au mur [AB]. Aide-la dans sa recherche.

A P B
Salle de lecture
Salle des livres
E F C

a) Dans un même repère cartésien adéquat, représente les fonctions qui expriment l'aire de chaque salle en fonction de $|AP|$.

b) Détermine graphiquement une valeur approximative de la distance $|AP|$ et de l'aire commune.

c) Vérifie tes réponses algébriquement.

3 Pour ses vacances, Pierre a loué un appartement à Grenoble. À la fin de son séjour, son ami Gérard viendra le remplacer. Ils ont décidé de se mettre en route le même jour à la même heure afin de procéder à l'échange des clés en un lieu convenu pour leur rencontre. Gérard habite Tournai, ville située à environ 810 km de Grenoble.

Lundi à 8 heures du matin, ils commencent à rouler l'un vers l'autre. Pierre quitte Grenoble en roulant à une vitesse moyenne de 100 km/h et Gérard se dirige vers Grenoble à une vitesse moyenne de 80 km/h.

a) Détermine graphiquement après combien de temps la rencontre aura lieu et à quelle distance de Grenoble ils se trouveront.

b) Vérifie tes réponses algébriquement.

Connaître

1 Après avoir lu la légende, complète le tableau.

Type de fonction — D : 1er degré — C : constante

Croissance de la fonction — ↗ : croissante — ↘ : décroissante — C : constante

Droite	Équation de la droite	Type de la fonction associée à la droite	Pente de la droite	Croissance de la fonction	Droite parallèle à la droite …	Droite perpendiculaire à la droite …	Zéro	Ordonnée à l'origine	Coordonnées d'un point supplémentaire
d_1	$y = -3x + 6$								
d_2	$y = -2$								
d_3	$y = -x$								
d_4	$y = -3 + 5x$								
d_5	$y = 2x$								
d_6	$y = 7$								
d_7	$y = -1 - x$								
d_8	$y = -3x$								
d_9	$y = -4x + 3$								
d_{10}	$y = 5 + 2x$								
d_{11}	$y = \frac{x}{4}$								
d_{12}	$y = \frac{2}{3}x - 2$								
d_{13}	$y = 3 - \frac{2}{3}x$								
d_{14}	$y = \frac{-3}{2}x - 6$								
d_{15}	$y = \frac{1}{2}x - 3$								

10

2 Les propositions suivantes sont-elles vraies ou fausses ? Lorsque la proposition est fausse, corrige la partie soulignée de la phrase.

a) La pente de la droite d'équation $y = 5 - 3x$ est 3.
b) La droite d'équation $y = 3$ a une pente nulle.
c) Le point (–1 ; 0) appartient à la droite d'équation $y = x - 1$.
d) La droite passant par les points (1 ; 1) et (3 ; 3) a une pente nulle.
e) La droite d'équation $y = -2x$ passe par l'origine du repère cartésien.
f) La droite d'équation $x = 5$ est parallèle à l'axe x.
g) Les droites d'équations $y = 3x + 1$ et $y = 5 + 3x$ sont parallèles.
h) Deux droites parallèles ont des pentes opposées.
i) Le produit des pentes de deux droites perpendiculaires vaut –1.
j) L'équation de toute droite parallèle à l'axe x s'écrit $x = a$ ($a \in \mathbb{R}$).
k) La croissance d'une fonction du premier degré $f : x \rightarrow y = mx + p$ dépend du signe de p.
l) Le zéro d'une fonction du premier degré $f : x \rightarrow y = mx + p$ est le rapport $\frac{-m}{p}$.

3 Voici les graphiques de fonctions du premier degré dont l'expression algébrique est donnée. Restitue chaque graphique à son équation.

$f_1 : x \rightarrow y = 2x$

$f_2 : x \rightarrow y = 2x + 4$

$f_3 : x \rightarrow y = -2x + 4$

$f_4 : x \rightarrow y = -0{,}5x$

$f_5 : x \rightarrow y = 4$

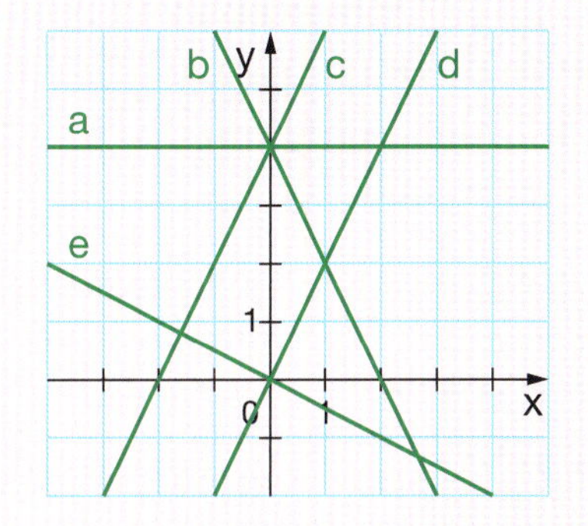

4 Associe chaque fonction à son tableau de signes.

$f_1 : x \rightarrow y = 2x + 4$ •

$f_2 : x \rightarrow y = -3x - 6$ •

$f_3 : x \rightarrow y = 3x$ •

$f_4 : x \rightarrow y = -x + 2$ •

x		–2	
y	+	0	–

x		0	
y	–	0	+

x		2	
y	+	0	–

x		–2	
y	–	0	+

5 Explique comment vérifier qu'un point appartient au graphique d'une fonction.
Applique ce procédé pour vérifier si les points A (2 ; 1) et B (–3 ; –1) appartiennent au graphique de la fonction $f : x \rightarrow y = -2x + 5$.

Appliquer

1 Voici une série de points.

A (0 ; 0) B (4 ; 1) C $\left(\frac{1}{2} ; -4\right)$ D (0 ; –2) E $\left(5 ; \frac{3}{2}\right)$ F (–1 ; –2) G (–2 ; 5)

Ces points appartiennent aux graphiques de certaines des fonctions ci-dessous. Lesquelles ?

$f_1 : x \to y = \frac{-2}{3}x + \frac{11}{3}$ $f_3 : x \to y = -2$ $f_5 : x \to y = \frac{x}{2} - 1$ $f_7 : x \to y = \frac{-5x}{2}$

$f_2 : x \to y = x - 2$ $f_4 : x \to y = 2x$ $f_6 : x \to y = -4x - 2$ $f_8 : x \to y = 3x + 1$

2 À l'aide d'une balance, on détermine la masse m de quelques morceaux de cuivre de volume donné V.

V (cm^3)	10	15	20	25	30	35	40
m (g)	89	133,5	178	222,5	267	311,5	356

a) Si x et y désignent respectivement le volume et la masse, construis le graphique de la fonction qui traduit cette réalité expérimentale.

b) Utilise ce graphique pour déterminer une valeur approximative de la masse d'un morceau de cuivre dont le volume est ...

(1) 28 cm^3 (2) 32 cm^3 (3) 17 000 mm^3 (4) 5 cm^3

c) Écris l'expression algébrique de la fonction et vérifie tes réponses par calcul.

3 Pour fêter l'inauguration du nouveau hall des sports, le comité du club d'athlétisme décide d'organiser une marche de nuit de 12 km.
Le graphique ci-contre représente la distance parcourue par rapport au point de départ par quatre marcheurs en fonction de l'heure.
Sachant que la partie du graphique avant minuit n'apparaît pas et en supposant que chaque personne marche à une vitesse constante, détermine ...

a) l'expression algébrique de la fonction traduisant la situation de chaque marcheur.

b) la vitesse, l'heure de départ et l'heure d'arrivée de chaque marcheur.

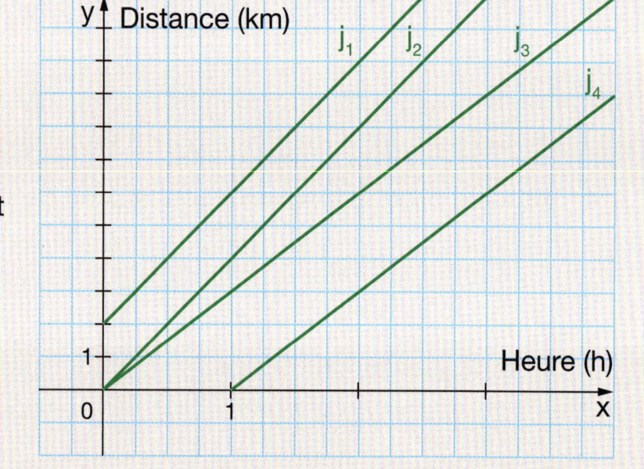

4 Voici des relations reliant les coordonnées x et y de points du plan. Écris mathématiquement ces relations en exprimant y en fonction de x, caractérise ces fonctions (zéro, ordonnée à l'origine, croissance) et représente-les.

a) L'ordonnée vaut 3 de plus que l'abscisse.

b) L'ordonnée vaut –4.

c) L'ordonnée vaut le double de l'abscisse.

d) L'abscisse vaut le triple de l'ordonnée.

e) Le rapport entre l'abscisse et l'ordonnée vaut –2.

f) L'ordonnée vaut 4 de moins que l'opposé de l'abscisse.

g) L'abscisse vaut le cinquième de l'ordonnée.

h) L'ordonnée vaut l'opposé des trois quarts de l'abscisse.

i) L'abscisse vaut le tiers de l'ordonnée diminué de 1.

5 Détermine graphiquement la pente de chaque droite.

a)

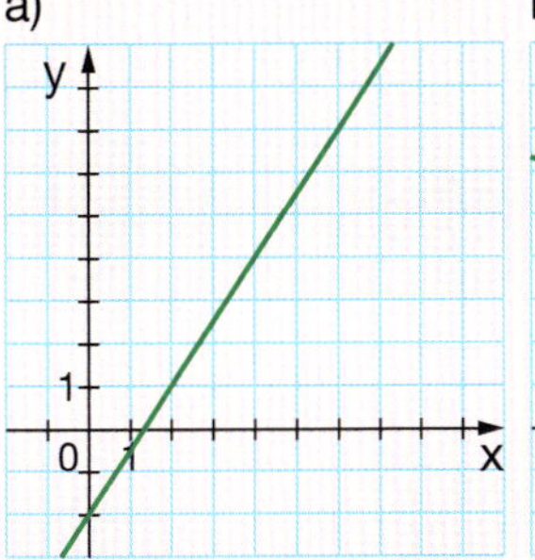

b)

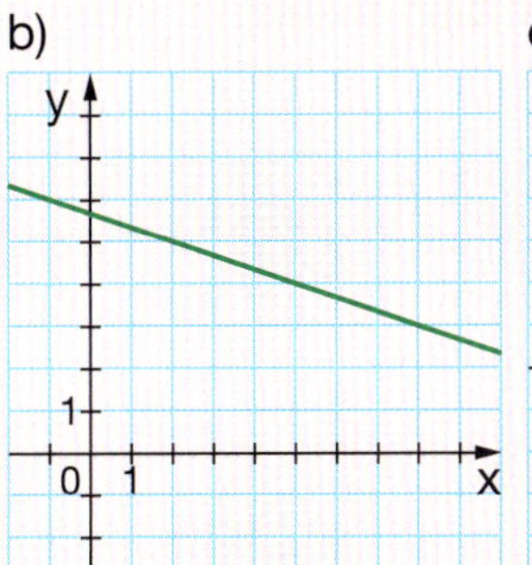

c)

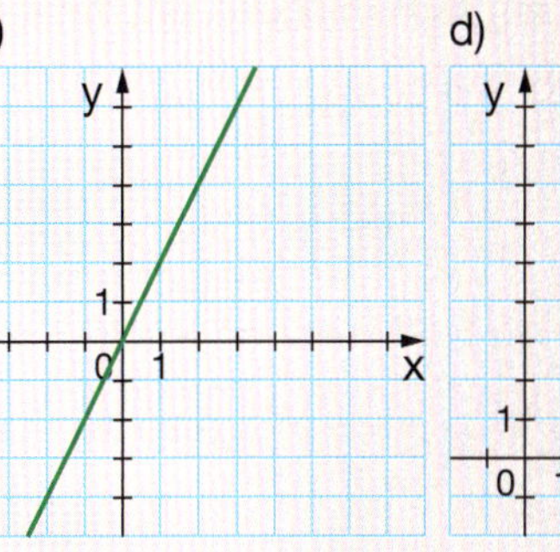

d)

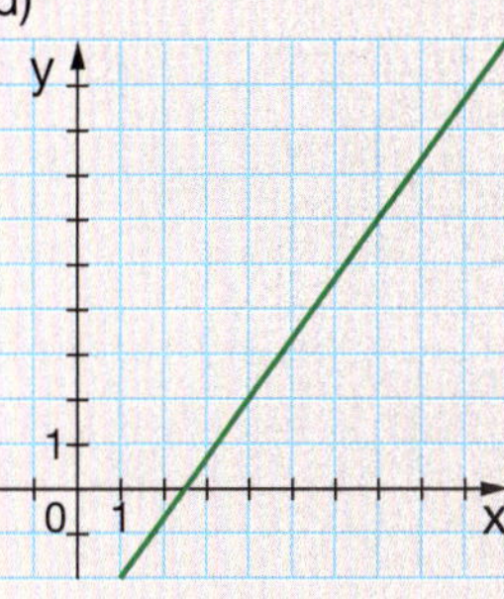

e)

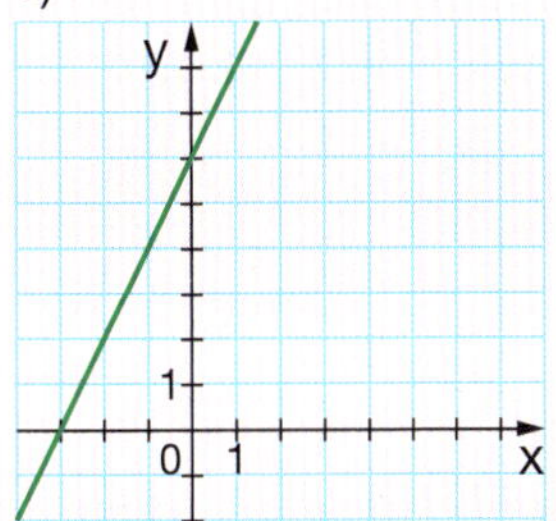

f)

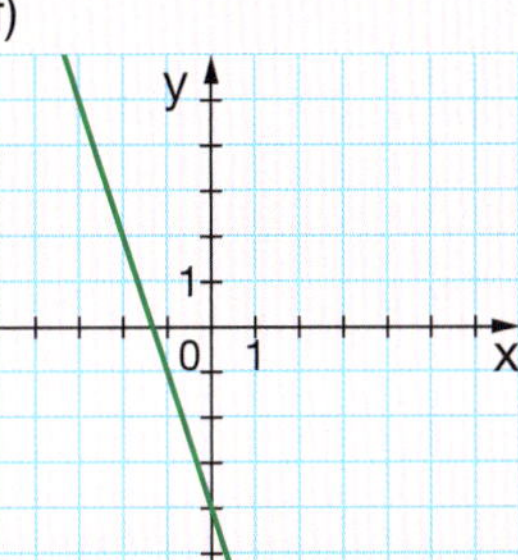

g)

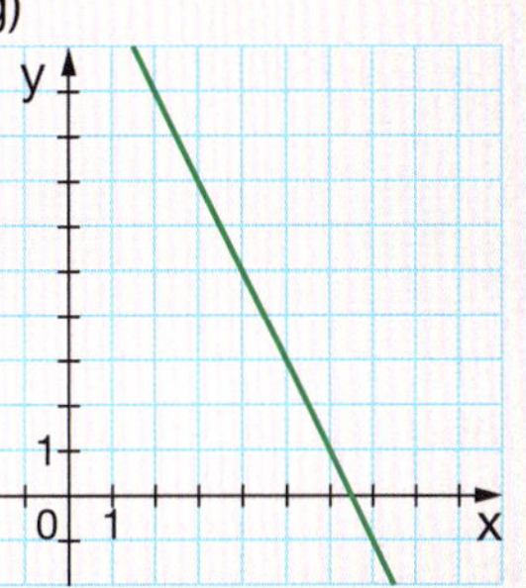

h)

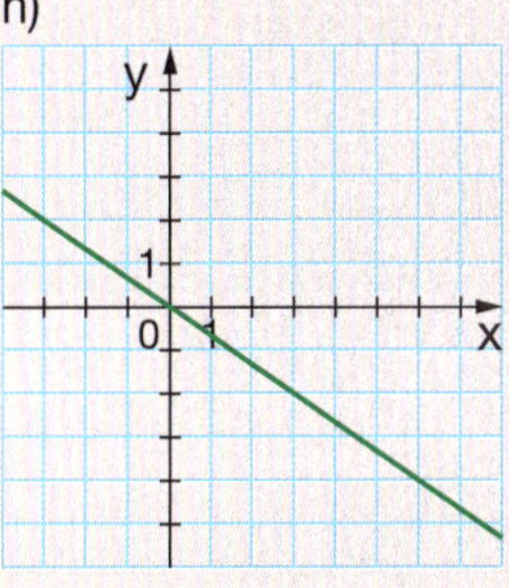

6 Dans chacun des cas ci-dessous, calcule la pente de la droite AB et vérifie graphiquement.

a) A (2 ; 5) et B (4 ; 9)

b) A (1 ; 8) et B (3 ; 5)

c) A (0 ; 3) et B (2 ; 1)

d) A (3 ; 5) et B (–1 ; 5)

e) A (–1 ; 2) et B (3 ; 5)

f) A (–3 ; 5) et B (–1 ; 2)

g) A (1 ; 2) et B (–3 ; –5)

h) A (–4 ; 1) et B (–4 ; 3)

7 Après avoir écrit les relations suivantes sous la forme y = f(x), détermine le zéro, l'ordonnée à l'origine et la croissance de chaque fonction.

a) (1) $y + 2x = 5$ (2) $3x + 6 - y = 0$ (3) $1 - 4x = 2x + y$

b) (1) $4x + 2y = 6$ (2) $6x + 3y = 5$ (3) $3 - x = 3y - 1$

c) (1) $2 \cdot (x - 3) = 5y$ (2) $3 \cdot (y - 2) = x$ (3) $3 \cdot (x - 1) = 2 \cdot (y + 3)$

d) (1) $\dfrac{3x + 1}{2} = \dfrac{y - 1}{3}$ (2) $\dfrac{2 \cdot (y - 1)}{5} = x$ (3) $\dfrac{1 - y}{3} = \dfrac{x + 2}{2}$

8 Dans un même repère cartésien, construis le graphique de chaque série de fonctions.

a) $f_1 : y = -3x$ $f_2 : y = x + 3$ $f_3 : y = 3$ $f_4 : y = \dfrac{1}{3}x$

b) $f_1 : y = x + 2$ $f_2 : y = x - 2$ $f_3 : y = -x$ $f_4 : y = -x + 2$

9 Sans représenter les droites, détermine celles qui sont parallèles.

Les droites (a à i) sont connues par deux de leurs points.

a	b	c	d	e	f	g	h	i
(1 ; 5)	(1 ; 5)	(2 ; 1)	(–1 ; 5)	(–2 ; 5)	(4 ; 2)	(–4 ; –1)	(–2 ; 3)	(1 ; –1)
(3 ; 9)	(3 ; –1)	(5 ; 4)	(2 ; 7)	(4 ; –4)	(2 ; 5)	(–1 ; 5)	(1 ; 6)	(7 ; 3)

Les droites (j à n) sont connues par leur équation.

$j \equiv y = 2x - 5$ $\quad k \equiv y = -3x - 2$ $\quad l \equiv y = \frac{-1}{2}x - 2$ $\quad m \equiv y = -2$ $\quad n \equiv y = 3$

10 Sans les représenter, détermine si les droites a et b sont parallèles, sécantes perpendiculaires ou sécantes quelconques.

a) $a \equiv y = -2x + 3$ et $b \equiv y = 2x - 3$

b) $a \equiv y = 5x - 2$ et $b \equiv y = 2 + 5x$

c) $a \equiv y = -3x + 4$ et $b \equiv y = \frac{x}{3}$

d) $a \equiv y = \frac{3}{4}x - 4$ et b passe par les points (2 ; 1) et (–1 ; –3).

e) $a \equiv y = \frac{2}{3}x$ et b passe par les points (2 ; –2) et (8 ; 2).

f) $a \equiv y = \frac{-1}{2}x - 2$ et b passe par les points (–2 ; 1) et (–4 ; –3).

g) $a \equiv y = -3x$ et b est perpendiculaire à la droite $c \equiv y = -3x + 2$.

h) $a \equiv y = -x + 3$ et b est parallèle à la droite $c \equiv y = 3x + 1$.

i) $a \equiv y = \frac{-2}{3}x - 3$ et b est perpendiculaire à la droite $c \equiv y = \frac{2}{3}x - 1$.

j) $a \equiv y = 2$ et b passe par les points (2 ; 3) et (5 ; 3).

k) $a \equiv y = 2$ et b passe par les points (1 ; 0) et (1 ; –3).

11 Voici une série de points définis par leurs coordonnées.

O (0 ; 0) A (3 ; 0) B (2 ; –3) C (–3 ; 2) D (4 ; 3)

E (–1 ; 4) F (0 ; 5) G (–6 ; 2) H (–3 ; 0) K (2 ; 2)

Détermine l'équation des droites répondant aux conditions données.

a) La pente vaut 3 et elle passe par le point F.

b) La pente vaut –2 et elle passe par le point C.

c) La pente vaut $\frac{3}{4}$ et elle passe par le point D.

d) La droite passe par les points F et A.

e) La droite passe par les points B et D.

f) La droite passe par les points E et C.

g) La droite passe par les points C et H.

h) La droite passe par les points C et K.

i) La droite passe par les points O et K.

j) La droite est parallèle à la droite d'équation $y = 5x$ et passe par le point A.

k) La droite est parallèle à la droite d'équation $y = -2x + 3$ et passe par le point E.

l) La droite est parallèle à la droite d'équation $y = -2 + \frac{-2}{3}x$ et passe par le point G.

m) La droite est perpendiculaire à la droite d'équation $y = 2x$ et passe par le point G.

n) La droite est perpendiculaire à la droite d'équation $y = -x + 3$ et passe par le point C.

o) La droite est perpendiculaire à la droite d'équation $y = \frac{-2}{5}x$ et passe par le point H.

p) La droite est parallèle à l'axe x et passe par le point B.

q) La droite est perpendiculaire à l'axe x et passe par le point E.

r) La droite est parallèle à l'axe x et passe par le point A.

12 Dans chaque cas, détermine l'équation de la droite d répondant aux conditions données.

a) Pente : $\frac{1}{2}$ $A(1\,;-1) \in d$	d) $A(1\,;-2) \in d$ et $B(3\,;1) \in d$	g) $A\left(\frac{1}{2}\,;0\right) \in d$ et $B\left(0\,;\frac{-2}{5}\right) \in d$
b) Pente : $\frac{-2}{5}$ $A(0\,;-1) \in d$	e) $A(-2\,;-1) \in d$ et $B(2\,;-3) \in d$	h) $A\left(\frac{1}{2}\,;\frac{-2}{5}\right) \in d$ et $B\left(\frac{3}{2}\,;\frac{1}{5}\right) \in d$
c) Pente : $\frac{3}{4}$ $A\left(\frac{2}{5}\,;1\right) \in d$	f) $A(-1\,;5) \in d$ et $B(2\,;-2) \in d$	i) $A\left(\frac{1}{3}\,;\frac{-3}{2}\right) \in d$ et $B\left(\frac{4}{3}\,;\frac{1}{2}\right) \in d$

j) $d \,//\, a \equiv y = \frac{-2}{5}x$ $\quad A\left(\frac{5}{2}\,;\frac{1}{5}\right) \in d$

k) $d \,//\, a \equiv y = \frac{1}{4}x + 2$ $\quad A\left(\frac{1}{2}\,;\frac{-1}{4}\right) \in d$

l) $d \perp a \equiv y = \frac{-3}{4}x + 1$ $\quad A\left(\frac{2}{3}\,;\frac{1}{2}\right) \in d$

m) $d \perp a \equiv y = x + 1$ $\quad A\left(\frac{2}{5}\,;\frac{-3}{4}\right) \in d$

Transférer

1 Un automobiliste s'arrête dans une station service pour faire le plein.

Le graphique ci-contre représente l'évolution de la quantité d'essence se trouvant dans le réservoir au cours du remplissage en fonction du temps.

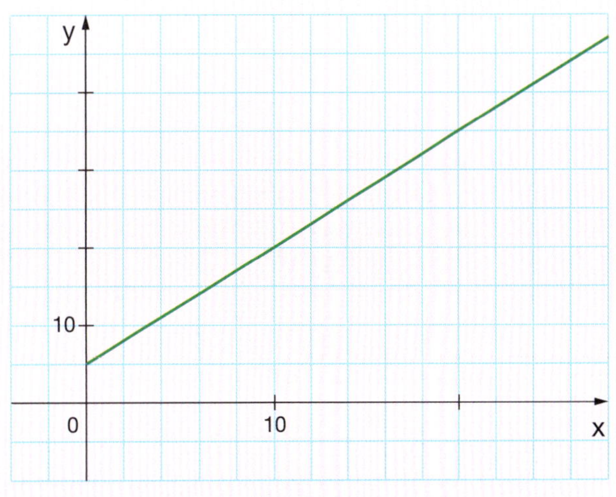

a) Utilise ce graphique pour déterminer une approximation …

(1) de la quantité d'essence se trouvant dans le réservoir après 18 secondes de remplissage.

(2) du temps nécessaire pour remplir le réservoir d'une capacité de 45 litres.

b) Détermine la valeur exacte des réponses obtenues au a).

2 Trois jeunes décident de passer une semaine de vacances à la Côte belge et de louer un VTT. Ils se renseignent pour connaître les différentes possibilités de location. Voici les trois tarifs proposés par un loueur de VTT.

Tarif 1 : un forfait de 120 € le premier jour de location permet d'emporter le VTT durant toute la semaine.
Tarif 2 : 8 € par heure de location permet de louer un VTT quelconque.
Tarif 3 : 36 € à la réservation, puis 4 € par heure de location permet de réserver un VTT aux mesures du cycliste en le laissant chez le loueur et en l'empruntant à sa convenance.

Jean envisage de rouler 24 heures durant la semaine de vacances, alors que Nicolas prévoit de rouler seulement 8 heures. Quant à Mélanie, elle projette de rouler 2 heures par jour du lundi au samedi inclus.

a) Dans un même repère cartésien, représente le prix à payer pour chaque tarif en fonction du nombre d'heures d'utilisation.

b) Utilise ces graphiques pour déterminer ...

(1) le tarif le plus avantageux pour chaque jeune.

(2) le tarif le plus avantageux suivant le nombre d'heures de location.

3 Le résultat obtenu par un élève à une dictée dépend du système de cotation du professeur. Voici trois manières différentes de coter une dictée sur un maximum de 20 points.

Cotation 1 : retrait d'un point par faute commise.
Cotation 2 : retrait d'un demi-point par faute commise.
Cotation 3 : retrait d'un point par faute commise pour les cinq premières fautes, puis d'un demi-point pour les fautes suivantes.

a) Pour chaque méthode de cotation, écris l'expression algébrique de la fonction traduisant l'évolution de la cote de l'élève en fonction de son nombre de fautes.

b) Dans le même repère cartésien, représente ces trois fonctions.

c) Utilise ces graphiques pour répondre aux questions suivantes.

(1) Pour chaque méthode de cotation, détermine le résultat des élèves qui commettent 3 fautes, 10 fautes, 17 fautes, 22 fautes et 37 fautes.

(2) Pour chaque méthode de cotation, détermine le nombre de fautes des élèves qui ont obtenu 10/20, 13/20, 0/20 et 7/20.

4 Un copain de Laurent lui demande quelle formule d'abonnement il utilise pour son GSM. Laurent a oublié la formule d'abonnement que ses parents ont choisie pour lui. Mais, il se souvient que cet abonnement comprend un montant fixe et un montant proportionnel à la durée de connexion. Il dispose des trois derniers relevés mensuels.

	Mars	Avril	Mai
Temps (min)	60	120	90
Prix (€)	21	27	24

a) Sachant qu'au mois de juin, Laurent a téléphoné pendant une durée de 72 minutes, calcule le montant de sa facture.

b) Sachant que Laurent est parti en vacances pendant tout le mois de juillet et qu'il a oublié son GSM chez lui, détermine le montant de la facture de ce mois.

5 Au matin du 1er mars 2015, une entreprise possède un stock de 24 500 pièces identiques. Chaque jour, l'entreprise utilise 700 de ces pièces et, pour éviter la rupture de stock, elle passe commande lorsque celui-ci atteint le seuil de 4200 pièces.

a) Détermine l'expression algébrique de la fonction montrant l'évolution du stock pendant le mois de mars.

b) Calcule le stock après 5 jours, 10 jours et 20 jours de travail.

c) À quelle date, l'entreprise devra-t-elle commander de nouvelles pièces ?

d) Sachant que la commande de 10 000 nouvelles pièces est livrée 5 jours après celle-ci, détermine l'expression algébrique de la fonction montrant l'évolution du stock jusqu'à épuisement si l'entreprise ne passe plus de nouvelle commande.

6 On considère un carré ABCD de 6 cm de côté et un point M du segment [AB] tel que $|AM| = x$.

a) Exprime en fonction de x l'aire f(x) du quadrilatère AMCD.

b) Pour quelles valeurs de x la fonction f est-elle définie ?

c) Représente graphiquement cette fonction.

d) Utilise le graphique pour répondre aux questions ci-dessous.

(1) Pour quelle valeur de x l'aire est-elle égale à 30 cm² ?

(2) Quelle peut être la valeur maximale de l'aire de AMCD ? Dans ce cas, quelle est la nature de ce quadrilatère ?

(3) Quelle peut être la valeur minimale de l'aire de AMCD ? Dans ce cas, quelle est la nature de ce quadrilatère ?

7 Voici un trapèze rectangle ABCD et un triangle EFG de hauteur [EH].

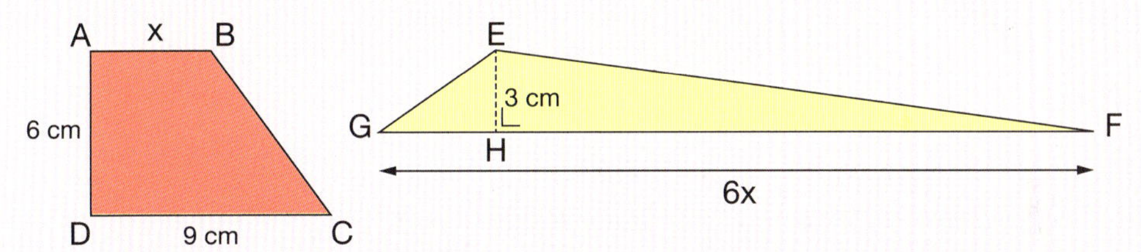

a) Détermine graphiquement pour quelle valeur de x l'aire du trapèze et celle du triangle sont égales. Vérifie ta réponse algébriquement.

b) Utilise le graphique pour répondre aux questions ci-dessous.

(1) Pour quelles valeurs de x l'aire du trapèze est-elle strictement supérieure à 30 cm² ?

(2) Pour quelles valeurs de x l'aire du triangle est-elle inférieure à 18 cm² ?

8 Le montant de la facture d'eau que reçoit chaque ménage comprend une redevance fixe (abonnement au service de distribution et location du compteur) et un montant proportionnel à la consommation d'eau.
La facture du mois de mai de la famille Dupuis s'élève à 200 € pour une consommation de 40 m³. Durant le mois de juin, ils ont rempli leur piscine et la nouvelle facture s'élève alors à 290 € pour 70 m³ d'eau.
Détermine le montant de la facture du mois de juillet de la famille Dupuis sachant qu'elle a consommé 85 m³ d'eau.

9 L'expression algébrique $y = 2x + p$ est celle d'une famille de fonctions du premier degré.

a) Détermine la fonction de cette famille dont le graphique comprend le point (2 ; 1).

b) Détermine la fonction de cette famille dont –1 est le zéro.

10 L'expression algébrique $y = mx - 2$ est celle d'une famille de fonctions du premier degré.

a) Détermine la fonction de cette famille dont le point (4 ; –4) appartient à son graphique.

b) Détermine la fonction de cette famille dont 4 est la racine.

11 Voici les équations de deux droites.

$3x - 2y = 5$ et $2x + my = 3$

Détermine la valeur de m pour qu'elles soient …

a) parallèles. b) perpendiculaires.

12 Voici les équations de deux droites.

$2y - (3m - 1) . x = 5$ et $-y + (m + 2) . x + 2 = 0$

Détermine la valeur de m pour qu'elles soient …

a) parallèles. b) perpendiculaires.

13 Dans chacun des cas ci-dessous, vérifie si les points A, B et C sont alignés.

a) A (0 ; 1) B (2 ; –3) C (–1 ; 4)

b) A (4 ; 1) B (–2 ; 4) C (6 ; 0)

c) $A\left(2\ ;\ \frac{5}{2}\right)$ $B\left(-1\ ;\ \frac{-1}{2}\right)$ $C\left(\frac{1}{2}\ ;\ 1\right)$

d) $A\left(1\ ;\ \frac{5}{2}\right)$ $B\left(-2\ ;\ \frac{5}{2}\right)$ $C\left(4\ ;\ \frac{3}{2}\right)$

14 Connaissant les coordonnées des quatre sommets du quadrilatère ABCD, vérifie si ce quadrilatère est un parallélogramme.

a) A (5 ; 4) B (5 ; 8) C (1 ; 5) D (1 ; 1)

b) A (2 ; 5) B (10 ; 7) C (1 ; 2) D (–3 ; 1)

c) A (0 ; 1) B (1 ; 0) C (0 ; –1) D (–1 ; 0)

d) A (–3 ; 2) B (2 ; 4) C (8 ; 1) D (1 ; –2)

15 Retrouve l'ordonnée du point D pour que les points A (–2 ; 3), B (5 ; 2), C (3 ; –3) et D (–4 ; r) soient les sommets du parallélogramme ABCD.

16 Dans chaque cas, détermine l'équation des …

a) médianes du triangle ABC A (1 ; 6) B (3 ; 2) C (–1 ; 4)

b) médiatrices du triangle ABC A (1 ; 3) B (3 ; 9) C (9 ; 3)

c) hauteurs du triangle ABC A (2 ; 2) B (2 ; 8) C (8 ; –4)

17 Détermine la nature des triangles ABC et DEF sachant que ...

A (–4 ; 3) B (2 ; 1) C (–2 ; –1)

D (4 ; 2) E (10 ; 4) F (5 ; –1)

18 L'équation de la droite d est $y = x + 3$.

a) Donne l'équation des droites suivantes :

d_1, l'image de d par la symétrie orthogonale d'axe x.

d_2, l'image de d par la symétrie orthogonale d'axe y.

d_3, l'image de d par la symétrie centrale de centre O (0 ; 0).

b) Compare les positions relatives des droites d_1, d_2 et d_3 par rapport à la droite donnée d.

Chapitre 11 Thalès et les proportions

Activité 1 • Approche du théorème de Thalès

107-108

1 Une société fabrique des étagères et des armoires en kit.
Les montants verticaux du modèle ci-contre mesurent 1,20 m et les obliques 1,40 m. Les centres des trous des vis de fixation des planchettes horizontales sont situés à 6, 36, 72 et 90 cm de hauteur.

a) Sans tenir compte de l'épaisseur du bois, réalise un croquis de l'étagère, à l'échelle 1 : 10, en indiquant sur les montants les centres des trous pour les vis qui permettront de fixer les étagères.

b) Calcule les distances entre les centres consécutifs des trous de fixation sur les deux montants.
Justifie.

c) Compare les distances entre les centres consécutifs des trous de fixation sur les deux montants.
Quelles conclusions peux-tu en tirer ? Écris des égalités les traduisant.

109

2 a) D'après le croquis ci-contre, les centres des trous de fixation des planches de l'étagère sont distants de 36 et de 40 cm sur les montants obliques. Détermine à quelle hauteur se situent ceux de la deuxième étagère, sachant que ceux de la première se situent à 11 cm du sol et ceux de la troisième à 82 cm.

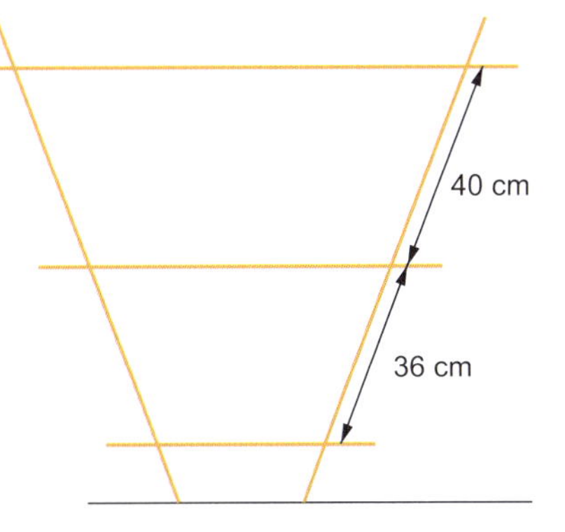

b) Maud possède une grande collection de bandes dessinées de 33 cm de haut.
Pourra-t-elle les disposer verticalement sur chacune des planches de l'étagère, sachant que chaque planche a une épaisseur de 2 cm ?

110

3 En s'inspirant du modèle ci-dessous, Pascal a réalisé le plan d'une étagère comme le montre le schéma ci-contre.
Si tu sais que les montants à l'arrière sont verticaux et mesurent 1 m, que les montants obliques à l'avant mesurent 1,10 m et que les centres des trous de fixation des étagères se situent à 20 cm, 54 cm et 84 cm du sol, quelle est la distance entre les centres consécutifs des trous de fixation sur les montants obliques ?

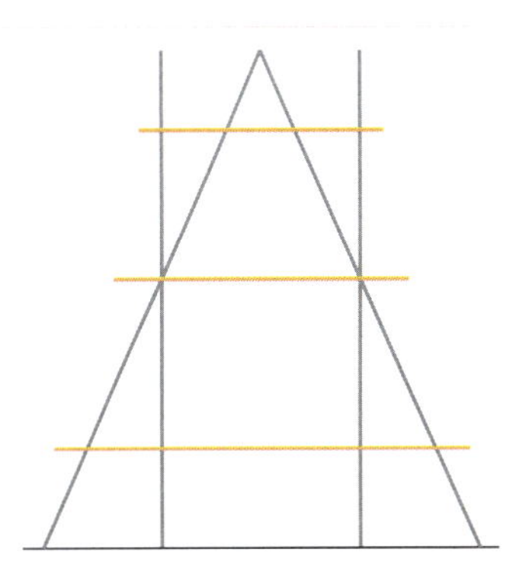

9 A-B

11

Activité 2 • Configurations de Thalès

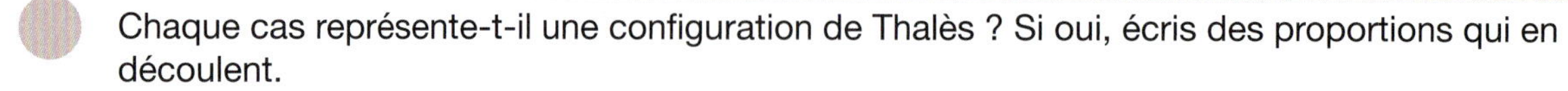

Chaque cas représente-t-il une configuration de Thalès ? Si oui, écris des proportions qui en découlent.

a) a // b // c

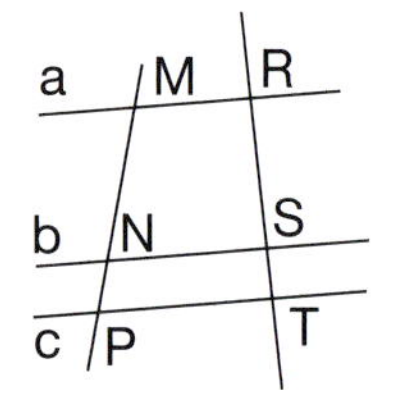

b) a // b

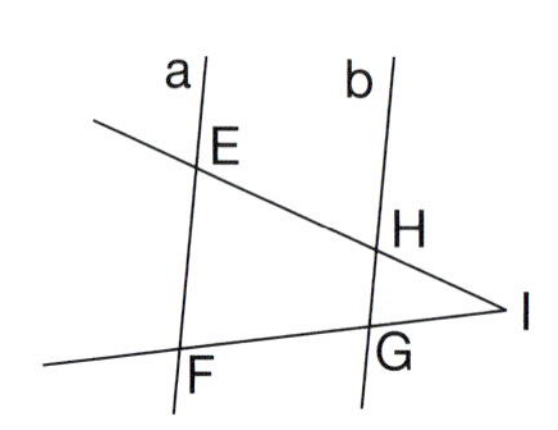

c) a // b

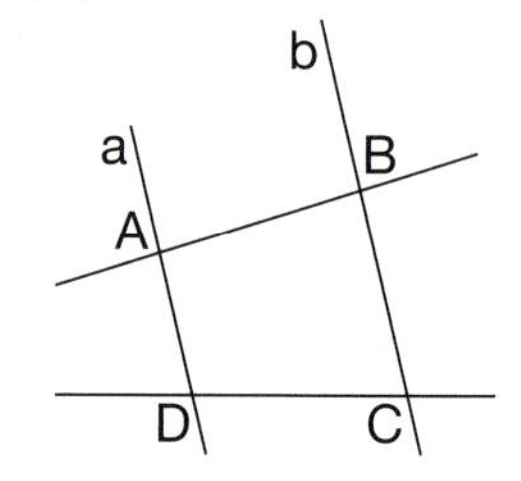

d) a // b et c // d // e

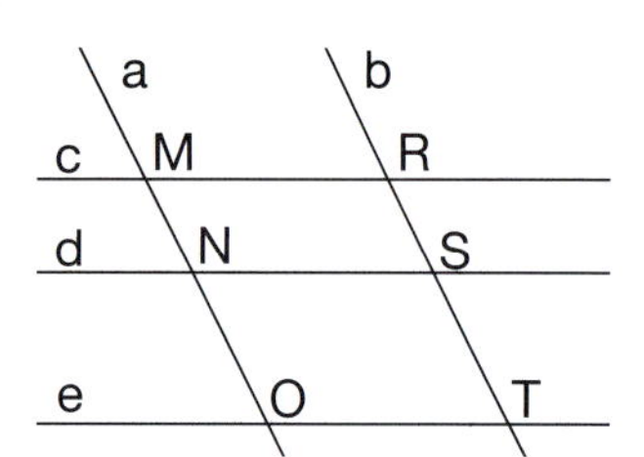

e) a // b

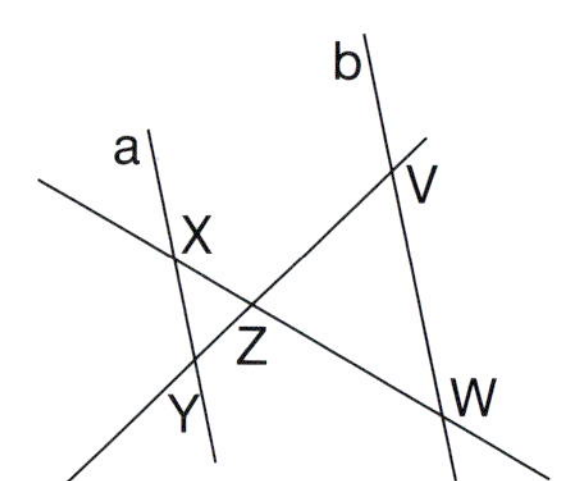

f)

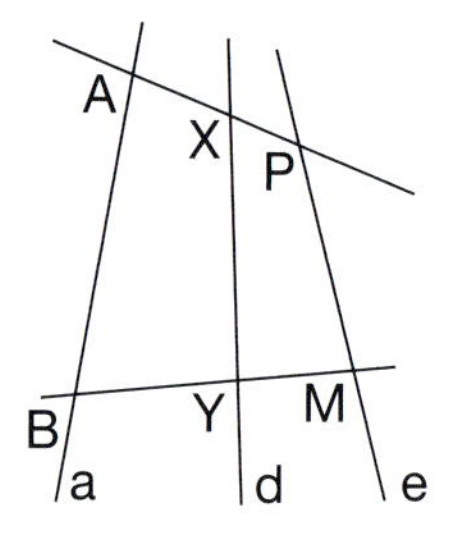

Activité 3 • Propriétés des proportions

1 La figure ci-dessous représente une configuration de Thalès.

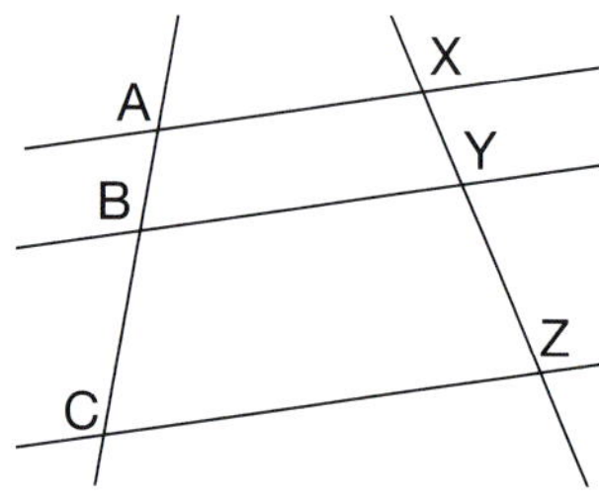

a) Complète les égalités de deux manières différentes.

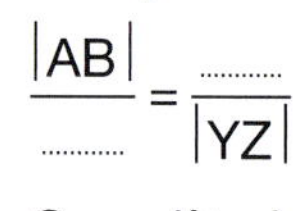

$$\frac{|AB|}{\dots\dots} = \frac{\dots\dots}{|YZ|} \qquad \frac{\dots\dots}{|AC|} = \frac{|XY|}{\dots\dots}$$

b) Complète les égalités ci-dessous.

$$\frac{|AB|}{|AC|} = \frac{\dots\dots}{\dots\dots} \qquad \frac{\dots\dots}{\dots\dots} = \frac{|AC|}{|AB|}$$

p.316

Déduis de tes réponses trois nouvelles propriétés des proportions.

2 Si tu sais que a, b, c et d sont des réels strictement positifs, démontre les équivalences ci-dessous.

a) $\frac{a}{b} = \frac{c}{d} \Leftrightarrow ad = bc$

b) $\frac{a}{b} = \frac{c}{d} \Leftrightarrow \frac{d}{b} = \frac{c}{a}$

c) $\frac{a}{b} = \frac{c}{d} \Leftrightarrow \frac{a}{c} = \frac{b}{d}$

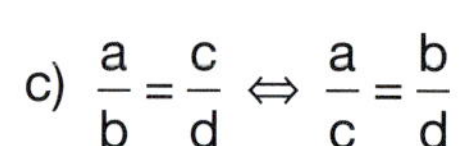

d) $\frac{a}{b} = \frac{c}{d} \Leftrightarrow \frac{d}{c} = \frac{b}{a}$

3 Résous les équations suivantes.

a) $\frac{x}{3} = \frac{7}{5}$

$\frac{7}{2} = \frac{x}{5}$

$\frac{3}{5} = \frac{8}{x}$

$\frac{x}{3} = \frac{x}{2}$

$\frac{x}{2} = \frac{-8}{x}$

b) $\frac{2}{7} = \frac{1}{x+5}$

$\frac{15}{x+3} = 2$

$\frac{x}{8} = \frac{x+5}{13}$

$\frac{2}{x} = \frac{4}{2x+3}$

$\frac{5x}{2} = \frac{10x}{4}$

c) $\frac{x}{3} = \frac{12}{x}$

$\frac{x+1}{4} = \frac{6}{x-1}$

$\frac{4}{x+3} = \frac{x+3}{9}$

$\frac{x-3}{5} = \frac{-3}{x+3}$

$\frac{2}{x-1} = \frac{1}{x-1}$

d) $\frac{x+1}{x-2} = \frac{x+2}{-4}$

$\frac{4x-1}{2x} = \frac{2}{x}$

$\frac{x-1}{x-3} = \frac{x+3}{4}$

$\frac{2x-4}{x+1} = \frac{x-3}{x+1}$

$\frac{2x-1}{3x-2} = \frac{x}{2x-1}$

4 Dans chaque formule, isole successivement les lettres qui ne le sont pas.

$p = \frac{F}{S}$ p : pression (Pa)
F : force (N)
S : surface (m^2)

$P = U \cdot I$ P : puissance (W)
I : intensité (A)
U : tension (V)

$\rho = \frac{m}{V}$ ρ : masse volumique (g/m^3)
m : masse (g)
V : volume (m^3)

$\frac{\omega_2}{\omega_1} = \frac{r_1}{r_2}$ ω_1 : fréquence de rotation de la poulie 1 (rad/s)
ω_2 : fréquence de rotation de la poulie 2 (rad/s)
r_1 : rayon de la poulie 1 (m)
r_2 : rayon de la poulie 2 (m)

$R = \frac{U}{I}$ R : résistance (Ω)
U : tension (V)
I : intensité (A)

Activité 4 • Thalès pour calculer des longueurs

110-111

1 Dans les configurations de Thalès ci-dessous, détermine rapidement la valeur de x.

a)
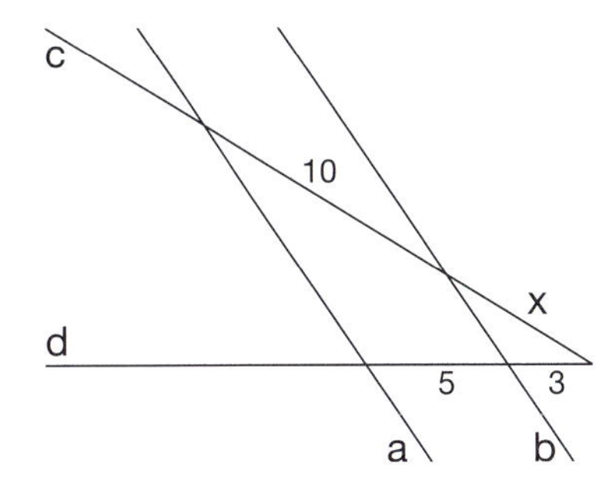

b)
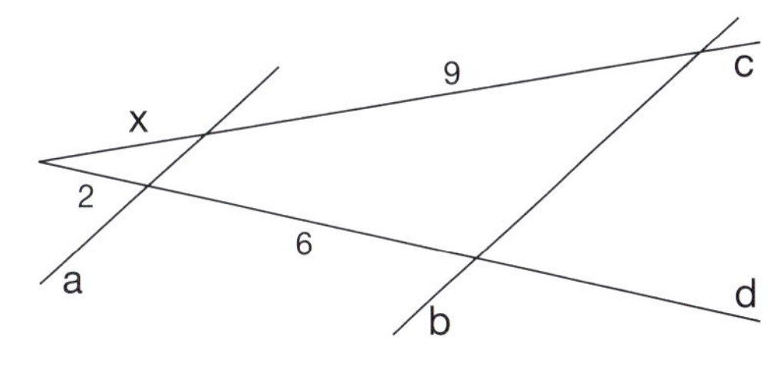

c)
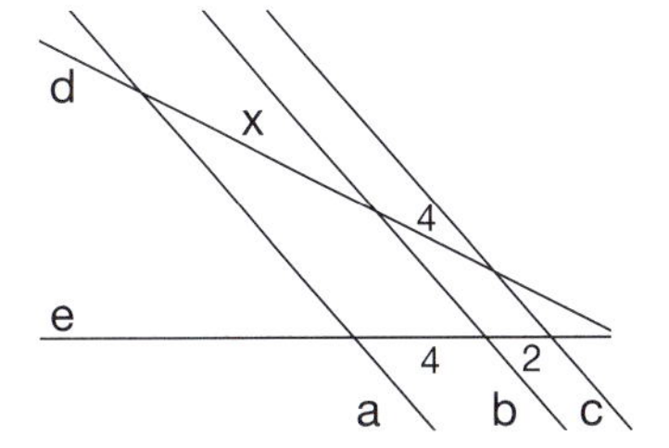

d)
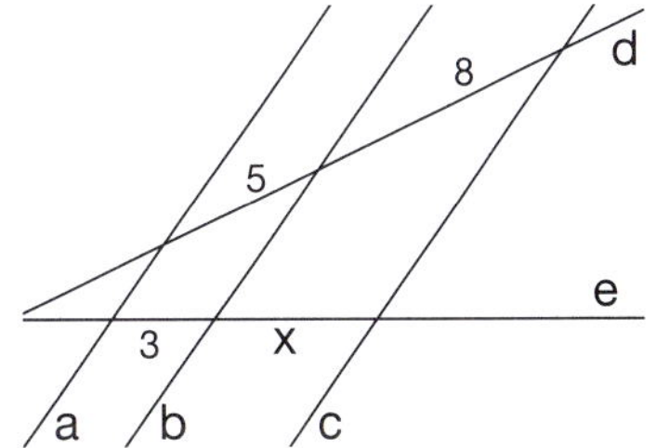

2 Dans les configurations de Thalès ci-dessous, détermine la valeur de x.

a)

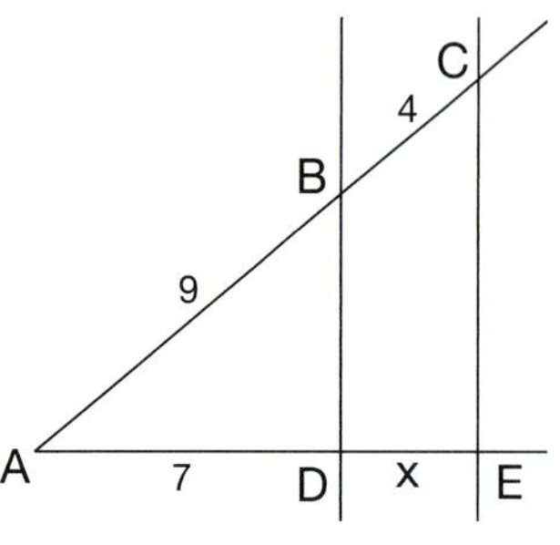

b)

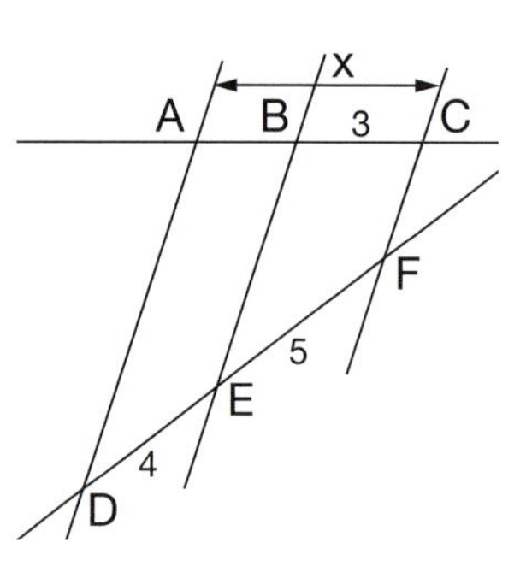

c)

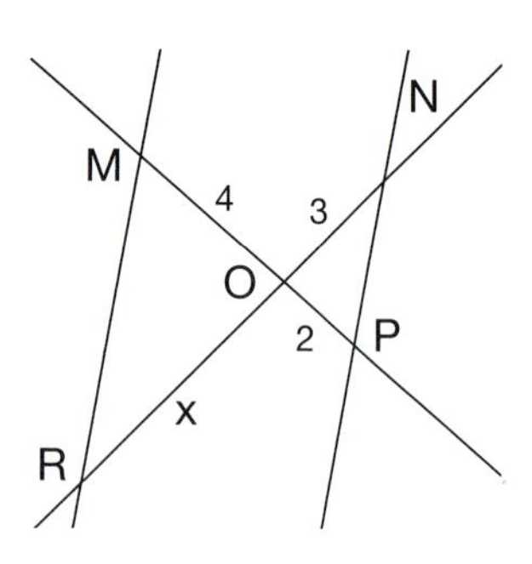

d)

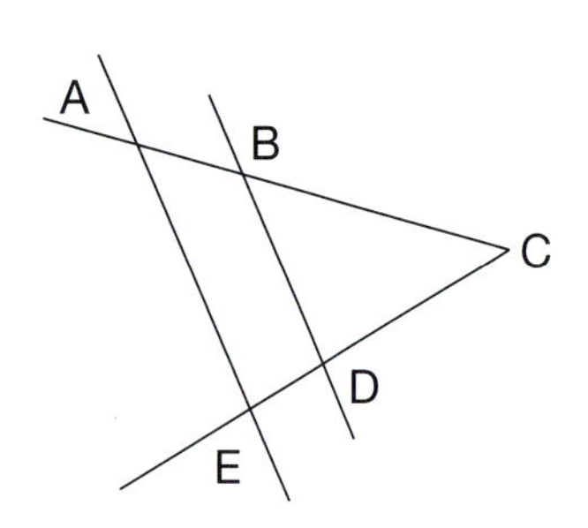

e)

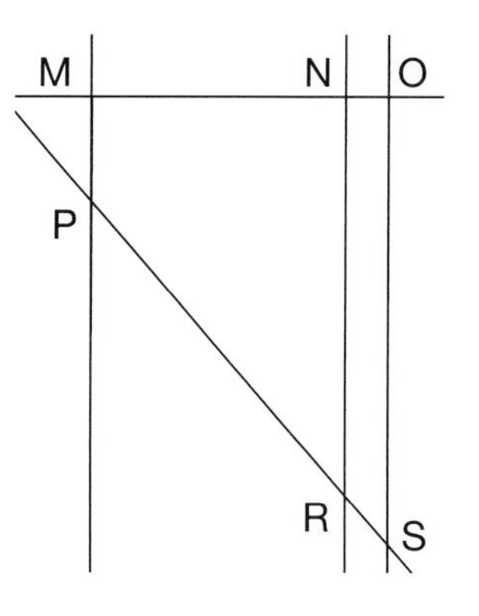

f)

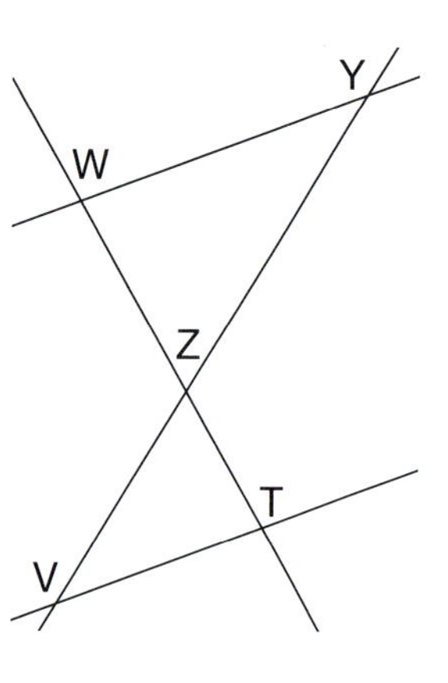

d) |AB| = 2 |BC| = 5 |DC| = 4 |ED| = x

e) |MN| = 6 |MO| = 7 |PR| = 9 |RS| = x

f) |WT| = 12 |ZT| = 5 |VZ| = 8 |ZY| = x

3 Dans les configurations de Thalès ci-dessous, détermine la valeur de x et de y.

a)

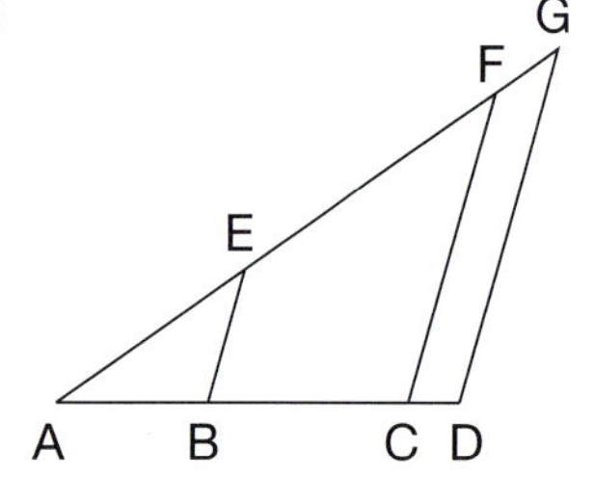

b)

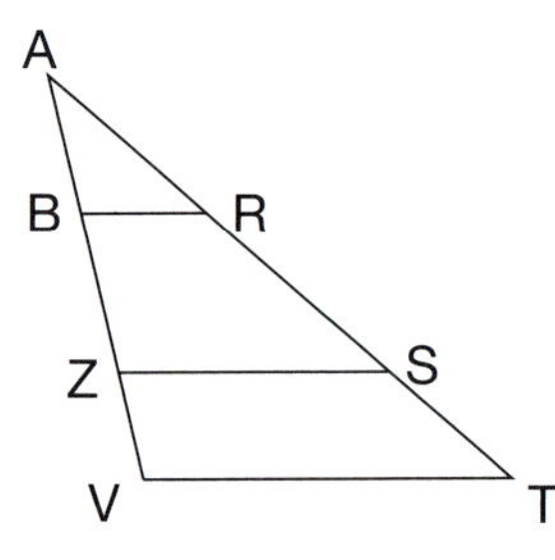

c)

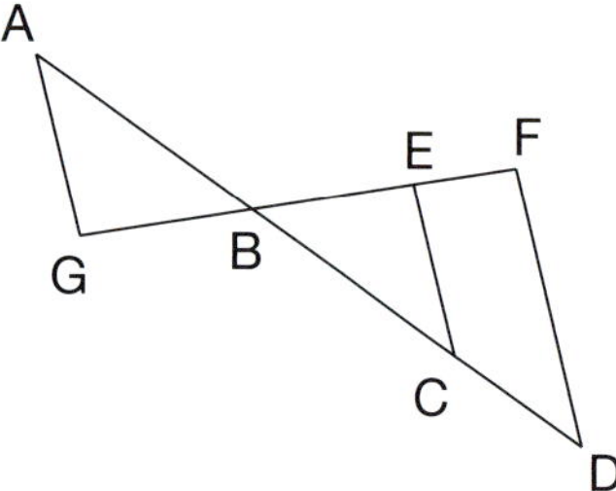

a) |EF| = 6 |BC| = 4 |AE| = 4,5 |CD| = 1 |FG| = x |AB| = y

b) |AR| = 3,9 |RS| = 4,5 |AB| = 2,6 |ZV| = 2 |BZ| = x |ST| = y

c) |AB| = 5,1 |BE| = 3,2 |BC| = 4,8 |BF| = 5,2 |BG| = x |CD| = y

11

d)

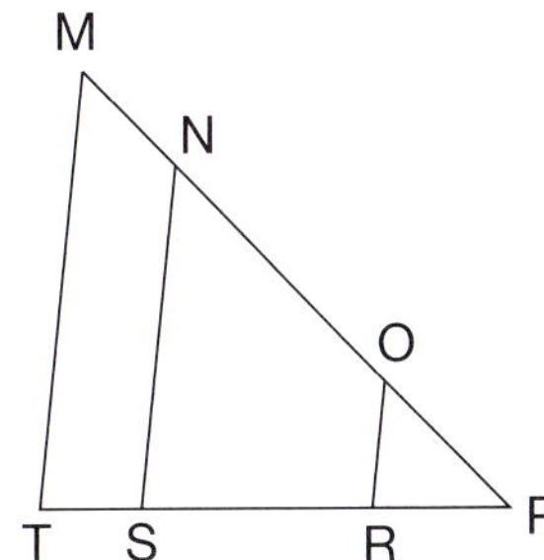

$|MN| = \frac{9}{4}$ $|PO| = 3$

$|PR| = \frac{7}{3}$ $|RS| = 2$

$|ON| = x$ $|ST| = y$

e)

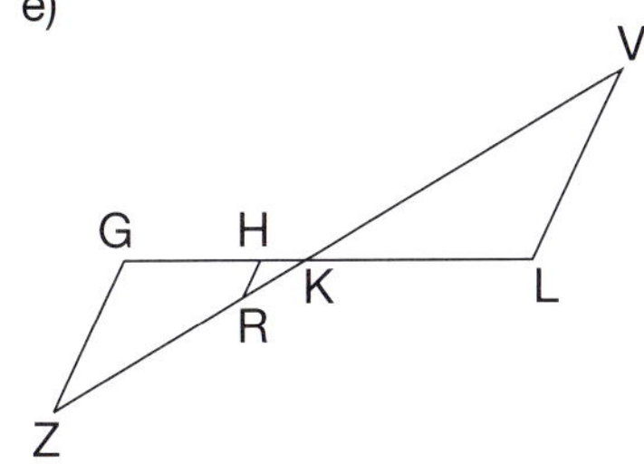

$|GH| = \frac{3}{2}$ $|KR| = \frac{4}{5}$

$|KL| = \frac{5}{2}$ $|KV| = 4$

$|HK| = x$ $|RZ| = y$

f)

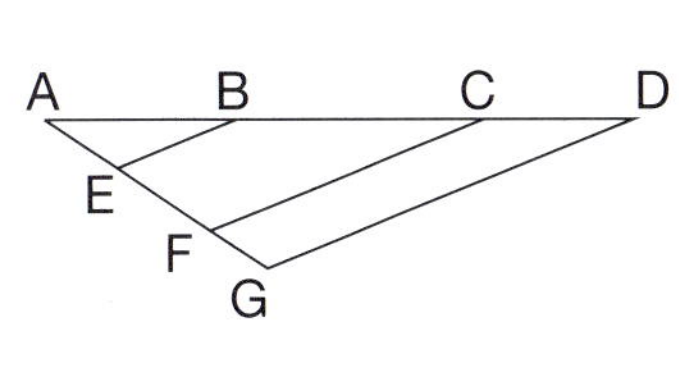

$|BC| = 5$ $|AB| = \sqrt{15}$

$|CD| = 3$ $|AE| = \sqrt{3}$

$|EF| = x$ $|FG| = y$

114-115

4 Dans un trapèze ABCD (AB // DC), on trace une droite d // AB qui coupe [AD] en X et [BC] en Y. Détermine les dimensions manquantes dans chaque ligne du tableau ci-dessous.

	$\|AX\|$	$\|XD\|$	$\|AD\|$	$\|BY\|$	$\|YC\|$	$\|BC\|$
a)	3,4		4,2			5,04
b)	10			15		48
c)	3,5	7,1			2,84	

Activité 5 • Thalès ou triangles semblables

1 Dans les réseaux de droites ci-dessous, quelles sont les situations où tu peux utiliser le théorème de Thalès et/ou les cas de similitude des triangles ? Énonce les conditions sur les positions relatives des droites.

a)

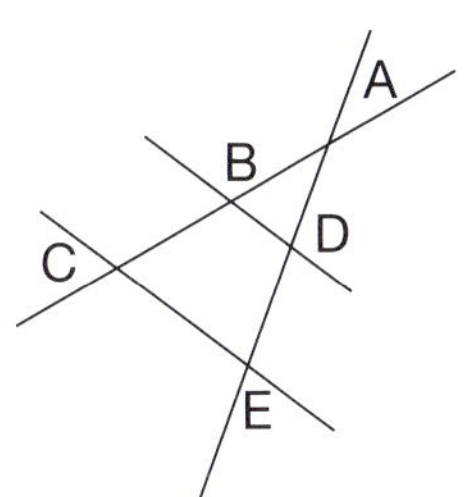

b)

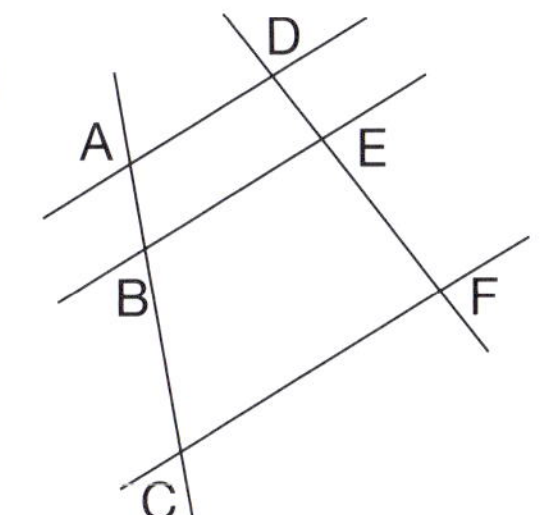

c)

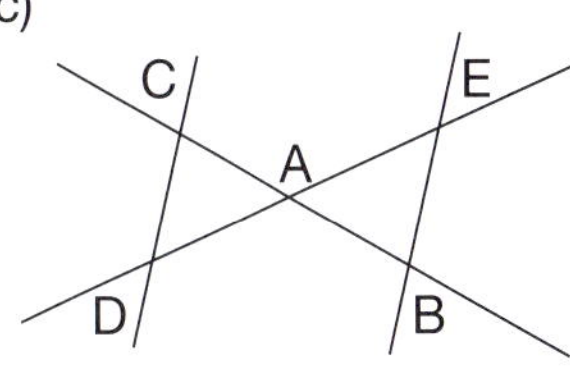

d)

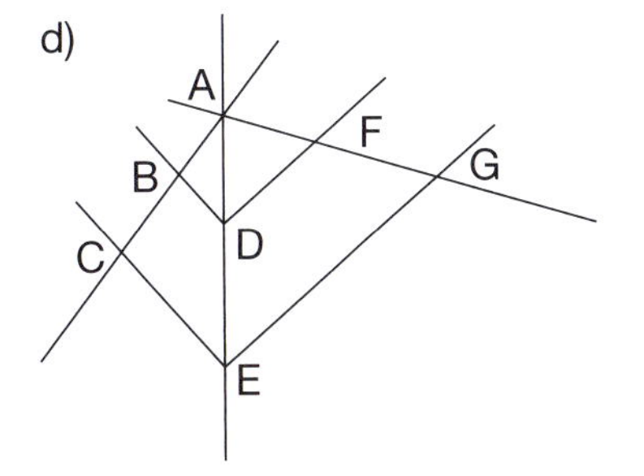

e)

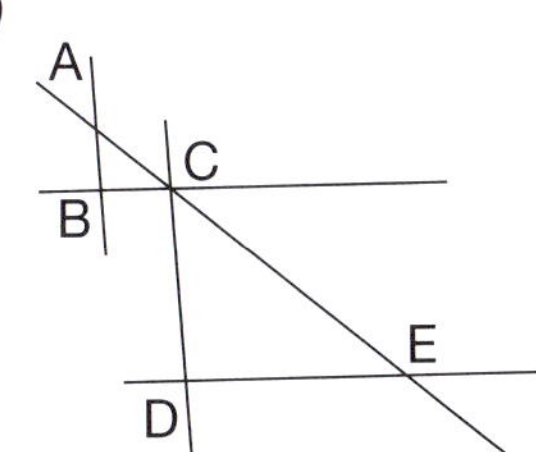

f)

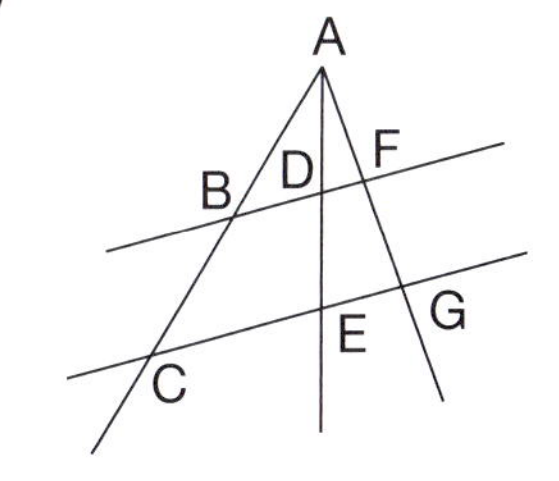

11

2 Dans chacune des configurations ci-dessous, détermine les valeurs de x et de y. Précise dans chaque cas si tu utilises le théorème de Thalès ou les cas de similitude des triangles.

a)

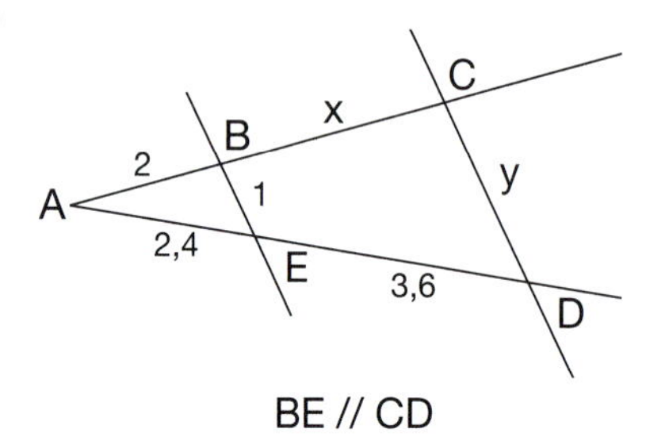

BE // CD

b) $|AB| = \frac{7}{6}$

$|BE| = 1$

$|BD| = 3$

$|DC| = 6$

$|BC| = x$

$|AE| = y$

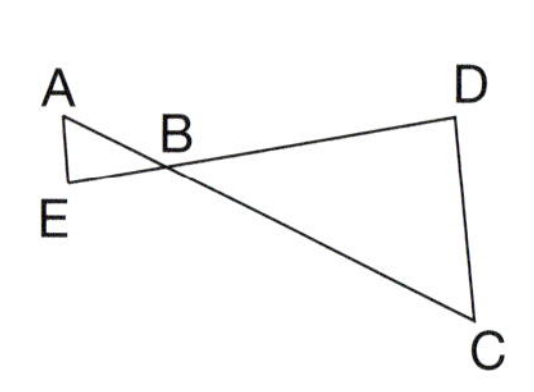

AE // CD

3 Dans chacune des configurations ci-dessous, si tu sais que BE // CD, détermine la valeur de x à l'aide du théorème de Thalès, si possible, et à l'aide des cas de similitude des triangles, si possible. Justifie.

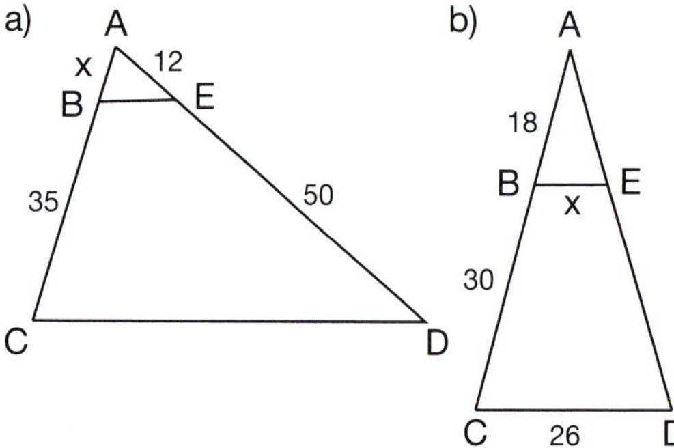

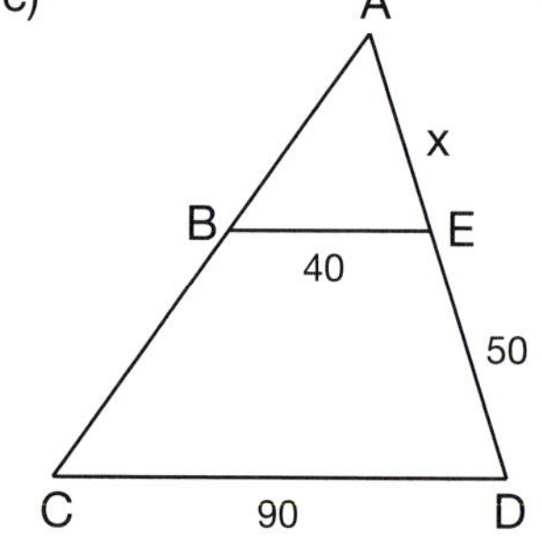

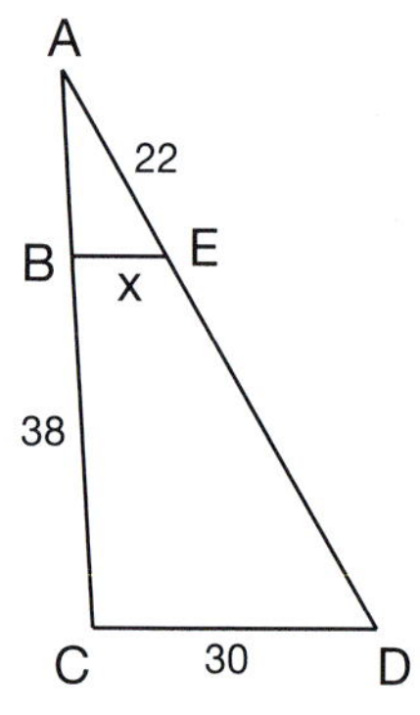

Activité 6 • Thalès pour construire

1 Trace la face avant de la planche numéro 2 en vraie grandeur.
Réalise sur celle-ci les découpes carrées de l'assemblage en queues d'arondes droites proposé.

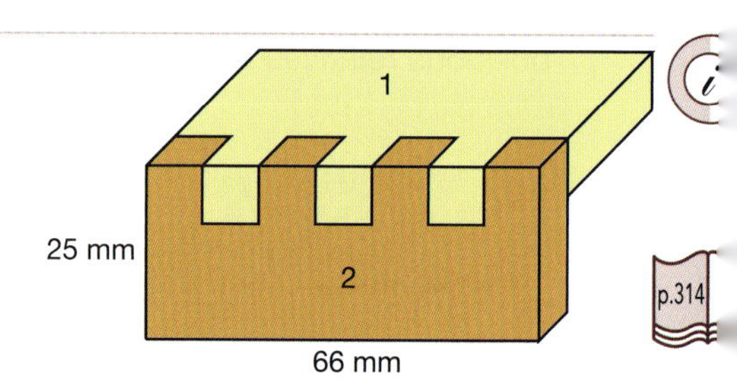

2

a) Déterminer graphiquement le nombre x tel que $\frac{3}{5} = \frac{2}{x}$.
Vérifie ta solution algébriquement.

b) Détermine graphiquement le nombre x tel que $\frac{7}{8} = \frac{5}{x}$.
Vérifie ta solution algébriquement.

c) Détermine graphiquement et algébriquement la quatrième proportionnelle des nombres 8, 5 et 6.

17

3 a) Construis un rectangle AEFG de même aire que le rectangle ABCD.

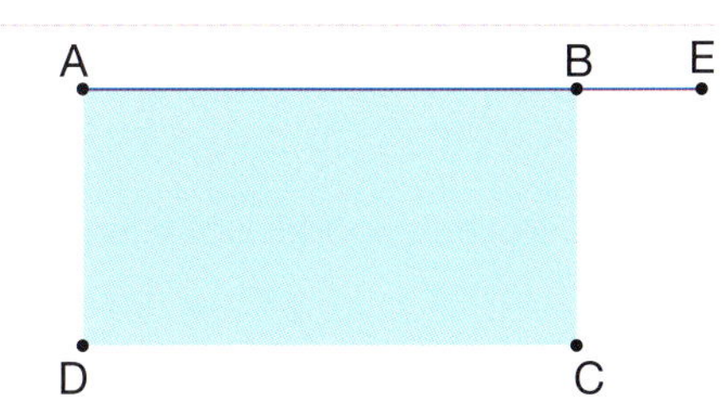

b) Voici trois segments de longueurs respectives a, b et c. Construis un rectangle dont une dimension est c et qui a la même aire qu'un rectangle de dimensions a et b.

a b c

Activité 7 • Coordonnées du milieu d'un segment

17-18

1 Dans chaque cas, détermine les coordonnées du point M, milieu du segment [AB].

a)

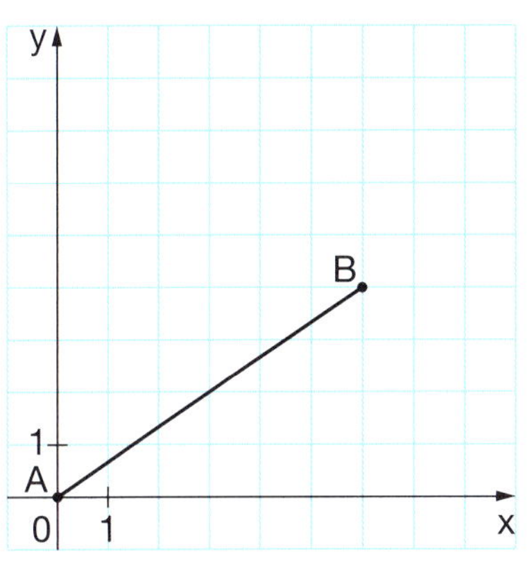

b)

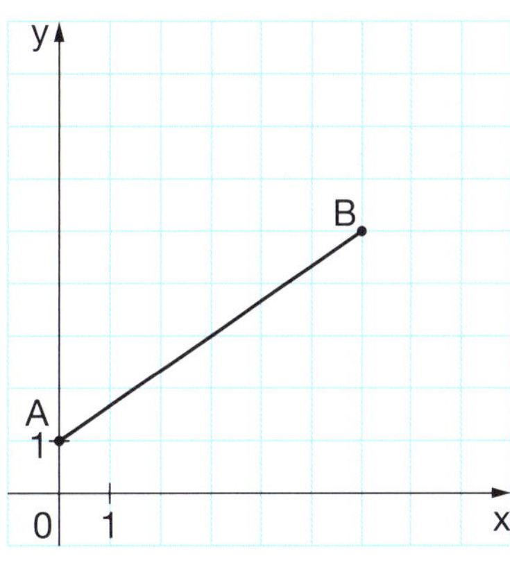

c)

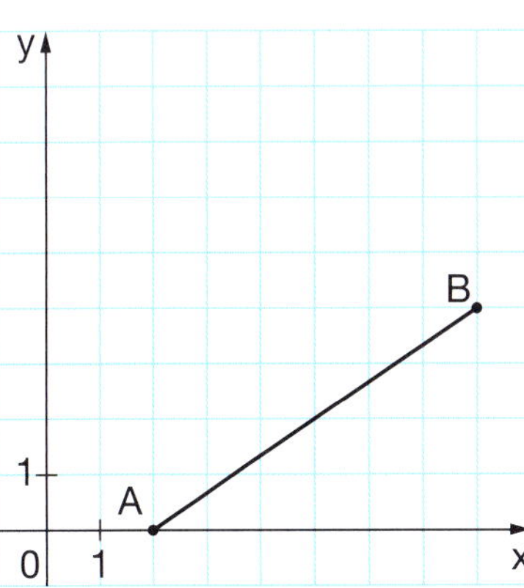

d)

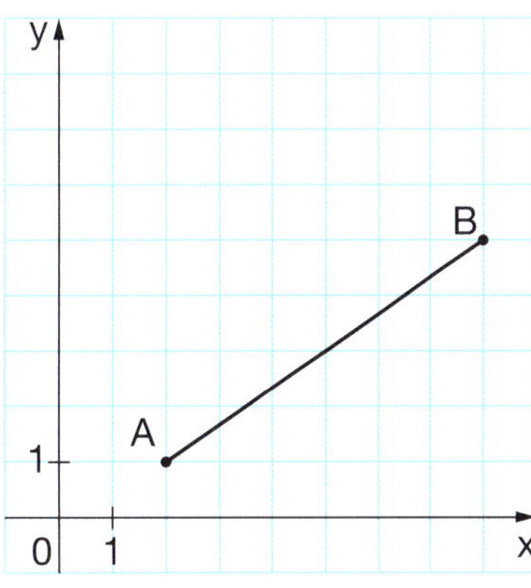

Comment déterminer algébriquement les coordonnées du milieu d'un segment ?

D5

Exprime les coordonnées du point M, milieu du segment [AB], si tu sais que A (x_A ; y_A) et B (x_B ; y_B).

18

2 Dans chaque cas, détermine les coordonnées du point M, milieu du segment [AB].

a) A (10 ; 25) et B (40 ; 7)

b) A (–17 ; 9) et B (19 ; –1)

11

Activité 8 • Réciproque du théorème de Thalès

1 Caroline voudrait optimiser l'espace de rangement sous son escalier.

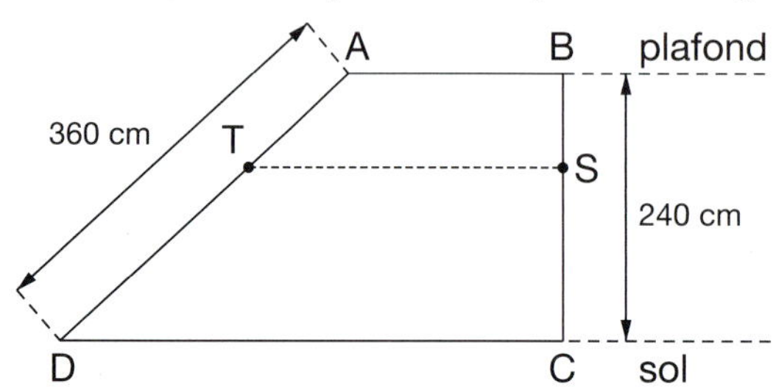

Sur un croquis, elle réalise quelques essais afin de positionner les tablettes.

Sachant que le sol et le plafond sont horizontaux, la tablette [TS] l'est-elle aussi si ...

a) $|DT| = 45$ cm et $|CS| = 30$ cm ?

b) $|DT| = 130$ cm et $|CS| = 80$ cm ?

c) $|DT| = 220$ cm et $|CS| = 150$ cm ?

d) $|DT| = 270$ cm et $|CS| = 180$ cm ?

Quelle conclusion peux-tu tirer de cet exercice ?

2 Dans les deux situations ci-dessous, tu remarques que $\frac{|AB|}{|DE|} = \frac{|BC|}{|EF|} = \frac{|AC|}{|DF|}$.

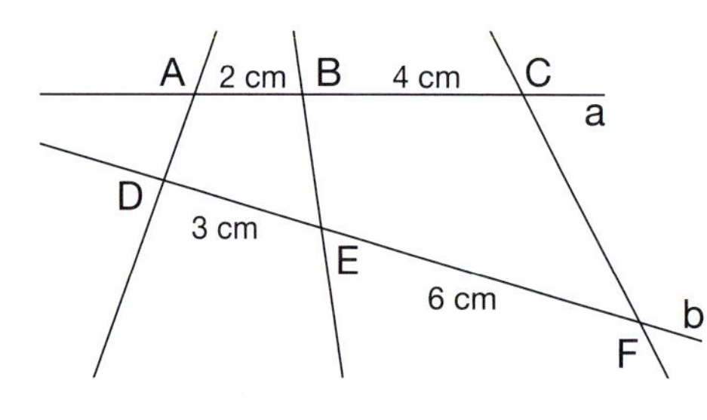

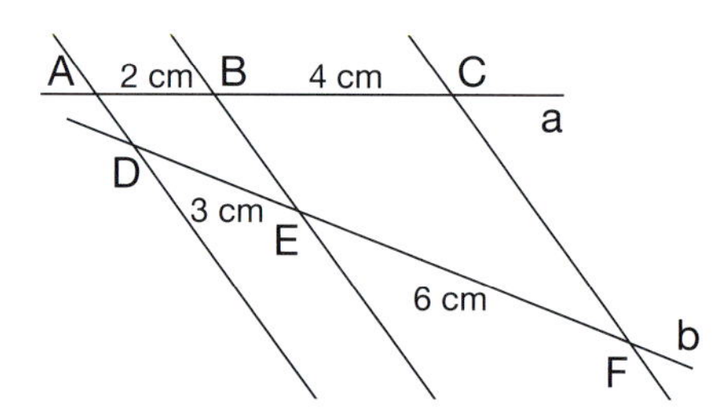

Cependant, les deux dessins sont différents; explique.
Représente la seconde figure en respectant uniquement les dimensions indiquées.
Quelle conclusion peux-tu tirer de cet exercice ?

3 Reproduis en vraie grandeur le schéma ci-contre, si tu sais que CE // DF, $|CD| = 15$ mm et $|EF| = 20$ mm.

Place les points A et B appartenant respectivement aux droites CD et EF si tu sais que $|DA| = 24$ mm et $|FB| = 32$ mm.

Envisage tous les cas possibles. Pour chaque cas, trace la droite AB.

Quelle conclusion peux-tu tirer de cet exercice ?

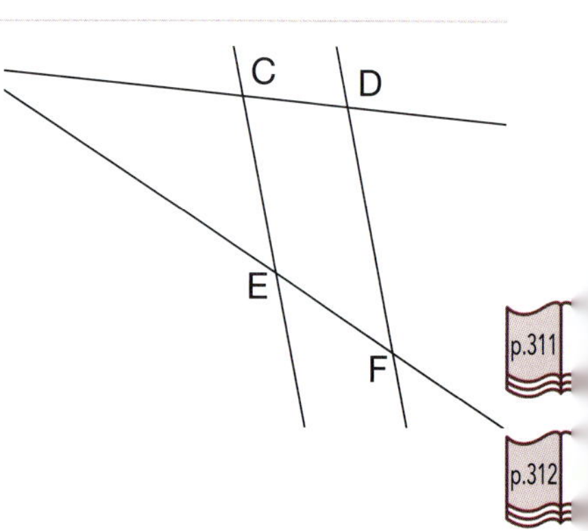

p.311

p.312

4 En observant le dessin, précise, si possible, quel outil logique (⇒ ou ⇐) conviendrait pour relier les propositions.

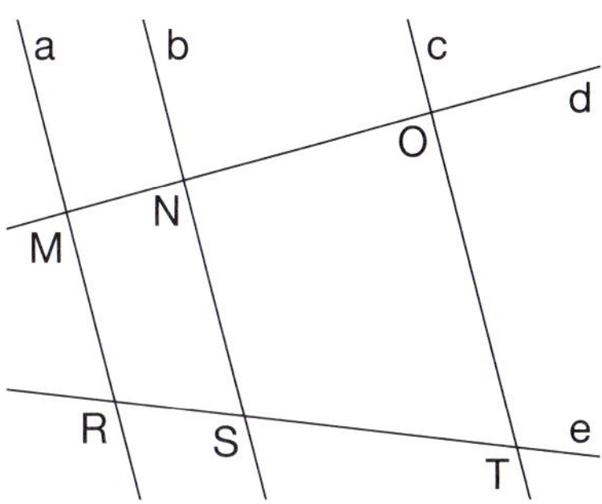

a) a // b // c ...... $\frac{|MN|}{|MO|} = \frac{|RS|}{|RT|}$

b) a // b et $\frac{|MN|}{|NO|} = \frac{|RS|}{|ST|}$ ...... a // c

c) a // c ...... a // b et $\frac{|MN|}{|RS|} = \frac{|NO|}{|ST|} = \frac{|MO|}{|RT|}$

Activité 9 • Thalès pour démontrer

1 Dans le triangle scalène acutangle ABC, on trace la hauteur [CD]. Par un point E appartenant à [BC], on trace la parallèle à [CD] qui coupe [AB] en F.

a) Démontre que $\frac{|CE|}{|EB|} = \frac{|DF|}{|FB|}$.

b) Que devient la thèse si E est le milieu de [BC] ?

c) La première thèse reste-elle vraie si le triangle ABC est obtusangle ?

2 Dans le triangle ABC isocèle en A, on trace la hauteur [BH]. Par le point C, on mène la droite perpendiculaire à [AC]; elle coupe le prolongement de [AB] en D.

Démontre que $|AC|^2 = |AH| . |AD|$.

120

3 Sachant que ABCD est un quadrilatère quelconque tel que XY // AC et YZ // BD, démontre que $\frac{|AX|}{|XB|} = \frac{|CZ|}{|ZD|}$.

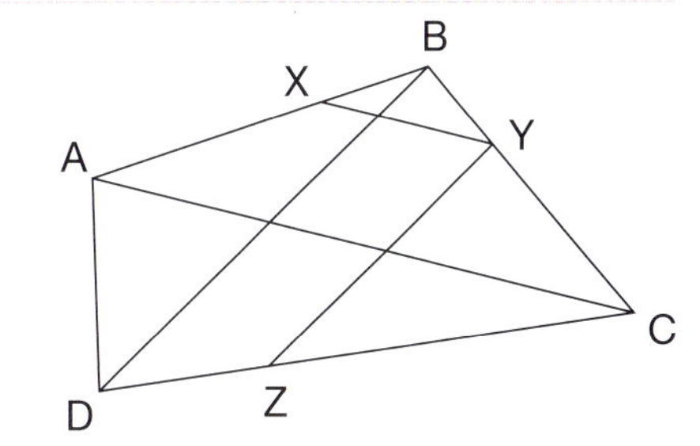

4 Dans un quadrilatère convexe ABCD, nomme M, N, P et R les milieux respectifs des côtés [AB], [BC], [CD] et [DA].

a) Démontre que le quadrilatère MNPR est un parallélogramme.

b) Construis d'autres quadrilatères ABCD pour découvrir les cas particuliers de cette propriété.

Activité 10 • Thalès pour résoudre des problèmes

1 Sachant que les barres de renfort du sèche-linge représenté ci-contre sont horizontales, que les fils à linge sont équidistants, y compris le premier par rapport au sol et le dernier par rapport à la barre supérieure, détermine la distance qui sépare deux fils à linge consécutifs.

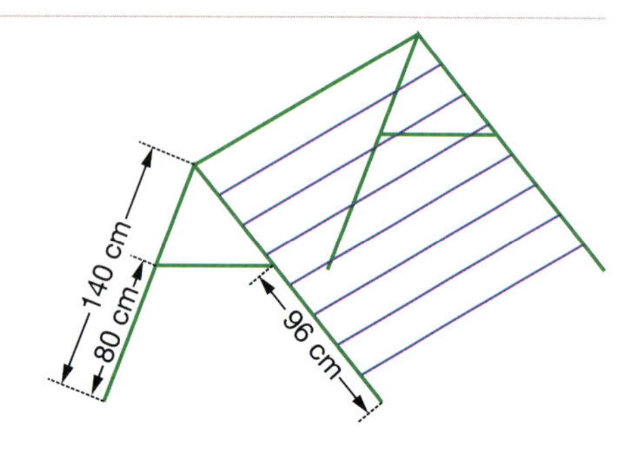

2 Une firme vend un toboggan en kit à monter dont le schéma est représenté ci-contre. Plusieurs clients ont manifesté un mécontentement prétendant que lorsque le toboggan est posé sur un sol parfaitement horizontal, la plateforme n'est pas horizontale ! Vérifie s'ils ont raison à l'aide des mesures fournies, en millimètres, sur le schéma.

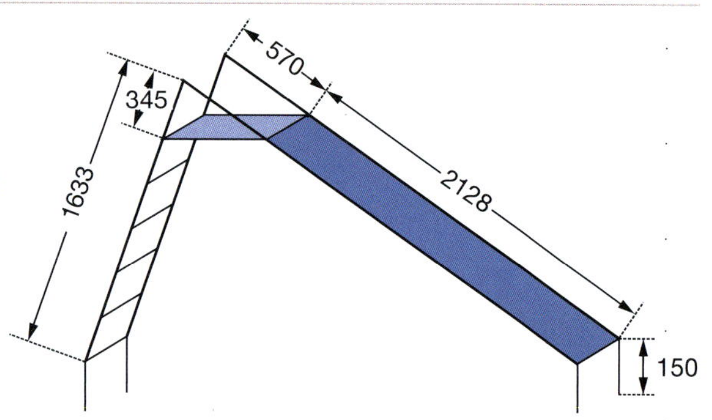

3 Sur la représentation ci-contre d'une planche à repasser, les pieds [AB] et [CD] sont fixés en O. Le point C peut coulisser horizontalement pour régler la hauteur de la planche.

a) Sachant que $|CO| = 36{,}4$ cm, $|OD| = 70$ cm, $|AO| = 41{,}6$ cm et $|OB| = 80$ cm, le plateau est-il horizontal et ce quelle que soit la position du point C ?

b) À quelle hauteur se situe le point de fixation O lorsque la planche est à 1 m de haut?

4 Les barres asymétriques sont un des quatre agrès de la gymnastique artistique féminine.

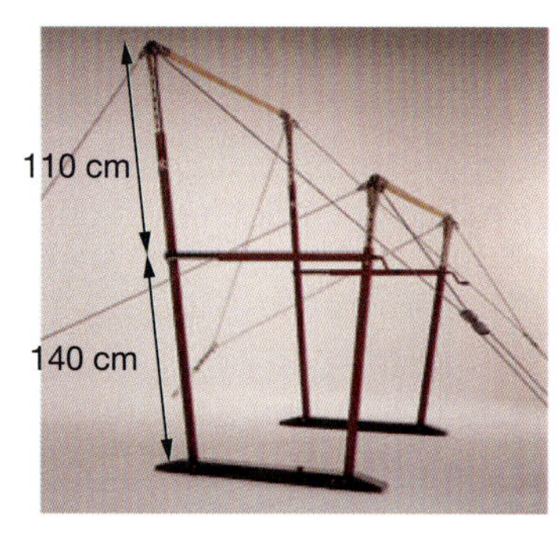

La barre supérieure est élevée à 2,45 m du sol et la barre inférieure à 1,65 m. La distance entre les deux barres peut aller jusqu'à 1,80 m et peut être réglée en fonction de la taille de la gymnaste. L'équipement est stabilisé par des câbles reliés au sol. Les barres de soutien horizontales permettent de régler l'écartement.

En utilisant les données complémentaires fournies sur le dessin, détermine à quelle hauteur se situent ces barres de soutien.

Connaître

1 Si tu sais que a // b // c, écris des proportions issues du théorème de Thalès.

a)

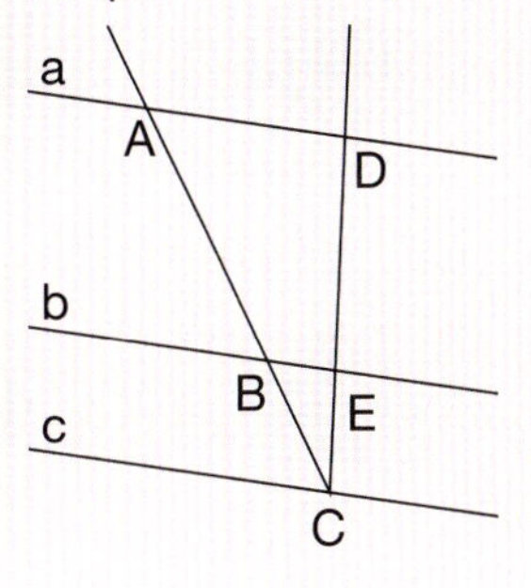

b)

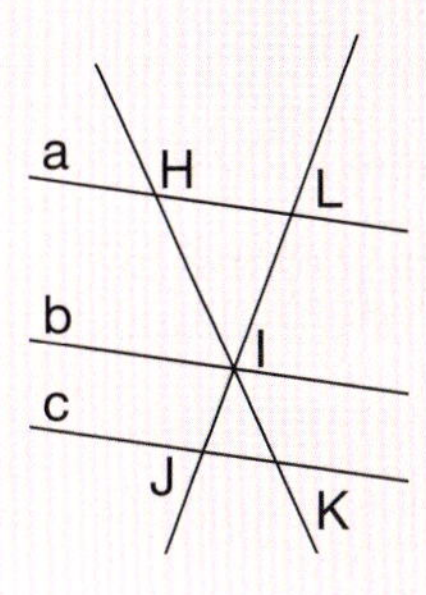

c)

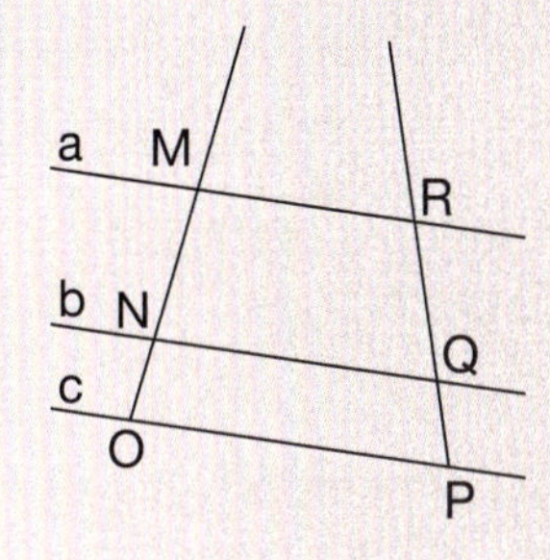

2 Si m, n, p et r sont des réels strictement positifs, complète les équivalences et justifie.

a) $\frac{m}{n} = \frac{p}{r} \Leftrightarrow n \cdot p = ...$

b) $\frac{p}{m} = \frac{r}{n} \Leftrightarrow \frac{n}{m} = \frac{......}{......}$

c) $\frac{m}{r} = \frac{n}{p} \Leftrightarrow \frac{m}{n} = \frac{......}{......}$

d) $\frac{p}{n} = \frac{r}{m} \Leftrightarrow \frac{m}{r} = \frac{......}{......}$

3 Voici quatre configurations de Thalès. Des erreurs ont été commises dans les proportions qui en découlent; retrouve-les et corrige, si nécessaire, la seconde fraction.

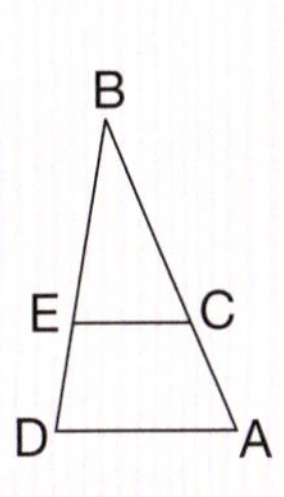

$\frac{|BD|}{|BE|} = \frac{|BC|}{|BA|}$

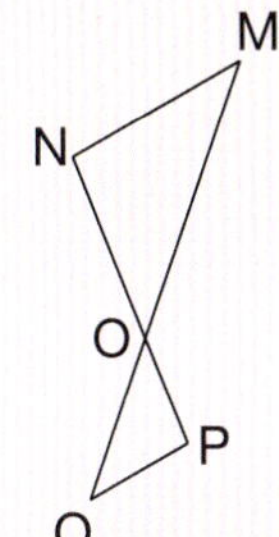

$\frac{|NO|}{|OP|} = \frac{|OQ|}{|MO|}$

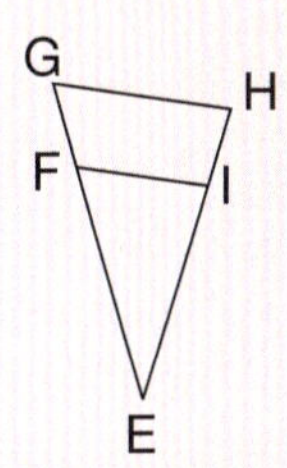

$\frac{|FG|}{|GE|} = \frac{|IH|}{|EI|}$

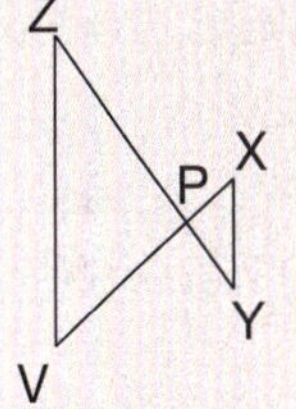

$\frac{|ZP|}{|VP|} = \frac{|XP|}{|YP|}$

4 Observe les figures ci-dessous. Pour chacune d'entre elles, complète, si possible, les égalités de plusieurs manières en précisant si tu utilises le théorème de Thalès ou la théorie des triangles semblables.

a)

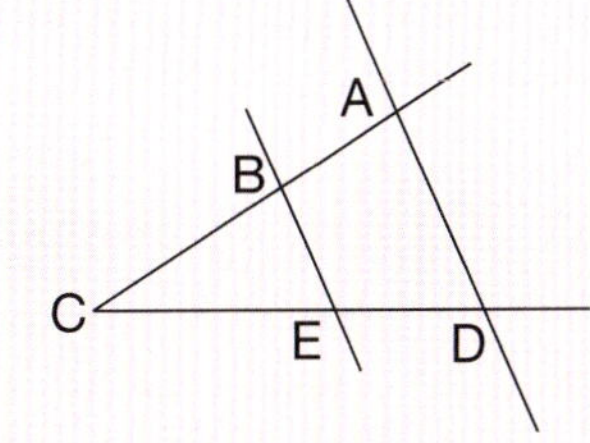

$\frac{|CB|}{|CA|} = \frac{......}{......} = \frac{......}{......}$

$\frac{|CB|}{|CE|} = \frac{......}{......} = \frac{......}{......}$

b)

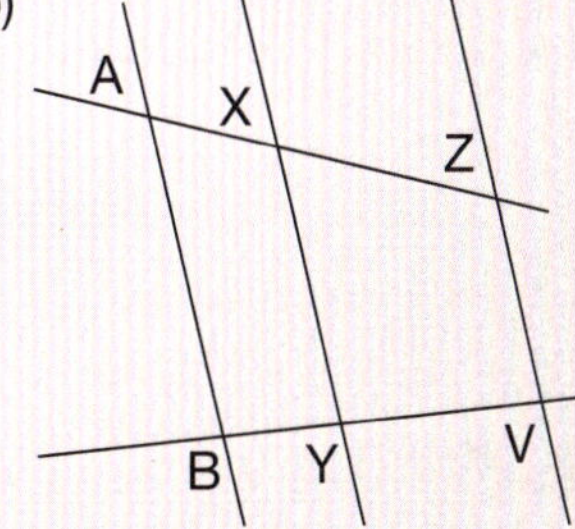

$\frac{|AX|}{......} = \frac{......}{|BV|} = \frac{......}{......}$

$\frac{|AX|}{|XZ|} = \frac{......}{......}$

11

c)

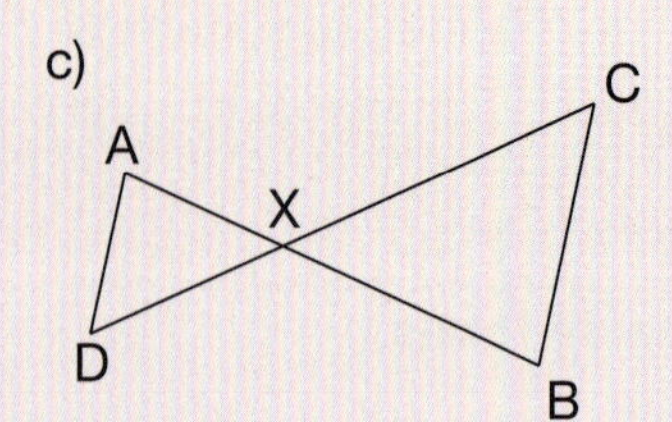

$\frac{|AX|}{|XB|} = \frac{\dots}{\dots} = \frac{\dots}{\dots}$

$\frac{|AX|}{|XB|} = \frac{\dots}{\dots}$

d)

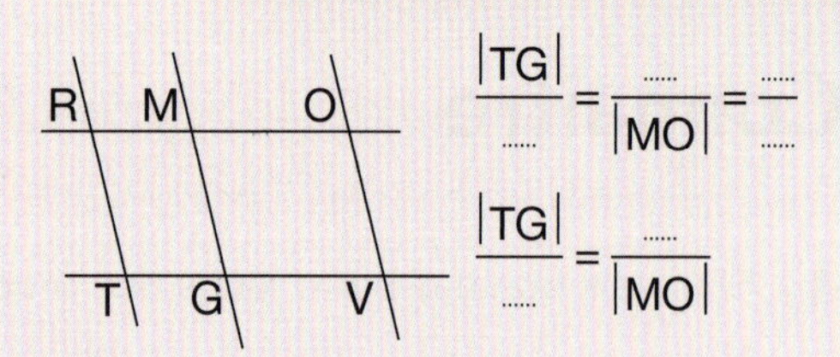

5 Dans chaque cas, détermine la quatrième proportionnelle des nombres proposés.

a) 5, 6 et 10 b) 3, 8 et 24 c) 7, 21 et 10

d) 3, 6 et 5 e) 1, 2 et 3 f) 7, 2 et 175

6 Les droites b et c sont-elles parallèles ? Justifie.

a)

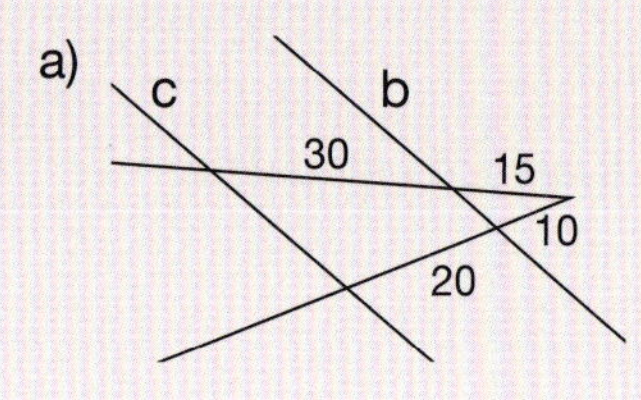

b)

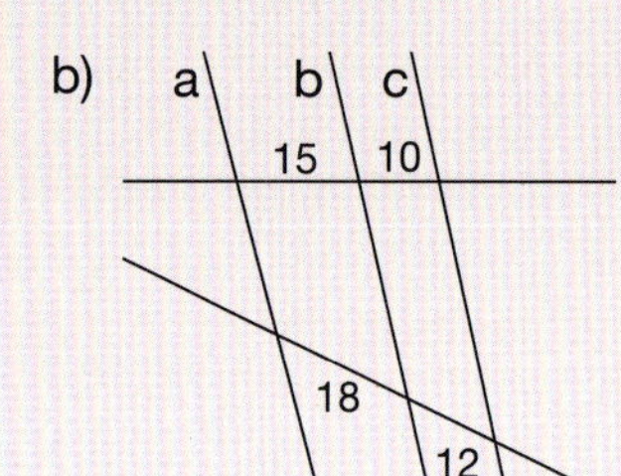

c)

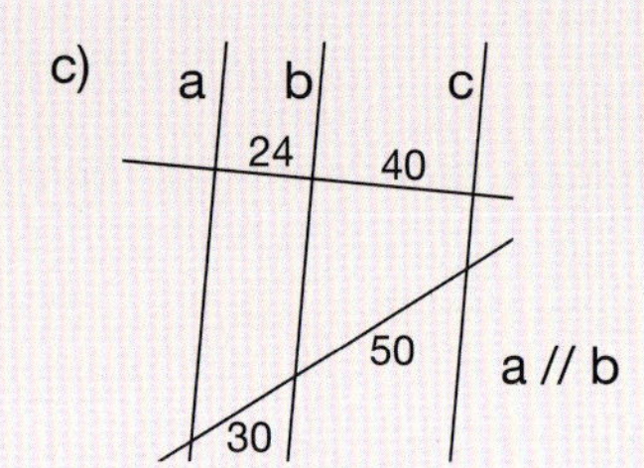

Appliquer

1 Dans chaque configuration de Thalès ci-dessous, détermine la valeur de x.

a)

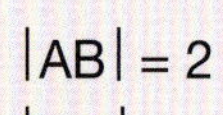

|AB| = 2
|BC| = 6
|DE| = 3
|EF| = x

b)

|AD| = x
|DE| = 3
|AB| = 3
|BC| = 4

c)

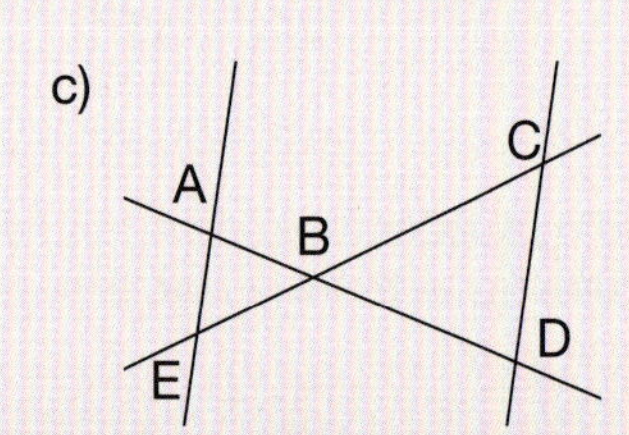

|AB| = 3
|BD| = 6
|BC| = 7
|BE| = x

d)

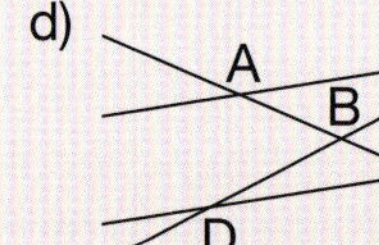

|AB| = 3
|BE| = 5
|BD| = 4
|BC| = x

e)

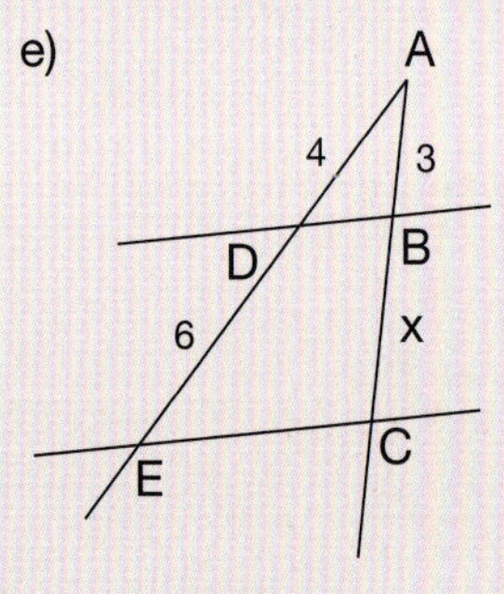

f)

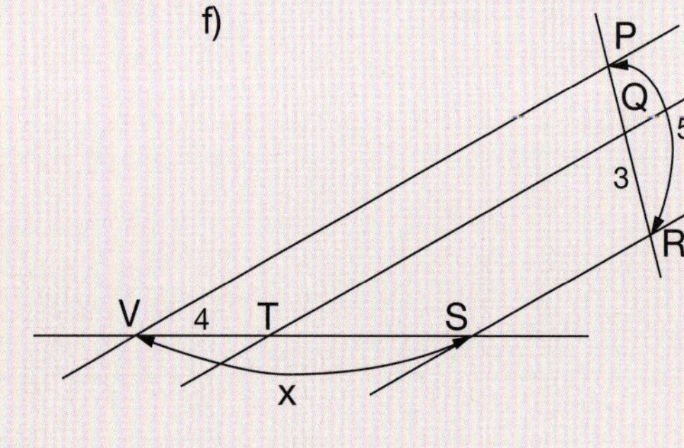

g)

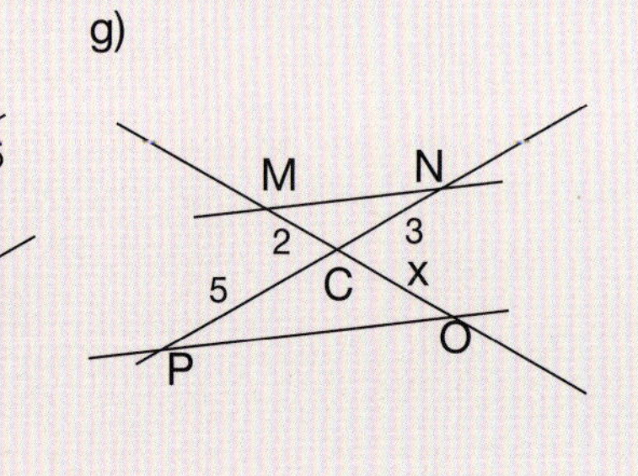

h)

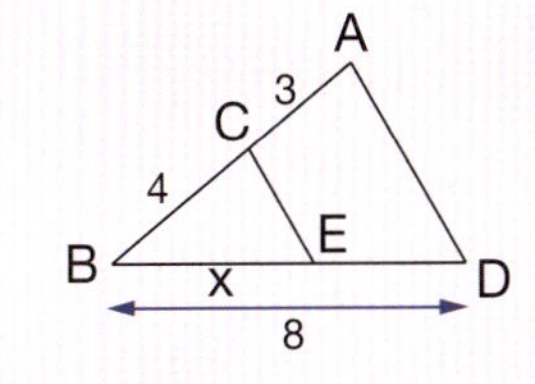

i)

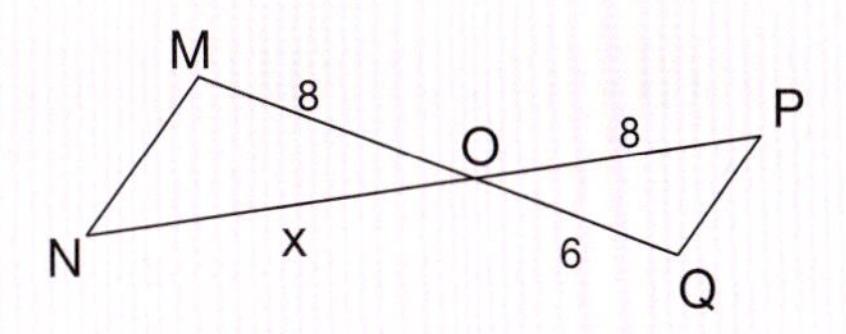

j)

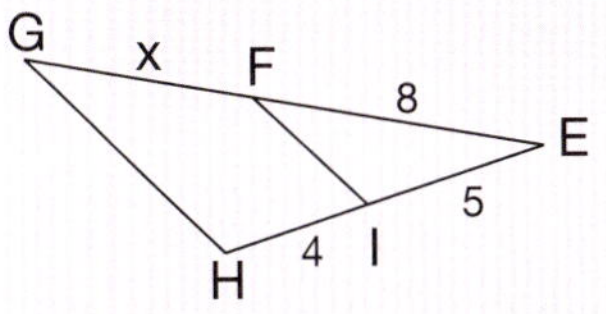

k)

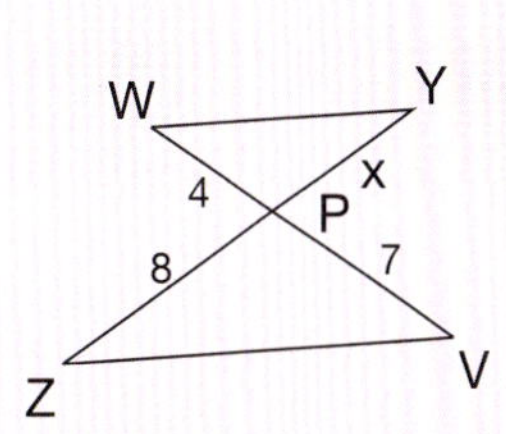

2 Dans les configurations de Thalès ci-dessous, détermine les valeurs de x et de y.

a)

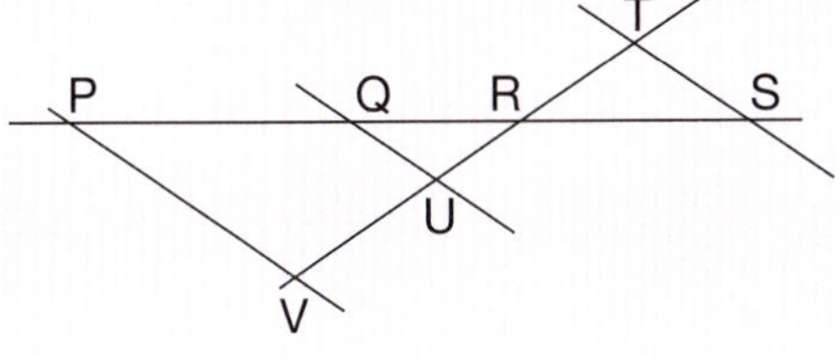

$|RT| = 4$ $|RU| = 3$ $|RS| = x$

$|UV| = 5$ $|RQ| = 5$ $|PQ| = y$

b)

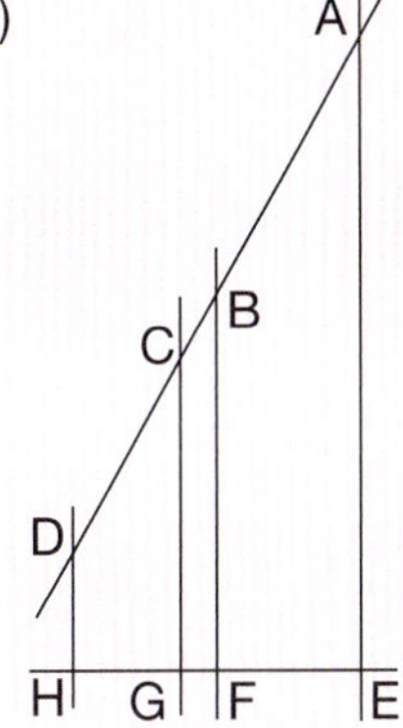

$|EF| = 4$ $|BC| = 2$

$|FG| = 1$ $|CD| = 6$

$|GH| = x$ $|AB| = y$

3 Sachant que ABCD est un trapèze tel que XY // AB, complète le tableau ci-dessous.

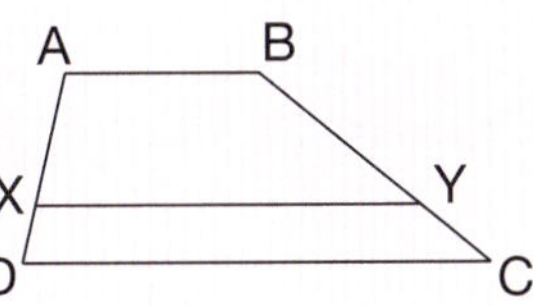

$\|AX\|$	$\|XD\|$	$\|AD\|$	$\|BY\|$	$\|YC\|$	$\|BC\|$
2,7		5			6
1	$\sqrt{2}$		$\sqrt{3}$		
$2\sqrt{2}$			$\sqrt{6}$	$\sqrt{2}$	
	$\frac{1}{2}$	$\frac{3}{4}$		$\frac{2}{3}$	
	$\frac{5}{3}$		$\frac{3}{4}$		2

4 Sachant que AED est un triangle tel que BC // DE, complète le tableau ci-dessous.

$\|AB\|$	$\|BD\|$	$\|AD\|$	$\|AC\|$	$\|CE\|$	$\|AE\|$
8	6		6		
$\sqrt{18}$	$\sqrt{8}$		$\sqrt{24}$		
5,4			3,6	2,7	
	$\frac{2}{3}$	$\frac{3}{2}$			$\frac{3}{5}$
	5	9	2,5		

5 Trace une demi-droite [AB. Place sur celle-ci les points M, N et P tels que

$|AM| = \frac{1}{6}|AB|$, $\frac{|AN|}{|AB|} = \frac{5}{6}$ et $\frac{|AP|}{7} = \frac{|AB|}{6}$.

6 Représente graphiquement et vérifie par calcul la 4e proportionnelle des nombres :

a) 5, 10 et 3 b) 4, 6 et 11 c) 7, 5 et 3 d) 2, 1 et 3 e) 3, 4 et 5

11

7 a) Dans chaque cas, écris une proportion issue de l'égalité proposée.
(1) x vaut l'inverse de a (2) x vaut le carré de a

b) Dans chaque cas, construis, à l'aide d'une configuration de Thalès, un segment de longueur x, le segment de longueur a étant donné (x et a étant exprimées dans la même unité).

a

8 Résous les équations suivantes.

a) $\frac{x}{12} = \frac{3}{5}$ g) $\frac{1}{x+2} = 3$ m) $\frac{32}{x} = \frac{x}{2}$

b) $\frac{41}{2} = \frac{x}{3}$ h) $\frac{15}{x+3} = \frac{2}{3}$ n) $\frac{2x}{5} = \frac{10}{x}$

c) $3 = \frac{4}{x}$ i) $\frac{x}{4} = \frac{7-x}{10}$ o) $\frac{x-3}{24} = \frac{3}{x+3}$

d) $\frac{x}{3} = 17$ j) $\frac{3+x}{4} = \frac{2x}{6}$ p) $\frac{5-x}{11} = \frac{1}{x+5}$

e) $\frac{1}{7} = \frac{x}{5}$ k) $\frac{5}{x-2} = \frac{4}{2-x}$ q) $\frac{2}{x+1} = \frac{x+1}{8}$

f) $\frac{20}{x} = \frac{3}{5}$ l) $\frac{3x}{2} = \frac{8-x}{3}$ r) $x-2 = \frac{25}{x-2}$

9 Dans chaque formule ci-dessous, isole successivement les lettres qui ne le sont pas.

$A = \frac{b\,.\,h}{2}$	A : aire (m²) b : base (m) h : hauteur (m)	$R = \frac{\rho\,.\,l}{s}$	R : résistance (Ω) ρ : résistivité (Ω . m) l : longueur (m) s : section (m²)	$V = \frac{c^2h}{3}$	V : volume (m³) c : côté (m) h : hauteur (m)

10 Dans un repère cartésien, les points A, B, C et D ont pour coordonnées respectives (1 ; 3), (5 ; –3), (–5 ; –5) et (–9 ; 1). Prouve que le quadrilatère ABCD est un parallélogramme.

11 Dans chacun des cas ci-dessous, sachant que AB // CD, vérifie si la droite EF est parallèle aux droites AB et CD.

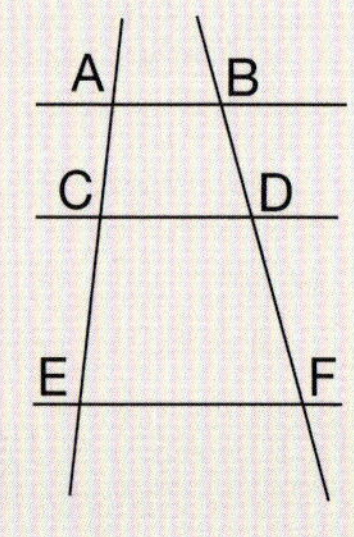

a) |AC| = 3 cm, |BD| = 5 cm, |CE| = 4 cm, |DF| = 6 cm
b) |AC| = 12 mm, |AE| = 15 mm, |BF| = 10 mm, |BD| = 8 mm
c) |BF| = 21 m, |CE| = 10 m, |AE| = 14 m, |BD| = 6 m
d) |BD| = 2 cm, |DF| = 6 cm, |CE| = 12 cm, |AE| = 20 cm

12 Dans un triangle ABC, si on place un point M sur [AB] à 2 cm de B et un point N sur [AC] à 3 cm de C, les droites MN et BC sont-elles parallèles si…

a) |AM| = 3 cm et |AC| = 7,5 cm ?
b) |AM| = 7 cm et |AN| = 10 cm ?
c) |AB| = 10 cm et |AC| = 15 cm ?

13 Démonstration du théorème de Thalès

Sachant que A, B et C appartiennent à d_1, que D, E et F appartiennent à d_2 et que AD // BE // CF, démontre que $\frac{|AB|}{|BC|} = \frac{|DE|}{|EF|}$.

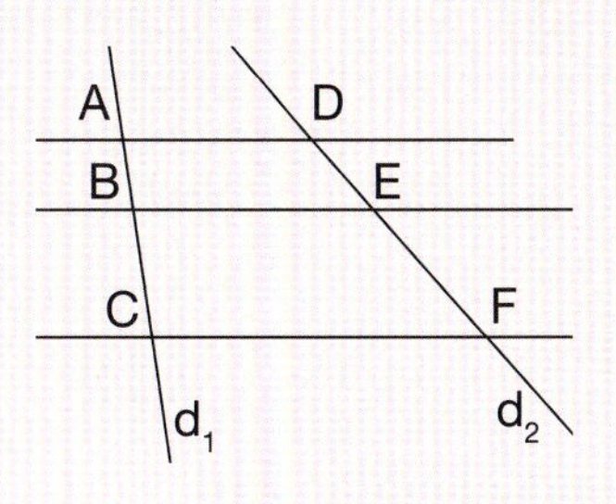

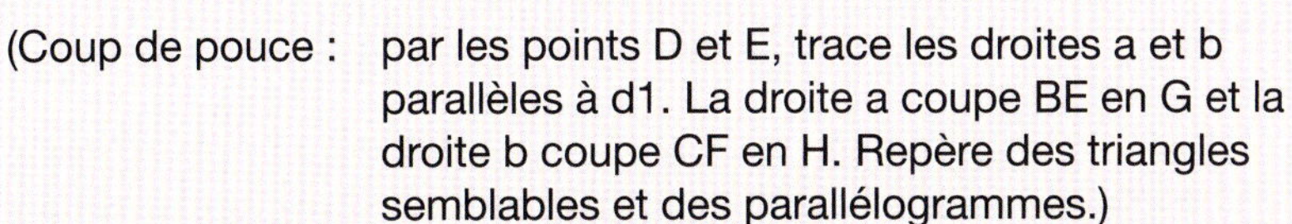
(Coup de pouce : par les points D et E, trace les droites a et b parallèles à d1. La droite a coupe BE en G et la droite b coupe CF en H. Repère des triangles semblables et des parallélogrammes.)

14 Construis un cercle de diamètre [AB]. Place un point X sur le cercle et trace les segments [AX] et [XB]. Par un point M de [AX], mène la perpendiculaire à ce segment qui coupe [AB] en P.

Démontre que MP // XB et que $|AM| \cdot |PB| = |MX| \cdot |AP|$.

15 Construis un cercle de centre O et de diamètre [AB]. Place deux points C et D sur le cercle, situés de part et d'autre de [AB], non diamétralement opposés. Note I le point d'intersection des droites AB et CD, X le pied de la perpendiculaire menée de I à AC et Y le pied de la perpendiculaire menée de I à AD.

a) Démontre que IX // BC et que IY // BD.

b) Démontre que $\frac{|AX|}{|AC|} = \frac{|AY|}{|AD|}$.

16 Dans la figure ci-contre, on sait que BP // CR et CP // DR.

Démontre que $\frac{|AC|}{|CD|} = \frac{|AB|}{|BC|}$.

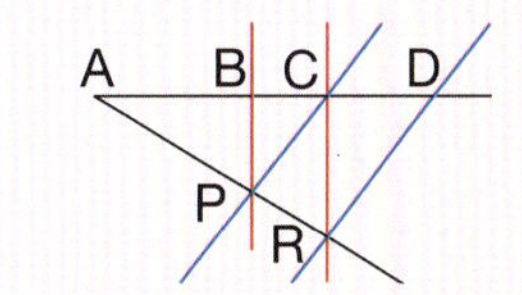

17 Dans le trapèze ABCD ci-contre, on sait que AB // EF.

Démontre que $\frac{|AE|}{|ED|} = \frac{|BG|}{|GD|} = \frac{|AH|}{|HC|} = \frac{|BF|}{|FC|}$.

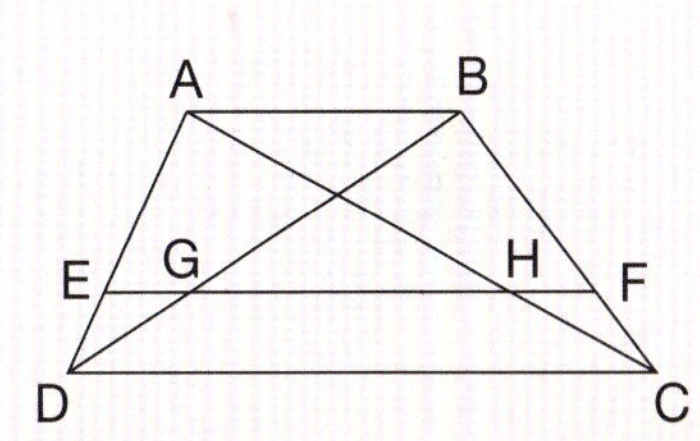

18 Dans le triangle ABC, construis la médiane [BP]; soit M le milieu de [BP]. Par le point P, mène la droite d parallèle à AM coupant [BC] en E; désigne par D le point d'intersection de la droite AM et de [BC].

Démontre que $|BD| = |DE| = |EC|$.

19 Dans le parallélogramme ABCD, trace la diagonale [DB]. Par un point X de [AD], mène la droite parallèle à [DB] qui coupe [AB] en Y; par le point Y, mène la droite parallèle à [AD] qui coupe [DC] en Z; et par le point Z, mène la droite parallèle à [DB] qui coupe [BC] en T.

Démontre que $\frac{|AX|}{|DX|} = \frac{|BT|}{|CT|}$.

20 Construis un rectangle ABCD. Désigne par E un point de [AB]. La parallèle à DE menée par B coupe AD en G. Achève de construire le rectangle AEFG. Démontre l'égalité des aires des rectangles ABCD et AEFG.

21 Observe la figure ci-contre. Si tu sais que a // b et c // d, démontre que $|AP| . |DC| = |AB| . |DP|$

22 Dans le triangle ABC, par un point D de [AB], trace la parallèle à [BC] qui coupe [AC] en E. Par E, trace la parallèle à [CD] qui coupe [AB] en F.

Démontre que $|AD|^2 = |AB| . |AF|$.

23 Observe la figure ci-dessous. Si tu sais que AE // BF et BD // EC, démontre que AD // CF.

24 Observe la figure ci-dessous. Si tu sais que AE // CD et EF // DG, démontre que AF // CG.

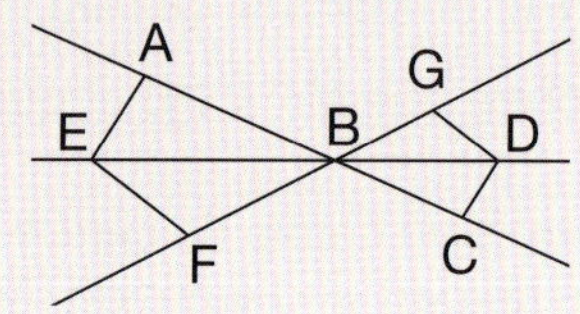

Transférer

1 Pour connaître la largeur du canal représenté ci-contre, Marc se place au point A; il est alors à 23,3 m de la berge du canal la plus proche et à 34,9 m de celle-ci s'il emprunte la route. La longueur du tronçon du pont surplombant la rivière étant de 43,7 m, aide Marc à calculer la largeur du canal sachant que ses berges sont parallèles.

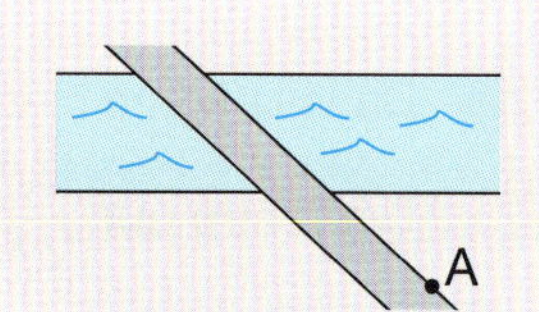

2 Le luminaire représenté ci-contre est constitué de trois globes dont les centres sont alignés et dont les diamètres respectifs sont de 15 cm, 20 cm et 25 cm. Afin de respecter les dimensions fournies sur le croquis, à quelle distance du deuxième point de fixation des câbles faut-il fixer le troisième ?

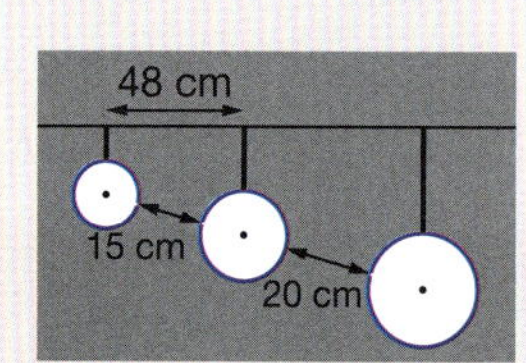

3 Le verre représenté ci-contre est posé sur son pied et rangé dans une boîte parallélépipédique de 15 × 8 × 8 cm, ajustée exactement aux dimensions du verre.
En t'aidant des renseignements fournis sur le dessin, détermine le nombre de verres qu'on pourra servir avec une bouteille de 75 cl sachant que la hauteur de liquide est de 1,5 cm inférieure à la hauteur maximale que peut contenir le verre.

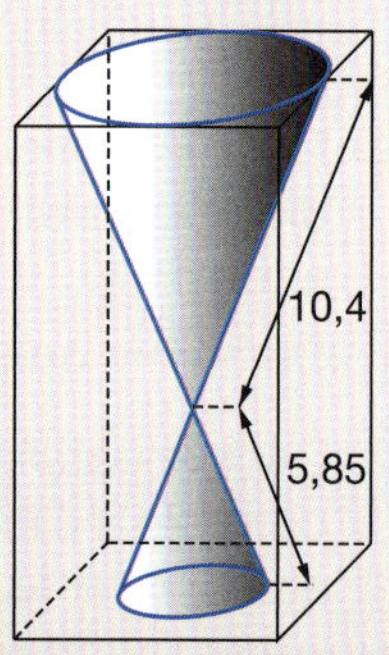

4 La charpente d'un grenier atteint 3 m de haut. À quelle distance du pied du mur faut-il fixer la poutre horizontale sachant que celle-ci mesure 1,52 m et est fixée à 57 cm du faîte du toit. (On ne tiendra pas compte de l'épaisseur du bois.)

5 Marcel possède un terrain rectangulaire de 16 m sur 7 m.
Afin de le clôturer, il place un piquet à chaque coin. Il voudrait ensuite en placer, à intervalles réguliers, six sur les longueurs et quatre sur les largeurs. Représente le terrain à l'échelle 1 : 200 puis, sans prendre de mesures sur le plan, indique l'emplacement exact des piquets.

Chapitre 12 Systèmes de deux équations à deux inconnues

Activité 1 • Fonctions et systèmes d'équations

123

1 Actimathville a mis à la disposition des usagers un service de location de vélos en proposant deux tarifs.

Tarif A : une prise en charge de 2 € et un coût horaire de 1 €.
Tarif B : une prise en charge de 4,50 € et un coût horaire de 0,50 €.

a) Détermine graphiquement pour combien d'heures de location le prix sera le même quel que soit le tarif choisi. Quel est ce prix ?

b) Écris les équations des graphiques des deux fonctions représentées.

c) Note les coordonnées du point d'intersection des deux graphiques. Que traduit-il ?

d) Vérifie que le couple trouvé est solution des deux équations.

124

2 Un camion quitte Wavre pour Luxembourg en empruntant la N4 et roule à une vitesse moyenne de 70 km/h. Une demi-heure plus tard, une voiture part du même endroit en utilisant la même nationale pour se rendre à Luxembourg et roule à une vitesse moyenne de 90 km/h.

a) Écris les équations des graphiques des deux fonctions qui expriment la distance parcourue (en km) en fonction du temps écoulé (en h) depuis le départ du camion.

b) Utilise ces équations pour déterminer après combien de temps la voiture et le camion auront parcouru le même nombre de kilomètres.

c) Combien de kilomètres auront-ils alors parcourus ?

d) Note, sous forme d'un couple, la solution commune aux deux équations.

125

3 Amélie se rend chez un artisan qui fabrique des perles noires et des perles dorées.
Un sac contenant 8 perles noires et 1 perle dorée est vendu 15,50 €.
Un sac contenant 4 perles noires et 2 perles dorées est vendu 13 €.
Amélie achète un sac contenant 7 perles noires et 2 perles dorées, mais le prix n'est pas indiqué.

La démarche qui suit va t'aider à déterminer le montant de son achat.

a) Si x et y désignent respectivement le prix d'une perle noire et celui d'une perle dorée, écris deux équations traduisant les prix des deux premiers sacs.

b) Trouve un procédé pour déterminer le prix d'une perle noire et celui d'une perle dorée.

c) Détermine le prix de l'achat d'Amélie.

4 Résous les systèmes ci-dessous par la méthode de comparaison.

a) $\begin{cases} y = 2x - 5 \\ y = x + 2 \end{cases}$ b) $\begin{cases} y = 8x + 42 \\ y = 6x \end{cases}$ c) $\begin{cases} y + 4x = -9 \\ y - 7x = 46 \end{cases}$ d) $\begin{cases} y = 2x - 9 \\ 2y - 6x = -12 \end{cases}$

e) $\begin{cases} 5x + 2y = -7 \\ -3x + 2y = 9 \end{cases}$ f) $\begin{cases} y = 5x + 3 \\ 2y = 3x - 1 \end{cases}$ g) $\begin{cases} y = 2x + 3 \\ y = 2x - 5 \end{cases}$ h) $\begin{cases} 5x + 3y = -7 \\ -3x + 2y = 8 \end{cases}$

Activité 2 • Systèmes de deux équations à deux inconnues

1 Pour chaque système, identifie les couples solutions de la 1re équation et les couples solutions de la 2e équation. Déduis-en la solution du système.

$\begin{cases} y = 3x \\ x - 2y = 5 \end{cases}$ (5 ; 0) (1 ; 3) (–1 ; –3) (0 ; 0) (–3 ; –4)

$\begin{cases} x - y = -2 \\ 3x + 2y = -6 \end{cases}$ (3 ; 5) (0 ; 2) (–2 ; 0) (2 ; –6) (–4 ; 3)

2 Voici deux droites, graphiques de deux fonctions f_1 et f_2 du premier degré.

a) En utilisant les points d'intersection avec les axes, détermine l'équation du graphique de chaque fonction.

b) Vérifie que le couple (1 ; 4) est la solution du système de deux équations à deux inconnues ainsi déterminé.

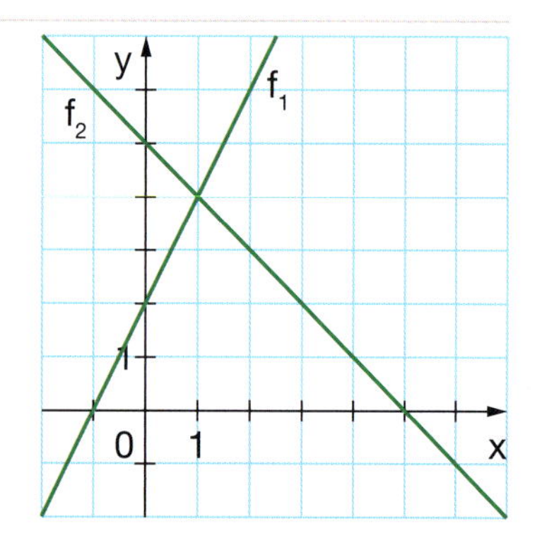

3 Dans chaque colonne, complète les équations pour qu'elles soient équivalentes.

$6x - 8 = 10$	$16x + 12 = 8$	$4x + 6y = 12$	$12x - 24y = -36$
$3x - 4 = \ldots$	$4x + 3 = \ldots$	$2x + 3y = \ldots$	$4x - \ldots = -12$
$18x - \ldots = 30$	$\ldots - 6 = -4$	$-8x - \ldots = -24$	$\ldots + 6y = 9$
$\ldots + 16 = -20$	$2x + \ldots = 1$	$\ldots + 18y = 36$	$-12x + 24y = \ldots$

4 Retrouve rapidement les systèmes qui ont obligatoirement la même solution que le système ci-contre. $\begin{cases} x - 2y = 5 \\ 2x + 3y = 3 \end{cases}$

a) $\begin{cases} 3x - 6y = 15 \\ 2x + 3y = 3 \end{cases}$ b) $\begin{cases} 3x - 6y = 5 \\ 4x + 6y = 3 \end{cases}$ c) $\begin{cases} x + 2y = 1 \\ 2x - 3y = 9 \end{cases}$ d) $\begin{cases} 3x - 6y = 15 \\ 6x + 9y = 15 \end{cases}$

e) $\begin{cases} x - 2y = 5 \\ -2x - 3y = -3 \end{cases}$ f) $\begin{cases} 2x - 4y = 10 \\ 4x + 6y = 6 \end{cases}$ g) $\begin{cases} 4x - 8y = 5 \\ 6x + 9y = 9 \end{cases}$ h) $\begin{cases} 3x - 6y = 15 \\ 4x + 6y = 6 \end{cases}$

5 Sans le résoudre, associe chaque système à sa solution graphique. Justifie tes choix.

a) $S_1 \begin{cases} x + y = -3 \\ x - 2y = 0 \end{cases}$ $S_2 \begin{cases} y = x - 3 \\ y = -x + 1 \end{cases}$

G_1

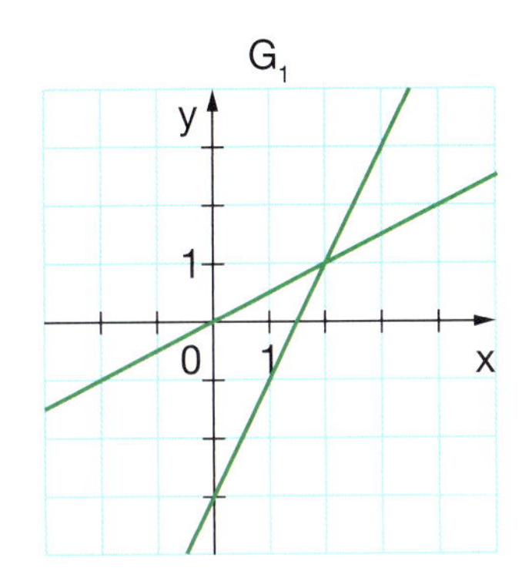

G_2

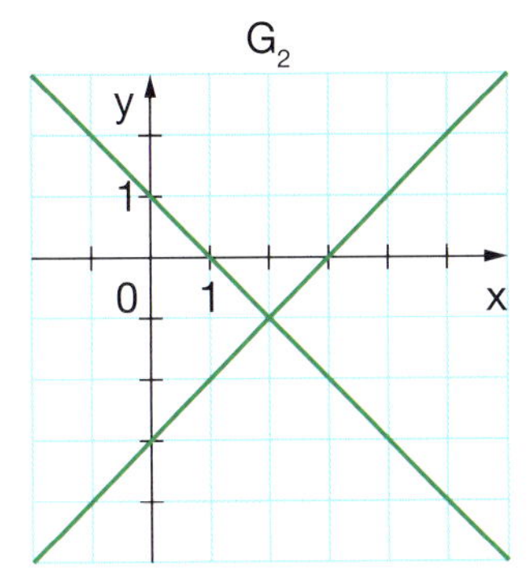

G_3

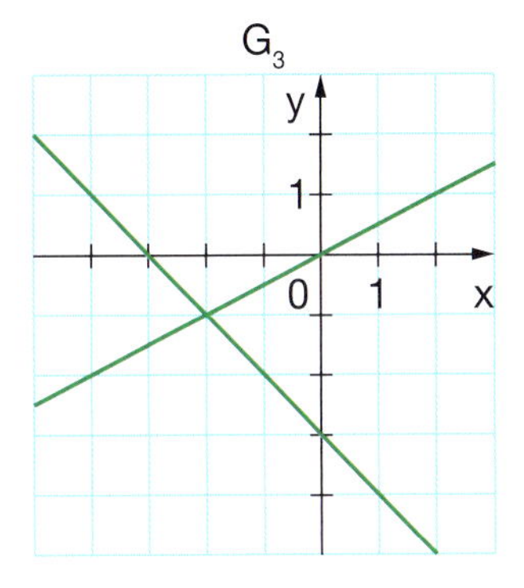

b) $S_1 \begin{cases} 2x + y = 4 \\ x - y = -1 \end{cases}$ $S_2 \begin{cases} x - 2y = -3 \\ x + y = 3 \end{cases}$

G_1

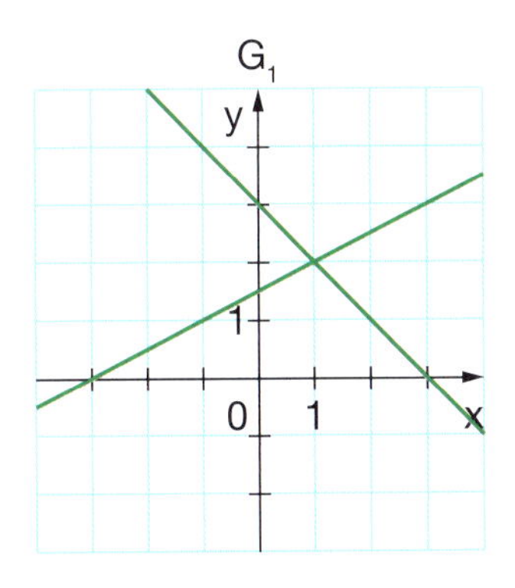

G_2

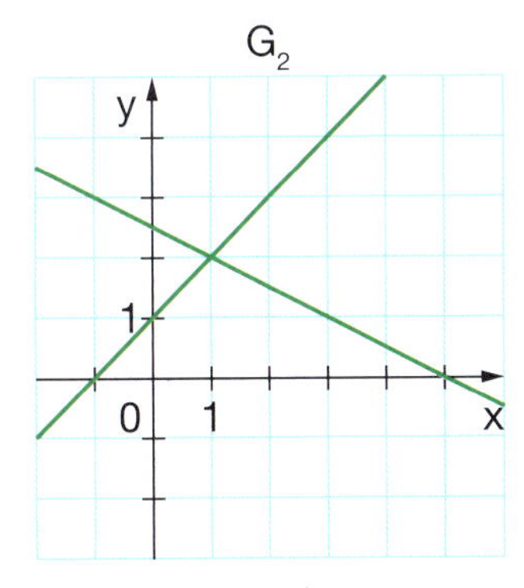

G_3

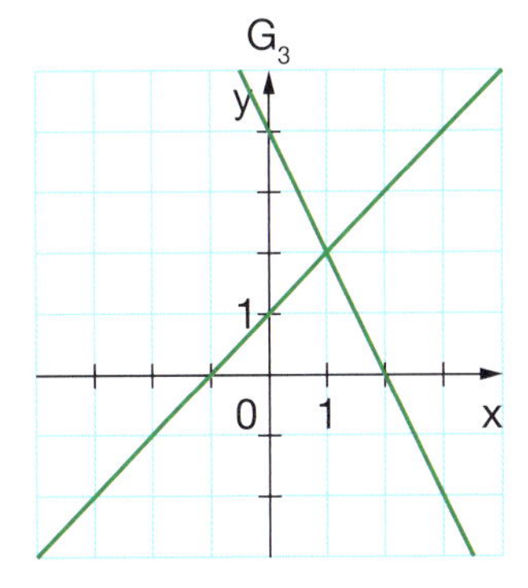

c) $S_1 \begin{cases} 6x + 4y = 24 \\ 3x - 6y = -12 \end{cases}$ $S_2 \begin{cases} 3x + 2y = 12 \\ -x + 2y = 4 \end{cases}$

G_1

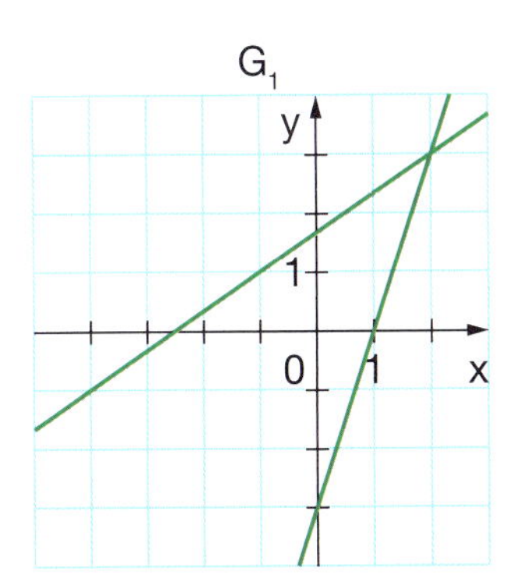

G_2

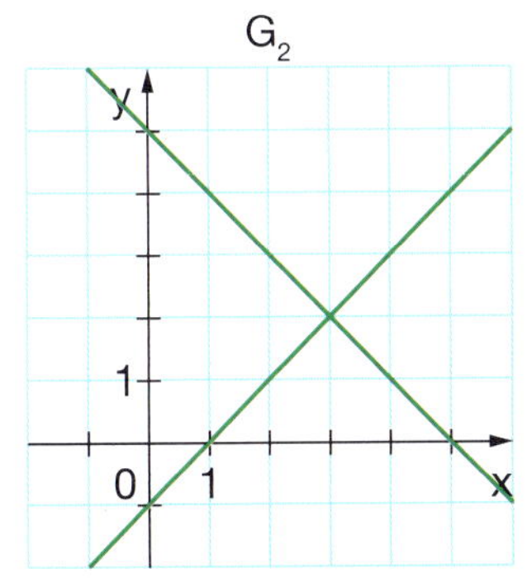

G_3

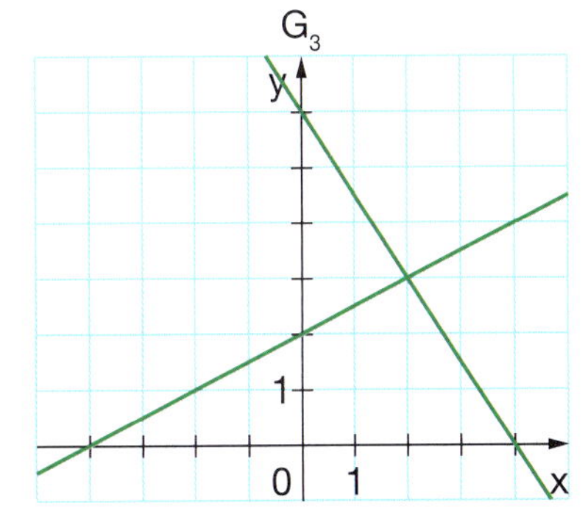

Activité 3 • Méthode de substitution

1 Dans un livre de devoirs de vacances, le problème suivant est proposé.

Laura économise pour se rendre au concert de son groupe préféré. Elle conserve, dans une tirelire, uniquement des pièces de 1 € et de 2 €. Elle atteint le total nécessaire de 66 € avec 49 pièces.
Combien possède-t-elle de pièces de 1 € et de 2 € ?

Anaïs et son frère Quentin ont obtenu la même solution mais en utilisant des méthodes différentes.

Voici le début de la démarche proposée par Anaïs, élève de 2e secondaire.

Choix de l'inconnue x : *le nombre de pièces de 1 €*
$49 - x$: *le nombre de pièces de 2 €*

Mise en équation $1 \cdot x + 2 \cdot (49 - x) = 66$

Quentin, élève de 3e secondaire propose la démarche suivante.

Choix des inconnues x : *le nombre de pièces de 1 €*
y : *le nombre de pièces de 2 €*

Mise en équations $\begin{cases} x + y = 49 \\ 1x + 2y = 66 \end{cases}$

À partir des deux équations du système de Quentin, explique comment obtenir l'équation d'Anaïs.

2 Lors d'un contrôle de mathématique, les élèves d'une classe de 3e ont dû résoudre le système suivant : $\begin{cases} -2x + y = 5 \\ x - 3y = 0 \end{cases}$

Démarche de Benoît

$$y = 5 + 2x$$
$$x - 3 \cdot (5 + 2x) = 0$$
$$x - 15 - 6x = 0$$
$$-15 - 5x = 0$$
$$-5x = 15$$
$$x = -3$$
$$y = 5 + 2 \cdot (-3)$$
$$y = 5 - 6$$
$$y = -1$$

Démarche de Laurent

$$x = 3y$$
$$-2 \cdot 3y + y = 5$$
$$-6y + y = 5$$
$$-5y = 5$$
$$y = -1$$
$$x = 3 \cdot (-1)$$
$$x = -3$$

Explique la méthode de résolution utilisée par chaque élève.

Justifie celle qui te paraît la plus simple.

p.319

3 Résous les systèmes suivants par la méthode de substitution et vérifie les solutions.

a) $\begin{cases} y = 5x \\ 2x + y = -14 \end{cases}$ b) $\begin{cases} y = 25 - 3x \\ 2x + 3y = 26 \end{cases}$ c) $\begin{cases} 2x + y = 8 \\ 3x - y + 13 = 0 \end{cases}$ d) $\begin{cases} x - 2y = 1 \\ 2x + 3y = 3 \end{cases}$

e) $\begin{cases} 4x - 5y = -5 \\ x - 2y = 1 \end{cases}$ f) $\begin{cases} x - y + 1 = 0 \\ 2x - 5y = -3 \end{cases}$ g) $\begin{cases} x - 2y - 3 = 0 \\ -3x + y - 1 = 0 \end{cases}$ h) $\begin{cases} 2x + 3y = -9 \\ 4x - 3y - 27 = 0 \end{cases}$

i) $\begin{cases} 2x + 5y = 1 \\ -4x + 5y = 7 \end{cases}$ j) $\begin{cases} 2x - 3y = 5 \\ 2x + 5y = -3 \end{cases}$ k) $\begin{cases} 3x - 2y = -1 \\ -2x + 3y = 3 \end{cases}$ l) $\begin{cases} 4x - 5y - 5 = 0 \\ -2x + 7y + 6 = 0 \end{cases}$

Activité 4 • Méthode des combinaisons (méthode de Gauss)

1 Chaque trimestre, un groupe d'amis se réunit chez l'un d'entre eux pour partager un petit repas. À cette occasion, ils achètent des boissons dans un magasin qui accepte de reprendre les excédents.

a) Pour le repas du premier trimestre, ils ont acheté 15 bouteilles de cola et 10 bouteilles d'eau pétillante pour un total de 27,50 €. Après la réunion, ils ont rapporté au magasin 3 bouteilles de cola et les 10 bouteilles d'eau pétillante. On leur a remboursé 10,70 €.

(1) Si x désigne le prix d'une bouteille de cola et y celui d'une bouteille d'eau pétillante, écris un système de deux équations à deux inconnues traduisant cette situation.

(2) Utilise le système pour déterminer le prix d'une bouteille de cola, puis celui d'une bouteille d'eau.

b) Pour la réunion du deuxième trimestre, ils ont acheté 12 bouteilles d'orangeade et 8 bouteilles de jus de fruits pour un total de 34,40 €. Après la réunion, ils ont rapporté au magasin 5 bouteilles d'orangeade et 4 bouteilles de jus. Ils ont reçu en retour 15,80 €.

(1) Si x désigne le prix d'une bouteille d'orangeade et y celui d'une bouteille de jus, écris un système de deux équations à deux inconnues traduisant cette situation.

(2) En utilisant la méthode découverte à l'exercice précédent, résous ce système afin d'obtenir le prix d'une bouteille d'orangeade et celui d'une bouteille de jus.

c) Pour la réunion du troisième trimestre, ils ont acheté 10 bouteilles de limonade grenadine et 6 bouteilles de thé glacé pour un total de 15,50 €. Après la réunion, ils ont rapporté au magasin 4 bouteilles de limonade grenadine et 4 bouteilles de thé glacé et ils ont reçu 8,60 €.

(1) Si x désigne le prix d'une bouteille de limonade grenadine et y celui d'une bouteille de thé glacé, écris un système de deux équations à deux inconnues traduisant cette situation.

(2) En t'inspirant des situations a) et b), résous le système afin de déterminer le prix d'une bouteille de limonade grenadine et celui d'une bouteille de thé glacé.

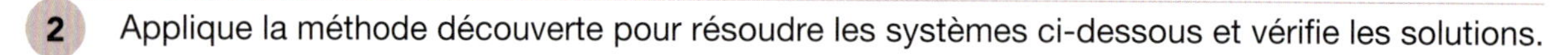

2 Applique la méthode découverte pour résoudre les systèmes ci-dessous et vérifie les solutions.

a) $\begin{cases} 3x + 5y = 11 \\ 2x - 5y = -1 \end{cases}$ b) $\begin{cases} -2x + 3y = 5 \\ 6x + 5y = -1 \end{cases}$ c) $\begin{cases} 5x + 4y = -2 \\ -3x - 2y = 4 \end{cases}$ d) $\begin{cases} 2x + 5y = 4 \\ 3x + 2y = -5 \end{cases}$

3 Lors d'un contrôle, les élèves d'une classe de 3e année ont dû résoudre le système suivant : $\begin{cases} 4x - 3y = 5 \\ 3x + 2y = 7 \end{cases}$

Voici le début des démarches utilisées par trois élèves.

Laurent neutralise les termes en x pour déterminer la valeur de y et il utilise celle-ci pour trouver la valeur de x.

Pierre neutralise les termes en y pour déterminer la valeur de x et il utilise celle-ci pour trouver la valeur de y.

Caroline neutralise séparément les termes en x et en y pour déterminer les valeurs de y et de x.

Utilise ces trois techniques pour déterminer les valeurs de x et de y.

De ces trois démarches, quelle est celle dont les calculs sont les plus simples et mènent plus rapidement à la solution du système ? Explique.

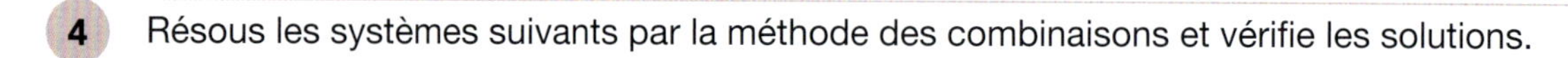

4 Résous les systèmes suivants par la méthode des combinaisons et vérifie les solutions.

a) $\begin{cases} 2x + y = -8 \\ -2x + y = 12 \end{cases}$ b) $\begin{cases} 3x - y - 4 = 0 \\ 3x + y = 0 \end{cases}$ c) $\begin{cases} 2x + 3y = 12 \\ x + 2y = 7 \end{cases}$ d) $\begin{cases} -4x + 5y = 23 \\ 2x - 3y = -13 \end{cases}$

e) $\begin{cases} 2x - 5y = 1 \\ 5x + y = 4 \end{cases}$ f) $\begin{cases} 3x + 4y - 10 = 0 \\ -2x + 3y + 1 = 0 \end{cases}$ g) $\begin{cases} x - y = -2 \\ 3x + 2y = -6 \end{cases}$ h) $\begin{cases} 3x - 5y = 3 \\ -4x + 2y = -2 \end{cases}$

i) $\begin{cases} x + 3y = -5 \\ -3x - 2y = 1 \end{cases}$ j) $\begin{cases} 7x - 2y = 5 \\ -2x + 3y = -1 \end{cases}$ k) $\begin{cases} 2x - 3y = -5 \\ -3x + 4y = 1 \end{cases}$ l) $\begin{cases} 2x - 3y = 4 \\ 6x - 4y = 5 \end{cases}$

Activité 5 • Résolutions de systèmes : exercices de synthèse

1 Résous les systèmes suivants.

a) $\begin{cases} 2x + 4y = 25 \\ y = 2x \end{cases}$ b) $\begin{cases} y = -5x + 3 \\ y = 2x - 4 \end{cases}$ c) $\begin{cases} x + 4y = 5 \\ 3x + 7y = 10 \end{cases}$ d) $\begin{cases} 5x - 3y - 2 = 0 \\ 15x + 3y - 18 = 0 \end{cases}$

e) $\begin{cases} 2x - 3y = 5 \\ 4x - 2y = 1 \end{cases}$ f) $\begin{cases} -4x + 3y - 7 = 0 \\ 3x + 5y - 2 = 0 \end{cases}$ g) $\begin{cases} 5x + 4y = 7 \\ -2x + 3y = -5 \end{cases}$ h) $\begin{cases} y - 3x = 5 \\ 4x + y = 4 \end{cases}$

i) $\begin{cases} 2x + 3y = -6 \\ 3y = x - 12 \end{cases}$ j) $\begin{cases} 3x + y = -4 \\ 2x + y = 5 \end{cases}$ k) $\begin{cases} 4x + 3y - 6 = 0 \\ 2x + 3y + 1 = 0 \end{cases}$ l) $\begin{cases} -5x + 2y = 2 \\ 4x = 2y - 1 \end{cases}$

2 Avant de résoudre un système, il est parfois intéressant, voire nécessaire, de le transformer afin d'en donner une forme plus simple.

Transforme chaque système et résous-le.

a) (1) $\begin{cases} \dfrac{x-1}{3} = \dfrac{y-3}{2} \\ \dfrac{x}{2} + \dfrac{y}{5} = 3 \end{cases}$ (2) $\begin{cases} \dfrac{x}{2} - \dfrac{y-1}{4} = 1 \\ \dfrac{x}{6} + \dfrac{y-1}{3} = 0 \end{cases}$ (3) $\begin{cases} \dfrac{x}{3} + \dfrac{y-1}{4} = \dfrac{1}{2} \\ \dfrac{3-x}{2} - \dfrac{y}{3} = 1 \end{cases}$ (4) $\begin{cases} \dfrac{1}{3} - \dfrac{3x-y}{6} = 0 \\ \dfrac{3x+1}{3} - \dfrac{y-2}{4} = 1 \end{cases}$

b) (1) $\begin{cases} 500x + 400y = 850 \\ 300x + 540y = 990 \end{cases}$ (2) $\begin{cases} 12x + 6y = 85\,257 \\ x + y = 10\,542 \end{cases}$ (3) $\begin{cases} 117x + 200y = 717 \\ 207x + 500y = 1707 \end{cases}$

c) (1) $\begin{cases} 2{,}4x + 4{,}8y = 7{,}2 \\ 2{,}5x - 5y = -5{,}5 \end{cases}$ (2) $\begin{cases} 1{,}3x - 2{,}1y = -0{,}3 \\ 0{,}5x + 4{,}2y = 9{,}9 \end{cases}$ (3) $\begin{cases} 5{,}2x - 1{,}6y = 2{,}96 \\ 1{,}8x + 1{,}5y = 6{,}57 \end{cases}$

3 Sans utiliser ta calculatrice, retrouve parmi les couples proposés celui qui est le couple solution de chaque système.

a) $\begin{cases} 3{,}2x + 1{,}6y = -6{,}4 \\ 1{,}5x + 4{,}5y = -4{,}5 \end{cases}$ $\left(\dfrac{9}{5} ; \dfrac{2}{5}\right)$ $\left(\dfrac{9}{5} ; -\dfrac{2}{5}\right)$ $\left(-\dfrac{9}{5} ; \dfrac{2}{5}\right)$ $\left(-\dfrac{9}{5} ; -\dfrac{2}{5}\right)$

b) $\begin{cases} 15x + 25y = 52 \\ 20x + 70y = 53 \end{cases}$ (0,484 ; –4,802) (4,802 ; –0,484) (0,445... ; –4,209...) (4,209... ; –0,445...)

4 Résous algébriquement et graphiquement les systèmes suivants.

a) $\begin{cases} x + y = 5 \\ 5x - 4y = -20 \end{cases}$ b) $\begin{cases} y = 3x \\ y = 3x - 6 \end{cases}$ c) $\begin{cases} 2x + 4y - 1 = 0 \\ 8x + 16y - 4 = 0 \end{cases}$ d) $\begin{cases} -2x - 3y = 3 \\ 4x + 3y = -9 \end{cases}$

e) $\begin{cases} 5x + 4y = 7 \\ -2x + 3y = -12 \end{cases}$ f) $\begin{cases} 2x + 6y = -15 \\ -3x - 9y = 12 \end{cases}$ g) $\begin{cases} 3x + 9y - 6 = 0 \\ -5x - 15y + 10 = 0 \end{cases}$ h) $\begin{cases} 4x - 2y = 0 \\ -6x + 3y = -12 \end{cases}$

Activité 6 • Problèmes

p.321

1 Trouve deux nombres sachant que la somme du tiers du premier et de la moitié du second égale 52 et que le premier diminué du second donne 16.

2 Dans un concours hippique, un cavalier est pénalisé soit quand le cheval refuse de sauter un obstacle, soit quand il fait tomber une barre. Le cheval de Pierre a fait deux refus et a fait tomber trois barres pour un total de 18 points de pénalité. Le cheval de son ami Alain a fait un refus et a fait tomber quatre barres pour un total de 19 points de pénalité. Détermine combien de points coûtent un refus et la chute d'une barre.

3 Pour la commande de ses farines, une boulangerie industrielle s'adresse à son fournisseur « Le Moulin ».
Voici le détail des deux dernières commandes passées par le boulanger.
1200 kg de farine pour pain blanc et 800 kg de farine bio pour 3320 €.
1400 kg de farine pour pain blanc et 1000 kg de farine bio pour 4020 €.
Aujourd'hui, la boulangerie a besoin de 1000 kg de farine pour pain blanc et de 900 kg de farine bio. Quel montant va-t-elle débourser ?

4 Détermine les dimensions d'un champ rectangulaire sachant que son périmètre vaut 924 m et que sa largeur vaut les trois-quarts de sa longueur.

5 Deux sommes d'argent, l'une de 7000 € et l'autre de 9000 € rapportent ensemble 165 € d'intérêts par an. En les plaçant l'une au taux de l'autre, l'intérêt diminuerait de 10 €.
Calcule les deux taux de placement.

6 Luc dit à Sarah : « *Il y a 8 ans, mon âge était le double du tien et dans 10 ans, nous aurons ensemble 54 ans.* » Quels sont les âges actuels de chacun ?

7 En ajoutant 27 à un nombre de deux chiffres, on obtient le nombre « renversé ». Sachant que le chiffre des unités augmenté de 1 vaut le double du chiffre des dizaines, détermine ce nombre.

8 Si on augmente les deux termes d'une fraction de 7, la fraction est équivalente à 3/2. Par contre, si on diminue ceux-ci de 2, le résultat vaut 6. Quelle est la fraction initiale ?

9 Un professeur d'éducation physique forme des équipes pour un jeu. S'il forme des équipes de 6, il reste 2 élèves. S'il forme des équipes de 7, il manque 4 élèves. Sachant que le nombre d'équipes est le même, trouve le nombre de participants et le nombre d'équipes.

10 Pour leur anniversaire, Marc et Sophie ont reçu la même somme d'argent de leur parrain respectif. Quant à leur marraine respective, elle leur a attribué une somme proportionnelle à leur âge. Sachant que Marc a 8 ans, Sophie 6 ans de moins et qu'ils ont reçu respectivement 220 € et 130 €, détermine la somme offerte par les parrains et les marraines.

Connaître

1 Pour chaque système, choisis parmi les couples proposés, celui qui est solution de ce système et justifie ta réponse.

a) $\begin{cases} 2x + 3y = 6 \\ x - y = 3 \end{cases}$ (6 ; –2) (0 ; –3) (3 ; 0) (2 ; 1)

b) $\begin{cases} y + 2x = 0 \\ x = 3y \end{cases}$ (0 ; 3) (2 ; –4) (1 ; 3) (0 ; 0)

c) $\begin{cases} y = -2x + 6 \\ y = 4x \end{cases}$ (2 ; 2) (1 ; 4) (–1 ; –4) (0 ; 6)

2 Pour résoudre le système $\begin{cases} -2x + 5y = 3 \\ 3x - 4y = -1 \end{cases}$, quatre élèves ont commencé leur résolution de la manière suivante :

Adrien $\begin{cases} -6x + 15y = 3 \\ 6x - 8y = -1 \end{cases}$

Bernard $\begin{cases} -6x + 5y = 3 \\ 6x - 4y = -1 \end{cases}$

Cédric $\begin{cases} -8x + 20y = 12 \\ 15x - 20y = -1 \end{cases}$

David $\begin{cases} -6x + 15y = 9 \\ 6x - 8y = -2 \end{cases}$

Un seul d'entre eux a proposé un système équivalent au système donné, lequel ?
Explique les erreurs commises par les trois autres élèves.

3 Sans les résoudre, associe chaque système (S) à sa solution graphique (G) et note cette solution.

$S_1 \begin{cases} y = 2x - 2 \\ y = x + 2 \end{cases}$ $S_2 \begin{cases} 2x + y = 6 \\ y = 2x - 2 \end{cases}$ $S_3 \begin{cases} y = x + 2 \\ 2x + y = -4 \end{cases}$ $S_4 \begin{cases} y = 2x \\ 2x + y = -4 \end{cases}$

G_1

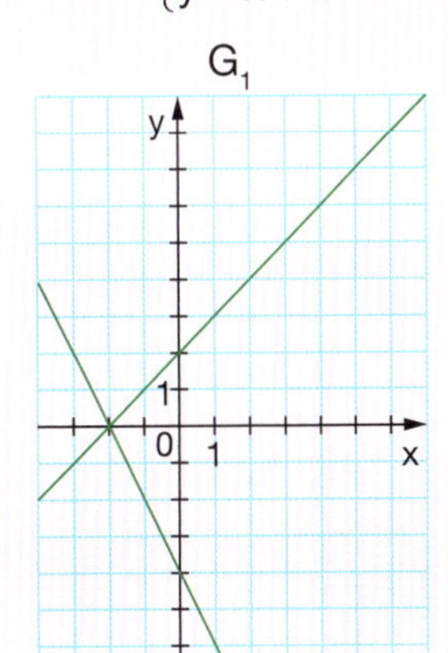

G_2

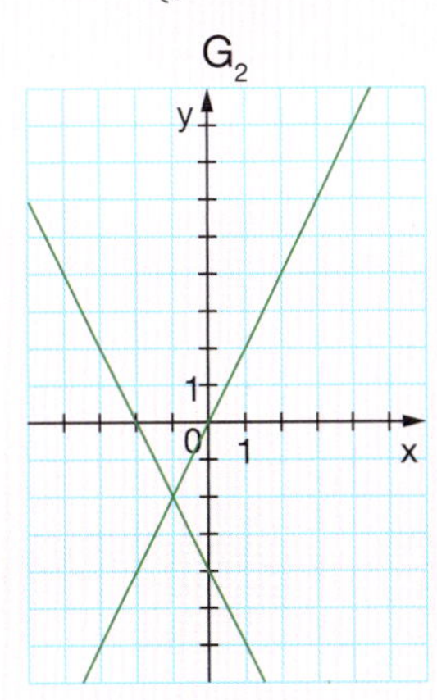

G_3

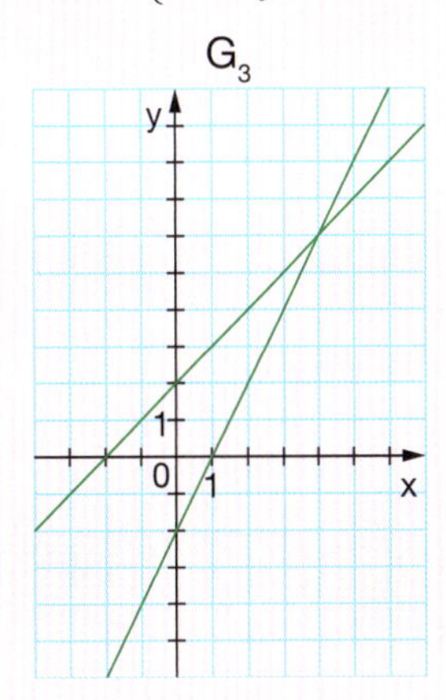

G_4

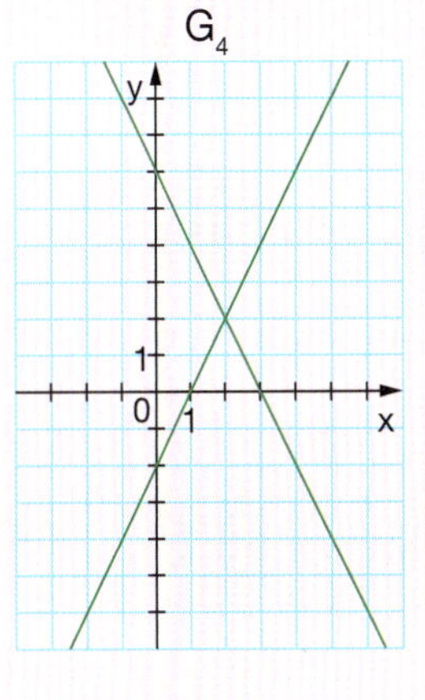

4 Voici une série de systèmes de deux équations à deux inconnues.

a) $\begin{cases} 2x + 4y = 25 \\ y = 2x \end{cases}$ b) $\begin{cases} x + 8y = 5 \\ 2x - y = 4 \end{cases}$ c) $\begin{cases} y = 5x - 2 \\ y = -2x - 1 \end{cases}$ d) $\begin{cases} 5x - 3y - 2 = 0 \\ 15x + 3y - 18 = 0 \end{cases}$

e) $\begin{cases} 2x - 3y = 5 \\ 4x - 2y = 1 \end{cases}$ f) $\begin{cases} -4x + 3y - 7 = 0 \\ 3x + 5y - 2 = 0 \end{cases}$ g) $\begin{cases} 3x + 2y = -11 \\ 2x - 4y = 14 \end{cases}$ h) $\begin{cases} 2x + 3y = -6 \\ 3y = x - 12 \end{cases}$

Pour chaque système, donne la méthode la plus adéquate pour le résoudre. Justifie ton choix.

Appliquer

1 Résous les systèmes suivants par la méthode demandée.

a) Par comparaison

(1) $\begin{cases} y = 2x + 3 \\ y = -5x - 4 \end{cases}$ (2) $\begin{cases} 2x - y = 4 \\ x - y = -5 \end{cases}$ (3) $\begin{cases} 2x + y = 1 \\ 3x - y = -4 \end{cases}$ (4) $\begin{cases} x + 2y + 1 = 0 \\ 3x + 2y - 4 = 0 \end{cases}$

b) Par substitution

(1) $\begin{cases} x - 2y = 5 \\ 2x + 3y = 3 \end{cases}$ (2) $\begin{cases} 3x + y = 5 \\ x - 2y = 4 \end{cases}$ (3) $\begin{cases} 3x = y \\ x - 2y - 5 = 0 \end{cases}$ (4) $\begin{cases} x - y + 1 = 0 \\ 2x - 4y = -3 \end{cases}$

c) Par combinaisons

(1) $\begin{cases} x - y = 4 \\ -2x + 5y = -2 \end{cases}$ (2) $\begin{cases} 3x - 4y = 3 \\ -2x + 3y = -1 \end{cases}$ (3) $\begin{cases} 5x + 4y = 11 \\ 2x + 3y = 10 \end{cases}$ (4) $\begin{cases} 3x - 4y - 3 = 0 \\ -2x + 5y + 1 = 0 \end{cases}$

2 Résous les systèmes suivants et vérifie graphiquement les solutions.

a) $\begin{cases} y = 2x - 4 \\ y = -x - 1 \end{cases}$ b) $\begin{cases} 2y = 6x \\ x - 2y + 10 = 0 \end{cases}$ c) $\begin{cases} x - 3y = 6 \\ 2x - y = 2 \end{cases}$ d) $\begin{cases} x + 2y = 0 \\ x - 2y + 8 = 0 \end{cases}$

3 Résous les systèmes suivants et vérifie graphiquement les solutions.

a) $\begin{cases} 2x = 4y \\ 2x - y = 3 \end{cases}$ b) $\begin{cases} 4x - 6y = 12 \\ -2x + 3y = -6 \end{cases}$ c) $\begin{cases} 2x - 6y = 9 \\ -3x + 9y = -18 \end{cases}$ d) $\begin{cases} -6x + 12y = 24 \\ 2x - 4y = -8 \end{cases}$

e) $\begin{cases} x - 2y = 0 \\ -3x = 15 - 6y \end{cases}$ f) $\begin{cases} 2x = y \\ 6x + 3y = 0 \end{cases}$ g) $\begin{cases} 2x - 8 = 0 \\ -5x = 4y \end{cases}$ h) $\begin{cases} 3x - 2y - 6 = 0 \\ -6x + 4y + 18 = 0 \end{cases}$

4 Résous les systèmes suivants.

a) $\begin{cases} x - y - 3 = 0 \\ 3x - y = 5 \end{cases}$ b) $\begin{cases} 6x - 9y = 18 \\ -10x + 6y + 12 = 0 \end{cases}$ c) $\begin{cases} x - 2y = 1 \\ -3x + 4y = 2 \end{cases}$ d) $\begin{cases} 5x + 6y - 10 = 0 \\ 2x + 4y - 2 = 0 \end{cases}$

e) $\begin{cases} x - y + 2 = 0 \\ 3x + 2y + 6 = 0 \end{cases}$ f) $\begin{cases} 5x - y = 3 \\ 7x - y = 0 \end{cases}$ g) $\begin{cases} x = 28 - y \\ 3x = 19y - 48 \end{cases}$ h) $\begin{cases} 12x = 6 - 11y \\ 3y - 2x = 28 \end{cases}$

i) $\begin{cases} -5x + 2y = 0 \\ x + y + 3 = 0 \end{cases}$ j) $\begin{cases} 4x - 5y = -5 \\ x - 2y = 1 \end{cases}$ k) $\begin{cases} 2y = 3x \\ y = 3x + 3 \end{cases}$ l) $\begin{cases} 2x - 3y - 1 = 0 \\ 4x - y + 3 = 0 \end{cases}$

5 Résous les systèmes suivants.

a) $\begin{cases} \dfrac{x+3y}{11} = 1 \\ \dfrac{5y-68}{3} = x-1 \end{cases}$ b) $\begin{cases} \dfrac{6x-11y}{2} = 23 \\ \dfrac{5x-7y}{2} - 17 = 0 \end{cases}$ c) $\begin{cases} \dfrac{x}{2} + \dfrac{y-4}{3} = 0 \\ \dfrac{x}{3} - \dfrac{7-3y}{6} = 0 \end{cases}$ d) $\begin{cases} \dfrac{4x}{5} - y = \dfrac{17}{5} \\ 2x - \dfrac{7y}{6} = \dfrac{11}{6} \end{cases}$

e) $\begin{cases} \dfrac{x}{2} - \dfrac{y}{6} - \dfrac{4}{3} = 0 \\ \dfrac{x}{4} - y + \dfrac{1}{4} = 0 \end{cases}$ f) $\begin{cases} \dfrac{x}{2} - \dfrac{3y}{10} - 2 = 0 \\ \dfrac{x}{3} - \dfrac{y}{2} - \dfrac{4}{3} = 0 \end{cases}$ g) $\begin{cases} \dfrac{x}{3} - \dfrac{y}{2} = \dfrac{-5}{6} \\ \dfrac{-x}{4} + \dfrac{y}{3} - 1 = 0 \end{cases}$ h) $\begin{cases} \dfrac{x}{5} + \dfrac{y}{10} = \dfrac{3}{2} \\ \dfrac{3x}{2} - \dfrac{3}{4} = \dfrac{1-y}{4} \end{cases}$

i) $\begin{cases} \dfrac{3x}{2} - \dfrac{4y}{3} - 1 = 0 \\ \dfrac{x}{4} - \dfrac{y}{5} = \dfrac{2}{5} \end{cases}$ j) $\begin{cases} \dfrac{x}{3} + \dfrac{y-1}{4} = \dfrac{1}{2} \\ \dfrac{3-x}{2} - \dfrac{y}{3} = 1 \end{cases}$ k) $\begin{cases} \dfrac{y-13}{3} - \dfrac{3x}{2} = 0 \\ \dfrac{x-3y}{4} = \dfrac{2}{3} \end{cases}$ l) $\begin{cases} \dfrac{x}{2} - \dfrac{y-1}{4} - 1 = 0 \\ \dfrac{4x}{3} - \dfrac{y-1}{6} = 0 \end{cases}$

6 Résous les systèmes suivants.

a) $\begin{cases} 2 \,.\, (x-1) = 3 \,.\, (y-1) \\ 3x - 2 \,.\, (y+2) = -3y \end{cases}$ b) $\begin{cases} -3 \,.\, (x-y) = 2 \\ 4 \,.\, (x-1) - 3 \,.\, (y-2) = 1 \end{cases}$ c) $\begin{cases} 2 \,.\, (x-4) - 3 \,.\, (y-1) = -1 \\ 3 \,.\, (2x-4) - 4 \,.\, (y-3) = 5 \end{cases}$

d) $\begin{cases} 0{,}3x + 0{,}2y = 0{,}4 \\ 0{,}4x + 0{,}2y = 0{,}7 \end{cases}$ e) $\begin{cases} 1{,}5x - 0{,}6y = -2{,}7 \\ -0{,}5x + 1{,}6y = 5{,}8 \end{cases}$ f) $\begin{cases} 0{,}4x - 1{,}2y = 0{,}2 \\ 0{,}2x + 0{,}9y = 1{,}6 \end{cases}$

Transférer

ALGÈBRE

1 Si $A(x) = ax^2 + bx - 3$, détermine les valeurs de a et de b pour que $A(1) = -2$ et $A(-1) = -8$.

2 Détermine le polynôme $A(x)$ de degré 2 sachant que $A(0) = -1$, $A(1) = -2$ et $A(-2) = 7$.

GÉOMÉTRIE

3 Le périmètre d'un rectangle vaut 60 cm. Si l'on augmente sa longueur de 8 cm et sa largeur de 4 cm, son aire augmente de 200 cm². Détermine les dimensions de ce rectangle.

4 Un crayon pastel a la forme d'un cylindre surmonté d'une petite pointe conique. Il mesure 8 cm de long et 1 cm de diamètre. S'il est fabriqué à partir de 5 cm³ de cire colorée, détermine la hauteur du cylindre et celle du cône.

5 Une grande table de conférence doit être fabriquée en forme de rectangle avec deux demi-cercles à ses extrémités. La table doit avoir un périmètre de 12 m et l'aire de sa partie rectangulaire doit valoir le double de la somme des aires de ses deux parties en demi-cercle. Détermine les dimensions de la partie rectangulaire de la table.

6 L'aire d'un triangle rectangle dont l'hypoténuse mesure 10 m est de 25 m². Calcule la mesure de la hauteur issue du sommet de l'angle droit ainsi que les mesures des segments déterminés par cette hauteur sur l'hypoténuse.

DIVERS

7 Sébastien est un grand amateur de vin. Il se rend à la foire et achète une caisse de 24 bouteilles de vin. Ce carton contient des bouteilles de vin rouge à 18 € l'une et des bouteilles de vin blanc à 12 € l'une. Cet achat a coûté 378 € à Sébastien. Combien de bouteilles de vin de chaque sorte contenait ce carton ?

8 Des spectateurs assistent à un motocross. Ils ont garé leur véhicule, auto ou moto, sur un parking. Sachant qu'il y a en tout 65 véhicules et qu'on dénombre 180 roues, détermine le nombre de motos.

9 Ce sont les soldes chez Actimeubles. La première semaine, les prix affichés sur les cuisines sont en baisse de 10 % et ceux sur les salons de 20 %. La seconde semaine, c'est l'inverse. Sachant que la première semaine, un ensemble cuisine-salon coûtait 5624 € et que la seconde semaine, ce même ensemble coûte 5426 €, détermine le prix initial de la cuisine et celui du salon.

MÉLANGES

10 En achetant 15 bouteilles de vin d'une certaine qualité et 25 bouteilles d'une autre qualité, le prix moyen à la bouteille est de 5,10 €. Si on achète 30 bouteilles du premier vin et 20 bouteilles du second, le prix moyen à la bouteille est alors de 4,56 €. Calcule le prix d'une bouteille de chaque vin.

11 Un orfèvre possède deux lingots d'or : le premier est au titre de 0,920 et le second au titre de 0,750. Il veut en faire un lingot de 8,5 kg au titre de 0,840. Sachant que le titre d'un alliage (exprimé en millièmes ou en carats) est le rapport entre la masse du métal fin et la masse totale de l'alliage, détermine la composition de cet alliage.

ÂGES

12 Il y a 8 ans, l'âge de mon frère était le double du mien. Aujourd'hui, le triple de mon âge surpasse de 1 an le double du sien. Quels sont nos âges actuels ?

13 La somme de l'âge d'un père et du triple de celui de sa fille égale 60 ans. Détermine leurs âges sachant que l'âge du père surpasse de 4 ans le quadruple de celui de la fille.

14 L'âge d'un père surpasse de 2 ans le triple de l'âge de son fils. Dans 14 ans, l'âge du père sera égal au double de celui de son fils. Détermine leurs âges actuels.

DIVISION EUCLIDIENNE

15 Une institutrice veut récompenser ses élèves pour leur bon travail et leur distribuer des bonbons de manière équitable. Si elle en donne 8 à chacun, il lui en reste 11. Si elle en donne 9 à chacun, il lui en manque 12. Combien a-t-elle de bonbons à distribuer et combien d'élèves compte cette classe ?

16 Alizée possède une collection de cartes postales. Si elle les classe par paquets de 10, il lui en reste 7 et si elle les classe par paquets de 12, il lui en reste 3. Sachant que le nombre de paquets de 10 cartes surpasse celui de 12 de deux unités, détermine combien de cartes possède Alizée.

17 Dans une pépinière, on veut planter des rangées d'arbres. Si, dans chaque rangée, on plante 14 arbres, il en reste 8. Si par contre, on en plante 15 dans chaque rangée, il en manque 5. De combien d'arbres dispose-t-on et combien veut-on planter de rangées ?

NOMBRES ET NOMBRES RENVERSÉS

N.B : Le nombre « renversé » de 52 est 25; le nombre renversé de 216 est 612.

18 Trouve deux nombres tels que le double du premier augmenté du second vaut 69 et que le tiers du premier augmenté du double du second vaut 39.

19 Trouve deux nombres sachant que, si l'on ajoute 1 au triple de leur somme, on trouve 34 et que la différence entre le triple du premier et le second vaut 1.

20 Détermine deux nombres sachant que leur somme vaut 90 et que la division du 1er par le 2e donne 3 comme quotient et 6 comme reste.

21 Un nombre de deux chiffres est tel que la somme du chiffre des unités et du double de celui des dizaines est 20. Trouve ce nombre sachant qu'en soustrayant le nombre du nombre « renversé », on trouve 18.

22 Si l'on soustrait 9 à un nombre de deux chiffres, le résultat obtenu vaut 10 de moins que le double du nombre « renversé ». Trouve ce nombre sachant que la somme du nombre, du nombre « renversé » et de la somme de ses chiffres est 120.

23 Un nombre de deux chiffres est tel qu'en additionnant les chiffres qui le forment au nombre et au nombre « renversé », on obtient 84. Trouve ce nombre si le nombre « renversé » surpasse de deux unités le double du nombre.

MOUVEMENTS – VITESSE

24 Élise part pour l'école 12 minutes avant son frère. Elle marche à la vitesse moyenne de 4 km/h et son frère à 5 km/h. Il la rejoint aux quatre cinquièmes du trajet.
Détermine la distance entre l'école et leur domicile.

25 Arlon et Namur sont deux villes distantes de 128 km. Un premier automobiliste quitte Arlon à 10 h et se dirige vers Namur à la vitesse moyenne de 84 km/h. Au même moment, un second automobiliste quitte Namur et se dirige vers Arlon à la vitesse moyenne de 76 km/h. Détermine à quelle heure et à quelle distance d'Arlon se fera la rencontre.

26 Deux amis décident de partir à la rencontre l'un de l'autre à vélo. Freddy part de Louvain-la-Neuve et Arnaud de Remouchamps. Ils démarrent au même moment et se rencontrent après avoir roulé pendant 2 h 15 min. Sachant que la distance séparant les deux lieux de départ est de 96,3 km par un itinéraire identique et que la moyenne réalisée par Freddy est de 5,2 km/h supérieure à celle d'Arnaud, calcule la vitesse moyenne de chacun et détermine à quelle distance de Louvain-la-Neuve a eu lieu la rencontre.

INTÉRETS

27 Deux sommes d'argent placées l'une à 1,5 % et l'autre à 2 % produisent ensemble un intérêt annuel de 255 €. Si l'une était placée au taux de l'autre et réciproquement, elles produiraient 284 € d'intérêt. Quelles sont ces deux sommes ?

28 Deux capitaux ont pour somme 14 800 €.Le premier est placé à 0,5 % de plus que le second et ils produisent ensemble 265 € d'intérêts par an. Si le premier était placé au taux du second, et réciproquement, ils produiraient 253 € d'intérêts. Calcule les deux capitaux et le taux de placement de chacun d'eux.

FRACTIONS

29 Détermine une fraction si tu sais qu'en ajoutant 3 à son numérateur, la fraction est équivalente à 2 tandis que si on ajoute 2 à son dénominateur, la fraction obtenue est équivalente à 1.

PARTAGES

30 Une somme d'argent a été partagée équitablement entre un certain nombre de personnes. S'il y avait 5 personnes de plus, chacune aurait reçu 64 € de moins. Au contraire, s'il y avait eu 3 personnes de moins, chacune aurait reçu 64 € de plus. Détermine le nombre de personnes, la part de chacune d'elles et la somme partagée.

GÉOMÉTRIE ET ÉQUATIONS DE DROITES

31 Les points A $(0 ; -2)$, B $(7 ; -2)$, C $(5 ; 3)$ et D $(2 ; 3)$ sont les sommets d'un quadrilatère ABCD. Détermine les coordonnées du point d'intersection de ses diagonales et détermine la position relative de celles-ci.

32 Les points A $(2 ; 2)$, B $(8 ; 2)$ et C $(2 ; 5)$ sont les sommets d'un triangle ABC. Détermine l'équation de la hauteur issue du point A et les coordonnées de son point d'intersection avec BC.

33 Dans chaque cas, détermine la distance entre le point C et la droite a.

a) $a \equiv y = 2x + 3$ et C $(2 ; 2)$
b) $a \equiv y = -4 + x$ et C $(-3 ; 3)$
c) $a \equiv y = -3x - 12$ et C $(3 ; -1)$
d) La droite a passe par les points A $(2 ; 1)$ et B $(6 ; 3)$ et C $(2 ; 5)$
e) La droite a passe par les points A $(4 ; 0)$ et B $(8 ; 3)$ et C $(-2 ; 8)$

12

Chapitre 13 Inéquations

Activité 1 • Problèmes d'introduction

1 Trace un carré dont le périmètre est supérieur à 10 cm.
Quelles sont toutes les mesures (x) des côtés qui répondent à cette condition?

2 Une bibliothèque propose à ses clients deux tarifs.
Tarif A : une redevance annuelle de 5 € et un prix de 0,35 € par livre emprunté
Tarif B : une redevance annuelle de 15 € et un prix de 0,20 € par livre emprunté
a) Estime graphiquement le nombre de livres qu'on peut emprunter par année pour que le tarif A soit le plus avantageux ?
b) Détermine algébriquement la solution.

3 La flèche ci-contre, où les mesures sont exprimées en mm, est composée d'un carré et d'un triangle équilatéral.

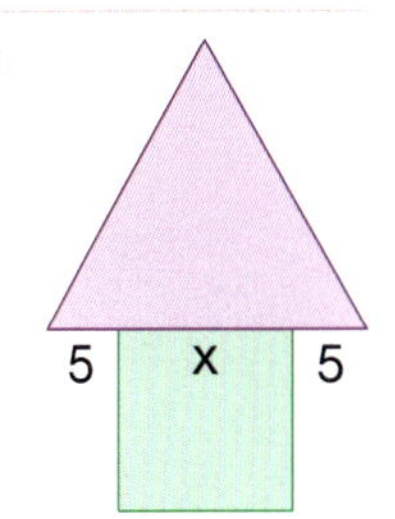

a) Dessine en vraie grandeur une flèche semblable telle que le périmètre du carré soit ...
(1) égal à celui du triangle.
(2) supérieur à celui du triangle.
(3) inférieur à celui du triangle.

b) Pour quelles valeurs de x le périmètre du carré sera-t-il...
(1) égal ou supérieur à celui du triangle ?
(2) égal ou inférieur à celui du triangle ?

Activité 2 • Inéquations et fonctions du premier degré

129

1 Voici les graphiques de quatre fonctions du premier degré.

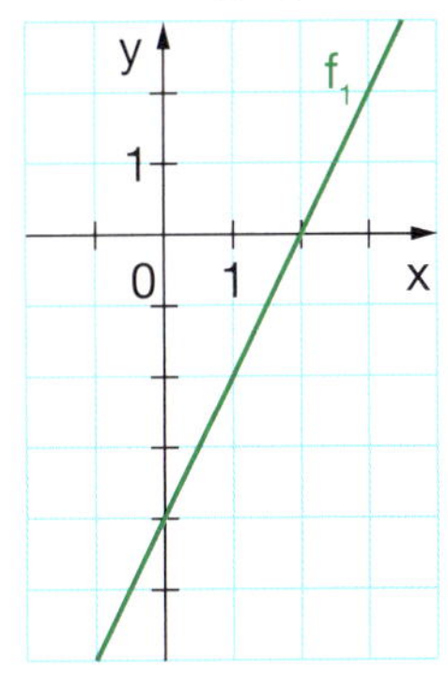

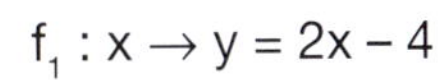
$f_1 : x \rightarrow y = 2x - 4$

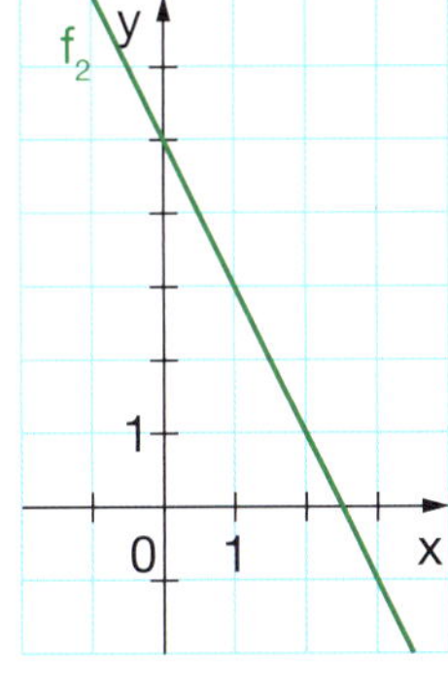

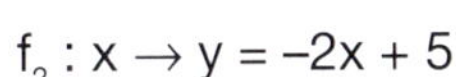
$f_2 : x \rightarrow y = -2x + 5$

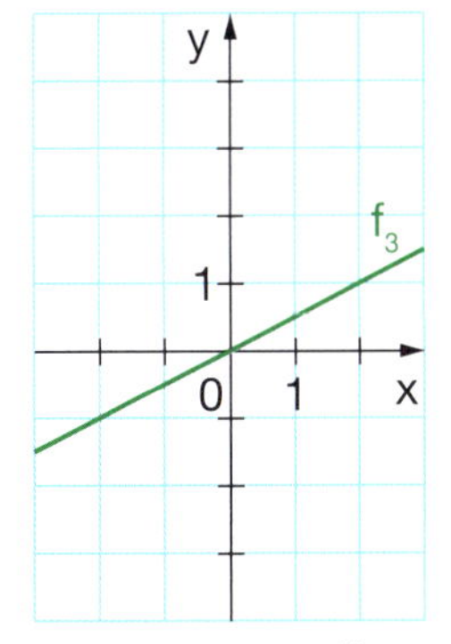

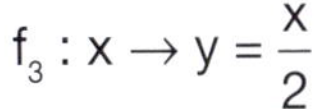
$f_3 : x \rightarrow y = \frac{x}{2}$

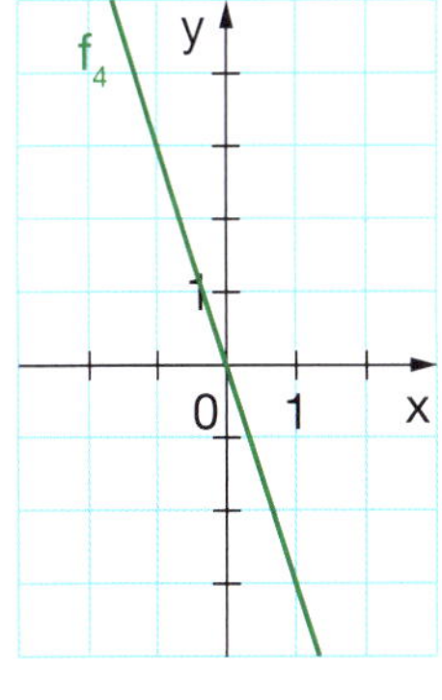

$f_4 : x \rightarrow y = -3x$

a) Utilise le modèle de tableau proposé pour étudier le signe de chaque fonction.

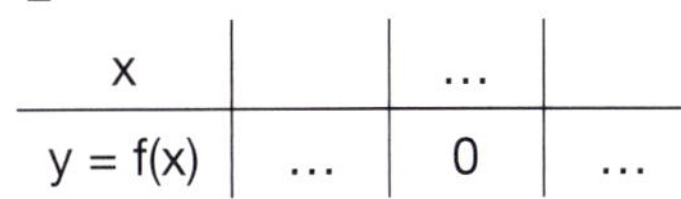

x		...	
y = f(x)	...	0	...

b) Voici plusieurs équations et inéquations liées à ces fonctions.

(1) $2x - 4 = 0$	(2) $-2x + 5 = 0$	(3) $\dfrac{x}{2} = 0$	(4) $-3x = 0$
$2x - 4 > 0$	$-2x + 5 \geqslant 0$	$\dfrac{x}{2} \geqslant 0$	$-3x > 0$
$2x - 4 \leqslant 0$	$-2x + 5 < 0$	$\dfrac{x}{2} < 0$	$-3x \leqslant 0$

Pour chacune d'elles et en t'aidant des tableaux de signes ou des graphiques, ...

- représente sur une droite graduée, en utilisant le vert et le rouge, les valeurs de x qui la vérifient;
- écris l'ensemble des valeurs qui la vérifient en utilisant si nécessaire la notion d'intervalle;
- écris la condition équivalente portant sur x.

Activité 3 • Propriétés des inégalités et des inéquations

1 Voici quatre inégalités : $2 < 6$ $\quad -4 < 2$ $\quad 6 > -6$ $\quad -2 > -12$

130

a) Pour chacune d'elles, suis la consigne pour écrire une nouvelle inégalité.

(1) Ajoute 3 aux deux membres.
(2) Retire 4 aux deux membres.
(3) Multiplie les deux membres par 4.
(4) Multiplie les deux membres par –2.
(5) Divise les deux membres par 2.
(6) Divise les deux membres par –2.

b) Dans quel(s) cas observes-tu un changement de sens de l'inégalité ?

2 a) Voici les graphiques de trois fonctions du premier degré.

130
131

$f_1 : x \rightarrow y = x + 1$

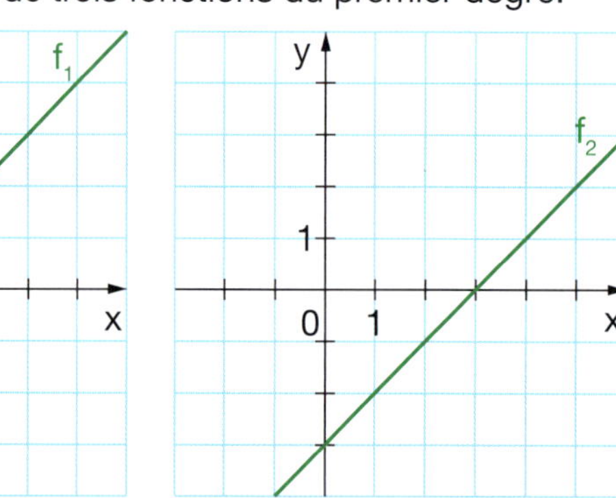

$f_2 : x \rightarrow y = x - 3$

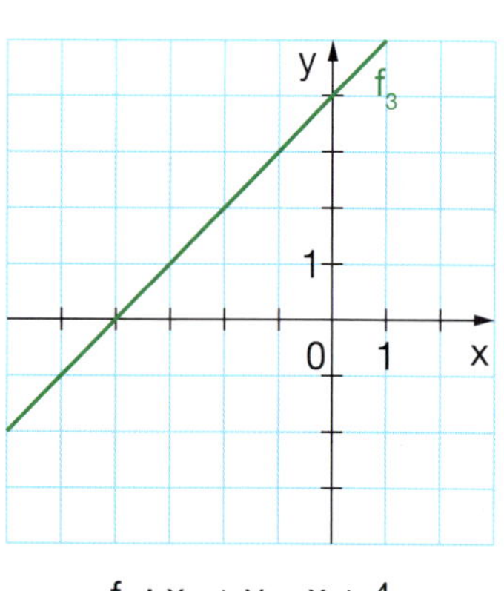

$f_3 : x \rightarrow y = x + 4$

En t'aidant des graphiques, complète le tableau ci-dessous.

Fonction	Inéquation	Solution	Opération pour passer de l'inéquation à sa solution	Changement de sens de l'inégalité
$f_1(x) = x + 1$	$x + 1 > 0$	x		oui – non
$f_2(x) = x - 3$	$x - 3 \geqslant 0$	x		oui – non
$f_3(x) = x + 4$	$x + 4 < 0$	x		oui – non

b) Voici les graphiques de quatre autres fonctions du premier degré.

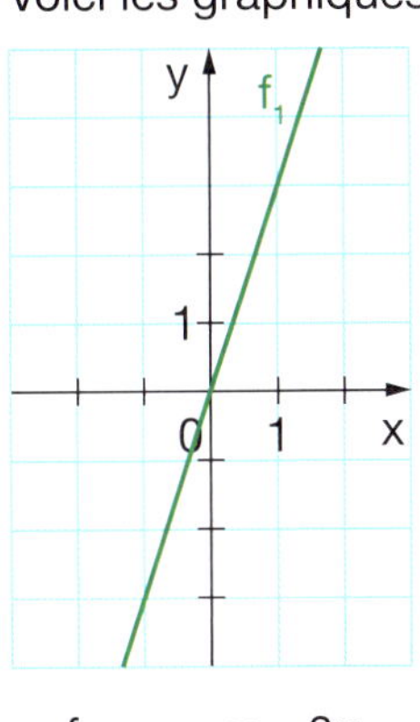

$f_1 : x \to y = 3x$

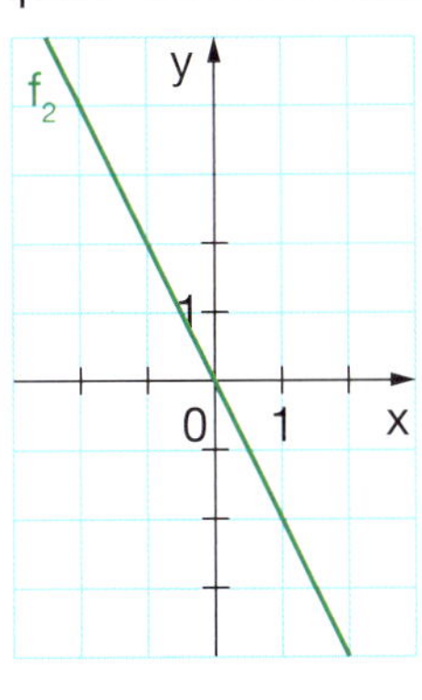

$f_2 : x \to y = -2x$

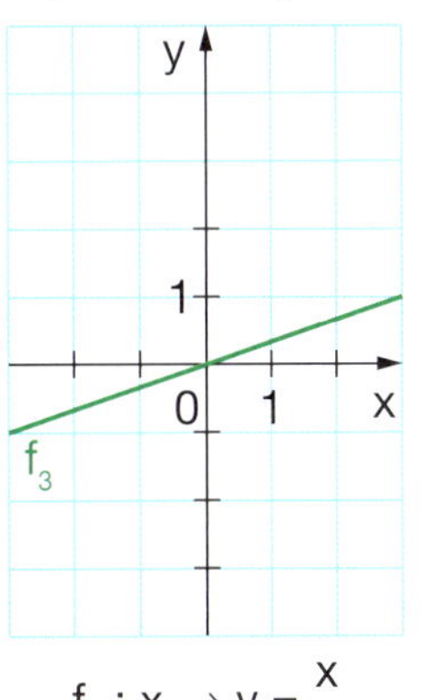

$f_3 : x \to y = \dfrac{x}{3}$

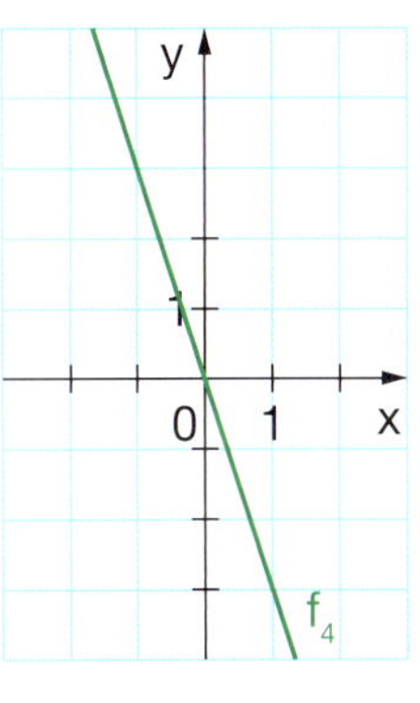

$f_4 : x \to y = -3x$

En t'aidant des graphiques, complète le tableau ci-dessous.

Fonction	Inéquation	Solution	Opération pour passer de l'inéquation à sa solution	Changement de sens de l'inégalité
$f_1(x) = 3x$	$3x > 0$	x		oui – non
$f_2(x) = -2x$	$-2x \geqslant 0$	x		oui – non
$f_3(x) = \dfrac{x}{3}$	$\dfrac{x}{3} < 0$	x		oui – non
$f_4(x) = -3x$	$-3x \leqslant 0$	x		oui – non

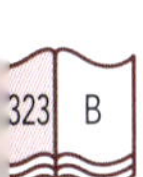
323 B

c) Dans quel(s) cas observes-tu un changement de sens de l'inégalité ?

131

3 En utilisant les propriétés découvertes ci-dessus, trouve les nouvelles inégalités.

$a < b$	Ajoute 5 aux deux membres.
$c > d$	Retire 4 aux deux membres.
$x \leqslant y$	Multiplie les deux membres par 2.
$u \geqslant v$	Multiplie les deux membres par –3.
$a < b$	Ajoute c aux deux membres.
$a < b$	Multiplie les deux membres par c.

132

4 Complète la seconde inégalité et justifie son sens.

a)

$b > c \Leftrightarrow b + a$	$a \leqslant b \Leftrightarrow 2a$	$3b > c \Leftrightarrow 2b$ ....
$a \leqslant b \Leftrightarrow a - b$	$9a > 3b \Leftrightarrow -3a$	$6a > 10c \Leftrightarrow -12a$ ....

b)

$-a > b \Leftrightarrow a$	$b \leqslant c \Leftrightarrow b - c$	$8a > 3b \Leftrightarrow 3a$ ....
$-2b \geqslant c \Leftrightarrow 0$	$9a > 3b \Leftrightarrow 3a$	$a + c < b - c \Leftrightarrow a + 2c$ ....

133

5 Complète la seconde inégalité en faisant en sorte que x n'apparaisse que dans un seul membre. Justifie son sens.

a)

$-5 + x < 2 \Leftrightarrow x$	$-2 < x + 7 \Leftrightarrow$ x	$2 \geqslant x - 5 \Leftrightarrow$ x
$x + 4 \geqslant 3 \Leftrightarrow x$	$4 + x > 4 \Leftrightarrow x$	$x - 2 > -3 \Leftrightarrow x$ ....

b) $2x < 4 \Leftrightarrow x$ .... $-5x > 5 \Leftrightarrow x$ .... $11 > -4x \Leftrightarrow$ x

$-12 \leqslant 3x \Leftrightarrow$ .... x $-x \leqslant 5 \Leftrightarrow x$ .... $2x \geqslant -5 \Leftrightarrow x$ ....

c) $\frac{x}{3} > 6 \Leftrightarrow x$ .... $-\frac{x}{2} \leqslant 4 \Leftrightarrow x$ .... $\frac{x}{5} \geqslant 1 \Leftrightarrow x$ ....

$3 > \frac{2x}{5} \Leftrightarrow$ .... x $2 \geqslant -\frac{3x}{2} \Leftrightarrow$ .... x $\frac{4x}{3} < \frac{5}{2} \Leftrightarrow x$ ....

6 Complète la seconde inégalité en faisant en sorte que l'inconnue x n'apparaisse que dans un seul membre.

a) $3x + 1 > x - 2 \Leftrightarrow$ .....x ....

$3x + 1 > x - 2 \Leftrightarrow$ x

b) $2x - 3 \leqslant 3x + 1 \Leftrightarrow$ .....x ....

$2x - 3 \leqslant 3x + 1 \Leftrightarrow$ x

c) $-2x+1 \geqslant 4x - 2 \Leftrightarrow$ .....x ....

$-2x+1 \geqslant 4x - 2 \Leftrightarrow$ x

d) $-x + 1 < -2x + 2 \Leftrightarrow$ .....x ....

$-x + 1 < -2x + 2 \Leftrightarrow$ x

Activité 4 • Résolutions d'inéquations

1 Résous les inéquations suivantes; représente et note l'ensemble des solutions.

p.328

a)	b)	c)	d)	e)
$x - 6 \leqslant 9$	$3x < 6$	$\frac{x}{3} < 5$	$2x - 7 > 8$	$x - 6 < 7 - 3x$
$x + 4 > -8$	$-2x < -8$	$\frac{-x}{2} \geqslant 3$	$2 + 4x \leqslant -7$	$2x - 7 \leqslant 3x - 2$
$9 + x < 2$	$5x > 9$	$\frac{x}{4} > 0$	$5 - 2x < 14$	$12 - 5x < x - 60$
$4 < -2 + x$	$-4x \geqslant -10$	$\frac{2x}{5} < 7$	$7 - 5x > 8$	$15 - 7x < x - 17$
$-5 \leqslant -2 + x$	$-x < 7$	$\frac{-2}{3}x \geqslant \frac{-1}{6}$	$14 - x \leqslant -9$	$5x + 15 \geqslant 20 + 4x$

2 Résous les inéquations suivantes.

a)	b)	c)
$8 - 3x > 12$	$-4x > -2$	$-2 . (4 - x) < -x + 1$
$x - \frac{3}{5} \leqslant 2$	$-4 + x > -2$	$3 . (x - 3) \geqslant 6 . (2x + 1)$
$\frac{-3x}{5} < 2$	$7 - 5x \leqslant 8$	$5 + 7 . (2x - 1) > 13 . (x + 1)$
$\frac{x}{3} \geqslant \frac{3}{4}$	$2x - 7 \leqslant 3x - 2$	$\frac{x + 3}{4} + \frac{5x - 6}{2} < \frac{x}{3}$
$x - 6 \geqslant 7 - 3x$	$6x - 6 < 5x - 4$	$\frac{1 - 2x}{2} - \frac{x - 2}{3} \geqslant -x$

Activité 5 • Problèmes

1 Détermine l'ensemble des nombres dont…

a) le triple augmenté de 5 est plus grand que 8.

b) l'opposé du double est plus petit que 6.

c) la moitié est plus grande ou égale au double diminué de 4.

d) l'opposé du triple est inférieur ou égal au double.

2 Un parc de loisirs propose plusieurs tarifs à ses visiteurs.

Formule A : 12 € par entrée
Formule B : un abonnement annuel de 33 € puis 7,50 € par entrée
Formule C : un abonnement annuel de 143 € pour un nombre illimité d'entrées

a) Établis pour chaque tarif une expression algébrique du prix de revient en fonction du nombre d'entrées annuelles x.

b) À partir de combien d'entrées la formule B est-elle plus avantageuse que la formule A ?

c) À partir de combien d'entrées la formule C est-elle plus avantageuse que la formule B ?

3 Lors de l'Olympiade Mathématique Belge, 30 questions à choix multiples sont posées aux élèves. Une bonne réponse rapporte 5 points, une abstention 2 points et une mauvaise réponse 0 point.

Lors de l'olympiade 2014, le seuil de qualification pour un élève de 3e année était de 87.

Benoit qui y a participé, s'est qualifié et est certain de n'avoir commis aucune erreur aux réponses qu'il a fournies.

Détermine à combien de questions au maximum il s'est abstenu de répondre.

4 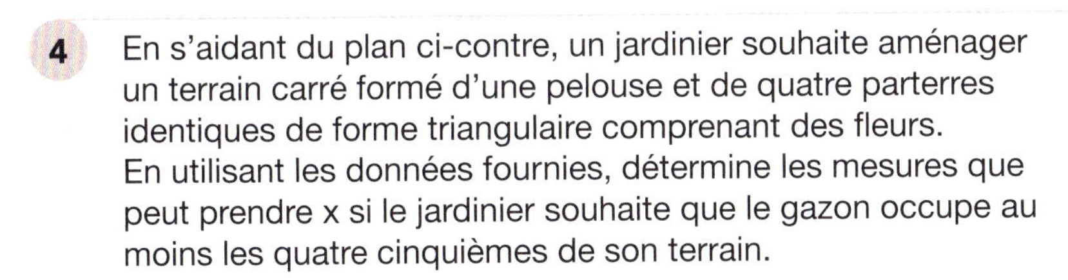
En s'aidant du plan ci-contre, un jardinier souhaite aménager un terrain carré formé d'une pelouse et de quatre parterres identiques de forme triangulaire comprenant des fleurs.
En utilisant les données fournies, détermine les mesures que peut prendre x si le jardinier souhaite que le gazon occupe au moins les quatre cinquièmes de son terrain.

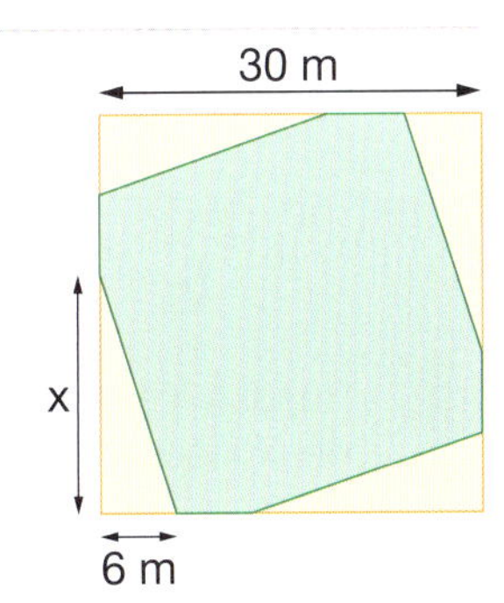

5 La masse maximale autorisée d'une remorque est la masse totale maximale qu'elle peut peser, chargement compris.
À ce propos, le code de la route stipule :

« La masse maximale autorisée de la remorque ne peut être supérieure à la moitié de la tare du véhicule tracteur, augmentée de 75 kg, s'il s'agit d'une remorque non freinée. ».

Pour rester en accord avec ce point de législation, détermine le nombre maximum de sacs de 50 kg pouvant être chargés dans une remorque non freinée d'une masse de 320 kg tractée par un véhicule de 1200 kg.

Activité 6 • Intersection d'intervalles de réels

1 Dans les sports de combats, les participants sont divisés en plusieurs catégories en fonction de leur masse. Pierre pratique la boxe anglaise et le judo. En boxe anglaise, il est dans la catégorie « poids mi-moyens », qui correspond à des boxeurs dont la masse est supérieure à 63 kg et inférieure ou égale à 69 kg, tandis qu'en judo, il est dans la catégorie « 66 kg et moins ».

a) Si x représente la masse d'un judoka, écris des inégalités qui traduisent qu'il est dans la catégorie « 66 kg et moins ».
Écris sous forme d'un intervalle l'ensemble des masses autorisées pour ce judoka.

b) Si x représente la masse d'un boxeur, écris des inégalités qui traduisent qu'il est dans la catégorie « poids mi-moyens ».
Écris sous forme d'un intervalle l'ensemble des masses autorisées pour ce boxeur.

c) Que peux-tu affirmer avec certitude concernant la masse de Pierre?
Écris l'ensemble de ses masses possibles à l'aide d'un intervalle.

2 Représente sur des droites graduées les réels appartenant à chaque intervalle. Ensuite, représente sur une nouvelle droite graduée, les réels appartenant à la fois au premier et au second intervalle. Traduis cet ensemble de réels sous forme d'intervalle.

a) $[0 ; 10]$ et $[5 ; 15]$

$]2 ; 7]$ et $[-2 ; 5]$

$]-4 ; 4[$ et $[-2 ; 2]$

b) $\leftarrow ; 3]$ et $[-2 ; \rightarrow$

$]2 ; \rightarrow$ et $\leftarrow ; 4]$

$\leftarrow ; \frac{1}{2}[$ et $[3 ; \rightarrow$

c) $]-2 ; \rightarrow$ et $[1 ; \rightarrow$

$\leftarrow ; \frac{5}{2}]$ et $\leftarrow ; -1[$

$]-1 ; \rightarrow$ et $\leftarrow ; -1[$

d) $\mathbb{R}^+$ et $\leftarrow ; 2]$

$\mathbb{R}^-$ et $\leftarrow ; \frac{2}{3}]$

$\mathbb{R}_0^+$ et $]2 ; \rightarrow$

3 Résous les deux inéquations. Précise ensuite l'ensemble des réels solutions communes de ces deux inéquations.

a) $2x + 1 > 3$ et $4x - 11 \leqslant 9$

b) $3x + 1 \geqslant -2x + 6$ et $4x + 2 > 2x - 3$

4 Résous les systèmes suivants.

a) $\begin{cases} 4x + 5 > -7 \\ 3x - 1 < 2 \end{cases}$

b) $\begin{cases} 3x - 5 < 4 \\ 2x - 1 > 2 \end{cases}$

c) $\begin{cases} x + 4 > 5 \\ 2x + 12 \geqslant 3 \end{cases}$

d) $\begin{cases} 3x + 4 < 2x + 6 \\ 6x + 1 \geqslant 8x - 7 \end{cases}$

e) $\begin{cases} x + 1 \geqslant 2x - 5 \\ 3x + 2 > x + 7 \end{cases}$

f) $\begin{cases} 4x + 1 > 3 - x \\ 5x + 2 < 2x - 1 \end{cases}$

Connaître

1 Vérifie si le nombre a est solution de l'inéquation proposée. Justifie.

a) $4x + 1 \geqslant 2x + 7$ $a = 3$
b) $2x - 5 > 7$ $a = 8$
c) $3 - 3x \geqslant 5 + x$ $a = 0$
d) $-2 \leqslant -x - 8$ $a = -8$
e) $2 . (3x - 6) + 4x - 5 < (x - 2) . (x + 1)$ $a = 2$
f) $4x + 6 - 3x + 1 > 2x + 1$ $a = -1$

2 Détermine les valeurs de x pour lesquelles les fonctions données sont strictement négatives, strictement positives ou nulles.

$f_1 : x \to y = 2x - 1$
$f_2 : x \to y = -4x + 12$
$f_3 : x \to y = 2x$
$f_4 : x \to y = 3x - 6$
$f_5 : x \to y = -7x$
$f_6 : x \to y = -7x - 4$
$f_7 : x \to y = \frac{4x}{3} - 1$
$f_8 : x \to y = \frac{5}{3}x + 2$
$f_9 : x \to y = -\frac{4}{3}x + \frac{1}{2}$

3 Pour chaque équivalence, justifie le sens de l'inégalité du second membre.

a) $x + 5 > 2 \Leftrightarrow x > -3$
b) $-3x \leqslant 6 \Leftrightarrow x \geqslant -2$
c) $x - 1 < 2 \Leftrightarrow x < 3$
d) $\frac{x}{2} \geqslant 1 \Leftrightarrow x \geqslant 2$
e) $-x \leqslant -1 \Leftrightarrow x \geqslant 1$
f) $2x > 0 \Leftrightarrow x > 0$
g) $4x < -12 \Leftrightarrow x < -3$
h) $3x > 2 \Leftrightarrow x > \frac{2}{3}$
i) $3x - 5 < 0 \Leftrightarrow x < \frac{5}{3}$
j) $-2x + 6 > 0 \Leftrightarrow x < 3$
k) $-x - 7 \leqslant 0 \Leftrightarrow x \geqslant -7$
l) $4x + 1 < \frac{3}{2} \Leftrightarrow x < \frac{1}{8}$

Appliquer

1 Complète par < ou >, puis trouve une nouvelle inégalité en respectant la consigne.

a) -5 .... 7 Ajoute 5 aux deux membres.
b) -5 .... 7 Multiplie les deux membres par 5.
c) -3 .... -8 Ajoute –2 aux deux membres.
d) -3 .... -8 Multiplie les deux membres par –3.
e) 5 .... -2 Multiplie les deux membres par –1.
f) 5 .... -2 Retire 2 aux deux membres.
g) -4 .... -1 Divise les deux membres par –2.
h) -4 .... -1 Retire 4 aux deux membres.

2 Voici des inégalités : $a < b$ $3x > 12$ $-4x \geqslant 36$ $-12x \leqslant -a$

En utilisant les propriétés des inégalités, exprime, pour chacune d'elles, la nouvelle inégalité obtenue si…

a) on ajoute 5 aux deux membres.
b) on multiplie les deux membres par 2.
c) on retire 7 aux deux membres.
d) on multiplie les deux membres par –1.
e) on divise les deux membres par 3.
f) on divise les deux membres par –4.
g) on multiplie les deux membres par 2, puis on ajoute 3 aux deux membres de l'inégalité obtenue.
h) on retire 5 aux deux membres, puis on multiplie les deux membres de l'inégalité obtenue par 2.
i) on ajoute 3 aux deux membres, puis on multiplie les deux membres de l'inégalité obtenue par –6.

3 Trouve les nouvelles inégalités en respectant les consignes.

a) $a > 7$ On ajoute 5 aux deux membres.
b) $a < 5$ On retire 3 aux deux membres.
c) $a < 7$ On multiplie les deux membres par 4.
d) $5 \geqslant b$ On retire –3 aux deux membres.
e) $3 < -x$ On multiplie les deux membres par –1.
f) $7 \leqslant 4 + x$ On ajoute –4 aux deux membres.
g) $0 \geqslant a + 5$ On ajoute –5 aux deux membres.
h) $-2 < 3 + x$ On retire 3 aux deux membres.
i) $7x < 21$ On divise les deux membres par 7.
j) $-3x > 6$ On divise les deux membres par –3.
k) $7x - 2 < 6x$ On ajoute $2 - 6x$ aux deux membres.
l) $x + \frac{2}{5} < 0$ On ajoute $\frac{-2}{5}$ aux deux membres.
m) $\frac{1}{3} > -\frac{1}{2} + x$ On ajoute $\frac{1}{2}$ aux deux membres.
n) $\frac{3}{2}x \leqslant -6$ On multiplie les deux membres par $\frac{2}{3}$.
o) $\frac{-x}{5} \leqslant \frac{3}{10}$ On multiplie les deux membres par –5.
p) $a - b \leqslant c$ On ajoute b aux deux membres.
q) $x + a > -3$ On retrie a aux deux membres.
r) $b - 2 > 3x$ On divise les deux membres par 3.
s) $-5x \geqslant -15a$ On divise les deux membres par –5.
t) $a + b < c$ On multiplie les deux membres par c.
u) $3a < 0$ On divise les deux membres par a.

4 Complète la seconde inégalité et justifie son sens.

a) $a < 5 \Leftrightarrow a + 2$ ....
b) $a + 6 \geqslant c \Leftrightarrow a$ ....
c) $4a < 6b \Leftrightarrow 2a$ ....
d) $9x > 12 \Leftrightarrow 7x$ ....
e) $-3a < 9b \Leftrightarrow a$ ....
f) $x - a > b \Leftrightarrow$ .... $2b$
g) $x > y - 3 \Leftrightarrow$ .... $2y - 3$
h) $-3 + a < c \Leftrightarrow a$ ....
i) $x + y < z - y \Leftrightarrow x + 2y$ ....
j) $a + 2 < b \Leftrightarrow -2a$ ....

5 Résous les inéquations suivantes en notant les solutions sous forme d'intervalles.

a) $x + 3 < 7$
b) $x - 7 > 5$
c) $-4 + x \geqslant -5$
d) $12 + x \leqslant 7$
e) $7 < 3 + x$
f) $2 - x < 8$
g) $-3 > x - 3$
h) $-4 + x \leqslant -9$
i) $7 < -x + 13$
j) $5 - x \geqslant -4$
k) $4x < 7$
l) $3x \geqslant -12$
m) $-5x > 15$
n) $-7x \leqslant -35$
o) $12x < -6$
p) $-5 < -2x$
q) $4x > -3$
r) $-6x \geqslant -15$
s) $3 > -7x$
t) $-8 < 12x$

6 Résous les inéquations suivantes en notant les solutions sous forme d'intervalles.

a) $4x + 3 < 5$
b) $5 + 6x \leqslant -7$
c) $4 > -3 + 5x$
d) $-3 \leqslant -4x + 5$
e) $8 > 7 - 3x$
f) $3x - 5 < 2x + 3$
g) $-3 + 4x \geqslant -3x + 1$
h) $2x - 6 > -8 + 5x$
i) $2x + 7 < 2x - 15$
j) $-(3x + 7) + 8x > 0$
k) $3 \cdot (x + 1) > 3x - 1$
l) $-2 - 5 \cdot (x - 1) \leqslant x - 2$
m) $4x - 1 \leqslant 3 - (4 - 7x)$
n) $-9 + 6x \leqslant 2 \cdot (2 - x)$
o) $0 < -9 + 6x - 2 \cdot (7 - 4x)$

7 Résous les inéquations suivantes en notant les solutions sous forme d'intervalles.

a) $x - \frac{1}{2} < \frac{3}{4}$
b) $\frac{2x}{3} - 2 \leqslant -\frac{1}{3}$
c) $x - \frac{1}{4} \geqslant \frac{3x}{2} - 2$
d) $\frac{4x}{3} - \frac{1}{2} < \frac{3x}{2} - \frac{3}{6}$
e) $\frac{2x-1}{3} \leqslant \frac{x-2}{4}$
f) $\frac{-4}{3} - 2x \geqslant \frac{-3+x}{2} + 1$
g) $\frac{3x-2}{5} - \frac{x-3}{2} \geqslant 0$
h) $\frac{x}{3} + \frac{3-2x}{2} < 1 - \frac{x-2}{3}$
i) $\frac{x-3}{2} - \frac{3x-1}{6} < \frac{1}{3}$
j) $\frac{2x-5}{7} - 2 \geqslant 4x - \frac{x+1}{2}$
k) $\frac{2 \,.\, (x+1)}{5} + \frac{1}{2} < \frac{3x-2}{10}$
l) $\frac{3 \,.\, (2x-5)}{4} > \frac{2 \,.\, (x+3)}{5}$

8 Dans chaque cas, détermine l'intersection des deux intervalles de réels.

a) $[5 , \rightarrow \cap \leftarrow , 9]$
b) $]-2 , \rightarrow \cap \leftarrow , 3[$
c) $\leftarrow , -3[\cap [-4 , \rightarrow$
d) $\leftarrow , -5[\cap]-2 , \rightarrow$
e) $[-1 , \rightarrow \cap [-4 , \rightarrow$
f) $\leftarrow , -3[\cap \leftarrow , 2]$
g) $\leftarrow , 0] \cap]-2 , \rightarrow$
h) $[3 , \rightarrow \cap \leftarrow , 3]$
i) $\mathbb{R}^+ \cap \leftarrow , 4[$
j) $\mathbb{R}_0^- \cap \leftarrow , -1]$
k) $[2 , \rightarrow \cap \mathbb{R}_0^+$
l) $]-1 , \rightarrow \cap \mathbb{R}^-$

9 Détermine les nombres réels qui vérifient simultanément les inégalités suivantes. Représente graphiquement les solutions et exprime leur ensemble.

a) $-3x + 5 < 3 - 4x$ et $x - 4 \leqslant 3x + 6$
b) $3 + 7x \geqslant 4x - 7$ et $4x + 6 < 8x - 6$
c) $3x - 1 \geqslant x - 7$ et $-4 + 6x < 3x - 19$
d) $\frac{-x}{3} - \frac{1}{4} \geqslant \frac{1}{3} - x$ et $\frac{3x}{2} + 1 \geqslant 2x - \frac{1}{3}$
e) $\frac{x-1}{2} + 1 > \frac{4-x}{3}$ et $1 - \frac{x-2}{3} \geqslant \frac{3x-2}{4}$

Transférer

1 La somme de trois nombres naturels consécutifs est inférieure ou égale à 15. Détermine les valeurs possibles de ces nombres.

2 Benoit désire s'inscrire à une plateforme de téléchargement de films en ligne. Après avoir consulté les sites de deux plateformes, il dispose de leur tarif respectif.

Plateforme 1 : l'abonnement coûte 30 € et le téléchargement de chaque film 4 €.
Plateforme 2 : l'abonnement coûte 40 € et le téléchargement de chaque film 3 €.

Aide-le à choisir le meilleur tarif.

3 Une agence de location de voitures propose deux tarifs pour une location à la journée.

Tarif 1 : 90 € par jour avec un kilométrage illimité.
Tarif 2 : 70 € par jour et 0,40 € par kilomètre parcouru.

Si on loue une voiture une journée, détermine pour quels kilométrages le prix au tarif 2 est moins élevé que le prix au tarif 1.

4 Quelles valeurs réelles peut prendre le nombre x pour que la moyenne arithmétique des nombres de la série A soit supérieure à celle des nombres de la série B ?

Série A : 4,8 - 5,4 - 2,4 - x - 8,1

Série B : 6,2 - 4,8 - 7,2 - 1,9 - 3,1 - 7,1

5 Une entreprise de bâtiments doit construire une salle de sports. Avant de commencer les travaux, elle veut savoir s'il est plus économique de fabriquer le béton sur place plutôt que de le faire venir prêt à l'emploi.
Le béton prêt à l'emploi coûte 75 € le m³.
Le prix du béton préparé sur chantier se compose de :
- frais fixes (installation, branchement, ...) : 3750 €;
- frais variables (sable, gravier, ciment, ...) : 45 € le m³.

a) Détermine dans chaque cas, le prix de revient du béton en fonction du nombre de m³.

b) Détermine à partir de quel volume de béton il est plus rentable de le fabriquer sur place.

6 Pierre possède un terrain rectangulaire de 25 m de long. L'année dernière, il a placé un portail de 2 m et une clôture autour de l'entièreté de son terrain. La clôture lui a été facturée 1,80 € le mètre. Il se rappelle qu'il a payé pour celle-ci au plus 135 €.
Cette année, il souhaite semer du gazon sur son terrain. Si les semences sont vendues au poids et qu'il est recommandé d'épandre 50 g de semences par m², combien doit-il en acheter pour pouvoir en semer sur la totalité de son terrain ?

7 Les dimensions du rectangle ABCD sont 3 m et 5 m. Si on augmente chacun de ses côtés de x mètres, on obtient le rectangle BEGF.
On note p le périmètre du rectangle ABCD et p' celui du rectangle BEGF.
Pour quelles valeurs de x a-t-on $p' \geqslant 2p$?

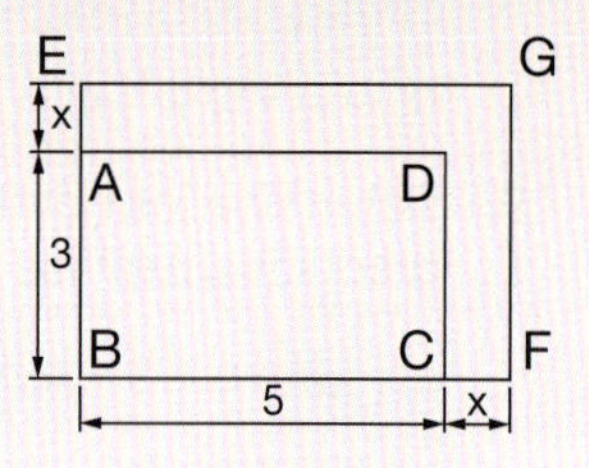

8 Si tu sais que $|BF| = 50$ mm, détermine pour quelles valeurs de $|BA|$, le périmètre du carré ABCD est plus grand que celui du triangle équilatéral AEF.
Représente la situation pour la valeur la plus petite de $|BA|$ en millimètres entiers.

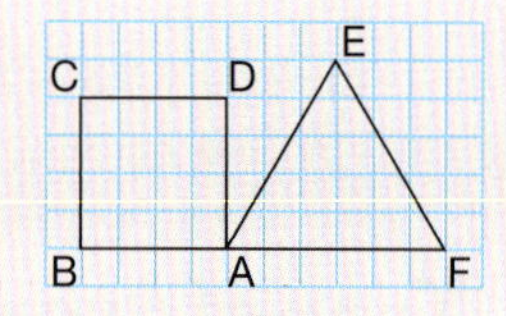

9 Dans le rectangle ci-contre, $|AB| = 6$ cm, $|AD| = 4$ cm et M est le milieu de [AD].
Où doit-on placer le point P sur le coté [DC] pour que l'aire du triangle BMP soit inférieure ou égale au tiers de celle du rectangle ABCD ?

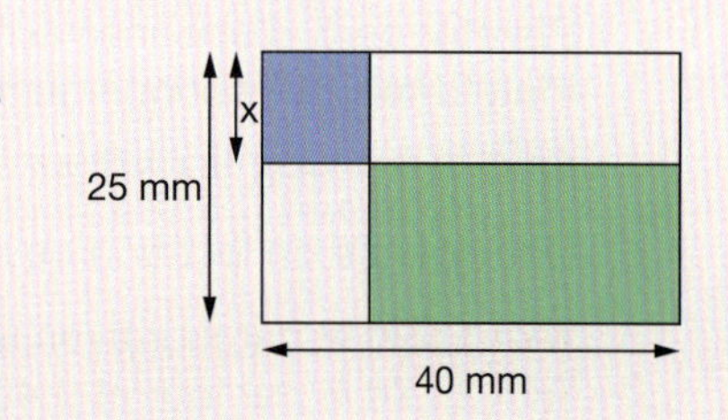

10 Pour quelles valeurs de x, l'aire du carré bleu est-elle inférieure à celle du rectangle vert ? Représente la situation pour la valeur la plus grande de x, exprimée en millimètres entiers.

25 mm

x

40 mm

11 Pour quelles valeurs de x, l'amplitude de l'angle $\hat{A}$ est-elle supérieure à 30° ?

a)

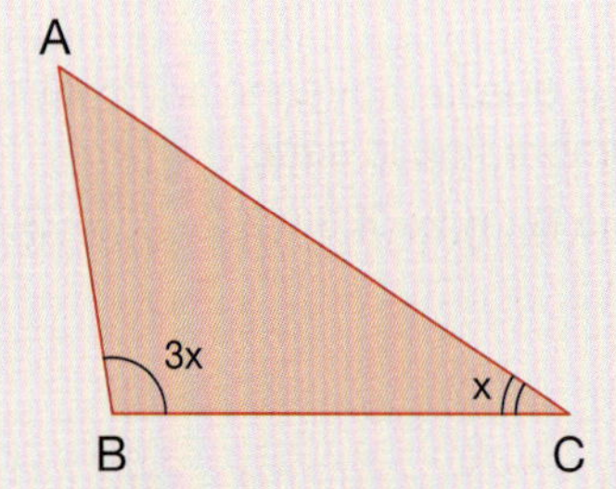

b)

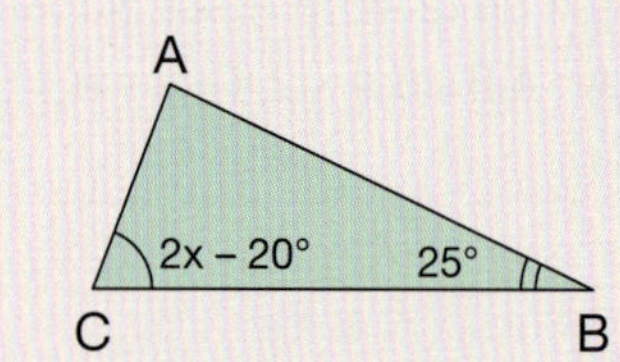

13

Chapitre 14 Trigonométrie dans le triangle rectangle

Activité 1 • Tangente d'un angle aigu

1 Michel et ses parents habitent dans la Haute Levée à Stavelot, route empruntée lors de la course cycliste Liège-Bastogne-Liège et connue pour sa pente élevée. Ils ont décidé d'acheter une nouvelle voiture munie d'un système d'aide au démarrage en côte. Ce dispositif est automatiquement activé lors d'un démarrage dans une pente supérieure à 9 % et empêche ainsi le véhicule de reculer. Afin de tester ce système, ils décident de grimper la côte depuis le point A jusqu'au point B marqués sur la carte ci-dessous.

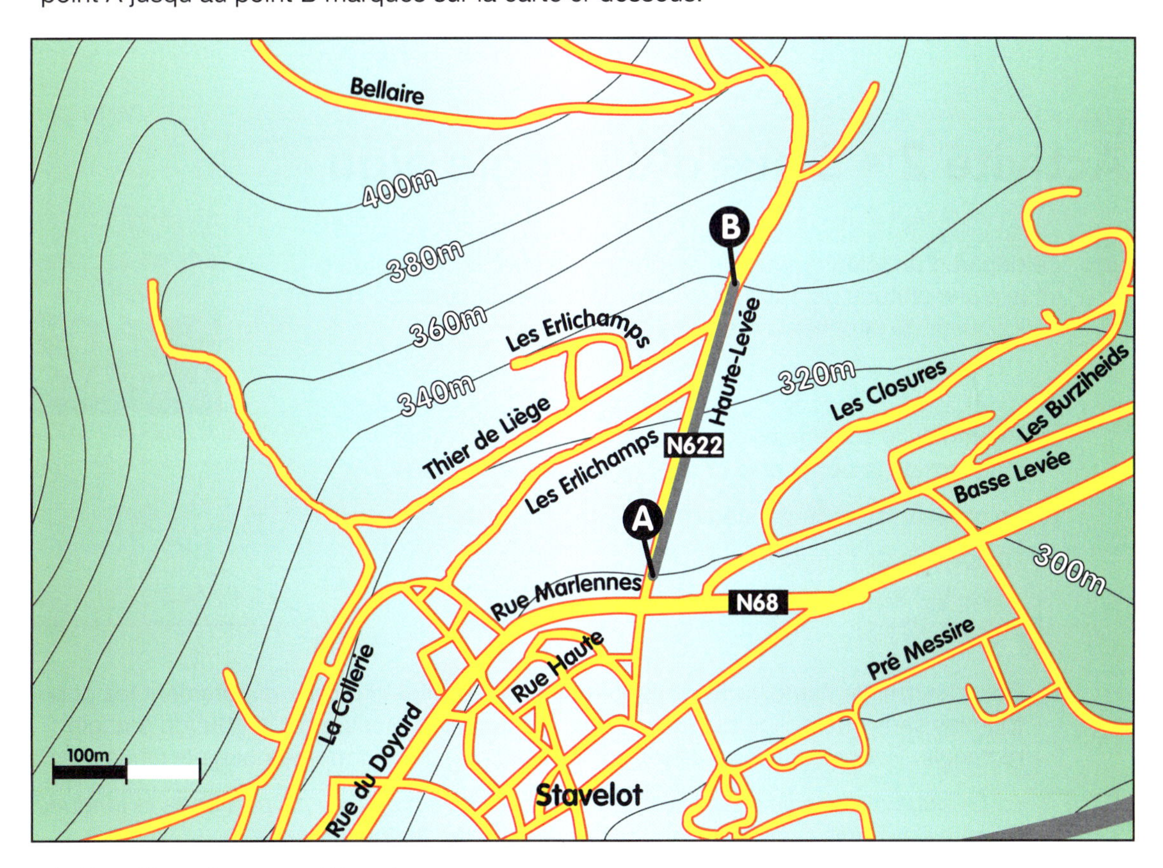

a) En utilisant la carte, détermine ...
(1) la distance à vol d'oiseau (distance horizontale) entre les points A et B.
(2) la différence de niveau (dénivellation) entre ces deux points.

b) Fais un schéma de la situation et reportes-y les valeurs trouvées à la question a).

c) La pente d'une route s'exprimant comme le rapport entre la dénivellation et la distance horizontale, calcule la pente de celle-ci.

Ce rapport est la tangente de l'angle formé par la route et l'horizontale.

d) Exprime cette pente en pourcents et vérifie ainsi si le système d'aide au démarrage automatique va s'enclencher lorsque le papa de Michel démarrera sa voiture pour aller du point A au point B.

p.330 B

2 Construis un angle de 50° et détermine graphiquement sa tangente.
Vérifie la valeur trouvée à la calculatrice en utilisant la touche *tan*.
Fais de même pour des angles de 40°, 72° et 36°.

3 Construis un angle dont la tangente vaut 4 et mesure son amplitude.
Vérifie la valeur trouvée à la calculatrice en utilisant la touche tan^{-1}.
Fais de même pour des angles dont la tangente vaut 9/10 ; 1,7 et 3,4.

4 En utilisant des angles dont les tangentes valent respectivement 0,1 , 1 , 10 et 100, détermine si la tangente d'un angle et l'amplitude de celui-ci sont des grandeurs directement proportionnelles.

Activité 2 • Sinus d'un angle aigu

1 Le départ d'un téléphérique de montagne de pente constante se situe à une altitude de 1300 m et l'arrivée à une altitude de 2100 m. La longueur de la pente est de 2600 m.

a) Reproduis le schéma ci-contre et notes-y la longueur de la pente et la différence d'altitude.

b) En utilisant la tangente, détermine l'amplitude de l'angle $\hat{A}$.

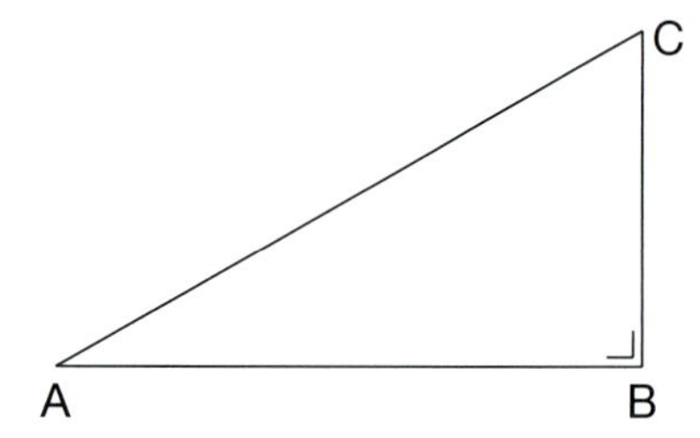

c) Pour déterminer l'amplitude de l'angle $\hat{A}$, il est possible d'utiliser directement les données fournies sans être obligé de calculer par Pythagore la mesure du 3e coté du triangle rectangle. Pour cela, il faut utiliser un nouveau rapport trigonométrique : le sinus d'un angle.

Le sinus d'un angle aigu d'un triangle rectangle est égal au rapport entre la longueur du côté de l'angle droit opposé à cet angle et celle de l'hypoténuse.

En utilisant cette définition, détermine l'amplitude de l'angle $\hat{A}$ et vérifie ainsi le résultat obtenu en b).

p.330

2 Construis un angle de 30° et détermine graphiquement son sinus.
Vérifie la valeur trouvée à la calculatrice en utilisant la touche *sin*.
Fais de même pour des angles de 70°, 35° et 60°.

3 Construis un angle dont le sinus vaut 0,6 et mesure son amplitude.
Vérifie la valeur trouvée à la calculatrice en utilisant la touche *sin*$^{-1}$.
Fais de même pour des angles dont le sinus vaut 0,4 ; 2/3 et 0,8.

4 Le sinus d'un angle et l'amplitude de celui-ci sont-elles des grandeurs directement proportionnelles ?

Activité 3 • Cosinus d'un angle aigu

1 a) En utilisant le dessin ci-dessous, démontre que :

(1) $\dfrac{|BX|}{|AX|} = \dfrac{|CY|}{|AY|} = \dfrac{|DZ|}{|AZ|} = r_1$

(2) $\dfrac{|BX|}{|AB|} = \dfrac{|CY|}{|AC|} = \dfrac{|DZ|}{|AD|} = r_2$

(3) $\dfrac{|AX|}{|AB|} = \dfrac{|AY|}{|AC|} = \dfrac{|AZ|}{|AD|} = r_3$

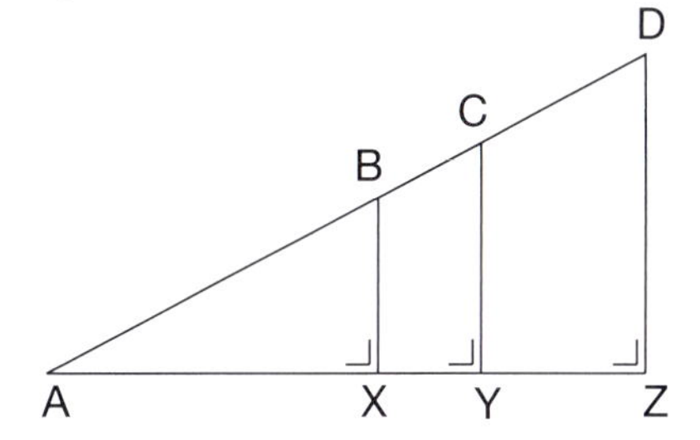

b) Que représentent r_1 et r_2 par rapport à l'angle $\hat{A}$?

330 B1c

c) Sachant que le rapport r_3 est appelé le cosinus de l'angle $\hat{A}$, écris une définition de ce rapport trigonométrique.

2 Pour chaque triangle rectangle, exprime les nombres trigonométriques demandés sous forme de rapports.

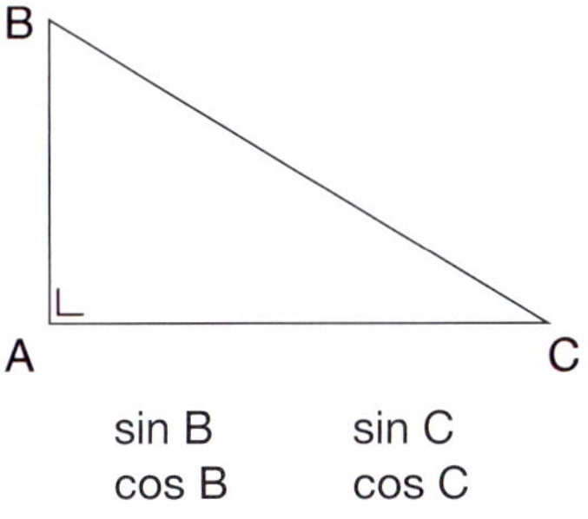

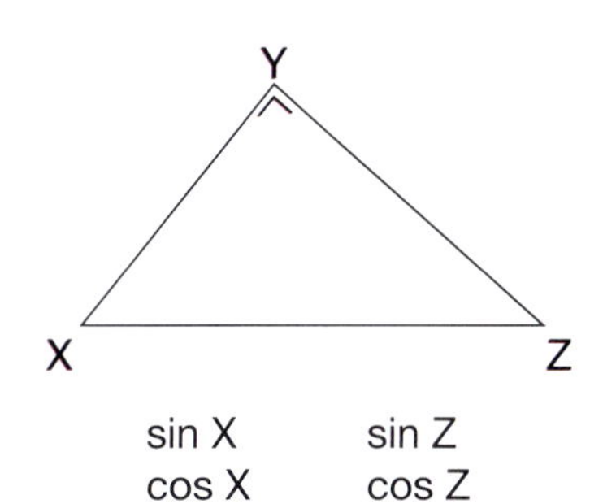

sin B sin C sin X sin Z
cos B cos C cos X cos Z

Dans chaque cas, compare les différents rapports trouvés et tire une conclusion.

3 Pierre qui est géomètre souhaite mesurer la hauteur d'un poteau. Pour cela, il place sa station de mesure à 1,50 m du sol et à une certaine distance du pied du poteau et vise le sommet de celui-ci.

Voici les mesures relevées par la station :
distance séparant le sommet du poteau et la station : 42 m;
amplitude de l'angle de visée : 28°.

a) Complète le schéma en y ajoutant les données.

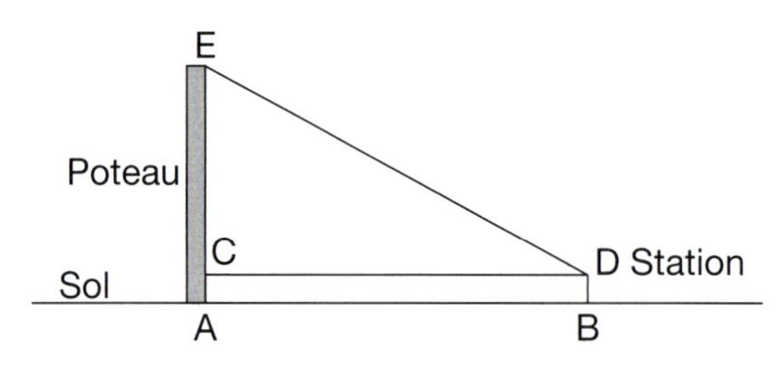

b) Calcule, au cm près, la distance entre le pied du poteau et la station de mesure.

c) Détermine, au cm près, la hauteur du poteau mesurée par la station.

4 Construis un angle de 20° et détermine graphiquement son cosinus.
Vérifie la valeur trouvée à la calculatrice en utilisant la touche *cos*.
Fais de même pour des angles de 40°, 60° et 45°.

5 Construis un angle dont le cosinus vaut 0,5 et mesure son amplitude.
Vérifie la valeur trouvée à la calculatrice en utilisant la touche cos^{-1}.
Fais de même pour des angles dont le cosinus vaut 3/4; 0,25 et 0,6.

6 Le cosinus d'un angle et l'amplitude de celui-ci sont-elles des grandeurs directement proportionnelles ?

Activité 4 • Sinus, cosinus et tangente : exercices de reconnaissance

1 Pour chaque triangle rectangle, complète les formules.

137

p.330

Triangle ABC rectangle en C	cos B = $\frac{\|\ldots\|}{\|\ldots\|}$	sin B = $\frac{\|\ldots\|}{\|\ldots\|}$	tan B = $\frac{\|\ldots\|}{\|\ldots\|}$
Triangle XYZ rectangle en X	tan Y = $\frac{\|\ldots\|}{\|\ldots\|}$	cos Y = $\frac{\|\ldots\|}{\|\ldots\|}$	sin Y = $\frac{\|\ldots\|}{\|\ldots\|}$
Triangle ABC rectangle en C	cos ..... = $\frac{\|AC\|}{\|AB\|}$	sin ..... = $\frac{\|BC\|}{\|AB\|}$	tan ..... = $\frac{\|BC\|}{\|AC\|}$
Triangle XYZ rectangle en Y	..... X = $\frac{\|ZY\|}{\|XY\|}$	..... Z = $\frac{\|YZ\|}{\|XZ\|}$	..... Z = $\frac{\|XY\|}{\|XZ\|}$

D, E, F (rectangle en E)	..... = $\frac{\lvert DE \rvert}{\lvert DF \rvert}$	..... = $\frac{\lvert EF \rvert}{\lvert DE \rvert}$	..... = $\frac{\lvert EF \rvert}{\lvert DF \rvert}$
V, Z, W (rectangle en Z)	..... = $\frac{\lvert ZW \rvert}{\lvert VW \rvert}$	..... = $\frac{\lvert VZ \rvert}{\lvert VW \rvert}$	..... = $\frac{\lvert VZ \rvert}{\lvert WZ \rvert}$

137-138

2 En observant le triangle ABC rectangle en A, complète les phrases avec le nom du triangle et le rapport trigonométrique demandé.

a) Dans le triangle ....., tan A_2 = ...
b) Dans le triangle ....., cos M_1 = ...
c) Dans le triangle ....., cos A_2 = ...
d) Dans le triangle ....., sin M_2 = ...
e) Dans le triangle ....., tan C = ...
f) Dans le triangle ....., sin A_1 = ...

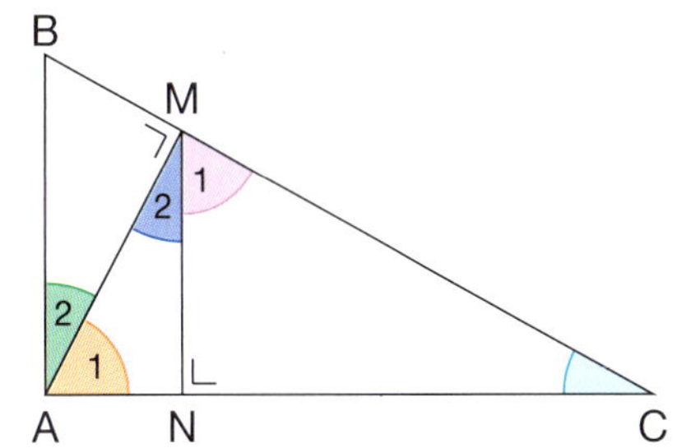

Activité 5 • Transformations d'unités

Le système sexagésimal est un système de numération en base 60. Il est notamment utilisé pour mesurer le temps ou les angles (en trigonométrie).
L'unité standard du système sexagésimal est l'heure pour les mesures de temps ou le degré pour les mesures d'angles, puis la minute (1 heure = 60 minutes et 1 degré = 60 minutes) et enfin la seconde (1 minute = 60 secondes). Les fractions de seconde sont exprimées dans le système décimal.

L'amplitude d'un angle se note donc en degrés, minutes et secondes.
Les calculatrices utilisant essentiellement les nombres décimaux, il est important de pouvoir passer de l'écriture sexagésimale d'un angle à son écriture décimale et inversement même si certaines calculatrices permettent une conversion immédiate via une touche spéciale.

138

1 Sans utiliser ta calculatrice, choisis la bonne réponse et justifie.

Écriture sexagésimale	Écriture décimale		
	Réponse 1	Réponse 2	Réponse 3
3 h 15'	3,25 h	3,15 h	3,4 h
2 h 30'	2,30 h	2,5 h	2,2 h
5 h 6'	5,06 h	5,6 h	5,1 h
4 h 20'	4,333 33… h	4,20 h	4,3 h
1 h 47'	1,583 33… h	1,47 h	1,783 33… h

139

2 Sans utiliser ta calculatrice, choisis la bonne réponse et justifie.

Écriture décimale	Écriture sexagésimale		
	Réponse 1	Réponse 2	Réponse 3
3,5 h	3 h 30'	3 h 5'	3 h 50'
1,75 h	1 h 75'	1 h 45'	1 h 25'
2,1 h	2 h 10'	2 h 6'	2 h 1'
4,2 h	4 h 2'	4 h 12'	4 h
1,47 h	1 h 30' 2"	1 h 28' 12"	1 h 47'

3 Transforme les amplitudes suivantes en degrés décimaux.

a) 45°30'
17°45'
78°06'

b) 10°24'
87°20'
12°05'

c) 2°29'
52°17'
46'

d) 57'
15°30'45"
10°45'12"

e) 12'26"
71°29'13"
12°05'04"

p.332 C

4 Transforme les amplitudes suivantes en degrés, minutes et secondes.

a) 42,5°
17,25°
8,1°

b) 17,9°
77,75°
45,2°

c) 12,25°
54,3°
15,75°

d) 8,85°
0,55°
0,37°

e) 2,32°
5,78°
17,16°

f) 45,125°
12,274°
3,475°

Activité 6 • Formules et valeurs trigonométriques particulières

1 Pour chacun des triangles rectangles ci-dessous, vérifie que :

a) $\sin^2 B + \cos^2 B = 1$

b) $\tan B = \dfrac{\sin B}{\cos B}$

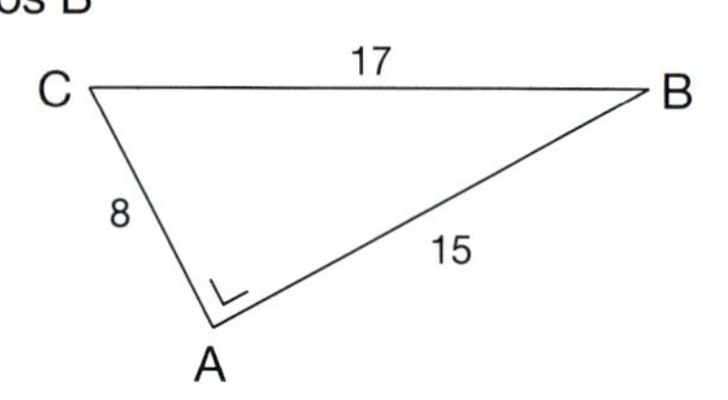

2 Sachant que le triangle ABC est rectangle en A, démontre que :

a) $\sin^2 B + \cos^2 B = 1$

b) $\tan B = \dfrac{\sin B}{\cos B}$

p.335 E

3 Trace un triangle rectangle isocèle et utilise-le pour déterminer, sans calculatrice, la valeur exacte de cos 45°, sin 45° et tan 45°.

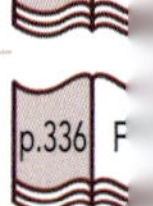

4 Trace un triangle équilatéral et utilise-le pour déterminer, sans calculatrice, la valeur exacte de ...

a) cos 60°, sin 60° et tan 60°.

b) cos 30°, sin 30° et tan 30°.

5 Sachant que le sinus d'un angle aigu d'un triangle rectangle vaut 3/5, détermine son cosinus et sa tangente en utilisant les formules démontrées précédemment.
Vérifie tes résultats à la calculatrice.

6 Sachant que ABC est un triangle rectangle en A, peux-tu déterminer, au degré près, l'amplitude de l'angle $\hat{B}$ si une de ses valeurs trigonométriques est :

0,5 ; $\sqrt{3}$; 1 ; 1,5 et $\frac{\sqrt{2}}{2}$?

Déduis de ces exercices les valeurs possibles du sinus et du cosinus d'un angle aigu d'un triangle rectangle.

Activité 7 • Résolutions de triangles rectangles

1 Dans chaque cas, construis un triangle ABC rectangle en B, calcule la mesure demandée et vérifie-la sur le dessin.

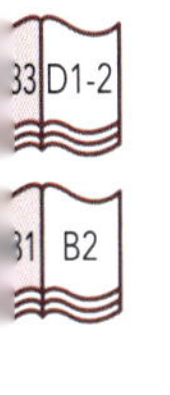

	On donne ...			On doit calculer...
a	$|AC| = 7$ cm	et	$|\hat{A}| = 41°$	$|BC|$
b	$|AC| = 7$ cm	et	$|\hat{A}| = 70°$	$|AB|$
c	$|BC| = 5$ cm	et	$|\hat{A}| = 53°$	$|AB|$
d	$|BC| = 5$ cm	et	$|AC| = 8$ cm	$|\hat{A}|$
e	$|BC| = 8$ cm	et	$|\hat{C}| = 35°$	$|AC|$
f	$|AC| = 7$ cm	et	$|\hat{C}| = 26°$	$|AB|$
g	$|BC| = 4$ cm	et	$|AB| = 9$ cm	$|\hat{A}|$
h	$|AB| = 8$ cm	et	$|\hat{C}| = 40°$	$|AC|$
i	$|AC| = 6$ cm	et	$|AB| = 4$ cm	$|BC|$
j	$|AC| = 6$ cm	et	$|BC| = 5$ cm	$|\hat{C}|$

2 Détermine les amplitudes des angles, au degré près, et les mesures des côtés, au mm près, d'un triangle rectangle sachant que ...

a) un côté de l'angle droit mesure 5 cm et l'hypoténuse 7 cm.
b) un angle mesure 30° et le côté de l'angle droit opposé à cet angle 2 cm.
c) un angle mesure 55° et l'hypoténuse 6 cm.
d) les deux côtés de l'angle droit mesurent respectivement 3 cm et 4 cm.
e) un angle mesure 48° et le côté de l'angle droit adjacent à cet angle 5 cm.

3 Sans utiliser ton rapporteur, construis, au mm près, un triangle ABC rectangle en A sachant que ...

a) $|AB| = 40$ mm et $|\hat{C}| = 50°$ b) $|BC| = 60$ mm et $|\hat{B}| = 72°$

Activité 8 • Problèmes concrets

1 À Actimathville, la hauteur du seuil de la porte d'entrée de l'administration communale est situé à 20 cm du sol. Le bourgmestre souhaite y placer une rampe d'accès pour les personnes à mobilité réduite. Pour ce faire, il dispose d'un espace sur le sol de 4 m. Sachant que l'amplitude de l'angle d'inclinaison de la rampe doit être inférieure ou égale à 3° et que celle-ci doit se trouver dans l'axe de la porte, peut-il envisager cet accès avec une rampe unique ? Dans l'affirmative, quelle est la longueur minimale de la rampe mesurée au sol ?

2 Une chaînette de 70 cm relie les milieux des montants d'une échelle double. Sachant que la chaînette est tendue et que les montants de l'échelle mesurent chacun 2,20 m, calcule :

a) la distance séparant les deux pieds de l'échelle.

b) l'amplitude de l'angle déterminé par les montants avec le sol horizontal.

3 Cône de terre régulier de 169 m de diamètre et 41 m de haut, accessible par un escalier de 226 marches, la Butte du Lion se dresse, tel un phare, dans les plaines du champ de bataille de Waterloo.
Le monument a été construit à la demande du roi Guilllaume 1er des Pays-Bas, à l'endroit présumé où son fils, le prince Guillaume-Frédéric d'Orange-Nassau, fut blessé à l'épaule à la fin de la bataille.

Réponds aux questions ci-dessous relatives à ce monument historique, sachant qu'on ne tient pas compte du fait que le cône a été sectionné pour placer le lion.

a) Détermine le nombre de mètres cubes de terre qu'il a fallu déplacer pour ériger cette butte.

b) Calcule, au cm près, la longueur d'un plan incliné qui remplacerait les 226 marches de l'escalier.

c) Calcule l'amplitude de l'angle de la butte avec le sol et le pourcentage de sa pente.

4 Un menuisier utilise des chevrons de 2,80 m pour construire le toit d'une remise qui a un angle d'inclinaison de 30°. Détermine, au cm près, la hauteur du toit $|AC|$ et la largeur de la remise $|BD|$ s'il utilise les chevrons dans la totalité de leur longueur.

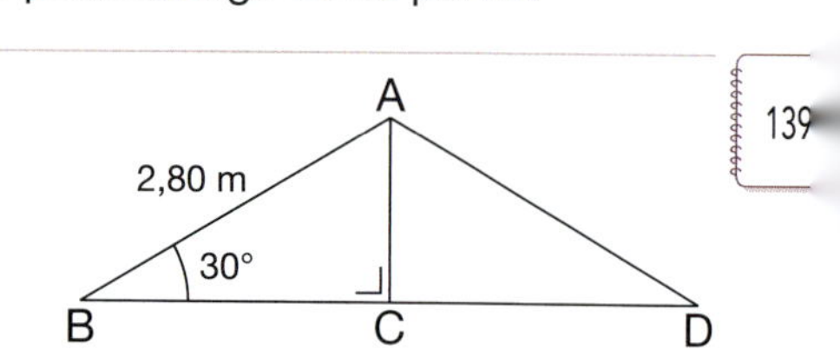

139

140 **5** Lors d'une course à la voile dont l'arrivée est fixée au pied du phare, deux bateaux situés dans l'alignement de celui-ci se disputent la victoire finale. Afin de connaître la distance qui sépare, le directeur de course, situé au sommet du phare, mesure les angles $\widehat{HPA}$ et $\widehat{HPB}$. Aide-le à calculer, au cm près, la distance qui sépare la proue des deux bateaux.

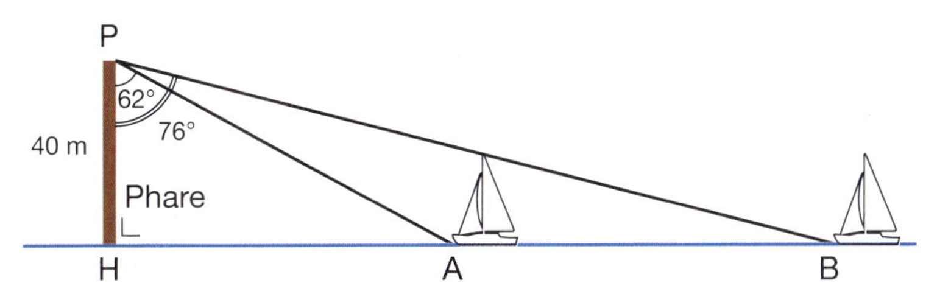

141 **6** Sur le toit d'une maison, il y a une lucarne. On te donne son plan de coupe avec quelques mesures. Le menuisier voudrait connaître les dimensions, au cm près pour les longueurs et au degré près pour les amplitudes, de la « joue » de cette lucarne afin de réaliser un support en contreplaqué marin qui lui servira de base de recouvrement. Aide-le dans ses calculs.

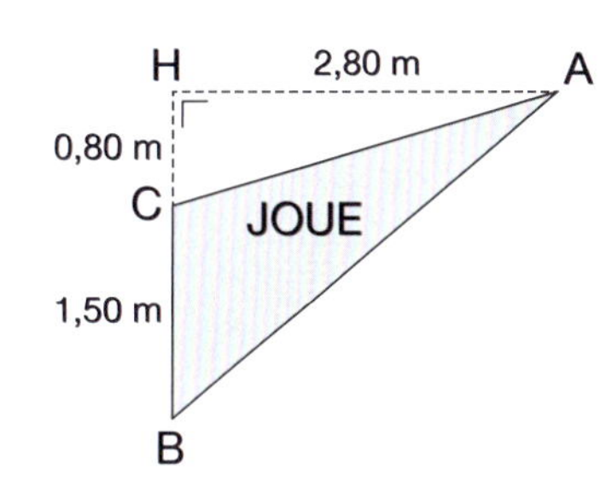

142 **7** Une balle sphérique a été déposée dans un verre de forme parfaitement conique. En utilisant les données fournies par le dessin ci-contre, détermine, au mm près, à quelle hauteur de la table se trouve le centre de la balle.

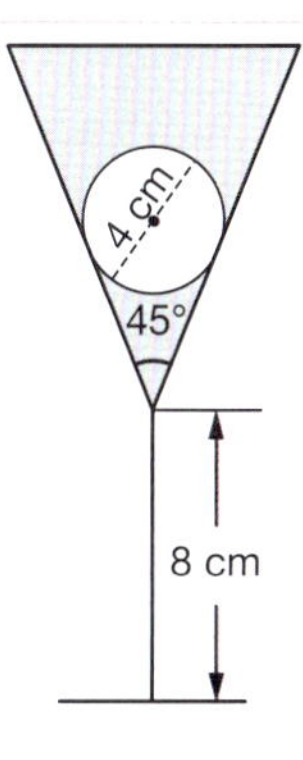

143 **8** La voûte d'un tunnel est un arc de cercle dont l'angle au centre mesure 130°.
Sachant que la largeur du tunnel est de 7 m et que les parois verticales mesurent 5 m, calcule, au cm près, la hauteur maximale du tunnel.

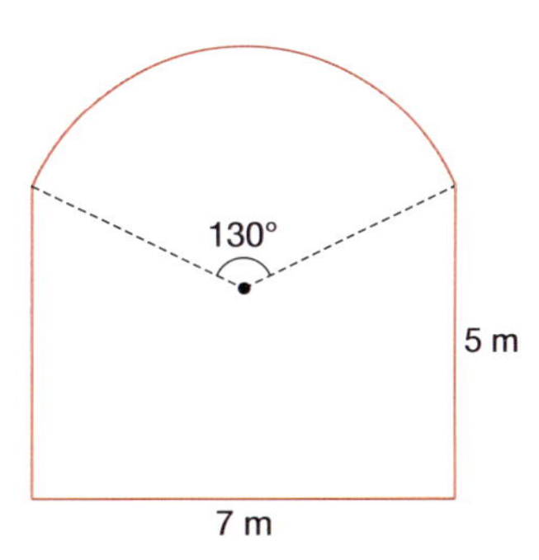

Connaître

1 Dans le triangle ABC rectangle en A, associe chaque nombre trigonométrique à sa valeur.

sin B sin C cos B cos C tan B tan C

$\frac{b}{a}$ $\frac{b}{c}$ $\frac{c}{a}$ $\frac{c}{b}$

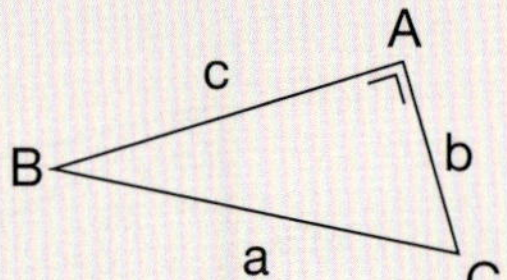

2 Dans chaque situation, retrouve les égalités correctes.

a)
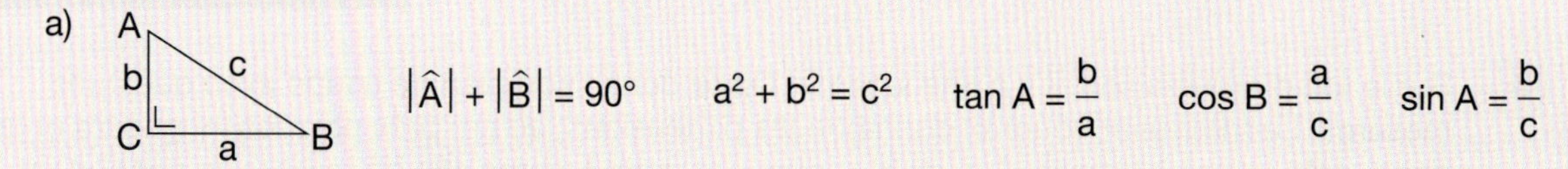

$|\hat{A}| + |\hat{B}| = 90°$ $a^2 + b^2 = c^2$ $\tan A = \frac{b}{a}$ $\cos B = \frac{a}{c}$ $\sin A = \frac{b}{c}$

b)
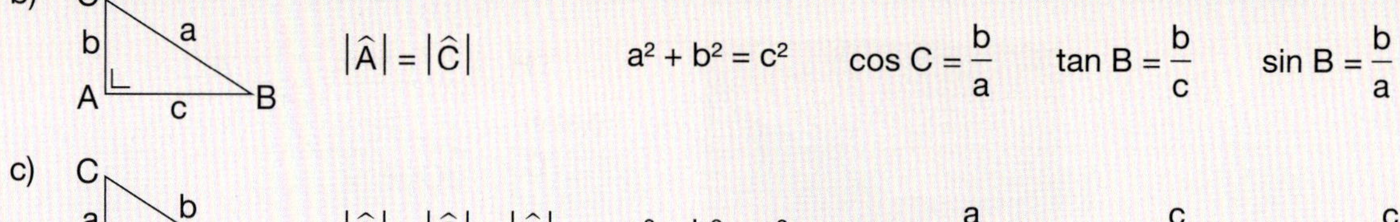

$|\hat{A}| = |\hat{C}|$ $a^2 + b^2 = c^2$ $\cos C = \frac{b}{a}$ $\tan B = \frac{b}{c}$ $\sin B = \frac{b}{a}$

c)

$|\hat{A}| + |\hat{C}| = |\hat{B}|$ $a^2 + b^2 = c^2$ $\tan A = \frac{a}{c}$ $\sin C = \frac{c}{a}$ $\cos A = \frac{c}{b}$

3 Un triangle ABC rectangle en A est tel que sin B = cos B. Caractérise ce triangle.

4 Dans chaque cas, explique s'il est possible de construire un angle …

a) dont le cosinus vaut 1/2 et le sinus 7/8.
b) dont le cosinus vaut 3/5 et le sinus 4/5.
c) dont le cosinus vaut 2/3 et le sinus 3/4.

5 Dans chaque cas, en n'utilisant que les dimensions fournies par le dessin, trouve, si possible, la méthode la plus simple pour calculer les mesures demandées. Si cela est impossible, donnes-en la raison.

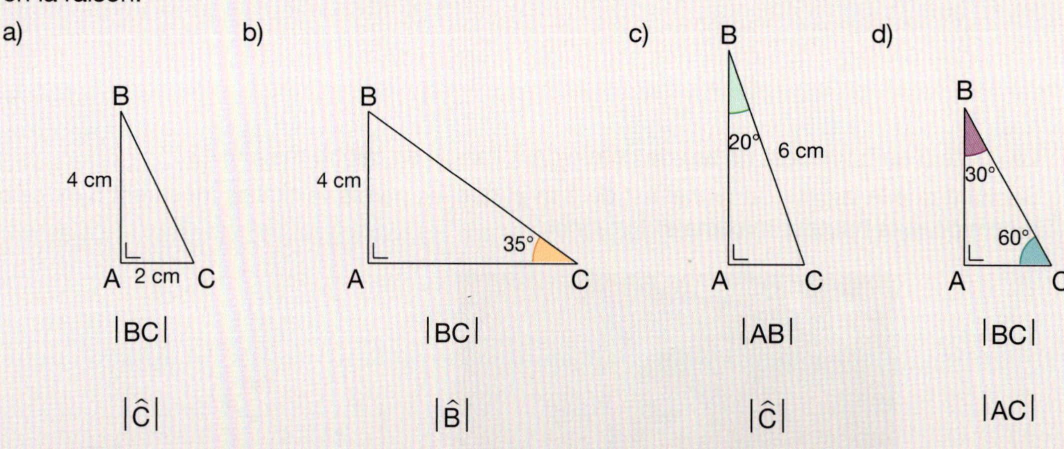

a)	b)	c)	d)
$|BC|$	$|BC|$	$|AB|$	$|BC|$
$|\hat{C}|$	$|\hat{B}|$	$|\hat{C}|$	$|AC|$

6 Dans le triangle DEF rectangle en D, on a DG ⊥ EF et GH ⊥ DF.

a) Écris trois quotients égaux à sin F.
b) Trouve tous les angles dont le cosinus est égal à sin F.

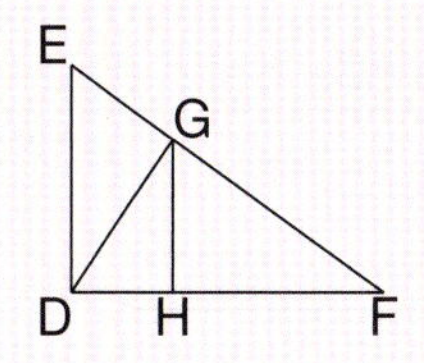

7 Sachant que le triangle ABC est scalène rectangle en A, retrouve les égalités correctes.

a) $\cos B = \frac{|AC|}{|AB|}$ b) $\tan B = \frac{|AB|}{|AC|}$ c) $\sin C = \frac{|AB|}{|BC|}$ d) $\tan B = \frac{1}{\tan C}$

e) $\sin B = \cos C$ f) $\sin^2 B + \cos^2 B = 1$ g) $\sin B = \cos (90° - C)$ h) $\cos C = \sin (90° - C)$

8 Dans chaque triangle rectangle, précise le nombre trigonométrique à utiliser.

	On connaît …	On cherche …
(1)	un angle aigu et l'hypoténuse.	a) le côté de l'angle droit adjacent à cet angle aigu. b) le côté de l'angle droit opposé à cet angle aigu.
(2)	un angle aigu et le côté de l'angle droit opposé à cet angle aigu.	a) l'autre côté de l'angle droit. b) l'hypoténuse.
(3)	un angle aigu et le côté de l'angle droit adjacent à cet angle aigu.	a) l'autre côté de l'angle droit. b) l'hypoténuse.
(4)	l'hypoténuse et un côté de l'angle droit.	a) l'angle aigu adjacent à ce côté. b) l'angle aigu opposé à ce côté.
(5)	les deux côtés de l'angle droit.	a) un angle aigu. b) l'hypoténuse.

Appliquer

Sauf mention contraire, pour les réponses finales, les longueurs seront arrondies au dixième de l'unité proposée, les angles au degré près et les nombres trigonométriques au millième près.

1 Dans chaque triangle rectangle, calcule l'élément demandé.

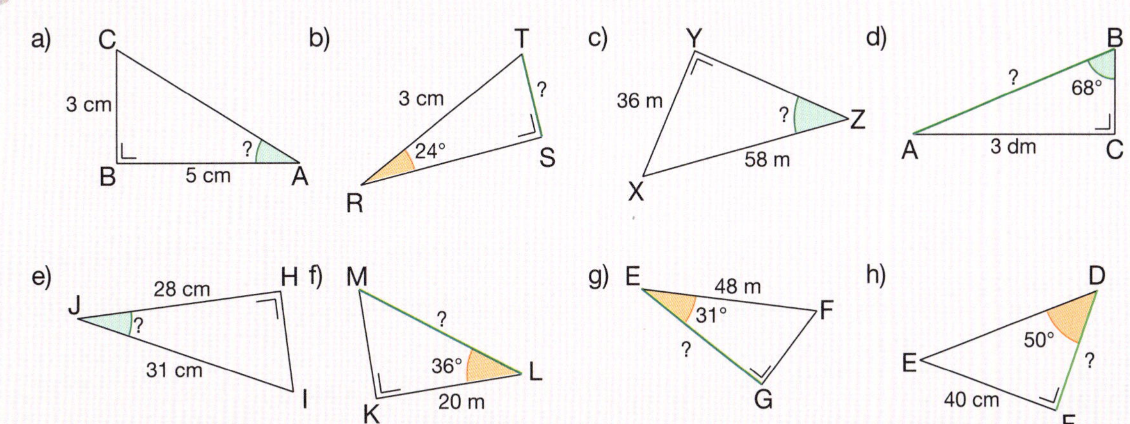

2 Dans chaque triangle rectangle, calcule les éléments inconnus (angles et côtés) .

a)
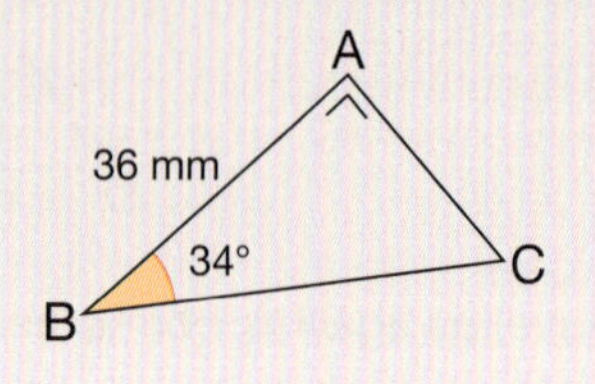

b)
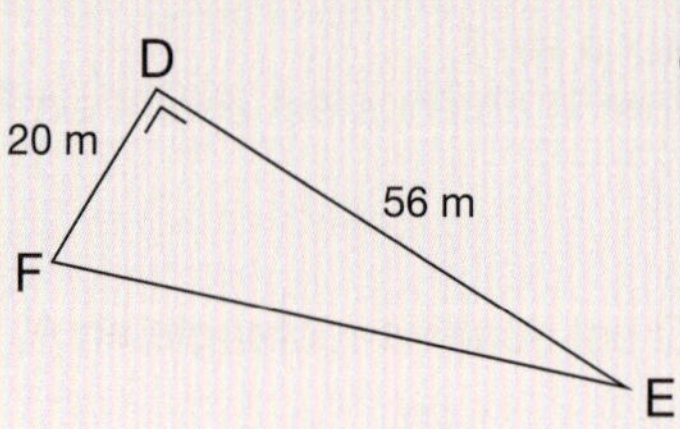

c)
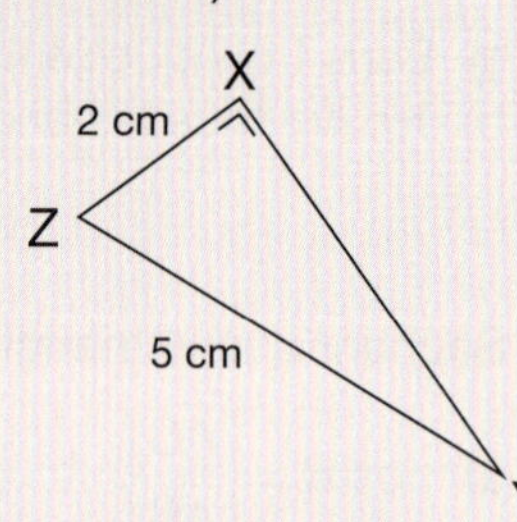

d)
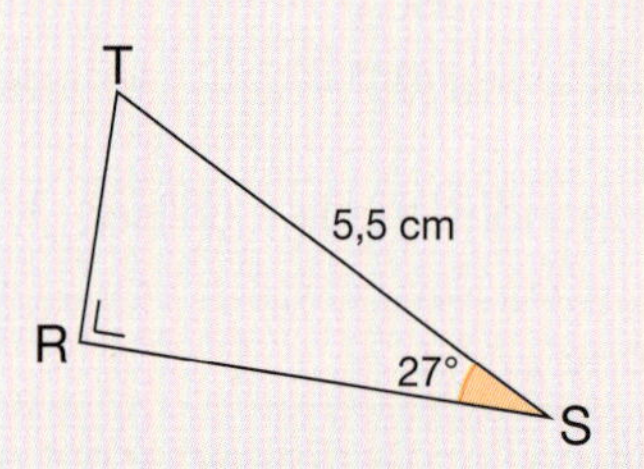

e)
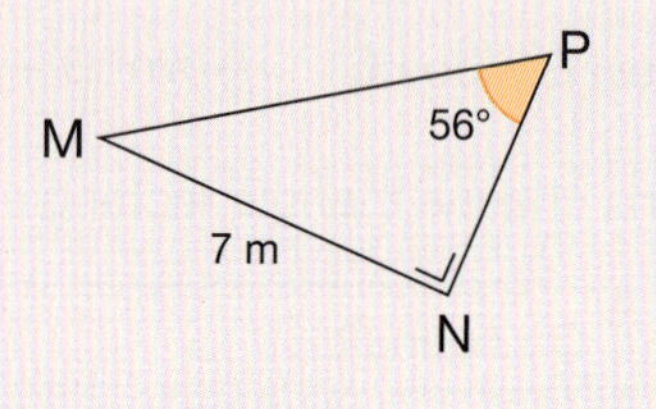

3 Si a, b et c représentent les longueurs des côtés du triangle ABC rectangle en A, calcule les mesures inconnues dans chacune des situations suivantes.

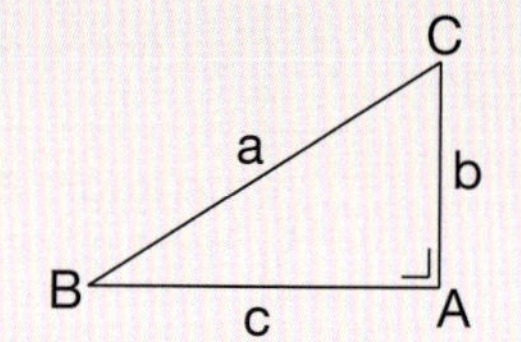

a) a = 23 mm ; $|\hat{B}| = 53°$
b) b = 45 mm ; $|\hat{C}| = 37°$
c) b = 43 mm ; $|\hat{B}| = 66°$
d) a = 41 mm ; b = 28 mm
e) c = 15 mm ; b = 22 mm
f) a = 23 mm ; $|\hat{B}| = 48°$
g) b = 35 mm ; $|\hat{C}| = 34°$
h) b = 43 mm ; $|\hat{B}| = 26°$
i) c = 93 mm ; a = 127 mm

4 a) Transforme les amplitudes suivantes en degrés décimaux.

(1) 72°18' 25°33' 52°21'
(2) 84°50' 30°20' 25°05'
(3) 8°48' 35°23' 56°51'
(4) 75°35'08" 45°30'20" 18°10'30"
(5) 65°00'45" 23°45'10" 81°25'15"

b) Transforme les amplitudes suivantes en degrés sexagésimaux. Arrondis tes réponses à la seconde près.

(1) 74,41° 35,5° 57,6°
(2) 53,12° 16,75° 48,48°
(3) 48,18° 84,27° 56,29°
(4) 29,655° 18,362° 38,474°
(5) 24,5454° 57,7538° 75,5628°

5 Calcule.

sin 25° cos 50° tan 75° cos 73° tan 89° sin 49°

6 Complète le tableau en utilisant ta calculatrice.

x (degrés, minutes, secondes)	x (degrés décimaux)	sin x	cos x	tan x
35°				
		0,7193		
			0,5	
				1,6

7 Calcule à 0,0001 près.

a) tan 62°30'
cos 79°45'
sin 17,12°

b) cos 45°25'37"
sin 12,24°
tan 72°30'20"

c) cos 29,7°
sin 15°36'25"
tan 83,125°

8 Si le triangle ABC est rectangle en A, complète le tableau ci-dessous. Les angles seront exprimés en degrés, minutes, secondes et les longueurs exprimées avec deux décimales.

$\lvert BC \rvert$	$\lvert AC \rvert$	$\lvert AB \rvert$	$\lvert \hat{B} \rvert$	$\lvert \hat{C} \rvert$
100 m				45°15'
		40 cm	15°30'	
	10 cm	25 cm		
75 mm	25 mm			

$\lvert BC \rvert$	$\lvert AC \rvert$	$\lvert AB \rvert$	$\lvert \hat{B} \rvert$	$\lvert \hat{C} \rvert$
2 dm			32°10'15"	
		0,72 m		37°21'15"
	7,2 cm		62°17'21"	
$\sqrt{2}$ m				39°54'09"

9 Si cela est possible, représente les angles en tenant compte des informations suivantes.

a) $\sin A = \frac{1}{2}$

b) $\tan E = 1{,}4$

c) $\sin D = 0{,}8$

d) $\cos H = 2$

e) $\tan G = 2$

f) $\tan C = 0{,}75$

g) $\sin B = 0{,}6$

h) $\cos F = \frac{4}{5}$

10 Construis deux angles dont les tangentes valent respectivement $\frac{3}{2}$ et $\frac{2}{3}$.
Compare les amplitudes des deux angles. Justifie.

11 a) Construis un angle dont l'amplitude vaut 22°.
Détermine graphiquement la tangente, le sinus et le cosinus de cet angle.
Vérifie les valeurs trouvées à la calculatrice.

b) Construis un angle dont l'amplitude vaut 44°.
Détermine graphiquement la tangente, le sinus et le cosinus de cet angle.
Vérifie les valeurs trouvées à la calculatrice.

c) Compare les tangentes, sinus et cosinus des angles de 22° et 44°.

12 Si le triangle ABC est rectangle en A, complète le tableau ci-dessous. Les longueurs seront exprimées sous forme de nombres irrationnels.

a	b	c	$\lvert \hat{B} \rvert$	$\lvert \hat{C} \rvert$
$\sqrt{2}$			60°	
$\sqrt{8}$	$\sqrt{6}$			
$2\sqrt{3}$			45°	
	$\sqrt{2}$			30°

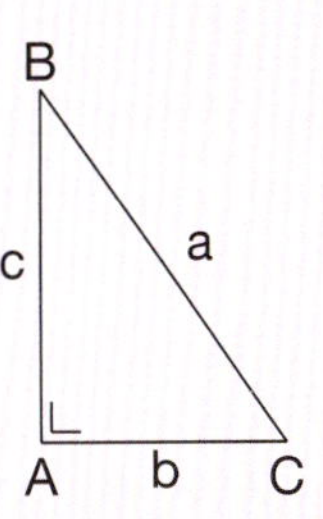

13 Calcule sans utiliser de calculatrice.

a) $\frac{1}{\sin 30°} + \frac{1}{\cos 30°}$

b) $\frac{1}{\tan 60°} + \frac{1}{\tan 30°}$

c) $\frac{\sin 30° + \sin 60°}{\tan 30° + \tan 60°}$

14 Connaissant un nombre trigonométrique d'un angle aigu d'un triangle rectangle, détermine les deux autres nombres trigonométriques de cet angle.

a) $\sin \alpha = \frac{4}{5}$ b) $\cos \alpha = \frac{3}{7}$ c) $\sin \alpha = \frac{2}{3}$ d) $\cos \alpha = \frac{3}{4}$

15 Si α est un angle aigu d'un triangle rectangle, calcule de deux manières différentes $\sin \alpha$ sachant que $\cos \alpha = 0{,}8$ et $\tan \alpha = 0{,}75$.

16 Dans chaque cas, le plan étant muni d'un repère cartésien, détermine l'amplitude d'un des angles aigus formés par la droite AB avec l'axe x.

a) A (0 ; 0) et B (3 ; 4)
b) A (2 ; 3) et B (3 ; 5)
c) A (–1 ; 2) et B (1 ; 3)
d) A (–2 ; –3) et B (–1 ; 0)

17 Résous les triangles ABC rectangles en C si tu sais que …

a) $|AC| = 7$ dm et Aire ABC = 12,6 dm²
b) $|BC| = 5$ m et Aire ABC = 6 m²

18 La diagonale [DB] d'un rectangle ABCD détermine avec le côté [DC] un angle de 20°10'. Sachant que la longueur du rectangle vaut 16 m, calcule la mesure de la largeur et de la diagonale de ce rectangle.

19 Calcule l'aire du triangle ABC isocèle en A sachant que sa base mesure 42 cm et que l'amplitude de l'angle au sommet vaut 52°.

Transférer

1 Une échelle est utilisable en toute sécurité si elle fait un angle compris entre 10° et 30° avec la verticale. On pose une échelle de 5 m contre un mur.
Quelles sont les distances minimale et maximale entre le pied du mur et celui de l'échelle ?

2 Détermine, au cm près, la hauteur d'un poteau dont l'ombre est de 4 m lorsque les rayons du soleil font un angle de 43° avec le sol.

3 Un géomètre veut vérifier la hauteur d'une des deux tours de Notre-Dame de Paris. Il place un théodolite en O, à 1,5 m du sol et à 80 m de la façade de la cathédrale afin de mesurer l'angle $\widehat{COB}$; il trouve 40,15°.
Aide-le pour déterminer, au centimètre près, la hauteur de la tour de cette cathédrale.

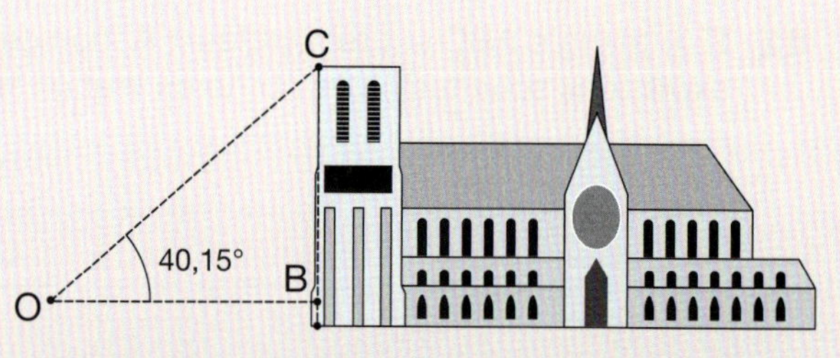

4 Une piste rectiligne de ski mesure 480 m de long. On a relevé une différence d'altitude de 220 m entre le sommet et le bas de la piste. Lorsqu'une piste présente une pente moyenne dont l'amplitude de l'angle est supérieure à 25°, elle comporte un risque accru d'avalanches. Détermine si cette piste présente ce risque.

5 Lors de la préparation d'une randonnée cyclotouristique, Freddy envisage la montée de la côte de « La Gayolle », située entre Yvoir et Évrehailles. Pour cela, il a besoin de connaître la pente moyenne de cette côte. Sachant que pour une distance parcourue de 1700 m, le dénivelé est de 162 m, aide-le à déterminer cette pente.

6 Lors d'une chasse au trésor, un groupe de jeunes part d'un point A et doit récupérer deux trésors enterrés respectivement aux points B et C. Muni d'une carte et d'une boussole, ils doivent les repérer à l'aide des informations suivantes :
- le point B est situé à 7 km du point A en direction de l'Est.
- le point C est situé à 10 km du point B en direction du Nord.

Arrivés au point C, quelle direction, exprimée sous forme d'un angle par rapport au Sud, doivent-ils emprunter pour retourner directement au point A ?

7 Sur un terrain de football, les points de penalty se trouvent à 11 m de la ligne de but. Sachant que les buts ont une largeur de 7,32 m, calcule l'angle de tir d'un footballeur lorsqu'il tire un penalty.

8 Deux villages, Bellevue et Jolival sont situés de part et d'autre d'une montagne dont le sommet culmine à 3325 m. De la place de Bellevue, située à 2000 m du pied de la montagne, on aperçoit le sommet sous un angle de 36°. De celle de Jolival, située à 1500 m du pied de la montagne, l'angle est de 60°. Si les deux villages sont situés à la même altitude et si le sommet de la montagne se trouve dans le même plan que les places de chaque village, détermine la longueur du tunnel qu'il faudrait creuser à travers la montagne pour construire une route horizontale reliant ces deux villages.

9 Un mât de Cocagne est maintenu par des câbles attachés en son sommet.
Détermine la longueur des câbles et l'amplitude de l'angle fait par ceux-ci avec le sol si tu sais que le mât a une hauteur de 6 m et que les câbles sont fixés au sol à 2 m du pied du mât.

Fais le même travail pour un mât de 9 m de haut.

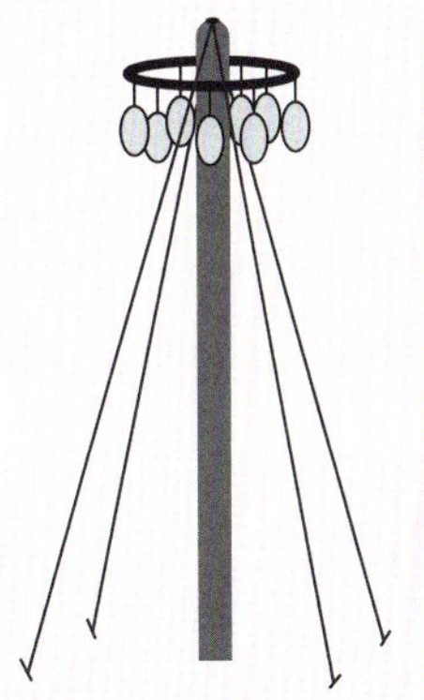

10 La pyramide du Louvre est une pyramide à base carrée de 35,42 m de côté et dont l'amplitude de l'angle formé par une arête et un côté de la base est de 57,65°. En négligeant les ouvertures réalisées pour pouvoir entrer dans le bâtiment, calcule, au dixième de mètre carré près, la surface de verre qui a été nécessaire pour la construire.

11 Un pendule est constitué d'une bille suspendue au bout d'un fil de 1 m de long. Ce fil est fixé à un point S. Le pendule est en position d'équilibre lorsque la bille est en V. S'il est écarté de sa position d'équilibre d'un certain angle, la bille est alors en P et s'est élevée d'une certaine hauteur.

a) Si l'amplitude de l'angle est de 30°, calcule au cm près la hauteur dont s'est élevée la bille.

b) Calcule au degré près l'amplitude de l'angle si la bille s'est élevée de 25 cm.

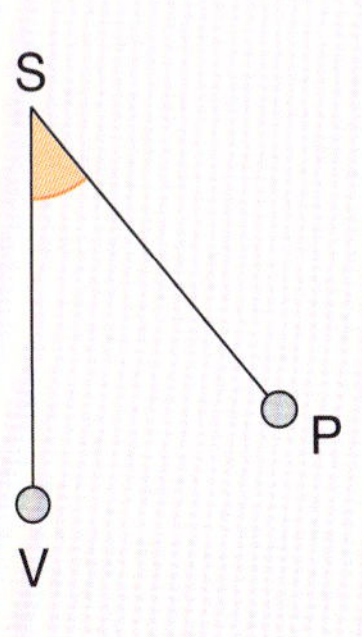

12 Sur le dessin ci-contre, les points P, Q, R et S schématisent des clous placés sur une planche. Sachant que la distance |PQ| mesure 34 mm et que l'amplitude de l'angle $\hat{R}$ vaut 50°, vérifie si une pièce de 2 € de 25,75 mm de diamètre placée à plat sur la planche peut parcourir le chemin indiqué par la flèche.

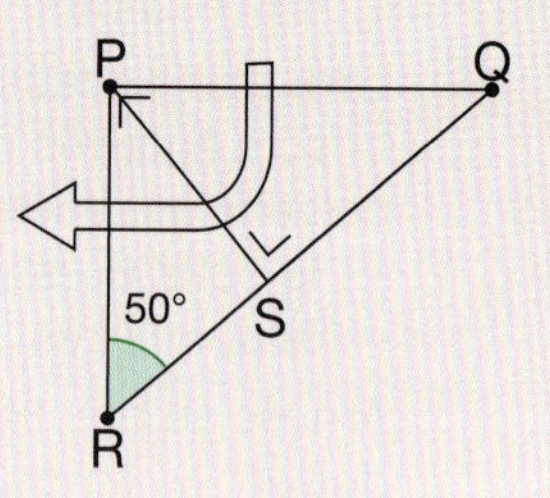

13 La petite base d'un trapèze rectangle mesure 5 cm et sa hauteur 4 cm. Sachant que le côté oblique fait un angle de 70° avec la grande base, calcule le périmètre et l'aire de ce trapèze.

14 Les points A, B, C et D sont alignés et tels que |AB| = |BC| = |CD| = 2 cm. Le point E se trouve à 3 cm du point A et de la droite AD.

Calcule les amplitudes des angles $\widehat{BEC}$ et $\widehat{CED}$.

15 Voici un parallélépipède rectangle représenté en perspective cavalière.

En tenant compte des informations sur le dessin, calcule l'ampitue de l'angle $\widehat{ECA}$.

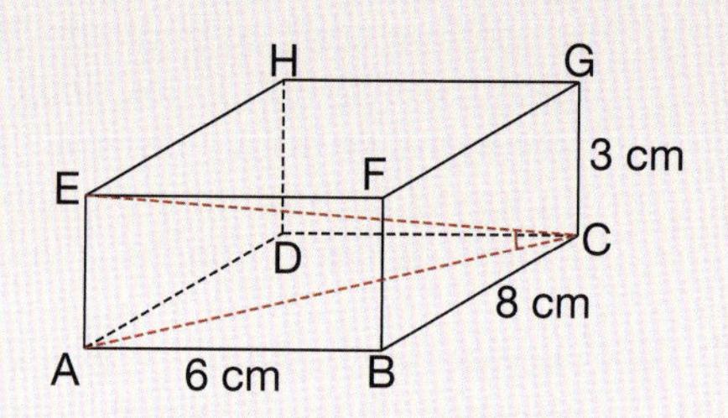

16 Trace un cercle de diamètre [AB] tel que |AB| = 10 cm. Place un point D sur ce cercle tel que |AD| = 4,6 cm. La hauteur issue de D coupe [AB] au point H.

Calcule l'amplitude de l'angle $\widehat{BAD}$ et la mesure de [DH].

17 Sachant que le périmètre d'un losange ABCD mesure 20 cm et que l'amplitude d'un de ses angles vaut 46°, calcule l'aire de ce losange.

18 Dans un cercle de centre O et de rayon 10 cm, une corde [BD] est vue depuis un point A du cercle sous un angle de 40°. Calcule la longueur de cette corde.

19 Dans le plan muni d'un repère cartésien d'axes perpendiculaires gradués avec la même unité (1 cm) …

a) détermine, sans calculatrice, l'équation des droites suivantes :

(1) d_1 passe par (0 ; 0) et fait un angle de 60° avec l'axe x.
(2) d_2 passe par (0 ; 0) et fait un angle de 30° avec l'axe x.
(3) d_3 passe par (0 ; 1) et fait un angle de 50° avec l'axe x.

b) calcule l'amplitude de l'angle que fait chacune des droites suivantes avec l'axe x :

(1) $d_4 \equiv y = x$ (2) $d_5 \equiv y = 2x$ (3) $d_6 \equiv y = \sqrt{5}x + 3$ (4) $d_7 \equiv y = \frac{1}{3}x + 2$

Exercices de compétences

1 Classe ces trois nombres par ordre croissant.

$$\frac{2^{2015} - 2^{2014} - 2^{2013}}{2^{2012} - 2^{2011}} \qquad \frac{3^{2015} - 3^{2014}}{3^{2016} - 3^{2015}} \qquad \frac{3^{-2015} - 3^{-2014}}{3^{-2016} - 3^{-2015}}$$

2 Chaque motif du tapis ci-contre est composé d'un carré au centre duquel est tracé un cercle. Si on sait que le diamètre d'un cercle vaut les 3/4 du côté du carré dans lequel il se trouve et que l'aire d'un grand cercle vaut 18π cm², représente un petit carré et son cercle

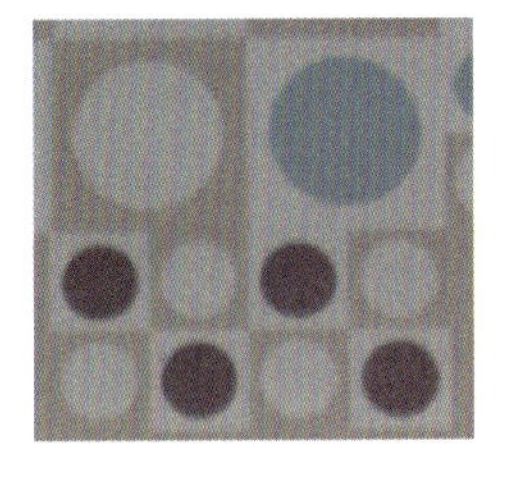

3 Pour réaliser son cocktail préféré, Benoit utilise le verre de forme conique représenté ci-contre dans lequel il verse d'abord 3,5 cm de jus de cerise et ajoute ensuite 2,5 cm de jus d'ananas.

Les deux fonctions représentées illustrent le volume de boisson dans le verre en fonction de la hauteur de celle-ci.

En utilisant les graphiques, détermine les hauteurs de chaque boisson qu'il doit verser pour conserver les mêmes proportions…

a) s'il inverse l'ordre des deux boissons et conserve le même verre.

b) s'il conserve l'ordre des deux boissons mais utilise le verre ballon.

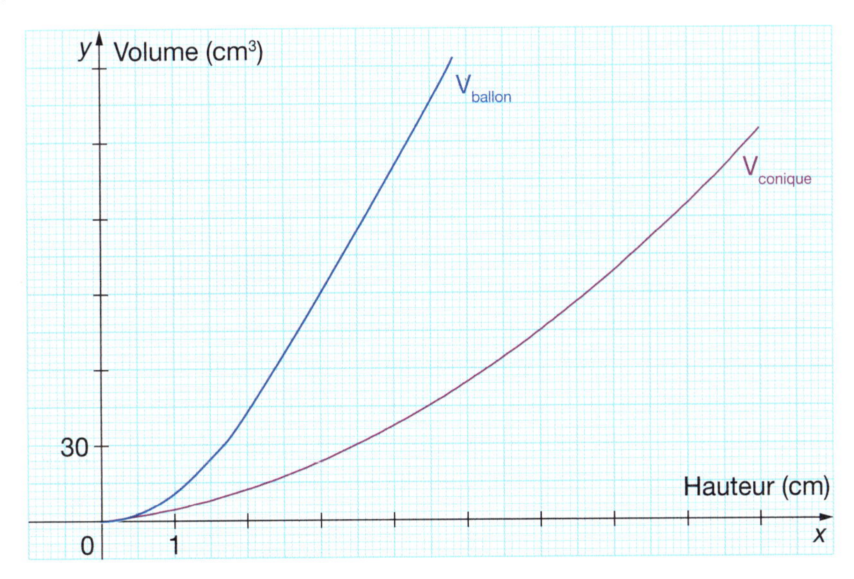

4 Détermine le nombre m pour que $\frac{m \cdot x^2 + 2015}{x + 1}$ soit un nombre entier quel que soit le nombre entier x différent de –1.

5 En utilisant une feuille de carton rectangulaire de format A1 (84,1 cm sur 59,4 cm), une société fabrique des boîtes parallélépipédiques sans couvercle. Pour ce faire, elle découpe les quatre petits carrés, de côté x, comme le montre le dessin ci-contre et relève les quatre rectangles. Elle peint les quatre faces latérales extérieures des boîtes en bleu et l'ensemble des faces intérieures en vert.

Sachant que la mesure de la surface à peindre en bleu d'une de ces boîtes est de 1235 cm^2, calcule le volume de celle-ci.

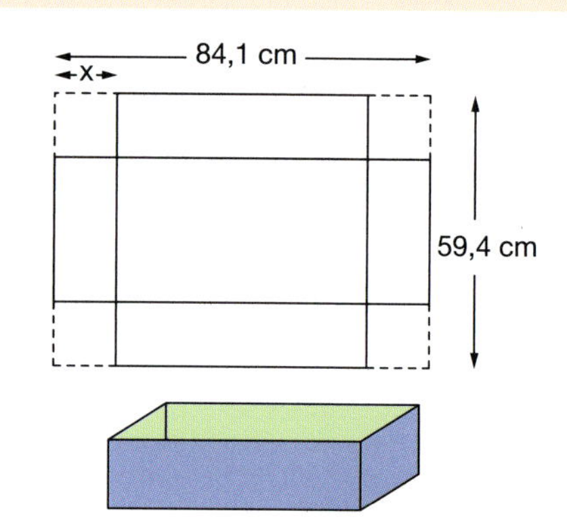

6 Des carrelages de forme carrée et octogonale sont assemblés comme le montre l'illustration.

Détermine le périmètre et l'aire de l'octogone et du carré si a vaut 14 cm et si le rapport de leurs aires vaut 7/2.

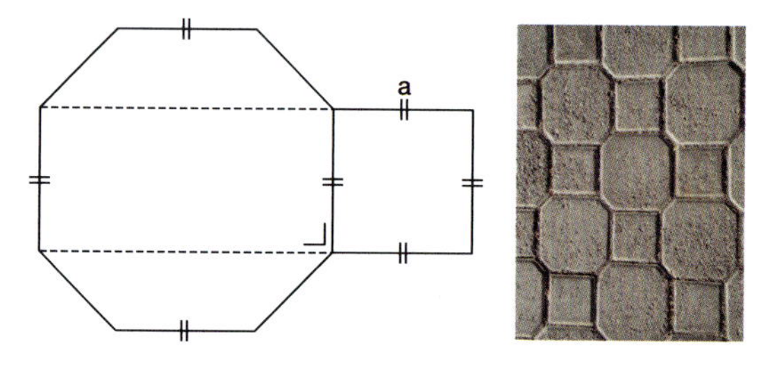

7 Dans la salle de concert d'Actimathville, schématisée ci-contre, on compte en moyenne 0,35 m^2 par personne pour les places assisses et 0,20 m^2 par personne pour les places debout. Dans la surface consacrée aux places assisses, les allées occupent 46 m^2.

Détermine la recette d'un concert « sold-out » d'un artiste pour lequel les places sont vendues à 45 € et à 22 €.

8 Dans un aéroport, en attendant son vol, Pierre, situé à 1,50 m de la vitre constate que les avions qui atterrissent sur la piste roulent parallèlement à la vitre du terminal. Alors qu'un avion vient de se poser sur le tarmac et roule à vitesse constante, il suit du regard le nez de celui-ci entre deux colonnes de la baie vitrée, distantes de 3,20 m, durant 12 secondes.

Sachant que la piste est située à 450 m du terminal, détermine la vitesse moyenne de cet avion.

9 Dans un nouveau lotissement, deux terrains en forme de trapèzes rectangles et aux dimensions proportionnelles sont en vente. Marine souhaite acquérir l'un deux et obtient le plan ci-contre sur lequel elle a indiqué quelques renseignements pour le terrain qui l'intéressait au départ. Son choix se porte finalement sur l'autre terrain.

Aide-la à déterminer le prix de celui-ci sachant que le prix au m² des deux terrains est identique.

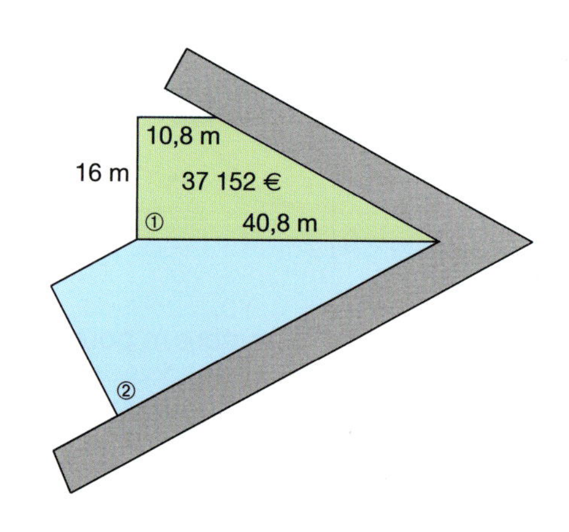

10 On a planté verticalement deux bâtons identiques au milieu de la face supérieure de deux cubes de 40 cm d'arête à armature métallique et aux faces transparentes. Les cubes sont positionnés de telle manière, qu'au même moment de la journée, les rayons solaires sont parallèles aux faces avant et arrière du premier cube, tandis qu'ils sont parallèles à une diagonale des faces inférieures et supérieures du second cube.

En utilisant les figures ci-dessous, calcule…

a) la hauteur du bâton sachant que l'extrémité de son ombre rejoint celle du premier cube au point C.

b) la longueur, à l'extérieur du second cube, de l'ombre du bâton.

c) la longueur $|GY|$ de l'ombre du second cube.

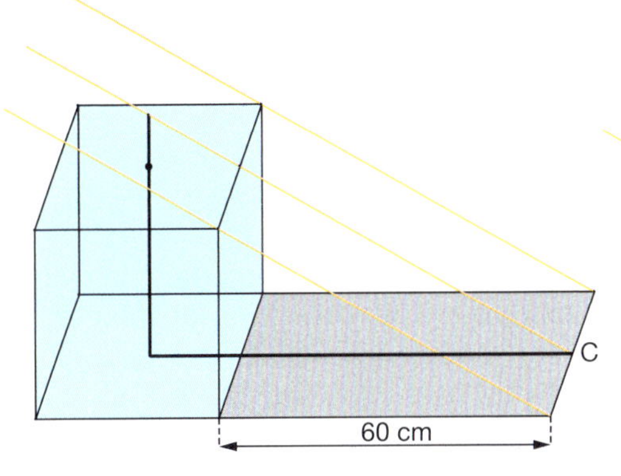

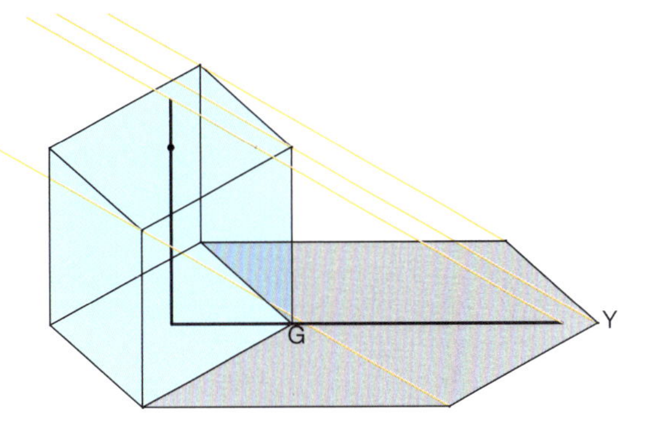

11 Un spot, placé face à la scène, éclaire un artiste. Son ombre est scindée en deux parties : la première au sol est perpendiculaire au décor de fond et mesure 1,68 m, la seconde, sur le décor du fond, est verticale et mesure 50 cm.

Sachant que le micro sur son pied est à une hauteur de 1,70 m et que son ombre apparaît entièrement sur le sol et mesure 2,04 m, détermine la taille de l'artiste.

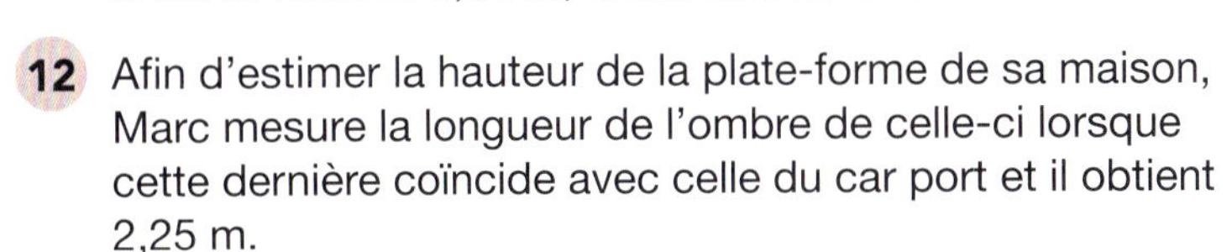

12 Afin d'estimer la hauteur de la plate-forme de sa maison, Marc mesure la longueur de l'ombre de celle-ci lorsque cette dernière coïncide avec celle du car port et il obtient 2,25 m.

Sachant que les dimensions du car port sont de 3 m de large, 3 m de haut et 7 m de profondeur, détermine la hauteur de la maison.

13 Dans un repère orthonormé, on donne une droite $d \equiv y = mx + p$.
On construit :

d_1 son image par la symétrie orthogonale d'axe x;
d_2 son image par la symétrie orthogonale d'axe y;
d_3 son image par la symétrie centrale de centre O.

Détermine à quelle(s) condition(s) :

a) $d \,//\, d_1$ b) $d \perp d_1$ c) $d \,//\, d_2$ d) $d \perp d_2$ e) $d \,//\, d_3$ f) $d \perp d_3$

14 Les couples (7 ; 5) et (1 ; –7) sont les coordonnées respectives des points A et C d'un repère orthonormé gradué en centimètres.
Calcule l'aire du losange ABCD si tu sais que l'abscisse du point B est nulle.

15 Sur un plateau se trouve un petit fromage de forme carrée, de 10 cm de côté. Le premier convive se sert et en prend la moitié en coupant le fromage selon une diagonale. Le deuxième convive désirant en laisser un peu pour le suivant décide de prendre la moitié de ce qu'il reste en coupant le fromage par une parallèle à la diagonale utilisée par la première personne.
Représente la face supérieure du fromage en vraie grandeur et indique les deux traits de coupe réalisés sur celui-ci.

16 Colin a récupéré une armoire de 2 m de haut et de 1,50 m de large qu'il voudrait placer dans son grenier.
Si tu sais que les pans du toit sont perpendiculaires et au vu des mesures prises, aura-t-il suffisamment de place s'il veut positionner l'armoire comme le montre l'illustration ?

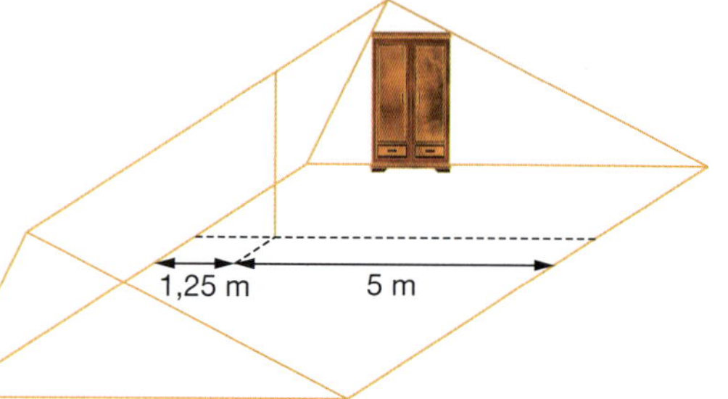

17 Un bateau à moteur fonctionnant à plein régime parcourt 4 km en remontant la rivière (c'est-à-dire à contre-courant) en 15 minutes. Le retour s'effectue dans les mêmes conditions et dure 12 minutes.
Détermine, en km/h, la vitesse du courant et celle du bateau en eau calme.

18 Certaines automobiles de type « hybride » utilisent deux sources d'énergie : du carburant et de l'énergie électrique.

Leur consommation en carburant est de 4,2 litres aux 100 km sur autoroute et de 5 litres aux 100 km en ville. En une semaine, une de ces automobiles parcourt au total 350 km et consomme 16,3 litres de carburant.

Sachant qu'un véhicule classique de la même catégorie consomme 13 litres aux 100 km en ville et 11,8 litres aux 100 km sur autoroute, calcule l'économie de carburant réalisée durant une semaine.

19 Un bassin cylindrique est alimenté par deux fontaines dont le débit horaire est constant.

Si on laissait couler la première fontaine pendant 4 heures et la seconde pendant 3 heures, la quantité d'eau recueillie serait de 550 litres.

Si on laissait couler la première fontaine pendant 3 heures et la seconde pendant 4 heures, la quantité d'eau recueillie serait de 570 litres.

Sachant que ce bassin a 2 m de diamètre et 25 cm de profondeur et que les deux fontaines coulent ensemble, détermine, à la minute près, le temps qu'il faudra pour remplir le bassin.

20 Les couples (–2 ; 3), (3 ; –3) et (5 ; 2) sont les coordonnées respectives des points A, B et C d'un repère orthonormé. Calcule les coordonnées du sommet D du parallélogramme ABCD.

21 Deux entreprises de débouchage de canalisations proposent les tarifs ci-dessous.

Entreprise Absorb'tout

Forfait de 75 € pour le déplacement et 60 € par heure de travail.

Entreprise Debouchtrou

Forfait de 105 € pour le déplacement et une heure de travail.

75 € par heure pour la durée du travail excédant la première heure.

Détermine dans quel cas il est plus avantageux de faire appel à la société Absorb'tout.

22 Le Paris-Brest est une pâtisserie d'origine française. Dernièrement, plusieurs pâtissiers l'ont réalisée en forme de couronne en utilisant des petits choux fourrés d'une crème mousseline pralinée.
Détermine le diamètre minimal (au cm près) de la platine circulaire nécessaire pour réaliser un Paris Brest composé de 8 petits choux de 4 cm de diamètre.

23 Le solide ci-contre a été obtenu à partir d'un cube de 6 cm d'arête. On a découpé à chacun de ses sommets une pyramide dont les sommets de la base sont les milieux des 3 arêtes issues de ce sommet.
Calcule la longueur totale des arêtes, l'aire de la surface extérieure et le volume de ce solide.

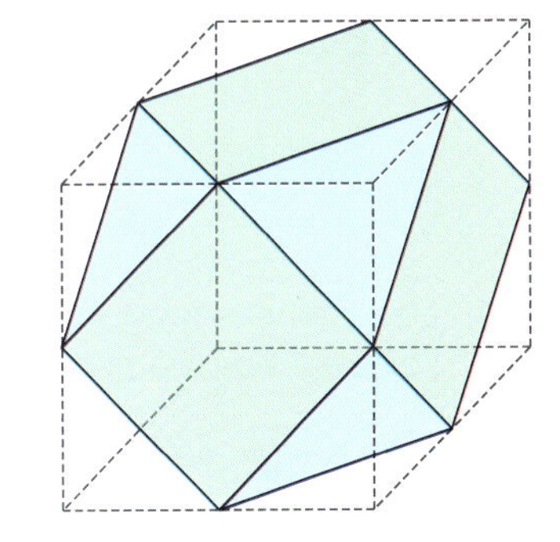

24 La terre fait un tour sur elle-même en 24 heures.
Si on suppose qu'elle est parfaitement sphérique et que l'équateur mesure 40 000 km, détermine la vitesse de rotation d'un objet se situant à une latitude de 60° Nord.

25 Le Pentagone, situé à Arlington en Virginie, est le plus vaste bâtiment administratif du monde. La base de cet édifice est un pentagone régulier dont le périmètre est de 1380 m.
Détermine l'aire de cette base.

26 Les rouleaux de papier de toilette Aqua Tube sont biodégradables et se dissolvent dans l'eau. Alors que certains se battent pour pouvoir les y jeter, Benoit, mathématicien en herbe, a préféré ouvrir un rouleau vide et observer son développement. Voici ce qu'il a obtenu.

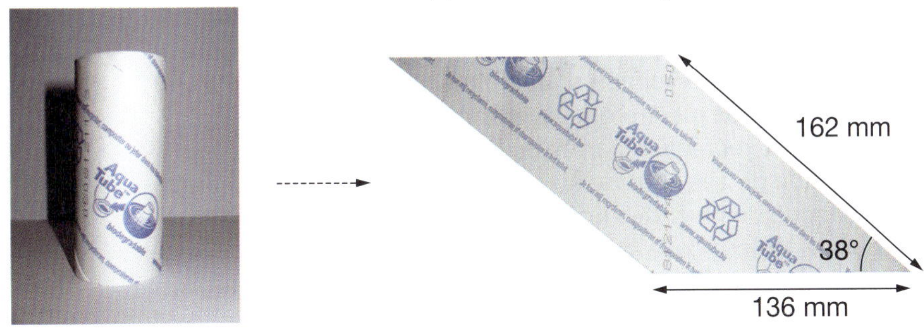

Calcule le volume du tube.

27 a) Calcule l'amplitude des angles d'un triangle d'or si tu sais qu'il s'agit d'un triangle isocèle dont le rapport des mesures des côtés est égal au nombre d'or, c'est-à-dire $\frac{1+\sqrt{5}}{2}$.

b) Sachant qu'un rectangle d'or est un rectangle dont le rapport des mesures des côtés est égal au nombre d'or, construis uniquement à l'aide d'un rapporteur, d'une règle non graduée et d'un compas un rectangle d'or.

28 Un vendeur propose des planches de parquet identiques en forme de parallélogramme. Dans son show-room, il expose deux présentoirs de 2,5 m sur 1,5 m réalisés avec ces planches.

Sans prendre de mesure, détermine les longueurs des côtés et les amplitudes, au degré près, des angles de ces planches.

planche d'expo 1

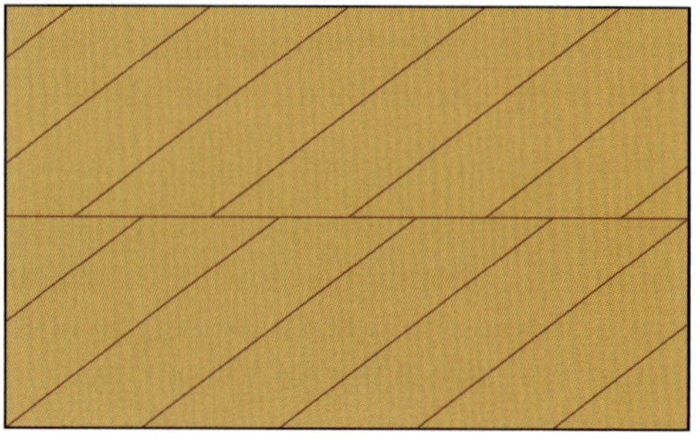

planche d'expo 2

29 Détermine la longueur, au mm près, des côtés d'un losange dont un angle mesure 61° et dont l'aire est égale à celle d'un carré de 6 cm de côté.

30 Lors de son séjour à la mer, Jonathan a reçu un nouveau cerf-volant dont la ficelle, quand elle est déroulée au maximum, mesure 50 m. Pour tester celui-ci, il place le cerf-volant au pied de son immeuble haut de 29 m et déroule la totalité de la ficelle sur le sol perpendiculairement à la façade. Ensuite, une fois le cerf-volant dans les airs, il maintient l'extrémité de la ficelle à 80 cm de hauteur et s'applique pour que la ficelle fasse un angle de 55° avec la verticale.

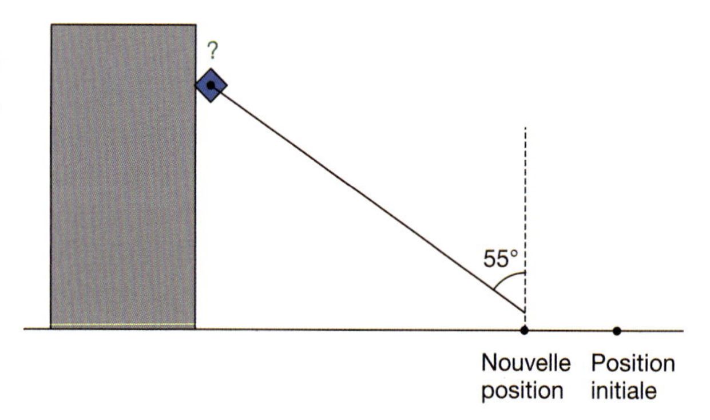

Jonathan peut-il s'avancer de 11 m perpendiculairement à son immeuble avec son cerf-volant en vol ?

31 Calcule l'amplitude de l'angle aigu formé par deux droites AB et CD si tu sais que le plan est muni d'un repère orthonormé et que les coordonnées respectives des points A, B, C et D sont (–3 ; 3), (5 ; 4), (2 ; 0) et (–2 ; –4).

32 L'école de Martine est constituée d'un bâtiment formé de deux ailes perpendiculaires. Deux murs d'enceinte ont été ajoutés de façon à former une cour de récréation carrée qui mesure 60 m de côté.
Pour la réalisation du site web de son école, Martine doit réaliser une photo de chacune des façades intérieures de telle façon qu'une façade occupe toute la largeur de la photo et qu'elle ne doive pas se déplacer entre les deux photos. Son appareil photo est tel que l'amplitude de son objectif est de 50°.

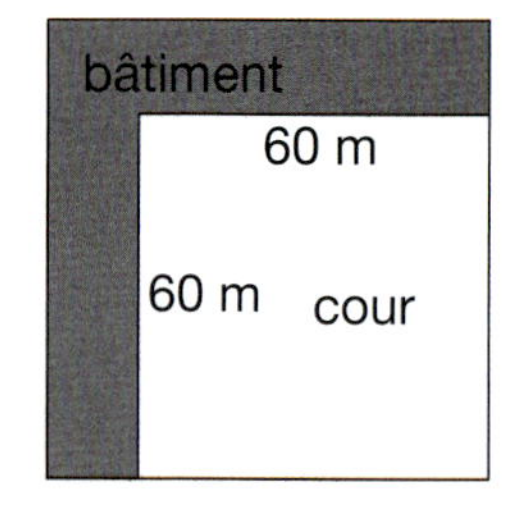

a) Détermine l'endroit d'où elle doit prendre les photos (dessin à l'échelle 1 : 1000).

b) Calcule la distance qui la sépare de l'éducateur situé dans la cour, à l'intersection des deux ailes.

33 Sachant que $\hat{A}$ est un angle aigu d'un triangle rectangle et que tan A = 2, détermine les deux autres nombres trigonométriques de cet angle.

Théorie

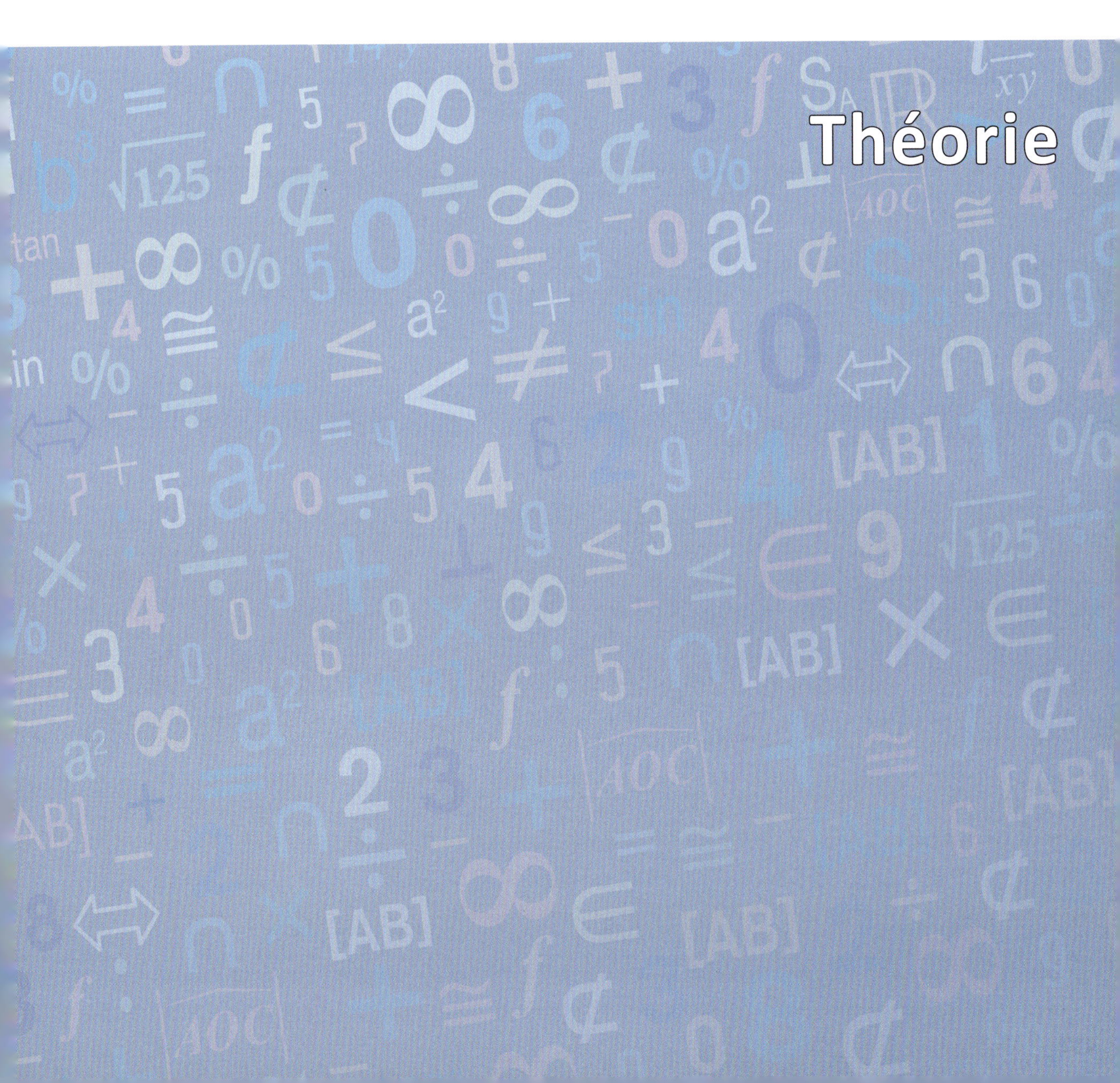

Chapitre 1 • Angles et cercles

A Angle au centre et angle inscrit

1. Définitions – Vocabulaire

Un angle au centre d'un cercle est un angle dont le sommet est le centre du cercle.

Un angle inscrit dans un cercle est un angle dont le sommet est un point du cercle et dont les côtés contiennent des cordes du cercle.

Exemples

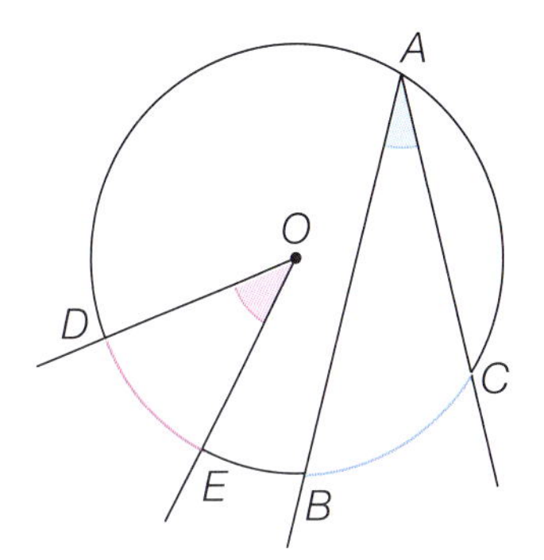

$\widehat{DOE}$ *est un angle au centre du cercle qui intercepte l'arc* $\overset{\frown}{DE}$.

$\widehat{BAC}$ *est un angle inscrit dans le cercle qui intercepte l'arc* $\overset{\frown}{BC}$.

2. Propriétés

a) Dans un cercle, l'amplitude d'un angle inscrit est égale à la moitié de celle de l'angle au centre interceptant le même arc.

Plusieurs cas se présentent :

(1) le centre appartient à un des côtés de l'angle inscrit;

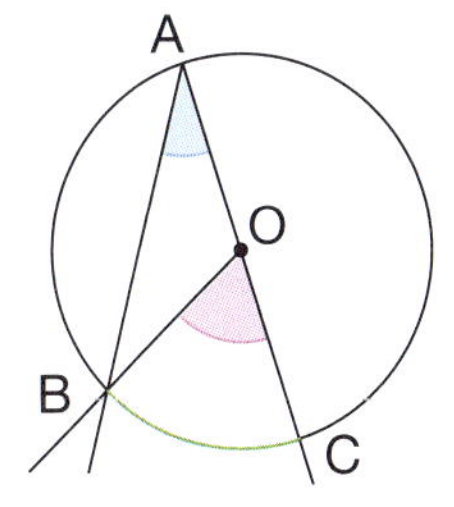

(2) le centre est intérieur à l'angle inscrit;

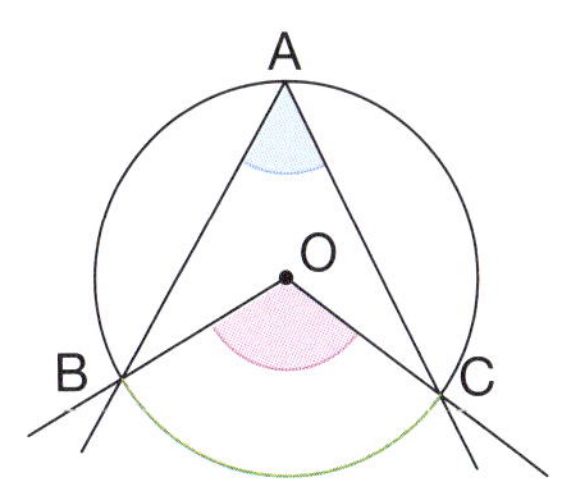

(3) le centre est extérieur à l'angle inscrit.

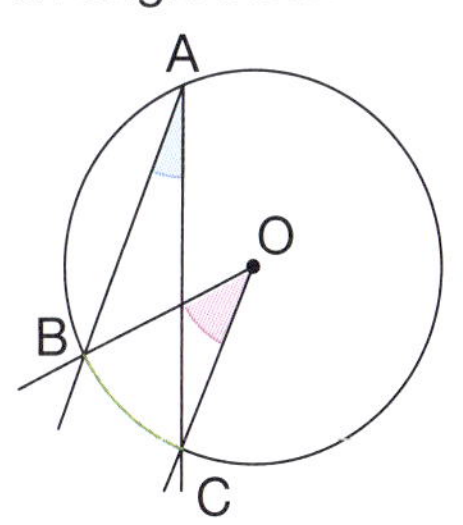

(1) Le centre appartient à un des côtés de l'angle inscrit.

Données

Cercle $\mathscr{C}$ de centre O
$O \in [AC]$
$\widehat{BAC}$ angle inscrit interceptant $\overset{\frown}{BC}$
$\widehat{BOC}$ angle au centre interceptant $\overset{\frown}{BC}$

Thèse

$|\widehat{BAC}| = \frac{1}{2} . |\widehat{BOC}|$

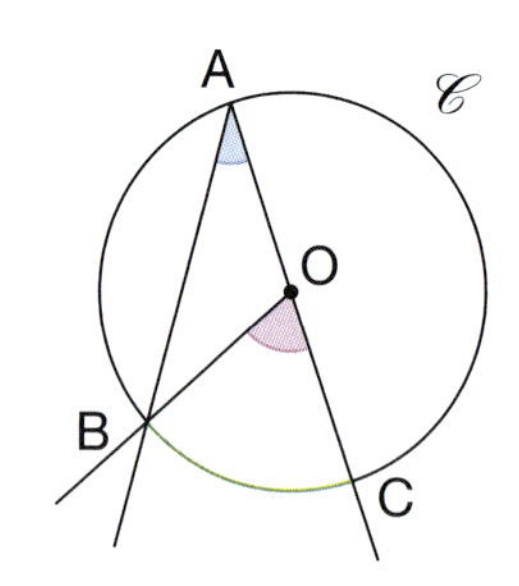

Démonstration

L'angle $\widehat{BOC}$ est extérieur au triangle AOB $\Rightarrow |\widehat{BOC}| = |\widehat{BAO}| + |\widehat{ABO}|$ (1)

Or, $|OA| = |OB|$ (rayons du cercle) $\Rightarrow$ AOB triangle isocèle en O
$\Rightarrow |\widehat{BAO}| = |\widehat{ABO}|$

En remplaçant $|\widehat{ABO}|$ par $|\widehat{BAO}|$ dans l'égalité (1), on a :

$$|\widehat{BOC}| = |\widehat{BAO}| + |\widehat{BAO}|$$

$\Rightarrow |\widehat{BOC}| = 2 . |\widehat{BAO}|$ Réduction de la somme

$\Rightarrow \frac{1}{2} . |\widehat{BOC}| = |\widehat{BAO}|$ Division des deux membres par 2

$\Rightarrow \frac{1}{2} . |\widehat{BOC}| = |\widehat{BAC}|$ $\widehat{BAO}$ et $\widehat{BAC}$ désignent le même angle.

(2) Le centre est intérieur à l'angle inscrit.

Données

Cercle $\mathscr{C}$ de centre O
O intérieur à $\widehat{BAC}$
$\widehat{BAC}$ angle inscrit interceptant $\overset{\frown}{BC}$
$\widehat{BOC}$ angle au centre interceptant $\overset{\frown}{BC}$

Thèse

$|\widehat{BAC}| = \frac{1}{2} . |\widehat{BOC}|$

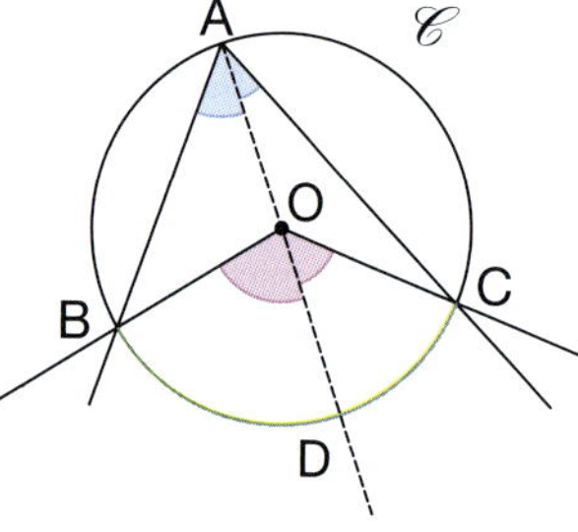

Démonstration

Traçons le diamètre [AD].
D'après le 1er cas : $|\widehat{BAD}| = \frac{1}{2} . |\widehat{BOD}|$ et $|\widehat{DAC}| = \frac{1}{2} . |\widehat{DOC}|$

En additionnant membre à membre les deux égalités ci-dessus, on a :

$$|\widehat{BAD}| + |\widehat{DAC}| = \frac{1}{2} . |\widehat{BOD}| + \frac{1}{2} . |\widehat{DOC}|$$

$\Rightarrow |\widehat{BAD}| + |\widehat{DAC}| = \frac{1}{2} . (|\widehat{BOD}| + |\widehat{DOC}|)$ Mise en évidence de $\frac{1}{2}$

$\Rightarrow |\widehat{BAC}| = \frac{1}{2} . |\widehat{BOC}|$ Somme d'amplitudes d'angles adjacents

(3) Le centre est extérieur à l'angle inscrit.

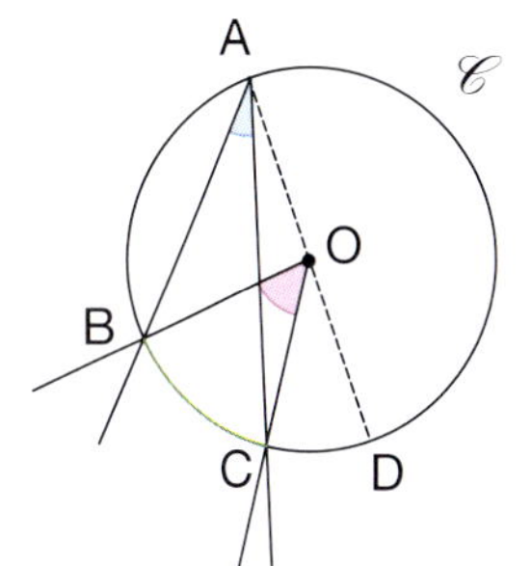

Données

Cercle $\mathscr{C}$ de centre O

O extérieur à $\widehat{BAC}$

$\widehat{BAC}$ angle inscrit interceptant $\overset{\frown}{BC}$

$\widehat{BOC}$ angle au centre interceptant $\overset{\frown}{BC}$

Thèse

$|\widehat{BAC}| = \frac{1}{2} \cdot |\widehat{BOC}|$

Démonstration

Traçons le diamètre [AD].

D'après le 1er cas : $|\widehat{BAD}| = \frac{1}{2} \cdot |\widehat{BOD}|$ et $|\widehat{CAD}| = \frac{1}{2} \cdot |\widehat{COD}|$

En soustrayant membre à membre les deux égalités ci-dessus, on a :

$$|\widehat{BAD}| - |\widehat{CAD}| = \frac{1}{2} \cdot |\widehat{BOD}| - \frac{1}{2} \cdot |\widehat{COD}|$$

$\Rightarrow |\widehat{BAD}| - |\widehat{CAD}| = \frac{1}{2} \cdot (|\widehat{BOD}| - |\widehat{COD}|)$ Mise en évidence de $\frac{1}{2}$

$\Rightarrow |\widehat{BAC}| = \frac{1}{2} \cdot |\widehat{BOC}|$ Différence d'amplitudes d'angles

b) Dans un cercle, des angles inscrits qui interceptent le même arc ont la même amplitude.

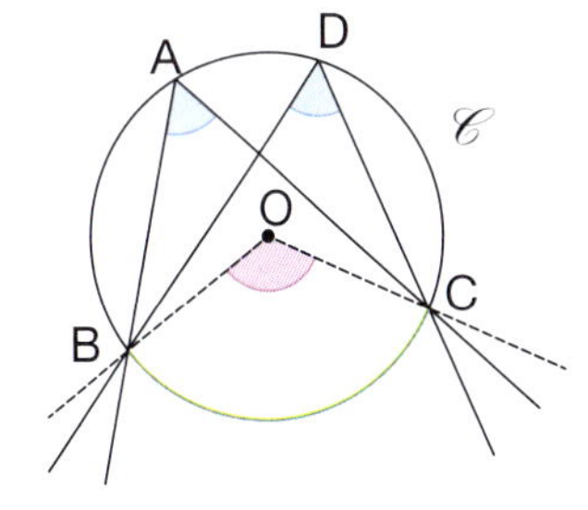

Données

Cercle $\mathscr{C}$ de centre O

$\widehat{BAC}$ angle inscrit interceptant $\overset{\frown}{BC}$

$\widehat{BDC}$ angle inscrit interceptant $\overset{\frown}{BC}$

Thèse

$|\widehat{BAC}| = |\widehat{BDC}|$

Démonstration

Traçons l'angle au centre $\widehat{BOC}$ interceptant $\overset{\frown}{BC}$.

L'angle inscrit $\widehat{BAC}$ intercepte le même arc que l'angle au centre $\widehat{BOC}$

$\Rightarrow |\widehat{BAC}| = \frac{1}{2} \cdot |\widehat{BOC}|$. (1)

L'angle inscrit $\widehat{BDC}$ intercepte le même arc que l'angle au centre $\widehat{BOC}$

$\Rightarrow |\widehat{BDC}| = \frac{1}{2} \cdot |\widehat{BOC}|$. (2)

(1) et (2) $\Rightarrow |\widehat{BAC}| = |\widehat{BDC}|$.

B Cercle et triangle rectangle

1. Propriété directe

Tout triangle inscrit dans un demi-cercle est rectangle.

Données

Cercle $\mathscr{C}$ de centre O

[BC] diamètre du cercle $\mathscr{C}$

$A \in \mathscr{C}$

Thèse

ABC triangle rectangle en A

Démonstration

L'angle inscrit $\widehat{CAB}$ intercepte le même arc $\overset{\frown}{BC}$ que l'angle au centre $\widehat{COB}$

$$\Rightarrow \left|\widehat{CAB}\right| = \frac{1}{2} \cdot \left|\widehat{COB}\right|.$$

Or, $\left|\widehat{COB}\right| = 180° \Rightarrow \left|\widehat{CAB}\right| = \frac{1}{2} \cdot 180° = 90°$

$\Rightarrow$ ABC est un triangle rectangle en A.

2. Propriété réciproque

Tout triangle rectangle est inscriptible dans un demi-cercle dont le diamètre est l'hypoténuse.

Données

ABC triangle rectangle en A

Thèse

ABC triangle inscrit dans le demi-cercle de diamètre [BC]

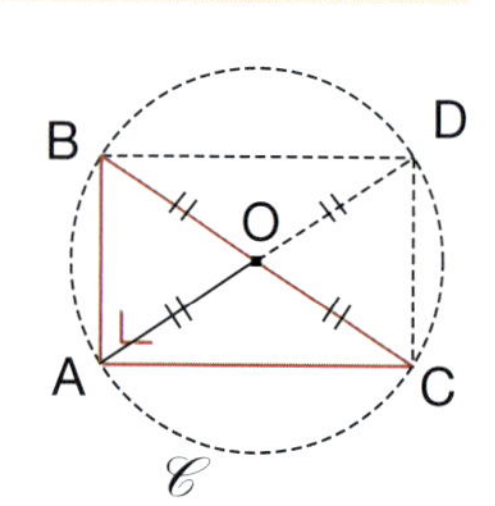

Démonstration

Construisons le cercle $\mathscr{C}$ de diamètre [BC].

Le centre O du cercle $\mathscr{C}$ est le milieu de [BC] $\Rightarrow |OB| = |OC|$. (1)

Construisons l'image D du sommet A par la symétrie centrale de centre O.

Par cette construction, $|OA| = |OD|$ (2)

(1) et (2) $\Rightarrow$ ABDC est un parallélogramme car ses diagonales se coupent en leur milieu.

De plus, $|\hat{A}| = 90° \Rightarrow$ ABDC est un rectangle.

Or, les diagonales d'un rectangle ont la même longueur

$\Rightarrow |OA| = |OB| = |OC|$

$\Rightarrow$ A, B et $C \in \mathscr{C}$

$\Rightarrow$ ABC est un triangle inscrit dans le demi-cercle de diamètre [BC].

3. Remarque

Les propriétés 1 et 2 sont dites réciproques. Il est possible de les écrire par implications de sens contraires.

ΔABC est inscrit dans un demi-cercle $\Rightarrow$ ΔABC est rectangle.

ΔABC est inscrit dans un demi-cercle $\Leftarrow$ ΔABC est rectangle.

ou

ΔABC est inscrit dans un demi-cercle $\Leftrightarrow$ ΔABC est rectangle.

C Applications

1. Angle tangentiel

Définition

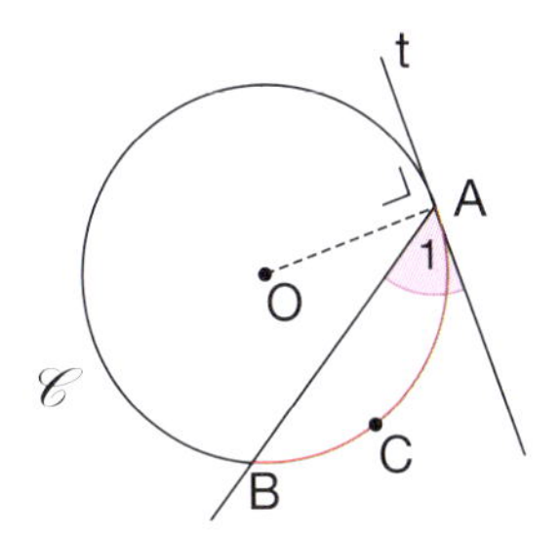

Un angle tangentiel à un cercle est un angle déterminé par une tangente et une corde aboutissant au point de contact.

Exemple : $\widehat{A_1}$ *est un angle tangentiel au cercle* $\mathscr{C}$.

L'angle tangentiel $\widehat{A_1}$ *intercepte l'arc* $\overset{\frown}{BCA}$.

Propriété

Tout angle tangentiel à un cercle a la même amplitude qu'un angle inscrit interceptant le même arc.

$$|\widehat{A_1}| = |\hat{C}| = |\hat{D}|$$

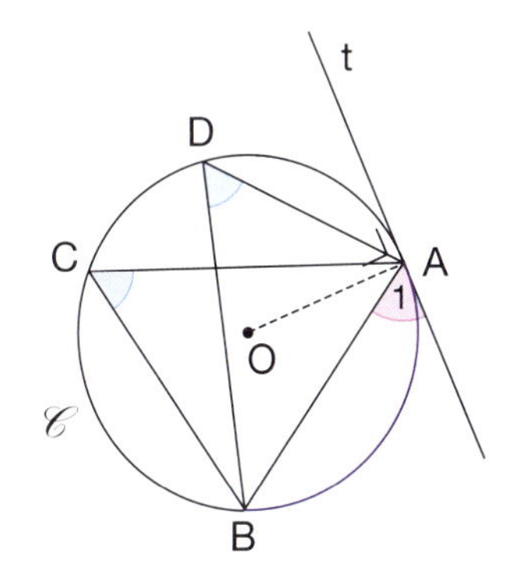

2. Caractérisation d'un quadrilatère inscriptible

Les angles opposés d'un quadrilatère convexe inscrit dans un cercle sont supplémentaires.

$$|\hat{A}| + |\hat{C}| = 180° \quad \text{et} \quad |\hat{B}| + |\hat{D}| = 180°$$

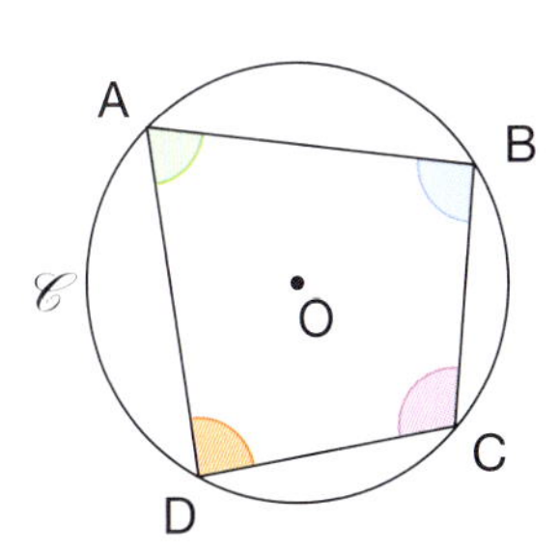

Chapitre 2 • Puissances à exposants entiers

2

A Définition

1. Puissance à exposant naturel

Si a est un nombre réel et n un nombre naturel différent de 0 et de 1, alors a^n est le produit de n facteurs égaux à a.

Si $a \in \mathbb{R}$ et $n \in \mathbb{N} \setminus \{0, 1\}$, alors $a^n = \underbrace{a \,.\, a \,.\, \ldots\ldots \,.\, a}_{n \text{ facteurs}}$

Si $a \in \mathbb{R}$ et $n = 1$, alors $a^1 = a$

Si $a \in \mathbb{R}$ et $n = 0$, alors $a^0 = 1$

2. Puissance à exposant entier négatif

Si a est un nombre réel non nul et n un nombre naturel, alors a^{-n} est l'inverse de a^n.

Si $a \in \mathbb{R}_0$ et $n \in \mathbb{N}$, alors $a^{-n} = \frac{1}{a^n}$

Exemples : $a^{-5} = \frac{1}{a^5}$ $\qquad b^{-3} = \frac{1}{b^3}$

Conséquence

Si a est un nombre réel non nul et n un nombre naturel, alors $\frac{1}{a^{-n}} = a^n$.

Justification : $\frac{1}{a^{-n}} = \frac{1}{\frac{1}{a^n}} = 1 \,.\, \frac{a^n}{1} = a^n$

Remarque

Il est impératif de rendre les exposants positifs avant de calculer mentalement des puissances numériques.

Exemples : $3^{-2} = \frac{1}{3^2} = \frac{1}{9}$ $\qquad (-2)^{-3} = \frac{1}{(-2)^3} = \frac{1}{-8} = -\frac{1}{8}$

$(-3)^{-2} = \frac{1}{(-3)^2} = \frac{1}{9}$ $\qquad \frac{2}{5^{-2}} = 2 \,.\, 5^2 = 2 \,.\, 25 = 50$

B Propriétés

Les propriétés des puissances à exposants naturels restent vraies pour les puissances à exposants entiers.

1. Produit de puissances de même base

Pour multiplier des puissances de même base, on conserve la base et on additionne les exposants.

Si $a \in \mathbb{R}_0$ et $m, n \in \mathbb{Z}$, alors $a^m \cdot a^n = a^{m+n}$

Exemples : $a^2 \cdot a^3 = a^{2+3} = a^5$
$a^2 \cdot a^{-5} = a^{2+(-5)} = a^{2-5} = a^{-3}$
$a^{-2} \cdot a^{-3} = a^{(-2)+(-3)} = a^{-2-3} = a^{-5}$

2. Puissance d'une puissance

Pour élever une puissance à une autre puissance, on conserve la base et on multiplie les exposants.

Si $a \in \mathbb{R}_0$ et $m, n \in \mathbb{Z}$, alors $(a^m)^n = a^{m.n}$

Exemples : $(a^2)^3 = a^{2.3} = a^6$
$(a^{-5})^2 = a^{-5.2} = a^{-10}$
$(a^{-2})^{-3} = a^{-2.(-3)} = a^6$

3. Puissance d'un produit

Pour élever un produit de facteurs à une puissance, on élève chaque facteur à cette puissance.

Si $a, b \in \mathbb{R}_0$ et $m \in \mathbb{Z}$, alors $(a \cdot b)^m = a^m \cdot b^m$

Exemples : $(a \cdot b)^3 = a^3 \cdot b^3$ $\quad$ $(c \cdot d)^{-2} = c^{-2} \cdot d^{-2}$

4. Puissance d'un quotient

Pour élever un quotient de facteurs à une puissance, on élève chaque facteur à cette puissance.

Si $a, b \in \mathbb{R}_0$ et $m \in \mathbb{Z}$, alors $\left(\frac{a}{b}\right)^m = \frac{a^m}{b^m}$

Exemples : $\left(\frac{a}{b}\right)^3 = \frac{a^3}{b^3}$ $\quad$ $\left(\frac{c}{d}\right)^{-2} = \frac{c^{-2}}{d^{-2}}$

5. Quotient de puissances de même base

Pour diviser des puissances de même base, on conserve la base et on soustrait les exposants (celui de la base du numérateur moins celui de la base du dénominateur).

Si $a \in \mathbb{R}_0$ et $m, n \in \mathbb{Z}$, alors $\dfrac{a^m}{a^n} = a^{m-n}$

Exemples : $\dfrac{a^5}{a^3} = a^{5-3} = a^2$ $\qquad \dfrac{a^2}{a^7} = a^{2-7} = a^{-5}$ $\qquad \dfrac{a^3}{a^{-5}} = a^{3-(-5)} = a^8$

Démonstration

$\dfrac{a^m}{a^n} = a^m \cdot \dfrac{1}{a^n}$ Diviser par a^n revient à multiplier par $\dfrac{1}{a^n}$.

$= a^m \cdot a^{-n}$ Définition d'une puissance à exposant négatif

$= a^{m-n}$ Produit de puissances de même base à exposants entiers

Chapitre 3 • Pythagore et les racines carrées

A Racine carrée

1. Définition

La racine carrée positive d'un nombre positif a, notée $\sqrt{a}$, est le nombre positif x dont le carré vaut a.

Si $a \geqslant 0$: $\sqrt{a} = x \Leftrightarrow x^2 = a$ et $x \geqslant 0$.

3

Exemples : $\sqrt{9} = 3$ car $3^2 = 9$ $\sqrt{0} = 0$ car $0^2 = 0$

$\sqrt{1{,}21} = 1{,}1$ car $1{,}1^2 = 1{,}21$ $\sqrt{1} = 1$ car $1^2 = 1$

2. Remarques

Dans l'expression $\sqrt{a}$, a est appelé le radicand et $\sqrt{}$ le radical.
Le radical doit couvrir tout le radicand.

Exemple : $\sqrt{3254}$ *écriture correcte* $\sqrt{32}54$ *écriture incorrecte*

Un nombre positif admet deux racines carrées opposées.

Exemple : *La racine carrée positive de 25 s'écrit* $\sqrt{25}$ *et vaut 5.*

La racine carrée négative de 25 s'écrit $-\sqrt{25}$ *et vaut –5.*

Un nombre strictement négatif n'a pas de racine carrée réelle.

Exemple : *–81 n'a pas de racine carrée réelle, car il n'existe pas de nombre réel a tel que* $a^2 = -81$.

3. Calcul d'une racine carrée

a) Dans certains cas, on peut connaître la valeur exacte de $\sqrt{a}$.

Exemples : $\sqrt{9} = 3$ $\sqrt{1{,}21} = 1{,}1$ $\sqrt{\dfrac{4}{9}} = \dfrac{2}{3}$

$\sqrt{7396} = 86$ $\sqrt{12{,}25} = 3{,}5$ $\sqrt{\dfrac{25}{10\,000}} = \sqrt{\dfrac{1}{400}} = \dfrac{1}{20}$

b) Dans d'autres cas, connaître la valeur exacte de $\sqrt{a}$ est impossible; on ne peut en donner qu'une valeur approchée.

Exemple :

$$1 < \sqrt{2} < 2$$
$$1,4 < \sqrt{2} < 1,5$$
$$1,41 < \sqrt{2} < 1,42$$
$$1,414 < \sqrt{2} < 1,415$$

1 ; 1,4 ; 1,41 et 1,414 sont des valeurs approchées par défaut de $\sqrt{2}$.

2 ; 1,5 ; 1,42 et 1,415 sont des valeurs approchées par excès de $\sqrt{2}$.

4. Propriétés des racines carrées

a) La racine carrée du produit de deux nombres positifs est égale au produit de leurs racines carrées.

Si $a \geqslant 0$ et $b \geqslant 0$, alors $\sqrt{a\,.\,b} = \sqrt{a}\,.\,\sqrt{b}$

Exemples : $\sqrt{1600} = \sqrt{16\,.\,100} = \sqrt{16}\,.\,\sqrt{100} = 4\,.\,10 = 40$

$\sqrt{12} = \sqrt{4\,.\,3} = \sqrt{4}\,.\,\sqrt{3} = 2\sqrt{3}$

b) La racine carrée du quotient de deux nombres positifs est égale au quotient de leurs racines carrées.

Si $a \geqslant 0$ et $b > 0$, alors $\sqrt{\frac{a}{b}} = \frac{\sqrt{a}}{\sqrt{b}}$

Exemple : $\sqrt{\frac{9}{4}} = \frac{\sqrt{9}}{\sqrt{4}} = \frac{3}{2}$

5. Règles de calcul

a) Simplification

Les propriétés relatives au produit et au quotient des racines carrées permettent de les simplifier, c'est-à-dire de les remplacer par des expressions égales contenant des radicands entiers les plus petits possibles.

Exemples : $\sqrt{18} = \sqrt{9\,.\,2} = \sqrt{9}\,.\,\sqrt{2} = 3\sqrt{2}$

$3\sqrt{50} = 3\sqrt{25\,.\,2} = 3\sqrt{25}\,.\,\sqrt{2} = 3\,.\,5\,.\,\sqrt{2} = 15\sqrt{2}$

$\sqrt{0,75} = \sqrt{\frac{75}{100}} = \sqrt{\frac{3}{4}} = \frac{\sqrt{3}}{\sqrt{4}} = \frac{\sqrt{3}}{2}$

Si après une première simplification, le radicand n'est pas le plus petit possible, il faut simplifier une seconde fois.

Exemple : $\sqrt{48} = \sqrt{4 . 12} = \sqrt{4} . \sqrt{12} = 2\sqrt{12}$
$= 2\sqrt{4 . 3} = 2 . \sqrt{4} . \sqrt{3} = 2 . 2 . \sqrt{3} = 4\sqrt{3}$

b) Addition (soustraction)

La somme de deux racines carrées semblables (de même radicand) est une racine carrée semblable dont le coefficient est la somme des coefficients.

Exemples : $5\sqrt{2} + 3\sqrt{2} = (5 + 3) . \sqrt{2} = 8\sqrt{2}$
$2\sqrt{18} - 3\sqrt{50} = 6\sqrt{2} - 15\sqrt{2} = (6 - 15) . \sqrt{2} = -9\sqrt{2}$

Si après une éventuelle simplification, les racines carrées ne sont pas semblables, on ne peut pas les additionner.

Exemples : $2\sqrt{5} + 5\sqrt{7}$
$\sqrt{150} + \sqrt{250} = 5\sqrt{6} + 5\sqrt{10}$
$\sqrt{32} + \sqrt{75} - \sqrt{27} + \sqrt{8} = 4\sqrt{2} + 5\sqrt{3} - 3\sqrt{3} + 2\sqrt{2} = 6\sqrt{2} + 2\sqrt{3}$
Les sommes $2\sqrt{5} + 5\sqrt{7}$, $5\sqrt{6} + 5\sqrt{10}$ *et* $6\sqrt{2} + 2\sqrt{3}$ *ne sont pas réductibles.*

c) Multiplication

Le produit de deux racines carrées a pour coefficient le produit des coefficients et pour radicand le produit des radicands.

Exemples : $\sqrt{3} . \sqrt{5} = \sqrt{3 . 5} = \sqrt{15}$
$3\sqrt{2} . 5\sqrt{3} = (3 . 5) . \sqrt{2 . 3} = 15\sqrt{6}$
$\sqrt{8} . \sqrt{75} = 2\sqrt{2} . 5\sqrt{3} = (2 . 5) . \sqrt{2 . 3} = 10\sqrt{6}$
$\sqrt{7} . \sqrt{7} = \sqrt{7 . 7} = \sqrt{49} = 7$
$3\sqrt{6} . \sqrt{6} = 3\sqrt{6 . 6} = 3\sqrt{36} = 3 . 6 = 18$
$\sqrt{32} . \sqrt{50} = 4\sqrt{2} . 5\sqrt{2} = (4 . 5) . \sqrt{2 . 2} = 20\sqrt{4} = 20 . 2 = 40$

Cas particuliers

1) Carré d'une racine

Exemples : $\left(\sqrt{5}\right)^2 = 5$

$\sqrt{7} \cdot \sqrt{7} = \left(\sqrt{7}\right)^2 = 7$

2) Puissance d'un produit

Exemples : $\left(2\sqrt{5}\right)^2 = 2^2 \cdot \left(\sqrt{5}\right)^2$

$= 4 \cdot 5$

$= 20$

3) Distributivité

Exemples : $2\sqrt{3} \cdot \left(\sqrt{5} + \sqrt{3}\right) = 2\sqrt{3} \cdot \sqrt{5} + 2 \cdot \left(\sqrt{3}\right)^2$

$= 2 \cdot \sqrt{15} + 2 \cdot 3$

$= 2\sqrt{15} + 6$

$\left(\sqrt{3} + 5\sqrt{2}\right) \cdot \left(\sqrt{2} + 7\sqrt{3}\right) = \sqrt{6} + 7 \cdot \left(\sqrt{3}\right)^2 + 5 \cdot \left(\sqrt{2}\right)^2 + 35 \cdot \sqrt{6}$

$= \sqrt{6} + 7 \cdot 3 + 5 \cdot 2 + 35 \cdot \sqrt{6}$

$= \sqrt{6} + 21 + 10 + 35\sqrt{6}$

$= 36\sqrt{6} + 31$

4) Produits remarquables

Exemples : $\left(\sqrt{3} + \sqrt{2}\right)^2 = \left(\sqrt{3}\right)^2 + 2 \cdot \sqrt{3} \cdot \sqrt{2} + \left(\sqrt{2}\right)^2$

$= 3 + 2\sqrt{6} + 2$

$= 5 + 2\sqrt{6}$

$\left(2\sqrt{5} - \sqrt{3}\right)^2 = \left(2\sqrt{5}\right)^2 - 2 \cdot 2\sqrt{5} \cdot \sqrt{3} + \left(\sqrt{3}\right)^2$

$= 20 - 4\sqrt{15} + 3$

$= 23 - 4\sqrt{15}$

$\left(\sqrt{7} + \sqrt{2}\right) \cdot \left(\sqrt{7} - \sqrt{2}\right) = \left(\sqrt{7}\right)^2 - \left(\sqrt{2}\right)^2$

$= 7 - 2$

$= 5$

d) Rendre rationnel le dénominateur d'une fraction

Si le dénominateur de la fraction est un monôme contenant une racine carrée, on multiplie les deux termes de la fraction par la racine carrée figurant au dénominateur.

Exemples : $\dfrac{5}{\sqrt{2}} = \dfrac{5 \cdot \sqrt{2}}{\sqrt{2} \cdot \sqrt{2}} = \dfrac{5\sqrt{2}}{2}$ $\qquad$ $\dfrac{3}{2\sqrt{5}} = \dfrac{3 \cdot \sqrt{5}}{2\sqrt{5} \cdot \sqrt{5}} = \dfrac{3\sqrt{5}}{10}$

Si le dénominateur de la fraction est un binôme contenant au moins une racine carrée, on multiplie les deux termes de la fraction par le binôme conjugué du dénominateur.

Exemples :

$$\frac{\sqrt{6}}{3-\sqrt{2}} = \frac{\sqrt{6}\,.\,(3+\sqrt{2})}{(3-\sqrt{2})\,.\,(3+\sqrt{2})} = \frac{3\sqrt{6}+\sqrt{12}}{9-2} = \frac{3\sqrt{6}+2\sqrt{3}}{7}$$

$$\frac{\sqrt{3}}{\sqrt{7}+\sqrt{2}} = \frac{\sqrt{3}\,.\,(\sqrt{7}-\sqrt{2})}{(\sqrt{7}+\sqrt{2})\,.\,(\sqrt{7}-\sqrt{2})} = \frac{\sqrt{21}-\sqrt{6}}{7-2} = \frac{\sqrt{21}-\sqrt{6}}{5}$$

B Théorème de Pythagore

1. Théorème direct

Énoncé

Dans tout triangle rectangle, le carré de la longueur de l'hypoténuse est égal à la somme des carrés des longueurs des côtés de l'angle droit.

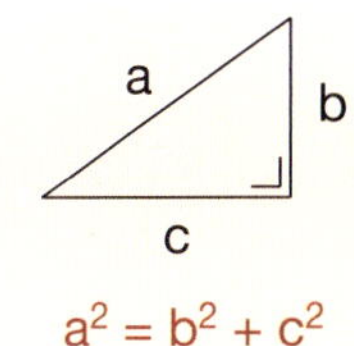

$a^2 = b^2 + c^2$

Figure

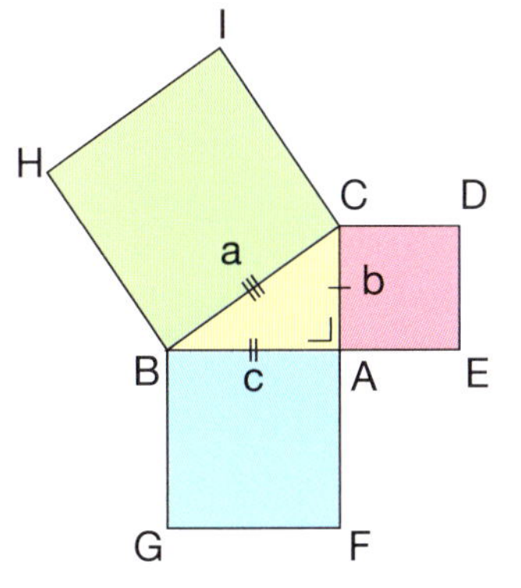

Données

ABC triangle rectangle en A
CDEA, AFGB et BHIC sont des carrés.
$|AB| = c$
$|BC| = a$
$|CA| = b$

Thèse

$a^2 = b^2 + c^2$

Démonstration

Les deux figures représentées ci-dessous ont été réalisées à l'aide des carrés CDEA, AFGB, BHIC et de huit triangles identiques au triangle ABC.

Figure 1

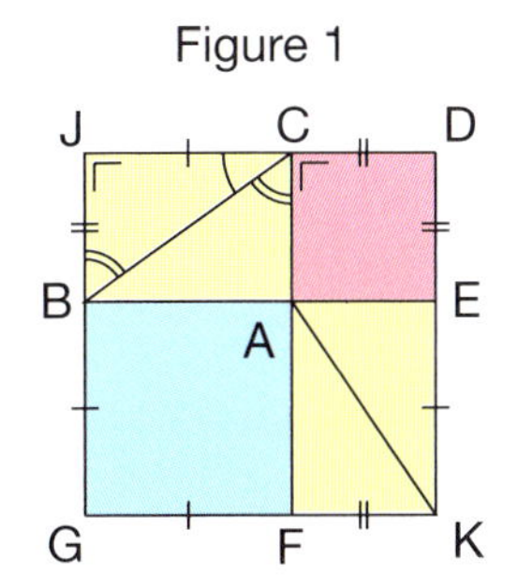

Figure 2

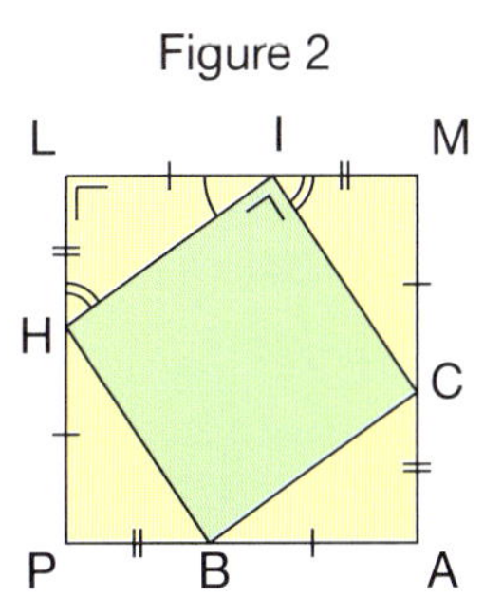

La figure 1 est un carré car ...

les points J, C et D sont alignés (*),

(*) $\widehat{JCB}$ et $\widehat{BCA}$ sont des angles complémentaires.
$\widehat{ACD}$ est un angle droit.
$\Rightarrow |\widehat{JCB}| + |\widehat{BCA}| + |\widehat{ACD}| = 180°$

elle possède quatre côtés de même longueur (b + c)
et un angle droit (l'angle de sommet J).

La figure 2 est un carré car ...

les points L, I et M sont alignés (*),

(*) $\widehat{LIH}$ et $\widehat{MIC}$ sont des angles complémentaires.
$\widehat{HIC}$ est un angle droit.
$\Rightarrow |\widehat{LIH}| + |\widehat{MIC}| + |\widehat{HIC}| = 180°$

elle possède quatre côtés de même longueur (b + c)
et un angle droit (l'angle de sommet L).

Les deux carrés sont de même aire car ils ont tous les deux des côtés de même mesure (b + c).

$\Rightarrow$ aire LMAP = aire JDKG

$$a^2 + 4 \cdot \frac{b \cdot c}{2} = b^2 + c^2 + 4 \cdot \frac{b \cdot c}{2}$$

$$a^2 = b^2 + c^2$$

2. Applications du théorème direct de Pythagore

a) Calculer la longueur d'un côté d'un triangle rectangle

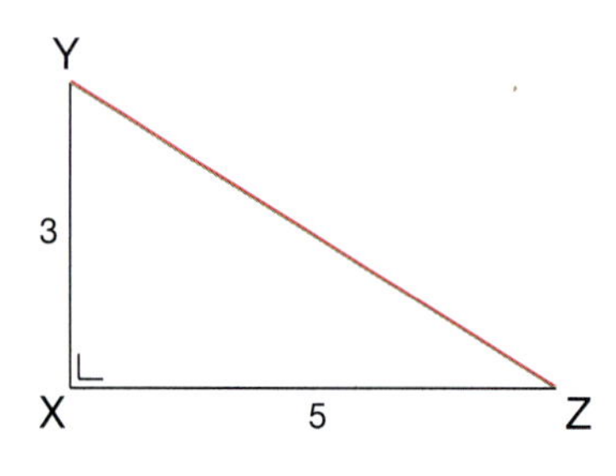

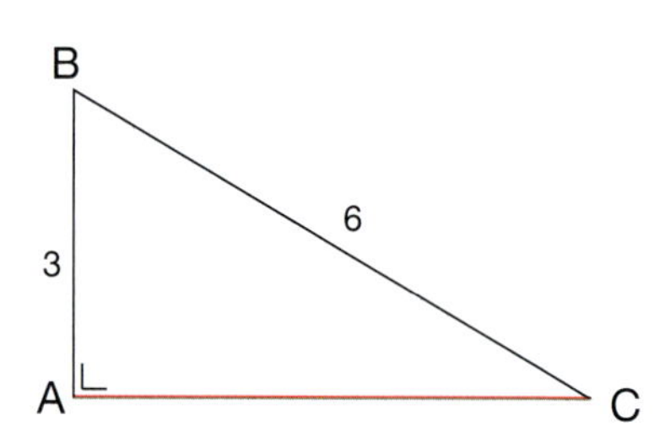

Par Pythagore, dans le triangle XYZ rectangle en X, on a :

$|YZ|^2 = |XY|^2 + |XZ|^2$

$|YZ|^2 = 3^2 + 5^2$

$|YZ|^2 = 9 + 25$

$|YZ|^2 = 34$

$|YZ| = \sqrt{34}$

Par Pythagore, dans le triangle ABC rectangle en A, on a :

$|BC|^2 = |AB|^2 + |AC|^2$

$6^2 = 3^2 + |AC|^2$

$36 = 9 + |AC|^2$

$36 - 9 = |AC|^2$

$27 = |AC|^2$

$\sqrt{27} = |AC|$

$3\sqrt{3} = |AC|$

b) Construire un segment de longueur irrationnelle donnée

Décomposition du radicand en une somme de deux carrés

Construire un segment de longueur $\sqrt{13}$ cm.

1) Décomposer le nombre 13 en une somme de deux carrés : $13 = 9 + 4$
2) Faire apparaître chaque nombre de l'égalité sous la forme d'un carré :

   $\left(\sqrt{13}\right)^2 = 3^2 + 2^2$

3) Construire un triangle rectangle dont les côtés de l'angle droit mesurent 3 cm et 2 cm.

   L'hypoténuse de ce triangle mesurera alors $\sqrt{13}$ cm.

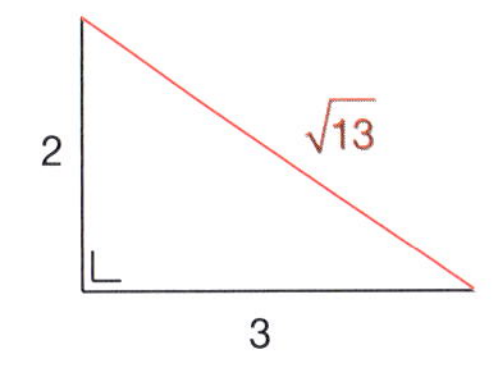

Décomposition du radicand en une différence de deux carrés

Construire un segment de longueur $\sqrt{7}$ cm.

1) Décomposer le nombre 7 en une différence de deux carrés : $7 = 16 - 9$
   Transformer l'égalité pour faire disparaître la différence : $9 + 7 = 16$
2) Faire apparaître chaque nombre de l'égalité sous la forme d'un carré :

   $3^2 + \left(\sqrt{7}\right)^2 = 4^2$

3) Construire un triangle rectangle dont un côté de l'angle droit mesure 3 cm et l'hypoténuse 4 cm.

   Le second côté de l'angle droit de ce triangle mesurera alors $\sqrt{7}$ cm.

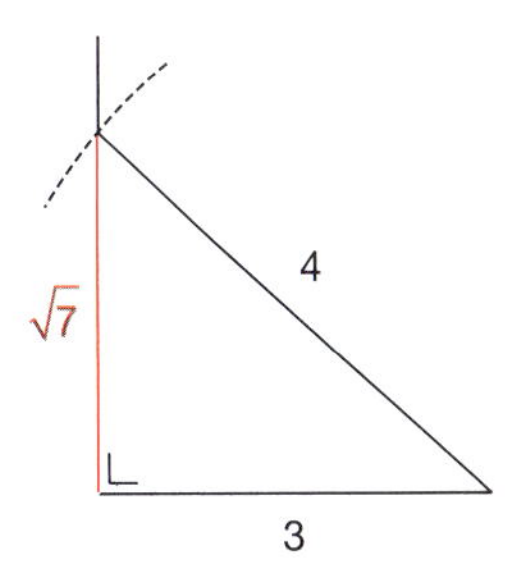

3. Réciproque et contraposée du théorème de Pythagore

Énoncé de la réciproque du théorème de Pythagore

Si dans un triangle, le carré de la longueur du plus grand côté est égal à la somme des carrés des longueurs des deux autres côtés, alors ce triangle est rectangle.

Énoncé de la contraposée du théorème de Pythagore

Si dans un triangle, le carré de la longueur du plus grand côté n'est pas égal à la somme des carrés des longueurs des deux autres côtés, alors ce triangle n'est pas rectangle.

Remarque : ces propriétés sont acceptées sans démonstration.

4. Utilisation de la réciproque et de la contraposée du théorème de Pythagore

Connaissant la longueur de ses trois côtés, vérifier si un triangle est rectangle

Sachant que $|AB| = 6$ cm, $|AC| = 8$ cm et $|BC| = 10$ cm, le triangle ABC est-il rectangle ?

Sachant que $|AB| = 6$ cm, $|AC| = 9$ cm et $|BC| = 12$ cm, le triangle ABC est-il rectangle ?

L'égalité $|BC|^2 = |AB|^2 + |AC|^2$ est-elle vérifiée ?

$|BC|^2 = 10^2 = 100$
$|AB|^2 + |AC|^2 = 6^2 + 8^2 = 36 + 64 = 100$
$\Rightarrow$ $|BC|^2 = |AB|^2 + |AC|^2$
$\Rightarrow$ le triangle ABC est rectangle en A (réciproque du théorème de Pythagore).

$|BC|^2 = 12^2 = 144$
$|AB|^2 + |AC|^2 = 6^2 + 9^2 = 36 + 81 = 117$
$\Rightarrow$ $|BC|^2 \neq |AB|^2 + |AC|^2$
$\Rightarrow$ le triangle ABC n'est pas rectangle (contraposée du théorème de Pythagore).

3

C Relations métriques dans le triangle rectangle

1. Projection orthogonale

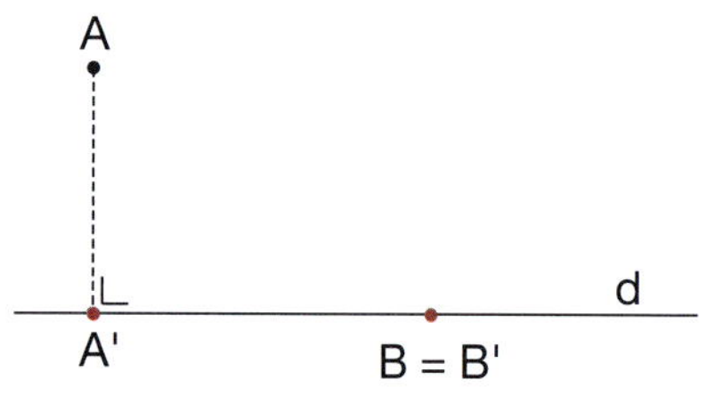

A' est la projection orthogonale de A sur d.

B' est la projection orthogonale de B sur d.
B = B' car $B \in d$

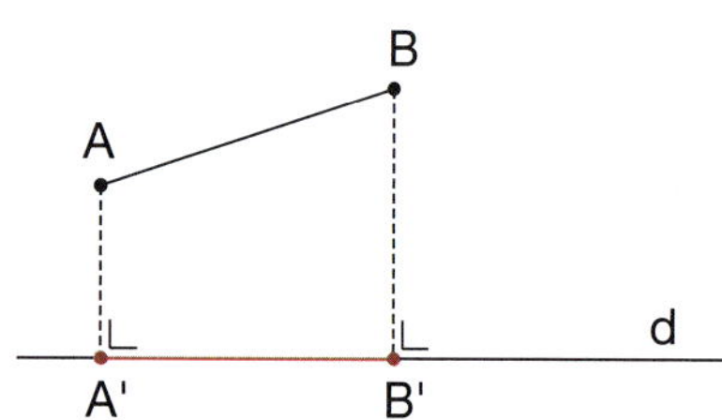

[A'B'] est la projection orthogonale de [AB] sur d.

2. Relations métriques dans le triangle rectangle

a) Dans un triangle rectangle, le carré de la longueur de la hauteur relative à l'hypoténuse est égal au produit des longueurs des segments qu'elle détermine sur l'hypoténuse.

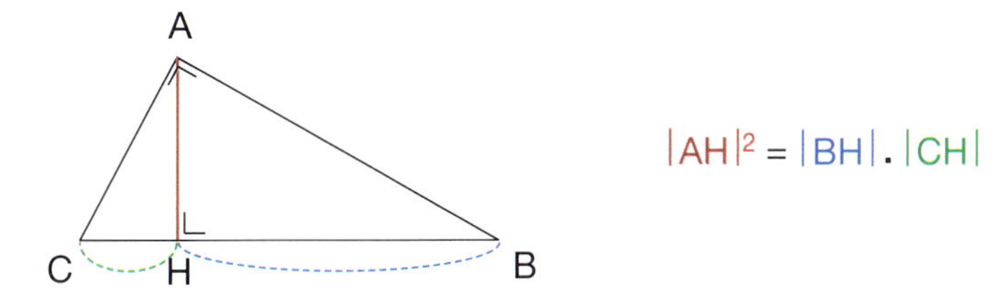

b) Dans un triangle rectangle, le carré de la longueur d'un côté de l'angle droit est égal au produit de la longueur de l'hypoténuse par la longueur de sa projection orthogonale sur l'hypoténuse.

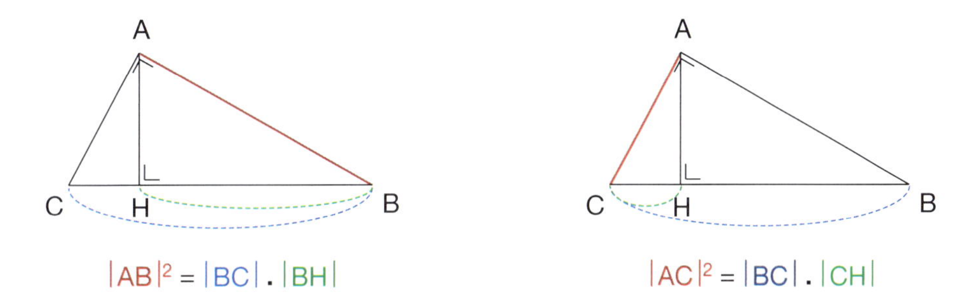

Les relations métriques dans le triangle rectangle seront démontrées dans le chapitre sur les figures semblables.

4

Chapitre 4 • Polynômes

A Définitions

1. Monôme

a) Un monôme de variable x est une expression de la forme $a \cdot x^n$ dans laquelle a est un nombre réel non nul et n est un nombre naturel.

Exemples

$2x^2$ *est un monôme de variable x, de coefficient 2 et de partie littérale* x^2.

$\frac{x^3}{4}$ *est un monôme de variable x, de coefficient* $\frac{1}{4}$ *et de partie littérale* x^3.

$-x^4$ *est un monôme de variable x, de coefficient –1 et de partie littérale* x^4.

b) Le degré d'un monôme par rapport à une variable est l'exposant de cette variable dans le monôme.

Exemples

$2x^2$ *est un monôme du deuxième degré par rapport à x.*

$\frac{x^3}{4}$ *est un monôme du troisième degré par rapport à x.*

$-x^4$ *est un monôme du quatrième degré par rapport à x.*

c) Des monômes semblables sont des monômes qui ont la même partie littérale.

Exemples

$\frac{7x}{2}$ *et* $5x$, $3x^2$ *et* $-2x^2$ *sont des monômes semblables.*

$\frac{5x}{3}$ *et* $4x^2$, $7x^2$ *et* -2 *ne sont pas des monômes semblables.*

d) Des monômes opposés sont des monômes semblables dont les coefficients sont opposés.

Exemple

$-4x^2$ *et* $4x^2$ *sont des monômes opposés.*

2. Polynôme

a) Un polynôme est une somme de monômes.

Exemple

$2x^3 - 3x^2 - 5x + 4$ *est un polynôme en x dont les termes sont* $2x^3$, $-3x^2$, $-5x$ *et 4.*

Notation : $P(x) = 2x^3 - 3x^2 - 5x + 4$

b) Le terme indépendant d'un polynôme par rapport à une variable est le terme de degré zéro par rapport à cette variable.

Exemple

$P(x) = 2x^3 - 3x^2 - 5x + 4$

4 est le terme indépendant du polynôme P(x) car sa valeur ne dépend pas de la variable x et son degré est 0. En effet, $4 = 4 \cdot x^0$.

c) Un polynôme réduit est un polynôme qui ne contient plus de monômes semblables.

Exemple

$P(x) = 5x^3 - 2x^2 - 5x - x^2 - 3x^3 + 4$

P(x) est un polynôme non réduit.

$2x^3 - 3x^2 - 5x + 4$ *est la forme réduite de P(x).*

Remarques

Un binôme est un polynôme réduit de deux termes.
Un trinôme est un polynôme réduit de trois termes.
Un quadrinôme est un polynôme réduit de quatre termes.

Exemples

$4x^2 - 3$ *et* $2x + 3$ *sont des binômes.*

$3x^2 - 2x + 5$ *et* $9x^3 + 12x^2 + 4$ *sont des trinômes.*

$2x^3 - 3x^2 - 5x + 4$ *et* $5x^3 - 3x^2 + 3x + 1$ *sont des quadrinômes.*

d) Un polynôme ordonné par rapport à une variable est un polynôme réduit dont les monômes sont classés suivant l'ordre décroissant (ou croissant) des degrés de cette variable.

Exemples

$2x^3 - 3x^2 - 5x + 4$ *est un polynôme réduit et ordonné par rapport aux puissances décroissantes de x.*

$1 - x + 2x^3 + 3x^4$ *est un polynôme réduit et ordonné par rapport aux puissances croissantes de x.*

e) Le degré d'un polynôme réduit par rapport à une variable est l'exposant le plus élevé de cette variable.

Exemples

$-3x^4 + 2x^3 - 5x + 4$ *est un polynôme du quatrième degré par rapport à x.*

$4x^3 + 2x^2 - 5x + 1$ *est un polynôme du troisième degré par rapport à x.*

f) Un polynôme complet par rapport à une variable est un polynôme qui contient toutes les puissances de cette variable à partir de la plus élevée.

Exemples

$2x^3 - 3x^2 - 5x + 4$ *est un polynôme complet en x car il possède un terme en* x^3*, un terme en* x^2*, un terme en* x^1 *et un terme en* x^0*.*

$2x^3 - 5x + 1$ *est un polynôme incomplet en x car il ne possède pas de terme en* x^2*.*
On peut écrire $P(x) = 2x^3 + \mathbf{0x^2} - 5x + 1$*.*

B Valeur numérique d'un polynôme

4

1. Définition

Une valeur numérique d'un polynôme est la valeur que l'on obtient en remplaçant la variable par un réel donné.

Exemples

$P(x) = 2x^3 - 3x^2 - 5x + 4$

$P(2) = 2 \cdot 2^3 - 3 \cdot 2^2 - 5 \cdot 2 + 4 = 2 \cdot 8 - 3 \cdot 4 - 5 \cdot 2 + 4 = 16 - 12 - 10 + 4 = -2$
−2 est la valeur numérique de ce polynôme pour x = 2.

$P(3) = 2 \cdot 3^3 - 3 \cdot 3^2 - 5 \cdot 3 + 4 = 2 \cdot 27 - 3 \cdot 9 - 5 \cdot 3 + 4 = 54 - 27 - 15 + 4 = 16$
16 est la valeur numérique de ce polynôme pour x = 3.

$$\begin{aligned}P(-3) &= 2 \cdot (-3)^3 - 3 \cdot (-3)^2 - 5 \cdot (-3) + 4\\ &= 2 \cdot (-27) - 3 \cdot 9 - 5 \cdot (-3) + 4\\ &= -54 - 27 + 15 + 4\\ &= -62\end{aligned}$$

−62 est la valeur numérique de ce polynôme pour x = −3.

2. Remarques

La valeur numérique d'un polynôme pour $x = 0$ est égale à la valeur de son terme indépendant.

Exemple

$P(x) = 2x^3 - 3x^2 - 5x + \underline{4}$

$P(0) = 2 \cdot 0^3 - 3 \cdot 0^2 - 5 \cdot 0 + 4 = 0 - 0 - 0 + 4 = \underline{4}$

La valeur numérique d'un polynôme pour $x = 1$ est égale à la somme des coefficients des termes de ce polynôme.

Exemple

$P(x) = \underline{2}x^3 \underline{-3}x^2 \underline{-5}x + \underline{4}$

$P(1) = 2 \cdot 1^3 - 3 \cdot 1^2 - 5 \cdot 1 + 4 = 2 \cdot 1 - 3 \cdot 1 - 5 \cdot 1 + 4 = \underline{2} \underline{-3} \underline{-5} + \underline{4} = -2$

C Somme de polynômes

1. Règle

Pour effectuer la somme de plusieurs polynômes, on les écrit à la suite les uns des autres, on applique les règles de suppression des parenthèses et on réduit les termes semblables.

Exemples

Si $A(x) = 3x^2 + 2$, $B(x) = 4x^3 + x^2 - 5x + 3$ et $C(x) = 3x^2 + 5x - 1$,

alors

1) $A(x) + B(x) + C(x) = (3x^2 + 2) + (4x^3 + x^2 - 5x + 3) + (3x^2 + 5x - 1)$
$= 3x^2 + 2 + 4x^3 + x^2 - 5x + 3 + 3x^2 + 5x - 1$
$= 4x^3 + 7x^2 + 4$

2) $A(x) - B(x) = (3x^2 + 2) - (4x^3 + x^2 - 5x + 3)$
$= 3x^2 + 2 - 4x^3 - x^2 + 5x - 3$
$= -4x^3 + 2x^2 + 5x - 1$

2. Disposition pratique

Exemples

1)

$A(x) =$		$+ 3x^2$		$+ 2$
$B(x) =$	$+ 4x^3$	$+ x^2$	$- 5x$	$+ 3$
$C(x) =$		$+ 3x^2$	$+ 5x$	$- 1$
$A(x) + B(x) + C(x) =$	$+ 4x^3$	$+ 7x^2$	$+ 0x$	$+ 4$
	$+ 4x^3$	$+ 7x^2$		$+ 4$

2)

$A(x) =$		$+ 3x^2$		$+ 2$
$- B(x) =$	$- 4x^3$	$- x^2$	$+ 5x$	$- 3$
$A(x) - B(x) =$	$- 4x^3$	$+ 2x^2$	$+ 5x$	$- 1$

3. Degré d'une somme de polynômes

Le degré d'une somme de plusieurs polynômes est égal ou inférieur au degré de celui qui a le degré le plus élevé.

$$\left.\begin{array}{l} d^\circ A(x) = a \\ \\ d^\circ B(x) = b \end{array}\right\} \Rightarrow \left\{\begin{array}{l} d^\circ (A(x) + B(x)) = a \text{ si } a > b \\ d^\circ (A(x) + B(x)) = b \text{ si } b > a \\ d^\circ (A(x) + B(x)) \leqslant a \text{ si } a = b \end{array}\right.$$

Exemples

$A(x)$	$x^3 - 2x + 5$	$x^3 - 4x - 1$	$x^4 - x + 3$
$B(x)$	$-3x^3 + 5x - 1$	$-x^3 + x^2 - 2$	$2x^2 + x - 1$
$A(x) + B(x)$	$-2x^3 + 3x + 4$	$x^2 - 4x - 3$	$x^4 + 2x^2 + 2$

$d^\circ A(x)$	3	3	4
$d^\circ B(x)$	3	3	2
$d^\circ (A(x) + B(x))$	3	2	4

D Produit de polynômes

1. Règles

Pour effectuer le produit d'un polynôme par un monôme, on applique la règle de distributivité simple.

Exemple

Si $A(x) = 2x^2$ et $B(x) = 3x^3 - 2x + 1$,

alors $A(x) \cdot B(x) = 2x^2 \cdot (3x^3 - 2x + 1) = 6x^5 - 4x^3 + 2x^2$

Pour effectuer le produit de deux polynômes, on applique la règle de distributivité double.

Exemple

Si $A(x) = x - 4$ et $B(x) = 2x^2 + 3x - 5$,

alors $A(x) \cdot B(x) = (x - 4) \cdot (2x^2 + 3x - 5)$

$= 2x^3 \underline{+ 3x^2} \underline{\underline{- 5x}} \underline{- 8x^2} \underline{\underline{- 12x}} + 20$

$= 2x^3 - 5x^2 - 17x + 20$

2. Disposition pratique

Exemple

$A(x) =$			$+ \; x$	$- \; 4$
$B(x) =$		$+ 2x^2$	$+ \; 3x$	$- \; 5$
			$- \; 5x$	$+ 20$
		$+ 3x^2$	$- 12x$	
	$+ 2x^3$	$- 8x^2$		
$A(x) \,.\, B(x) =$	$+ 2x^3$	$- 5x^2$	$- 17x$	$+ 20$

3. Degré d'un produit de polynômes

Le degré d'un produit de plusieurs polynômes est égal à la somme des degrés de ceux-ci.

$$\left.\begin{array}{l} d°\,A(x) = a \\ d°\,B(x) = b \end{array}\right\} \Rightarrow \quad d°\,(A(x)\,.\,B(x)) = a + b$$

Exemples

$A(x)$	$x^3 - 1$	$2x^3 + 3x - 1$
$B(x)$	$3x^2 + x$	$-3x^3 + 1$
$A(x)\,.\,B(x)$	$3x^5 + x^4 - 3x^2 - x$	$-6x^6 - 9x^4 + 5x^3 + 3x - 1$

$d°\,A(x)$	3	3
$d°\,B(x)$	2	3
$d°\,(A(x)\,.\,B(x))$	$3 + 2 = 5$	$3 + 3 = 6$

E Produits particuliers de polynômes

1. Carré d'un binôme

Règle

Le carré d'un binôme est égal à la somme
du carré du premier terme,
du double produit des deux termes et
du carré du second terme

$$(a + b)^2 = a^2 + 2ab + b^2$$

Exemples

$(x + 3)^2 = x^2 + 2\,.\,x\,.\,3 + 3^2 = x^2 + 6x + 9$

$(x - 4)^2 = x^2 - 2\,.\,x\,.\,4 + 4^2 = x^2 - 8x + 16$

$(-x + 2)^2 = (-x)^2 + 2 \cdot (-x) \cdot 2 + 2^2 = x^2 - 4x + 4$

$(-x - 5)^2 = (-x)^2 + 2 \cdot (-x) \cdot (-5) + (-5)^2 = x^2 + 10x + 25$

Remarque

Dans le développement du carré d'un binôme,
les carrés sont toujours positifs et
le double produit est positif si les deux termes sont de même signe et négatif si les deux termes sont de signes différents.

2. Produit de deux binômes conjugués

Règle

Le produit de deux binômes conjugués est égal
au carré du terme qui ne change pas de signe,
diminué du carré du terme qui change de signe.

$$(a + b) \cdot (a - b) = a^2 - b^2$$

Exemples

$(x - 3) \cdot (x + 3) = x^2 - 3^2 = x^2 - 9$

$(-x - 4) \cdot (-x + 4) = (-x)^2 - 4^2 = x^2 - 16$

$(x + 3) \cdot (-x + 3) = 3^2 - x^2 = 9 - x^2$

3. Cube d'un binôme

Règle

Le cube d'un binôme est égal à la somme
du cube du premier terme,
du triple produit du carré du premier terme par le second,
du triple produit du premier terme par le carré du second et
du cube du second terme.

$$(a + b)^3 = a^3 + 3a^2b + 3ab^2 + b^3$$

Exemples

$(x + 5)^3 = x^3 + 3 \cdot x^2 \cdot 5 + 3 \cdot x \cdot 5^2 + 5^3$

$= x^3 + 3 \cdot x^2 \cdot 5 + 3 \cdot x \cdot 25 + 125$

$= x^3 + 15x^2 + 75x + 125$

$(2x - 1)^3 = (2x)^3 + 3 \cdot (2x)^2 \cdot (-1) + 3 \cdot 2x \cdot (-1)^2 + (-1)^3$

$= 8x^3 + 3 \cdot 4x^2 \cdot (-1) + 3 \cdot 2x \cdot 1 + (-1)$

$= 8x^3 - 12x^2 + 6x - 1$

F Quotient d'un polynôme par un polynôme

1. Relation générale

Si on divise un polynôme A(x) par un polynôme D(x), alors il existe deux polynômes Q(x) et R(x) tels que :

$$A(x) = D(x) \, . \, Q(x) + R(x) \quad \text{avec} \quad d° R(x) < d° D(x)$$

Exemples

Si $A(x) = 10x^4 - 6x^3 - 8x^2 + 3x - 5$ *et* $D(x) = 2x^2$,
alors $10x^4 - 6x^3 - 8x^2 + 3x - 5 = 2x^2 \, . \, (5x^2 - 3x - 4) + (3x - 5)$ *avec* $d° R(x) < d° D(x)$
$1 < 2$

Si $A(x) = 2x^4 + 3x^3 - x + 4$ *et* $D(x) = x^3 - x + 1$,
alors $2x^4 + 3x^3 - x + 4 = (x^3 - x + 1) \, . \, (2x + 3) + (2x^2 + 1)$ *avec* $d° R(x) < d° D(x)$
$2 < 3$

2. Degré du quotient d'un polynôme par un polynôme

Le degré du quotient Q(x) d'un polynôme A(x) par un polynôme D(x) est égal à la différence des degrés de ceux-ci.

$$\left.\begin{array}{l} d° A(x) = a \\ d° B(x) = b \end{array}\right\} \Rightarrow d° Q(x) = a - b$$

Exemples

$A(x)$	$9x^3 + 12x^2$	$8x^4 + 2x^2 - x$	$x^4 + 3x^3 - 3x - 1$	$-2x^3 + 3x^2 + 5x - 4$
$D(x)$	$3x$	$2x^2$	$x^2 - 1$	$x^2 - 1$
$Q(x)$	$3x^2 + 4x$	$4x^2 + 1$	$x^2 + 3x + 1$	$-2x + 3$
$R(x)$	0	$-x$	0	$3x - 1$
$d° A(x)$	3	4	4	3
$d° D(x)$	1	2	2	2
$d° Q(x)$	$3 - 1 = \mathbf{2}$	$4 - 2 = \mathbf{2}$	$4 - 2 = \mathbf{2}$	$3 - 2 = \mathbf{1}$
$d° R(x)$	$\mathbf{0} < 1$	$\mathbf{1} < 2$	$\mathbf{0} < 2$	$\mathbf{1} < 2$

3. Cas particulier

Si le reste du quotient est nul, alors la relation A(x) = D(x) . Q(x) + R(x) devient A(x) = D(x) . Q(x), ce qui signifie que le polynôme A(x) est divisible par le polynôme D(x).

Exemples

Si $A(x) = 9x^3 + 12x^2$ *et* $D(x) = 3x$,
alors $9x^3 + 12x^2 = 3x \, . \, (3x^2 + 4x)$
Le polynôme $9x^3 + 12x^2$ *est divisible par le monôme* $3x$.

Si $A(x) = x^2 + 5x + 6$ *et* $D(x) = x + 2$,

alors $x^2 + 5x + 6 = (x + 2) \cdot (x + 3)$

Le polynôme $x^2 + 5x + 6$ *est divisible par le polynôme* $x + 2$.

Si $A(x) = 3x^3 - 8x^2 + 7x - 2$ *et* $D(x) = 3x - 2$,

alors $3x^3 - 8x^2 + 7x - 2 = (3x - 2) \cdot (x^2 - 2x + 1)$

Le polynôme $3x^3 - 8x^2 + 7x - 2$ *est divisible par le polynôme* $3x - 2$.

4. Quotient d'un polynôme par un monôme

Pour effectuer le quotient d'un polynôme par un monôme, on divise chaque terme du polynôme par ce monôme.

Exemples

Si $A(x) = 8x^4 + 4x^3 - 12x^2$ *et* $D(x) = 2x^2$,

alors $\dfrac{8x^4 + 4x^3 - 12x^2}{2x^2} = \dfrac{8x^4}{2x^2} + \dfrac{4x^3}{2x^2} - \dfrac{12x^2}{2x^2} = 4x^2 + 2x - 6$

$8x^4 + 4x^3 - 12x^2 = 2x^2 \cdot (4x^2 + 2x - 6)$

Si $A(x) = 10x^4 - 6x^3 - 8x^2 + 3x - 5$ *et* $D(x) = 2x^2$,

alors $\dfrac{10x^4 - 6x^3 - 8x^2 + 3x - 5}{2x^2} = 5x^2 - 3x - 4 + \dfrac{3x - 5}{2x^2}$

$10x^4 - 6x^3 - 8x^2 + 3x - 5 = 2x^2 \cdot (5x^2 - 3x - 4) + 3x - 5$

5. Quotient d'un polynôme par un polynôme : méthode pratique

Pour diviser le polynôme A(x) par le polynôme D(x), il suffit ...

a) d'ordonner les polynômes dividende A(x) et diviseur D(x) selon les puissances décroissantes de la variable.

b) de compléter, si nécessaire, le polynôme dividende A(x) par des termes de coefficients nuls.

c) de diviser le premier terme du dividende par le premier terme du diviseur pour obtenir le premier terme du quotient,

d) de multiplier le diviseur par le premier terme du quotient,

e) de soustraire ce résultat du dividende pour obtenir le premier reste partiel,

et de recommencer le même travail avec le reste partiel comme dividende jusqu'à ce que le degré du reste soit inférieur à celui du diviseur.

Exemples

Si $A(x) = 2x^5 + 7x^4 - 2x^3 + 4x^2 - 5x + 1$ *et* $D(x) = x^3 + 2x^2 - x + 3$

$$
\begin{array}{rrrrrr|l}
\multicolumn{6}{c|}{A(x)} & D(x) \\
2x^5 & +7x^4 & -2x^3 & +4x^2 & -5x & +1 & x^3 + 2x^2 - x + 3 \\ \cline{7-7}
-2x^5 & -4x^4 & +2x^3 & -6x^2 & & & \underline{\mathbf{2x^2 + 3x - 6}} \\ \cline{1-6}
 & 3x^4 & & -2x^2 & -5x & +1 & \quad Q(x) \\
 & -3x^4 & -6x^3 & +3x^2 & -9x & & \\ \cline{1-6}
 & & -6x^3 & +x^2 & -14x & +1 & \\
 & & 6x^3 & +12x^2 & -6x & +18 & \\ \cline{1-6}
 & & & 13x^2 & -20x & +19 & \\
 & & & \multicolumn{3}{c|}{R(x)} &
\end{array}
$$

Étape 1

a) $2x^5 : x^3 = \underline{\mathbf{2x^2}}$

b) $2x^2 \cdot (x^3 + 2x^2 - x + 3) = 2x^5 + 4x^4 - 2x^3 + 6x^2$

c) $(2x^5 + 7x^4 - 2x^3 + 4x^2 - 5x + 1) - (2x^5 + 4x^4 - 2x^3 + 6x^2) = 3x^4 - 2x^2 - 5x + 1$

Étape 2

a) $3x^4 : x^3 = \underline{\mathbf{3x}}$

b) $3x \cdot (x^3 + 2x^2 - x + 3) = 3x^4 + 6x^3 - 3x^2 + 9x$

c) $(3x^4 - 2x^2 - 5x + 1) - (3x^4 + 6x^3 - 3x^2 + 9x) = -6x^3 + x^2 - 14x + 1$

Étape 3

a) $-6x^3 : x^3 = \underline{\mathbf{-6}}$

b) $-6 \cdot (x^3 + 2x^2 - x + 3) = -6x^3 - 12x^2 + 6x - 18$

c) $(-6x^3 + x^2 - 14x + 1) - (-6x^3 - 12x^2 + 6x - 18) = 13x^2 - 20x + 19$

Vérification

$A(x) = D(x) \cdot Q(x) + R(x)$

$2x^5 + 7x^4 - 2x^3 + 4x^2 - 5x + 1$

$= (x^3 + 2x^2 - x + 3) \cdot (2x^2 + 3x - 6) + (13x^2 - 20x + 19)$

$= 2x^5 + 3x^4 - 6x^3 + 4x^4 + 6x^3 - 12x^2 - 2x^3 - 3x^2 + 6x + 6x^2 + 9x - 18 + 13x^2 - 20x + 19$

$= 2x^5 + 7x^4 - 2x^3 + 4x^2 - 5x + 1$

G Quotient d'un polynôme par un binôme de la forme « x – a »

1. Relation générale

Si on divise un polynôme A(x) par un binôme de la forme « x – a », alors il existe deux polynômes Q(x) et R(x) tels que :

$$A(x) = (x - a) \cdot Q(x) + r$$

2. Degré du quotient d'un polynôme par un binôme de la forme « x – a »

Le degré du quotient Q(x) d'un polynôme A(x) par un binôme D(x) de la forme « x – a » est égal au degré du polynôme A(x) diminué de 1.

$$\left.\begin{array}{l} d^\circ\, A(x) = a \\ d^\circ\, D(x) = 1 \end{array}\right\} \Rightarrow \quad d^\circ\, Q(x) = a - 1$$

4

3. Utilisation de la méthode des coefficients indéterminés

Pour diviser un polynôme A(x) par un binôme de la forme « x – a », on peut déterminer le quotient et le reste par la méthode dite des coefficients indéterminés.
Il suffit ...
a) de déterminer les degrés de Q(x) et R(x) en utilisant les degrés de A(x) et de D(x),
b) d'écrire l'égalité A(x) = D(x) . Q(x) + R(x) en utilisant des lettres (m, n, ...) pour les coefficients indéterminés.
c) de déterminer la valeur des coefficients utilisés dans cette expression en égalant les coefficients des termes de même puissance.

Exemple

Si $A(x) = 2x^3 - x^2 - 19x + 17$ et $D(x) = x - 3$, alors

$$\left.\begin{array}{l} d^\circ\, A(x) = 3 \\ d^\circ\, D(x) = 1 \end{array}\right\} \Rightarrow \left\{\begin{array}{l} d^\circ\, Q(x) = 3 - 1 = 2 \\ d^\circ\, R(x) = 0 \end{array}\right.$$

Le quotient et le reste vérifient l'égalité ci-dessous.

$$2x^3 - x^2 - 19x + 17 = (x - 3) \cdot (mx^2 + nx + p) + r$$

Il suffit alors de déterminer la valeur des coefficients m, n, p et r.

$$2x^3 - x^2 - 19x + 17 = mx^3 + nx^2 + px - 3mx^2 - 3nx - 3p + r$$

$$2x^3 - x^2 - 19x + 17 = mx^3 + (n - 3m) \cdot x^2 + (p - 3n) \cdot x + r - 3p$$

Puisque les deux polynômes sont égaux, alors les coefficients des termes de même puissance sont égaux.

$m = 2$	$n - 3m = -1$	$p - 3n = -19$	$r - 3p = 17$
	$n = -1 + 3m$	$p = -19 + 3n$	$r = 17 + 3p$
	$n = -1 + 3 \cdot 2$	$p = -19 + 3 \cdot 5$	$r = 17 + 3 \cdot (-4)$
	$n = -1 + 6$	$p = -19 + 15$	$r = 17 - 12$
	$n = 5$	$p = -4$	$r = 5$

La solution peut s'écrire sous la forme :

$$2x^3 - x^2 - 19x + 17 = (x - 3) \cdot \underbrace{(2x^2 + 5x - 4)}_{Q(x)} \underbrace{+ 5}_{r}$$

4. Utilisation du tableau d'Horner

La recherche des coefficients peut se faire également sous la forme d'un tableau appelé tableau d'Horner.

Exemple

$A(x) = 2x^3 - x^2 - 19x + 17$ et $D(x) = x - 3$

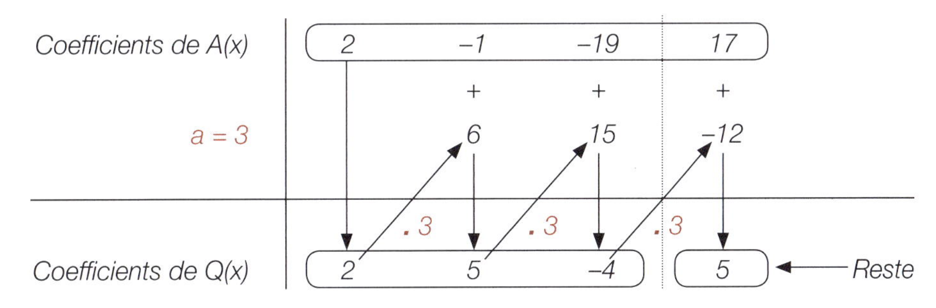

La solution peut s'écrire sous la forme :

$$2x^3 - x^2 - 19x + 17 = (x - 3) \cdot \underbrace{(2x^2 + 5x - 4)}_{Q(x)} \underbrace{+ 5}_{r}$$

Remarques

Avant de noter les coefficients du polynôme A(x) dans le tableau, il faut l'ordonner, selon les puissances décroissantes de la variable, et si nécessaire, compléter son écriture par des termes de coefficients nuls.

Exemple

$A(x) = x^4 - 3x^3 + 2x + 5$ et $D(x) = x - 2$

$A(x) = x^4 - 3x^3 + 0x^2 + 2x + 5$

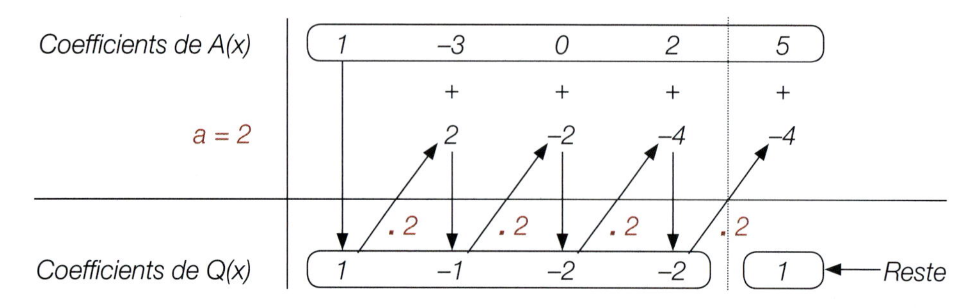

La solution peut s'écrire sous la forme :

$$x^4 - 3x^3 + 2x + 5 = (x - 2) \cdot \underbrace{(x^3 - x^2 - 2x - 2)}_{Q(x)} \underbrace{+\ 1}_{r}$$

Pour diviser un polynôme A(x) par un binôme de la forme (x + a), il suffit de diviser le polynôme A(x) par le binôme de la forme « x – (–a) ».

Exemples

$A(x) = 2x^3 + 5x^2 - x - 7$ et $D(x) = x + 2 = x - (-2)$

Coefficients de A(x)	2	5	–1	–7
		+	+	+
a = –2		–4	–2	6
		. (–2)	. (–2)	. (–2)
Coefficients de Q(x)	2	1	–3	–1 ← Reste

La solution peut s'écrire sous la forme :

$$2x^3 + 5x^2 - x - 7 = (x + 2) \cdot \underbrace{(2x^2 + x - 3)}_{Q(x)} + \underbrace{(-1)}_{r}$$

Chapitre 5 • Figures isométriques

A Figures isométriques

1. Définitions

Une isométrie est une transformation du plan qui conserve les mesures.

Deux figures isométriques sont deux figures images l'une de l'autre par une isométrie.

2. Vocabulaire

Dans deux figures isométriques, les côtés et les angles qui sont images l'un de l'autre sont appelés respectivement côtés et angles homologues.

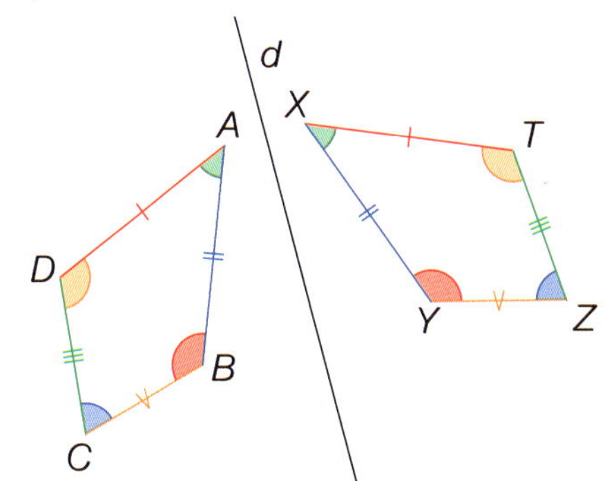

Le quadrilatère XYZT est l'image du quadrilatère ABCD par la symétrie orthogonale d'axe d.

Les côtés homologues sont [AB] et [XY], [BC] et [YZ], [CD] et [ZT], [DA] et [TX].

Les angles homologues sont $\widehat{A}$ et $\widehat{X}$, $\widehat{B}$ et $\widehat{Y}$, $\widehat{C}$ et $\widehat{Z}$, $\widehat{D}$ et $\widehat{T}$.

3. Propriété

Deux figures isométriques ont leurs côtés homologues de même longueur et leurs angles homologues de même amplitude.

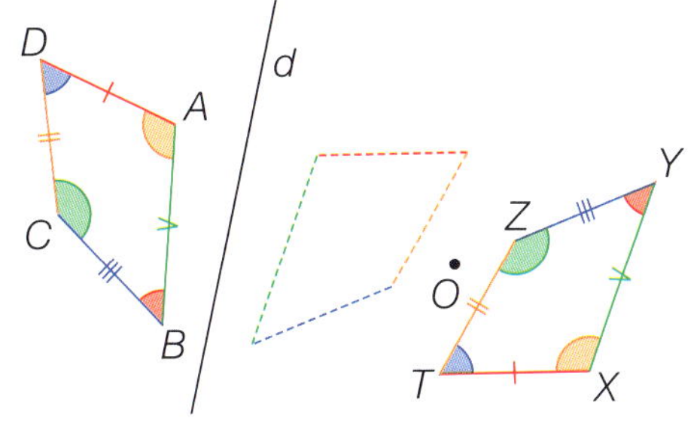

Le quadrilatère XYZT est l'image du quadrilatère ABCD par la symétrie orthogonale d'axe d suivie de la symétrie centrale de centre O.

$$ABCD \text{ iso } XYZT^* \Rightarrow \begin{cases} |AB| = |XY|,\ |BC| = |YZ|,\ |CD| = |ZT| \text{ et } |DA| = |TX| \\ |\widehat{A}| = |\widehat{X}|,\ |\widehat{B}| = |\widehat{Y}|,\ |\widehat{C}| = |\widehat{Z}| \text{ et } |\widehat{D}| = |\widehat{T}| \end{cases}$$

* *Le quadrilatère ABCD est isométrique au quadrilatère XYZT.*

B Triangles isométriques

Pour justifier l'isométrie de deux triangles, nous devrions prouver que leurs côtés homologues sont de même longueur (trois égalités) et que leurs angles homologues sont de même amplitude (trois égalités).

En choisissant judicieusement trois de ces six égalités, nous pouvons prouver que deux triangles sont isométriques.

1. Cas d'isométrie de deux triangles

a) Si deux triangles ont leurs côtés homologues de même longueur, alors ils sont isométriques (CCC).

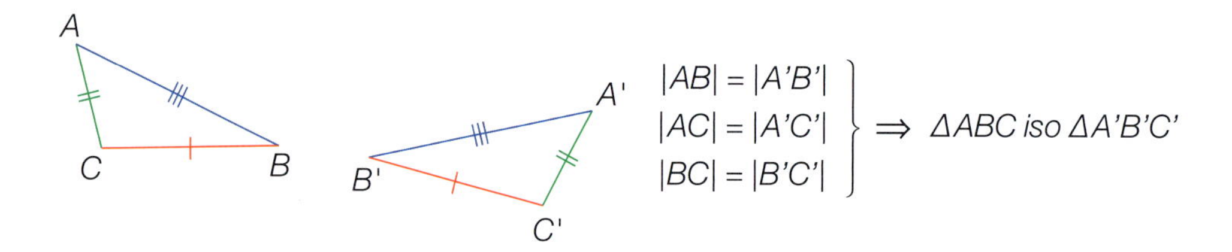

b) Si deux triangles ont un angle de même amplitude compris entre des côtés homologues de même longueur, alors ils sont isométriques (CAC).

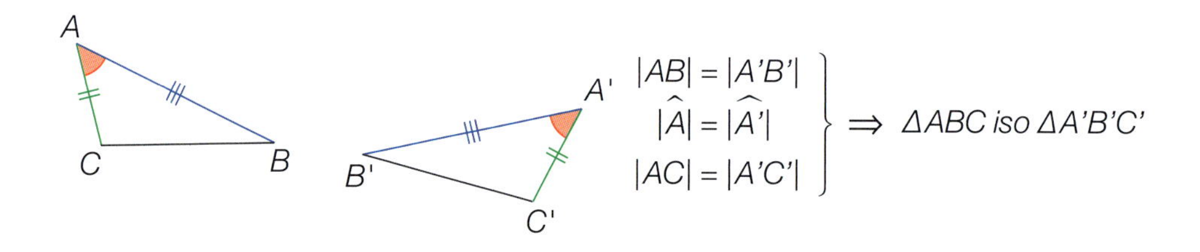

c) Si deux triangles ont un côté de même longueur adjacent à des angles homologues de même amplitude, alors ils sont isométriques (ACA).

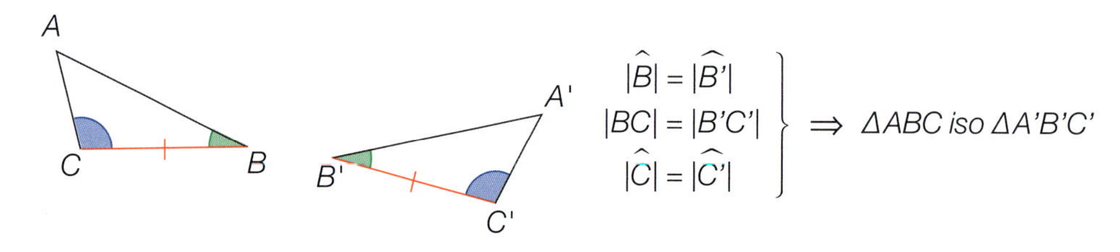

5

2. Cas d'isométrie de deux triangles rectangles

a) Si deux triangles rectangles ont l'hypoténuse de même longueur et un angle aigu de même amplitude, alors ils sont isométriques.

Exemple

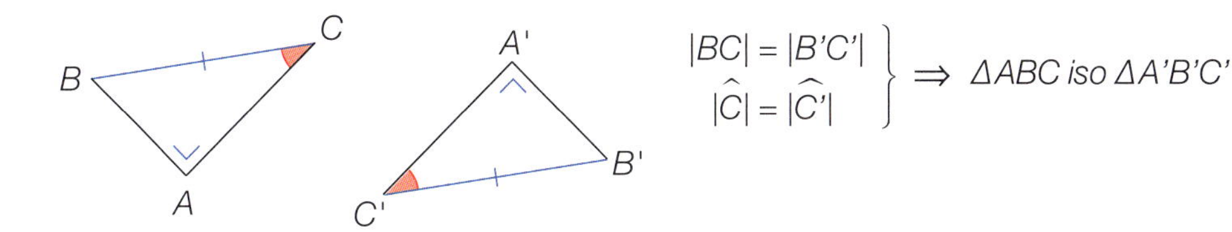

b) Si deux triangles rectangles ont l'hypoténuse de même longueur et un côté de l'angle droit respectivement de même longueur, alors ils sont isométriques.

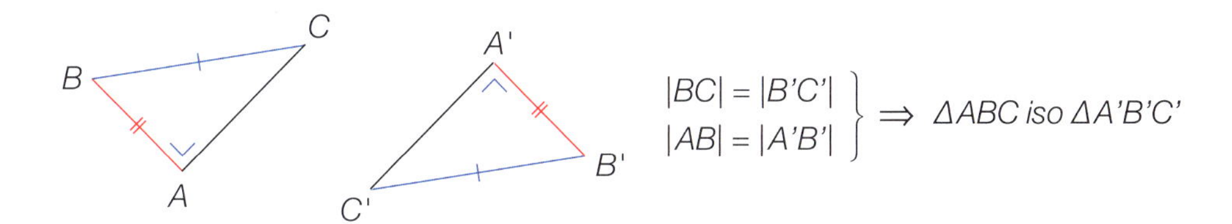

Chapitre 6 • Approche graphique d'une fonction

A Notion de fonction

1. Introduction

Une relation entre deux variables x et y peut être décrite par :
- un tableau qui associe les valeurs de x et de y,
- un graphique qui représente l'ensemble des points de coordonnées (x ; y),
- une égalité mathématique, appelée l'équation du graphique, qui exprime le lien existant entre les deux variables.

Exemples

$y = 2x + 4$

x	-3	-2	-1	0	1	2
y	-2	0	2	4	6	8

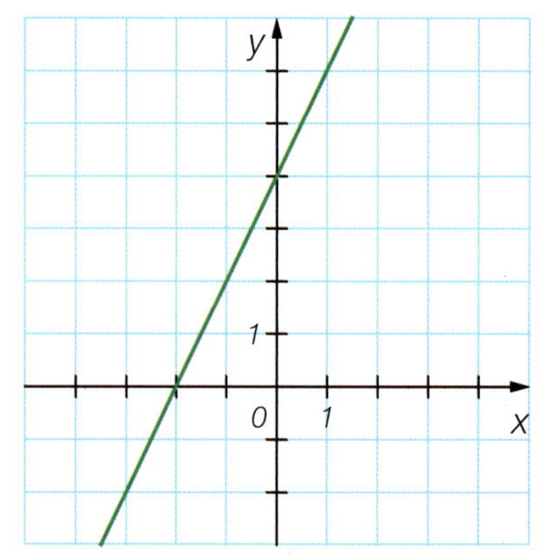

$y^2 = x$

x	0	1		4		9	
y	0	1	-1	2	-2	3	-3

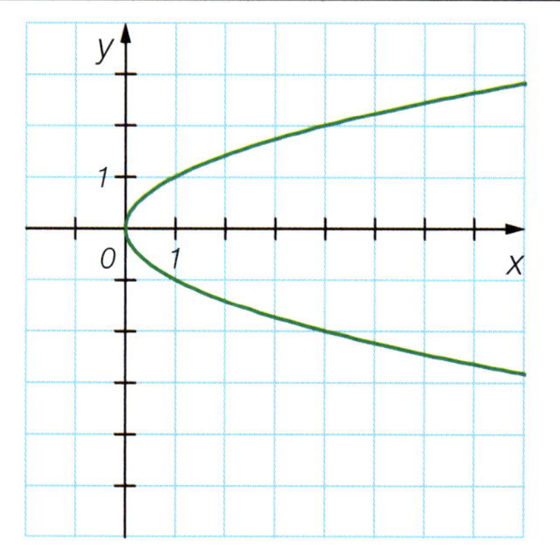

2. Définition

Une fonction est une relation qui à chaque valeur de la variable x, fait correspondre au plus une (0 ou 1) valeur de y.

x et y sont respectivement appelées variable indépendante et variable dépendante.

3. Notations

Pour exprimer que y est une fonction de x, on écrit $y = f(x)$ ou $f : x \rightarrow y = f(x)$.

L'image d'un réel a par une fonction f est notée $f(a)$.

Conséquence

Le point (a ; f(a)) appartient au graphique de la fonction.

Exemple

Graphique de la fonction $f(x) = x^2 + 2x - 1$

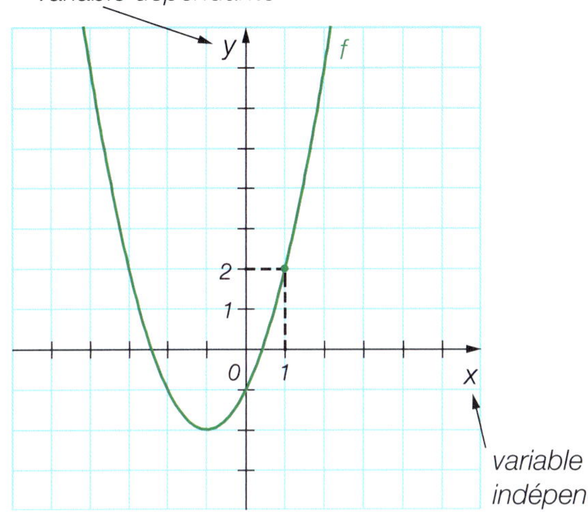

L'image de 1 par la fonction f est 2.
On écrit f(1) = 2.

Le point (1 ; 2) appartient au graphique de la fonction.

Tableau de valeurs

x	-3	-2	-1	0	1	2	3
y	2	-1	-2	-1	2	7	14

Contre-exemple

Le graphique ci-contre représente une relation entre x et y; ce n'est cependant pas une fonction, car à chaque valeur de x comprise entre –2 et 2 correspondent deux valeurs de y opposées.

$$x^2 + y^2 = 4$$

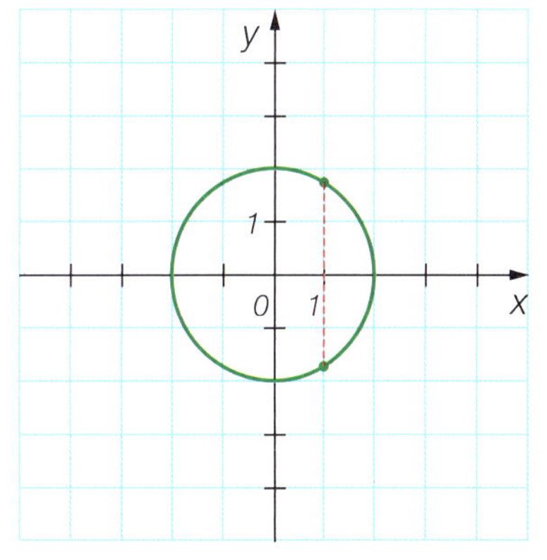

<table>
<tr><td>x</td><td>-2</td><td colspan="2">-1</td><td colspan="2">0</td><td colspan="2">1</td><td>2</td></tr>
<tr><td>y</td><td>0</td><td>$-\sqrt{3}$</td><td>$\sqrt{3}$</td><td>-2</td><td>2</td><td>$-\sqrt{3}$</td><td>$\sqrt{3}$</td><td>0</td></tr>
</table>

B Parties de ℝ

L'ensemble des réels ℝ est souvent représenté sur une droite graduée. En utilisant ce procédé, il est facile de noter des parties de cet ensemble.

Notation	Représentation
	a b ℝ
]a ; b[	
[a ; b]	
]a ; b]	
[a ; b[	

Notation	Représentation
	a ℝ
← ; a[	
]a ; →	
← ; a]	
[a ; →	

Certaines parties de ℝ possèdent une notation particulière.

	Notation	Représentation
		0 a ℝ
Ensemble des réels différents de a	ℝ \ {a}	
Ensemble des réels non nuls	$\mathbb{R}_0$	
Ensemble des réels positifs	$\mathbb{R}^+$	
Ensemble des réels négatifs	$\mathbb{R}^-$	
Ensemble des réels strictement positifs	$\mathbb{R}_0^+$	
Ensemble des réels strictement négatifs	$\mathbb{R}_0^-$	

Lorsqu'un ensemble est constitué de deux sous-ensembles, on utilise le symbole U (union) pour indiquer l'ensemble des éléments appartenant à ces deux sous-ensembles.

Exemple

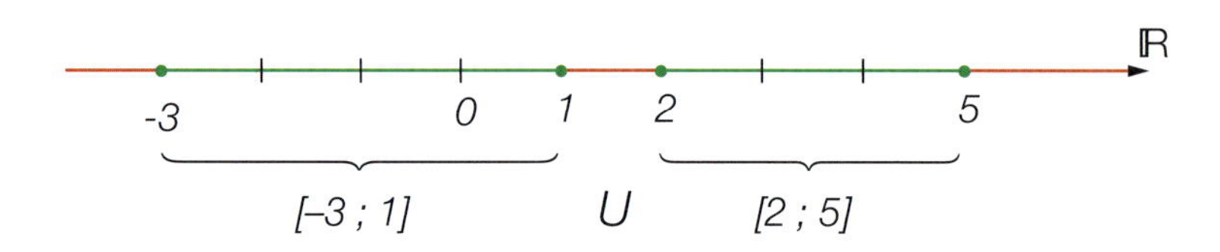

C Domaine et ensemble image

1. Domaine d'une fonction

Le domaine d'une fonction est l'ensemble des réels ayant une image par cette fonction.

Exemples

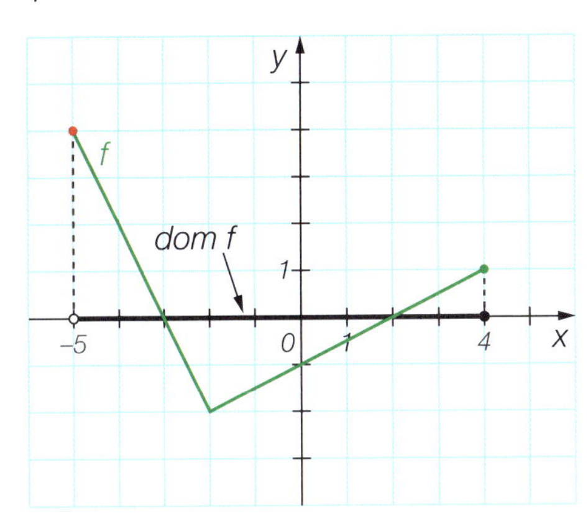

dom f =]−5 ; 4]

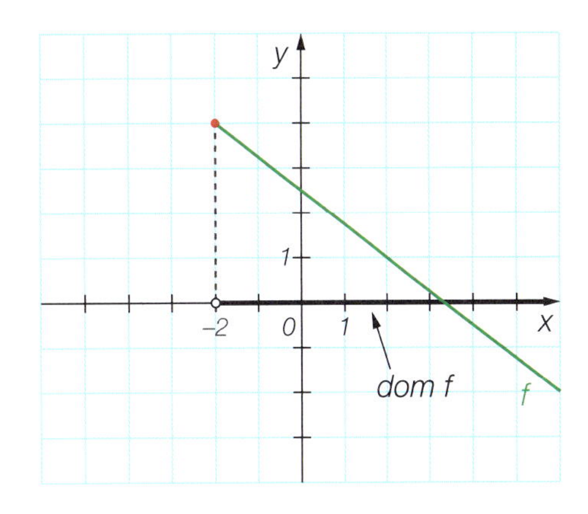

dom f =]−2 ; →

2. Ensemble image d'une fonction

L'ensemble image d'une fonction est l'ensemble des réels images par cette fonction.

Exemples

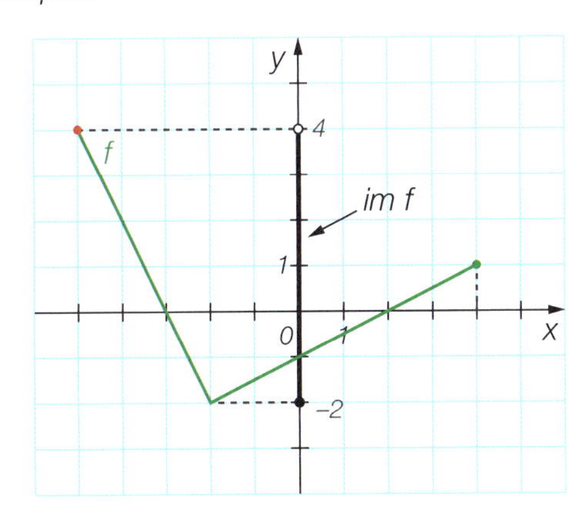

im f = [−2 ; 4[

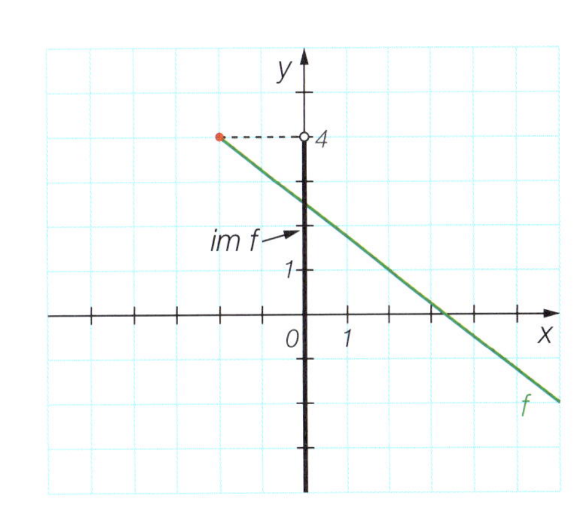

im f = ← ; 4[

6

D Ordonnée à l'origine et zéro d'une fonction

1. Ordonnée à l'origine d'une fonction

Définition

L'ordonnée à l'origine d'une fonction est l'ordonnée du point d'intersection du graphique de cette fonction avec l'axe vertical.

Conséquence

L'ordonnée à l'origine d'une fonction est l'image de zéro par cette fonction.

2. Zéro d'une fonction

Définition

Un zéro d'une fonction est l'abscisse d'un point d'intersection du graphique de cette fonction avec l'axe horizontal.

Conséquence

Un zéro d'une fonction est une valeur de x qui annule y.

Exemple

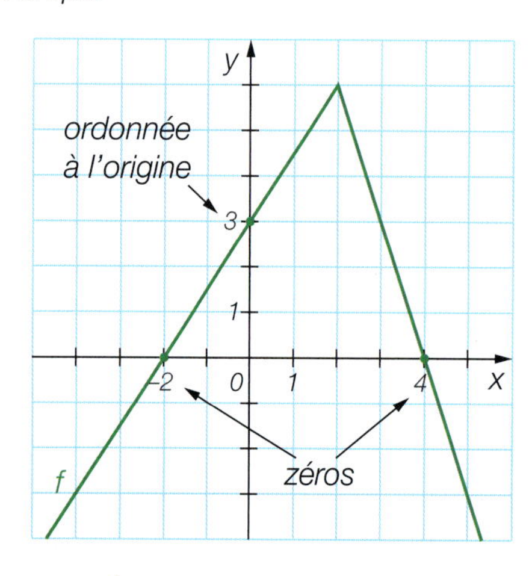

Le graphique de la fonction f coupe l'axe y au point (0 ; 3).

L'ordonnée à l'origine de la fonction f est 3.

$$f(0) = 3$$

Le graphique de la fonction f coupe l'axe x aux points (–2 ; 0) et (4 ; 0).

Les zéros de la fonction f sont –2 et 4.

$$f(-2) = 0 \qquad f(4) = 0$$

Remarque : Une fonction possède au plus une ordonnée à l'origine mais peut posséder plusieurs zéros.

E Signe d'une fonction

1. Signe d'une fonction sur un intervalle

Sur un intervalle de nombres réels, si pour tout nombre a de celui-ci…

- f(a) > 0, alors la fonction f est strictement positive,
- f(a) < 0, alors la fonction f est strictement négative,
- f(a) ⩾ 0, alors la fonction f est positive,
- f(a) ⩽ 0, alors la fonction f est négative.

Exemples

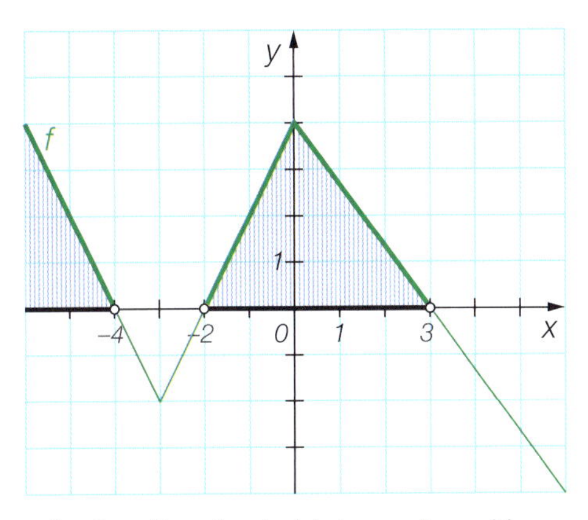

La fonction f est strictement positive sur les intervalles ← ; –4[et]–2 ; 3[

ou

f est strictement positive sur ← ; –4[U]–2 ; 3[

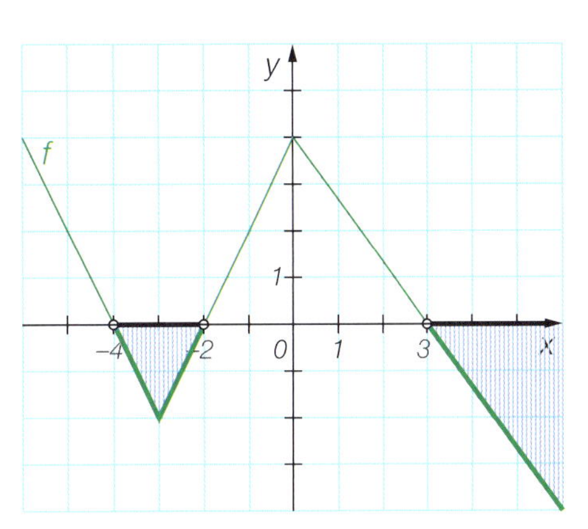

La fonction est strictement négative sur les intervalles]–4 ; –2[et]3 ; →

ou

f est strictement négative sur]–4 ; –2[U]3 ; →

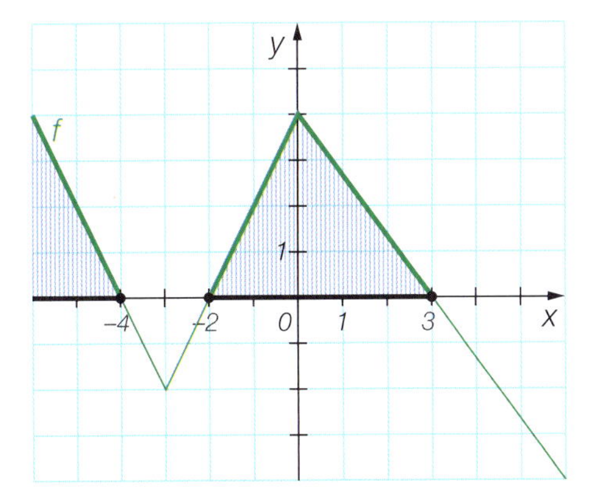

La fonction f est positive sur les intervalles ← ; –4] et [–2 ; 3]

ou

f est positive sur ← ; –4] U [–2 ; 3]

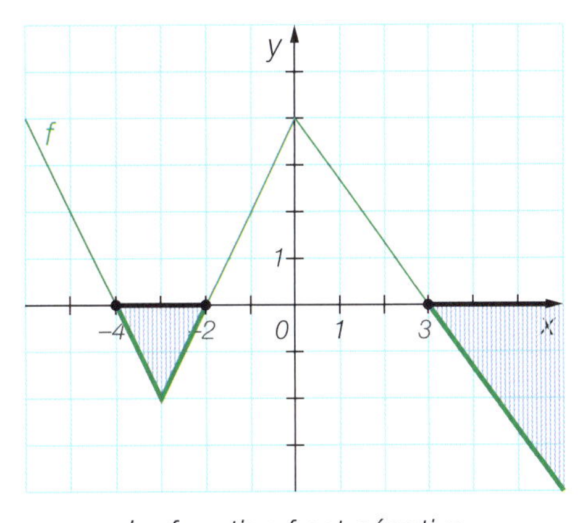

La fonction f est négative sur les intervalles [–4 ; –2] et [3 ; →

ou

f est négative sur [–4 ; –2] U [3 ; →

2. Tableau de signes

Sur la première ligne, on indique les éventuelles bornes du domaine et les zéros. On grise les intervalles qui n'appartiennent pas au domaine de la fonction.

Sur la seconde ligne, on indique :

0 sous les zéros;

+ sous les bornes du domaine dont l'image par f est positive;
− sous les bornes du domaine dont l'image par f est négative;
▒ sous les bornes du domaine qui ne possèdent pas d'image par f;

+ sous les intervalles dont les images des réels par f sont positives;
− sous les intervalles dont les images des réels par f sont négatives;
▒ sous les intervalles dont les réels n'ont pas d'image par f.

Exemples

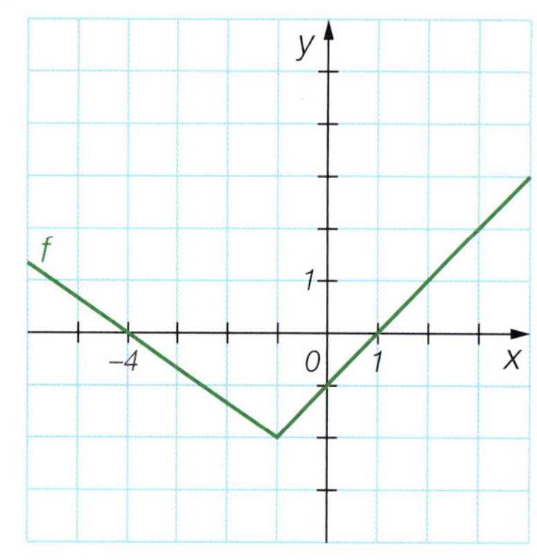

dom f = ℝ
−4 et 1 sont les zéros de f.

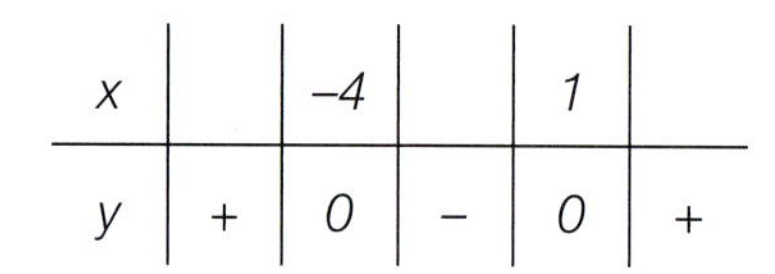

x		−4		1	
y	+	0	−	0	+

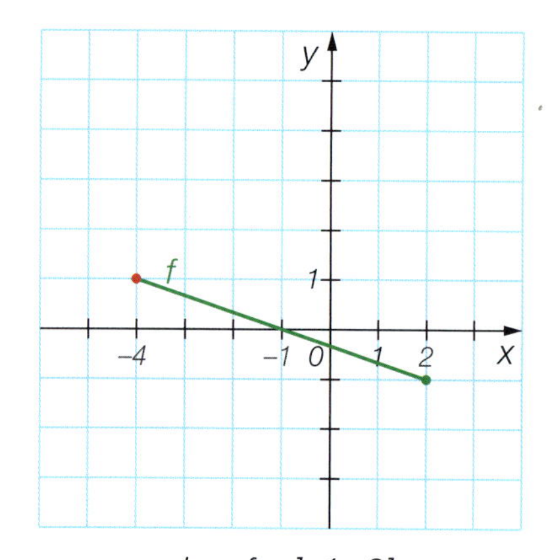

dom f =]−4 ; 2]
−1 est le zéro de f.

x	▒	−4 ▒		−1		2	▒
y	▒	▒	+	0	−	−	▒

F Croissance et extremum d'une fonction

1. Définitions

a) Croissance et décroissance d'une fonction

Une fonction f est croissante sur un intervalle si, lorsque x augmente dans cet intervalle, alors f(x) augmente.

Une fonction f est décroissante sur un intervalle si, lorsque x augmente dans cet intervalle, alors f(x) diminue.

Exemple

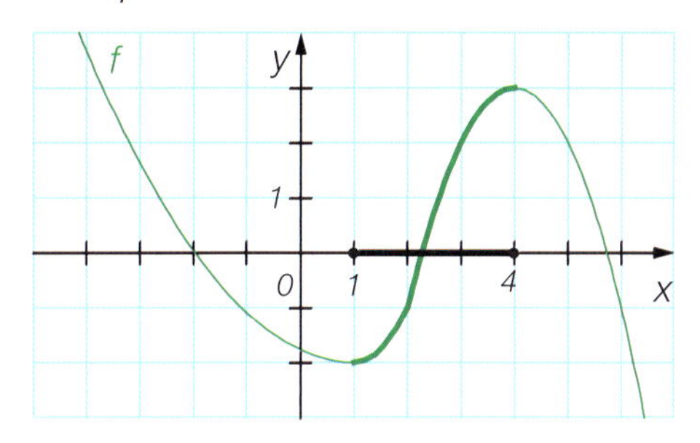

f est croissante sur l'intervalle [1 ; 4]

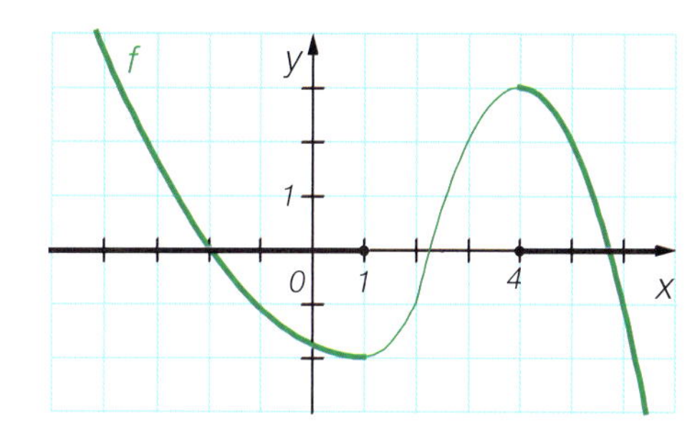

f est décroissante sur les intervalles ← ; 1] et [4 ; →

b) Extremums d'une fonction

Une fonction f admet, sur son domaine,

un maximum local (ou relatif) en un point si l'ordonnée de ce point est supérieure à celles des points du graphique de f situés dans son voisinage.

un minimum local (ou relatif) en un point si l'ordonnée de ce point est inférieure à celles des points du graphique de f situés dans son voisinage.

un maximum absolu en un point si l'ordonnée de ce point est supérieure à celles de tous les points du graphique de f.

un minimum absolu en un point si l'ordonnée de ce point est inférieure à celles de tous les points du graphique de f.

Exemple

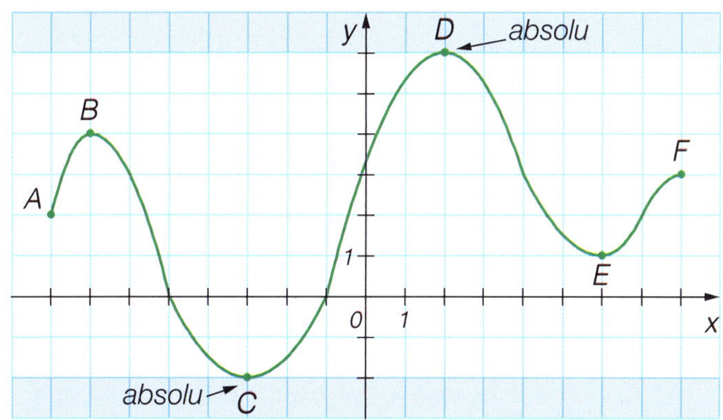

Les points B, D et F sont des maximums locaux.

Le point D est le maximum absolu.

Les points A, C et E sont des minimums locaux.

Le point C est le minimum absolu.

Remarque : par convention, on dira maximum ou minimum pour désigner un maximum ou minimum local.

2. Tableau de variations

Sur la première ligne, on indique les éventuelles bornes du domaine et les abscisses des extremums.

Sur la seconde ligne, on indique :

sous les réels,

leur image	si elle existe;
▒	si elle n'existe pas.

sous les intervalles,

↗	pour indiquer une croissance;
↘	pour indiquer une décroissance;
▒	si les réels de cet intervalle n'ont pas d'image.

Sous la seconde ligne, on indique les maximums et minimums.

Exemples

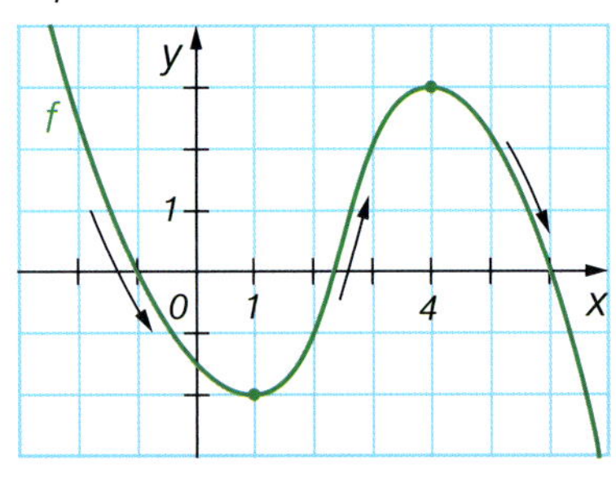

dom f = ℝ

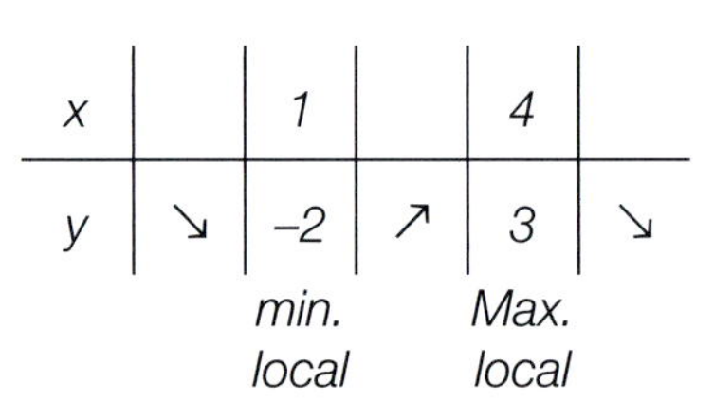

x		1		4	
y	↘	−2	↗	3	↘
		min. local		Max. local	

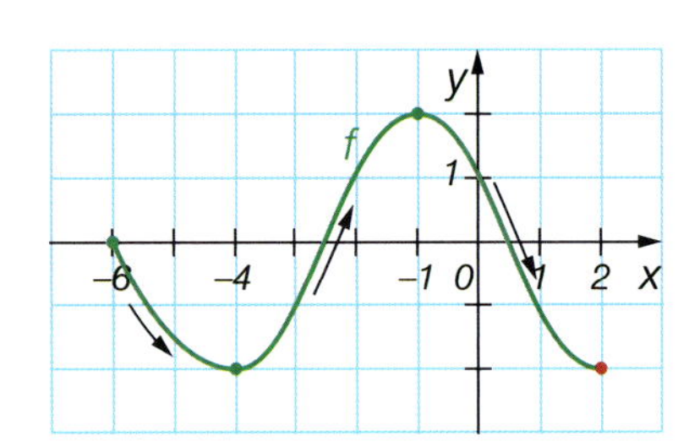

dom f = [−6 ; 2[

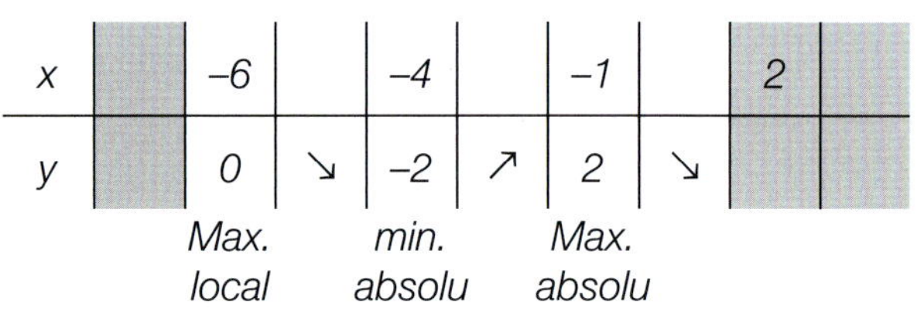

x	▒	−6		−4		−1		2	▒
y	▒	0	↘	−2	↗	2	↘	▒	▒
		Max. local		min. absolu		Max. absolu			

G Résolution graphique d'une équation et comparaison de fonctions

1. Résolution graphique d'une équation

a) **Propriété :** résolution de l'équation f(x) = g(x)

L'abscisse du point d'intersection des graphiques de f(x) et de g(x) est solution de l'équation f(x) = g(x).

Exemple : $f(x) = 2x - 4$ et $g(x) = -x + 5$

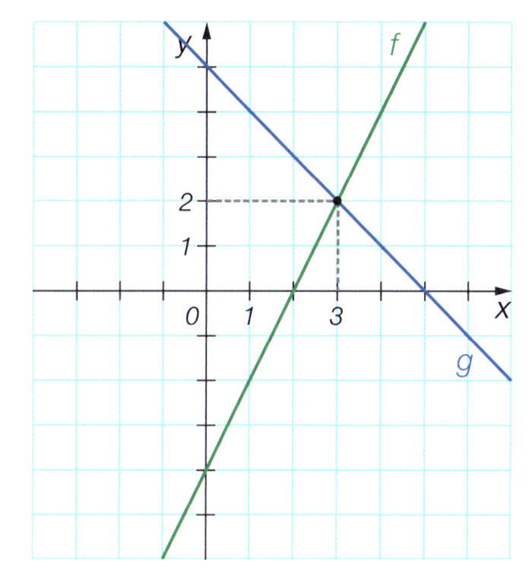

*Les graphiques des fonctions f et g se coupent au point (**3** ; 2).*

***3** est la solution de l'équation*

$$2x - 4 = -x + 5.$$

En effet, $2 \cdot \mathbf{3} - 4 = -\mathbf{3} + 5$

$$6 - 4 = -3 + 5$$

$$2 = 2$$

b) **Cas particulier :** résolution de l'équation f(x) = 0

L'abscisse du point d'intersection du graphique de f(x) et de l'axe des abscisses est solution de l'équation f(x) = 0.

Donc, un zéro d'une fonction f est une solution de l'équation f(x) = 0.

Exemple : $f(x) = 2x + 6$ et $g(x) = 0$

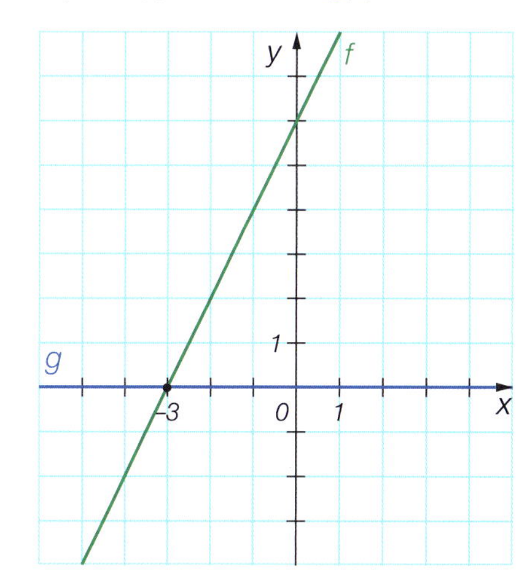

*Les graphiques des fonctions f et g se coupent au point (**–3** ; 0).*

***–3** est la solution de l'équation*

$$2x + 6 = 0.$$

En effet, $2 \cdot (\mathbf{-3}) + 6 = 0$

$$-6 + 6 = 0$$

$$0 = 0$$

***–3** est aussi le zéro de f.*

2. Comparaison de deux fonctions

Si f et g sont deux fonctions,

f(x) > g(x) sur un intervalle si pour tout réel a de cet intervalle, f(a) > g(a).

f(x) ⩾ g(x) sur un intervalle si pour tout réel a de cet intervalle, f(a) ⩾ g(a).

Exemples

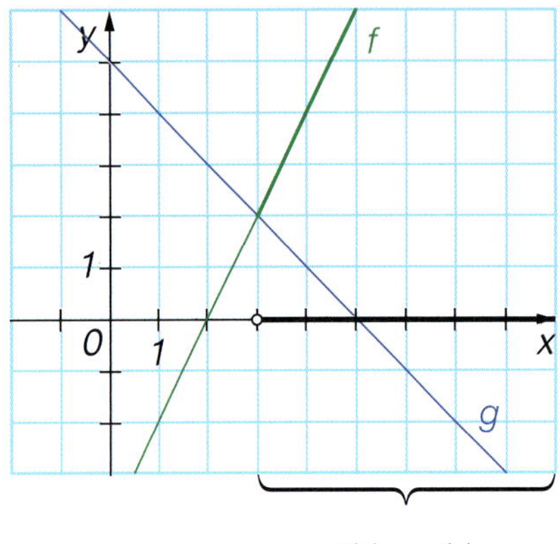

f(x) > g(x)

]3 ; →

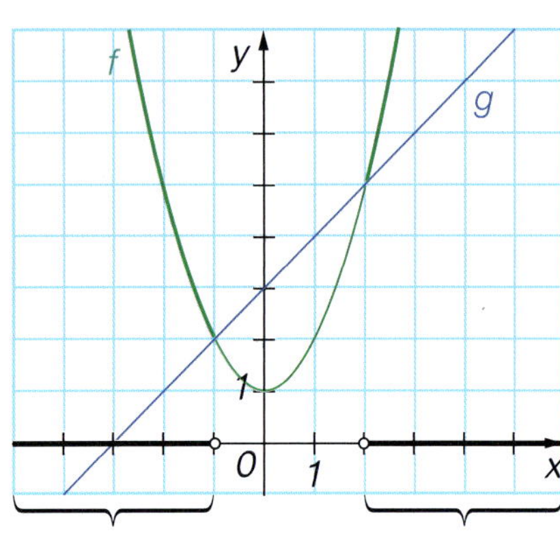

f(x) > g(x)

← ; −1[

f(x) > g(x)

]2 ; →

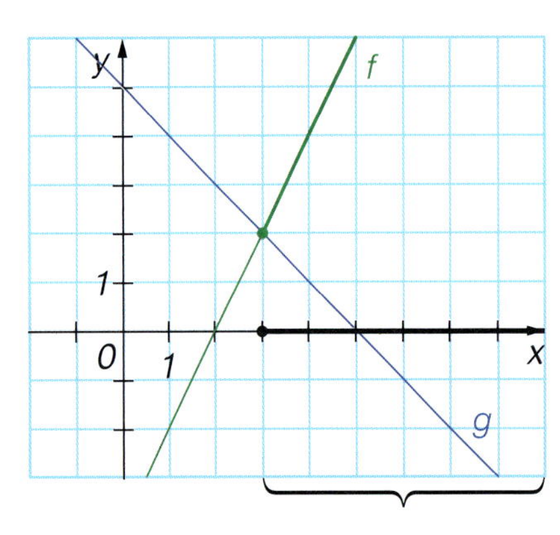

f(x) ⩾ g(x)

[3 ; →

f(x) ⩾ g(x)

← ; −1]

f(x) ⩾ g(x)

[2 ; →

Chapitre 7 • Factorisation et équations « produit nul »

A Factorisation

Définition

La factorisation d'une somme algébrique est la transformation de celle-ci en un produit de facteurs.

Exemples

$4a + 8 = 4 \,.\, (a + 2)$

$x^2 - 9 = (x + 3) \,.\, (x - 3)$

B Méthodes de factorisation

1. Mise en évidence

Lorsque tous les termes d'une somme algébrique possèdent un (des) facteur(s) commun(s), on peut transformer cette somme en un produit de facteurs.

Ce produit est formé ...
des facteurs communs et
d'une somme constituée des quotients de chaque terme par les facteurs communs.

Exemples simples

$12x + 8 = 4 \,.\, 3x + 4 \,.\, 2 = 4 \,.\, (3x + 2)$

$a^2 - a = a \,.\, a - a \,.\, 1 = a \,.\, (a - 1)$

$42a^5 + 18a^3 = 6a^3 \,.\, 7a^2 + 6a^3 \,.\, 3 = 6a^3 \,.\, (7a^2 + 3)$

Exemples avec « parenthèses égales »

$a \,.\, (2a + 1) + 3 \,.\, (2a + 1) = (2a + 1) \,.\, (a + 3)$

$5 \,.\, (x + 2) - (x - 1) \,.\, (2 + x) = (x + 2) \,.\, (5 - (x - 1))$
$= (x + 2) \,.\, (5 - x + 1)$
$= (x + 2) \,.\, (6 - x)$

$9x \,.\, (x + 2)^2 + 6 \,.\, (x + 2)^3 = 3 \,.\, (x + 2)^2 \,.\, 3x + 3 \,.\, (x + 2)^2 \,.\, 2 \,.\, (x + 2)$
$= 3 \,.\, (x + 2)^2 \,.\, (3x + 2 \,.\, (x + 2))$
$= 3 \,.\, (x + 2)^2 \,.\, (3x + 2x + 4)$
$= 3 \,.\, (x + 2)^2 \,.\, (5x + 4)$

Exemple avec « parenthèses opposées »

$$2a \cdot (a-5) + 3 \cdot (5-a) = 2a \cdot (a-5) - 3 \cdot (-5+a)$$
$$= (a-5) \cdot (2a-3)$$

Exemple avec groupements

Lorsque tous les termes d'une somme algébrique n'ont pas de facteurs communs, il est parfois possible de la factoriser après avoir groupé certains termes de manière à faire apparaître un (des) facteur(s) commun(s).

$$-2x^3 + 6x^2 + 9 - 3x = (-2x^3 + 6x^2) + (9 - 3x)$$
$$= 2x^2 \cdot (-x+3) + 3 \cdot (3-x)$$
$$= (3-x) \cdot (2x^2+3)$$

2. Utilisation des produits remarquables

a) Différence de deux carrés

Une différence de deux carrés peut s'écrire sous la forme d'un produit de deux binômes conjugués.

$$a^2 - b^2 = (a+b) \cdot (a-b)$$

Exemples

$$4x^2 - 9 = (2x)^2 - 3^2 = (2x+3) \cdot (2x-3)$$

$$4 - (x+1)^2 = 2^2 - (x+1)^2$$
$$= (2 + (x+1)) \cdot (2 - (x+1))$$
$$= (2 + x + 1) \cdot (2 - x - 1)$$
$$= (3+x) \cdot (1-x)$$

b) Trinôme carré parfait

Un trinôme carré parfait peut s'écrire sous forme du carré d'un binôme.

$$a^2 + 2ab + b^2 = (a+b)^2 \qquad a^2 - 2ab + b^2 = (a-b)^2$$

Exemples

$$9x^2 + 30x + 25 = (3x)^2 + 2 \cdot 3x \cdot 5 + 5^2 = (3x+5)^2$$

$$16x^2 - 8x + 1 = (4x)^2 - 2 \cdot 4x \cdot 1 + 1^2 = (4x-1)^2$$

c) Remarque

Avant d'utiliser un des produits remarquables, il est indispensable de vérifier si la mise en évidence, avec ou sans groupements, ne peut être appliquée.

Exemples

$$\begin{aligned} 5x^2 - 20 &= 5 \,.\, x^2 - 5 \,.\, 4 \\ &= 5 \,.\, (x^2 - 4) \\ &= 5 \,.\, (x^2 - 2^2) \\ &= 5 \,.\, (x + 2) \,.\, (x - 2) \end{aligned}$$

$$\begin{aligned} 2x^2 - 12x + 18 &= 2 \,.\, x^2 - 2 \,.\, 6x + 2 \,.\, 9 \\ &= 2 \,.\, (x^2 - 6x + 9) \\ &= 2 \,.\, (x^2 - 2 \,.\, x \,.\, 3 + 3^2) \\ &= 2 \,.\, (x - 3)^2 \end{aligned}$$

$$\begin{aligned} ac - ad - c^2 + d^2 &= (ac - ad) - (c^2 - d^2) \\ &= a \,.\, (c - d) - (c + d) \,.\, (c - d) \\ &= (c - d) \,.\, (a - (c + d)) \\ &= (c - d) \,.\, (a - c - d) \end{aligned}$$

3. Division par un binôme de la forme « x – a »

a) Loi du reste

Le reste de la division d'un polynôme A(x) par un binôme de la forme « x – a » est la valeur numérique de ce polynôme pour x = a.

Démonstration

Si on divise un polynôme A(x) par un binôme de la forme « x – a », alors il existe deux polynômes Q(x) et R(x) tels que :

$$A(x) = (x - a) \,.\, Q(x) + R(x) \qquad \text{avec } d^\circ R(x) = 0$$

$$\Rightarrow A(a) = (a - a) \,.\, Q(a) + r$$

$$\Rightarrow A(a) = 0 \,.\, Q(a) + r$$

$$\Rightarrow A(a) = 0 + r$$

$$\Rightarrow A(a) = r$$

Exemple

$A(x) = 2x^3 - x^2 - 19x + 17$ $\qquad D(x) = x - 3$

Recherche du reste par le calcul de la valeur numérique de A(x) pour x = 3

$A(3) = 2 \,.\, 3^3 - 3^2 - 19 \,.\, 3 + 17$

$= 2 \,.\, 27 - 9 - 19 \,.\, 3 + 17$

$= 54 - 9 - 57 + 17$

$= \boxed{5}$ ← Reste

Recherche du reste par le tableau de Horner

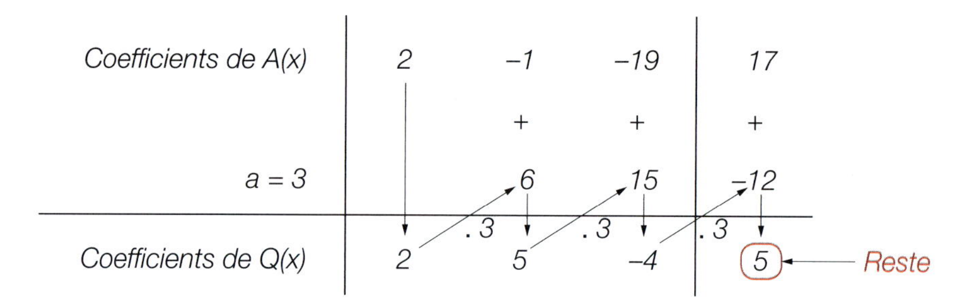

b) Divisibilité d'un polynôme par un binôme de la forme « x – a »

Un polynôme A(x) est divisible par un binôme de la forme « x – a »

⇕

le reste de la division de A(x) par « x – a » est nul

⇕

la valeur numérique de A(x) pour x = a est nulle.

Exemple

$A(x) = 2x^3 - 3x^2 - x - 2$ $\qquad D(x) = x - 2$

Recherche du reste par le calcul de la valeur numérique de A(x) pour x = 2

$A(2) = 2 \,.\, 2^3 - 3 \,.\, 2^2 - 2 - 2$

$= 2 \,.\, 8 - 3 \,.\, 4 - 2 - 2$

$= 16 - 12 - 2 - 2$

$= \boxed{0}$ ← Reste

Le reste de la division est nul, le polynôme $2x^3 - 3x^2 - x - 2$ est divisible par le binôme « x – 2 ».

Ce polynôme pourra donc s'écrire sous la forme d'un produit de deux facteurs dont le premier est (x – 2) et le second le quotient de A(x) par « x – 2 ».

Recherche du quotient par la méthode de Horner

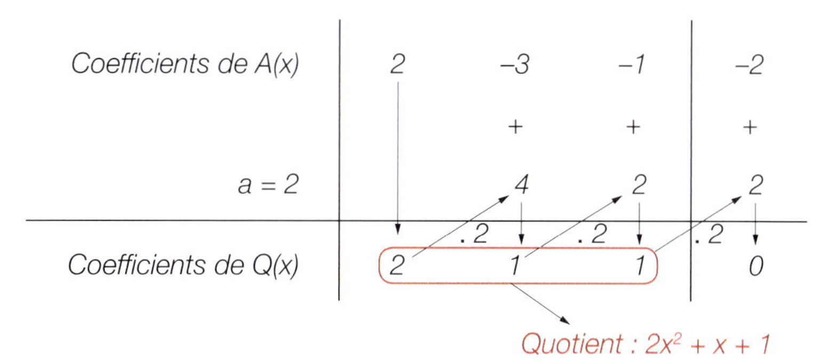

On peut donc écrire que $2x^3 - 3x^2 - x - 2 = (x - 2) \,.\, (2x^2 + x + 1)$

La valeur de a est nécessairement un diviseur du terme indépendant de A(x), mais il faut vérifier que le reste de la division est nul en calculant A(a).

Exemples

Un polynôme A(x) est divisible par un binôme de la forme «x – a» si A(a) = 0.

Si $A(x) = 3x^2 + 2x - 1$ et $r = A(a) = 0$,

alors $3x^2 + 2x - 1 = (x - a) \,.\, (mx + n)$

$3x^2 + 2x - 1 = mx^2 + nx - amx - an$

$3x^2 + 2x - 1 = mx^2 + (n - am) \,.\, x - an$

$\Rightarrow -1 = -an \Rightarrow 1 = an \Rightarrow$ a est un diviseur de 1 (dans $\mathbb{Z}$).

Si $A(x) = 2x^2 + 7x + 3$ et $r = A(a) = 0$,

alors $2x^2 + 7x + 3 = (x - a) \,.\, (mx + n)$

$2x^2 + 7x + 3 = mx^2 + nx - amx - an$

$2x^2 + 7x + 3 = mx^2 + (n - am) \,.\, x - an$

$\Rightarrow 3 = -an \Rightarrow -3 = an \Rightarrow$ a est un diviseur de –3 (dans $\mathbb{Z}$).

Si $A(x) = x^3 - 7x - 6$ et $r = A(a) = 0$,

alors $x^3 - 7x - 6 = (x - a) \,.\, (mx^2 + nx + p)$

$x^3 - 7x - 6 = mx^3 + nx^2 + px - amx^2 - anx - ap$

$x^3 - 7x - 6 = mx^3 + (n - am) \,.\, x^2 + (p - an) \,.\, x - ap$

$\Rightarrow -6 = -ap \Rightarrow 6 = ap \Rightarrow$ a est un diviseur de 6 (dans $\mathbb{Z}$).

7

c) Division par « x – a » et factorisation

Pour factoriser un polynôme A(x) en utilisant la division par un binôme de la forme « x – a », il faut déterminer la valeur de « a ».

Si un polynôme A(x) est divisible par un binôme de la forme « x – a », alors il peut s'écrire sous la forme d'un produit du type (x – a) . Q(x).

Exemple

$A(x) = 3x^2 - 10x + 3$

Recherche des diviseurs de 3 : $1, -1, 3$ *et* -3

Recherche des restes par le calcul de la valeur numérique de A(x) pour $x = 1$, $x = -1$, $x = 3$ *et* $x = -3$.

$A(1) = 3 . 1^2 - 10 . 1 + 3 = 3 . 1 - 10 . 1 + 3 = 3 - 10 + 3 = -4$

Si $a = 1$, *alors* $r = -4$

$A(-1) = 3 . (-1)^2 - 10 . (-1) + 3 = 3 . 1 - 10 . (-1) + 3 = 3 + 10 + 3 = 16$

Si $a = -1$, *alors* $r = 16$

$A(3) = 3 . 3^2 - 10 . 3 + 3 = 3 . 9 - 10 . 3 + 3 = 27 - 30 + 3 = 0$

Si $a = 3$, *alors* $r = 0$

$\Rightarrow$ *A(x) est divisible par « x – 3 ».*

Recherche du quotient par la méthode de Horner

Coefficients de A(x)	3	–10	3
		+	+
a = 3		9	–3
Coefficients de Q(x)	3	–1	0

$Q(x) = 3x - 1$

Factorisation de A(x)

$3x^2 - 10x + 3 = (x - 3) . (3x - 1)$

C Équations « produit nul »

1. Règle du « produit nul »

Un produit de facteurs est nul si et seulement si au moins un de ses facteurs est nul.

Si $a, b \in \mathbb{R}$: $a . b = 0 \Leftrightarrow a = 0$ ou $b = 0$

2. Équations « produit nul »

a) Définition

Une équation « produit nul » est une équation de la forme $A . B = 0$ dans laquelle A et B sont des expressions algébriques.

Exemples

$(x + 1) . (2 - x) = 0$
$2x . (3 - x) . (5 + 4x) = 0$
} *sont des équations « produit nul ».*

b) Méthode de résolution

Pour résoudre une équation « produit nul », on utilise la règle du « produit nul » et on résout séparément chaque équation obtenue.

7

Exemples

$(x + 1) . (2 - x) = 0$

$\Updownarrow$

$x + 1 = 0$ ou $2 - x = 0$

$\mathbf{x = -1}$ $\quad -x = -2$

$\mathbf{x = 2}$

-1 et 2 sont les solutions de l'équation $(x + 1) . (2 - x) = 0$.

L'ensemble des solutions se note $S = \{-1 ; 2\}$

$(x - 3) . (2x + 5) = 0$

$\Updownarrow$

$x - 3 = 0$ ou $2x + 5 = 0$

$\mathbf{x = 3}$ $\quad \mathbf{x = \frac{-5}{2}}$

3 et $\frac{-5}{2}$ sont les solutions de l'équation $(x - 3) . (2x + 5) = 0$.

L'ensemble des solutions se note $S = \left\{3 ; \frac{-5}{2}\right\}$.

D Résolution d'équations de degré supérieur à 1

Les équations « produit nul » permettent de résoudre certaines équations de degré supérieur à 1.

Méthode de résolution

Transformer l'équation en une équation équivalente dont un des membres est nul.
Factoriser le membre non nul de manière à obtenir, si possible, des facteurs du premier degré.
Appliquer la règle du « produit nul ».
Résoudre séparément chaque équation obtenue.

Exemples

$$x^3 = 16x$$

$$x^3 - 16x = 0$$

$$x \,.\, (x^2 - 16) = 0$$

$$x \,.\, (x + 4) \,.\, (x - 4) = 0$$

$$\Updownarrow$$

$$\mathbf{x = 0} \quad ou \quad x + 4 = 0 \quad ou \quad x - 4 = 0$$

$$\mathbf{x = -4} \qquad \mathbf{x = 4}$$

$$S = \{-4 \,;\, 0 \,;\, 4\}$$

$$(x - 1)^2 = (2x + 1) \,.\, (x - 1)$$

$$(x - 1)^2 - (2x + 1) \,.\, (x - 1) = 0$$

$$(x - 1) \,.\, ((x - 1) - (2x + 1)) = 0$$

$$(x - 1) \,.\, (x - 1 - 2x - 1) = 0$$

$$(x - 1) \,.\, (-x - 2) = 0$$

$$\Updownarrow$$

$$x - 1 = 0 \quad ou \quad -x - 2 = 0$$

$$\mathbf{x = 1} \qquad \mathbf{x = -2}$$

$$S = \{-2 \,;\, 1\}$$

7

Chapitre 8 • Figures semblables

A Figures semblables

1. Définitions

Une similitude est une transformation du plan qui multiplie les longueurs par un même nombre appelé rapport de similitude.

Deux figures semblables sont deux figures images l'une de l'autre par une similitude.

2. Vocabulaire

Dans deux figures semblables, les côtés et les angles qui sont images l'un de l'autre sont appelés respectivement côtés et angles homologues.

Exemple

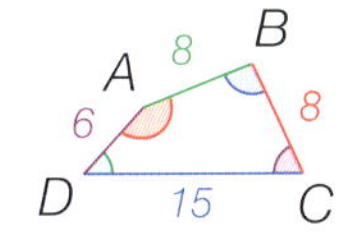

Le quadrilatère XYZT est un agrandissment du quadrilatère ABCD. Les longueurs des côtés de XYZT valent le double de celles de ABCD.

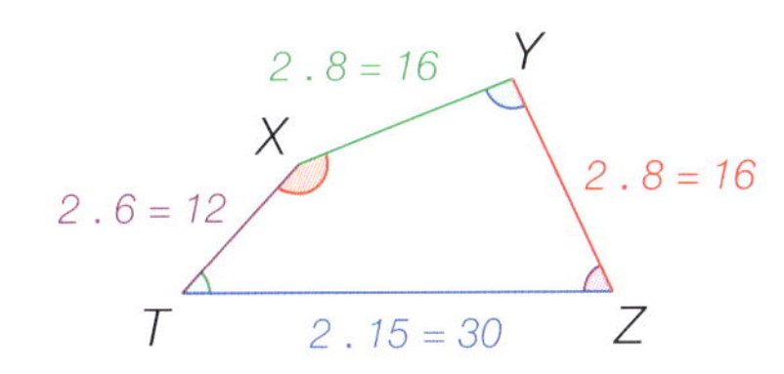

Les côtés homologues sont [AB] et [XY], [BC] et [YZ], [CD] et [ZT], [DA] et [TX].

Les angles homologues sont $\hat{A}$ *et* $\hat{X}$, $\hat{B}$ *et* $\hat{Y}$, $\hat{C}$ *et* $\hat{Z}$, $\hat{D}$ *et* $\hat{T}$.

8

3. Propriété

Deux figures semblables ont leurs côtés homologues de longueurs proportionnelles et leurs angles homologues de même amplitude.

Exemple

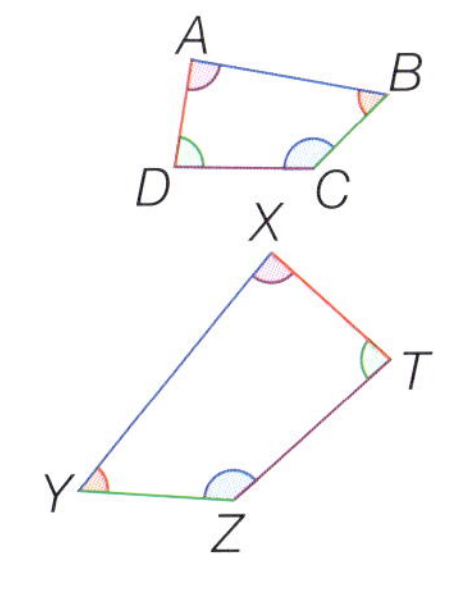

$$\frac{ABCD}{XYZT}\ ^{*}$$

$$\Downarrow$$

$$|XY| = \frac{3}{2} \cdot |AB| \text{ et } |YZ| = \frac{3}{2} \cdot |BC| \text{ et } |ZT| = \frac{3}{2} \cdot |CD| \text{ et } |TX| = \frac{3}{2} \cdot |DA|$$

$$|\hat{A}| = |\hat{X}| \text{ et } |\hat{B}| = |\hat{Y}| \text{ et } |\hat{C}| = |\hat{Z}| \text{ et } |\hat{D}| = |\hat{T}|$$

* *Le quadrilatère ABCD est semblable au quadrilatère XYZT.*

4. Rapport de similitude

Le rapport de similitude k de deux polygones semblables est le rapport des longueurs de deux côtés homologues.

Exemple : *Les quadrilatères ABCD et XYZT sont semblables et leur rapport de similitude vaut* $\frac{3}{2}$.

$$\frac{|XY|}{|AB|} = \frac{|YZ|}{|BC|} = \frac{|ZT|}{|CD|} = \frac{|TX|}{|DA|} = \frac{3}{2} \ (= k)$$

Si $k > 1$, alors il s'agit d'un agrandissement.

Si $0 < k < 1$, alors il s'agit d'une réduction.

Si $k = 1$, alors il s'agit d'une isométrie.

Exemple de réduction

Les rectangles ABCD et XYZT sont semblables et le rapport de similitude est $\frac{1}{3}$.

$$\frac{|XY|}{|AB|} = \frac{|YZ|}{|BC|} = \frac{|ZT|}{|CD|} = \frac{|TX|}{|DA|} = \frac{1}{3}$$

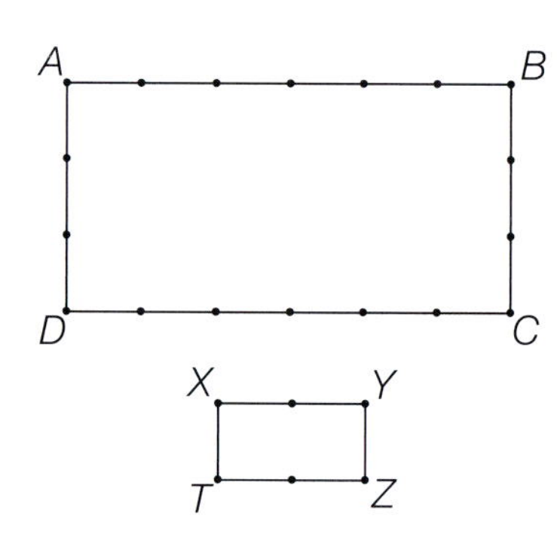

Remarque

Lorsqu'il y a une égalité de rapports de longueurs de côtés homologues, on peut écrire :

$$\frac{|XY|}{|AB|} = \frac{|YZ|}{|BC|} \Rightarrow \frac{|XY|}{|YZ|} = \frac{|AB|}{|BC|}$$

Dans notre exemple, ce nouveau rapport vaut $\frac{|XY|}{|YZ|} = \frac{|AB|}{|BC|} = \frac{L}{l} = 2$.

Nous l'appellerons le « rapport interne » des rectangles semblables ABCD et XYZT.

B Triangles semblables

Pour justifier la similitude de deux triangles, nous devrions prouver que leurs côtés homologues sont de longueurs proportionnelles (trois égalités) et que leurs angles homologues sont de même amplitude (trois égalités).

En choisissant judicieusement certaines de ces six égalités, nous pouvons prouver que deux triangles sont semblables.

1. Cas de similitude de deux triangles

a) Si deux triangles ont leurs côtés homologues de longueurs proportionnelles, alors ils sont semblables (CCC).

A, B, C ; A', B', C'

$$\left.\begin{array}{c} |A'B'| = k\,.\,|AB| \\ |B'C'| = k\,.\,|BC| \\ |C'A'| = k\,.\,|CA| \\ \text{ou} \\ \dfrac{|A'B'|}{|AB|} = \dfrac{|B'C'|}{|BC|} = \dfrac{|C'A'|}{|CA|} = k \end{array}\right\} \Rightarrow \frac{\Delta ABC}{\Delta A'B'C'}$$

b) Si deux triangles ont un angle de même amplitude compris entre des côtés homologues de longueurs proportionnelles, alors ils sont semblables (CAC).

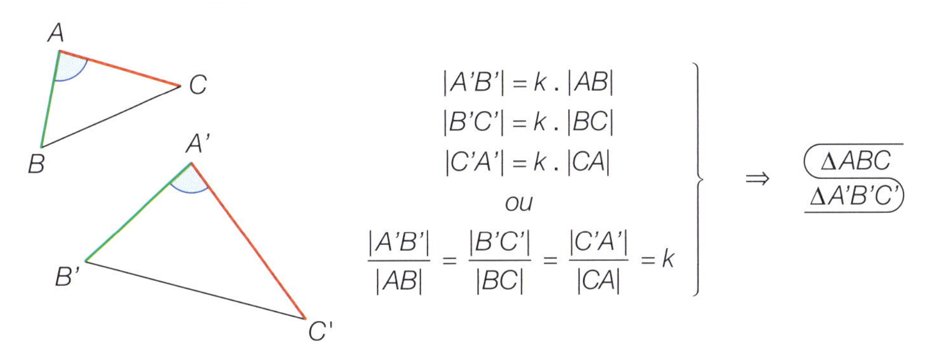

A
C
B
A'
B'
C'
|A'B'| = k . |AB|
|B'C'| = k . |BC|
|C'A'| = k . |CA|
ou
|A'B'| / |AB| = |B'C'| / |BC| = |C'A'| / |CA| = k
⇒
ΔABC
ΔA'B'C'

c) Si deux triangles ont deux angles homologues de même amplitude, alors ils sont semblables (AA).

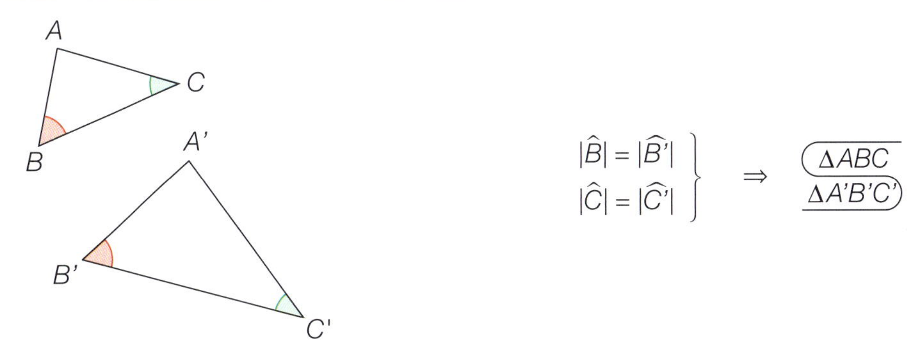

2. Cas particulier

Si deux triangles ont les côtés homologues parallèles, alors ils sont semblables.

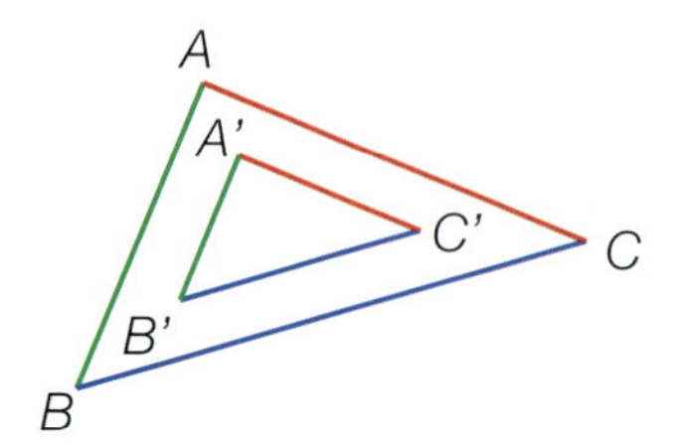

$$\left.\begin{array}{l}[AB] /\!/ [A'B'] \\ [BC] /\!/ [B'C'] \\ [AC] /\!/ [A'C']\end{array}\right\} \Rightarrow \frac{\Delta ABC}{\Delta A'B'C'}$$

En effet, les angles homologues ont la même amplitude car leurs côtés sont parallèles.

C Relations métriques dans le triangle rectangle

1. Côtés de l'angle droit

Dans un triangle rectangle, le carré de la longueur d'un côté de l'angle droit est égal au produit de la longueur de l'hypoténuse par la longueur de sa projection orthogonale sur l'hypoténuse.

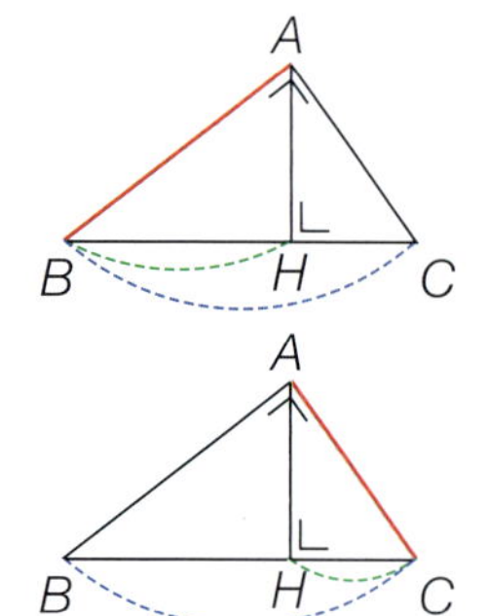

Données	**Thèse**
ABC triangle rectangle en A	$\lvert BA\rvert^2 = \lvert BC\rvert \,.\, \lvert BH\rvert$
[AH] hauteur issue de A	$\lvert CA\rvert^2 = \lvert BC\rvert \,.\, \lvert HC\rvert$

Démonstration

Dans les triangles BHA et BAC, on a ...

(1) $\lvert \widehat{BHA}\rvert = \lvert \widehat{BAC}\rvert = 90°$

(2) $\lvert \widehat{ABH}\rvert = \lvert \widehat{CBA}\rvert$ (angle commun)

(1) et (2) $\Rightarrow \dfrac{\Delta BHA}{\Delta BAC}$ (Si deux triangles ont deux angles homologues de même amplitude, alors ils sont semblables.)

$\Rightarrow \dfrac{|BH|}{|BA|} = \dfrac{|BA|}{|BC|}$ (Des triangles semblables ont les côtés homologues de longueurs proportionnelles.)

$\Rightarrow \lvert BA\rvert^2 = \lvert BC\rvert \,.\, \lvert BH\rvert$ (Dans toute proportion, le produit des extrêmes est égal au produit des moyens.)

La seconde partie de la thèse se démontre de manière analogue.

Remarque

En additionnant membre à membre les deux égalités de la thèse, on retrouve le théorème de Pythagore pour le triangle BAC.

$$\begin{aligned} |AB|^2 + |AC|^2 &= |BC| \,.\, |BH| + |BC| \,.\, |HC| \\ &= |BC| \,.\, (|BH| + |HC|) \\ &= |BC| \,.\, |BC| \\ &= |BC|^2 \end{aligned}$$

2. Hauteur

Dans un triangle rectangle, le carré de la longueur de la hauteur relative à l'hypoténuse est égal au produit des longueurs des segments qu'elle détermine sur l'hypoténuse.

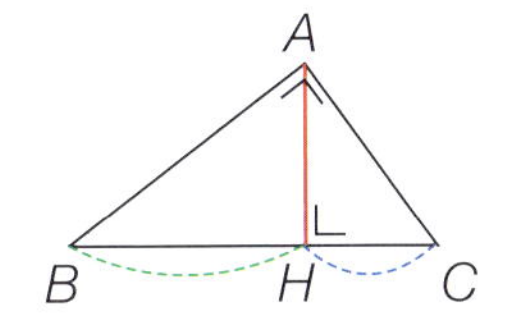

Données	**Thèse**
ABC triangle rectangle en A	$|HA|^2 = |HB| \,.\, |HC|$
[AH] hauteur issue de A	

Démonstration

(1) $\dfrac{\Delta AHB}{\Delta CAB}$ et (2) $\dfrac{\Delta CHA}{\Delta CAB}$ (Voir démonstration des côtés de l'angle droit)

(1) et (2) $\Rightarrow \dfrac{\Delta AHB}{\Delta CHA}$ (Les triangles AHB et CHA sont semblables au même triangle CAB.)

$\Rightarrow \dfrac{|HA|}{|HC|} = \dfrac{|HB|}{|HA|}$ (Des triangles semblables ont les côtés homologues de longueurs proportionnelles.)

$\Rightarrow |HA|^2 = |HB| \,.\, |HC|$ (Dans toute proportion, le produit des extrêmes est égal au produit des moyens.)

D Moyenne géométrique

1. Définition

La moyenne géométrique (c) de deux nombres réels positifs non nuls (a et b) est la racine carrée positive de leur produit.

On écrit : $c = \sqrt{a \,.\, b}$ ou $c^2 = a \,.\, b$

Exemple : la moyenne géométrique de 3 et de 2 est $\sqrt{3 \,.\, 2} = \sqrt{6}$.

2. Construction géométrique (Propriété de la hauteur)

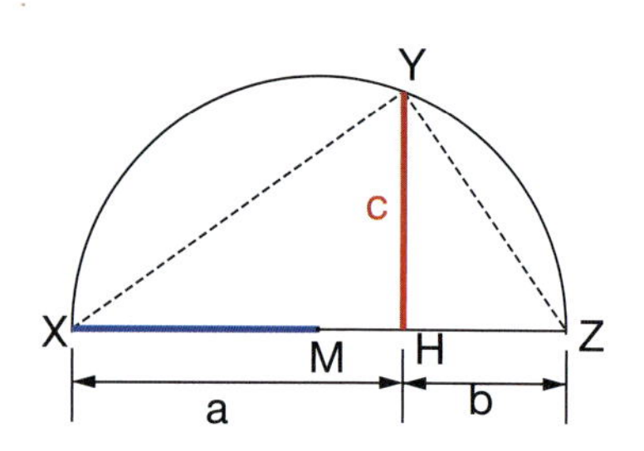

① Place trois points alignés X, H et Z tels que |XH| = a et |HZ| = b

② Détermine le milieu M de [XZ].

③ Trace un demi-cercle de centre M et de rayon |MX|.

④ Trace HY ⊥ XZ avec Y appartenant au cercle : |HY| = c

Justification

Dans le triangle rectangle XYZ de hauteur [HY] : $|HY|^2 = |HX| \cdot |HZ|$ ou $c^2 = a \cdot b$

Exemple : construction de la moyenne géométrique de 3 et de 2.

①

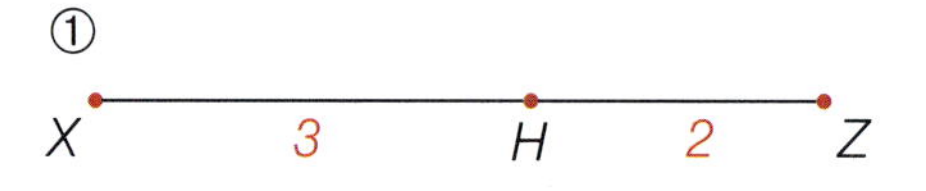

②

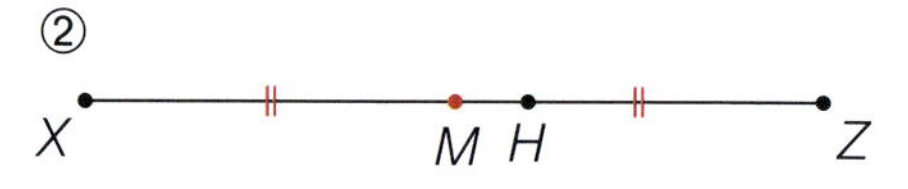

③

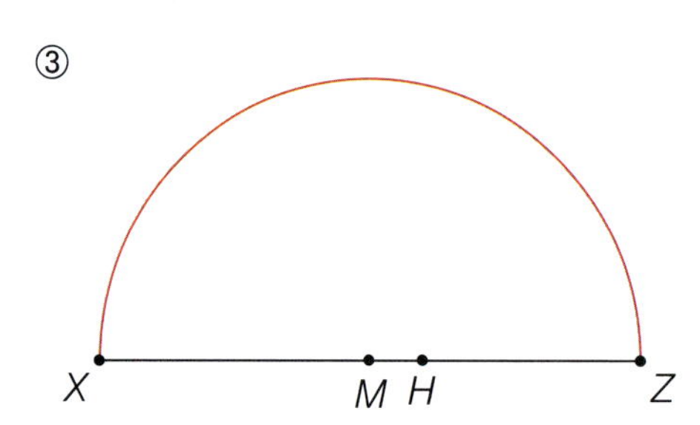

④

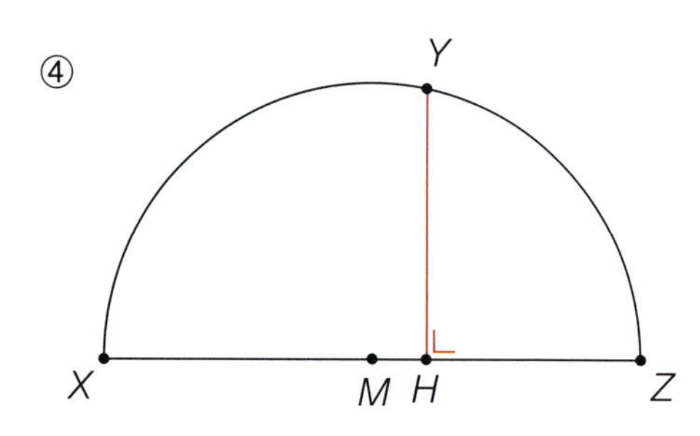

Remarque

La construction montre clairement que la moyenne géométrique de deux nombres est inférieure ou égale à leur moyenne arithmétique.

|HY| ⩽ |MT|

demi-corde ⩽ rayon

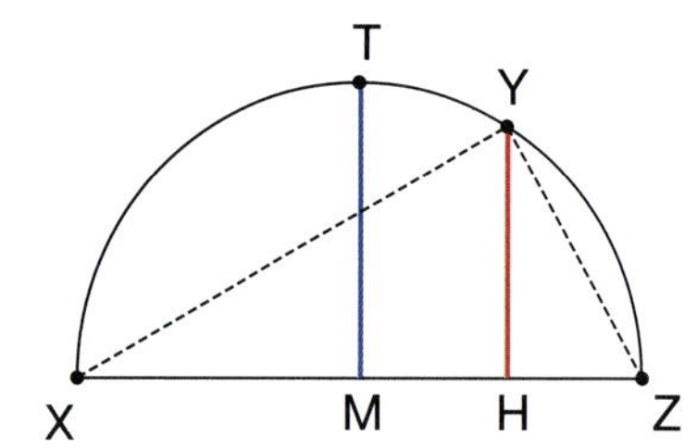

L'égalité se produit lorsque le triangle rectangle XYZ est isocèle, c'est-à-dire lorsque a = b.

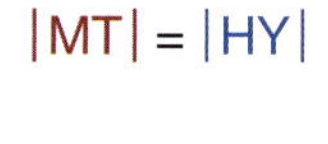

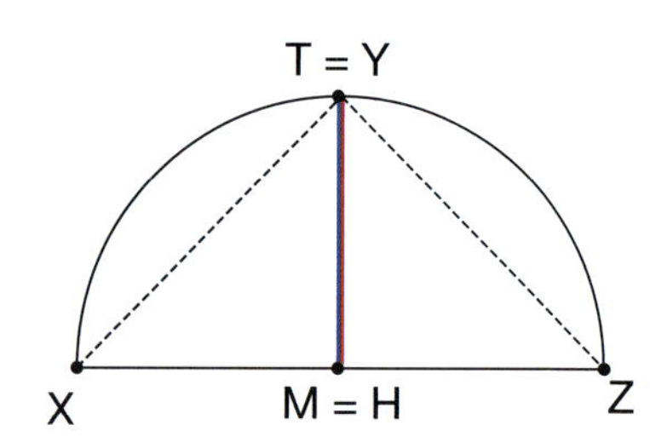

Chapitre 9 • Fractions algébriques

A Définition

Une fraction algébrique est une fraction dont le numérateur et le dénominateur sont des polynômes.

Exemples : $\dfrac{2x^2 + 4x - 5}{x + 3}$ $\quad \dfrac{x + 5}{x - 2}$ $\quad \dfrac{5}{a^2 - 9}$

B Condition d'existence

Pour qu'une fraction algébrique représente un nombre réel, il faut que son dénominateur soit différent de zéro; cette condition est appelée la condition d'existence de la fraction.

Exemple : *La fraction* $\dfrac{x}{x + 3}$ *existe si* $x \neq -3$.

Pour déterminer la condition d'existence d'une fraction algébrique, il faut résoudre l'équation qui permet d'annuler le dénominateur.

Exemples

Fraction	*Résolution de l'équation*	*Condition d'existence*
$\dfrac{x + 5}{x - 2}$	$x - 2 = 0$ $x = 2$	$x \neq 2$
$\dfrac{5}{a^2 - 9}$	$a^2 - 9 = 0$ $(a + 3) . (a - 3) = 0$ $\Updownarrow$ $a + 3 = 0$ *ou* $a - 3 = 0$ $a = -3$ $\quad$ $a = 3$	$a \neq 3$ *et* $a \neq -3$

C Simplification de fractions algébriques

1. Règle

Simplifier une fraction algébrique, c'est diviser le numérateur et le dénominateur de cette fraction par leurs facteurs communs supposés non nuls.

2. Procédé

Pour simplifier une fraction algébrique, il suffit ...
de factoriser le numérateur et le dénominateur,
d'énoncer la condition d'existence de la fraction,
de diviser le numérateur et le dénominateur par leurs facteurs communs.

Exemples :

$$\underbrace{\frac{x-1}{x^2-1} = \frac{(x-1)}{(x-1)\cdot(x+1)}}_{\substack{\text{condition d'existence} \\ x \neq 1 \text{ et } x \neq -1}} = \frac{\cancel{(x-1)}^{1}}{{}_{1}\cancel{(x-1)}\cdot(x+1)} = \frac{1}{x+1}$$

$$\underbrace{\frac{9x-3}{9x^2-6x+1} = \frac{3\cdot(3x-1)}{(3x-1)^2}}_{\substack{\text{condition d'existence} \\ x \neq \frac{1}{3}}} = \frac{3\cdot\cancel{(3x-1)}^{1}}{(3x-1)\cdot\cancel{(3x-1)}_{1}} = \frac{3}{3x-1}$$

Remarque

Comme la condition d'existence d'une fraction algébrique est souvent plus complète que celle de sa forme simplifiée, il est important de la déterminer sur la fraction initiale.

Exemples :

$$\underbrace{\frac{x+3}{x^2-9} = \frac{x+3}{(x+3)\cdot(x-3)}}_{\substack{\text{condition d'existence} \\ x \neq -3 \text{ et } x \neq 3}} = \frac{\cancel{(x+3)}^{1}}{{}_{1}\cancel{(x+3)}\cdot(x-3)} = \underbrace{\frac{1}{x-3}}_{\left(\substack{\text{condition d'existence} \\ x \neq 3}\right)}$$

$$\underbrace{\frac{a^2-4a+4}{3a-6} = \frac{(a-2)^2}{3\cdot(a-2)}}_{\substack{\text{condition d'existence} \\ a \neq 2}} = \frac{(a-2)\cdot\cancel{(a-2)}^{1}}{3\cdot\cancel{(a-2)}_{1}} = \underbrace{\frac{a-2}{3}}_{\left(\substack{\text{pas de condition} \\ \text{d'existence}}\right)}$$

9

D Opérations sur les fractions algébriques

Sauf avis contraire, lors des opérations sur les fractions algébriques, les dénominateurs sont supposés non nuls.

1. Produit de fractions algébriques

Pour multiplier des fractions, il suffit…
de multiplier les numérateurs et les dénominateurs entre eux et
de simplifier, si possible, la fraction obtenue.

Exemples

$$\frac{a+1}{5} \cdot \frac{15}{a} = \frac{\overset{3}{\cancel{15}} \cdot (a+1)}{{}_1\cancel{5} \cdot a} = \frac{3 \cdot (a+1)}{a}$$

$$\frac{3-2x}{x} \cdot \frac{x^2}{9-4x^2} = \frac{x^2 \cdot (3-2x)}{x \cdot (9-4x^2)}$$

$$= \frac{x^2 \cdot (3-2x)}{x \cdot (3-2x) \cdot (3+2x)}$$

$$= \frac{x^{\cancel{2}} \cdot \cancel{(3-2x)}^{1}}{{}_1\cancel{x} \cdot \underset{1}{\cancel{(3-2x)}} \cdot (3+2x)}$$

$$= \frac{x}{3+2x}$$

$$\frac{9x^2-4}{x^2-1} \cdot \frac{x-1}{2x-3x^2} = \frac{(9x^2-4) \cdot (x-1)}{(x^2-1) \cdot (2x-3x^2)}$$

$$= \frac{(3x-2) \cdot (3x+2) \cdot (x-1)}{(x-1) \cdot (x+1) \cdot x \cdot (2-3x)}$$

$$= \frac{-(-3x+2) \cdot (3x+2) \cdot (x-1)}{x \cdot (x-1) \cdot (x+1) \cdot (2-3x)}$$

$$= \frac{-\,^{1}\cancel{(-3x+2)} \cdot (3x+2) \cdot \cancel{(x-1)}^{1}}{x \cdot {}_1\cancel{(x-1)} \cdot (x+1) \cdot \cancel{(2-3x)}_1}$$

$$= \frac{-(3x+2)}{x \cdot (x+1)}$$

9

2. Quotient de fractions algébriques

Pour diviser une fraction par une fraction (non nulle), il suffit de multiplier la première par l'inverse de la seconde.

Exemples

$$\frac{3}{2b} : \frac{4b^2}{5} = \frac{3}{2b} \cdot \frac{5}{4b^2} = \frac{3 \cdot 5}{2b \cdot 4b^2} = \frac{15}{8b^3}$$

$$\frac{a+4}{4a} : \frac{a^2-16}{2a} = \frac{a+4}{4a} \cdot \frac{2a}{a^2-16}$$

$$= \frac{2a \cdot (a+4)}{4a \cdot (a^2-16)}$$

$$= \frac{2a \cdot (a+4)}{4a \cdot (a+4) \cdot (a-4)}$$

$$= \frac{\overset{1}{\cancel{2a}} \cdot \cancel{(a+4)}^{1}}{{}_{2}\cancel{4a} \cdot \cancel{(a+4)}_{1} \cdot (a-4)}$$

$$= \frac{1}{2 \cdot (a-4)}$$

3. Réduction de fractions algébriques au même dénominateur

Pour réduire des fractions au même dénominateur, il suffit…

de simplifier, si possible, chaque fraction,

de déterminer le dénominateur commun (le PPCM) en multipliant tous les facteurs communs ou non, chacun d'eux affecté de son plus grand exposant et

de multiplier le numérateur et le dénominateur de chaque fraction par les facteurs qui permettent d'obtenir le dénominateur commun.

Exemples

$$\underbrace{\frac{2}{9b^2} \text{ et } \frac{5}{6b^5}}_{18b^5} \rightarrow \frac{2 \cdot 2b^3}{9b^2 \cdot 2b^3} \text{ et } \frac{5 \cdot 3}{6b^5 \cdot 3} \rightarrow \frac{4b^3}{18b^5} \text{ et } \frac{15}{18b^5}$$

$$\frac{a}{a^2-9} \text{ et } \frac{2a}{10a-30} \rightarrow \frac{a}{(a-3)\cdot(a+3)} \text{ et } \frac{\cancel{2}^{1}a}{{}_{5}\cancel{10}\cdot(a-3)}$$

$$\rightarrow \underbrace{\frac{a}{(a-3)\cdot(a+3)} \text{ et } \frac{a}{5\cdot(a-3)}}_{5\,\cdot\,(a-3)\,\cdot\,(a+3)}$$

$$\rightarrow \frac{5\cdot a}{5\cdot(a-3)\cdot(a+3)} \text{ et } \frac{a\cdot(a+3)}{5\cdot(a-3)\cdot(a+3)}$$

$$\frac{3}{x-2} \text{ et } \frac{x-5}{x^2-4x+4} \rightarrow \underbrace{\frac{3}{x-2} \text{ et } \frac{x-5}{(x-2)^2}}_{(x-2)^2}$$

$$\rightarrow \frac{3\cdot(x-2)}{(x-2)^2} \text{ et } \frac{x-5}{(x-2)^2}$$

$$\frac{16-x^2}{x^2+8x+16} \text{ et } \frac{x}{2x+8} \rightarrow \frac{{}^{1}\cancel{(4+x)}\cdot(4-x)}{(x+4)^{\cancel{2}}} \text{ et } \frac{x}{2\cdot(x+4)}$$

$$\rightarrow \underbrace{\frac{(4-x)}{(x+4)} \text{ et } \frac{x}{2\cdot(x+4)}}_{2\,\cdot\,(x+4)}$$

$$\rightarrow \frac{2\cdot(4-x)}{2\cdot(x+4)} \text{ et } \frac{x}{2\cdot(x+4)}$$

4. Somme de fractions algébriques

Pour additionner des fractions, il suffit …
- de les simplifier si possible,
- de les réduire au même dénominateur,
- d'additionner les nouveaux numérateurs en conservant le dénominateur et
- de simplifier, si possible, la fraction obtenue.

Exemples

$$\frac{x-3}{4}+\frac{x-1}{6} = \frac{3\cdot(x-3)+2\cdot(x-1)}{12} = \frac{3x-9+2x-2}{12} = \frac{5x-11}{12}$$

$$\frac{x-1}{x+2}-\frac{x}{x+1} = \frac{(x-1)\cdot(x+1)-x\cdot(x+2)}{(x+2)\cdot(x+1)} = \frac{x^2-1-x^2-2x}{(x+2)\cdot(x+1)} = \frac{-2x-1}{(x+2)\cdot(x+1)}$$

9

$$\frac{3}{x-1} - \frac{6}{x^2-1}$$
$$= \frac{3}{(x-1)} - \frac{6}{(x-1)\cdot(x+1)}$$
$$= \frac{3\cdot(x+1)-6}{(x-1)\cdot(x+1)}$$
$$= \frac{3x+3-6}{(x-1)\cdot(x+1)}$$
$$= \frac{3x-3}{(x-1)\cdot(x+1)}$$
$$= \frac{3\cdot(x-1)}{(x-1)\cdot(x+1)}$$
$$= \frac{3\cdot\cancel{(x-1)}^{1}}{{}_{1}\cancel{(x-1)}\cdot(x+1)}$$
$$= \frac{3}{x+1}$$

$$\frac{2x-4}{4x-8} - \frac{x+2}{x^2-4}$$
$$= \frac{2\cdot(x-2)}{4\cdot(x-2)} - \frac{x+2}{(x-2)\cdot(x+2)}$$
$$= \frac{{}^{1}\cancel{2}\cdot\cancel{(x-2)}^{1}}{{}_{2}\cancel{4}\cdot\cancel{(x-2)}_{1}} - \frac{\cancel{(x+2)}^{1}}{(x-2)\cdot\cancel{(x+2)}_{1}}$$
$$= \frac{1}{2} - \frac{1}{(x-2)}$$
$$= \frac{1\cdot(x-2)-1\cdot 2}{2\cdot(x-2)}$$
$$= \frac{x-2-2}{2\cdot(x-2)}$$
$$= \frac{x-4}{2\cdot(x-2)}$$

E Équations fractionnaires

1. Définition

Une équation fractionnaire est une équation dans laquelle l'inconnue apparaît au dénominateur.

Exemples

$\frac{3}{x-1} = \frac{2}{2-3x}$ *et* $\frac{2x-1}{x-1} + \frac{2}{x+1} = \frac{2x^2}{x^2-1}$ *sont des équations fractionnaires.*

2. Résolution

Pour résoudre une équation fractionnaire, il suffit ...
- de déterminer la condition d'existence de chaque fraction,
- de réduire les deux membres au même dénominateur,
- de multiplier les deux membres par le dénominateur commun,
- de résoudre l'équation ainsi obtenue et
- de rejeter les solutions qui ne satisfont pas à la condition d'existence.

Exemples

$$\frac{3}{x} + \frac{2}{x+1} = \frac{1}{x}$$

Condition d'existence
$x \neq 0$ et $x \neq -1$

$$\frac{3 \cdot (x+1) + 2 \cdot x}{x \cdot (x+1)} = \frac{1 \cdot (x+1)}{x \cdot (x+1)}$$

$$3 \cdot (x+1) + 2 \cdot x = x + 1$$

$$3x + 3 + 2x = x + 1$$

$$4x = -2$$

$$x = \frac{-1}{2}$$

La solution de l'équation est $\frac{-1}{2}$.

$$\frac{x}{x+3} - \frac{x}{x-3} = \frac{18}{x^2 - 9}$$

Condition d'existence
$x \neq -3$ et $x \neq 3$

$$\frac{x}{x+3} - \frac{x}{x-3} = \frac{18}{(x+3) \cdot (x-3)}$$

$$\frac{x \cdot (x-3) - x \cdot (x+3)}{(x+3) \cdot (x-3)} = \frac{18}{(x+3) \cdot (x-3)}$$

$$x \cdot (x-3) - x \cdot (x+3) = 18$$

$$x^2 - 3x - x^2 - 3x = 18$$

$$-6x = 18$$

$$x = \frac{18}{-6}$$

$$\cancel{x = -3}$$

Cette solution est à rejeter car elle ne satisfait pas à la condition d'existence.
L'équation n'admet pas de solution.

9

$$\frac{x-2}{x} + \frac{4}{x-2} = \frac{8}{x^2 - 2x}$$

Condition d'existence
$x \neq 0$ et $x \neq 2$

$$\frac{x-2}{x} + \frac{4}{x-2} = \frac{8}{x \cdot (x-2)}$$

$$\frac{(x-2)^2 + 4 \cdot x}{x \cdot (x-2)} = \frac{8}{x \cdot (x-2)}$$

$$(x-2)^2 + 4 \cdot x = 8$$

$$x^2 - 4x + 4 + 4x = 8$$

$$x^2 - 4 = 0$$

$$(x+2) \cdot (x-2) = 0$$

$$\Updownarrow$$

$$x + 2 = 0 \quad \text{ou} \quad x - 2 = 0$$

$$x = -2 \quad \text{ou} \quad \cancel{x = 2}$$

Une des solutions est à rejeter car elle ne satisfait pas à la condition d'existence.
La solution de l'équation est –2.

Chapitre 10 • Fonctions du premier degré

A Types de fonctions du premier degré

Définition

Une fonction du premier degré en x est une expression de la forme
$f : x \rightarrow y = mx + p$ avec $m \neq 0$

Exemples : $f : x \rightarrow y = 2x + 4$ $g : x \rightarrow y = 3x$

Propriétés

Le graphique d'une fonction f du premier degré en x est une droite dont l'équation est $y = mx + p$.

Si p est non nul, alors la droite ne passe pas par l'origine du repère cartésien.
Si p est nul, alors la droite passe par l'origine du repère cartésien.

Exemples

$f : x \rightarrow y = 2x + 4$

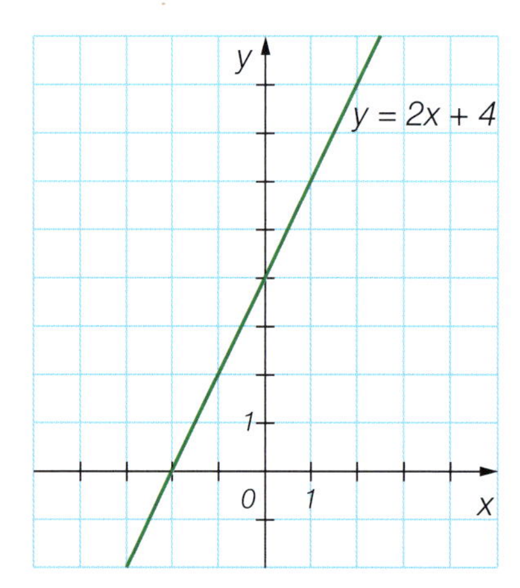

Le graphique est une droite ne passant pas par (0 ; 0).

$g : x \rightarrow y = 3x$

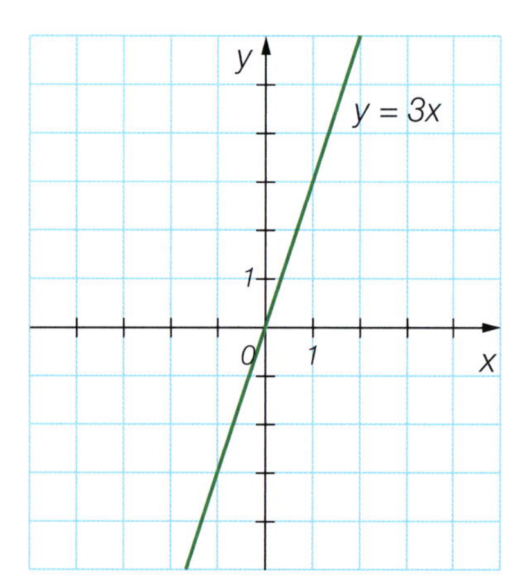

Le graphique est une droite passant par (0 ; 0).

B Représentation d'une fonction du premier degré

Principe de construction

Puisque le graphique d'une fonction du premier degré est une droite, pour le construire, il suffit de déterminer deux points quelconques de celle-ci.

En pratique

Pour construire le graphique d'une fonction du premier degré $y = mx + p$, on recherche souvent les points d'intersection de la droite avec les axes du repère; il s'agit des points

$$(0 ; p) \text{ et } \left(\frac{-p}{m} ; 0\right)$$

p est l'ordonnée à l'origine de la fonction et $\frac{-p}{m}$ en est le zéro.

Exemple : $f : x \to y = 2x + 4$

x	0	−2
y	4	0

$x = 0 \Rightarrow y = 2 . 0 + 4$
$y = 4$
$y = 0 \Rightarrow 0 = 2x + 4$
$x = -2$

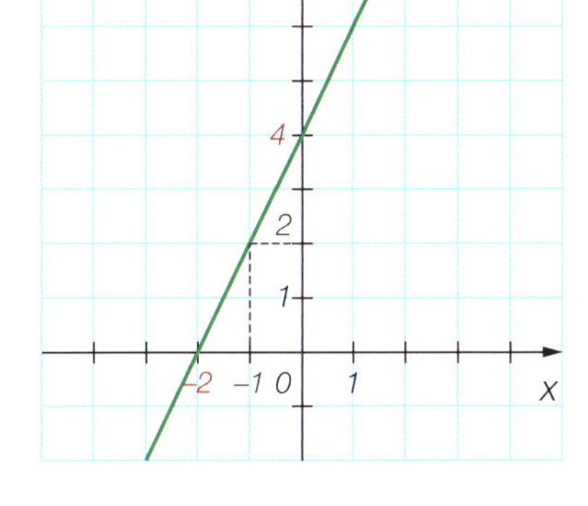

4 est l'ordonnée à l'origine de la fonction et −2 en est le zéro.

On peut utiliser les coordonnées d'un autre point pour vérifier si le graphique est correct.

Vérification

$x = -1 \Rightarrow y = 2 . (-1) + 4 \Rightarrow y = 2$

Pour construire le graphique d'une fonction du premier degré $y = mx$, on peut utiliser l'origine du repère cartésien $(0 ; 0)$ et un autre point facile à déterminer, par exemple le point $(1 ; m)$.

Exemple : $f : x \to y = 3x$

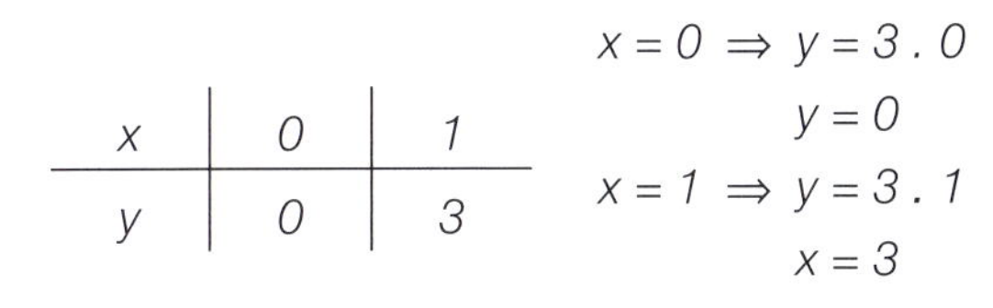

x	0	1
y	0	3

$x = 0 \Rightarrow y = 3 . 0$
$y = 0$
$x = 1 \Rightarrow y = 3 . 1$
$x = 3$

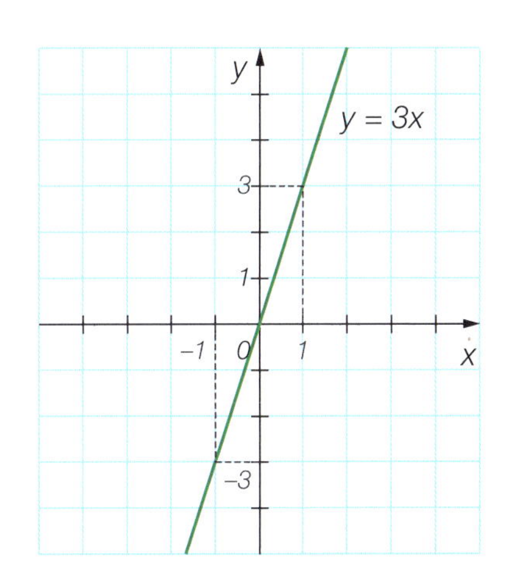

0 est à la fois l'ordonnée à l'origine et le zéro de la fonction.

On peut utiliser les coordonnées d'un autre point pour vérifier si le graphique est correct.

Vérification

$x = -1 \Rightarrow y = 3 . (-1) \Rightarrow y = -3$

Remarque

Certaines droites du plan ne représentent pas des fonctions du premier degré.

Tous les points d'une droite parallèle à l'axe x ont la même ordonnée; son équation s'écrit $y = p$.

La fonction $f : x \rightarrow y = p$ n'est pas du premier degré en x, il s'agit d'une fonction constante.

Exemple : $f : x \rightarrow y = 2$

x	−1	0	1	2	3
y	2	2	2	2	2

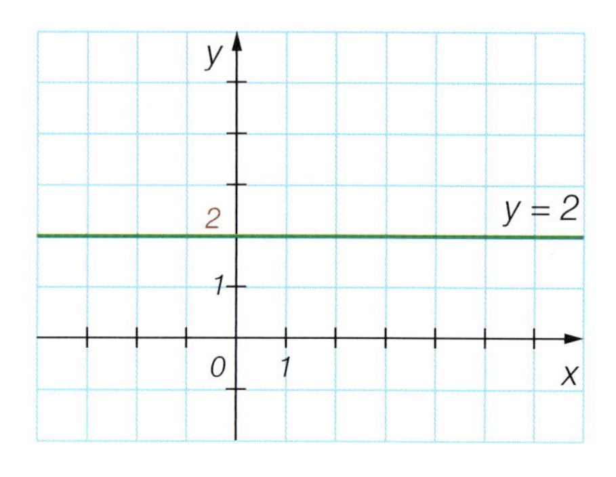

Tous les points d'une droite parallèle à l'axe y ont la même abscisse; son équation s'écrit $x = k$.

Les droites parallèles à l'axe y ne représentent pas des fonctions car à une valeur de x correspondent une infinité de valeurs de y.

Exemple : $x = 2$

x	2	2	2	2	2
y	−1	0	1	2	3

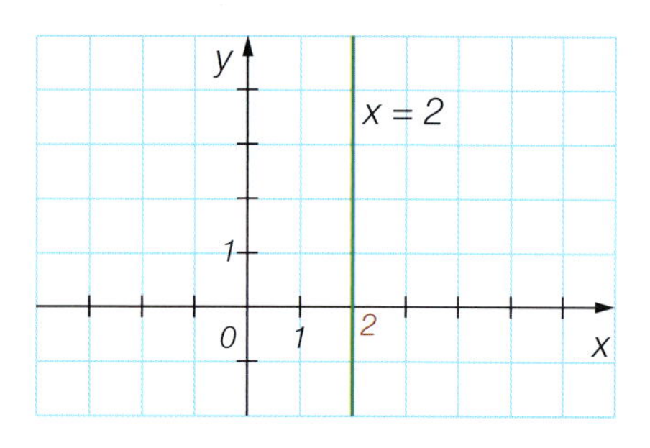

C Pente d'une droite

1. Définition

La pente d'une droite est le rapport entre l'accroissement des ordonnées (Δy) et celui des abscisses (Δx) de deux points quelconques de la droite.

La pente d'une droite caractérise son inclinaison par rapport à l'axe x.

Pente de la droite d

$$\frac{\Delta y}{\Delta x} = \frac{y_B - y_A}{x_B - x_A}$$

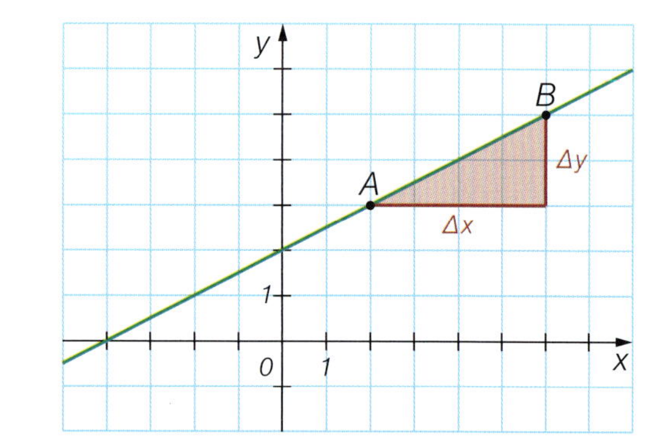

2. Pente d'une droite d'équation y = mx

La pente de la droite d'équation $y = mx$ est m.

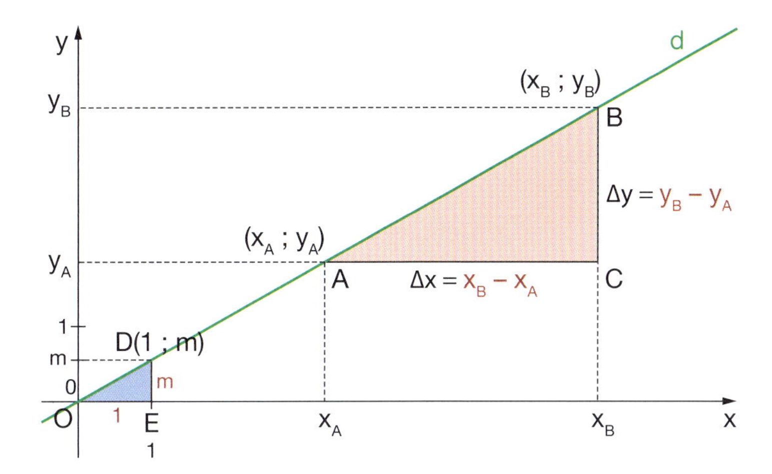

Les triangles ODE et ABC, ayant leurs côtés parallèles deux à deux, sont semblables.

Pente de la droite d : $\dfrac{\Delta y}{\Delta x} = \dfrac{y_B - y_A}{x_B - x_A} = \dfrac{m}{1} = m$

Exemples

$y = 2x$

$y = \dfrac{-3}{2}x$

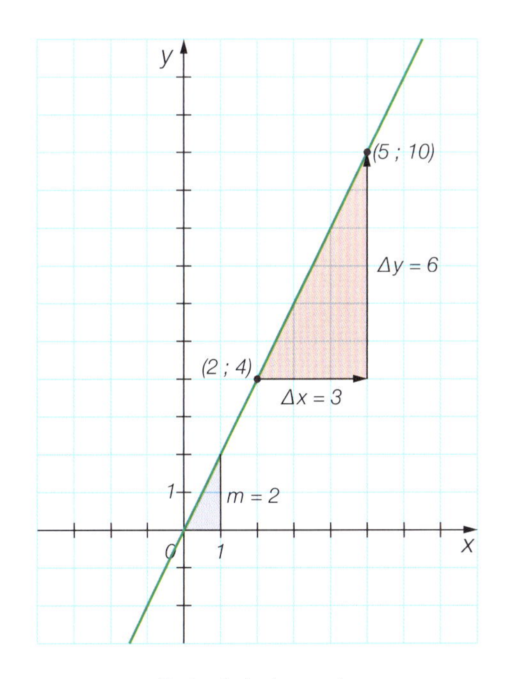

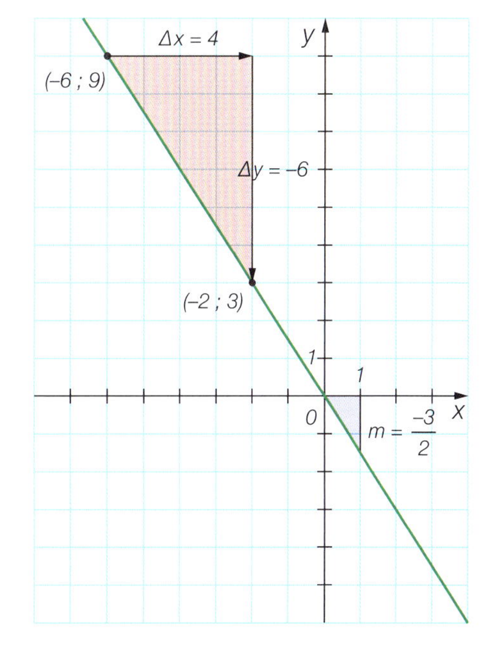

Calcul de la pente

$\dfrac{\Delta y}{\Delta x} = \dfrac{10 - 4}{5 - 2} = \dfrac{6}{3} = 2$

Calcul de la pente

$\dfrac{\Delta y}{\Delta x} = \dfrac{3 - 9}{-2 - (-6)} = \dfrac{-6}{4} = \dfrac{-3}{2}$

10

3. Pente d'une droite d'équation y = mx + p

La pente de la droite d'équation $y = mx + p$ est m.

Elle se calcule de la même manière que celle de la droite d'équation $y = mx$.
En effet, les triangles ABC et PQR sont isométriques car les droites sont images l'une de l'autre par une translation. De plus, les triangles PQR et ODE sont semblables.

Pente de la droite

$$\frac{\Delta y}{\Delta x} = \frac{y_B - y_A}{x_B - x_A} = \frac{m}{1} = m$$

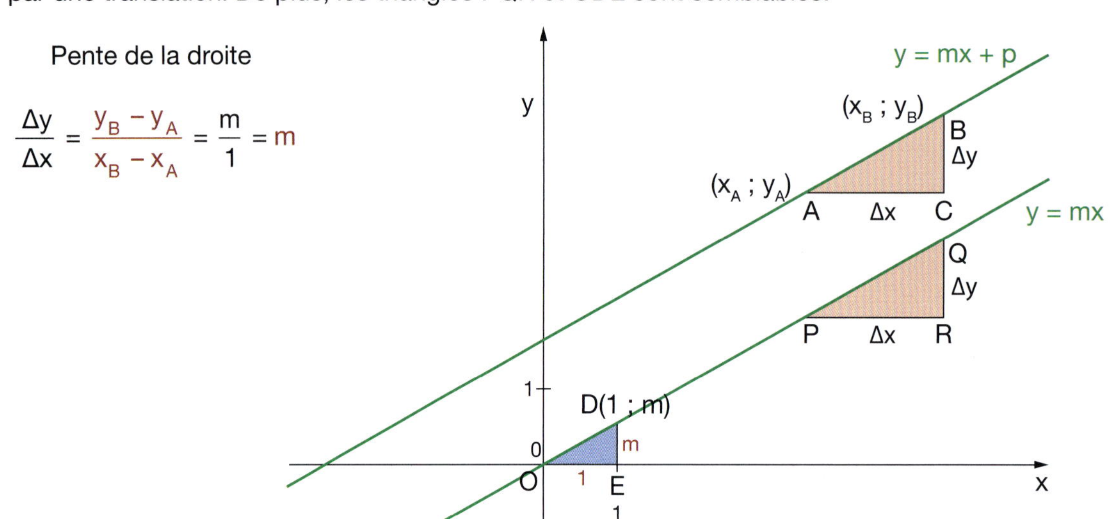

Exemples

$y = 2x + 4$

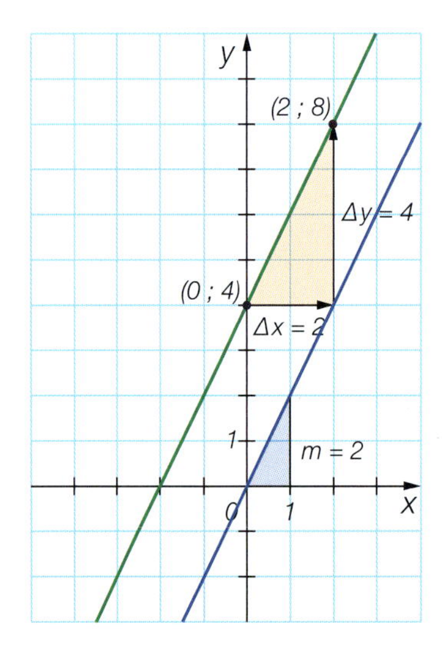

Calcul de la pente

$$\frac{\Delta y}{\Delta x} = \frac{8-4}{2-0} = \frac{4}{2} = 2$$

$y = \frac{-5}{4}x + 6$

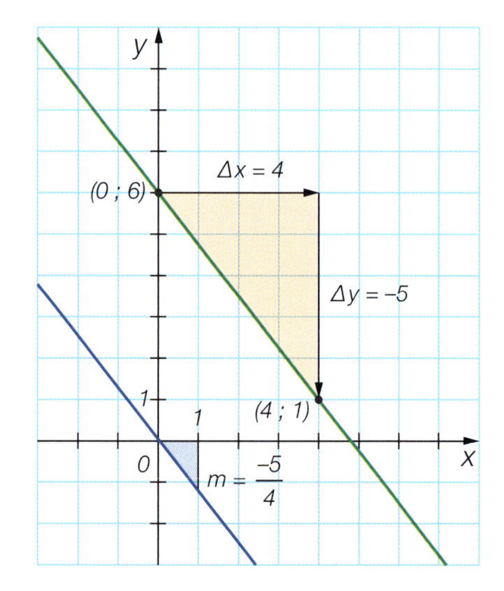

Calcul de la pente

$$\frac{\Delta y}{\Delta x} = \frac{1-6}{4-0} = \frac{-5}{4}$$

4. Pente de droites particulières

La pente d'une droite parallèle à l'axe x vaut 0.
Une droite parallèle à l'axe y n'admet pas de pente.

Exemples

$y = 4$

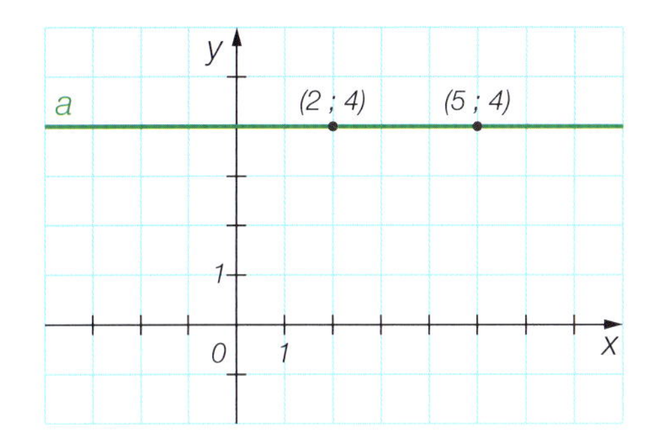

$$m_a = \frac{\Delta y}{\Delta x} = \frac{4-4}{5-2} = \frac{0}{3} = 0$$

$x = -3$

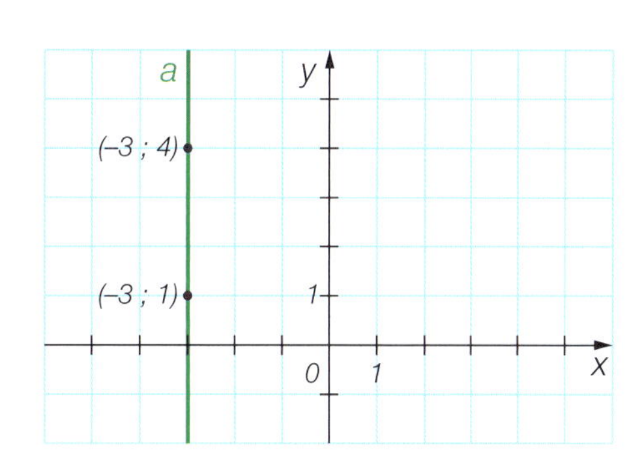

$$m_a = \frac{\Delta y}{\Delta x} = \frac{4-1}{-3-(-3)} = \frac{3}{0} = ?$$

D Parallélisme et perpendicularité

1. Pente de deux droites parallèles

Propriété

Deux droites parallèles ont la même pente.

Critère de parallélisme

Deux droites de même pente sont parallèles.

Conséquence

$a \,//\, b \Leftrightarrow m_a = m_b$

Exemple

$$a \equiv y = \frac{1}{2}x + 4 \text{ et } b \equiv y = \frac{1}{2}x + 1$$

Les droites a et b sont parallèles.

$$m_a = m_b = \frac{2}{4} = \frac{1}{2}$$

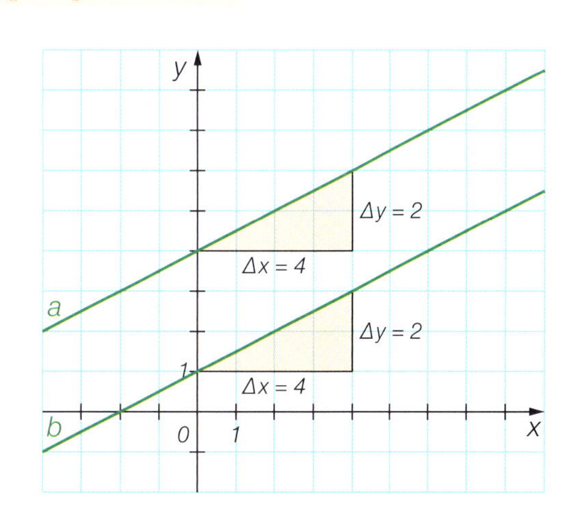

2. Pente de deux droites perpendiculaires

Propriété

Le produit des pentes de deux droites perpendiculaires vaut –1.

Critère de perpendicularité

Si deux droites sont telles que le produit de leurs pentes vaut –1, alors elles sont perpendiculaires.

Conséquence

$a \perp b \Leftrightarrow m_a \cdot m_b = -1$

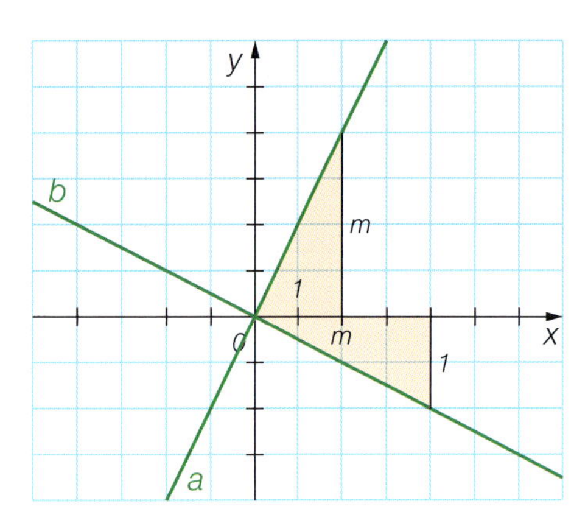

La droite b est l'image de la droite a par une rotation de –90°.

Les triangles (de pente) tracés sont isométriques.

Si $m_a = m$, alors $m_b = \frac{-1}{m}$ et $m_a \cdot m_b = -1$

Exemple

$$a \equiv y = \frac{3}{2}x + \frac{7}{2}$$

$$b \equiv y = \frac{-2}{3}x + \frac{10}{3}$$

Les droites a et b sont perpendiculaires.

$$m_a \cdot m_b = \frac{3}{2} \cdot \frac{-2}{3} = -1$$

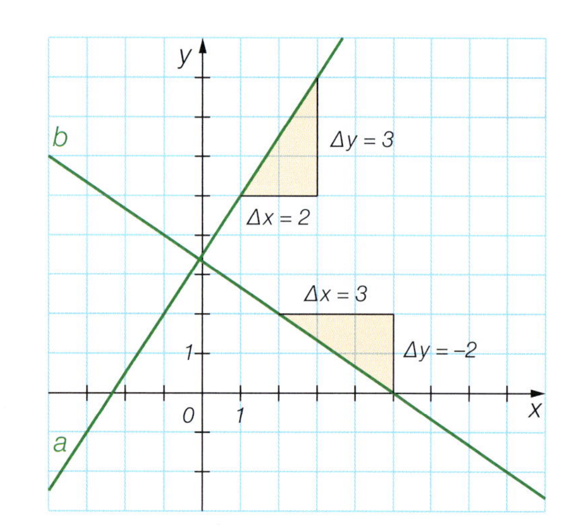

E Croissance et décroissance

La croissance d'une fonction du premier degré $f : x \rightarrow y = mx + p$ dépend du signe de m.

$m > 0 \Leftrightarrow$ f est croissante.
$m < 0 \Leftrightarrow$ f est décroissante.

Exemples : $f : x \rightarrow y = 2x$

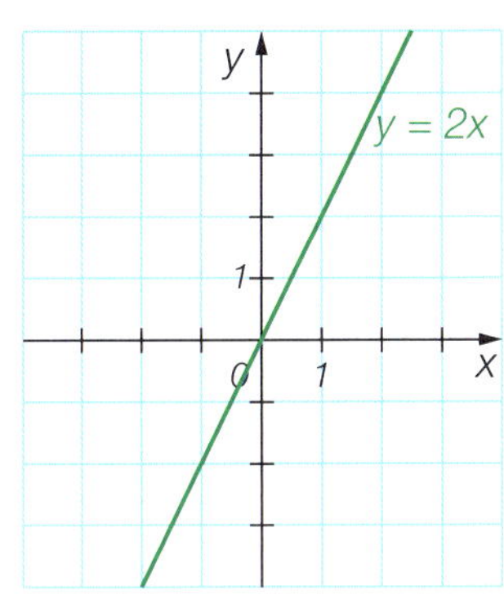

La fonction est croissante.
m = 2 (positif)

$f : x \rightarrow y = -3x + 2$

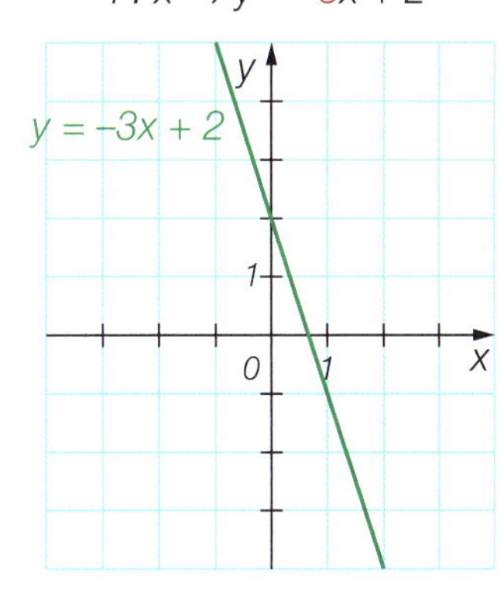

La fonction est décroissante.
m = –3 (négatif)

F Détermination de l'équation d'une droite

L'expression $y = mx + p$ est la forme générale d'une droite de pente m passant par le point (0 ; p).

Pour déterminer l'équation d'une droite :
a) on détermine la pente m de la droite;
b) on calcule l'ordonnée à l'origine p en remplaçant dans l'équation $y = mx + p$, x et y par les coordonnées d'un point de cette droite.

La pente est donnée.

Exemple : équation de la droite d de pente 2 et passant par le point (1 ; 3)

Forme générale de l'équation : $d \equiv y = mx + p$

a) Recherche de m
La pente est connue : $m = 2$
$\Rightarrow d \equiv y = 2x + p$

b) Recherche de p
$(1 ; 3) \in d \Rightarrow 3 = 2 . 1 + p$
$3 = 2 + p$
$1 = p \Rightarrow d \equiv y = 2x + 1$

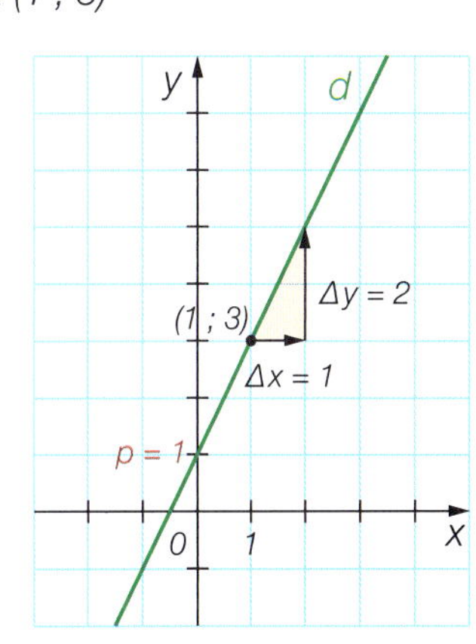

10

La pente se calcule en utilisant la formule $m = \frac{\Delta y}{\Delta x}$.

Exemple : équation de la droite d passant par les points (1 ; 1) et (3 ; –3)

Forme générale de l'équation : $d \equiv y = mx + p$

a) *Recherche de m*

La droite passe par les points (1 ; 1) et (3 ; –3).

$m = \frac{-3-1}{3-1} = \frac{-4}{2} = -2 \quad \Rightarrow \quad d \equiv y = -2x + p$

b) *Recherche de p*

$(1\,;1) \in d \quad \Rightarrow \quad 1 = -2 \,.\, 1 + p$

$1 = -2 + p$

$3 = p \quad \Rightarrow \quad d \equiv y = -2x + 3$

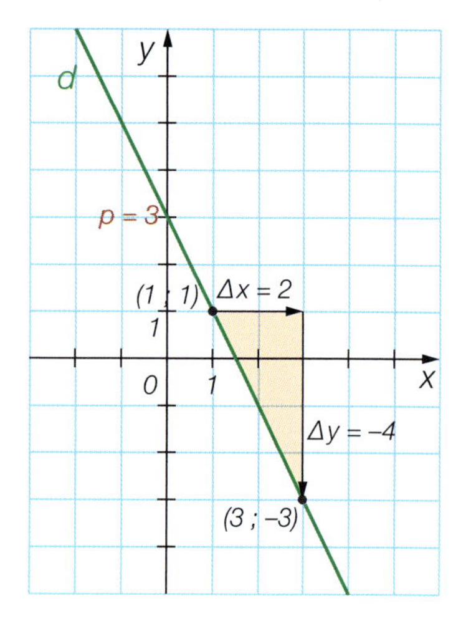

La pente est égale à celle d'une droite parallèle à la droite cherchée.

Exemple : équation de la droite d parallèle à la droite d' ≡ y = –3x + 5 et passant par le point (–3 ; 5)

Forme générale de l'équation : $d \equiv y = mx + p$

a) *Recherche de m*

La droite d est parallèle à la droite d'

⇒ *les droites ont la même pente*

$\Rightarrow \quad m_d = m_{d'} = -3 \quad \Rightarrow \quad d \equiv y = -3x + p$

b) *Recherche de p*

$(-3\,;5) \in d \quad \Rightarrow \quad 5 = -3 \,.\, (-3) + p$

$-4 = p \quad \Rightarrow \quad d \equiv y = -3x - 4$

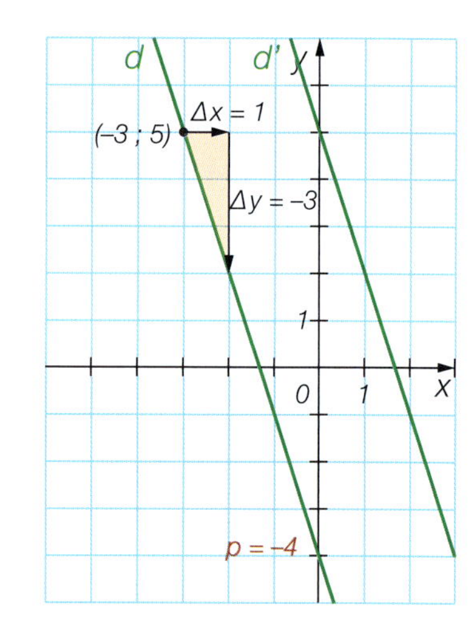

10

La pente est égale à l'opposé de l'inverse de celle d'une droite perpendiculaire à la droite cherchée.

Exemple : équation de la droite d perpendiculaire à la droite d'≡ y = 3x – 2 et passant par le point (–3 ; 3)

Forme générale de l'équation : $d \equiv y = mx + p$

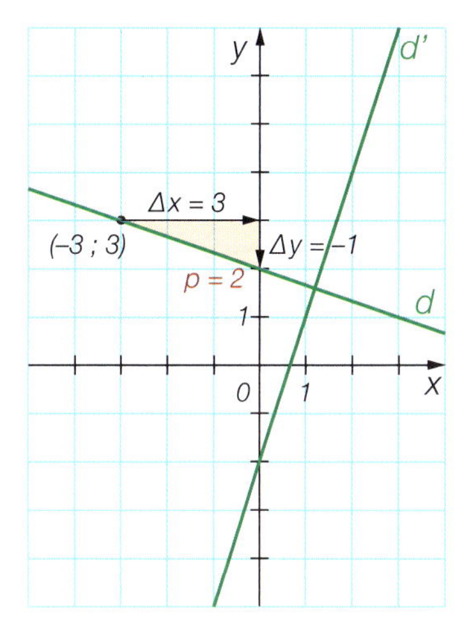

a) Recherche de m

La droite d est perpendiculaire à la droite d'

⇒ le produit de leurs pentes vaut –1.

$m_{d'} = 3 \quad \Rightarrow \quad m_d = \dfrac{-1}{3} \qquad \Rightarrow \quad d \equiv y = \dfrac{-1}{3}x + p$

b) Recherche de p

$(-3\,;\,3) \in d \quad \Rightarrow \quad 3 = \dfrac{-1}{3}\,.\,(-3) + p$

$2 = p \quad \Rightarrow \quad d \equiv y = \dfrac{-1}{3}\,.\,x + 2$

G Signe d'une fonction du premier degré

Pour déterminer le signe d'une fonction du premier degré f : x → y = mx + p :

a) on détermine le zéro de la fonction f : $\dfrac{-p}{m}$;

b) on établit un tableau de signes :

si $x > \dfrac{-p}{m}$, alors la fonction f et le coefficient m ont le même signe;

si $x < \dfrac{-p}{m}$, alors la fonction f et le coefficient m ont des signes opposés.

Si m > 0

x		$\dfrac{-p}{m}$	
y = mx + p	–	0	+

Si m < 0

x		$\dfrac{-p}{m}$	
y = mx + p	+	0	–

Exemples

$f : x \rightarrow y = 2x - 2$

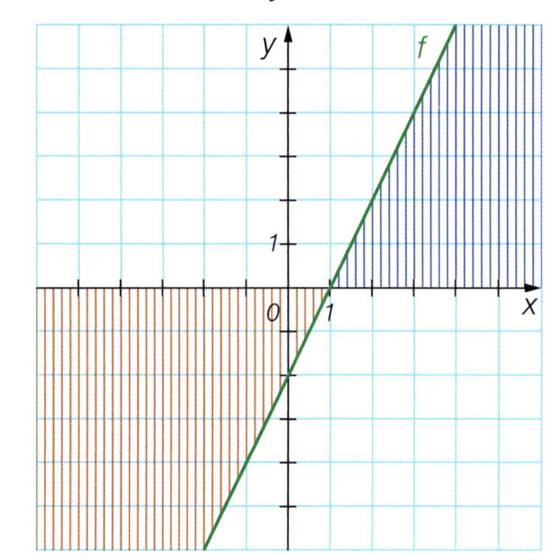

$m = 2$ (positif)

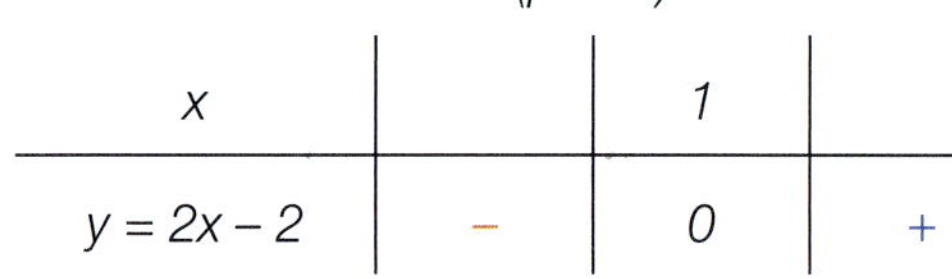

x		1	
$y = 2x - 2$	−	0	+

$f : x \rightarrow y = -2x + 4$

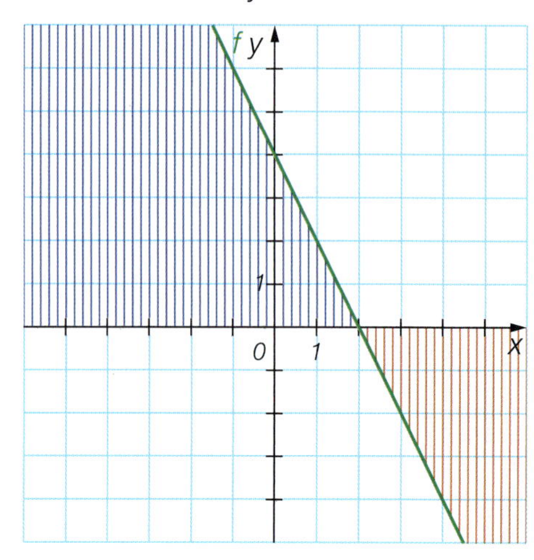

$m = -2$ (négatif)

x		2	
$y = -2x + 4$	+	0	−

H Intersection des graphiques de deux fonctions du premier degré

L'abscisse du point d'intersection des graphiques de deux fonctions du premier degré f et g est la solution de l'équation $f(x) = g(x)$.

Exemple : $f(x) = 2x + 4$ et $g(x) = -x + 7$

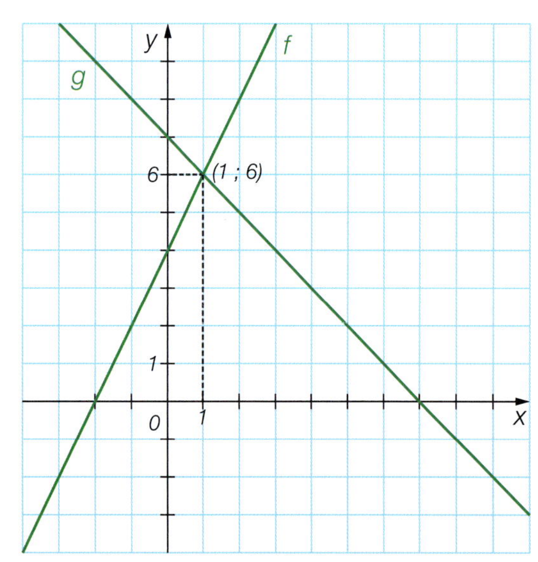

Les graphiques de f et de g se coupent au point (1 ; 6).

1 est la solution de l'équation

$2x + 4 = -x + 7.$

En effet,

$2 \,.\, 1 + 4 = -1 + 7$

$6 = 6$

Chapitre 11 • Thalès et les proportions

A Configurations de Thalès

Deux droites sécantes coupées par…

au minimum trois droites parallèles.

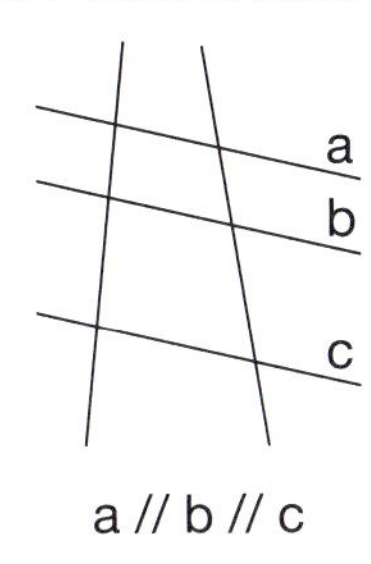

a // b // c

au minimum deux droites parallèles.

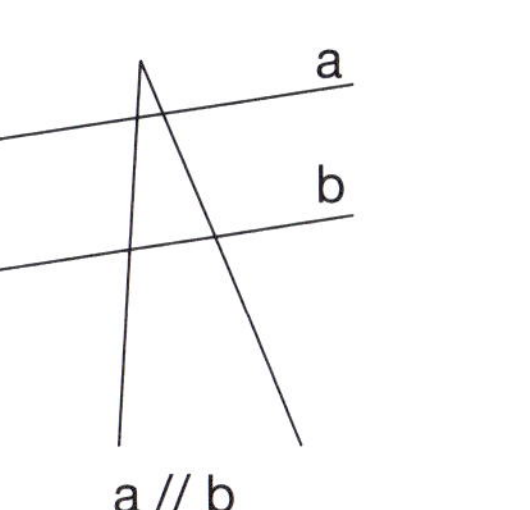

a // b

a
b

a // b

B Théorème de Thalès

1. Formulation avec les projections parallèles

Les projections parallèles conservent le rapport des longueurs.

Données

A, B et C $\in d_1$

D, E et F $\in d_2$

AD // BE // CF

Thèse

$$\frac{|AB|}{|BC|} = \frac{|DE|}{|EF|}$$

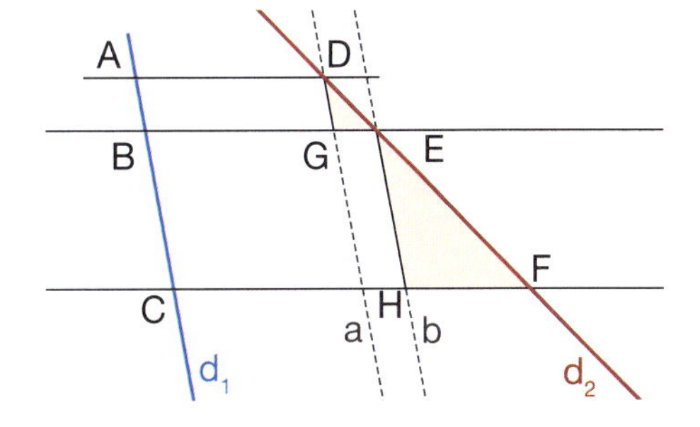

Démonstration

Par les points D et E, tracer les droites a et b parallèles à d_1.
La droite a coupe BE en G et la droite b coupe CF en H.

Les angles des triangles DGE et EHF ont leurs côtés homologues parallèles

$$\Rightarrow \Delta DGE \sim \Delta EHF \Rightarrow \frac{|DG|}{|EH|} = \frac{|DE|}{|EF|} \quad (1)$$

AD // BG et AB // DG $\Rightarrow$ ADGB est un parallélogramme $\Rightarrow |AB| = |DG|$.

BE // CH et BC // EH $\Rightarrow$ BEHC est un parallélogramme $\Rightarrow |BC| = |EH|$.

En remplaçant $|DG|$ par $|AB|$ et $|EH|$ par $|BC|$ dans l'égalité (1), on obtient $\frac{|AB|}{|BC|} = \frac{|DE|}{|EF|}$.

Exemple

$$AD \,//\, BE \,//\, CF \;\Rightarrow\; \frac{|AB|}{|BC|} = \frac{|DE|}{|EF|}$$

$$\frac{2}{6} = \frac{3}{9}\left(= \frac{1}{3}\right)$$

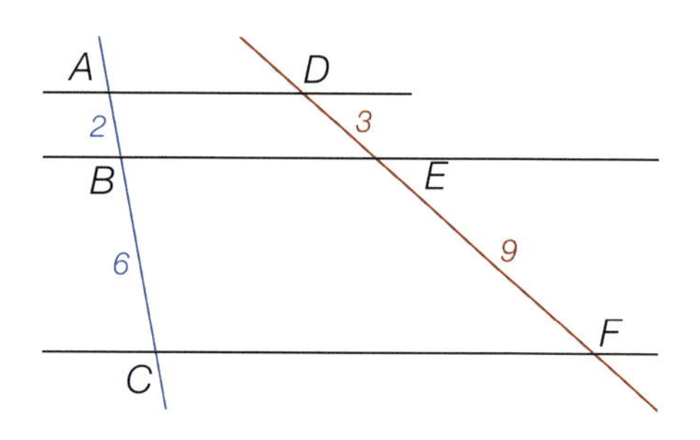

2. Formulation avec les segments homologues

Des droites parallèles déterminent sur deux droites qui les coupent des segments homologues de longueurs proportionnelles.

Données

A, B et C $\in d_1$

D, E et F $\in d_2$

AD // BE // CF

Thèse

$$\frac{|AB|}{|DE|} = \frac{|BC|}{|EF|} = \frac{|AC|}{|DF|}$$

A
D
B
E
C
F
d_1
d_2

Démonstration

La formulation du théorème de Thalès avec les segments homologues découle directement de la formulation avec les projections parallèles.

En effet, les projections parallèles conservent le rapport des longueurs

$$\Rightarrow \frac{|AB|}{|BC|} = \frac{|DE|}{|EF|} \overset{(*)}{\Rightarrow} \frac{|AB|}{|DE|} = \frac{|BC|}{|EF|}$$

$$\Rightarrow \frac{|BC|}{|AC|} = \frac{|EF|}{|DF|} \overset{(*)}{\Rightarrow} \frac{|BC|}{|EF|} = \frac{|AC|}{|DF|}$$

$$\Rightarrow \frac{|AB|}{|DE|} = \frac{|BC|}{|EF|} = \frac{|AC|}{|DF|}$$

(Deux fractions égales à une même troisième sont égales entre elles.)

(*) Propriété des proportions : si on permute les termes moyens d'une proportion, alors on obtient une nouvelle proportion.

Exemple

$$AD \,//\, BE \,//\, CF \;\Rightarrow\; \frac{|AB|}{|DE|} = \frac{|BC|}{|EF|} = \frac{|AC|}{|DF|}$$

$$\frac{2}{3} = \frac{6}{9} = \frac{8}{12}$$

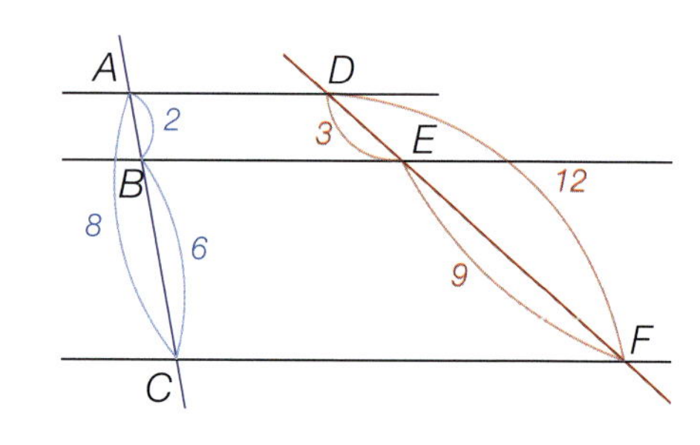

C Réciproque et contraposée du théorème de Thalès

1. Énoncé de la réciproque du théorème de Thalès

Si deux droites sont coupées par deux droites parallèles, si une troisième droite coupe les deux premières en des points situés du même côté par rapport à chaque parallèle et si le rapport des longueurs des segments homologues ainsi déterminés est constant, alors la troisième droite est parallèle aux deux premières.

2. Énoncé de la contraposée du théorème de Thalès

Si deux droites sont coupées par deux droites parallèles, si une troisième droite coupe les deux premières en des points situés du même côté par rapport à chaque parallèle et si le rapport des longueurs des segments homologues ainsi déterminés n'est pas constant, alors la troisième droite n'est pas parallèle aux deux premières.

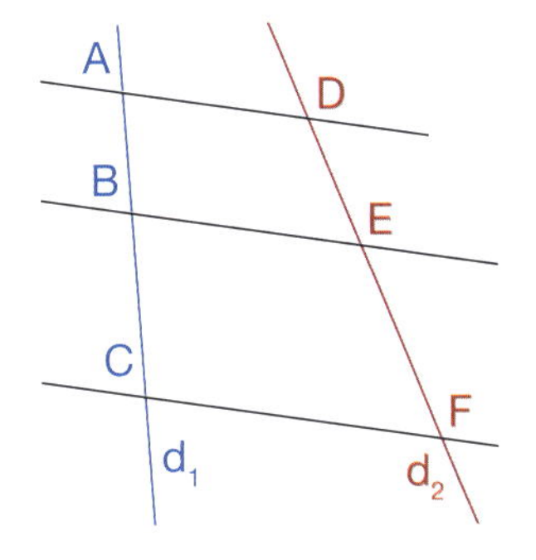

A, B et C $\in d_1$

D, E et F $\in d_2$

AD // BE

C et F sont situés du même côté par rapport à AD et BE.

$$\frac{|AB|}{|DE|} = \frac{|BC|}{|EF|} \Downarrow \text{CF // BE // AD}$$

$$\frac{|AB|}{|DE|} \neq \frac{|BC|}{|EF|} \Downarrow \text{CF} \not\parallel \text{BE et CF} \not\parallel \text{AD}$$

D Utilisation du théorème de Thalès et de sa réciproque

1. Calculer une longueur inconnue

Pour calculer une longueur inconnue dans une configuration de Thalès, il suffit… d'écrire une proportion contenant l'inconnue et issue d'une des formulations du théorème de Thalès et de résoudre l'équation ainsi obtenue.

Exemple

Par la première formulation du théorème de Thalès,

$$\frac{|FE|}{|ED|} = \frac{|AB|}{|BC|} \Rightarrow \frac{|FE|}{4} = \frac{8}{3} \Rightarrow |FE| = \frac{32}{3}$$

Par la seconde formulation du théorème de Thalès,

$$\frac{|FE|}{|AB|} = \frac{|ED|}{|BC|} \Rightarrow \frac{|FE|}{8} = \frac{4}{3} \Rightarrow |FE| = \frac{32}{3}$$

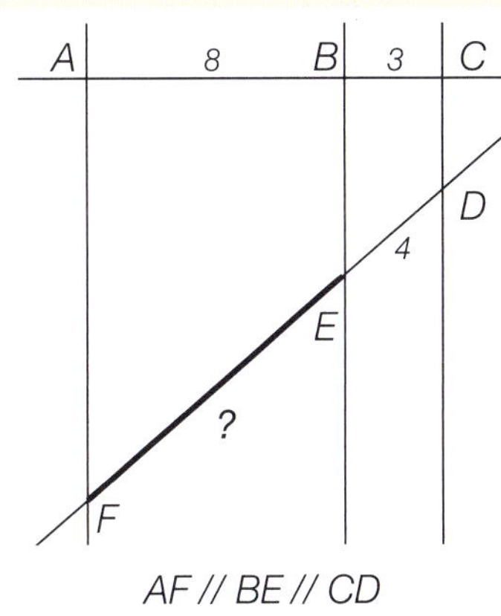

AF // BE // CD

11

2. Prouver le parallélisme de droites

Pour prouver qu'une droite c est parallèle aux droites a et b, sachant…

Pour prouver qu'une droite c n'est pas parallèle aux droites a et b, sachant …

que a et b sont parallèles entre elles, qu'elles coupent deux autres droites et que la droite c coupe celles-ci en des points situés du même côté par rapport aux droites a et b,

il suffit …

d'utiliser la réciproque du théorème de Thalès en prouvant que le rapport des longueurs des segments homologues est constant.

d'utiliser la contraposée du théorème de Thalès en prouvant que le rapport des longueurs des segments homologues n'est pas constant.

Exemples

Sachant que ...

AD // BE,

$|AB| = 6$, $|BC| = 9$, $|DE| = 8$ et $|EF| = 12$,

la droite CF est-elle parallèle aux droites AD et BE ?

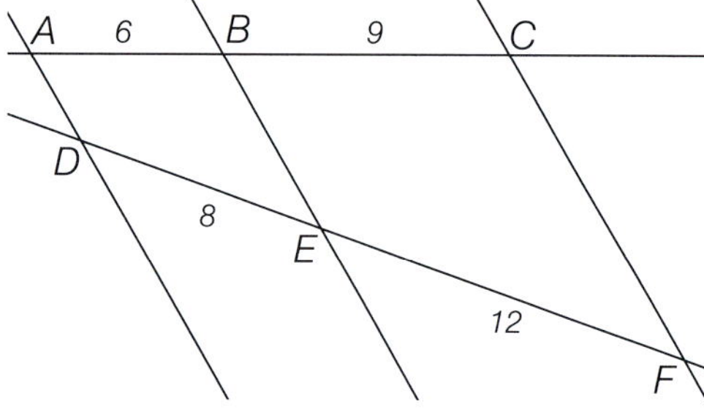

$$\left.\begin{array}{l}\dfrac{|AB|}{|DE|} = \dfrac{6}{8} = \dfrac{3}{4} \\[2ex] \dfrac{|BC|}{|EF|} = \dfrac{9}{12} = \dfrac{3}{4}\end{array}\right\} \Rightarrow \dfrac{|AB|}{|DE|} = \dfrac{|BC|}{|EF|}$$

D'après la réciproque du théorème, on peut conclure que CF // AD // BE.

Sachant que ...

AD // BE,

$|AB| = 6$, $|BC| = 9$, $|DE| = 8$ et $|EF| = 10$,

la droite CF est-elle parallèle aux droites AD et BE ?

$$\left.\begin{array}{l}\dfrac{|AB|}{|DE|} = \dfrac{6}{8} = \dfrac{3}{4} \\[2ex] \dfrac{|BC|}{|EF|} = \dfrac{9}{10}\end{array}\right\} \Rightarrow \dfrac{|AB|}{|DE|} \neq \dfrac{|BC|}{|EF|}$$

D'après la contraposée du théorème, on peut conclure que CF $\not\parallel$ AD et CF $\not\parallel$ BE.

3. Déterminer la quatrième proportionnelle de trois nombres

La quatrième proportionnelle des réels strictement positifs a, b et c est le réel x tel que $\dfrac{a}{b} = \dfrac{c}{x}$.

Pour calculer la quatrième proportionnelle de trois réels positifs, il suffit d'écrire la proportion issue de la définition et de résoudre l'équation ainsi obtenue.

Exemple : quatrième proportionnelle des nombres 2, 3 et 5.

$$\frac{2}{3} = \frac{5}{x} \Leftrightarrow x = \frac{15}{2} = 7{,}5$$

Il existe plusieurs représentations géométriques de la quatrième proportionnelle de trois nombres; en voici deux exemples.

Représentation à l'aide de la première formulation du théorème de Thalès.

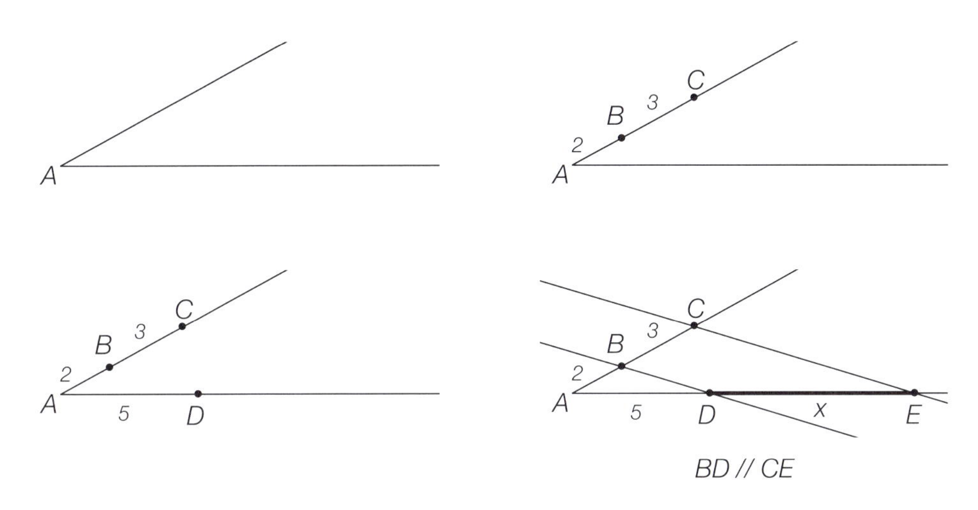

Représentation à l'aide de la seconde formulation du théorème de Thalès.

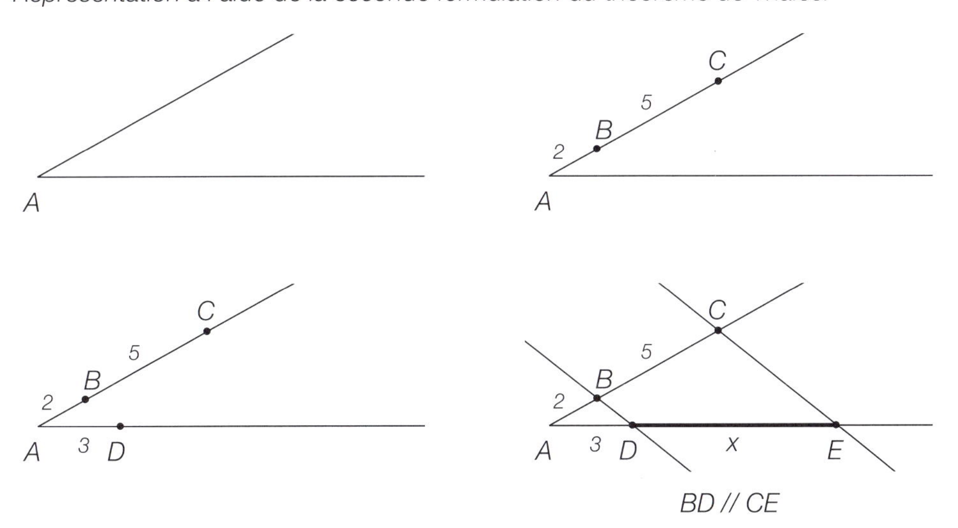

4. Partager un segment en parties égales

Pour partager un segment [AB] en parties égales, il suffit de construire une « configuration particulière » de Thalès avec une demi-droite d'origine A (ou B) .

Exemple : partager [AB] en trois parties égales

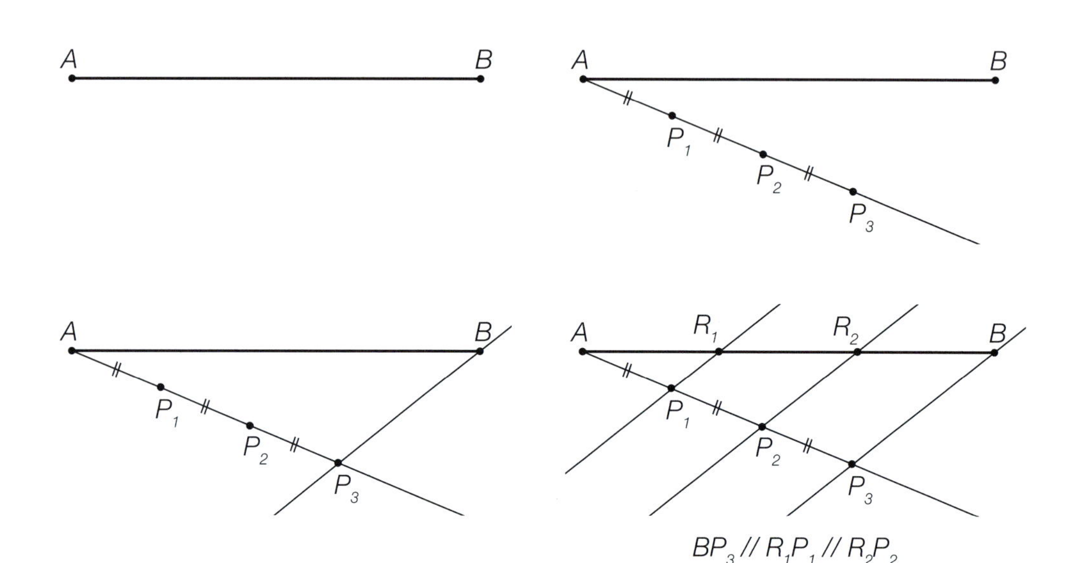

$BP_3 // R_1P_1 // R_2P_2$

5. Déterminer les coordonnées du milieu d'un segment

Les coordonnées du point M, milieu du segment [AB], s'obtiennent en calculant la moyenne arithmétique des abscisses et la moyenne arithmétique des ordonnées des extrémités du segment.

$$(x_M ; y_M) = \left(\frac{x_A + x_B}{2} ; \frac{y_A + y_B}{2} \right)$$

Données

$A\ (x_A ; y_A)$
$B\ (x_B ; y_B)$
M milieu de [AB]

Thèse

$$(x_M ; y_M) = \left(\frac{x_A + x_B}{2} ; \frac{y_A + y_B}{2} \right)$$

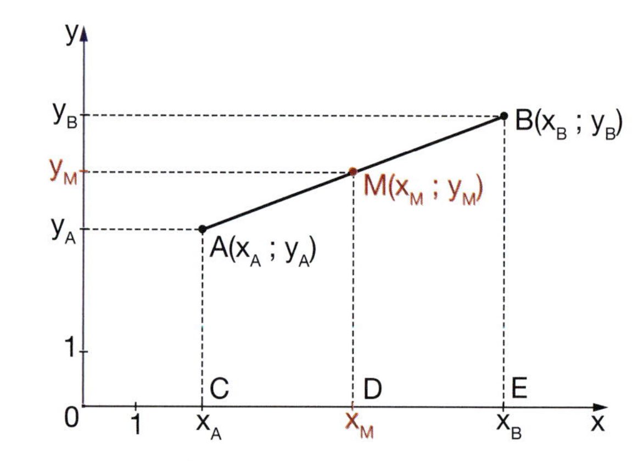

Démonstration

Nommer les points O (0 ; 0), C (x_A ; 0), D (x_M ; 0) et E (x_B ; 0).

Par le théorème de Thalès : M milieu de [AB] $\Rightarrow$ D milieu de [CE] $\Rightarrow$ $\mathbf{|CD| = \frac{|CE|}{2}}$ (1)

$|CE| = |OE| - |OC| \Rightarrow |CE| = x_B - x_A$ (2)

(1) et (2) $\Rightarrow$ $\mathbf{|CD| = \frac{x_B - x_A}{2}}$

$$|OD| = |OC| + |CD| \Rightarrow |OD| = x_A + \frac{x_B - x_A}{2}$$

$$\Rightarrow |OD| = \frac{2x_A + x_B - x_A}{2}$$

$$\Rightarrow |OD| = \frac{x_A + x_B}{2}$$

$$\Rightarrow \mathbf{x_M = \frac{x_A + x_B}{2}} \quad (3)$$

De manière analogue, on trouve que $\mathbf{y_M = \frac{y_A + y_B}{2}}$ (4)

(3) et (4) $\Rightarrow$ Les coordonnées de M sont $(x_M ; y_M) = \left(\mathbf{\frac{x_A + x_B}{2} ; \frac{y_A + y_B}{2}}\right)$

Exemples : *A (4 ; 2), B (10 ; 4), C (5 ; –4), D (–3 ; –1)*

Coordonnées de M, milieu de [AB] : $\left(\frac{4+10}{2} ; \frac{2+4}{2}\right) = \left(\frac{14}{2} ; \frac{6}{2}\right) = (7 ; 3)$

Coordonnées de N, milieu de [CD] : $\left(\frac{5+(-3)}{2} ; \frac{-4+(-1)}{2}\right) = \left(\frac{2}{2} ; \frac{-5}{2}\right) = \left(1 ; \frac{-5}{2}\right)$

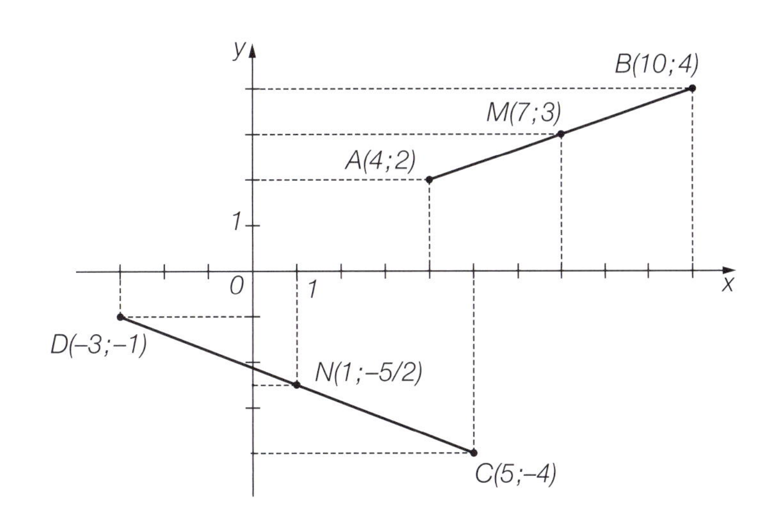

11

E Propriétés des proportions

1. Propriété fondamentale

Dans une proportion, le produit des termes extrêmes est égal au produit des termes moyens.

$$\frac{a}{b} = \frac{c}{d} \Leftrightarrow a \cdot d = b \cdot c$$

Exemple : $\frac{6}{4} = \frac{3}{2} \Leftrightarrow 6 \cdot 2 = 3 \cdot 4$

Démonstration : $\frac{a}{b} = \frac{c}{d} \Leftrightarrow \mathbf{d} \cdot \frac{a}{b} = \frac{c}{d} \cdot \mathbf{d} \Leftrightarrow \frac{a \cdot d}{b} = c \Leftrightarrow \mathbf{b} \cdot \frac{a \cdot d}{b} = c \cdot \mathbf{b} \Leftrightarrow a \cdot d = b \cdot c$

2. Permutation des termes extrêmes

Si on permute les termes extrêmes d'une proportion, alors on obtient une nouvelle proportion.

$$\frac{a}{b} = \frac{c}{d} \Leftrightarrow \frac{d}{b} = \frac{c}{a}$$

Exemple : $\frac{6}{4} = \frac{3}{2} \Leftrightarrow \frac{2}{4} = \frac{3}{6}$

Démonstration : $\frac{a}{b} = \frac{c}{d} \Leftrightarrow \mathbf{d} \cdot \frac{a}{b} = \frac{c}{d} \cdot \mathbf{d} \Leftrightarrow \frac{a \cdot d}{b} = c \Leftrightarrow \frac{\mathbf{1}}{\mathbf{a}} \cdot \frac{a \cdot d}{b} = c \cdot \frac{\mathbf{1}}{\mathbf{a}} \Leftrightarrow \frac{d}{b} = \frac{c}{a}$

3. Permutation des termes moyens

Si on permute les termes moyens d'une proportion, alors on obtient une nouvelle proportion.

$$\frac{a}{b} = \frac{c}{d} \Leftrightarrow \frac{a}{c} = \frac{b}{d}$$

Exemple : $\frac{6}{4} = \frac{3}{2} \Leftrightarrow \frac{6}{3} = \frac{4}{2}$

Démonstration : $\frac{a}{b} = \frac{c}{d} \Leftrightarrow \mathbf{b} \cdot \frac{a}{b} = \frac{c}{d} \cdot \mathbf{b} \Leftrightarrow a = \frac{c \cdot b}{d} \Leftrightarrow \frac{\mathbf{1}}{\mathbf{c}} \cdot a = \frac{c \cdot b}{d} \cdot \frac{\mathbf{1}}{\mathbf{c}} \Leftrightarrow \frac{a}{c} = \frac{b}{d}$

4. Permutation, entre eux, des termes moyens et des termes extrêmes

Si on permute, entre eux, les termes moyens et les termes extrêmes d'une proportion, alors on obtient une nouvelle proportion.

$$\frac{a}{b} = \frac{c}{d} \Leftrightarrow \frac{d}{c} = \frac{b}{a}$$

Exemple : $\frac{6}{4} = \frac{3}{2} \Leftrightarrow \frac{2}{3} = \frac{4}{6}$

Démonstration : $\frac{a}{b} = \frac{c}{d} \underset{3}{\Leftrightarrow} \frac{a}{c} = \frac{b}{d} \underset{2}{\Leftrightarrow} \frac{d}{c} = \frac{b}{a}$

Chapitre 12 • Systèmes de deux équations à deux inconnues

A Fonctions et équations à deux inconnues

Le graphique d'une fonction f : $y = mx + p$ ($m \in \mathbb{R}_0$) est une droite.

Les coordonnées $(x\ ;\ y)$ de chacun de ses points sont solutions de l'équation à deux inconnues $y = mx + p$.

Cette équation peut aussi s'écrire sous la forme : $ax + by + c = 0$ $\qquad (a, b \in \mathbb{R}_0)$

Exemple : $f : x \rightarrow y = -2x + 4$

Le graphique de la fonction f est une droite.
Les coordonnées des points de cette droite
$(-1\ ;\ 6), (0\ ;\ 4), (1\ ;\ 2), (2\ ;\ 0), \ldots$
sont les solutions de l'équation à deux inconnues
$y = -2x + 4 \quad$ ou $\quad 2x + y - 4 = 0$

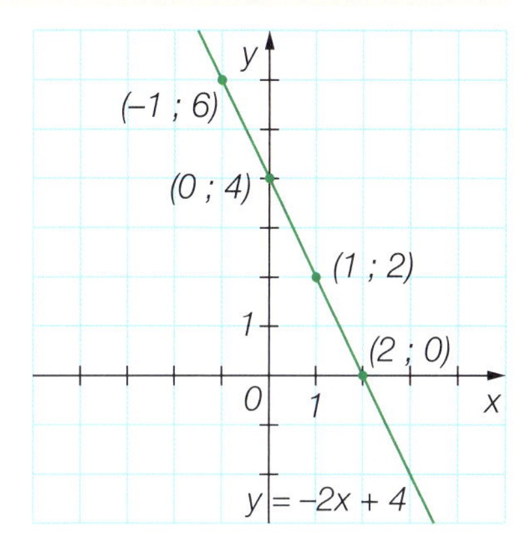

B Systèmes de deux équations à deux inconnues

1. Notions

Un système de deux équations du premier degré à deux inconnues s'écrit généralement sous la forme $\begin{cases} ax + by + c = 0 \\ a'x + b'x + c' = 0 \end{cases}$ $\qquad a, b, c, a', b'$ et $c' \in \mathbb{R}$

Une solution d'un système est un couple de réels $(x\ ;\ y)$ qui vérifient chaque équation.

Résoudre un système consiste à trouver l'ensemble de ses solutions.

Exemple : $\begin{cases} 2x - y + 4 = 0 \\ x + y - 7 = 0 \end{cases}$

Ce système ne possède qu'une solution : le couple $(1\ ;\ 6)$.
On note généralement $S = \{(1\ ;\ 6)\}$.
Vérification : $2 . 1 - 6 + 4 = 0 \quad$ et $\quad 1 + 6 - 7 = 0$
$2 - 6 + 4 = 0 \qquad 0 = 0$
$0 = 0$

12

Deux systèmes équivalents sont deux systèmes qui admettent le même ensemble de solutions.

Exemple

$$\begin{cases} 2x + y = 4 \\ x - y = -1 \end{cases} \quad et \quad \begin{cases} 6x + 3y = 12 \\ -2x + 2y = 2 \end{cases}$$

sont équivalents car ils admettent tous deux comme unique solution le couple (1 ; 2).

2. Propriétés

Dans un système de deux équations, si on multiplie les deux membres d'une équation par un même nombre réel non nul, on obtient un système équivalent au premier.

Exemple

$$\begin{cases} x - 2y = 5 \\ 2x + 3y = 3 \end{cases} \Leftrightarrow \begin{cases} 3 \,.\, (x - 2y) = 5 \,.\, 3 \\ 2x + 3y = 3 \end{cases} \Leftrightarrow \begin{cases} 3x - 6y = 15 \\ 2x + 3y = 3 \end{cases}$$

Dans un système de deux équations, si on remplace une équation par une équation obtenue en additionnant (soustrayant) membre à membre les deux équations, on obtient un système équivalent au premier.

Exemple

$$\begin{cases} 3x + 5y = 11 \\ 2x - 5y = -1 \end{cases} \Leftrightarrow \begin{cases} \boxed{5x = 10} \\ 2x - 5y = -1 \end{cases}$$

$$(3x + 5y) + (2x - 5y) = 11 + (-1)$$

$$3x + 5y + 2x - 5y = 11 - 1$$

$$\boxed{5x = 10}$$

C Résolution algébrique d'un système

Principe général

Pour résoudre un système de deux équations à deux inconnues, on le remplace par des systèmes équivalents de plus en plus simples pour obtenir finalement un système de la forme : $\begin{cases} x = r_1 \\ y = r_2 \end{cases}$

La solution du système est le couple $(r_1 ; r_2)$.
On la note $S = \{(r_1 ; r_2)\}$.

12

1. Méthode de comparaison

Exemple

$\begin{cases} 3x + y = 6 \\ 2x - y = 9 \end{cases}$

$\Leftrightarrow \begin{cases} y = -3x + 6 \\ y = 2x - 9 \end{cases}$ *On isole la même inconnue dans les deux équations.*

$\Leftrightarrow \begin{cases} -3x + 6 = 2x - 9 \\ y = 2x - 9 \end{cases}$ *On remplace une des équations en égalant les expressions obtenues pour l'inconnue isolée.*

On résout l'équation à une inconnue ainsi obtenue.

$\Leftrightarrow \begin{cases} x = 3 \\ y = 2x - 9 \end{cases}$ $\begin{aligned} 6 + 9 &= 2x + 3x \\ 15 &= 5x \\ 3 &= x \end{aligned}$

$\Leftrightarrow \begin{cases} x = 3 \\ y = 2 \,.\, 3 - 9 \end{cases}$ *On introduit la valeur trouvée dans l'autre équation.*

On détermine la valeur de la seconde inconnue.

$\Leftrightarrow \begin{cases} x = 3 \\ y = -3 \end{cases}$ $\begin{aligned} y &= 6 - 9 \\ y &= -3 \end{aligned}$

La solution du système est (3 ; –3). On note $S = \{(3\,;\,-3)\}$.

2. Méthode de substitution

Exemple

$\begin{cases} x - 2y = 5 \\ 2x + 3y = 3 \end{cases}$

$\Leftrightarrow \begin{cases} x = 2y + 5 \\ 2x + 3y = 3 \end{cases}$ *On isole une inconnue dans une des deux équations.*

$\Leftrightarrow \begin{cases} x = 2y + 5 \\ 2 \,.\, (2y + 5) + 3y = 3 \end{cases}$ *Dans l'autre équation, on remplace cette inconnue par l'expression trouvée.*

On résout l'équation à une inconnue ainsi obtenue.

$\Leftrightarrow \begin{cases} x = 2y + 5 \\ y = -1 \end{cases}$ $\begin{aligned} 4y + 10 + 3y &= 3 \\ 7y + 10 &= 3 \\ 7y &= -7 \\ y &= -1 \end{aligned}$

$\Leftrightarrow \begin{cases} x = 2 \,.\, (-1) + 5 \\ y = -1 \end{cases}$ *On introduit la valeur trouvée dans l'autre équation.*

On détermine la valeur de la seconde inconnue.

$\Leftrightarrow \begin{cases} x = 3 \\ y = -1 \end{cases}$ $\begin{aligned} x &= -2 + 5 \\ x &= 3 \end{aligned}$

La solution du système est (3 ; –1). On note $S = \{(3\,;\,-1)\}$.

3. a) Méthode des combinaisons (méthode de Gauss)

Exemple

$\begin{cases} x - 2y = 4 \\ 2x + 3y = -3 \end{cases} \left| \begin{matrix} .\ 3 \\ .\ 2 \end{matrix} \right| \begin{matrix} .\ (-2) \\ .\ 1 \end{matrix} \Bigg|$

Si nécessaire, on multiplie les deux équations par des réels différents pour que les coefficients d'une inconnue soient successivement opposés.

$\begin{array}{r} 3x - 6y = 12 \\ 4x + 6y = -6 \\ \hline 7x = 6 \end{array}$ et $\begin{array}{r} -2x + 4y = -8 \\ 2x + 3y = -3 \\ \hline 7y = -11 \end{array}$

Dans chaque cas, on additionne membre à membre les deux équations.

$\Leftrightarrow \begin{cases} 7x = 6 \\ 7y = -11 \end{cases}$

On remplace le système initial de deux équations à deux inconnues par un système équivalent de deux équations à une inconnue.

$\Leftrightarrow \begin{cases} x = \dfrac{6}{7} \\ y = -\dfrac{11}{7} \end{cases}$

On résout chaque équation à une inconnue.

La solution du système est $\left(\dfrac{6}{7}\ ;-\dfrac{11}{7}\right)$*. On note* $S = \left\{\left(\dfrac{6}{7}\ ;-\dfrac{11}{7}\right)\right\}$

b) Variante de la méthode des combinaisons

Exemple

$\begin{cases} 2x + 3y = 3 \\ x - 2y = 5 \end{cases} \left| \begin{matrix} .\ 2 \\ .\ 3 \end{matrix} \right|$

Si nécessaire, on multiplie les deux équations par des réels différents pour que les coefficients d'une inconnue soient opposés.

$\begin{array}{r} 4x + 6y = 6 \\ 3x - 6y = 15 \\ \hline 7x = 21 \end{array}$

On additionne membre à membre les deux équations.

$\Leftrightarrow \begin{cases} 7x = 21 \\ x - 2y = 5 \end{cases}$

On conserve une des deux équations et on remplace l'autre par la somme trouvée à l'étape précédente.

$\Leftrightarrow \begin{cases} x = 3 \\ x - 2y = 5 \end{cases}$

On résout l'équation à une inconnue ainsi obtenue.

$7x = 21$

$x = 3$

$\Leftrightarrow \begin{cases} x = 3 \\ 3 - 2y = 5 \end{cases}$

On introduit la valeur trouvée dans l'autre équation.

$\Leftrightarrow \begin{cases} x = 3 \\ y = -1 \end{cases}$

On détermine la valeur de la seconde inconnue.

$-2y = 5 - 3$

$-2y = 2$

$y = -1$

La solution du système est (3 ; −1). On note $S = \{(3\ ;-1)\}$.

Remarque : La méthode de double combinaisons est surtout intéressante si la première inconnue trouvée est une fraction.

D Résolution graphique d'un système

Pour résoudre graphiquement un système de deux équations du premier degré à deux inconnues :

on trace les droites d_1 et d_2 représentant les solutions de chaque équation;
on détermine les coordonnées du point d'intersection des deux droites.

Exemple

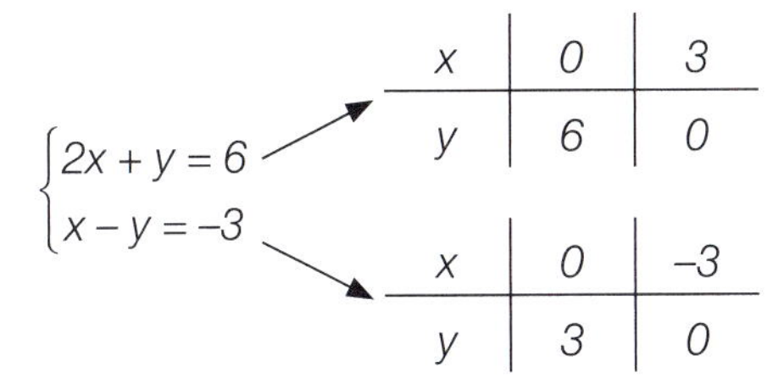

$$\begin{cases} 2x + y = 6 \\ x - y = -3 \end{cases}$$

x	0	3
y	6	0

x	0	–3
y	3	0

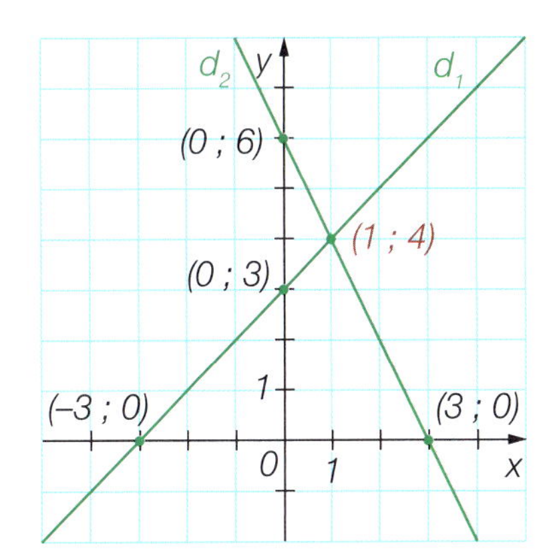

Le couple (1 ; 4) est solution du système.

En effet, $2 . 1 + 4 = 6$ *et* $1 - 4 = -3$

$2 + 4 = 6$ $\quad -3 = -3$

$6 = 6$

E Résolution de problèmes

Marche à suivre

Choix des inconnues

Choisir les inconnues qui seront désignées par deux lettres.

Mise en équations (système de deux équations à deux inconnues)

Écrire deux équations qui traduisent l'énoncé ; celles-ci forment le système à résoudre.

Résolution du système

Résoudre le système par une méthode algébrique étudiée afin de trouver les valeurs des inconnues.

Solution du problème

Répondre aux questions posées dans le problème par une phrase correctement construite.

Vérification

Vérifier que les solutions trouvées conviennent à l'énoncé du problème.

Exemple

Détermine deux nombres sachant que leur somme vaut 90 et que la division du premier par le second donne 3 comme quotient et 6 comme reste.

Choix des inconnues

x : *le 1er nombre* y : *le 2e nombre*

Mise en équations (système)

$$\begin{cases} x + y = 90 \\ x = 3y + 6 \end{cases}$$

Résolution du système

$$\begin{cases} (3y + 6) + y = 90 \\ x = 3y + 6 \end{cases} \Leftrightarrow \begin{cases} 4y + 6 = 90 \\ x = 3y + 6 \end{cases} \Leftrightarrow \begin{cases} y = 21 \\ x = 3 \,.\, 21 + 6 \end{cases} \Leftrightarrow \begin{cases} y = 21 \\ x = 69 \end{cases}$$

Solutions du problème

Le premier nombre est 69 et le second 21.

Vérification

La somme des deux nombres est 90 car $69 + 21 = 90$.

La division de 69 par 21 donne 3 comme quotient et 6 comme reste car $69 = 21 \,.\, 3 + 6$.

Chapitre 13 • Inéquations

A Définitions

Une inéquation est une inégalité qui contient une ou plusieurs inconnues.

L'ensemble des solutions d'une inéquation à une inconnue est l'ensemble des valeurs particulières que peut prendre l'inconnue pour vérifier l'inégalité.

Résoudre une inéquation consiste à trouver l'ensemble de ses solutions.

Exemple : $4x > 10$ est une inéquation dont x est l'inconnue.
L'ensemble des solutions de cette inéquation est l'ensemble des réels supérieurs à 2,5 que l'on note $S =]\, 2{,}5 \,; \rightarrow$.

B Propriétés des inégalités

1. Addition et ordre

Si on ajoute (retire) un même nombre réel aux deux membres d'une inégalité, on obtient une inégalité de même sens.

Si a, b et c $\in \mathbb{R}$: $a < b \Leftrightarrow a + c < b + c$

Exemples :

$3 < 5$	$2 > -8$	$-5 < -2$
$10 + 3 < 5 + 10$	$-5 + 2 > -8 - 5$	$3 - 5 < -2 + 3$
$13 < 15$	$-3 > -13$	$-2 < 1$

2. Multiplication et ordre

a) Si on multiplie (divise) les deux membres d'une inégalité par un même nombre réel strictement positif, on obtient une inégalité de même sens.

Si a, b $\in \mathbb{R}$ et c $\in \mathbb{R}_0^+$: $a < b \Leftrightarrow a \cdot c < b \cdot c$

Exemples :

$2 < 5$	$8 > -6$	$-8 < -6$
$3 \cdot 2 < 5 \cdot 3$	$8 : 2 > -6 : 2$	$2 \cdot (-8) < -6 \cdot 2$
$6 < 15$	$4 > -3$	$-16 < -12$

b) Si on multiplie (divise) les deux membres d'une inégalité par un même nombre réel strictement négatif, on obtient une inégalité de sens contraire.

Si a, b $\in \mathbb{R}$ et c $\in \mathbb{R}_0^-$: $a < b \Leftrightarrow a \cdot c > b \cdot c$

Exemples :

$3 < 7$	$8 > -12$	$-2 > -5$
$(-5) \cdot 3 > 7 \cdot (-5)$	$8 : (-4) < -12 : (-4)$	$(-1) \cdot (-2) < -5 \cdot (-1)$
$-15 > -35$	$-2 < 3$	$2 < 5$

C Lien entre inéquation et fonction du premier degré

1. Inéquation ax + b < 0

Résoudre l'inéquation $ax + b < 0$ consiste à déterminer les abscisses des points de la droite d'équation $y = ax + b$ dont l'ordonnée est strictement négative.

Exemples

$2x - 6 < 0$

3 est le zéro de la fonction
$f : x \to y = 2x - 6$

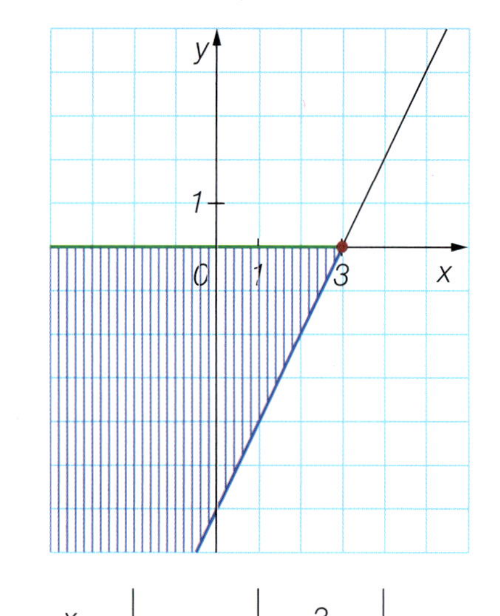

x		3	
$2x - 6$	−	0	+

L'ensemble des solutions de l'inéquation $2x - 6 < 0$ *se note* $S = \leftarrow ; 3 [$

$-2x + 4 < 0$

2 est le zéro de la fonction
$f : x \to y = -2x + 4$

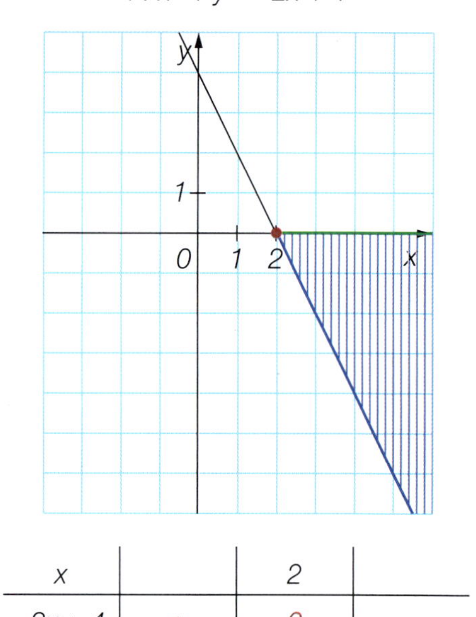

x		2	
$-2x + 4$	+	0	−

L'ensemble des solutions de l'inéquation $-2x + 4 < 0$ *se note* $S =] 2 ; \rightarrow$

Conclusion

Si $a \in \mathbb{R}_0^+$ et $b \in \mathbb{R}$: $ax + b < 0 \Leftrightarrow x < -\frac{b}{a}$

Si $a \in \mathbb{R}_0^-$ et $b \in \mathbb{R}$: $ax + b < 0 \Leftrightarrow x > -\frac{b}{a}$

2. Inéquation ax + b > 0

Résoudre l'inéquation $ax + b > 0$ consiste à déterminer les abscisses des points de la droite d'équation $y = ax + b$ dont l'ordonnée est strictement positive.

Exemples

$\mathbf{2}x - 6 > 0$

3 est le zéro de la fonction
$f : x \rightarrow y = 2x - 6$

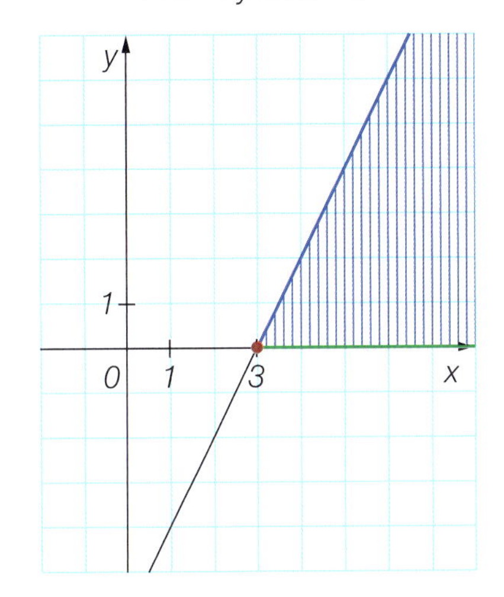

x		3	
2x – 6	–	0	+

L'ensemble des solutions de l'inéquation $2x - 6 > 0$ *se note* $S =]\,3\,;\rightarrow$

$\mathbf{-2}x + 4 > 0$

2 est le zéro de la fonction
$f : x \rightarrow y = -2x + 4$

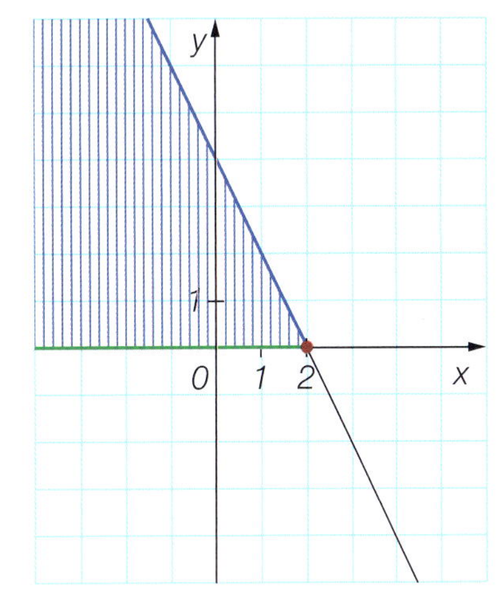

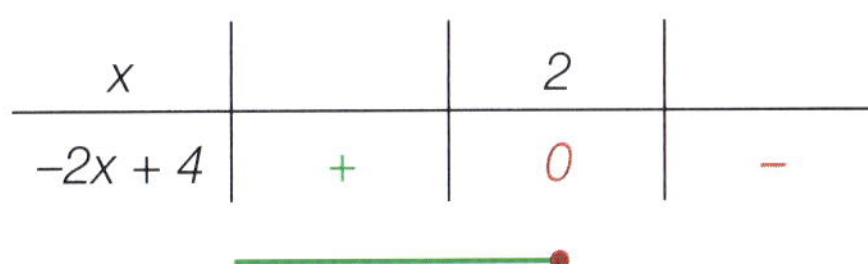

x		2	
–2x + 4	+	0	–

L'ensemble des solutions de l'inéquation $-2x + 4 > 0$ *se note* $S = \leftarrow\,;\,2\,[$

Conclusion

$$\text{Si } a \in \mathbb{R}_0^+ \text{ et } b \in \mathbb{R} \; : \; ax + b > 0 \iff x > -\frac{b}{a}$$

$$\text{Si } a \in \mathbb{R}_0^- \text{ et } b \in \mathbb{R} \; : \; ax + b > 0 \iff x < -\frac{b}{a}$$

3. Inéquation $ax + b \leqslant 0$

Résoudre l'inéquation $ax + b \leqslant 0$ consiste à déterminer les abscisses des points de la droite d'équation $y = ax + b$ dont l'ordonnée est négative.

Exemples

$2x - 6 \leqslant 0$

3 est le zéro de la fonction

$f : x \rightarrow y = 2x - 6$

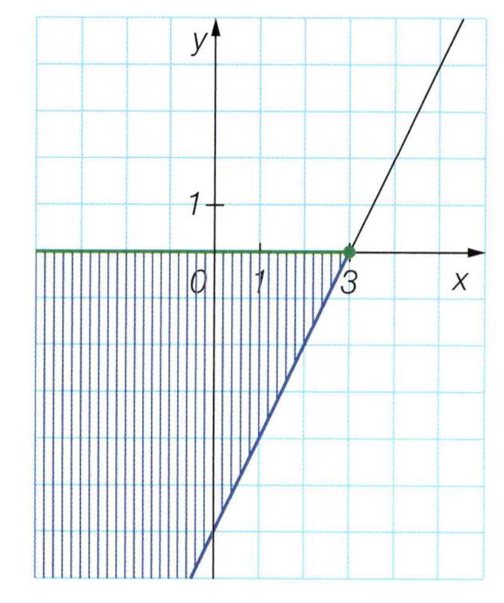

x		3	
$2x - 6$	−	0	+

L'ensemble des solutions de l'inéquation $2x - 6 \leqslant 0$ se note $S = \leftarrow ; 3\,]$

$-2x + 4 \leqslant 0$

2 est le zéro de la fonction

$f : x \rightarrow y = -2x + 4$

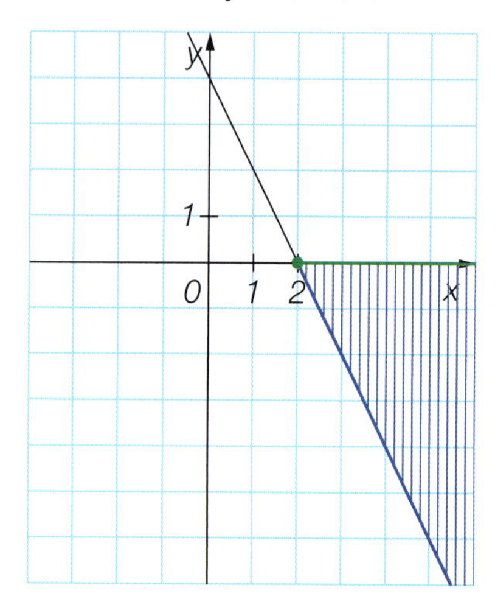

x		2	
$-2x + 4$	+	0	−

L'ensemble des solutions de l'inéquation $-2x + 4 \leqslant 0$ se note $S = [\,2 ; \rightarrow$

Conclusion

$$\text{Si } a \in \mathbb{R}_0^+ \text{ et } b \in \mathbb{R} \;:\; ax + b \leqslant 0 \;\Leftrightarrow\; x \leqslant -\frac{b}{a}$$

$$\text{Si } a \in \mathbb{R}_0^- \text{ et } b \in \mathbb{R} \;:\; ax + b \leqslant 0 \;\Leftrightarrow\; x \geqslant -\frac{b}{a}$$

13

4. Inéquation $ax + b \geqslant 0$

Résoudre l'inéquation $ax + b \geqslant 0$ consiste à déterminer les abscisses des points de la droite d'équation $y = ax + b$ dont l'ordonnée est positive.

Exemples

$\mathbf{2}x - 6 \geqslant 0$

3 est le zéro de la fonction

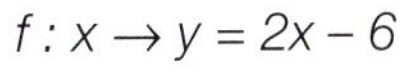

$f : x \to y = 2x - 6$

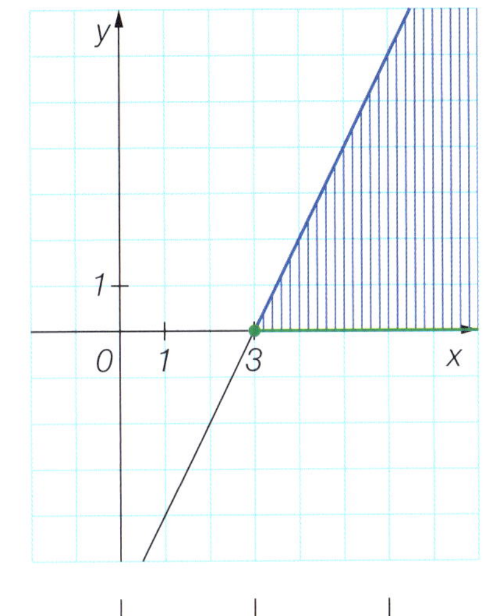

x		3	
$2x - 6$	−	0	+

L'ensemble des solutions de l'inéquation $2x - 6 > 0$ se note $S = [\,3\,;\, \rightarrow$

$\mathbf{-2}x + 4 \geqslant 0$

2 est le zéro de la fonction

$f : x \to y = -2x + 4$

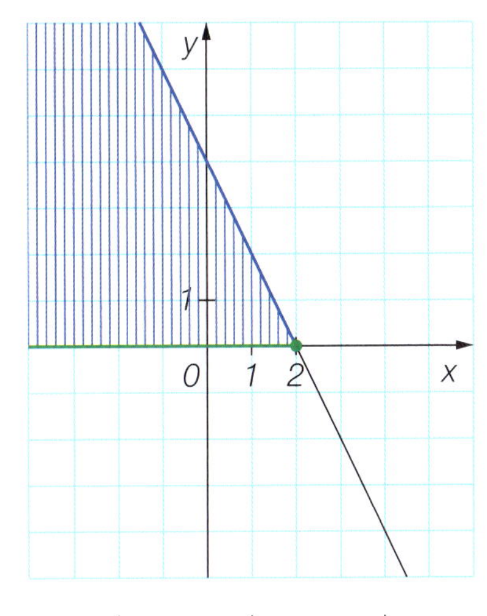

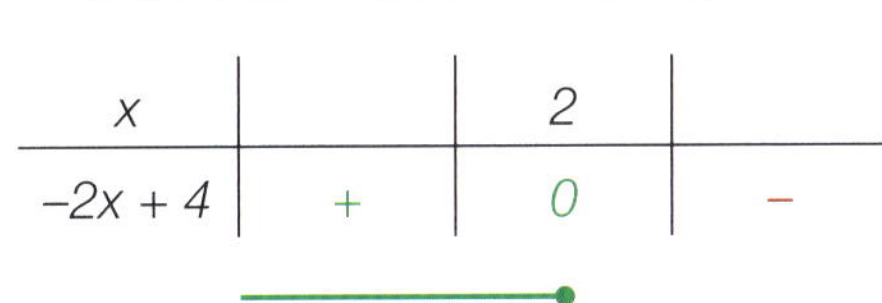

x		2	
$-2x + 4$	+	0	−

L'ensemble des solutions de l'inéquation $-2x + 4 > 0$ se note $S = \leftarrow ;\, 2\,]$

Conclusion

$$\text{Si } a \in \mathbb{R}_0^+ \text{ et } b \in \mathbb{R} \ : \ ax + b \geqslant 0 \iff x \geqslant -\frac{b}{a}$$

$$\text{Si } a \in \mathbb{R}_0^- \text{ et } b \in \mathbb{R} \ : \ ax + b \geqslant 0 \iff x \leqslant -\frac{b}{a}$$

D Méthodes de résolution

1. Inéquation du type x + a < b

$$x + a < b$$
$$x + a - a < b - a$$
$$x < b - a$$

Si on ajoute (retire) un même nombre réel aux deux membres d'une inégalité, on obtient une inégalité de même sens.

Exemples

$$x + 2 < 6$$
$$x + 2 - 2 < 6 - 2$$
$$x < 4$$

0 1 4 d

$S = \leftarrow ; 4 [$

$$x - 5 \geqslant -2$$
$$x - 5 + 5 \geqslant -2 + 5$$
$$x \geqslant 3$$

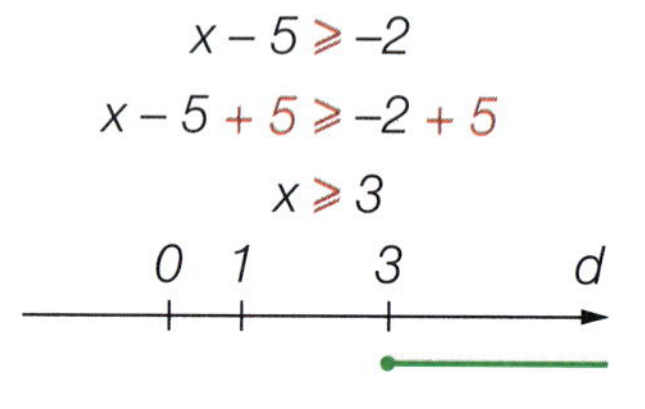

$S = [3 ; \rightarrow$

2. Inéquation du type ax < b

a) a > 0

$$ax < b$$
$$\frac{ax}{a} < \frac{b}{a}$$
$$x < \frac{b}{a}$$

Si on divise les deux membres d'une inégalité par un même nombre réel strictement positif, on obtient une inégalité de même sens.

Exemples

$$2x \leqslant 9$$
$$\frac{2x}{2} \leqslant \frac{9}{2}$$
$$x \leqslant \frac{9}{2}$$

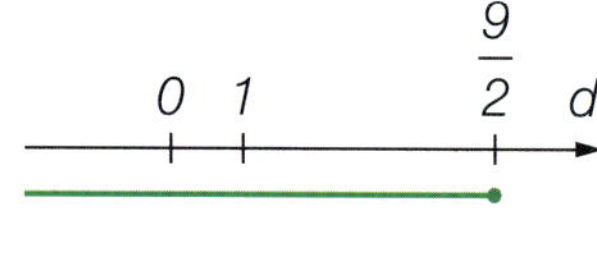

$S = \leftarrow ; \frac{9}{2}]$

$$3x > -6$$
$$\frac{3x}{3} > \frac{-6}{3}$$
$$x > -2$$

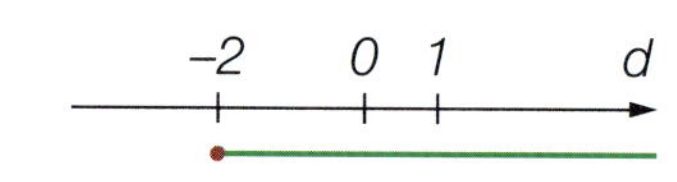

$S =] -2 ; \rightarrow$

13

b) a < 0

$$ax < b$$
$$\frac{ax}{a} > \frac{b}{a}$$
$$x > \frac{b}{a}$$

Si on divise les deux membres d'une inégalité par un même nombre réel strictement négatif, on obtient une inégalité de sens contraire.

Exemples

$$-3x \leqslant -9$$
$$\frac{-3x}{-3} \geqslant \frac{-9}{-3}$$
$$x \geqslant 3$$

0 1 3 d

$$S = [3 ; \rightarrow$$

$$-2x > 5$$
$$\frac{-2x}{-2} < \frac{5}{-2}$$
$$x < -\frac{5}{2}$$

$-\frac{5}{2}$ 0 1 d

$$S = \leftarrow ; -\frac{5}{2}\Big[$$

3. Inéquation générale du premier degré à une inconnue

Pour résoudre une inéquation du premier degré à une inconnue, on cherche généralement à isoler l'inconnue.

Quand on obtient une inéquation de la forme ax < b (avec a ≠ 0), il suffit alors de diviser les deux membres de l'inéquation par a pour déterminer les valeurs de x qui sont solutions de l'inéquation.

Les étapes précédant la résolution de ax < b ont comme objectif de transformer l'inéquation donnée en inéquations équivalentes qui se rapprochent de plus en plus de la forme ax < b.

Exemples

$$3x + 2 < 9$$
$$3x < 9 - 2$$
$$3x < 7$$
$$x < \frac{7}{3}$$

0 1 $\frac{7}{3}$ d

$$S = \leftarrow ; \frac{7}{3}\Big[$$

$$4x - 3 \leqslant 6x + 7$$
$$4x - 6x \leqslant 7 + 3$$
$$-2x \leqslant 10$$
$$x \geqslant \frac{10}{-2}$$
$$x \geqslant -5$$

–5 0 1 d

$$S = [-5 ; \rightarrow$$

Chapitre 14 • Trigonométrie dans le triangle rectangle

A Introduction

1. Étymologie

Étymologiquement, « trigonométrie » signifie « mesure des triangles ».
Cette théorie permet de calculer des éléments inconnus d'un triangle mais, contrairement aux relations métriques déjà étudiées (somme des amplitudes des angles intérieurs d'un triangle, inégalité triangulaire, théorème de Pythagore, ...), les relations trigonométriques font intervenir à la fois des côtés et des angles des triangles.

2. Notation

En trigonométrie, on désigne souvent :

- un angle (et son amplitude) par la lettre majuscule qui désigne son sommet;
- la longueur d'un côté par la lettre minuscule qui correspond au sommet opposé.

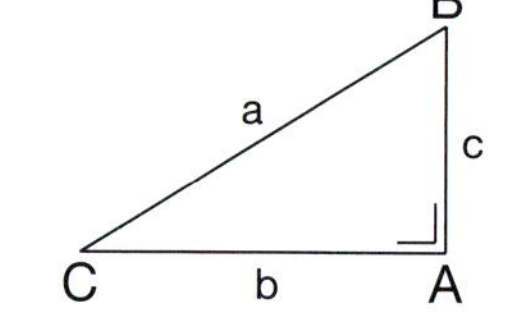

B Nombres trigonométriques

1. Définitions

a) La tangente d'un angle aigu d'un triangle rectangle est égal au rapport entre la longueur du côté de l'angle droit opposé à l'angle et celle du côté de l'angle droit adjacent à cet angle.

$$\tan C = \frac{c}{b}$$

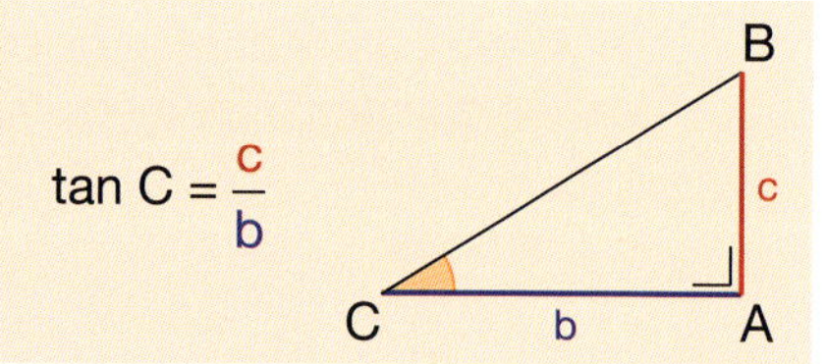

b) Le sinus d'un angle aigu d'un triangle rectangle est égal au rapport entre la longueur du côté de l'angle droit opposé à l'angle et celle de l'hypoténuse.

$$\sin C = \frac{c}{a}$$

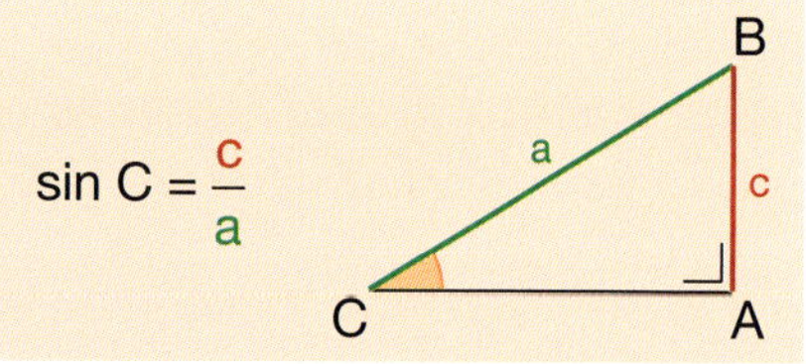

c) Le cosinus d'un angle aigu d'un triangle rectangle est égal au rapport entre la longueur du côté de l'angle droit adjacent à l'angle et celle de l'hypoténuse.

$$\cos C = \frac{b}{a}$$

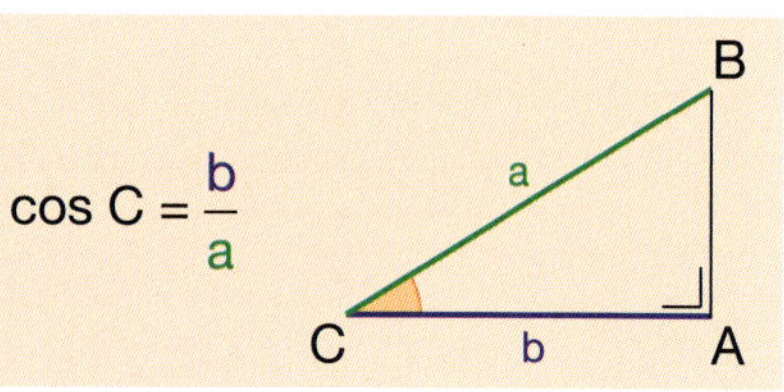

Exemples

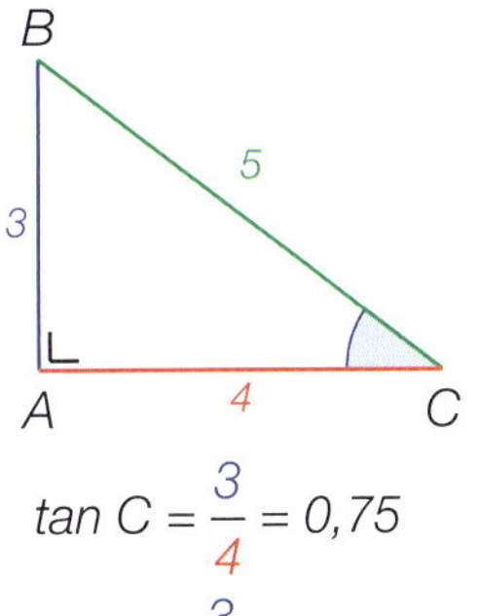

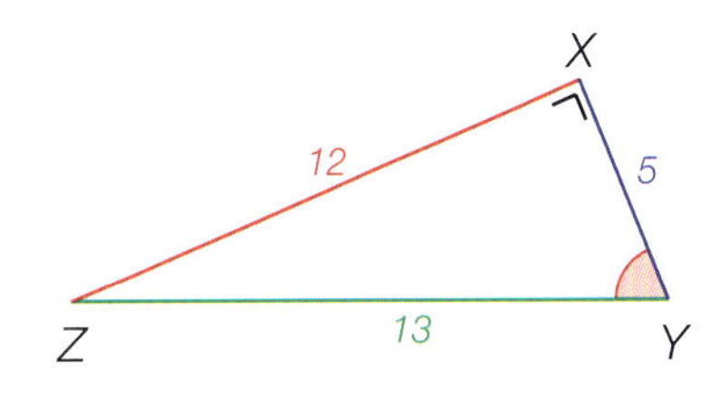

$\tan C = \frac{3}{4} = 0{,}75$

$\sin C = \frac{3}{5} = 0{,}6$

$\cos C = \frac{4}{5} = 0{,}8$

$\tan Y = \frac{12}{5} = 2{,}4$

$\sin Y = \frac{12}{13} = 0{,}923...$

$\cos Y = \frac{5}{13} = 0{,}384...$

Remarque

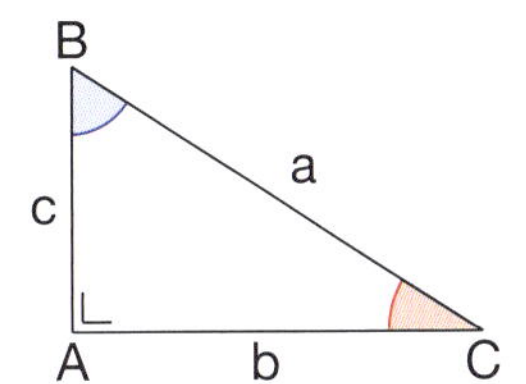

$\sin B = \frac{b}{a} = \cos C$

$\sin C = \frac{c}{a} = \cos B$

Dans un triangle rectangle, le cosinus d'un angle aigu vaut le sinus de son complément.

2. Transformations de formules

En transformant les définitions de la tangente, du sinus et du cosinus des angles aigus d'un triangle rectangle, on obtient de nouvelles égalités.

Ces égalités s'expriment de la manière suivante.

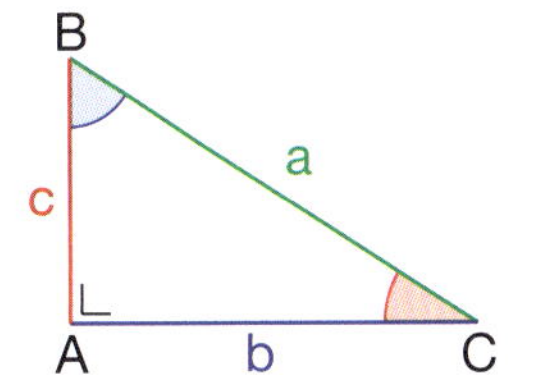

Dans un triangle rectangle, la longueur d'un côté de l'angle droit est égale au produit de la longueur de l'autre côté de l'angle droit par la tangente de l'angle opposé au premier côté.

$\tan B = \frac{b}{c} \Rightarrow b = c \,.\, \tan B$ et $\tan C = \frac{c}{b} \Rightarrow c = b \,.\, \tan C$

Dans un triangle rectangle, la longueur d'un côté de l'angle droit est égale au produit de la longueur de l'hypoténuse par le sinus de l'angle opposé à ce côté.

$\sin B = \frac{b}{a} \Rightarrow b = a \,.\, \sin B$ et $\sin C = \frac{c}{a} \Rightarrow c = a \,.\, \sin C$

Dans un triangle rectangle, la longueur d'un côté de l'angle droit est égale au produit de la longueur de l'hypoténuse par le cosinus de l'angle adjacent à ce côté.

$\cos B = \frac{c}{a} \Rightarrow c = a \,.\, \cos B$ et $\cos C = \frac{b}{a} \Rightarrow b = a \,.\, \cos C$

Dans un triangle rectangle, la longueur de l'hypoténuse est égale au quotient de la longueur d'un côté de l'angle droit par le sinus de l'angle opposé à ce côté.

$$\sin B = \frac{b}{a} \Rightarrow a = \frac{b}{\sin B} \quad \text{et} \quad \sin C = \frac{c}{a} \Rightarrow a = \frac{c}{\sin C}$$

Dans un triangle rectangle, la longueur de l'hypoténuse est égale au quotient de la longueur d'un côté de l'angle droit par le cosinus de l'angle adjacent à ce côté.

$$\cos B = \frac{c}{a} \Rightarrow a = \frac{c}{\cos B} \quad \text{et} \quad \cos C = \frac{b}{a} \Rightarrow a = \frac{b}{\cos C}$$

Dans un triangle rectangle, la longueur d'un côté de l'angle droit est égale au quotient de la longueur de l'autre côté de l'angle droit par la tangente de l'angle opposé à ce côté.

$$\tan B = \frac{b}{c} \Rightarrow c = \frac{b}{\tan B} \quad \text{et} \quad \tan C = \frac{c}{b} \Rightarrow b = \frac{c}{\tan C}$$

C Utilisation de la calculatrice

1. Les unités

L'unité la plus fréquemment utilisée pour mesurer un angle est le degré, mais ce n'est pas la seule. Il existe également le grade et le radian.

Un degré est la 360e partie d'un cercle; il se divise en 60 minutes et une minute se décompose en 60 secondes.

L'amplitude d'un angle se note en degrés, minutes et secondes. Mais, les calculatrices travaillent essentiellement avec des nombres décimaux. Il est donc important de pouvoir passer d'une écriture sexagésimale d'un angle à son écriture décimale et inversement.

Exemples

$32°30' = 32{,}5°$ car $32° + \left(\frac{30}{60}\right)^{\circ} = 32° + \left(\frac{1}{2}\right)^{\circ}$

$53°45' = 53{,}75°$ car $53° + \left(\frac{45}{60}\right)^{\circ} = 53° + \left(\frac{3}{4}\right)^{\circ}$

$17°17' = 17{,}283\ 33...°$ car $17° + \left(\frac{17}{60}\right)^{\circ}$

$26°15'12'' = 26{,}253\ 33...°$ car $26° + \left(\frac{15}{60}\right)^{\circ} + \left(\frac{12}{3600}\right)^{\circ}$

$13{,}75° = 13°45'$ car $0{,}75 \cdot 60' = 45'$

$72{,}4° = 72°24'$ car $0{,}4 \cdot 60' = 24'$

$15{,}23° = 15°13'48''$ car $0{,}23 \cdot 60' = 13{,}8'$ et $0{,}8 \cdot 60'' = 48''$

$27{,}173° = 27°10'23''$ car $0{,}173 \cdot 60' = 10{,}38'$ et $0{,}38 \cdot 60'' = 22{,}8'' \cong 23''$

Toutefois, certaines calculatrices possèdent une touche spécifique permettant une conversion rapide.

2. Manipulations

Pour déterminer un nombre trigonométrique d'un angle connaissant son amplitude, il suffit d'utiliser la touche de fonction adéquate et d'introduire l'amplitude de l'angle.

Pour déterminer l'amplitude d'un angle connaissant un de ses nombres trigonométriques, il suffit d'utiliser la touche de fonction réciproque adéquate et d'introduire le nombre trigonométrique.

Exemples

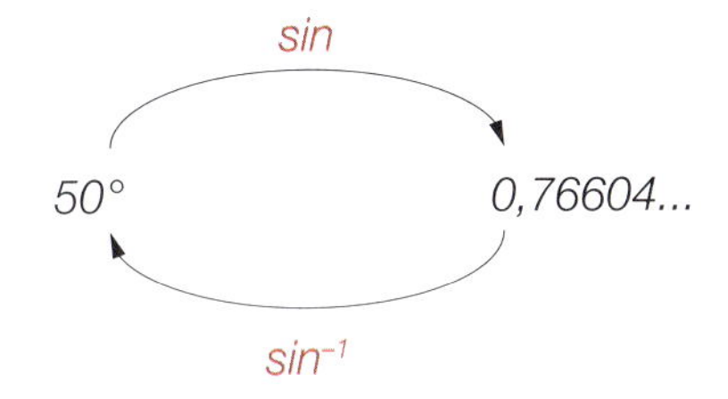

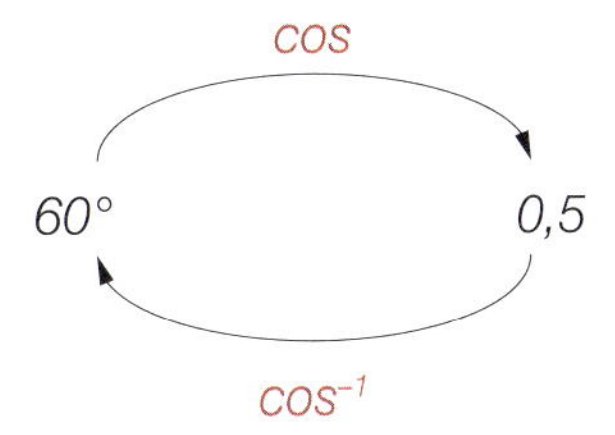

D Utilisation des formules trigonométriques

1. Recherche d'une longueur connaissant une longueur et une amplitude

Exemples

Figure

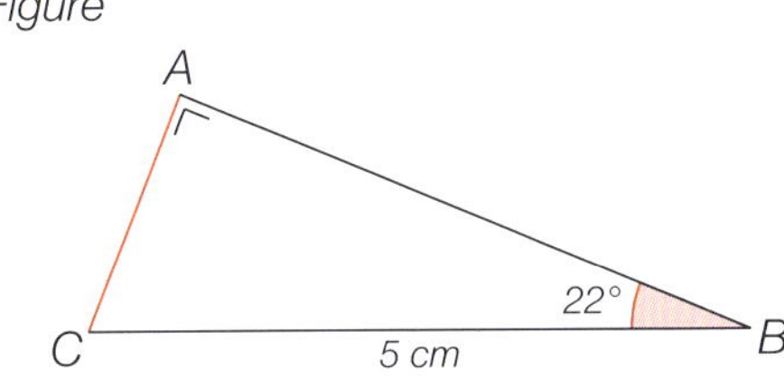

Formule

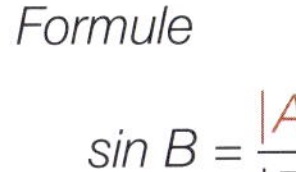

$$\sin B = \frac{|AC|}{|BC|}$$

Analyse

$\lvert\hat{B}\rvert = 22°$	(angle aigu)
$\lvert BC\rvert = 5$ cm	(hypoténuse)
$\lvert AC\rvert = ?$	(côté de l'angle droit opposé à l'angle aigu)

Recherche

$$\sin 22° = \frac{|AC|}{5}$$

$$5 \cdot \sin 22° = |AC|$$

$$1{,}873... \text{ cm} = |AC|$$

Figure

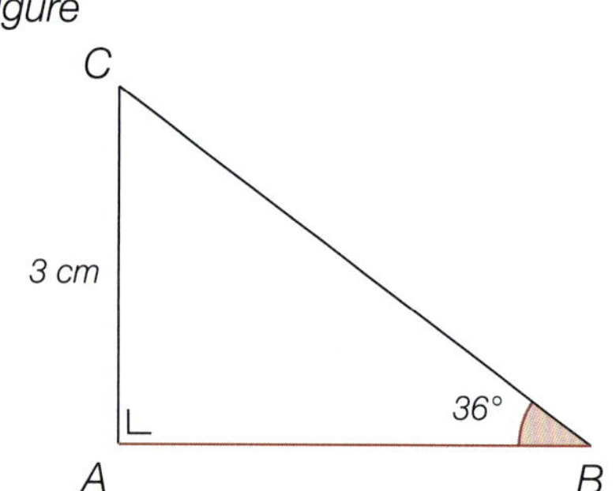

Formule

$$\tan B = \frac{|AC|}{|AB|}$$

Analyse

$|\hat{B}| = 36°$ (angle aigu)

$|AC| = 3$ cm (côté de l'angle droit opposé à l'angle aigu)

$|AB| = ?$ (côté de l'angle droit adjacent à l'angle aigu)

Recherche

$$\tan 36° = \frac{3}{|AB|}$$

$$|AB| = \frac{3}{\tan 36°}$$

$$|AB| = 4{,}129... \text{ cm}$$

2. Recherche d'une amplitude connaissant deux longueurs

Exemple

Figure

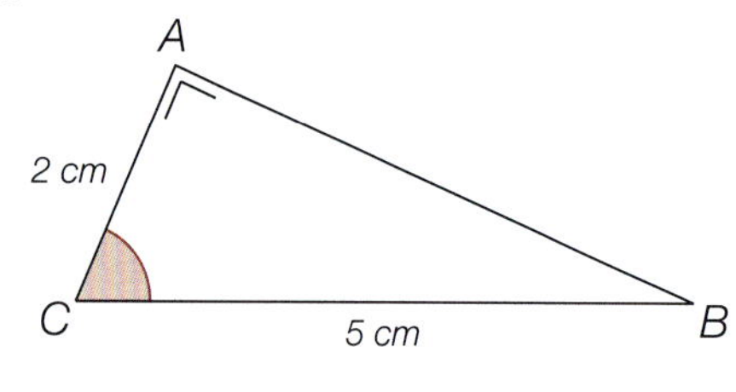

Formule

$$\cos C = \frac{|AC|}{|BC|}$$

Analyse

$|\hat{C}| = ?$ (angle aigu)

$|AC| = 2$ cm (côté de l'angle droit adjacent à l'angle aigu)

$|BC| = 5$ cm (hypoténuse)

Recherche

$$\cos C = \frac{2}{5}$$

$$\cos C = 0{,}4$$

$$|\hat{C}| = 66{,}421...°$$

3. Résolution d'un triangle rectangle

a) Principe

Résoudre un triangle (rectangle) consiste à déterminer les mesures inconnues (longueurs des côtés et amplitudes des angles).

Pour ce faire, on dispose du théorème de Pythagore, des propriétés des angles et des formules de trigonométrie.

Pour éviter les erreurs en cascade, il est préférable de n'utiliser que les données initiales dans les différentes recherches.

Puisque les recherches sont indépendantes, l'ordre de celles-ci est sans importance.

b) Remarques

Si on connaît les longueurs de deux côtés, on utilisera le théorème de Pythagore pour déterminer la longueur du 3e côté.

Si on connaît l'amplitude d'un angle aigu, on utilisera la propriété des angles aigus d'un triangle rectangle pour déterminer l'amplitude de l'autre angle aigu.

E Formules fondamentales

Si ABC est un triangle rectangle en A, alors $\tan C = \dfrac{\sin C}{\cos C}$ et $\sin^2 C + \cos^2 C = 1$

Données

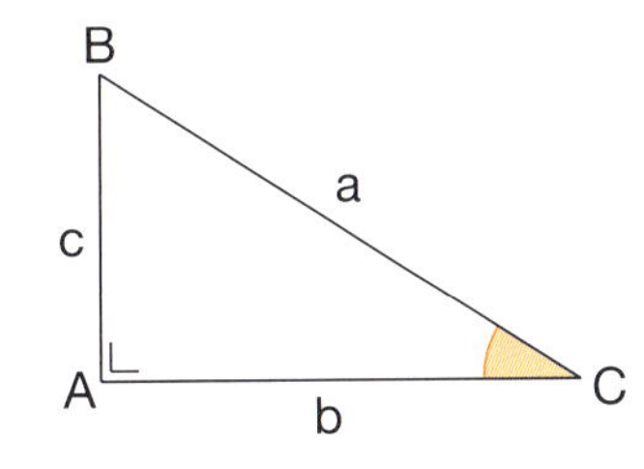

Thèses

1) $\tan C = \dfrac{\sin C}{\cos C}$

2) $\sin^2 C + \cos^2 C = 1$

Démonstrations

1) $\sin C = \dfrac{c}{a}$ et $\cos C = \dfrac{b}{a}$

$\Downarrow$

$$\frac{\sin C}{\cos C} = \frac{\frac{c}{a}}{\frac{b}{a}}$$

$$\frac{\sin C}{\cos C} = \frac{c}{a} \cdot \frac{a}{b}$$

$$\frac{\sin C}{\cos C} = \frac{c}{b}$$

$$\frac{\sin C}{\cos C} = \tan C$$

2) $\sin C = \dfrac{c}{a}$ et $\cos C = \dfrac{b}{a}$

$\Downarrow$

$$\sin^2 C + \cos^2 C = \left(\frac{c}{a}\right)^2 + \left(\frac{b}{a}\right)^2$$

$$\sin^2 C + \cos^2 C = \frac{c^2 + b^2}{a^2}$$

$$\sin^2 C + \cos^2 C = \frac{a^2}{a^2} \quad (*)$$

$$\sin^2 C + \cos^2 C = 1$$

(*) car $c^2 + b^2 = a^2$ (théorème de Pythagore)

F Valeurs trigonométriques particulières

1. Valeurs trigonométriques d'un angle de 45°

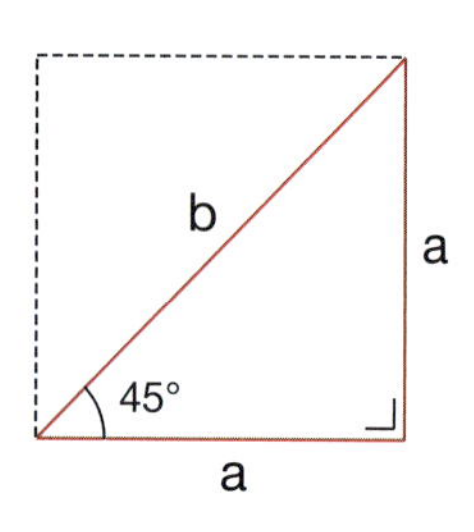

tan 45°

Dans le demi-carré de côté a, on a : $\tan 45° = \frac{a}{a} = 1$

sin 45°

Dans le demi-carré de côté a, on a : $\sin 45° = \frac{a}{b}$

Or, $b^2 = a^2 + a^2$ (Pythagore)

$b^2 = 2a^2$

$b = a\sqrt{2}$

$$\sin 45° = \frac{a}{a\sqrt{2}} = \frac{1}{\sqrt{2}} = \frac{\sqrt{2}}{\sqrt{2}\,.\,\sqrt{2}} = \frac{\sqrt{2}}{2}$$

cos 45°

$$\cos 45° = \sin 45° = \frac{\sqrt{2}}{2}$$

$\tan 45° = 1$

$\sin 45° = \frac{\sqrt{2}}{2}$

$\cos 45° = \frac{\sqrt{2}}{2}$

2. Valeurs trigonométriques d'un angle de 60°

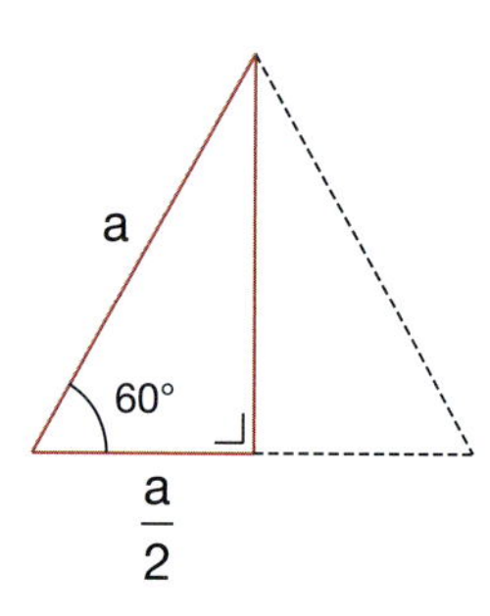

cos 60°

Dans le demi-triangle équilatéral de côté a, on a :

$$\cos 60° = \frac{\frac{a}{2}}{a} = \frac{a}{2}\,.\,\frac{1}{a} = \frac{1}{2}$$

sin 60°

$\sin^2 60° + \cos^2 60° = 1$

$\sin^2 60° + \frac{1}{4} = 1$

$\sin^2 60° = \frac{3}{4}$

$\sin 60° = \sqrt{\frac{3}{4}}$

$\sin 60° = \frac{\sqrt{3}}{2}$

tan 60°

$$\tan 60° = \frac{\sin 60°}{\cos 60°} = \frac{\frac{\sqrt{3}}{2}}{\frac{1}{2}} = \frac{\sqrt{3}}{2}\,.\,\frac{2}{1} = \sqrt{3}$$

$\tan 60° = \sqrt{3}$

$\sin 60° = \frac{\sqrt{3}}{2}$

$\cos 60° = \frac{1}{2}$

3. Valeurs trigonométriques d'un angle de 30°

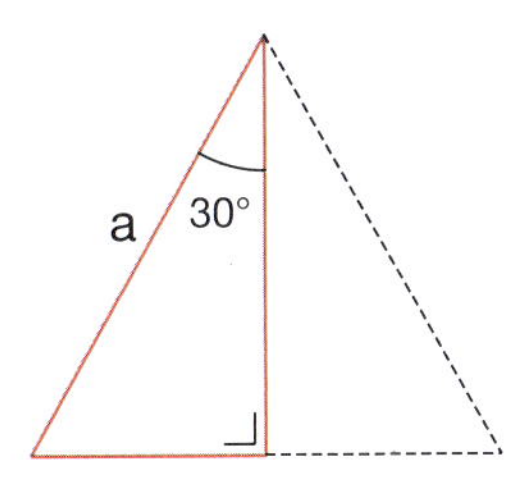

cos 30°

Dans le demi-triangle équilatéral de côté a, on a :

$$\cos 30° = \sin 60° = \frac{\sqrt{3}}{2}$$

sin 30°

$$\sin 30° = \cos 60° = \frac{1}{2}$$

tan 30°

$$\tan 30° = \frac{\sin 30°}{\cos 30°} = \frac{\frac{1}{2}}{\frac{\sqrt{3}}{2}} = \frac{1}{2} \cdot \frac{2}{\sqrt{3}} = \frac{1}{\sqrt{3}}$$

$$= \frac{\sqrt{3}}{\sqrt{3} \cdot \sqrt{3}} = \frac{\sqrt{3}}{3}$$

$$\tan 30° = \frac{\sqrt{3}}{3}$$

$$\sin 30° = \frac{1}{2}$$

$$\cos 30° = \frac{\sqrt{3}}{2}$$

4. Tableau récapitulatif

	30°	45°	60°
sin	$\frac{1}{2}$	$\frac{\sqrt{2}}{2}$	$\frac{\sqrt{3}}{2}$
cos	$\frac{\sqrt{3}}{2}$	$\frac{\sqrt{2}}{2}$	$\frac{1}{2}$
tan	$\frac{\sqrt{3}}{3}$	1	$\sqrt{3}$

Index

Les renvois de page en noir concernent les activités.
Les renvois de page en bordeaux concernent la théorie.

Q

R

S

Table des symboles

Nombres

$<$	strictement plus petit que
$>$	strictement plus grand que
$\leqslant$	plus petit ou égal à
$\geqslant$	plus grand ou égal à
$-a$	opposé de a
a^{-1} ou $\frac{1}{a}$	inverse de a
$\lvert a \rvert$	valeur absolue de a
$\sqrt{a}$	racine carrée positive de a
$-\sqrt{a}$	racine carrée négative de a

Fonctions

dom f	domaine de la fonction f
im f	image de la fonction f
f(x)	fonction de variable x
$f : x \rightarrow y = f(x)$	fonction f (notation complète)
Δx	accroissement des abscisses
Δy	accroissement des ordonnées

Polynômes

P(x)	polynôme de variable x
d° P(x)	degré du polynôme P(x)

Trigonométrie

sin B	le sinus de l'angle $\hat{B}$
cos B	le cosinus de l'angle $\hat{B}$
tan B	la tangente de l'angle $\hat{B}$

Géométrie

A	point A
[AB]	segment d'extrémités A et B
$\lvert AB \rvert$	longueur du segment [AB]
d(A,B)	distance entre les points A et B
[AB	demi-droite d'origine A passant par B
AB	droite passant par les points A et B
$\overrightarrow{AB}$	vecteur $\overrightarrow{AB}$
d	droite d
$\hat{A}$	angle de sommet A
$\widehat{BAC}$	angle de sommet A formé par [AB et [AC
$\lvert \hat{A} \rvert$	amplitude de l'angle de sommet A
$\lvert \widehat{BAC} \rvert$	amplitude de l'angle $\widehat{BAC}$
d(X,a)	distance du point X à la droite a
$\mathscr{C}(O,r)$	cercle de centre O et de rayon r
abs A	abscisse du point A
$\overset{\frown}{AB}$	arc de cercle d'extrémités A et B
$\overset{\frown}{BAC}$	arc de cercle d'extrémités B et C contenant A
ΔABC	triangle ABC
ΔABC iso $\Delta A'B'C'$	triangle ABC isométrique au triangle A'B'C'
$\Delta ABC \sim \Delta A'B'C'$	triangle ABC semblable au triangle A'B'C'
$\perp$	perpendiculaire à
//	parallèle à
$\not\parallel$	sécante avec

Symboles ensemblistes, intervalles

$\Leftrightarrow$	équivaut à, est équivalent à
$\Rightarrow$	implique que, entraîne que
$\in$	appartient à
$\notin$	n'appartient pas à
$\subset$	est inclus dans
$\not\subset$	n'est pas inclus dans
$\cup$	union
$\cap$	intersection
$\setminus$	différence
{ …… }	ensemble de
div a	ensemble des diviseurs de a
$\mathbb{N}$	ensemble des naturels

Symbole	Signification
$\mathbb{N}_0$	ensemble des naturels non nuls
$\mathbb{Z}$	ensemble des entiers
$\mathbb{Z}_0$	ensemble des entiers non nuls
$\mathbb{Z}^+$	ensemble des entiers positifs
$\mathbb{Z}^-$	ensemble des entiers négatifs
$\mathbb{R}$	ensemble des réels
$\mathbb{R}_0$	ensemble des réels non nuls
$\mathbb{R}^+$	ensemble des réels positifs
$\mathbb{R}^+$	ensemble des réels négatifs
$\mathbb{R}_0^+$	ensemble des réels strictement positifs
$\mathbb{R}_0^-$	ensemble des réels strictement négatifs
ϕ	ensemble vide
$\mathbb{N} \setminus \{0,1\}$	ensemble des naturels exceptés 0 et 1
[a ; b]	ensemble des réels x tels que $a \leqslant x \leqslant b$
]a ; b[	ensemble des réels x tels que $a < x < b$
[a ; b[	ensemble des réels x tels que $a \leqslant x < b$
]a ; b]	ensemble des réels x tels que $a < x \leqslant b$
← ; a]	ensemble des réels x tels que $x \leqslant a$
← ; a[	ensemble des réels x tels que $x < a$
[a ; →	ensemble des réels x tels que $x \geqslant a$
]a ; →	ensemble des réels x tels que $x > a$